機械設計製造手冊

朱鳳傳 · 康鳳梅 · 黃泰翔 · 施議訓
劉紀嘉 · 許榮添 · 簡慶郎 · 詹世良 編著

全華圖書股份有限公司

國家圖書館出版品預行編目(CIP)資料

機械設計製造手冊 / 朱鳳傳, 康鳳梅, 黃泰翔, 施議訓, 劉紀嘉, 許榮添, 簡慶郎, 詹世良編著. – 八版. -- 新北市：全華圖書股份有限公司, 2024.06

面 ； 公分

ISBN 978-626-401-006-1 (精裝)

1.CST：機械設計

446.19 113007740

機械設計製造手冊

編著者 / 朱鳳傳、康鳳梅、黃泰翔、施議訓、劉紀嘉、許榮添、簡慶郎、詹世良

發行人 / 陳本源

執行編輯 / 楊智博

出版者 / 全華圖書股份有限公司

郵政帳號 / 0100836-1 號

圖書編號 / 0385777

八版一刷 / 2024 年 6 月

定價 / 新台幣 550 元

ISBN / 978-626-401-006-1(精裝)

全華圖書 / www.chwa.com.tw

全華網路書店 Open Tech / www.opentech.com.tw

若您對書籍內容、排版印刷有任何問題，歡迎來信指導 book@chwa.com.tw

臺北總公司(北區營業處)
地址：23671 新北市土城區忠義路 21 號
電話：(02) 2262-5666
傳真：(02) 6637-3695、6637-3696

南區營業處
地址：80769 高雄市三民區應安街 12 號
電話：(07) 381-1377
傳真：(07) 862-5562

中區營業處
地址：40256 臺中市南區樹義一巷 26 號
電話：(04) 2261-8485
傳真：(04) 3600-9806(高中職)
(04) 3601-8600(大專)

序

機械工業是各類工業發展之基礎，在目前科技日益精進、新觀念不斷衍生的環境中，研習機械設計與製造，乃為研究與提升機械工業之關鍵。

本書以大專院校、高級工業職業學校與職業訓練中心，學習機械設計與製造之學習人員為主要對象。其主要目的在於配合教材而能成為直接活用之參考書籍。

本書編輯人員涵蓋機械類群各級學校之專業教師、國家選手教練、技能競賽、檢定、命題、評審等委員。在工業教育、職業訓練與設計製造業界，從事機械設計與製造教學或實務工作。聚積之經驗，深知學習機械設計與製造不是僅憑口授學理就能運用自如，如何承接、應用由前人所累積豐富的相關經驗與資料，也是學習機械工程不可或缺的要素。

鑒於科學技術之日益國際化，本書參採 ISO、CNS、DIN、JIS、ASTM 與相關業界等工業標準，配合機械設計與製造相關教材之實例、範圍編輯而成。內容以實例、資料、圖表、數據為主體，期能提高我國機械工程技術人員之學習效率與技術水準。

本書使用之數據單位採國際 SI 單位制，名詞悉依教育部頒布之「機械工程名詞」、「工程圖學辭典」與「中國國家標準」為主之規定。

本書係各員於業餘從事編寫從八十九年構思，歷經三年有餘，始於九十二年成冊出版；今配合九十九年 CNS 國家標準修正再版。然數據繁多，排印費時，校對工作沉重，疏漏之處難免，尚祈各界不吝指正。

編者

本書特色

一、 本書由八位作者，分別依個人專長及經驗，著手編輯而成。

二、 從事機械設計與製造，在在需要多種資料，需翻閱多冊書籍，始能獲得。本書由國人自編，且依據機械設計與機械製造所需資料，編輯成冊。

三、 本書採集之規格與數據等，均依我國國家標準 CNS 爲主，其他標準如 ISO、DIN、JIS 等爲輔，內容涵蓋製圖原則、工業材料、公差配合、機械加工、機械造型、機械元件、各種常用符號等。

四、 本書爲提供高職機械群、職業訓練單位、大專院校機械系所及機械設計與製造界最值得參考之手冊。

五、 本書採用中菊版印刷，短小輕薄、不佔空間、攜帶方便、查閱便捷。

目　錄

第 1 章 工業標準與工業單位

1

1-1 標準的意義與目標

標準係由具共同利害關係之階層，共同從實體或非實體的透過標準化，使公衆獲得具體的好處，促進經濟、技術、科學與管理的合理化與品質保證，標準用以保障人類與物品在全面的生活領域上的質量改進，以及在當代的標準領域上有意義的制度與資訊。標準領域貫穿於國家、地區與國際間。技術的標準化成為公認的常規，一般而言，除了推薦，注意外，亦經證明為可靠的解決方法，代替頻繁的重複工作，人類運用以引導至有意義的標準化，並從而獲得成本之節省。

1-1.1 CNS 中國國家標準

CNS 之主管機關為經濟部，由民國 24 年設立之中央標準局辦理，設立標準化委員會起草制訂，於民國 33 年 6 月 6 日公布第一批標準，迄今共計公佈施行 14,309 種國家標準，用以推行共同一致之標準，並促進標準化，謀求改善產品、過程及服務之品質，增進生產效率；維持生產、運銷或消費之合理化，以增進公共福祉。

由於我國非聯合國會員，無法加入國際標準化組織(ISO)成為其會員，但已加入亞太營運中心合作會議(APEC)並參加其所屬之標準與符合性次級委員會(SCSC)，進行與各國標準之調合。

1-1.2 ISO 國際標準化組織

ISO 係 International Organigation for Standardization 之簡稱，以各國標準化委員會為其成員，ISO 起草制訂之標準為 ISO 標準。早期的 ISO 標準稱為推薦標準，成員國可完全採用，例如德國即有 DIN ISO 標準者。

ISO 之目的在於促進世界標準化，藉著標準之交換、幫助提升品質與效率，以及在各種技術領域的相互合作，以促進成長發展。IEC 為國際電工委員會，International Electrotechnical Commission 之簡稱，推動制訂電機、電子工程技術領域之國際標準。

1-1.3 EN 歐洲標準

EN 歐洲標準係由歐洲標準化委員會制訂之標準 CEN 與歐洲電工委員會制訂之標準 CEN ELEC 之歐洲共同標準化委員會 CEN/CEN ELEC 組成，與歐洲經濟共同體 EC 同時成立，通用於歐洲共同市場，其目的在於調和歐洲共同市場各國以及 ISO/IEC 間之技術標準。

1-1.4 CNS 之形成

中國國家標準 CNS 係經由共識程序，並經公認機關(構)審定，提供一般且重複使用之產品、過程或服務有關之規則、指導綱要或特性之文件。由於中央標準局於民國 88 年 1 月 26 日改制；目前由經濟部標準檢驗局辦理，廣納國內產、官、學、研及專業人士設立國家標準審議委員會及各領域之國家標準技術委員會，負責審議國家標準相關事項。

CNS 之制訂經建議、起草、徵求意見、審議審查及核定等程序公布施行，或已有相關國際標準或國內團體標準而其適用範圍、等級條件及水準等，均適合我國國情者，得直接轉訂為 CNS。CNS 之標準形式如下圖所示，其中總號系按公告程序之流水號、類號則為依領域別而依順序編列，UDC 為萬國分類編號，可直接用以檢索外國標準之類同物品標準。

有關國家標準之異動例如新訂、修訂等相關資訊，均定期刊登於標準公報上。

UDC744:621.71

<table>
<tr><td>中國國家標準
CNS</td><td>工程製圖
(一般準則)</td><td>總號</td><td>3</td></tr>
<tr><td></td><td></td><td>類號</td><td>B001</td></tr>
<tr><td colspan="4">Engineering Drawing(general Principles of Presentation)

第一次修訂：70 年 7 月 20 日
第二次修訂：75 年 6 月 16 日
第三次修訂：77 年 12 月 15 日
第四次修訂：81 年 4 月 20 日
(共 33 頁)</td></tr>
<tr><td>公 布 日 期
33 年 6 月 6 日</td><td>經濟部中央標準局印行</td><td colspan="2">修 訂 日 期
83 年 7 月 22 日</td></tr>
</table>

印行年月 83 年 10 月 本標準非經本局同意不得翻印 A4(210×297)

1-1.5 CNS 內涵

CNS 標準區分為 21 大類，分別為：

A 類	土木工程及建築	J 類	核子工程	R 類	陶業
B 類	機械工程	K 類	化學工業	S 類	日常用品
C 類	電機、電子工程	L 類	紡織工業	T 類	衛生及醫療器材
D 類	機動車及航太工程	M 類	礦業	X 類	資訊及通訊
E 類	軌道工程	N 類	農業、食品	Z 類	工業安全、品質管制、物流及包裝、一般及其他。
F 類	造船工程	O 類	木業		
G 類	金屬冶煉	P 類	紙業		
H 類	非鐵金屬冶煉	Q 類	環境保護		

各類標準分別規範下列項目：

設計標準	機器設備標準	品質標準	說明標準
工具標準	檢測儀器標準	安全標準	材料標準
物品標準	操作程序標準	檢驗標準	

1-1.6 CNS 概況

CNS 為自願性標準，推薦給各領域業界自願實施為產品設計、製造、檢驗之規範，並據以與 ISO 連線，當 CNS 被相關法令引用為技術規範時，即具有強制性。

CNS 為產品的內、外銷、認證、驗證之依據。

1-1.7 CNS 之制訂程序

建議 → 起草 → 徵求意見 → 審查 → 審定 → 核定公布

1-1.8 CNS 之修訂程序

CNS 自公布之日起五年以內，無修訂建議時，應加以確認。修訂、確認及廢止之程序，與制訂程序同。

1-1.9 CNS 目錄

CNS 目錄之編排依公布日期先後為序，各標準之標明順序及標明內容如次：

總 號	類 號	標準名稱	公 布 或 修訂日期	確認年月	單價(元)
6537	A 2086	拉 門 軌	▲720711	8505	5

機械工程 B 機械工程

總號	類號	標準名稱	公 布 或 修訂日期	確認年月	單價(元)
一般					
3	B1001	工程製圖(一般標準)	▲830722		85
3-1	B1001-1	工程製圖(尺度標註)	▲830722		55
3-2	B1001-2	工程製圖(機械元件習用表示法)	▲830722		40
3-3	B1001-3	工程製圖(表面符號)	▲830722		45
3-4	B1001-4	工程製圖(幾何公差)	▲831201		60

CNS 目錄每年五月發行，所列資料截至前一年十二月十五日，經由經濟部核定公布之國家標準，目錄中所註符號說名如下：

* 表示有英譯本之標準。

▲表示該標準修訂日期。

●表示為軍民通用品。

◆表示已開放受理正字標記之產品。

CNS 目錄中所註「確認年月」係依標準更新計畫，經徵詢無修正意見，並經該年月份審查核定按原標準施行。

CNS 標準之檢索須預知標準之總號、類號或標準名稱，或在目錄中依其索引逐頁檢視。

1-1.10 CNS 編號

CNS 之總號編列係依公布時間順序編列，CNS 類號則依據標準之類別，標準之規範內容性質及公布時間先後順序編列；例如：

1-1.11 CNS 資料中心

有關 CNS 之各種資訊，例如標準內容之解釋，標準檢索、購買等等，可自各地 CNS 資料室查詢：

經濟部標準檢驗局(BSMI)
電話總機：(02)2343-1700
網址：http://www.bsmi.gov.tw
劃撥帳號：10488857
電話：(02)2343-1980
(02)2343-1981
傳真：(02)2343-1986

新竹分局
地址：新竹市民族路 109 巷 14 號
電話：(03)542-7011 轉 665
傳真：(03)532-6989

台中分局
地址．台中市南區工學路 70 號
(台中高工附近)。
電話：(04)261-2161 轉第六課
傳真：(04)262-9193

高雄分局
地址：高雄市成功一路 436 號 8 樓
電話：(07)271-5726
傳真：(07)271-1603

1-1.12 CNS 之用途

CNS 可用為開發產品時設計、製造、檢驗之依據，亦可做為產品驗證、認證之依據以及內外銷檢驗之依據。

1

1-2　標準數之應用

CNS 1 Z7001 DIN 323 之 1

CNS 等比標準數包含基本級數 R40 級數列與特例 R80 級數列。

1.基本數列 R40 級數

基本級數				序號	基本級數				序號
R5	R10	R20	R40		R5	R10	R20	R40	
(1)	(2)	(3)	(4)	(5)	(1)	(2)	(3)	(4)	(5)
1.00	1.00	1.00	1.00	0		3.15	3.15	3.15	20
			1.06	1				3.35	21
		1.12	1.12	2			3.55	3.55	22
			1.18	3				3.75	23
	1.25	1.25	1.25	4	4.00	4.00	4.00	4.00	24
			1.32	5				4.25	25
		1.40	1.40	6			4.50	4.50	26
			1.50	7				4.75	27
1.60	1.60	1.60	1.60	8		5.00	5.00	5.00	28
			1.70	9				5.30	29
		1.80	1.80	10			5.60	5.60	30
			1.90	11				6.00	31
	2.00	2.00	2.00	12	6.30	6.30	6.30	6.30	32
			2.12	13				6.70	33
		2.24	2.24	14			7.10	7.10	34
			2.36	15				7.50	35
2.50	2.50	2.50	2.50	16		8.00	8.00	8.00	36
			2.65	17				8.50	37
		2.80	2.80	18			9.00	9.00	38
			3.00	19				9.50	39
					10.00	10.00	10.00	10.00	40

2.特例 R80 級數

1.00	1.25	1.60	2.00	2.50	3.15	4.00	5.00	6.30	8.00
1.03	1.28	1.65	2.06	2.58	3.25	4.12	5.15	6.50	8.25
1.06	1.32	1.70	2.12	2.65	3.35	4.25	5.30	6.70	8.50
1.09	1.36	1.75	2.18	2.72	3.45	4.37	5.45	6.90	8.75
1.12	1.40	1.80	2.24	2.80	3.55	4.50	5.60	7.10	9.00
1.15	1.45	1.85	2.30	2.90	3.65	4.62	5.80	7.30	9.25
1.18	1.50	1.90	2.36	3.00	3.75	4.75	6.00	7.50	9.50
1.22	1.55	1.95	2.43	3.07	3.87	4.87	6.15	7.75	9.75

運用標準數可簡化產品種類，使生產合理化，帶來技術上與經濟上的巨大利益。在決定製造或設計各種產品的規格時，確定有關長度、面積、體積、重量、機器馬力、電流、速度、壓力、溫度及任何單位在數字上的大小，或對同類產品之能量大小予以區分等級時，經常可在標準數列之範圍內，任意取捨應用。

對設計者而言，因為已有現成數字系列的關係，在決定某一數值的時候，可以節省許多時間與勞力。並且可以免除爭論。因此，確立一套理想的數字系列標準化的推行是極有效的手段。

3.標準數具有下列特性

(1)標準數即等比級數。

(2)標準數中之任何數值相乘或除，其積或商仍為標準數。

(3)標準數之整數冪仍為標準數。

(4)標準數 R 10，R 20，R 40 之中，包含下列在一般工業上經常使用之數值：1，1.25，2，2.5，4，8，$\sqrt{2}$ ≒1.4，$\sqrt[3]{2}$ ≒1.25，π≒3.15，2π≒6.3 等。

(5)表一中最末端一欄是以 10 為基數之常用對數，所有數字都是精確數值的對數，用於計算時可全部取 log 相加減，甚為方便。

(6)如用 R 10 組之數字規定長度時，其平方之面積變化亦依幾何級數定律，而其係數為 ($\sqrt[5]{10}$)n，即按 R 5 組之數字變化，其立方之體積變化亦依幾何級數定律，而其係數約為 2，

因為 $\sqrt[10]{10}$ 等於 $\sqrt[3]{2}$ 。

(7)R 40 組之標準數 $10^{\frac{n}{40}}$ 計算而得，故 $10^{\frac{n}{40}}$ 的分數次方的分子即等於序號欄所列之各數，所以序號之數值之應用，如二個標準數或數個標準數相乘時，可用各數之序號值相加，其和即為欲求積數之序號值。二個標準數相除時，可以被除數序號值減去除數之序號值，其差即為商數之序號值。

一標準數為 n 次方時，可以該標準數之序號值×n，所得之值即其相當標準數之序號值。

一標準數為 n 次根時，可以該標準數之序號值×n，所得之值即其相當標準數之序號值。計算所得之值，應以適當的 40 的倍數加減之，使其數值在 0 ~ 40 之內。

4.選用數列的方法

有關工業標準化或設計等，確定階梯型區分產品之數值時，可採用標準數列。確定單一數值時，亦可自標準數中選用。

應用時採用級數較少之數列(即遞增率大者)為原則，例如 R5 不夠用時，才考慮 R10，同樣的 R 10 不夠用時，才用 R 20 ...... 。

必要時亦可使用下列各式：

(1)混合數列：有些數列無法由同一組標準數列中全部採用時，可將該數列區分成數個部分，各自由最適當的標準數列中選用。

例：100，112，160，200，250，400，630，1000。

(2)誘導數列：同一標準數列中，可以有系統的採用一部份數值，而放棄其他的數值不用。

例：R 40 採用每隔一級之數值應用，可成為 R20 之數列。

R 10 採用每隔二級之數值應用，成為：1，2，4，8，16，31.5，63 之數列，其比值約為 2，應用於某值為他值之倍數者，甚為適宜。

R20 採用每隔二級之數值應用，成為：10，14，20，28，56 之數列，其比值約為 $\sqrt{2}$ ，凡欲對摺截開後，長寬比值不變者，如紙張、鐵板之規格，均可適用。

各數列的遞增率約略如下：

R5 每隔 2 級採用約遞增 300%	R10 每級約遞增 25%
R5 每隔 1 級採用約遞增 150%	R40 每隔 2 級採用約遞增 18%
R10 每隔 2 級採用約遞增 100%	R20 每級約遞增 12%
R5 每隔 2 級採用約遞增 60%	R80 每隔 2 級採用約遞增 9%
R20 每隔 2 級採用約遞增 40%	R40 每級約遞增 6% R80 每級約遞增 3%

(3)變位數列：某一數列採用之決定標準數列特性，與其他特性標準數列之數值有關係，而在原來特性標準數列中無法選取時，在適合該特性之其他標準數列中選用之數列。此數列與原來標準數列之遞增率相同，且係誘導數列者，稱為變位數列。例如：採用具有 R 5 標準數列特性之數列，包含數值 106 者，因為在 R 5 標準數列中沒有 106 這各數值，必須在 R40 標準數列中每隔 7 級選取，成為 106，170，265......之誘導數列，而其遞增率則與 R 5 標準數列之遞增率完全相同。

必須使用比標準數更精確之數值時，可採用算至五位之數值。應用時，若不受傳統或其他標準之牽制時，任何情況均可採用下列數值，不必再加修正，如有變更末位數字之必要時，可採下列數值。

1.1 代替 1.12	11 代替 11.2
1.2 代替 1.25	12 代替 12.5
2.2 代替 2.24	22 代替 22.4
3.0 代替 3.15	32 代替 31.5
3.5 代替 3.55	36 代替 35.5
5.5 代替 5.66	70 代替 71
6 代替 6.3	110 代替 112
7 代替 7.1	220 代替 224

5.標準數列的標示符號

無需標示標準數列之範圍時，直接以 R 5，R 10，.......，表示其全部數列。如需標示標準數列之範圍時，標示符號應依照下列規定：

例：R 10(1.25......)表示 R 10 數列，數值在 1.25(含)以上者。

R 20(.........45)表示 R 10 數列，數值在 45(含)以下者。

R 40(75...300)表示 R 10 數列，數值在 75(含)以上 300(含)以下者。

6.誘導數列的符號規定如下

選取誘導數列之原來標準序列符號/間隔級數(包含在誘導數列中的 1 個數值)。如需標示標準數列之範圍時，又必要時准用前節之規定。

例：R 10/3(....80....)表示 R 10 數列每隔三級選取，包含 80 數值者。

R 5/2(1.....1600)表示 R 5 數列每隔-二級選取，數值在 1(含)以上 1600(含)以下者。

變位數列之符號：適用前節規定。

例：R 20/3(1.12....)表示由 R 20 數列每隔三級選取之數列，數值在 1.12(含)以上者。

R 40/3(118.....300)表示由 R 40 數列每隔三級選取之數列，數值在 118(含)以上 300(含)以下者其遞增率與 R 10 標準數列相同。

7.應用標準數之效果

使用標準數能把產品之特性系列做合理之安排。

一旦依標準數確定，以後對於範圍的擴充甚為簡易。

同樣的，只要一次依據標準數決定，欲在其間插入或追加新項目亦很簡單。

例：

(1)1，1.6，2.5，4，6.3 系列擴大為：10，16，25，40，63。

(2)採用 R 5 數列時，可在其間追加插入，成為 R10 或 R20 數列。

1，1.6，2.5，------－→ 1.4，1.25，1.6，1.8，2.0，2.5，-----。

(3)採用誘導數列時，在其間追加插入，回復為標準數列。

1.4，2.0，2.8，------－→ 1.4，1.6，1.8，2.0，2.24，2.5，2.8，-----。

把產品所具有的特性，依標準數決定時，其相關數值亦可簡易的用標準數決定。

例：依標準數之特性，如果長方形之邊長採用標準數，則其面積或體積亦為標準數。

如果一皮帶輪之直徑，迴轉速均採用標準數時，因為圓週率亦為標準數，則其圓週速自然是標準數。

日常用品之外型依標準數設計時，在視覺上比較調和。

8.標準直徑：CNS 2 . Z7002

直徑尺度之選定，不論經由計算或其他方式所得之基數，均應化整選取標準直徑。標準直徑規定如下表所示：

		(10.5)	26	52	105			
0.5	(5.5)	11		55	110	210	310	410
0.8		(11.5)	28	58	115			
1.0	6	12	30	60	120	220	320	420
1.2		(12.5)	32	62	125			
1.5	(6.5)	13		65	130	230	330	430
1.8			34	68	135			
2.0	7	14	35	70	140	240	340	440
2.2			36	72	145			
2.5	(7.5)	15		75	150	250	350	450
2.8	8	16	38	78	155			
3.0		17	40	80	160	260	360	460
(3.2)		18	42	82	165			
3.5	(8.5)	19		85	170	270	370	470
		20	44	88	175			
4.0	9	21	45	90	180	280	380	480
		22	46	92	185			
4.5	(9.5)	23		95	190	290	390	490
		24	48	98	195			
5.0	10	25	50	100	200	300	400	500

為限制工具種類起見，釐定標準直徑，尺寸以公釐(mm)計。

表中除括號內之數字外，均與 ISO 同，不得已而不能採用標準直徑時，其末位宜採用 0，次為 5，次為 2、8，又次為 4、6。

1-3 工業單位

1-3.1 公制度量衡

長度

名稱	公微	公厘	公分	公寸	公尺	公丈	公引	公里
符號	μ	mm	cm	dm	m	dam	hm	km
定位	0.001	1	10	100	1000			
					1	10	100	1000

質量

名稱	公絲	公毫	公銖	公克	公錢	公兩	公斤	公衡	公擔	公噸
符號	mg	cg	dg	g	dag	hg	kg	ag	q	t
定位	0.001	0.01	0.1	1	10	100	1000			
							1	10	100	1000

容積

名稱	公撮	公勺	公合	公升	公斗	公石	公秉
符號	ml(=cc)	cl	dl	l	dal	hl	kl(=m^3)
定位	1	10	100	1000			
				1	10	100	1000

面積

名稱	平方公厘	平方公分	平方公尺	公畝	公頃
符號	mm^2	cm^2	Ca=m^2	a	ha
定位	0.01	1	10,000		
			1	100	
				1	100

1.4 度量衡換算表

長度

公分 cm	公尺 m	公里 km	吋 in	呎 ft	台尺
1	0.01		0.3937	0.0328	0.033
100	1	0.001	39. 371	3.2809	3.3
100, 000	1, 000	1	39, 371	3, 280.9	3300
2.54	0.02540		1	0.08333	0.08382
30.48	0.3048		12	1	1.00584

質量

公克 g	公斤 kg	公噸 ton	磅 lb	噸 ton (英)	噸 ton (美)
1	0.001		0.002205		
1, 000	1	0.001	2.2046		
	1, 000	1	2,204.6	0.9842	1.1023
453.6	0.4536		1		
	1, 016.05	1.01605	2,240	1	1.12
	907.185	0.90719	2,000	0.89296	1

容積

公升 l(dm^3)	公秉 kl(m^3)	ft^3	加侖 gal (英)	加侖 gal (美)
1	0.001	0.03532	0.220	0.2642
1, 000	1	35.317	219.95	264.19
28.315	0.02832	1	6.2279	7.4806
4.5465		0.1606	1	1.2011
3.7852		0.1337	0.8325	1

面積

平方公尺	公畝	公頃	坪	甲
1	0.01	0.0001	0.30250	0.00010
100	1	0.01	30.25	0.01031
10, 000	100	1	3, 025.0	1.03102
3.0579	0.03306	0.00033	1	0.00034
9, 699.17	96.9917	0.96992	2, 934	1

速度

m/sec	m/min	m/hr	km/hr	ft/min	mile/hr
1	60	3, 600	3.6	196.85	2.2370
0.016	1	60	0.006	3.2809	
	0.016	1	0.001	0.0546	
0.2778	16.666	1, 000	1	54.682	0.6214
	0.304	18.287	0.01829	1	0.01136
0.4470	26.822	1, 609.31	1.6093	88	1

1-5 國際單位制(SI)

國際單位制共有三類：1.基本單位。2.補助單位。3.導出單位。

1-5.1 基本單位

基本單位共有七種，如表 1-5.1。

表 1-5.1 基本單位

量	單位名稱	符號	定義
1.長度	公尺(meter)	m	1 公尺等於光在真空中於 299,792,458 分之 1 秒所行進的距離。
2.質量	公斤(kilogram)	kg	1 公斤等於國際公認公斤原器之質量。
3.時間	秒(second)	s	1 秒等於銫 133 原子於基態之兩個超精細能階間躍遷時所放出輻射的週期之 9,192,631,770 倍之時間。
4.電流	安培(ampere)	A	1 安培等於兩條截面為圓形無限長且極細之導線相距 1 公尺，放置真空中，通以同值恆定電流時，使導線間產生千萬分之二牛頓每公尺之作用力之電流。
5.熱力學溫度	克耳文(kelvin)	K	1 克耳文等於水在三相點之熱力學溫度之 273.16 分之 1。
6.物質量	莫耳(mole)	mol.	1 莫耳等於系統所含之基本粒數等於碳 12 之質量為千分之 12 公斤時所含原子數之物質量。
7.光度	燭光(candela)	cd.	1 燭光等於在一定方向每立弳之放射強度為 683 分之 1 瓦特之 540 $\times 10^{12}$ 赫單色光源之光強度。

1-5.2 補助單位

補助單位共有二種，如表 1-5.2，補助單位有時亦用作基本單位或導出單位。

表 1-5.2 補助單位

量	名稱	符號	定義
平面角	弳(radian)	rad.	1 弳等於自圓周上截取一段與圓半徑等長之圓弧所張圓心角之角量。
立體角	立弳(steradian)	sr.	1 立弳等於自圓球面上切取之面積與球半徑平方相等的球面所張球心角之立體角量。

1-5.3 導出單位

(1)導出單位是以基本單位(或補助單位)表示，其符號可由基本單位(或補助單位)之符號以乘式或除式表示之。例：速度單位為公尺除以秒(m/s)，角速度單位為弳除以秒(rad/s)。

(2)經國際度量衡大會承認之某些特殊導出單位，其名稱及符號如表 1-5.3 及表 1-5.4 所示。

(3)有時以某些特殊名稱表示某一單位，反較以導出單位表示為便利。例：電偶矩通常以 C·m 表示，而不以 A·S·m 表示之。

表 1-5.3

量	單位名稱	符號	導出方法(以基本或補助或其他單位來表示)
頻率	(hertz)	Hz	1 Hz=1 S^{-1}
力	(newton)	N	1 N=1 kg·m/s^2
壓力(應力)	(pascal)	Pa	1 Pa=1 N/m^2
能、功、熱量	(joule)	J	1 J=1 N·m
功率、輻射通量	(watt)	W	1 W=1 J/s
電量、電荷	(coulomb)	C	1 C=1 A·S
電壓、電位差、電動勢	(volt)	V	1 V=1 J/C=1 W/A
電容	(farad)	F	1 F=1 C/V

量	單位名稱	符號	導出方法(以基本或補助或其他單位來表示)
電阻	(ohm)	Ω	1Ω=1 V/A
電導	(siemens)	S	$1 S=1\Omega^{-1}$
磁通量	(weber)	Wb	1 Wb=1 V·S
磁通量密度	(tesla)	T	$1 T=1 Wb/m^2$
電感	(henry)	H	1 H=1 Wb/A
攝氏溫度	(degree celsius)	˚C	1 ˚C=1 K(註 1)
光通量	(lumen)	lm	1 lm=1 cd·sr
照度	(lux)	lx	$1 lx=1 lm/m^2$

註 1：1967 年國際度量衡大會通過將 ºk 改為 K。

表 1-5.4

量	單位名稱	符號	導出方法(以基本單位或國際標準導出單位表示)
放射度	貝克勒(becquerel)	Bq	$1 Bq=1 S^{-1}$
吸收劑量 比能傳遞 克碼 吸收劑量指數	格列(gray)	Gy	1 Gy=1 J/kg
吸收劑量當量	史貝(suevert)	Sv	1 Sv=1 J/kg

1-5.4 倍分單位

(1)倍分單位名稱及符號：表 1-5.5 中外國文字首之名稱及符號亦可適用同表中之中文譯名。

表 1-5.5

倍分數	字首		英文名
	符號	單位名稱	
10^{18}	E	百萬兆(艾)	exa
10^{15}	P	千兆(拍)	peta
10^{12}	T	兆(太)	tera
10^{9}	G	十億(吉)	giga
10^{6}	M	百萬(昧)	mega
10^{3}	k	千	kilo
10^{2}	h	百	hecto
10	da	十	deca
10^{-1}	d	分	deci
10^{-2}	c	釐	centi
10^{-3}	m	毫	milli
10^{-6}	μ	微	micro
10^{-9}	n	微毫(奈)	nano
10^{-12}	p	微微(皮)	pico
10^{-15}	f	毫微微(非)	femto
10^{-18}	a	微微微(阿)	atto

1-5.5 國際單位及其倍分數

國際單位及其倍分數之使用：

(1)國際單位倍分數(十進位)之應用甚為方便，在特殊用途方面能使數字的位數改在一個實用的範圍內。

(2)倍分數之應用，通常可使數字之位數改在 0.1 至 1000 之間。

例：1.2×10^4N 可寫成 12kN。

0.00394m 可寫成 3.94mm。

1401Pa 可寫成 1.401kPa。

3.1×10^{-8}s 可寫成 31ns。

在同一度量單位之數值表或討論此等數值時，即使某些數值可能超過 0.1 至 1000 範圍亦使用相同之倍分數較為優。某些特別用途之數據，習慣上常使用相同之倍分數；例如，用在機械工程圖中，常以毫公尺為度量單位。

(3)一個複合單位只能使用一個外文字首。

(4)所有數據如均以 10 之乘方表示，則較易避免計算錯誤。

1-5.6 非國際單位

非國際單位可與國際單位及其倍分數並用者。

(1)有某些非國際單位仍受到國際度量衡委員會承認，其所以仍被保留者，乃因其有實用價值(表 1-5.6 或在某些專業領域仍有其用途(表 1-5.7)。

(2)表 1-5.5 所列之倍分單位字首可能與表 1-5.6 及表 1-5.7 若干單位有關連。
例：毫升，ml；百萬電子伏特，MeV。

(3)在某些情形下，複合單位是由表 1-5.6，表 1-5.7 與國際單位及其倍分數所組成。例：kg/h；km/h。

表 1-5.6

量	單位名稱	單位符號	定義
時間	分	min	1min=60s
	時	h	1h=60min
	日	d	1d=24h
平面角	度	°	1° =(π /180)rad
	分	'	1' =(1/60) °
	秒	"	1" =(1/60) '
體積	公升	l	1 l=1 dm^3
質量	公噸	t	1 t=10^3kg

表 1-5.7

量	單位名稱	單位符號	定義
能	電子伏特	eV	1 電子伏特就是一個電子在真空中通過 1 伏特單位差所需之運動能量。 1eV=1.60219×10^{-19}J(近似)
原子質量	電子質量單位	U	1 原子質量單位(規定的)等於 ^{12}C 原子質量的十二分之一。 1 μ =1.66053×10^{-27}kg(近似)
長度	光年 秒弳	AU PC	1 AU=149597,870×10^6(1979：天文常數系) 1 PC 就是 1 AU 所對 1 秒弳之距離。 1 PC=206265 AU=30857×10^{12}(近似)
液體壓力	巴	bar	1 bar=10^5Pa

第 2 章 材料符號

2

2-1 常見的規範名稱之代號

表 2-1.1 各種規範代號

	規範(出版機構)名稱	代號	中文名稱
1.	Association of American Railroad	AAR	美國鐵路協會
2.	American Bureau of Shipping	ABS	美國驗船協會
3.	American Iron & Steel Institute	AISI	美國鋼鐵學會
4.	American National Standards Institute	ANSI	美國國家標準協會
5.	American Petroleum Institute	API	美國石油協會
6.	American Railway Engineering association	AREA	美國鐵路工程協會
7.	American Society of Mechanical Engineering	ASME	美國工程師協會
8.	American Society of Testing & Materials	ASTM	美國材料試驗協會
9.	Australian Standards	AS	澳洲國家標準
10.	American Standards Association	ASA	美國國家標準
11.	Aerospace Material Specification (of SAE)	AMS	航空材料規範
12.	American Welding Society	AWS	美國熔接協會
13.	British Standards (British Standards Institution)	BS	英國國家標準
14.	Bureau Veritas	BV	法國驗船協會
15.	National Standards of Canada	CAN	加拿大國家標準
16.	Chinese National Standards	CNS	中華民國國家標準
17.	China Corporation Register of Shipping	CR	中國驗船協會
18.	Deutscher Industrie-Normen	DIN	德國工業標準
19.	European Standards	EN	歐洲標準
20.	Federal Specification(General Service Administration)	FED	聯邦規格(聯邦勤務供應管理署)
21.	Guojia Biaozhum	GB	中國大陸國家標準
22.	Germanischer Lloyd	GI	德國驗船協會
23.	Komiteta Standardov Merilzmeritel Nyh Priborov Pri Sovete Ministov	GOST	蘇聯國家標準
24.	Korean Standards	KS	韓國國家標準
25.	Indian Railway Standard Specification	IRSS	印度鐵路標準規範
26.	Indian Standards	IS	印度國家標準
27.	International Organization for Standardization	ISO	國際標準化組織
28.	Japanese Industrial Standards	JIS	日本工業標準
29.	Jugoslovenski Syandards	JUS	南斯拉夫標準
30.	Lloy's Register of Shipping	LR	英國勞氏驗船協會
31.	Military Specification(United States Government of Defense)	MIL	美國軍用規格
32.	Normes Francaises	NF	法國國家標準
33.	Nippon Kaiji Kjokai	NK	日本海事協會
34.	Det Norske Veritas	NV	挪威驗船協會
35.	Svensk Standards	SIS	瑞典國家標準
36.	Swiss Normen-Verzeichnis	SNV	瑞士國家標準
37.	Society of Automotive Engineers	SAE	美國汽車工程師協會
38.	Verein Deutscher Eisenhuttenleute	VDEh	西德鋼鐵協會規格

2-2 鋼鐵材料表示法

1.碳鋼

例： S 20 C
(1) (2) (3)

(1)碳鋼
(2)該數的 0.01%為含碳量，即 0.2%C
(3)C 表示碳

2.構造用合金鋼

例： S CM 4 15 H
(1) (2) (3) (4) (5)

(1)鋼號
(2)合金元素

單一元素	Mn	Mo	Cr	Ni	Al	Bo
複合使用	Mn	M	C	N	A	B

區分	記號	區分	記號
碳鋼	SxxC	鉻鋼	SCr
硼鋼	SBo	鉻硼鋼	SCrB
錳鋼	SMn	鉻鉬鋼	SCM
錳硼鋼	SMnB	鎳鉻鋼	SNC
錳鉻鋼	SMnC	鎳鉻鉬鋼	SNCM
錳鉻硼鋼	SMnCB	鋁鉻鉬鋼	SACM

(3)合金含量：CM 表示 CrMo
(4)含碳量：該數的 0.01%
(5)H 表示硬化能保證鋼，K 表示表面硬化用碳鋼

3.一般結構用鋼

例： S S 400
(1) (2) (3)

(1)鋼號
(2)用途號
(3)最小抗拉強度，單位是 MPa

4.不銹鋼及耐熱鋼

例： S US 316
(1) (2) (3)

(1)鋼號
(2)US 不銹鋼；UH 耐熱鋼
(3)序號，參考 ISO

5.彈簧鋼、含鉻軸承鋼

例： SUJ 3
(1) (2)

(1) SUJ 表示含鉻軸承鋼；SUP 表示彈簧鋼
(2)序號

6.工具鋼

例： S KH 5
(1) (2) (3)

(1)鋼號
(2)K 碳素工具鋼；KS 特殊用工具鋼；KD 模具鋼；KT 工具合金鋼；KH 高速工具鋼
(3)序號

7.鑄鐵

例： FCD 800
(1) (2)

(1)FC 灰鑄鐵；FCD 延性鑄鐵；FCMB 黑心可鍛鑄鐵；FCMW 白心可鍛鑄鐵；FCMP 波來鐵可鍛鑄鐵
(2)最小抗拉強度，單位 N/mm^2(MPa)

8.鑄鋼

(A)碳素鑄鋼

例： SC 450
(1) (2)

(1)鑄鋼符號
(2)最小抗拉強度，單位 N/mm^2(MPa)

(B)高強度碳鋼、低合金鋼鑄件

例： SC C 3
(1) (2) (3)

(1)鑄鋼符號
(2)碳元素
(3)序號

(C)合金鋼鑄件

例： SC Mn M 3
(1) (2) (3)

(1)鑄鋼符號
(2)元素符號，含有 Mn 及 Mo
(3)序號

(D)不銹鋼鑄件、耐熱鋼鑄件

例： SUS 316 (1)鋼種 SUS 是不銹鋼；SUH 是耐熱鋼

(1) (2) (2)序號

2-3 分類記號

台灣目前之 CNS 標準乃以 ISO 之規格為主，其分類記號原則上可分三部分，說明如下：

$$命名範例：\underset{(1)}{\underline{S}}\quad\underset{(2)}{\underline{UP}}\quad\underset{(3)}{\underline{9A}}$$

說明：

第一部分：以英文字母表示材質。例如，以"S"表鋼材，其他詳列如表 2-3.1。

第二部分：以英文字母表示製品之形狀、類別或用途，如"UP"表「彈簧鋼」，其他詳列如表 2-3.2。

第三部分：以阿拉伯數字或英文字母表示材質之種類號數或最低抗拉強度(部分則表示降伏強度，如鋼筋類)。如"9A"表"第 9 種 A 類"。

表 2-3.1 ISO 表材質名稱之符號(第一部分：取英文或日音羅馬字之字母，或化學元素記號)

符號	名稱	備註	符號	名稱	備註
CaSi	矽化鈣	Calcium Silicon	FW	鎢鐵合金	Ferro-Wolfeam
F	鐵	Ferrum	MC	鑄造磁石	Mabnet Casting
FB	硼鐵合金	Ferro-Boron	MF	鍛造磁石	Mabnet Forge
FCr	鉻鐵合金	Ferro-Chromium	MP	燒結磁石	Mabnet Powder
FMn	錳鐵合金	Ferro-Manganese	MCr	金屬鉻	Metallic-Cheomium
FMo	鉬鐵合金	Ferro-Molybdenum	MMn	金屬錳	Metallic-Manganese
FNb	鈮鐵合金	Ferro-Niobium	MSi	金屬矽	Metallic-Silicon
FNi	鎳鐵合金	Ferro-Nickel	S	鋼	Steel
FP	磷鐵合金	Ferro-Phosphorus	SiMn	矽錳合金	Silicon Manganese
FSi	矽鐵合金	Ferro-Silicon	SiCr	矽鉻合金	Silicon Chromium
FTi	鈦鐵合金	Ferro-Titanium	SP	鏡鐵	Spiegeleisen
FV	釩鐵合金	Ferro-Vanadium			

表 2-3.2 ISO 表示製品名稱之符號(記於第二部分)

符號	名稱	備註	符號	名稱	備註
ACM	鋁鉻鉬鋼	Aluminum Chromium Molybdenum	PC	冷軋板	Cold Rolled Plate
B	桿、鍋爐	Bar Boiler	PG	鍍鋅鋼板	Galvanized
BC	鏈條用圓鋼	Bar Chain	PH	熱軋鋼板	Hot Rolled Plate
BP	PC 鋼棒	Prestressed Concrete Bar	PHT	鋼管用鋼帶	Strip for Tube
BV	鍋爐容器	Boiler Vessel	PP	搪磁用板	Procelain
C	鑄件	Casting	PT	鍍錫板	Tinplate
CA	構造用合金鋼鑄件	Casting Alloy	PV	壓力容器	Pressure Vessel
CD	球墨鑄件	Casting,Ductile	QV	壓力容器用調質合金鋼	Quenched Vessel
CH	耐熱鑄鋼品	Casting Heat-resisting	R	圓棒	Round
CMB	黑心可鍛鑄件	Malleable Casting, Black	RB	軋棒	Re-Rolled Bar
CMnH	高錳鑄鋼	High Manganese Casting	RR	再軋圓鋼筋	Rerolled, Round
CMP	波來鐵可鍛鑄鐵	Malleable Casting, Pearlite	DR	再軋凸節鋼筋	Deformed Reroll
CMW	白心可鍛鑄件	Malleable Casting, White	S	一般構造用軋製鋼材	Structural
CM	鉻鉬鋼	Chromium Molybdenum	SC	構造用鍛件	Structural Cold Forming
Cr	鉻鋼	Chromium	D	凸節鋼筋	Deformed
DP	甲板鋼	Deck Plate	T	管	Tubing
E	耐蝕耐熱	Corrosion or Erosion & Heat-resisting	TB	鍋爐管	Boiler Heat Exchanger
EH	熱軋電鍍板	Electrolytic, Hot Rolled	TBL	低溫熱交換管	Low Temperature Heat Exchanger
F	鍛件	Forging	TC	化學工業用管	Chemical

符號	名稱	備註	符號	名稱	備註
G	氣瓶	Gas Cylinder	TF	加熱爐用鋼管	Tube for Fired Heater
GP	氣管	Gas Pipe	TH	高壓用管	High Pressure
GPW	水管用鍍鋅鋼管	Galvanized Tube for Water Use	TK	構造用碳鋼管	Structural Carbon Steel Tube
GV	一般容器	General Vessel	TKS	構造用合金鋼管	Structural Alloy Steel Tube
H	高碳	High Carbon	TM	採礦用鋼	Mining
K	工具鋼	KOGUKO(日音羅馬字)	TL	機車鍋爐用管	Locomotive
KC	鑿用工具鋼	Chisel	TP	壓力配管用管	Pressure
KH	高速鋼	High Speed	TPA	配管用合金鋼管	Alloy Steel Piping
KS	特殊工具鋼	Special	TPL	低溫配管用鋼管	Low Temp. Steel Piping
KD	(合金工具鋼)模具鋼	DIES KO(日音羅馬字)	TPT	高溫配管用鋼管	High Temp. Steel Piping
KT	(合金工具鋼)鍛造模用鋼	TAMZO KO(日音羅馬字)	TS	特殊高壓配管用管	Special Pressure
LA	低溫鋁脫氧	Low Temp Al-killed	TT	高溫高壓配管用管	High Temperature
M	中碳	Marine	TO	油井用管	Oil Pipe & Tube
MA	耐候鋼	Marine Atmospheric	TW	水通用管	Water
NC	鎳鉻	Nickel Chromium	U	特殊用途鋼	Special-Use
NCM	鎳鉻鉬	Nickel Chromium Molybdenum	UG	鍛造磁石材	JISAKU(JI=G) (日音羅馬字)
P	板	Plate	UH	耐熱鋼	Heat-Resisting Steel
UJ	軸承鋼	JIKUU KE(日音羅馬字)	WOSC-V	閥彈簧用油調質矽鉻鋼線	Oil-tempered Chromium Silicon Alloy Steel Valve Spring Quality Wire
UM	易削鋼	Machinaability	WP	鋼琴線	Piano Wire
UP	彈簧鋼	Spring	WC	PC 硬鋼線	Steel Wire for Concrete
US	不銹鋼	Stainless	WP	PC 鋼線	Steel Wire for Prestressed Concrete
UY	電磁軟鐵	Yoke	WPE	電機接合用鋼琴線	Piano Wire for Electric Binding
V	鉚釘用軋製鋼材	Rivet	WRH	硬鋼線材	Hard Wire Rod
W	線	Wire	WRM	軟鋼線材	Mild Wire Rod
WM	鐵線	Mild Wire	WRS	鋼琴線材	Piano Wore Rod (Spring)
WO	油溫調質鋼線	Oil-tempered Carbon Steel Wire	WRY	電焊條心線用線材	YOSETSU(Wire Rod) (日音羅馬字)
WO-V	閥彈簧用油調質鋼線	Oil-tempered Steel Valve Spring Quality Wire	Y	鋼板樁	矢板
WOCV-V	閥彈簧用油調質鉻釩鋼線	Oil-tempered Chromium Vanadium Alloy Steel Valve Spring Quality Wire			

表 2-3.3 SAE 鋼料基本編號系統

編號	種類及平均化學成分含量(%)	編號	種類及平均化學成分含量(%)
	碳鋼		鎳鉬鋼
10XX	碳素鋼(Mn 1.00% max)	46XX	Ni 0.85 and 1.82;Mo 0.20 and 0.25
11XX	再硫化鋼	48XX	Ni 3.50;Mo 0.25
12XX	再硫化、磷化鋼		鉻鋼
15XX	碳素鋼(max Mn rang-over 1.00-1.65%)	50XX	Cr 0.27,0.40,0.50 and 0.65
	錳鋼	51XX	Cr 0.80,0.87,0.92,0.95,1.00 and 1.05
13XX	Mn 1.75	501XX	Cr 0.50
	鎳鋼	511XX	Cr 1.02
23XX	Ni 3.50	521XX	Cr 1.45
25XX	Ni 5.00		鉻釩鋼
	鎳鉻鋼	61XX	Cr 0.60,0.80, and 0.95;V 0.10 and 0.15 minimum

編號	種類及平均化學成分含量(%)
31XX	Ni 1.25; Cr 0.65 and 0.80
32XX	Ni 1.75; Cr 1.07
33XX	Ni 3.50; Cr1.50 and 1.57
34XX	Ni 3.00; Cr 0.77
	鉬鋼
40XX	Mo 0.20 and 0.25
44XX	M0 0.40 and 0.52
	鉻鉬鋼
41XX	Cr 0.50,0.80 and 0.95;Mo 0.12,0.20,0.25 and 0.30
	鎳鉻鉬鋼
43XX	Ni 1.82;Cr 0.50 and 0.80;Mo 0.25
43BVXX	Ni 1.82;Cr 0.50;Mo 0.12 and 0.25;V 0.03 minimum
47XX	Ni 1.05;Cr 0.45;Mo 0.20 and 0.35
81XX	Ni 0.30;Cr 0.40;Mo 0.12
86XX	Ni 0.55;Cr 0.50;Mo 0.20
87XX	Ni 0.55;Cr 0.50;Mo 0.25
88XX	Ni 0.55;Cr 0.50;Mo 0.35
93XX	Ni 3.25;Cr 1.20;Mo 0.12
94XX	Ni 0.45;Cr 0.40;Mo 0.12
97XX	Ni 0.55;Cr 0.20;Mo 0.20
98XX	Ni 1.00;Cr 0.80;Mo 0.25

編號	種類及平均化學成分含量(%)
	鎢鉻鋼
71XX	W 13.50 and 16.50;Cr 3.50
72XX	W 1.75;Cr 0.75
	矽錳鋼
92XX	Si 1.40 and 2.00;Mn 0.65,0.82 and 0.85;Cr 0.00 and 0.65
	高強度低合金鋼
9XX	Various
	不銹鋼
	(Cr-Mn-Ni 系)
302XX	Cr 17.00 and 18.00;Mn 6.50 and 8.75;Ni 4.50 and 5.00
	(Cr-Ni 系)
303XX	Cr 8.50,15.50,17.00,18.00,19.00,20.00,20.50, 23.00,25.00
	Ni 7.00,9.00,10.00,10.50,11.00,11.50,12.00,13.00, 13.50,20.50,21.00,35.00
	(Cr 系)
514XX	Cr 11.12,12.25,12.50,13.00,16.00,17.00,20.50 and 25.00
515XX	Cr 5.00
	硼鋼
XXBXX	B denotes Boron Steel
	含鉛鋼 STEELS
XXLXX	L denotes Leaded Steel

表 2-3.4 第一位數字所代表之鋼種

1	---------------------------碳鋼	4	----------------------鉬鋼	7	-------------------------鎢鋼
2	---------------------------鎳鋼	5	----------------------鉻鋼	8	-------------------鎳鉻鉬鋼
3	----------------------鎳鉻鋼	6	------------------鉻釩鋼	9	----------------------矽錳鋼

表 2-3.5 常用各種鋼料之 SAE 編號

編號	名稱	成份	編號	名稱	成份
10XX	普通碳鋼	含碳量以 XX 或 X.XX 之數目表示之	514XX 515XX	耐蝕耐熱鋼	含鉻 13.50%至 30.00%
11XX	易切鋼	含錳 0.40%至 1.2%，磷 0.40%至 0.15%，硫 0.10%至 0.25%	61XX	鉻釩鋼	含鉻 0.80%至 0.95%，釩 0.10%至 0.15%
13XX	錳鋼	含錳約 1.75%	712XX 713XX 716XX	鎢鋼	含鎢分別約 12、13、16%
25XX	鎳鋼	含鎳約 5.00%	81XX	鎳鉻鉬鋼	含鎳約 0.30%、鉻約 0.40%、鉬約 0.12%
31XX	鎳鉻鋼	含鎳約 1.25%，鉻 0.65%至 0.80%	86XX	鎳鉻鉬鋼	含鎳約 0.55%、鉻約 0.50%、鉬約 0.20%
33XX	鎳鉻鋼	含鎳約 3.50%，鉻約 1.55%	87XX	鎳鉻鉬鋼	含鎳約 0.55%、鉻約 0.50%、鉬約 0.25%
303XX	耐蝕耐熱鋼	含鎳 1.15%至 37.00%，鉻 7.00%至 27.00%	92XX	矽錳鋼	含錳約 0.85%、矽約 2.00%
40XX	鉬鋼	含鉬約 0.25%	93XX	三元鋼	含鎳約 3.25%、鉻約 1.20%、鉬約 0.12%
41XX	鉬鋼	含鉻 0.50%至 0.95%，鉬 0.12%至 0.20%	94XX	四元鋼	含錳 0.95%至 1.35%、鎳約 0.45%、鉻約 0.40%、鉬約 0.12%
43XX	鉬鋼	含鎳約 1.80%，鉻 0.50%至 0.80%，鉬約 0.25%	97XX	三元鋼	含鎳約 0.55%、鉻約 0.17%、鉬約 0.20%
48XX	鉬鋼	含鎳約 4.50%，鉬約 0.25%	98XX	三元鋼	含鎳約 1.00%、鉻約 0.80%、鉬約 0.25%

編號	名稱	成份	編號	名稱	成份
51XX	鉻鋼	含鉻分別為 0.80、0.90、0.95、1.00、1.05%	99XX	三元鋼	含鎳約 1.15%、鉻約 0.50%、鉬約 0.25%
501XX 511XX 521XX	軸承用鋼	含鉻 1.00%至 2.00%	950XX	高強度低合金鋼	含錳 0.50%至 1.60%、矽 0.15%至 1.20%

2-4 非鐵金屬符號表

分類	規格名稱	記號	說明
基材金屬	鎳金屬基材	N	N:Nickel
	鑄物用鋁二次合金基材	C××S	C:Casting, ××:種類, S:Secondary
基材金屬	打模用鋁二次合金基材	D×S	D:Die Casting, ××:種類, S:Secondary
	反射爐精製純銅(tough pitch copper)	C-TCu B-TCu	C:Cake, T:Tough, Cu:Copper B:Billet, T:Tough, Cu:Copper
	脫磷氧型銅	C-DCu B-DCu	C:Cake, D:Deoxidized, C:Copper B:Billet, D:Deoxidized, Cu:Copper
	無氧型銅	C-OFCu B-OFCu	C:Cake, OF:Oxygen-Free, Cu:Copper B:Billet, OF:Oxygen-Free, Cu:Copper
	海棉狀鈦	TS	T:Titanium, S:Sponge
	成型鈦	TC	T:Titanium, C:Compressed
	鑄物用黃銅基材	YBsCIn	Y:Yellow, Bs:Brass, C:Casting, In:Ingot
	鑄物用青銅基材	BCIn	B:Bronze, C:Casting, Ingot
	鑄物用磷青銅基材	PBCIn	PB:Phosphor Bronze, C:Casting,In:Ingot
	鑄物用強力黃銅基材	HBsCIn	HBs:High Strength Brass, C:Casting,In:Ingot
	鑄物用鋁青銅基材	AlBCIn	Al:Aluminium, B:Bronze, C:Casting,In:Ingot
	鑄物用鉛青銅基材	LBCIn	LB:Leaded Bronze, C:Casting,In:Ingot
	鑄物用鋁合金基材	C××V	C:Casting, ××：種類,V:Virgin
	打模用鋁合金基材	D×V	D:Die Casting, ×：種類, V:Virgin
	鑄物用鎂合金基材	MCIn	M:Magnesium, C:Casting,In:Ingot
	打模用鎂合金基材	MDCIn	M:Magnesium, DC:Die Casting,In:Ingot
	活字合金基材	K	K：活字
	磷銅基材	PCu×	P:Phosphor, Cu:Copper,×：等級
	鎂鎳基材	MgNi	Mg:Magnesium, Ni:Nickel
	鎂銅基材	MgCu	Mg:Magnesium, Cu:Copper
銅及銅合金	銅及銅合金板及條	C××××P C××××PP C××××R	C:Copper, P:Plate C:Copper, P:Plate P:Printing C:Copper, R:Ribbon
	磷青銅及白銅之板及條(白銅：Cu-Ni-Zn系銅合金)	C××××P C××××R	C:Copper, P:Plate C:Copper, R:Ribbon
	彈簧用鈹同、磷青銅及白銅之板及條	C××××P	C:Copper, P:Plate
	粗銅棒 銅及銅合金棒	C××××R C××××BB C××××BD C××××BDS C××××BE C××××BF	C:Copper, R:Ribbon C:Copper, B:Bus, B:Bar C:Copper, B:Bar ,D:Draw C:Copper, B:Bar, D:Draw, S:Special C:Copper, B:Bar, E:Extruded C:Copper, B:Bar, F:Forged
	銅及銅合金線	C××××W	C:Copper, W:Wire
	鈹銅、磷青銅及白銅之棒及線	C××××B C××××W	C:Copper, B:Bar C:Copper, W:Wire

分類	規格名稱	記號	說明
	銅及銅合金無縫管	C××××T C××××TS	C:Copper, T:Tube C:Copper, T:Tube, S:Sspecial
	銅及銅合金接口	×T ×EA,B,C	T:Tees ×：種類, E:Elbow, A,B,C,：接合部
	銅及銅合金熔接管	C××××TW C××××TWS	C:Copper, T:Tube, W:Welded C:Copper, T:Tube, W:welded, S:Special
	電子管用無氧銅之板、條、棒、線及無縫管	C××××P C××××R C××××BD C××××BE C××××W C××××T C××××TS	C:Copper, P:Plate C:Copper, R:Ribbon C:Copper, B:Bar, D:Draw C:Copper, B:Bar, E:Extruded C:Copper, W:Wire C:Copper, T:Tube C:Copper,T:Tube, S:Special
鋁及鋁合金	鋁及鋁合金之板及條	A××××P A××××PC A××××PS	A:Aluminium, ××××：種類, P:Plate A:Aluminium, ××××：種類, PC:Plate Clad A:Aluminium, ××××：種類, P:Plate, S:Special
	鋁及鋁合金之棒及線	A××××BE A××××BD A××××W A××××BES A××××BDS A××××WS	A:Aluminium, ××××：種類, BE:Bar Extruded A:Aluminium, ××××：種類, BD:Bar Drawn A:Aluminium, ××××：種類, W:Wire A:Aluminium, ××××：種類, BES:Bar Extruded Special A:Aluminium, ××××：種類, BDS:Bar Drawn A:Aluminium, ××××：種類, WS:Wire Special
	鋁及鋁合金無縫管	A××××TE A××××TD A××××TES A××××TDS	A:Aluminium, ××××：種類, TE:Tube Extruded A:Aluminium, ××××：種類, TD:Tube Drawn A:Aluminium, ××××：種類, TES:Tube Extruded Special A:Aluminium, ××××：種類, TDS:Tube Drawn Special
	鋁及鋁合金熔接管	A××××TW A××××TWS A××××TWA	A:Aluminium, ××××：種類, TW:Tube Welded A:Aluminium, ××××：種類, TWS:Tube Welded Special A:Aluminium, ××××：種類, TWA:Tube Welded Arc
	鋁及鋁合金壓出成型材	A××××S	A:Aluminium, ××××：種類, S:Shape
	鋁及鋁合金鍛造品	A××××FD A××××FH	A:Aluminium, ××××：種類, FD:Forging Die A:Aluminium, ××××：種類, FH:Forging Hand
	鋁及鋁合金箔	A××××H	A:Aluminium, ××××：種類, H:HaKu
	鋁及鋁合金導體	A××××PB A××××SB A××××TB	A:Aluminium, ××××：種類, PB:Plate Bus A:Aluminium, ××××：種類, SB:Shape Bus A:Aluminium, ××××：種類, TB:Tube Bus
鎂及鎂合金	鎂合金板	MP×	M:Magnesium, P:Plate ×：種類
	鎂合金無縫管	MT×	M:Magnesium, T:Tube, ×：種類
	鎂合金棒	MB×	M:Magnesium, B:Bar, ×：種類
	鎂合金壓出成型材	MS×	M:Magnesium, S:Shape, ×：種類
鉛及鉛合金	鉛板	PbP	Pb:Lead, P:Plate
	硬鉛板	HPbP×	H:Hard, Pb:Lead, P:Plate, ×：種類
	鉛管	PbT×	Pb:Lead, T:Tube, ×：種類
	水道用鉛管	PbTW×	Pb:Lead, T:Tube, W:Wire Works, ×：種類
	硬鉛管	HPbT×	H:Hard, Pb:Leadm T:Tube, ×：種類

2

2-5 鋁及鋁合金

鋁及鋁合金之材質記號，以 10 位數數字表示之。

A	□	□	□	□	□
(1)	(2)	(3)	(4)	(5)	(6)~(10)

第(1)位：A 表示鋁及鋁合金

第(2)～(5)位數數字也是 ISO 所採用之 AA(American Aluminum Association)國際登記合金號碼。

第(2)位：純鋁其數字為 1，鋁合金則依其主要添加元素而以 2 至 9 之數字表示之。其區分如下：

1. 鋁合金純度在 99.00%或以上之純鋁
2. Al-Cu-Mg 系合金
3. Al-Mn 系合金
4. Al-Si 系合金
5. Al-Mg 系合金
6. Al-Mg-Si 系合金
7. Al-Zn-Mg 系合金
8. 以上之外系統之合金
9. 將來預備用

第(3)位：數字 0～9，0 表示基本合金，1 至 9 視合金改良型不同而使用。日本獨有的合金或國際登錄之外規格之合金則以 N 表示。

例：A1080，A7N01

第(4)位及第(5)位：純鋁以鋁金屬純度之小數點以下 2 位數表示。合金則原則上附以舊 ALCOA(Aluminum Company of America)的稱呼。日本獨有的合金則另有合金系別，其制訂順序自 01 至 99，分別用此號碼。

例：

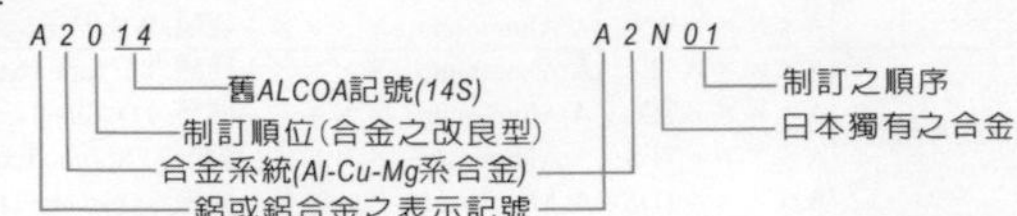

●第(4)或(5)位數字之後可續附上 1～3 個英文字，此為表示材料之形狀記號。

符號	名　稱	符號	名　稱
P	板條、圓板	TW	熔接管
PC	壓合板	TWA	電弧熔接管
BE	壓出成型棒	S	壓出成型材
BD	拉伸成型棒	BR	鉚釘材
W	拉伸成型線	FD	打模鍛造材品
TE	壓出成型無縫管	FH	自由鍛造品
TD	拉伸成型無縫管		

第(6)～(10)位：表示調質度

符號	說　明
-F	表示製造狀態(軋延、擠製、鑄造狀態)
-O	表示完全退火狀態(僅用於鍛造材料)
-H	表示加工硬化狀態
-H1n -H2n -H3n	表示僅受應變硬化(Strain hardened) 表示加工硬化後施以適度的退火 表示加工硬化後施以安定化處理 n 表示加工硬化的程度： n=2 為 20%(1/4 硬質)　n=4 為 40% (1/2 硬質) n=6 為 60% (3/4 硬質)　n=8 為 80% (硬質) n=9 為 90% (超硬質)

符號	說 明
-T	表示施以 F、O、H 以外之熱處理使安定化
-T1	表示鑄造後自然時效至安定化狀態
-T2	表示鑄造後施以完全退火
-T3	表示固溶化後施以冷加工使硬化者
-T4	表示固溶化後完成自然時效至安定狀態
-T5	表示省略固溶化而僅施以人工時效
-T6	表示固溶化後施以人工時效硬化者
-T7	表示固溶化後施以安定化熱處理者
-T8	表示固溶化後施以冷加工，爾後再經過人工時效處理者
-T9	表示固溶化後施以人工時效，再冷加工者
-T10	表示 T5 後施以冷加工者
-W	固溶化後正在進行時效硬化者

鍛造用鋁合金之合金系列(AA 規格)

編 號	主要合金元素	稱 呼 例 子
1XXX	99.00%以上純度的 Al	99.30%Al 為 1030
2XXX	Al—Cu 系合金	17S 為 2017
3XXX	Al—Mn 系合金	3S 為 3003
4XXX	Al—Si 系合金	32S 為 4032
5XXX	Al—Mg 系合金	52S 為 5052
6XXX	Al—Mg—Si 系合金	61S 為 6061
7XXX	Al—Zn 系合金	75S 為 7075
8XXX	其他元素	
9XXX	備用	

2-6 其 他

銅合金及鋁合金以外之其他金屬記號。JIS 原則上以下列三部分所構造之金屬記號表示之。即：

(1)最初部分：為材質

(2)其次部分：表示製品名

(3)最後部分：表示種類

例：M P 1 － 1/2H 鎂合金板
(1) (2) (3) (品質記號)

(1)最初部分

使用英語或羅馬字的字首或化學元素記號，表示材質。例：

符號	名稱	字源	符號	名稱	字源
A	鋁	Aluminum	HBs	強力黃銅	High Strength Brass
B	青銅	Bronze	MCr	金屬鉻	Metallic Cr
C	銅	Copper	M	鎂	Magnesium
DCu	磷脫氧銅	Deoxidized Copper	PB	磷青銅	Phosphor Bronze

(2)其次部分

使用英語或羅馬字字首。就板管棒線等製品的形狀種類及用途之表示記號加以組合，用以表示製品名。

2-7 硬度對照表

維氏硬度 P=50 kg	勃氏硬度 d=10 mm p=3000 kg	洛氏硬度		洛氏表面硬度		蕭氏硬度	抗拉強度 N/mm²	維氏硬度 P=50 kg	勃氏硬度 d=10 mm p=3000 kg	洛氏硬度			洛氏表面硬度		蕭氏硬度	抗拉強度 N/mm²
		A Scale	B Scale	15-N	30-N					A Scale	B Scale	C Scale	15-N	20-N		
940		85.6	68.0	93.2	84.4	97		410	388	71.4		41.8	81.4	61.1		1342
920		85.3	67.5	93.0	84.0	96		400	379	70.8		40.8	81.0	60.2	55	1313
900		85.0	67.0	92.9	83.1	95		390	369	70.3		39.8	80.3	59.3		1274
880		84.7	66.4	92.7	83.0	93		380	360	69.8	(110.0)	38.8	79.8	58.4	52	1244
860		84.4	65.9	92.5	82.7	92		370	350	69.2		37.7	79.2	57.4		1205
840		84.1	65.3	92.3	82.2	91		360	341	68.7	(109.0)	36.6	78.6	56.4	50	1176
820		83.8	64.7	92.1	81.7	90		350	330	68.1		35.5	78.0	55.4		1146
800		83.4	64.0	91.8	81.1	88		340	322	67.6	(108.0)	34.4	77.4	54.4	47	1107
780		83.0	63.3	91.5	80.4	87		330	313	67.0		33.3	76.8	53.6		1078
760		82.6	62.5	91.2	79.7	86		320	303	66.4	(107.0)	32.2	76.7	52.3	45	1038
740		82.2	61.8	91.0	79.1	84		310	294	65.8		31.0	75.6	51.3		1009
720		81.8	61.0	90.7	78.4	83		300	284	65.2	(105.0)	29.8	74.9	50.2	42	970
700		81.3	60.1	90.3	77.6	81		295	280	64.8		29.2	74.6	49.7		960
690		81.1	59.7	90.1	77.2			290	275	64.5	(104.5)	28.5	74.2	49.0	41	940
680		80.8	59.2	89.8	76.8	80	2273	285	270	64.2		27.8	73.8	48.4		921
670		80.6	58.8	89.7	76.4		2234	280	265	63.8	(103.5)	27.1	73.4	47.8	40	901
660		80.3	58.3	89.5	75.9	79	2195	275	261	63.5		26.4	73.0	47.2		891
650		80.0	57.8	89.2	75.5		2165	270	256	63.1	(102)	25.6	72.6	46.4	38	872
640		79.8	57.3	89.0	75.1	77	2126	265	252	62.7		24.8	72.1	45.7		852
630		79.5	56.8	88.8	74.6		2097	260	247	62.4	(101)	24.0	71.6	45.0	37	833
620		79.2	56.3	88.5	74.2	75	2058	255	243	62.0		22.2	71.1	44.2		823
610		78.9	55.7	88.2	73.6		2028	250	238	61.6	99.5	22.1	70.6	43.4	36	803
600		78.6	55.2	88.0	73.2	74	1989	245	233	61.2		21.3	70.1	42.5		784
590		78.4	54.7	87.8	72.7		1960	240	228	60.7	98.1	20.3	69.6	41.7	34	764
580		78.0	54.1	87.5	72.1	72	1920	230	219		96.7	(18.0)			33	735
570		77.8	53.6	87.2	71.7		1891	220	209		95.0	(15.7)			32	695
560		77.4	53.0	86.9	71.2	71	1852	210	200		93.4	(13.4)			30	666
550	505	77.0	52.3	86.6	70.7		1822	200	190		91.4	(11.0)			29	637
540	496	76.7	51.7	86.3	70.5	69	1793	190	181		89.5	(8.5)			28	607
530	488	76.4	51.1	86.0	69.5		1754	180	171		87.1	(6.0)			26	578
520	480	76.1	50.5	85.7	69.0	67	1724	170	162		85.0	(3.0)			25	548
510	473	75.7	49.8	85.4	68.3		1695	160	152		81.7	(0.0)			24	519
500	465	75.3	49.1	85.0	67.7	66	1656	150	143		78.7				22	490
490	456	74.9	48.4	84.7	67.1		1617	140	133		75.0				21	450
480	448	74.5	47.7	84.3	66.4	64	1587	130	124		71.2				20	431
470	441	74.1	46.9	83.9	65.7		1548	120	114		66.7					392
460	433	73.6	46.1	83.6	64.9	62	1519	110	105		62.3					
450	425	73.3	45.3	83.2	64.3		1479	100	95		56.2					
440	415	72.8	44.5	82.8	63.5	59	1450	95	90		52.0					
430	405	72.3	43.6	82.3	62.7		1411	90	86		48.0					
420	397	71.8	42.7	81.8	61.9	57	1381	85	81		41.0					

2-7.1 材料硬度表

碳素鋼		
鋼種記號	熱處理	硬度
S10C	正常化	HB109-156
	退火	HB109-149
S09CK	正常化	HB109-149
	淬火	HB121-179
S12C	正常化	HB111-167
S15C	退火	HB111-149
S15CK	正常化	HB111-149
	淬火	HB143-235
S17C	正常化	HB116-174
S20C	退火	HB114-153
S20CK	正常化	HB114-153
	淬火	HB159-241
S22C	正常化	HB123-183
S25C	退火	HB121-156
S28C	正常化	HB137-197
S30C	退火	HB126-156
	淬火	HB152-210
S33C	正常化	HB149-207
S35C	退火	HB126-163
	淬火	HB167-235
S38C	正常化	HB156-217
S40C	退火	HB131-163
	淬火	HB179-255
S43C	正常化	HB167-229
S45C	退火	HB137-170
	淬火	HB201-269
S48C	正常化	HB179-235
S50C	退火	HB143-187
	淬火	HB212-277
S53C	正常化	HB183-255
S55C	退火	HB149-192
	淬火	HB229-285
S58C	正常化	HB183-255
	退火	HB149-192
	淬火	HB229-285

中，低碳鉻合金鋼		
鋼種記號	抗拉強度	硬度
SCr415	80以上	HB217-302
SCr420	85以上	HB235-321
SCr430	80以上	HB229-293
SCr435	90以上	HB255-321
SCr440	95以上	HB269-331
SCr445	100以上	HB285-352

機械構造用錳鋼		
鋼種記號	抗拉強度	硬度
SMn420	70以上	HB201-311
SMn433	70以上	HB201-277
SMn438	75以上	HB212-285
SMn443	80以上	HB229-302

機械構造用錳鉻鋼		
鋼種記號	抗拉強度	硬度
SMnC420	85以上	HB235-321
SMnC433	95以上	HB269-321

中，低碳鉻合金鋼		
鋼種記號	抗拉強度	硬度
SCM415	85以上	HB235-321
SCM418	90以上	HB248-331
SCM420	95以上	HB262-352
SCM421	100以上	HB285-375
SCM430	85以上	HB241-302
SCM432	90以上	HB255-321
SCM435	95以上	HB269-331
SCM440	100以上	HB285-352
SCM445	105以上	HB302-363
SCM822	105以上	HB302-415
SCM51	95以上	HB269-321
SCM52	100以上	HB285-341
SCM53	105以上	HB302-363
SCM55	110以上	HB330
SCM71	95以上	HB235-321
SCM72	95以上	HB262-341
SCM74	95以上	HB262-341

中，低碳鎳鉻合金鋼		
鋼種記號	抗拉強度	硬度
SNC236	75以上	HB217-277
SNC415	80以上	HB235-341
SNC631	85以上	HB248-302
SNC815	100以上	HB285-388
SNC886	95以上	HB269-321

中，低碳鎳鉻合金鋼		
鋼種記號	抗拉強度	硬度
SNCM220	85以上	HB248-341
SNCM240	90以上	HB255-311
SNCM415	90以上	HB255-341
SNCM420	100以上	HB293-375
SNCM431	85以上	HB248-302
SNCM439	100以上	HB293-352
SNCM447	105以上	HB302-363
SNCM616	120以上	HB341-415
SNCM625	95以上	HB269-321
SNCM630	110以上	HB302-352
SNCM815	110以上	HB311-375
SNCM51	90以上	HB269-361

滲氮(氮化)用鋼		
鋼種記號	抗拉強度	硬度
SACM615	85以上	HB241-302
SCM56	90	HB295
SCMV2	125以上	
SAC51	85以上	
NAR1正	94	HB293
NAR1	133	HB388
NAR1正：表示有正常化處理		

軟氮用鋼		
鋼種記號	抗拉強度	硬度
SAC72	40以上	HB120以上
SAC73	60以上	HB160以上

沃斯田鐵系不銹鋼固溶化處理		
鋼種記號	抗拉強度	硬度
SUS201	53以上	HB241以下
SUS202	53以上	HB207以下
SUS301	53以上	HB187以下
SUS302	53以上	HB187以下
SUS303	53以上	HB187以下
SUS303SE	53以上	HB187以下
SUS304	53以上	HB187以下
SUS304L	49以上	HB187以下
SUS304N1	56以上	HB217以下
SUS304N2	70以上	HB250以下
SUS304LN	56以上	HB217以下
SUS305	49以上	HB187以下
SUS309S	53以上	HB187以下
SUS310S	53以上	HB187以下
SUS316	53以上	HB187以下
SUS316L	49以上	HB187以下
SUS316N	56以上	HB217以下
SUS316LN	56以上	HB217以下
SUS316J1	53以上	HB187以下
SUS316 J1L	49以上	HB187以下
SUS317	53以上	HB187以下
SUS317L	49以上	HB187以下
SUS317J1	49以上	HB187以下
SUS321	53以上	HB187以下
SUS347	53以上	HB187以下
SUSXM7	49以上	HB187以下
SUSXM15J1	53以上	HB207以下
上述表適用於直徑或對邊180mm以下之鋼棒，超過時參考製鋼廠資料		

沃斯田鐵，肥粒鐵不銹鋼固溶化處理		
鋼種記號	抗拉強度	硬度
SUS329J1	60以上	HB277以下
上述表適用於直徑或對邊75mm以下之鋼棒，超過時參考製鋼廠資料		

肥粒鐵系不銹鋼退火處理		
鋼種記號	抗拉強度	硬度
SUS405	42以上	HB183以下
SUS410L	37以上	HB183以下
SUS430	46以上	HB183以下
SUS430F	46以上	HB183以下
SUS434	46以上	HB183以下
SUS447J1	46以上	HB228以下
SUSXM27	42以上	HB219以下
上述表適用於直徑或對邊75mm以下之鋼棒，超過時參考製鋼廠資料		

麻田散鐵系不銹鋼退火處理		
鋼種記號	抗拉強度	硬度
SUS403		HB200以下
SUS410		HB200以下
SUS410J1		HB200以下
SUS416		HB200以下
SUS420J1		HB223以下
SUS420J2		HB235以下
SUS420F		HB302以下
SUS431		HB255以下
SUS440A		HB235以下
SUS440B		HB255以下
SUS440C		HB269以下
SUS440F		HB269以下
上述表適用於直徑或對邊75mm以下之鋼棒，超過時參考製鋼廠資料		

麻田散鐵系不銹鋼淬火-回火處理		
鋼種記號	抗拉強度	硬度
SUS403	60以上	HB170以上
SUS410	55以上	HB159以上
SUS410J1	70以上	HB192以上
SUS416	55以上	HB159以上
SUS420J1	65以上	HB192以上
SUS420J2	75以上	HB217以上
SUS420F	75以上	HB217以上
SUS431	80以上	HB229以上
SUS440A		HRC54以上
SUS440B		HRC56以上
SUS440C		HRC58以上
SUS440F		HRC58以上
上述表適用於直徑或對邊75mm以下之鋼棒，超過時參考製鋼廠資料		

析出硬化型不銹鋼		
鋼種記號	熱處理	硬度
SUS630	S	HB363以下
SUS630	H900	HB375以上
SUS630	H1025	HB331以上
SUS630	H1075	HB302以上
SUS630	H1150	HB277以上
SUS631	S	HB229以上
SUS631	TH1050	HB363以上
SUS631	RH950	HB388以上
熱處理方式與內容請參考機械手冊		

工具碳鋼		
鋼種記號	熱處理	硬度
SK1	退火	HB217以下
SK2	退火	HB212以下
SK3	退火	HB212以下
SK4	退火	HB207以下
SK5	退火	HB207以下
SK6	退火	HB201以下
SK7	退火	HB201以下
SK1	淬火回火	HRC63以上
SK2	淬火回火	HRC63以上
SK3	淬火回火	HRC63以上
SK4	淬火回火	HRC61以上
SK5	淬火回火	HRC59以上
SK6	淬火回火	HRC56以上
SK7	淬火回火	HRC54以上

高速工具鋼MO系		
鋼種記號	熱處理	硬度
SKH2	退火	HB248以下
SKH3	退火	HB262以下
SKH4A	退火	HB285以下
SKH4B	退火	HB311以下
SKH5	退火	HB337以下
SKH10	退火	HB285以下
SKH2	淬火回火	HRC62以上
SKH3	淬火回火	HRC63以上
SKH4A	淬火回火	HRC64以上
SKH4B	淬火回火	HRC64以上
SKH5	淬火回火	HRC64以上
SKH10	淬火回火	HB255以下

高速工具鋼MO系		
鋼種記號	熱處理	硬度
SKH9	退火	HB255以下
SKH52	退火	HB269以下
SKH53	退火	HB269以下
SKH54	退火	HB269以下
SKH55	退火	HB277以下
SKH56	退火	HB285以下
SKH57	退火	HB285以下
SKH9	淬火回火	HRC62以上
SKH52	淬火回火	HRC63以上
SKH53	淬火回火	HRC63以上
SKH54	淬火回火	HRC63以上
SKH55	淬火回火	HRC63以上
SKH56	淬火回火	HRC63以上
SKH57	淬火回火	HRC64以上

切削工具用合金工具鋼		
鋼種記號	熱處理	硬度
SKS1	退火	HB241以下
SKS11	退火	HB241以下
SKS2	退火	HB217以下
SKS21	退火	HB217以下
SKS5	退火	HB207以下
SKS51	退火	HB207以下
SKS7	退火	HB217以下
SKS8	退火	HB217以下
SKS1	淬火回火	HRC63以上
SKS11	淬火回火	HRC62以上
SKS2	淬火回火	HRC61以上
SKS21	淬火回火	HRC61以上
SKS5	淬火回火	HRC45以上
SKS51	淬火回火	HRC45以上
SKS7	淬火回火	HRC62以上
SKS8	淬火回火	HRC63以上

耐衝擊工具用合金工具鋼		
鋼種記號	熱處理	硬度
SKS4	退火	HB201以下
SKS41	退火	HB217以下
SKS42	退火	HB212以下
SKS43	退火	HB201以下
SKS44	退火	HB207以下
SKS4	淬火回火	HRC56以上
SKS41	淬火回火	HRC53以上

耐衝擊工具用合金工具鋼		
鋼種記號	熱處理	硬度
SKS42	淬火回火	HRC55以上
SKS43	淬火回火	HRC63以上
SKS44	淬火回火	HRC60以上

冷作金屬模用合金工具鋼		
鋼種記號	熱處理	硬度
SKS3	退火	HB217以下
SKS31	退火	HB217以下
SKS93	退火	HB217以下
SKS94	退火	HB212以下
SKS95	退火	HB212以下
SKD1	退火	HB269以下

冷作金屬模用合金工具鋼		
鋼種記號	熱處理	硬度
SKD11	退火	HB255以下
SKD12	退火	HB255以下
SKD2	退火	HB321以下
SKS3	淬火回火	HRC60以上
SKS31	淬火回火	HRC61以上
SKS93	淬火回火	HRC63以上
SKS94	淬火回火	HRC61以上
SKS95	淬火回火	HRC59以上
SKD1	淬火回火	HRC61以上
SKD11	淬火回火	HRC61以上
SKD12	淬火回火	HRC61以上
SKD2	淬火回火	HRC61以上

熱作金屬模用合金工具鋼		
鋼種記號	熱處理	硬度
SKD4	退火	HB235以下
SKD5	退火	HB235以下
SKD6	退火	HB229以下
SKD61	退火	HB229以下
SKD62	退火	HB229以下
SKT2	退火	HB229以下
SKT3	退火	HB235以下
SKT4	退火	HB241以下
SKT5	退火	HB235以下
SKT6	退火	HB284以下
SKD4	淬火回火	HRC50以下
SKD5	淬火回火	HRC50以下
SKD6	淬火回火	HRC53以下
SKD61	淬火回火	HRC53以下
SKD62	淬火回火	HRC53以下

彈簧鋼		
鋼種記號	抗拉強度	硬度
SUP3	110以上	HB341-401
SUP4	115以上	HB352-415
SUP6	125以上	HB363-429
SUP7	125以上	HB363-429
SUP9	125以上	HB363-429
SUP9A	125以上	HB363-429
SUP10	125以上	HB363-429
SUP11A	125以上	HB363-429

耐熱鋼板 沃斯田鐵組織
固溶化熱處理狀態

鋼種記號	抗拉強度	硬度
SUH309	57以上	HB201以上
SUH310	57以上	HB201以上
SUH330	60以上	HB201以上

耐熱鋼板 沃斯田鐵組織
固溶化熱處理後即時處理

鋼種記號	抗拉強度	硬度
SUH660-S	74以上	HB192以上
SUH660-H	92以上	HB248以上
SUH661-S	70以上	HB248以上
SUH661-H	77以上	HB192以上

耐熱鋼板 肥粒鐵組織退火狀態

鋼種記號	抗拉強度	硬度
SUH21	45以上	HB220以下
SUH409	37以上	HB175以下
SUH446	52以上	HB210以下

註:耐熱鋼板鎳(HI)含量比例高容易產生加工硬化，切削速度必須很低，不可單純以硬度決定切削速度。

耐蝕耐熱超合金板退火狀態

鋼種記號	抗拉強度	硬度(HBS)
NCF600	56以上	179以下
NCF601	56以上	
NCF800	53以上	179以下
NCF825	59以上	

耐蝕耐熱超合金板固溶化處理

鋼種記號	抗拉強度	硬度(HBS)
NCF750		320以下
NCF751		375以下
NCF800H	46以上	179以下
NCF80A		269以下

註:以上數據適用100mm以下規格

耐蝕耐熱超合金板
固溶化處理後即時處理

鋼種記號	抗拉強度	硬度(HBS)
NCF750	119以上	302-363
NCF751	98以上	
NCF80A	102以上	

註:以上數據適用100mm以下規格
註:耐蝕耐熱鋼板鎳(HI)含量比例高容易產生加工硬化，切削速度必須很低不可單純以硬度決定切削速度

塑膠模具鋼-熱扎鋼

鋼種記號	熱處理否	硬度
S45C	沒有	HRC3-18
S45C	有	HRC11-28
S50C	沒有	HRC 6-18
S50C	有	HRC 14-27
SAE5145	沒有	HRC 11-28
SAE5145	有	HRC 28-36
SCR445	沒有	HRC 11-28
SCR445	有	HRC 28-36

塑膠模具鋼-熱鍛鋼

鋼種記號	熱處理否	硬度
KTM-1	有	HRC 6-23
SAE1055	有	HRC 14-20
S53C	有	HRC 6-23
S55C系	有	HRC 14-20

塑膠模具鋼-預硬鋼

鋼種記號	熱處理否	硬度
PDS1	沒有	HRC14-20
KST-1	沒有	HRC11-16
PDS2	沒有	HRC14-23
PDS3	沒有	HRC25-30
PDS5	沒有	HRC30-33
P20	沒有	HRC31-35
P20-S	沒有	HRC28-37
G040	沒有	HRC36-40
DH2F	沒有	HRC37-42
S55C系	沒有	HRC14-20
SCR4系	沒有	HRC11-16
SCM445系	沒有	HRC25-30
ASSAB 778	沒有	HRC30-33
SKD61系快	沒有	HRC37-42
P20+S	沒有	HRC28-37
H13快	沒有	HRC37-42

塑膠模具鋼-析出硬化系

鋼種記號	熱處理否	硬度
NAK55	沒有	HRC36-45
NAK80	沒有	HRC36-45

塑膠模具鋼-淬火回火系

鋼種記號	熱處理否	硬度
PD55	沒有	HRC30-32
PD55	有	HRC55-59
PAK90	沒有	HRC30-35
PAK90	有	HRC50-55
YK30	沒有	HRC17以下
YK30	有	HRC63以上
GOA	沒有	HRC17以下
GOA	有	HRC60以上
DC11	沒有	HRC25以下
DC11	有	HRC61以上
DC53	沒有	HRC25以下
DC53	有	HRC62以上
DHA1	沒有	HRC21以下
DHA1	有	HRC53以下
DH71	沒有	HRC21以下
DH71	有	HRC52以下
SUS420J2改	沒有	HRC30-35
SUS420J2改	有	HRC50-55
SKD11	沒有	HRC25以下
SKD11	有	HRC61以上
SKS93	沒有	HRC17以下
SKS93	有	HRC60以上
SKD62	沒有	HRC21以下
SKD62	有	HRC52以下
SKD61	沒有	HRC21以下
SKD61	有	HRC53以下

改=改良規格　快=快削鋼

碳鋼鑄鋼件		
鋼種記號	抗拉強度	硬度
SC37	37以上	
SC42	42以上	
SC46	46以上	
SC49	49以上	

高強度碳鋼鋼鑄件 經正常化後回火處理		
鋼種記號	抗拉強度	硬度
SCC3A	56以上	HB146以上
SCC5A	63以上	HB163以上

高強度碳鋼鋼鑄件 經淬火後回火處理		
鋼種記號	抗拉強度	硬度
SCC3B	65以上	HB192以上
SCC5B	70以上	HB201以上

熔接構造用鑄鋼件		
鋼種記號	抗拉強度	硬度
SCW42	42以上	
SCW49	49以上	
SCW56	56以上	
SCW63	63以上	

高錳鋼鑄鋼件		
鋼種記號	抗拉強度	硬度
SCMnH1	75以上	
SCMnH2	75以上	
SCMnH3	75以上	
SCMnH11	75以上	
SCMnH21	75以上	

低錳鋼鋼鑄件 經正常化後回火處理		
鋼種記號	抗拉強度	硬度
SCMn1A	55以上	HB146以上
SCMn2A	60以上	HB163以上
SCMn3A	65以上	HB170以上
SCMn5A	70以上	HB183以上

低錳鋼鋼鑄件 經淬火後回火處理		
鋼種記號	抗拉強度	硬度
SCMn1B	60以上	HB170以上
SCMn2B	65以上	HB183以上
SCMn3B	70以上	HB201以上
SCMn5B	75以上	HB212以上

矽錳鋼鋼鑄件 經正常化後回火處理		
鋼種記號	抗拉強度	硬度
SCSiMn2A	60以上	HB170以上

矽錳鋼鋼鑄件 經淬火後回火處理		
鋼種記號	抗拉強度	硬度
SCSiMn2B	65以上	HB183以上

錳鉻鋼當鑄件 經正常化後回火處理		
鋼種記號	抗拉強度	硬度
SCMnCr2A	60以上	HB170以上
SCMnCr3A	65以上	HB183以上
SCMnCr4A	70以上	HB201以上

錳鉻鋼當鑄件 經淬火後回火處理		
鋼種記號	抗拉強度	硬度
SCMnCr2B	65以上	HB183以上
SCMnCr3B	70以上	HB183以上
SCMnCr4B	75以上	HB212以上

錳 鋼鋼鑄件 經正常化後回火處理		
鋼種記號	抗拉強度	硬度
SCMnM3B	70以上	HB183以上

錳 鋼鋼鑄件 經淬火後回火處理		
鋼種記號	抗拉強度	硬度
SCMnM3B	75以上	HB212以上

鉻 鋼鋼鑄件 經正常化後回火處理		
鋼種記號	抗拉強度	硬度
SCCrM1A	65以上	HB183以上
SCCrM3A	70以上	HB201以上

鉻 鋼鋼鑄件 經淬火後回火處理		
鋼種記號	抗拉強度	硬度
SCCrM1B	70以上	HB201以上
SCCrM3B	80以上	HB223以上

錳鉻 鋼鋼鑄件 經正常化後回火處理		
鋼種記號	抗拉強度	硬度
SCMnCrM2A	70以上	HB201以上
SCMnCrM2A	75以上	HB212以上

錳鉻 鋼鋼鑄件 經淬火後回火處理		
鋼種記號	抗拉強度	硬度
SCMnCrM2B	75以上	HB212以上
SCMnCrM2B	85以上	HB223以上

鎳鉻 鋼鋼鑄件 經正常化後回火處理		
鋼種記號	抗拉強度	硬度
SCNCrM2A	80以上	HB223以上

鎳鉻 鋼鋼鑄件 經淬火後回火處理		
鋼種記號	抗拉強度	硬度
SCNCrM2B	100以上	HB249以上

不銹鋼鑄鋼件 經固溶化處理後時效處理		
鋼種記號	抗拉強度	硬度
SCS24	126以上	HB375以上

不銹鋼鑄鋼件
經正常化後回火處理

鋼種記號	抗拉強度	硬度
SCS1-T1	55以上	HB169-229
SCS1-T2	63以上	HB179-241
SCS2	60以上	HB170-235
SCS3	60以上	HB170-235
SCS4	65以上	HB192-255
SCS5	70以上	HB217-277

T1=回火溫度680-740
T2=回火溫度590-700

不銹鋼鑄鋼件
固溶化處理

鋼種記號	抗拉強度	硬度
SCS11	60以上	HB241以下
SCS12	49以上	HB183以下
SCS13	45以上	HB183以下
SCS13A	49以上	HB183以下
SCS14	45以上	HB183以下
SCS14A	49以上	HB183以下
SCS15	45以上	HB183以下
SCS16	49以上	HB183以下
SCS 16A	40以上	HB183以下
SCS17	49以上	HB183以下
SCS18	46以上	HB183以下
SCS19	40以上	HB183以下
SCS19A	49以上	HB183以下
SCS20	40以上	HB183以下
SCS21	49以上	HB183以下
SCS22	45以上	HB183以下
SCS23	40以上	HB183以下

高溫高壓用鑄件

鋼種記號	抗拉強度	硬度
SCPH1	42以上	
SCPH2	49以上	
SCPH11	45以上	
SCPH21	49以上	
SCPH22	56以上	
SCPH23	56以上	
SCPH32	49以上	
SCPH61	63以上	

低溫高壓用鑄件

鋼種記號	抗拉強度	硬度
SCPL1	46以上	
SCPL11	46以上	
SCPL21	49以上	
SCPL31	49以上	

黑心展性鑄鐵件

鋼種記號	抗拉強度	硬度
FCMB28	28以上	
FCMB32	32以上	
FCMB35	35以上	
FCMB37	37以上	

白心展性鑄鐵件

鋼種記號	抗拉強度	硬度
FCMW34	34以上	
FCMW38	38以上	

白心展性鑄鐵件

鋼種記號	抗拉強度	硬度
FCMW45	45以上	
FCMW50	50以上	
FCMW55	55以上	

灰口鑄鐵件

鋼種記號	抗拉強度	硬度
FC10	10以上	HB201以下
FC15	15以上	HB212以下
FC20	20以上	HB235以下
FC25	25以上	HB241以下
FC30	30以上	HB262以下
FC35	35以上	HB277以下

球狀黑鉛鑄鐵件

鋼種記號	抗拉強度	硬度
FCD40	40以上	HB121-197
FCD45	45以上	HB143-217
FCD50	50以上	HB170-241
FCD60	60以上	HB207-285
FCD70	70以上	HB229-321

碳鋼鍛鋼件

鋼種記號	抗拉強度	硬度
SF35A	35-45	
SF40A	40-50	
SF45A	45-55	
SF50A	50-60	
SF55A	55-65	
SF60A	60-70	

鉻 鋼鍛鋼件

鋼種記號	抗拉強度	硬度
SFCM60	60-75	
SFCM65	65-80	
SFCM70	70-85	
SFCM75	75-90	
SFCM80	80-85	
SFCM85	85-90	
SFCM90	90-105	
SFCM95	95-110	
SFCM100	100-115	

鎳鉻 鋼鍛鋼件

鋼種記號	抗拉強度	硬度
SFNCM70	70-85	
SFNCM75	75-90	
SFNCM80	80-95	
SFNCM85	85-100	
SFNCM90	90-105	
SFNCM95	95-110	
SFNCM100	100-115	
SFNCM105	105-120	
SFNCM110	110-125	

2-7.2 各國材料對照表

被切削等級	AISI	W-stoff	DIN	BS	JIS	SS	U.N.E.	UNI
1	1016	1.0201	St36	*	*	1160	*	*
	1010	1.1121	Ck10	045M10	S10C	1265	F-1510	C10
	*	1.1121	St37-1	4360 40A	*	1300	*	*
	A27 65-35	1.0443	GS-45	A1	*	1305	F-221	*
	*	1.0416	GS-38	*	*	1306	*	*
	A570 36	1.0038	RSt37-2	4360 40C	*	1311	*	*
	A573-81 65	1.0116	St37-3	4360 40B	*	1312	*	Fe37-3
	A515 65	1.0345	HI	1501 161	*	1330	F-1110	*
	1015	1.0401	C15	080M15	S15C	1350	F-1110	C15:C16
	1022	1.1133	GS-20Mn5	120M19	*	1410	F-1515	G22Mn3
	A36	*	St44-2	4360 43A	*	1411	*	*
	A573-81	1.0144	St44-3	4360 43C	*	1412	*	*
	*	*	StE320-3Z	1501 160	*	1421	*	*
	*	1.0425	HII	*	*	1432	*	*
	1025	1.1158	Ck25	050A20	S25C	1450	F-1120	*
2	1213	1.0715	9SMn28	230M07	SUM22	1912	*	CF9SMn28
	(12L13)	1.0718	9SMnPb28	*	SUM22L	1914	*	CF9SMnPb28
	*	1.0723	15S20	210A15	*	1922	*	*
	(12L14)	1.0737	9SMnPb36	*	SUM24L	1926	*	CF9SMnPb36
	(12L13)	1.0718	9SMnPb28	*	SUM22L	1940	*	CF9SMnPb28
	1140	1.0726	35S20	212M36	*	1957	*	*
	1151	1.0727	45S20	212M44	*	1973	*	*
3	1015	1.1141	Ck15	080M15	*	1370	F-1511	C16
	A2770-36	1.0551	GS-52	A2	*	1505	*	*
	1035	1.0501	C35	060A35	(S35C)	1550	F-1130	C35
	1035	1.1181	Ck35	080A32	S35C	1572	F-1135	C35
	A14880-40	1.0553	CS60	A3	*	1606	*	C45
	1043	1.0503	C45	080M46	(S45C)	1650	F-5110	C45
	1055	1.0535	C55	070M55	(S55C)	1655	F-1150	C55
	1042	1.1191	Ck45	080A47	S45C	1660	F-1140	C45
	A5371	1.0473	19Mn6	1501 224	*	2101	F-1518	*
	A6627	1.0436	ASt45	1501 224	*	2103	*	*
	A738	1.0577	ASt52	1501 224	*	2107	*	*
	*	1.057	St52-3	4360 50B	*	2132	*	Fe52BFN/Fe52CFN
	A572-60	*	17MnV6	4360 55E	*	2142	*	*
	A572-60	1.8900	StE380	4360 55E	*	2145	*	FeE390KG
4	1042	1.1191	Ck45	080M46	*	1672	*	C45
	1064	1.1221	Ck60	060A62	S58C	1678	F-1150	C60
	1070	1.1231	Ck67	070A72	*	1770	F-5103	C70
	1080	1.1248	Ck75	060A78	*	1774	F-5107	*
	1095	1.1274	Ck101	060A96	*	1870	F-5117	*
	9254	1.0904	55Si7	250A53	*	2090	F-144	5SSi8
	1335	1.1167	36Mn5	150M36	*	2120	F-411	*
	5120	1.0841	St52-3	150M19	SCr420	2172	F-431	Fe52
	A38712-2	1.7337	16CrMo44	1501 620	*	2216	*	12CrMo910
	A182F-22	1.7380	10CrMo9 10	1501 622	*	2218	F-155	G14CrMo910
	4130	1.7218	25CrMo4	CDS110	*	2225	F-1551	25CrMo4
	6150	1.8159	50CrV4	735A50	*	2230	F-143	50CrV4
	4135	1.2330	35CrMo4	708A37	*	2234	F-1250	*
	*	1.8515	31CrMo12	722M24	*	2240	F-1712	30CrMo12
	4142	1.2332	47CrMo4	708M40	SCM440	2244	*	*
	4140	1.7225	42CrMo4	708M40	SCM440	2244	F-1252	42CrMo4
	5140	1.7045	42Cr41	530A40	SCr440	2245	F-1207	*
	5155	1.7176	55Cr31	527A60	*	2253	*	55Cr31
	52100	1.3505	100Cr6	534A99	*	2258	F-5230	100Cr6
	8620	1.6523	21NiCrMo2	805H20	SNCM220	2506	F-1522	20NiCrMo2
	5115	1.7131	16MnCr5	527M17	*	2511	F-1516	16MnCr5
	A204A	1.5415	15Mo3	1501 240	*	2912	*	16Mo3

被切削等級	AISI	W-stoff	DIN	BS	JIS	SS	U.N.E.	UNI
	A355A	1.8509	42CrAlmo7	905M39	*	2940	F-1740	41CrA1Mo7
	403	1.4000	X6Cr13	403S17	SUS403	2301	*	X6Cr13
	(410S)	1.4001	X7Cr14	(403S17)	SUS410S	2301	F-3110	X6Cr13
	410	(1.4006)	G-S10Cr13	410S21	SUS410	2302	F-3401	X12Cr13
4	405	1.4724	X6CrA113	405S17	SUS405	*	*	X10CrA112
	430	1.4016	X6Cr17	430S17	SUS430	2320	F-3113	X8Cr17
	434	1.4113	X6CrMo17	434S17	SUS434	2325	*	X8CrMo17
	416	1.4005	X12CrS13	416S21	SUS416	2380	F-3411	X12CrS13
	430F	1.4104	X12CrMoS17	420S37	SUS430F	2383	F-3117	X10CrS17
	409	1.4512	X5CrTi12	409S19	SUH409	*	*	X6CrTi12
	430Ti	1.4510	X6CrTi17	*	SUS430LX	*	*	X6CrTi17
	W1	1.1545	C105W1	BW1A	SK3	1880	F-5118	C38KU
	*	1.2108	90CrSi5	*	*	2092	F-5230	C100KU
	O1	1.2510	100MnCrW4	BO1	*	2140	F-5220	95MnWCr5KU
	*	*	31NiCrMo134	830M31	*	2534	F-1270	*
	4340	1.6582	34CrNiMo6	817M40	SNCM439	2541	F-1280	35NiCrMo6KB
	*	1.6746	32NiCrMo145	830M31	*	*	F-1260	*
5	S1	1.2542	45WCrV7	BS1	*	2710	F-5241	45WCrV8KU
	420	1.4021	S20Cr13	420S37	SUS420J2	2303	F-5261	X20Cr13
	(420)	1.4028	X30Cr13	420S45	*	(2304)	F-5263	X30Cr13/XG40Cr13
	(420)	1.4031	X40Cr13	*	*	(2304)	F-3404	X40Cr14
	*	1.4923	X22CrMoV121	*	*	*	*	*
	431	1.4057	X20CrNi172	431S29	SUS431	2321	F-313	X16CrNi16
	440B	1.4112	X90CrMoV18	*	SUS440B	*	*	*
	H13	1.2344	X40CrMoV51	BH11	SKD61	2242	F-5218	X40CrMoV511KU
	A2	1.2363	X100CrMoV51	BA2	SKD12	2260	F-5227	X100CrMoV51KU
	D2	1.2379	X155CrMoV121	BD2	SKD11	2310	F-5211	X155CrVMo121KU
	D4(D6)	1.2436	X210CrW12	BD6	*	2312	F-5213	X215CrW121KU
	L6	1.2721	50NiCr13	*	SKS51	2550	F-528	*
	*	1.7321	20MoCr4	*	*	2625	F-1523	30CrMo4
6	M2	1.3343	S6/5/2	BM2	SKH51	2722	F-5603	HS6-5-2-2
	M35	1.3243	S6/5/2/5	*	*	2723	F-5613	HS6-5-5
	M7	1.3348	S2/9/2	*	SKH58	2782	*	HS2-9-2
	446	1.4749	X18CrN28	*	SUH446	*	*	X16Cr26
	422	1.4935	X20CrMoWV121	*	*	*	*	*
	429	*	X10CrNi15	*	(SUS439)	*	*	*
	440C	1.4125	X105CrMo17	*	SUS440C	*	*	*
7	A128 75	1.3401	G-X120Mn12	BW10	SCMnH1	2183	*	*
	304	1.4301	X5CrNi18 10	304S10	SUS304	2333	*	X5CrNi1810
	304H	1.4948	X6CrNi18 11	304S51	*	2333	*	*
	303	1.4305	X10CrNiS18 9	303S31	SUS303	2346	*	X10CrNis1809
8	304L	1.4306	X2CrNi18 10	304S11	SUS304L	2352	F-3504	X2CrNi1811
	305	1.4312	X8CrNi18 12	305S19	SUS305	*	F-3503	X8CrNi1910
	302	*	X12CrNi18 9	302S31	SUS302	2330	F-314	X10CrNi1809
	301	1.4310	X12CrNi17 7	301S21	SUS301	2331	*	X12CrNi1707
	CF-8	1.4308	X6CrnI18 9	304C15	*	2333	*	*
	321	1.4541	X6CrNiTi18 10	321S31	SUS321	2337	F-3523	X6CrNiTi1811
	347	1.4550	X6CrNiNb18 10	347S31	SUS347	2338	*	X6CrNiNb1811
9	316	1.4436	X5CrNiMo17 133	316S33	SUS316	2343	*	X5CrNiMo1713
	316Ti	1.4571	S8CrNiMoTi17 122	320S31	*	*	*	X6CrNiTi1811
	316	1.4401	X5CrNiMo17 122	316S31	SUS316	2347	*	X5CrNiMo1712
	316L	1.4404	X2CrNiMo17 132	316S11	SUS316L	2348	F-3533	X2CrNiMo1712

被切削等級	AISI	W-stoff	DIN	BS	JIS	SS	U.N.E.	UNI
9	316Ti	1.4571	X6CrNiMoTi17 122	320S31	*	2350	F-3535	X6CrNiMoTi1712
	3161	1.4435	X2CrNiMo18 143	316S13	SUS316L	2353	*	X2CrNiMo1713
	317	(1.4449)	X5CrNiMo17 13	317S16	SUS317	*	*	*
	310S	1.4845	X12CrNi25 20	310S16	SUS310S	2361	F-331	X6CrNi2520
	317L	1.4438	X2CrNiMo18 164	317S12	SUS317L	2367	*	X2CrNiMo1816
	*	1.4418	X4CrNiMo16 5	*	*	2387	*	*
	304LN	1.4311	X2CrNiN18 10	304S61	SUS304LN	2371	*	X2CrNiN1811
	309S	1.4833	X6CrNi22 13	309S13	SUS309S	*	*	X6CrNi2314
	CF-8M	1.4408	X6CrNiMo18 10	304C15	*	2343	*	*
10	S44400	1.4521	X1CrMoTi182	*	SUS444	2326	*	*
	202	1.4371	X3CrMnMiN18 87	284S16	SUS202	*	*	*
	S30815	1.4893	X8CrMiNb11	*	*	2368	*	*
	CA6-NM	1.4313	(G-)X4CrNi13 4	(425C11)	*	2385	*	(G)X6CrNi304
	660	1.4980	X5NiCrTi25 15	*	*	2570	*	*
	(S31726)	1.4439	X2CrNiMoN17 135	*	*	*	*	*
	330	1.4864	X12NiCrSi16	NA17	*	*	*	*
	309	*	X15CrNi23 13	309S24	SUH309	*	*	*
	310	1.4841	X15CrNiSi25 20	314S31	SUH310	*	*	X16CrNiSi2520
11	A48-25B	0.6015	GG-15	Grade150	FC150	0115-00	FG15	G15
	60/40/18	0.7040	GGG-40	400/17	FCD400-15	0717-02	FGE38-17	GS370-17
	60/40/18	0.7043	GGG-40.3	370/17	*	0717-15	*	*
	*	0.7033	GGG-35.3	350/22L40	*	0717-15	*	*
	A220-40010	0.8145	GTS-45-06	P440/7	(FCMP440)	0852-00	*	GMN45
	A220-50005	0.8155	CTS-55-04	P510/4	(FCMP540)	0854-00	*	GMN55
12	A48-30B	0.6020	GG-20	Grade200	FC220	0120-00	FG20	G20
	A48-40B	0.6025	GG-25	Grade260	FC250	0125-00	FG25	G25
	A436Type2	0.6660	GGL-NiCr20 2	L-NiCvCr202	*	0523-00	*	*
	65/45/12	0.7050	GGG-50	500/7	FCD450-10	0727-02	FGE50-7	GS500-7
	80/55/06	0.7060	GGG-60	600/3	FCD600-3	0727-03	FGE60-2	GS600-2
	*	0.7652	GGG-NiMn13 7	S-NiMn137	*	0772-00	*	*
	A220-50005	0.8155	GTS-55-04	P510/4	(FCMP540)	0854-00	*	GMN55
	A220-70003	0..8165	GTS-65-02	P570/3	(FCMP590)	0856-00	*	GMN65
13	A48-45B	0.0630	GG-30	Grade300	FC300	0130-00	FG30	G30
	100/70/03	0.7070	GGG-70	700/2	(FCD700)	0737-01	FGE70-2	GS700-2
	A43D2	0.7660	GGG-NiCr20 2	GradeS6	*	0776-00	*	*
	A220-70003	0.8165	GTS-65-02	P570/3	(FCMP590)	0856-00	*	GMN65
	A220-80002	0.8170	GTS-70-02	P690/2	(FCMP690)	0862-00	*	GMN70
	A220-90001	0.8170	GTS-70-02	*	(FCMP690)	0864-00	*	GMN70
14	A48-50B	0.6035	GG-35	Grade350	FC350	0135-00	FG35	G35
	A48-60B	0.6040	GG-40	Grade400	FC400	0140-00	*	*
	A220-90001	0.8170	GTS-70-02	*	*	0864-00	*	GMN70

2-8 主要金屬元素之物理性質

元素符號	金屬名	原子序數	原子量	比重(20˚C)	熔點(˚C)	沸點(˚C)	比熱(Cal/g˚C)	熱傳導率(20˚C)(Cal/cm.S.˚C)	結晶構造
Ag	銀	47	107.880	10.497	960.5	2210	0.056(0˚C)	1.0(0˚C)	面心立方
Al	鋁	13	26.97	2.699	660.2	2060	0.223	0.53	面心立方
As	鉮	33	74.91	5.73	814	610(昇華)	0.082	---	斜方六面體
Au	金	79	197.2	19.32	1063.0	2970	0.031	0.71	面心立方
B	硼	5	10.82	2.3	2300±300	2550(昇華)	0.309	---	---
Ba	鋇	56	137.36	3.74	704±20	1640	0.068	---	體心立方
Be	鈹	4	9.02	1.82	1280±40	2770	0.52	0.38	六方密格子
Bi	鉍	83	209.00	9.80	271.3	1420	0.034	0.020	斜方六面體
C	碳	6	12.101	2.22	3700±100	4830	0.165	0.057	六方
Ca	鈣	20	40.08	1.55	850±20	1440	0.149	0.3	面心立方
Cb	鈳	41	92.91	8.569	2415	3300	0.065(0˚C)	---	體心立方
Cd	鎘	48	112.41	8.65	320.9	765	0.055	0.22	六方密格子
Ce	鈰	58	140.13	6.9	600±50	1400	0.042	---	面心立方
Co	鈷	27	58.94	8.9	1495	2900	0.099	0.165	六方密格子
Cr	鉻	24	52.01	7.188	1890±10	2500	0.11	0.16	體心立方
Cs	銫	55	132.91	1.9	28±2	690	0.052	---	體心立方
Cu	銅	29	63.54	8.96	1083.0	2600	0.092	0.94	面心立方
Fe	鐵	26	55.85	7.869	1539±3	2740	0.11	0.18	體心立方
Ga	鎵	31	69.72	5.91	29.78	2070	0.079	---	斜方
Ge	鍺	32	72.60	5.36	958±10	2700	0.073	---	鑽石立方
Hg	汞	80	200.61	13.56	38.87	357	0.033	0.0201	斜方六面體
In	銦	19	114.76	7.31	156.4	1450	0.057	0.057	體心立方
Ir	銥	77	193.1	22.5	2454±3	5300	0.031	0.14	面心立方
K	鉀	19	39.096	0.862	63±1	770	0.177	0.24	體心立方
La	鑭	57	138.92	6.15	826±5	1800	0.045	---	六方密格子
Li	鋰	3	6.940	0.535	186±5	1370	0.79	0.17	體心立方
Mg	鎂	12	24.32	1.737	650±2	1110	0.25	0.38	六方密格子
Mn	錳	25	54.93	7.43	1245±10	2150	0.115	---	複雜立方
Mo	鉬	42	95.95	10.218	2625±50	3700	0.061	0.35	體心立方
Na	鈉	11	22.997	0.971	97.7	892	0.295	0.32	體心立方
Ni	鎳	28	58.69	8.902	1455	2730	0.112	0.198	面心立方
Os	鋨	76	190.2	22.5	2700±200	5500	0.031	---	六方密格子
P	磷	15	30.98	1.82	44.1	280	0.177	---	立方
Pb	鉛	82	207.21	11.341	327.4	1740	0.031	0.083	面心立方
Pd	鈀	46	106.7	12.03	1554	4000	0.058(0˚C)	0.17	面心立方
Pt	鉑	78	195.23	21.45	1773.5	4410	0.032	0.17	面心立方
Rb	銣	37	85.48	1.53	39±1	680	0.080	---	體心立方
Rh	銠	45	102.91	12.44	1966±3	4500	0.059	0.21	面心立方
Ru	釕	44	101.7	12.2	2500±100	4900	0.057(0˚C)	---	六方密格子
S	硫	16	32.066	2.07	119.0	444.6	0.175	---	面心正斜方
Sb	銻	51	121.76	6.62	630.5	1440	0.049	0.045	斜方六面體
Se	硒	34	78.96	4.81	220±5	680	0.084	---	六方
Si	矽	14	28.06	2.33	1430±20	2300	0.162(0˚C)	0.20	鑽石立方
Sn	錫	50	118.70	7.298	231.9	2270	0.054	0.16	體心立方
Sr	鍶	38	87.63	2.6	770±10	1380	0.176	---	面心立方
Ta	鉭	73	180.88	16.654	2996±50	4100	0.036(0˚C)	0.13	體心立方
Te	碲	52	127.61	6.235	450±10	1390	0.047	0.014	六方
Th	釷	90	232.12	11.5	1800±150	3000	0.034	---	面心立方
Ti	鈦	22	47.90	4.54	1820±100	3000	0.126	---	六方密格子
Tl	鉈	81	204.39	11.85	300±3	1460	0.031	0.093	六方密格子
U	鈾	92	238.07	18.7	1133±2	---	0.028	0.064	正斜方
V	釩	23	50.95	6.07	1735±50	3400	0.120	---	體心立方
W	鎢	74	183.92	19.262	3410±20	5930	0.032	0.48	體心立方
Zn	鋅	30	65.38	7.133	419.46	906	0.0915	0.27	六方密格子
Z	鋯	40	91.22	6.50	1750±700	2900	0.066	---	六方密格子

2-9 材料之使用

2-9.1 鑄 鐵

鑄鐵鑄件，在高溫急速冷卻後，鑄件內部殘留鑄造應力，須經 500℃~550℃保持 4~6 小時後，再於爐中經 40~100 小時冷卻之低溫退火或放置戶外 6~12 個月之時效處理以清除其內應力，增加機件之穩定性。

鑄鐵之種類：符號及使用例如表 2-9.1 所示。

表 2-9.1

CNS(ISO)符號		硬度HB	用途
灰鑄鐵	FC10	201以下	鑄造最小厚度：3㎜。一般鑄鐵機械零件、外蓋、配重、代用砲銅襯套、內薄鑄品零件、壓力容器、不需耐震動衝擊之一般機械零件。
	FC15	212以下	鑄造最小厚度：5㎜。比FC10稍具強度之容器、低壓泵外殼、減速齒輪箱、機械機架、床台等。
	FC20	223以下	鑄造最小厚度：5㎜。比FC15更需強度之泵外殼、減速齒輪箱、機架、離合器外殼、軸承台、托架、輕力蝸輪、輕齒輪、飛輪、一般所見之鑄品幾乎都是FC20，最被廣泛使用。
高級鑄鐵	FC25	241以下	鑄造最小厚度：8㎜。用在需具相當強度或具有耐磨性之處，工作機械零件，引擎汽缸、活塞、壓縮機汽缸、冷凍機、齒輪、泵閥、桿、蝸輪。
	FC30	262以下	鑄造最小厚度：8㎜。為強韌鑄鐵，用於需具耐磨耗性之處，例如：齒輪、槓桿、車輛零件、工作機械、泵本體、連桿等。
	FC35	277以下	鑄造最小厚度：12㎜。高級強韌鑄件，用於需具耐磨耗性大之處所，例如：高壓力之泵閥、工作機械床台、強力齒輪、桿、連桿、車輛零件。
黑心可鍛鑄鐵	FCM28 FCM32 FCM35 FCM37	109~145	價格較高，對振動之減衰能較大，適用於形狀較小、較薄、複雜並具強韌性之零件，汽車零件(齒輪之機殼、後軸殼、軸承殼、剎車鼓、踏板、桿)車輛零件，配管管件(肘管、T套管節、輸送機械、電氣機械、農具、船舶機械)。
白心可鍛鑄鐵	FCMW34 FCMW36	109~248	適用於較薄機件、可銲接(蠟銲)。
波來可鍛鑄鐵	FCMP40 FCMP50 FCMP60	350~450	切削性良好、耐磨耗、強度大、可容易淬火，用於曲柄、凸輪軸、齒輪、凸輪及方向接頭等。
白鑄鐵 (冷激鑄鐵)		180~300	粉碎機之鎚、輥子、襯套、鋼板用壓延滾子、車輪、製粉、製紙之輥子等。
合金鑄鐵	鎳合金鑄鐵	180~300	薄件亦容易鑄造，具耐熱、耐蝕、耐磨耗特性，因為工作機械之床軌、床柱、床台、鉋床、衝錘、耐磨襯套等。
	鉻鑄鐵		硬度高、耐磨耗、耐熱性良好、由含鉻量不同耐熱範圍在500℃~1000℃之間。
	鎳鉻鑄鐵		合金鑄鐵中用途最廣者，具良好強度、韌性、硬度、耐熱性及耐蝕性。
	鎳鉻鉬鑄鐵		抗張力及耐疲勞限度高，耐磨性良好，用於引擎曲柄軸等，可代替鍛造品。
	鎳鉻矽鑄鐵		耐熱性可達1000℃，用於爐內金屬器具、火格子等。
	鎳鉻銅鑄鐵		具耐熱、耐酸性，用為泵之外殼、葉輪、化學機械等。
	鋁鑄鐵		耐酸、耐熱性大(可達1100℃)，用於鍋爐機件。

2-9.2 鑄 鋼

鑄鋼包括碳鋼鑄鋼與合金鋼鑄鋼兩類。要求高強度與高韌性之機件，且形狀較複雜者採用鑄鋼件(形狀簡單者採用鍛鋼體)。碳鋼鑄件具良好耐熱性、耐蝕性、耐磨耗性、耐寒性、熔(焊)接性、切削性、強度、及韌性。要求更高者採用加鎳、鉻、錳、鉬、矽、鋁或鈦等之合金鋼鑄件。

鑄鋼件之處理過程如下：

表 2-9.2 鑄鋼

CNS(ISO)符號	抗拉強度 (km/mm²)	硬度 HB	用途
SC37 SC42	37 以上 42 以上	107~223	馬達軛等電氣用碳性機件。
SC46 SC49	46 以上 49 以上	107~223	被廣泛使用於一般構造用零件，熔接性良好。車輛機件、橋樑機件、製油機械、液壓缸、齒輪、飛輪等。
SC55	55 以上	107~223	球磨機用品、曲柄式剪刀、滾子、礦山機械、土木機械等。

表 2-9.3 合金鋼鑄鋼

種類		符號	摘要
低錳鋼鑄鋼品	1 種 2 種 3 種	SCA 1 SCA 2 SCA 3	構造用。 構造用。 構造用。
錳鉻鋼鑄鋼品	1 種 2 種 3 種	SCA 21 SCA 22 SCA 23	構造用強力耐摩耗用之大型鑄造齒輪、車輪、土木、礦山機械，與砂接觸機件等。
矽錳鋼鑄鋼品	1 種	SCA 31	錨鎖用等。
鉬 鋼鑄鋼品	1 種	SCA 41	高溫高壓用。
鉻鉬鋼鑄鋼品	1 種 2 種	SCA 51 SCA 52	高溫高壓用。 高溫高壓用。

表 2-9.4 不銹鋼鑄鋼

種類		符號	用途
鉻不銹鋼鑄 鋼 品	1 種 2 種	SCS 1 SCS 2	通常用於 480˚C以下之溫度，易受腐蝕物質侵蝕之處。
鉻鎳不銹鋼鑄鋼品	1 種 2 種 3 種 4 種 5 種 6 種 7 種 8 種	SCS11 SCS12 SCS13 SCS14 SCS15 SCS16 SCS17 SCS18	鑄造性、熔接性良好，不能淬火硬化、熱傳導率小，膨脹係數大，用為化學工業用泵、瓣、動葉輪、化學品容器、碳山泵、食品工業用品、紙業機械等。

表 2-9.5 高錳鋼鑄鋼

種類		符號	淬入 ℃	抗拉試驗	硬度試驗
				抗拉強度 kg/mm²	硬度 HB
高錳鋼鑄鋼品	1 種 2 種	S C Mn H1 S C Mn H2	約 1000 水冷 約 1000 水冷	– 75 以上	170~223 170~223
用於粗石之粉碎，土木、產業機械之衝擊耐磨用機件，受強衝動與壓力之鐵路轉達器，市電車之錯交鋼軌、打擊、破碎刀、山機械之耐磨耗用鋼球粉碎機部分，水泥用機械，噴砂用葉口、曲柄軸銷、起重機用車輪及其他非磁性體(不具磁性)且不能冷作(冷加工)。					

2-9.3 鍛 鋼

鍛鋼件須經退火，調質，調質後作回火，又淬火後作熱處理。

碳鋼鍛鋼是淨靜鋼塊，化學成分對 P(磷)，S(硫)有規定。一般機械零件使用 S55C 或鍛造其他特殊鋼為多，稱為鍛造品，不能稱為鍛鋼，鍛鋼材料如表 2-9.6 所示。

表 2-9.6 鍛鋼

種類	符號	抗拉強度 kg/mm^2	用途
1 種	SF34	34~42	船舶之曲柄軸與直徑300㎜以上時，沖床柱用之大型機件等，使用於比較重要之地方。
2 種	SF40	40~50	
3 種	SF45	45~55	
4 種	SF50	50~60	
5 種	SF55	55~65	
6 種	SF60	60~70	

2-9.4 一般構造用材料

一般構造用材料稱為 SS 材，通常以鐵板、扁鐵、圓鐵或角鐵(型鋼)，存在如圖 2-9.1。其符號及用途如表 2-9.7 所示。

圖 2-9.1

表 2-9.7 一般構造用壓延鐵材

種類		符號	抗拉強度 (kg/mm^2)	用途
鐵板 扁鐵 圓鐵	1種 2種 3種	SS34 SS41 SS50	34~41 41~50 50~60	一般種類之板金機件，墊圈，皿型塞，車輛車架、容器，齒輪箱，一般機械構造物，腳附近之機件、台。不要熱處理之一般機件，螺釘，螺帽，固定螺釘，木螺絲，管接頭，塞、簡單之軸。
角鐵 槽鐵 工字鐵	1種 2種 3種 4種 5種	SS34 SS41 SS50 SS39 SS49	34~41 41~50 50~60 39~53 49~63	一般建築物、橋樑、廠房、熔接結構機台、機架、船舶、車輛等。

鉚釘用壓延鐵材

種類	符號	抗拉強度 (kg/mm^2)	用途
鉚釘用壓延鋼材 1種	SV 34	34~41	一般用
鉚釘用壓延鋼材 2種甲	SV 41 A	41~50	一般用
鉚釘用壓延鋼材 2種乙	SV 41 B	41~48	鍋爐用
鉚釘用壓延鋼材 3種	SV 39	39~46	船體用

焊接構造用壓延鐵材

種	類	符號	抗拉強度(kg/mm^2)	用途
1種	A B C	SM 41 A SM 41 B SM 41 C	41~50	船舶建築物、橋樑、鐵路車輛、壓力容器、荷重機械、產業機械。 A：型鐵；P：板材；B：圓棒；F：扁材
2種	A B C	SM 50 A SM 50 B SM 50 C	50~60 50~62	

表 2-9.7 一般構造用壓延鐵材(續)

較薄鋼板					
	種類	符號		種類	符號
熱間壓延薄鋼板	1種	SPH1	碳鋼帶鋼	1種	SPH 1
	2種	SPH2		2種	SPH 2
	3種	SNP3		3種	SPH 3
	4種	SPH4		4種	SPH 4
	5種	SPH5		5種	SPH 5
鍍鋅鐵板	平板	SPG-F		6種	SPH 6
	波板，1號	SPG-C1		7種	SPH 7
	波板，2號	SPG-C2		8種	SPH 8
白鐵板(馬口鐵)	冷間壓延電氣白鐵板	SPTE-C	磨光帶鋼	A號	SPM A
	冷間壓延電氣白鐵板	SPTH-C		B號	SPM B
	熱間壓延加熱板	SPTH-H		C號	SPM C
冷間壓延鋼板	1種	SPC 1		D號	SPM D
	2種	SPC 2		E號	SPM E
	3種	SPC 3	磨光特殊帶鋼	由碳工具鋼或其他工具鋼	使用原材符號Sk等

2-9.5 鋼 管

鋼管區分有縫管與無縫管兩大類，常用者如表 2-9.8。

表 2-9.8 常用鋼管

名 稱	符 號	用 途（適用）	備 註
配管用碳鋼鋼管（瓦斯管）	SGP	較低壓蒸汽、水、油、瓦斯，空氣等之配管	鋼種為普通鋼無縫鍛接，電阻熔接管，有黑管與白管
壓力配管用碳鋼鋼管	STPG-	350°C以下使用	鋼種為碳鋼（C:0.2%~0.3%）無縫管，電阻熔接
高壓配管用碳鋼鋼管	STS-	350°C以下高壓配管	碳鋼（C:0.08%~0.33%）無縫管
高溫配管用碳鋼鋼管	STPT-	350°C以上溫度之配管	碳鋼（C:0.08%~0.33%）無縫管，電阻熔接
配管用電弧銲溶接碳鋼鋼管	STPY41	比較低壓之配管	管長4 m以上為有縫管
配管用合金鋼鋼管	STPA-	高溫度之配管	合金鋼無縫管
配管用不銹鋼管	SUS-TP	耐蝕，耐熱及高溫用配管（低溫亦可適用）	不銹鋼，無縫、有縫管
低溫配管用鋼管	STPL-	冰點以下，特別低溫配管	衝擊試驗溫度1種－45°C，二種－100°C，有縫，無縫管
鍋爐，熱交換器用碳鋼鋼管	STB-	管之內外受熱者	碳鋼（C:0.08%~0.32%）
一般構造用碳鋼鋼管	STK-	土木，建築，鐵塔及其他構造物	碳鋼拉張強度是34以上，無縫，有縫管
機械構造用碳鋼鋼管	STKM-	機械，航空機，汽車，自行車，家具器具	C0.55以下各種，拉張強度62以上，有縫、無縫管
電線管（鋼製）	有厚管與薄管	保護電路配線	有縫、無縫管

2-9.6 機械構造用材料

一、碳 鋼

機械構造用碳鋼，係由電爐或平爐冶煉之淨靜鋼，其價格較特殊鋼低廉，機械性質優良。為最常用之鋼材，如表 2-9.9。

表 2-9.9 機械構造用碳鋼

CNS(ISO)	符號	HB	用途	(ASTM) 類似鋼料
低碳鋼	S10C	101~156	帶鋼、瓦斯管、焊條、水管、滾筒管、鐵釘、木螺釘、建築鋼筋、鐵　窗、鍍錫板、鍍鋅板。	SAE1010
	S15C	109~167	鍋爐爐身、帶鋼、水管、鎖、鉚釘、閥、液壓衝床零件、鐵架、鐵軌用壓延材料。	SAE1015
	S20C	116~174	鉚釘、螺栓、螺帽、鐵釘、手輪、軸。	SAE1020
中碳鋼	S25C	123~183	爐身、齒輪、建築、橋樑、船舶、起重機等使用壓延材料。	SAE1025
	S30C	137~197	螺栓、螺帽、傘骨、軸類、齒輪、輕力輸送帶輪。	SAE1030
	S35C	149~207	軸類、飛機汽缸、推進器、鍵、摩擦沖床螺桿、瓦斯筒。（高周波或火爐淬火機件）	SAE1035
	S40C	156~217		SAE1040
	S45C	167~229		SAE1045
高碳鋼	S50C S55C	179~235 183~255	輸送帶輪、車床開口螺帽、圓鋸、鐵鎚、齒輪離合器、摩擦板、扳手、鍵、軸、銷及切削工具等。	SAE1050 SAE1055
滲碳鋼	S09CK S15CK S20CK		用於需表面硬化之機件，例如：凸輪軸、梢類等。	

熱間壓延碳鋼（圓鋼之徑）標準尺寸												
6	10	14	18	24	24	36	44	50	70	90	110	130
7	11	15	19	25	25	38	45	55	75	95	115	140
8	12	16	20	26	26	40	46	60	80	100	120	150
9	13	17	22	28	28	42	48	65	85	105	125	

二、特殊鋼

鎳鉻鋼淬火可使達到相同。

表 2-9.10 鎳鉻鋼

CNS(ISO) 符號	HB	用途		(ASTM) 類似鋼料
SNC1	212~255	強力螺栓、強力螺帽、小形軸類、軸連結器、連桿。		SAE 3135
SNC2	248~302	引擎曲軸、一般軸類、齒輪類、工作機械用變速齒輪類、銑床主軸。		SAE 4337
SNC3	269~321	齒輪、軸類、軸連結器、萬向接頭、曲軸、葉輪軸類。		SAE 4337
SNC21	217~321	表硬	活塞銷、齒輪類、爪形離合器。	SAE 4320
SNC21	285~388	面化	凸輪軸、螺旋傘齒輪、爪形離合器。	SAE 3310

表 2-9.11 鉻　鋼

CNS(ISO) 符號	HB	用途		(ASTM) 類似鋼料
S Cr 1	241~302	調質	軸類、螺栓、螺帽、螺樁、強力螺栓、臂類、鍵、銷。	SAE 5132
S Cr 2	229~285			SAE 5130
S Cr 3	255~311			SAE 5135
S Cr 4	269~321			SAE 5140
S Cr 5	285~341			SAE 5145
S Cr 21	217~302	表硬面化	凸輪軸、銷、齒輪類、栓槽軸。	SAE 5115
S Cr 22	235~301			SAE 5120

鎳鉻鉬鋼亦可淬火到內部，通常適用為大件機件，表 2-9.12。

表 2-9.12　鎳鉻鉬鋼

CNS(ISO) 符　號	HB	用		途	(ASTM) 類似鋼料
SNCM 1	248~302	調質用	曲軸、渦輪機葉片、連桿	(1)作為重要機械零件，構造材料。 (2)曲軸等其他軸類、傘齒輪、連桿等施行表面滲碳、強韌零件、防彈鋼板。	SAE 4320
SNCM 2	269~321		曲軸、齒輪、軸類		SAE 3310
SNCM 5	302~351		強力螺栓、齒輪、開口軸環		SAE 3310
SNCM 6	255~311		軸類、齒輪類		SAE 8640
SNCM 7	293~352				SAE 8645
SNCM 8	293~352				SAE 3140
SNCM 9	302~363				SAE 3140
SNCM 21	248~341	表面硬化用	齒輪、軸類		
SNCM 22	255~341		齒輪		
SNCM 23	293~375		滾動軸承、齒輪		
SNCM 25	311~375		強力齒輪		
SNCM 26	341~388		強力齒輪、強力軸類		

鉻鉬鋼與鎳鉻鋼製法相同，如表 2-9.13。

表 2-9.13　鉻鉬合金鋼

CNS(ISO) 符　號	HB	用	途	(ASTM) 類似鋼料
SCM 1	255~321	耐磨零件。	調質用	SAE 4130
SCM 2	241~293	小形軸、銷、汽車零件		SAE 4135
SCM 3	269~321	強力軸、螺釘、臂類、齒輪、椿		SAE 4137
SCM 4	285~341	齒輪、軸、軸接頭		SAE 4140
SCM 5	302~321	大形軸類、齒輪、軸接頭		SAE 4142
SCM 21	235~321	一般用齒輪及軸、液壓零件	表面硬化用	SAE 4148
SCM 22	262~341	一般用齒輪及軸、爪離合器		SAE 4148
SCM 23	285~363	一般用齒輪及軸、爪離合器		SAE 4148

鋁鉻鉬鋼為氮化鋼，經由表面滲透氮氣，不經淬火，亦可得到極高之表面硬度，表 2-9.14。

表 2-9.14　鋁鉻鉬鋼

種類	符號	淬火溫度 ℃	回火溫度 ℃	抗拉試驗	衝擊試驗	硬度試驗
				抗拉強度 (kg/mm²)	衝擊值 (km・m/cm²)	硬度 HB
鋁鉻鉬鋼 1 種	SACM 1	880~930 油冷	680~720 急冷	85以上	10以上	229~285
用途：機械零件表面須氮化者，引擎之汽缸內面，柱塞瓣、凸輪軸，特殊齒輪，量規測定鈷，特殊軸類，精密搪孔軸，輥子，梢，其他需高度耐磨耗機件等。						

其他特殊合金鋼如軸承鋼、耐熱鋼、彈簧鋼等，如表 2-9.15。

表 2-9.15 軸承鋼

符號	HB	用途	類似鋼料
SUJ 1	<201		AISI E51100
SUJ 2	<201	滾珠軸承、滾筒軸承之內外鋼輪。	AISI E51100
SUJ 3	<201		AISI E5160
耐熱鋼			
符號	HB	用途	類似鋼料
SUH 1	>269	750℃以下耐酸用。	AISI 7 Cr
SUH 2	>293	850℃以下耐酸用。	AISI 403
SUH 3	>269	內燃機用。	AISI 9 Cr
SUH 4	>248	內燃機之排氣閥用，1150℃以下耐酸用。	AISI 3028
SUH 5	145~210	750℃以下之內燃機等之耐壓零件。	AISI 310
彈簧鋼			
符號	HB	用途	類似鋼料
SUP 3	341~401	主要用途為疊板彈簧（葉片彈簧）。	AISI 1078
SUP 4	352~415	主要用途為螺旋彈簧。	AISI 1095
SUP 6	363~429		AISI 9260
SUP 7	363~429	主要用途為疊板彈簧、螺旋彈簧。	AISI 9255
SUP 9	363~429		AISI 5155
SUP 10	363~429	主要用途為螺旋彈簧。	AISI 5147
SUP 11	363~429	主要用途為疊板彈簧、螺旋彈簧。	AISI 51 B60

2-9.7 鋼 線

機械構造用鋼線，包括琴鋼線與硬鋼線兩大類，常用者如表 2-9.16。

表 2-9.16 常用鋼線線胚

種類與符號			含碳量%	參考用途	備註
軟鋼線胚	1種	SWRM 1	0.06~0.09	電信線	由鋼塊熱間壓延線胚沒有指定時施於熱處理
	2種	SWRM 2	0.09以下	鐵線，鍍鋅，金屬網，鉚釘，釘，螺絲	
	3種	SWRM 3	0.15以下		
	4種	SWRM 4	0.15~0.25		
硬鋼線胚	1種	SWRH 1	0.25~0.35	螺絲，鋼燃線。	由鋼塊熱間壓延線胚沒有指定時施於熱處理
	2種	SWRH 2	0.35~0.45		
	3種	SWRH 3	0.45~0.55	鋼燃線，鋼絲彈簧，鋼絲，洋傘骨。	
	4種	SWRH 4A	0.55~0.65		
	4種	SWRH 4B	0.55~0.65		
	5種	SWRH 5A	0.65~0.75	鋼繩，彈簧，輪胎心。	
	5種	SWRH 5B	0.65~0.75		
	6種	SWRH 6A	0.75~0.85	彈簧，紡織針，毛線鉤針，鋼繩，針布。	
	6種	SWRH 6B	0.75~0.85		
	7種	SWRH 7	0.50~0.60		
琴鋼線胚	1種	SWRS 1A	0.65~0.75	一般彈簧。	由鋼塊熱間壓延線胚沒有指定時施於熱處理
	1種	SWRS 1B	0.65~0.75	鋼繩。	
	2種	SWRS 2A	0.75~0.85	瓣。	
	2種	SWAR 2B	0.75~0.85	彈簧。	
	3種	SWRS 3A	0.85~0.95		
	3種	SWRS 3B	0.85~0.95		
硬鋼線胚	A種	SW A	線徑 2mm 之抗拉強度 130~150kg/mm^2		
	B種	SW B	線徑 2mm 之抗拉強度 150~175kg/mm^2		
	C種	SW C	線徑 2mm 之抗拉強度 175~200kg/mm^2		
琴鋼線胚	A種	SWP A	線徑2mm之抗拉強度185~205kg/mm^2	用於彈簧	相當於琴鋼線作退火後常溫抽
	B種	SWP B	線徑2mm之抗拉強度205~225kg/mm^2		
	V種	SWP V	線徑2mm之抗拉強度175~190kg/mm^2	瓣彈簧	

-9.8 不銹鋼

不銹鋼具耐酸或耐鹼性，包含有麻田散鐵系肥粒鐵含及沃斯田鐵系等。如表 2-9.17。

表 2-9.17 不銹鋼

(AISI) ASTM No.	鋼種組成	棒	板		帶		線材	線	管		鑄物
		不銹鋼棒	熱間壓延不銹鋼板	冷間壓延不銹鋼板	熱間壓延不銹鋼帶	冷間壓延不銹鋼帶	不銹鋼線胚	不銹鋼線	配管用不銹鋼管	鍋爐，熱交換器用不銹鋼管	不銹鋼鑄鋼品
410	13Cr-低C	SUS21B	SUS21HP	SUS21CP	SUS21HS	SUS21CS	SUS21WR	SUS21W	——	SUS21TB	SCS 1
403	13Cr-中C	SUS22B	SUS22HP	SUS22CP	——	——	——	——	——	——	——
420	13Cr-高C	SUS23B	——	——	——	——	——	——	——	——	SCS 2
430	18Cr	SUS24B	SUS24HP	SUS24CP	SUS24HS	SUS24CS	SUS24WR	SUS24W	——	SUS24TB	——
304	18Cr-8Ni	SUS27B	SUS27HP	SUS27CP	SUS27HS	SUS27CS	SUS27WR	SUS27W	SUS27TP	SUS27TB	SCS 13
304L	18Cr-8Ni極低C	SUS28B	SUS28HP	SUS28CP	SUS28HS	SUS28CS	——	——	SUS28TP	SUS28TB	——
321	18Cr-8Ni-Ti	SUS29B	SUS29HP	SUS29CP	SUS29HS	SUS29CS	——	——	SUS29TP	SUS29TB	——
316	18Cr-12Ni-Mo	SUS32B	SUS32HP	SUS32CF	SUS32HS	SUS32CS	SUS32WR	SUS32W	SUS32TP	SUS32TB	SCS14
316L	18Cr-12Ni-Mo極低C	SUS33B	SUS33HP	SUS33CF	SUS33HS	SUS33CS		——	SUS33TP	SUS33TB	SCS16
——	18Cr-12Ni-Mo-Cu	SUS35B	SUS35HP	SUS35CF	SUS35HS	SUS35CS	SUS35WR	SUS35W	——	——	SCS15
——	18Cr-12Ni-Mo-Cu極低C	SUS36B	SUS36HP	SUS36CP	SUS36HS	SUS36CS	——	——	——	——	——
——	13Cr-Mo	SUS37B	——	——	——	——	——	——	——	——	——
405	13Cr-Al	SUS38B	SUS38HP	SUS38CP	SUS38HS	SUS38CS	——	——	——	——	——
301	17Cr-7Ni	SUS39B	——	——	——	——	SUS39WR	SUS39W	——	——	——
302	18Cr-8Ni-高C	SUS40B	SUS40HP	SUS40CP	SUS40HS	SUS40CS	SUS40WR	SUS40W	——	——	SCS12
309(S)	22Cr-12Ni	SUS41B	SUS41HP	SUS41CP	——	——	——	——	SUS41TP	SUS41TB	SCS17
310(S)	25Cr-20Ni	SUS42B	SUS42HP	SUS42CP	——	——	——	——	SUS42TP	SUS42TB	SCS18
347	18Cr-8Ni-Nb	SUS43B	SUS43HP	SUS43CP	SUS43HS	SUS43CS	——	——	SUS43TP	SUS43TB	——
431	16Cr-2Ni	SUS44B	——	——	——	——	——	——	——	——	——
——	25Cr-6Ni-2Mo	——	——	——	——	——	——	——	——	——	SCS11

化學、食品工業用耐蝕材料多使用18-8鋼。船舶、車箱內之鋼柵、座位輪廓、握棒、出入口引導設備。不銹鋼磨光帶鋼用途於傢俱，五金，炊具，爐，冷氣機，暖房機，反射板等。建築物之樓梯、布簾軌、照明器具、警報器、摩拖車、手錶、錶帶、刮鬍刀、口琴、鋼筆、刀、電爐蓋、洗衣機、炊具、用餐器具、刀叉、盒、彈簧、編織機、引擎零件、泵零件、瓣類、卷尺、折尺等。

2-9.9 工具鋼

工具鋼主要用於製作切削刀具、沖模、抽線模等，包括碳素工具鋼，高速度鋼及合金工具鋼等如表 2-9.18。

表 2-9.18 工具鋼

碳素工具鋼			
符號	退火硬度HB	用 途	類似鋼料(ASTM)
SK 1	217以下	硬質車刀、銼刀、剃刀等。	
SK 2	212以下	車刀、鑽頭、銑刀、銼刀等。	
SK 3	207以下	螺絲攻、螺絲模、鏨子、型規等。	
SK 4	207以下	木工用鑽頭、斧、帶鋸等。	SAE1095
SK 5	207以下	沖模、圓鋸、刻印工具、鍛造模。	SAE1086
SK 6	201以下	圓鋸、刻印工具、鍛造模、油印鋼板。	SAE1075
SK 7	201以下	沖模、刻印工具、小刀、鍛造模、鉚釘頭模。	SAE1065

高速度鋼			
符號	HB	用 途	類似鋼料(ASTM)
SKH 2	235以下	切削用車刀、鑽頭。	AISI T1
SKH 3	255以下	高溫硬度、重切削用刀具、牙板、絞刀等。	AISI T4
SKH 4A	277以下	重切削用刀具（冷硬滾子、高錳鋼等難切削材料用）。高溫硬度。	AISI T6
SKH 4B	302以下		
SKH 5	311以下		AISI T6
SKH 6	235以下	與SKH2同。	AISI T7
SKH 8	255以下	高溫硬度切削刀具。	AISI T4
SKH 9	235以下	SKH2與SKH3中間之切削能力。	AISI T2

合金工具鋼					
種類	符號	用途	種類	符號	用途
合金工具鋼 S 1種	SKS 1	主要於切削用	合金工具鋼 S 3種	SKS 3	主用於耐磨不變形用
合金工具鋼 S 11種	SKS 11		合金工具鋼 S 31種	SKS 31	
合金工具鋼 S 2種	SKS 2		合金工具鋼 D 1種	SKD 1	
合金工具鋼 S 21種	SKS 21		合金工具鋼 D 11種	SKD 11	
合金工具鋼 S 5種	SKS 5		合金工具鋼 D 12種	SKD 12	
合金工具鋼 S 51種	SKS 51		合金工具鋼 D 2種	SKD 2	
合金工具鋼 S 7種	SKS 7		合金工具鋼 D 4種	SKD 4	主用於熱間加工用
合金工具鋼 S 8種	SKS 8		合金工具鋼 D 5種	SKD 5	
		主用於耐衝擊用	合金工具鋼 D 6種	SKD 6	
合金工具鋼 S 4種	SKS 4		合金工具鋼 D 61種	SKD61	
合金工具鋼 S 41種	SKS 41		合金工具鋼 T 1種	SKT 1	
合金工具鋼 S 42種	SKS 42		合金工具鋼 T 2種	SKT 2	
合金工具鋼 S 43種	SKS 43		合金工具鋼 T 3種	SKT 3	
合金工具鋼 S 44種	SKS 44		合金工具鋼 T 4種	SKT 4	
			合金工具鋼 T 5種	SKT 5	
			合金工具鋼 T 6種	SKT 6	

-9.10 非鐵金屬材料

非鐵金屬用於機械造中，通常鑄造，常用者如表 2-9.19，2-9.20，2-9.21，2-9.22 所示。

表 2-9.19 銅合金鑄件

<table>
<tr><th>名稱</th><th>種類</th><th>符號</th><th>抗拉強度 (kg/mm²)</th><th>伸長率%</th><th>特性、用途例</th></tr>
<tr><td rowspan="4">黃銅鑄品</td><td>1種</td><td>BsC1</td><td>17以上</td><td>20以上</td><td>容易鋼焊，具黃紅色，用於法蘭類。</td></tr>
<tr><td>2種</td><td>BsC2</td><td>18以上</td><td>20以上</td><td>鑄造較易，用於一般機械零件及裝飾品。</td></tr>
<tr><td>3種</td><td>BsC3</td><td>22以上</td><td>20以上</td><td>比第2種強度高，鑄造容易，用於一般機械零件。</td></tr>
<tr><td>4種</td><td>BsC4</td><td>22以上</td><td>20以上</td><td>稱為海軍黃銅，改善第3種之耐蝕性，可用於耐海水侵蝕之一般機械零件。</td></tr>
<tr><td rowspan="2">高力黃銅鑄品</td><td>1種</td><td>HBsC1</td><td>44以上</td><td>25以上</td><td>具高強度、耐蝕性特點，適用於耐水壓之零件。</td></tr>
<tr><td>2種</td><td>HBsC2</td><td>52以上</td><td>15以上</td><td>推進器及船舶用品。</td></tr>
</table>

青銅鑄件

種類	符號	抗拉強度 (kg/mm²)	伸長率%	用途
1種	BC 1	17以上	10以上	適用於不具強度之美術工藝品、建築五金等。
2種	BC 2	21以上	15以上	機械性質、耐蝕性等優良，用於一般機械零件及塞閥等。
3種	BC 3	22以上	15以上	機械性質、耐蝕性等優良，用於一般機械零件及塞閥等。
4種	BC 4	22以上	10以上	適用於必具有硬度耐磨性之齒輪、高壓閥類。
5種1號	BC 5A	———	———	中速高負荷用軸承。
5種2號	BC 5B	———	———	鐵道車輛、起重機。
5種3號	BC 5C	———	———	工具機等軸承。
6種	BC 6	18以上	18以上	切削性良好，用於普通閥類及機械零件。

磷青銅鑄件

<table>
<tr><th rowspan="2">符號</th><th rowspan="2">質別</th><th rowspan="2">記號</th><th colspan="2">引張試驗</th><th rowspan="2">硬度HB</th><th rowspan="2">用途</th></tr>
<tr><th>抗拉強度 (kg/mm²)</th><th>伸長率 %</th></tr>
<tr><td>PBC 1</td><td>砂型</td><td>PBC 1</td><td>20</td><td>3以上</td><td>75以上</td><td rowspan="2">耐蝕性，耐磨耗大之齒輪，軸承等。</td></tr>
<tr><td rowspan="2">PBC 2</td><td>砂型</td><td>PBC 2A</td><td>20</td><td>5以上</td><td>70以上</td></tr>
<tr><td>金型</td><td>PBC 2B</td><td>30</td><td>5以上</td><td>80以上</td><td>耐蝕性，耐磨耗性大，用於金屬模強度大、高速度之瓣座軸承齒輪等。</td></tr>
<tr><td>PBC 3</td><td>金型</td><td>PBC 3</td><td>———</td><td>———</td><td>85以上</td><td>硬度，耐磨耗性大，P低者齒輪及高荷重低速度軸承，P高者用低荷重高速軸承等。</td></tr>
</table>

2

表 2-9.20 銅及銅合金棒之性質及用途

符 號	性質及用途（供參考）	
C1020	無氧銅	導電性、導熱性、延展性、焊接性、耐蝕性、耐候性優良，在還原性氣氛中高溫下加熱，不產生氫脆性，使用於電器或化學工業等。
C1100	韌煉銅	導電性、導熱性、延展性、耐蝕性、耐候性優良，使用於電器零件或化學工業等。
C1201	磷脫氧	延展性、導熱性、耐蝕性、耐候性優良，在還原性氣氛中高溫下加熱時不產生氫脆性，C1201之導電性，良好使用於焊接化學工業等。
C1220		
C3601	易削黃銅	具有良好之切削性C3601，C3602均有良好之延展性。
C3602	易削黃銅	使用於螺釘、螺帽、螺栓、齒輪、閥、照相器材之零件等。
C3603		
C3604		
C3712	鍛造用黃銅	熱鍛性良好，使用於精密鍛造之機械零件。
C3771		熱鍛性和切削性優良，使用於閥和機械零件。

註：符號後方加註BE者為熱擠材料，例：C1020 BE。
　　符號後方加註BD者為冷拉材料，例：C1020 BD。

符 號	性質及用途（供參考）	
C4622	海軍黃銅	耐蝕性試驗良好，特別是耐海水性優良，使用於主軸和船用零件。
C4641		
C6161	鋁青銅	強度高具有耐磨性、耐蝕性優良，使用於車輛機械化學工業和船舶用之齒輪、軸、襯套等零件。
C6191		
C6241		
C6782	高拉力黃銅	強度高熱鍛性、耐蝕性優良使用於船舶之推進器軸及泵軸等。
C6783		

註：符號後方加註BF者為鍛造材料，例：C6191 BF。

表 2-9.21 鋁合金鑄品

種 類	符 號	抗拉強度 kg/mm	特 性	用 途 例
1種	AlC1A	16以上	切削性、機械性質良好。	飛機外殼、後軸殼、飛機用輪、曲軸箱
2種 A	AlC2A	18以上	鑄造性、熔接性良好，耐氣密性。	分歧管、閥本體及其他一般用
2種 B	AlC2B	18以上	鑄造性特別良好、熔接性良好且耐氣密性。	小型引擎用活塞連桿
2種 C	AlC2C	16以上	鑄造性、熔接性良好。	一般使用
3種 A	AlC3A	18以上	鑄造性良好。	薄件用
4種 A	AlC4A	18以上	流動性、耐震性良好。	汽車、船、飛機等引擎曲軸箱
4種 B	AlC4B	18以上	鑄造性、熔接性良好。	一般使用
4種 C	AlC4C	16以上	鑄造性及熔接性特別良好，氣密性、耐震性良好。	變速箱、飛輪外殼、飛機油泵零件
5 種	AlC5A	22以上	耐熱性特別良好。	汽缸組合、活塞、飛機發電機室
6 種	AlC6A	18以上	強度高、耐熱性良好。	飛機、汽車船等發電機用汽缸及活塞
7種 A	AlC7A	22以上	耐熱性特別良好，機械性質好。	食品用具、化學零件、建築裝飾品、船舶用品
7種 B	AlC7B	18以上	耐蝕性好，具高強度及伸長率，陽極皮膜性良好。	特別具強度及耐衝擊之飛機固定零件
8種 A	AlC8A	18以上	熱膨脹係數小、耐熱性良好。	飛輪、滑輪車、汽車、船舶等發電機用活塞
8種 B	AlC8B	18以上	熱膨脹係數小、鑄造性良好。	飛輪、滑輪車、汽車、船舶等發電機用活塞
9 種	AlC9A	20以上	耐熱性之機械性質良好。	滾子、蝸輪、連桿

表 2-9.22 鋅合金壓鑄品

種類	符號	抗拉試驗		用 途
		抗拉強度 (kg/mm^2)	伸長率 %	大量生產之汽機車零件，例如化油器、給油器、門手把、名牌、電冰箱之手把、裝飾用名牌類、肘、電扇之支架、馬達架等。
1 種	ZnADC1	28	5	
2 種	ZnADC2	25	10	

2-9.11 習用機件使用材料

一般機械設計中常用之機件使用材料，如表 2-9.23 所示。

表 2-9.23 機件習用材料

機件	材料
螺栓、螺帽	低級品：S 15 C(機械構造用鋼) S 20 C(機械構造用鋼) S 25 C(機械構造用鋼) S 30 C(機械構造用鋼) SS 41 B(一般構造壓延材料) SUM 1-D(硫易削鋼) 中級品：S 40 C ,S 45 C,S 50 C,S 55 C 高級品：SCr 2,SCr 3(鉻鋼) 強力用：SCM 2,SCM 3(鉻鉬鋼) SNCM 5,SNCM 7,SNCM 8(鎳、鉻、鉬、鋼)
小螺絲	滾製：SWRM3(軟鋼線材) S 10 C-D,S 15 C-D 切削：S S 34 B-D,S S 41 B-D,SUM 1-D,SUM 2-D
銷	S 20 C,S 45 C,S 50 C,S 55 C
鍵	S 45 C-D,SF 55
鉚釘	SV 34,SV 41 B(鍋爐、船舶用),SV 39
墊圈	S S 41,SPN(熱間壓延薄鋼板) SPC(冷間壓延薄鋼板) SWRH 4,SWRH 5
	SP(鋼)
手輪	手輪：FC15,FC20 柄：S20C,S30C
軸	S 35 C,S 45 C,S 55 C(普通軸) SF 20,SF 45,SF 60(曲軸) SCr 1~5,SNC 2(調質處理) SNC 21~SNC22(表面硬化處理) SCM 3~SCM 5(調質處理) SNCM 21~SNCM 22(表面硬化處理)
齒輪	SS 41 B,S S 50 B(未經處理之低級品) S 30 C,S 35 C,S 45 C(急冷淬火) SC材料,S 45 C,S 50 C,S 55 C(高周波淬火) SNC 2~SNC 3(調質處理) SNC 21~SNC 22(表面硬化處理) SNCM 2,SNCM 5,SNCM 7,SNCM 8,SNCM 9 （強力齒輪用高級品，急冷淬火） SNCM 21~26(表面硬化) S Cr 鍛造品(S F 45~60) 大型齒輪鑄鋼品：SC 42,SC 46,SC 49 構造用合金鋼鑄鋼品：SCA 1,SCA 2,SCA 21,SCA 22 SCA 23(鍛造後熱處理) 灰鑄品(輕荷重大型齒輪僅具粗胚面)FC 15,FC 20 FC 25,FC 30,FC 35(鑄造後熱處理) 青銅鑄品：BC 3,BC 4(蝸輪),蝸桿為SNC 2~3 磷青銅PBC
機架、機殼	FC 15,FC 20,FC 25(FC 20使用最多) S S 41 P(熔接製品) 輕合金鑄品AC4C-F,AC1A-F
滑動軸承	鑄鐵FC15,FC 20僅少使用 白合金WJ 1~10(中速中負荷，附有襯裏使用) 銅鉛合金KJ 1~KJ 4(附襯裏) 青銅鑄品BC 3 磷青銅鑄品PBC1,PBC2,PBC3(高速用襯套) 鋁青銅鑄品CBC3~CBC5(作為襯套使用)

塑膠材質編號

編 號	名 稱
1	聚乙烯對苯二甲酸酯 (polyethylene Terephthalate，PET) 俗稱寶特瓶
2	高密度聚乙烯 (High Density polyethylene，HDPE，PE)
3	聚氯乙烯 (polyvinyl chloride,PVC)
4	低密度聚乙烯 (Low Density polyethylene，LDPE，PE)
5	聚丙烯 (polypropylene，PP)
6	聚苯乙烯 (polystyrene，PS) 若是發泡聚苯乙烯即為俗稱之「保麗龍」
7	其他類(OTHERS)

標誌與編號	縮寫	聚合物名稱	用途	特性及安全問題
1	PETE 或 PET	聚對苯二甲酸乙二酯	聚酯纖維、熱可塑性樹脂、膠帶與飲料瓶。參考實特瓶的回收(Recycling of PET Bottles)	耐熱至70℃，過熱及長期使用可能會釋出致癌物鄰苯二甲酸二辛酯(DEHP)
2	HDPE 或 PEHD	高密度聚乙烯 (High-density polyethylene)	瓶子、購物袋、回收桶、農業用管、杯座、汽車障礙、運動場設備與複合式塑膠木材(Wood-plastic composite)	不易徹底清洗殘留物，非食品用途容器不應通過清洗後重復利用
3	PVC 或 CPVC	聚氯乙烯	管子、圍牆與非食物用瓶	耐熱至81℃，過熱易釋放各種有毒添加劑（用於改善該類型塑膠的性能）
4	LDPE 或 PEBD	低密度聚乙烯 (Low-density polyethylene)	塑膠袋、各種的容器、投藥瓶、洗瓶、配管與各種模塑的實驗室設備	耐熱至90℃，過熱易產生致癌物質
5	PP	聚丙烯	汽車零件、工業纖維與食物容器	耐熱至約165℃，耐酸鹼，在一般食品處理溫度下較為安全
6	PS	聚苯乙烯	書桌佩飾、自助式托盤、玩具、錄影帶盒、隔板與泡沫聚苯乙烯（Expanded polystyrene，EPS）產品，如Styrofoam	酸鹼溶液(如橙汁等)，或者高溫下容易釋出致癌物質
7	OTHER	其他塑膠，包括ABS樹脂、聚甲基丙烯酸甲酯、聚碳酸酯、聚乳酸、尼龍與玻璃纖維強化塑膠		

塑膠材料特性表

代號	耐溫性	衝擊性	磨損性	韌性	光澤性	耐化學	透明度	安定性	電器性	應用
PP	90℃	▲	▲	□	□	□				汽車內飾、容器、玩具、電器外殼
HIPS	70℃	□	▲	▲	▲					音響外殼、時鐘外殼、家電產品
AS	80℃		▲		□		□			電扇葉片、蓄電池外殼、增濕氣外殼
ABS	85℃	□	▲	▲	□					電話機、電腦終端機、家庭電器外殼
PMMA	80℃		▲		□		□			照明燈具、衛浴設備、辦公室文具用品
POM	130℃	□	□	□	□	□			□	開關、齒輪、洗衣機、汽車零件、家庭電器
PC	130℃	□	□	□	□		□			護鏡、儀表版、吹風機、照明設備、電器零件
PA	160℃	□	□	□	▲	□			□	機械零件(滑軌、拉鍊)、汽車零件、風扇葉
PBT	205℃	□	□	□	▲			□	□	電子電機零件(感應器、開關)、汽車零件
PPS	260℃	▲	□	□	▲	□		□	□	汽車(閥、電子控制零件)、塑膠、連接器
PET	250℃	□	▲	□	□	□	□		□	照明器具、電器零件(風葉片、電容器盒)
PU	100℃	□	□	□	▲	□		▲	□	電子開關把手、玩具、吸盤、汽機車零件
PC+ABS	120℃	▲	□	□	▲	▲		□	□	捲門器外殼、電機零件外殼、汽車零件
PA 6	295℃									SMT之電子零件
PA 46	270℃									電子開關、絕緣物

特性	學名	測試方法		PVC	CPVC	HDPE	UPE	PVDF	PTFE	PET
物理性質	俗名	ASTM	單位	氯乙烯	氯乙烯	聚乙烯	乙烯鋼	鐵氟龍2F	鐵氟龍4F	聚酯膠
	比重	D790	目標	1.50	1.54	0.94	0.94	1.78	2.25	1.38
	原物質外觀	常用材料	X	灰色	鼠灰色	白色	白色	白色	白色	白色
	吸水率	D572	%	0.07-0.4	<0.05	<0.01	<0.01	0.04	<0.01	0.3
	遇光變化	X	X	容易老化	漸次老化	長久老化	長久老化	不變	不變	不變
機械性質	硬度	D785	kg/cm^2	R108-118	R117-122	R38-50	R40-50	SHORE D 80	SHORE D 50-60	M70-115
	抗拉強度	D638	10^4kg/cm^2	350-630	527-633	220-390	400-470	490	140-320	1200-1760
	延長率	D638	kg/cm^2	2.0-4.0	4.5-6.5	15-100	300-500	100-300	200-400	70-130
	抗拉彈性率	D638	kg/cm^2	2.5-4.2	2.53-3.34	0.42-1.00	0.20-1.10	0.84	0.41	3.2-4.2
	壓縮強度	D695	kg-cm/cm^2	560-910	633-1550	330	230	700	120	914-211
	彎曲強度	D790	X	700-1130	1020-1200	70	200	X	X	598-1620
	衝擊強度	IZOD	X	1.0-3.0	5.44-30.5	8.2-10.9	不破壞	19.0	16.4	70

特性	學名	測試方法		PP	N-6	N-66	MC	POM	ABS	PS
	俗名	ASTM	單位	聚丙烯	尼龍6	尼龍66	MC尼龍	塑膠鋼	ABS	聚苯乙烯
物理性質	比重	D790	目標	0.92	1.15	1.15	1.17	1.42	1.07	1.10
	原物質外觀	常用材料	X	白色	白色	淺土色	乳白色	純白色	白色	透明
	吸水率	D572	%	0.02-0.03	1.6	1.5	0.6-2.0	0.22	0.1-0.8	0.05-0.5
	遇光變化	X	X	長久老化	變黃	變黃	變黃	不易變化	老化	老化
機械性質	硬度	D785	kg/cm^2	R90-100	R103-118	R108-118	R112-120	M78-80	R80-118	M20-80 R50-150
	抗拉強度	D638	10^4kg/cm^2	350-360	490-860	630-840	670-840	620	170-630	210-480
	延長率	D638	kg/cm^2	3-20	2.5-320	60-300	360-320	60-75	10-140	5-80
	抗拉彈性率	D638	kg/cm^2	2.1-3.6	1.1-2.7	1.2-2.9	3.5-4.5	2.8	0.7-2.9	1.4-3.2
	壓縮強度	D695	kg-cm/cm^2	490	500-910	470-880	770-980	1120	188-177	280-630
	彎曲強度	D790	X	560	560-980	880-980	980-1120	910	250-950	350-700
	衝擊強度	IZOD	X	2.2-16.3	5.5-19.6	5.5-10.9	223	6.5-7.6	3.8-66	2.7-60

特性	學名	測試方法		PMMA	PC	PEEK	BAKELITE	FRP
物理性質	俗名	ASTM	單位	壓克力	聚碳酸酯	PEEK	電木	玻璃纖維
	比重	D790	目標	1.20	1.20	1.26-1.32	1.5	2.0
	原物質外觀	常用材料	X	透明	透明	乳白色	棕色	淺灰色
	吸水率	D572	%	0.3-0.4	0.15	0.14	1.5	0.1-1.0
	遇光變化	X	X	老化	不變	不易老化	不變	不老化
機械性質	硬度	D785	kg/cm²	M84-105	M70-R118	SHORE D 88	E79-82	M100-105
	抗拉強度	D638	10^4kg/cm²	490-770	560-670	X	211-633	1400-4200
	延長率	D638	kg/cm²	2-10	60-100	50	0.37-0.57	4
	抗拉彈性率	D638	kg/cm²	3.2	2.5	1.1	X	14-28
	壓縮強度	D695	kg cm/cm²	840-0	880	900	17-35	3500-4900
	彎曲強度	D790	700-1130	900-1300	950	1700	1200-1500	4900-7000
	衝擊強度	IZOD	1.0-3.0	2.6-7	65-87	8.3	2.0-4.0	109-163

第 3 章 幾何作圖

3

3-1 製圖規範

3-1.1 圖 紙

紙張大小在 CNS 5 中有 A、B、C、D、E 五組規格，而工程圖規定採用 A 組的規格，因 A 組的 A0 面積為 1m²，所以目前繪圖機、列表機以及影印機等機器，也都以其為主要規格。圖紙長邊與短邊之尺度如表 3-1.1 所示，單位為 mm。一般常用寬(X)×高(Y)之格式，如圖 3-1.1 所示。

表 3-1.1 圖紙規格

格式	A0	A1	A2	A3	A4
尺度	1189×841	841×594	594×420	420×297	297×210

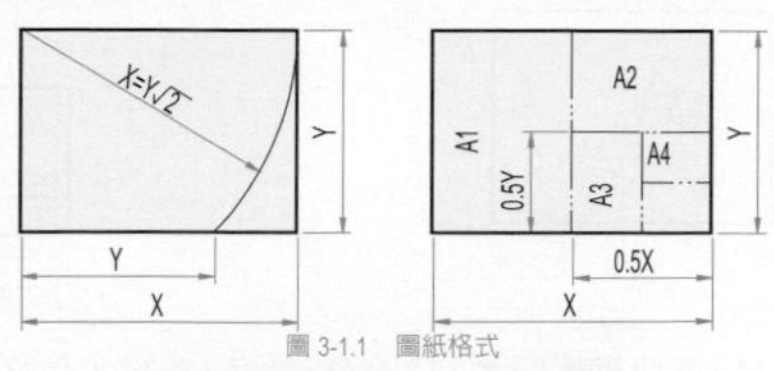

圖 3-1.1 圖紙格式

3-1.2 圖框大小

工程圖一般都繪有圖框，圖框的大小，依圖紙大小，有所不同，A0、A1 及 A2 圖框距紙邊的尺度為 15 ㎜，而 A3 及 A4 則為 10mm 如需裝訂成冊的圖，在左邊的圖框線應離紙邊 25mm，如圖 3-1.2。

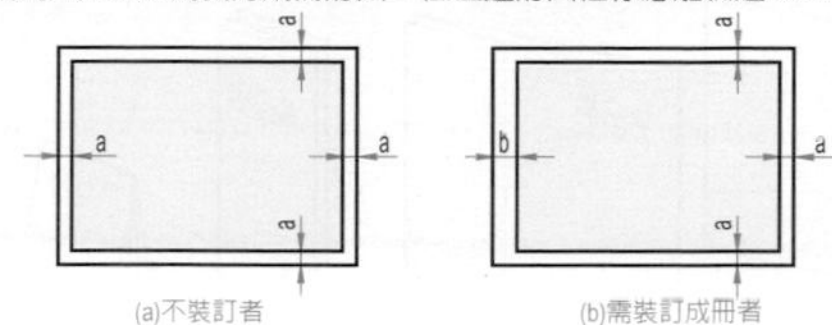

(a)不裝訂者　(b)需裝訂成冊者

圖 3-1.2 圖框大小

表 3-1.2 圖框格式

圖紙大小	A0	A1	A2	A3	A4
a	15	15	15	10	10
b	25	25	25	25	25

3-1.3 圖紙的摺疊

較 A4 大的圖紙通常可摺成 A4 大小，以便置於文書夾中，或裝訂成冊保存，摺疊時圖的標題欄必須摺在上面，以便查閱。

1.裝訂式摺圖法：摺線旁的數字為摺疊次序，圖 3-1.3 為 A0 之摺疊次序，圖 3-1.4 為 A1 的摺疊次序，圖 3-1.5 為 A2 的摺疊次序，圖 3-1.6 為 A3 的摺疊次序，最後如圖 3-1.7 所示為 A4 大小方使成卌保存。

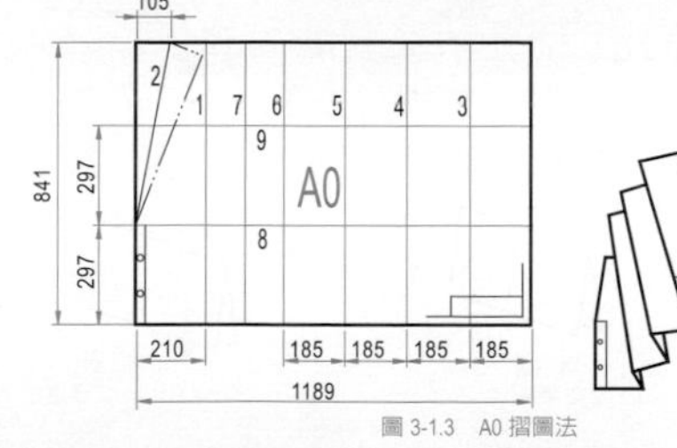

圖 3-1.3 A0 摺圖法

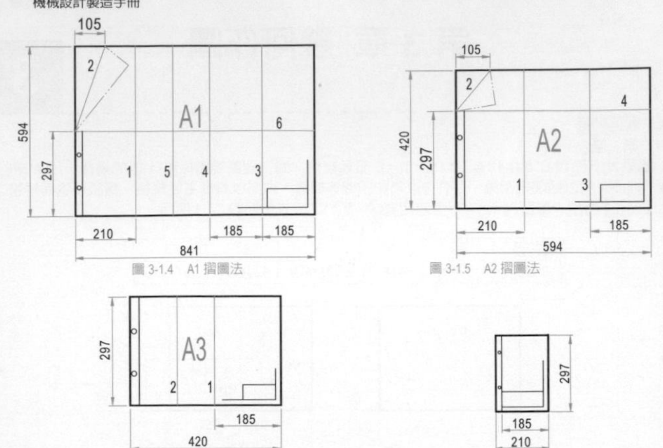

圖 3-1.4 A1 摺圖法

圖 3-1.5 A2 摺圖法

圖 3-1.6 A3 摺圖法

圖 3-1.7 A4 摺圖法

2.不裝訂式摺圖法：**圖 3-1.8 為 A0 摺圖法，圖 3-1.9 為 A1 摺圖法，圖 3-1.10 為 A2 摺圖法，圖 3-1.11 為 A3 摺圖法。**

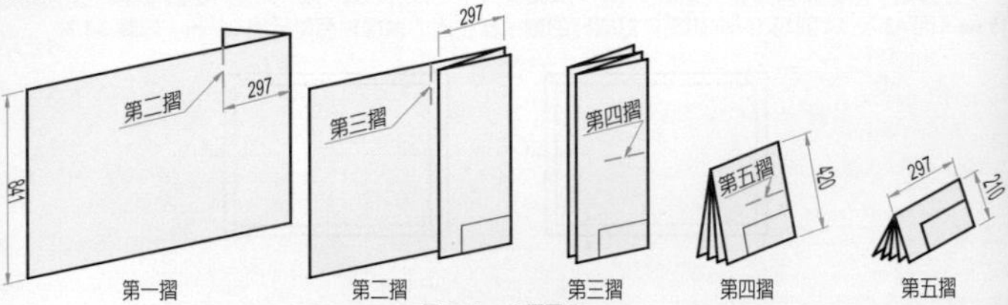

第二摺 297 841 第一摺

297 第三摺 第二摺

第四摺 第三摺

第五摺 420 第四摺

297 210 第五摺

圖 3-1.8 A0 摺圖法

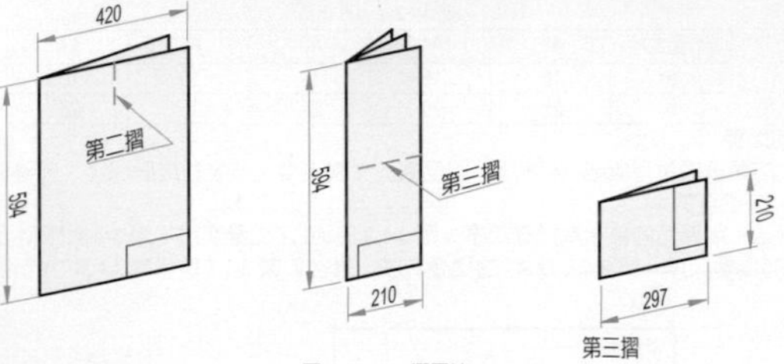

420 第二摺 594

594 第三摺 210

210 297 第三摺

圖 3-1.9 A1 摺圖法

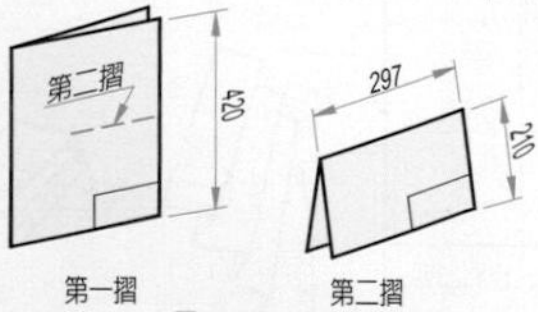

第二摺 420 第一摺

297 210 第二摺

圖 3-1.10 A2 摺圖法

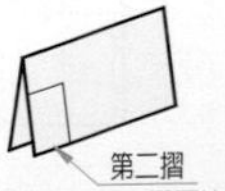

第二摺

圖 3-1.11 A3 摺圖法

3-1.4 製圖線條

線是構成圖面的基本要素，在工程圖中所用的線，因其用途不同而有種類及粗細畫法的規定。一般線條種類有實線、虛線及鏈線，而粗細也有粗、中、細三種。其式樣、畫法及用途等請參考見表 3-1.3 及圖 3-1.12。

表 3-1.3 線條樣式

種類		式樣	粗細	畫法	用途
實線		A	粗	連續線	可見輪廓線、圖框線
實線		B	細	連續線	尺度線、尺度界線、指線、剖面線、因圓角消失之稜線、旋轉剖面輪廓線、作圖線、折線、投影線、水平面等
實線		C	細	不規則連續線（徒手畫）	折斷線
實線		D	細	兩相對銳角高約為字高 (3mm)，間隔約為字高 6 倍 (18mm)	長折斷線
虛線		E	中	線段長約為字高（3 mm），間隔約為線段之 1/3 (1mm)	隱藏線
鏈線	一點鏈線	F	細	空白之間隔約為1mm，兩間隔中之小線段長約為空白間隔之半（0.5mm）	中心線、節線、基準線等
鏈線	一點鏈線	G	粗		表面處理範圍
鏈線	一點鏈線	H	粗 細	與式樣 F 相同，但兩端及轉角之線段為粗，其餘為細，兩端粗線最長為字高 2.5 倍 (7.5mm)，轉角粗線最長為字高 1.5 倍（4.5 mm）	割面線
鏈線	兩點鏈線	J	細	空白之間隔約為1mm，兩間隔中之小線段長約為空白間隔之半（0.5mm）	假想線

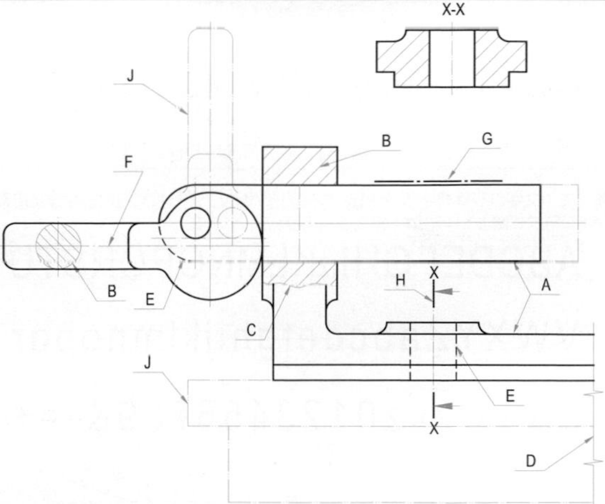

圖 3-1.12

線條粗細的配合，則建議採用 0.18，0.35 及 0.5 為一組或 0.2，0.4 及 0.6 或 0.25，0.5 及 0.7 為一組，如表 3-1.4。

表 3-1.4 線條粗細之配合 單位：mm

粗	1	0.7	0.6	0.5
中	0.7	0.5	0.4	0.35
細	0.35	0.25	0.2	0.18

目前工業界，工程圖的繪製，大多採用電腦來繪製，更有以網路做為圖檔的傳輸與討論，為便利圖檔的轉換，各種線條的顏色建議如表 3-1.5。

表 3-1.5 圖層設定

電腦繪圖 圖層設定參考表				
圖層名稱	意義	顏色	圖例	線型粗細
CON	輪廓線	白 (7)	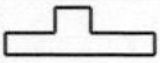	0.5
HID	虛線	紫 (6)	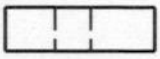	0.35
TXT	文字	紫 (6)	圖名	0.35
VAL	數值	紅 (1)	⌀50	0.25
DIM	尺度（界）線	綠 (3)	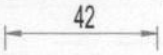 42	0.18
PHA	假想線	黃 (2)		0.18
CEN	中心線	黃 (2)		0.18
HAT	剖面（折斷）線	青 (4)		0.18

3-1.5 字 法

工程圖上如用到中文字、拉丁字母和阿拉柏數字，書寫應力求端正劃一，大小間隔適當，一律自左向右書寫，最小字高建議如表 3-1.6。

表 3-1.6 最小字高

應用	圖紙大小	最小字高(單位：mm)	
		中文字	其他
標題、圖號、件號	A0、A1	7	7
	A2、A3、A4	5	5
尺度、註解	A0、A1	5	3.5
	A2、A3、A4	3.5	2.5

工程圖上的中文字以等線體字(又名黑體字)為原則，而拉丁字母和阿拉伯數字建議用哥德體，有直式如圖 3-1.13 和斜式如圖 3-1.14 兩種。斜式傾斜角度約為 75°左右。

ABCDEFGHIJKLMNOPQRSTU

VWXYZabcdefghijklmnopqr

stuvwxyz0123456789&-=+

圖 3-1.13 直式

ABCDEFGHIJKLMNOPQRSTU 75°

VWXYZabcdefghijklmnopqr

stuvwxyz0123456789&-=+

圖 3-1.14　斜式

3-1.6　比　例

比例一般大都採用 1：1 之實大比例，但如要放大或縮小，則以 2 或 5 倍數的比例為常用者。
縮小比例參考：1：2，1：2.5，1：4，1：5，1：10，1：20，1：50，1：100，1：200，1：500，1：1000。
放大比例參考：2：1，5：1，10：1，20：1，50：1，100：1。

3-2　幾何作圖

3-2.1　等分直線或圓弧

已知線段 AB(或圓弧 AB)，以大於 AB 長度的一半 r 為半徑，並以 A 與 B 兩點為圓心畫弧相交於 C 與 D，連結 C 與 D，則 CD 即為已知直線 AB(或圓弧 AB)之垂直二等分線，M 為直線之等分點，N 為圓弧之等分點，如圖 3-2.1 所示。

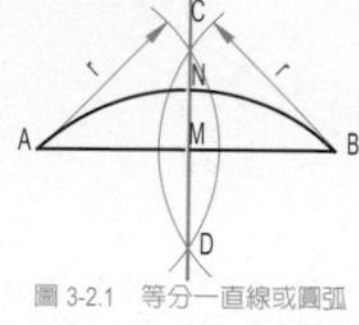

圖 3-2.1　等分一直線或圓弧

圖 3-2.2　自直線外之定點作垂直線

3-2.2　在已知直線外之定點作垂直線

P 點為直線 AB 外之定點，以 P 為圓心，將適當長度 r1 為半徑，畫圓弧與直線之交點為 A、B。再分別以 A、B 為圓心大於 AB 長度的一半 r2 為半徑，畫圓弧，其交點為 C，連接 PC 即為所求之垂直線，如圖 3-2.2 所示。

3-2.3　過線段之一端作垂直線

以線段 AB 外任意一點 O 為圓心，以 OB 長度 r 為半徑畫圓，與線段 AB 相交於 C，連接 CO 之延長線與圓相交於 D，連接 BD 即為所求之垂直線，如圖 3-2.3 所示。

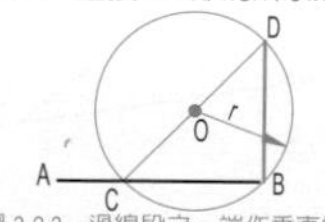

圖 3-2.3　過線段之一端作垂直線

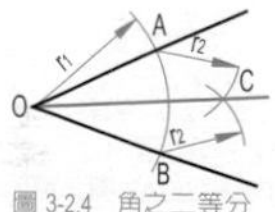

圖 3-2.4　角之二等分

3-2.4　二等分一角

已知∠AOB，以頂點 O 為圓心，適當長度 r1 為半徑畫弧，分別相交 OA 與 OB 於 A 點與 B 點，又以 A、B 為圓心，適當長度 r2 為半徑畫弧相交於 C 點，則 OC 為∠AOB 的等分線，如圖 3-2.4 所示。

3-2.5　三等分一角

已知∠AOB，以 O 為圓心，適當長度 r1 為半徑圓弧，與 OA、OB 相交於 C、D 點，再以 CD 為直徑畫圓，與∠AOB 之二等分線 OO'相交於 E、F。將半圓 CFD 二等分，各以 C、D 為圓心，直徑 CD 之半 r2 為半徑畫弧，交圓於 G、H 點，作△GEH，交直徑 CD 於 M、N 兩點，連接 OM、ON 則∠AOB 可分為三等分，如圖 3-2.5 所示。

3

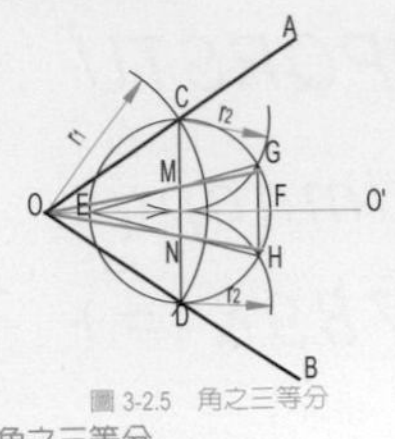

圖 3-2.5 角之三等分

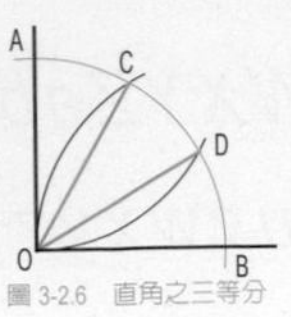

圖 3-2.6 直角之三等分

3-2.6 直角之三等分

以 O 為圓心畫任意之圓弧，與 OA、OB 相交於 A、B 兩點，再以 OA 或 OB 為半徑，各以 A、B 為圓心畫弧，交於先前之弧於 C、D 兩點，則 OC、OD 為直角 AOB 之三等分線，如圖 3-2.6 所示。

3-2.7 過線外一點作已知直線之平行線

以 P 為圓心任意長度 r1 為半徑畫弧與直線 AB 相交於 C 點，再以 C 為圓心相同長度 r1 為半徑畫弧，過 P 點交 AB 於 D 點。以 PD 長度 r2 為半徑，C 為圓心畫弧與圓弧 CQ 相交於 Q 點，連接 PQ，PQ 即為所求之平行線，如圖 3-2.7 所示。

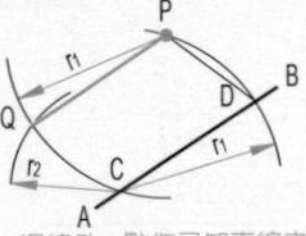

圖 3-2.7 過線外一點作已知直線之平行線

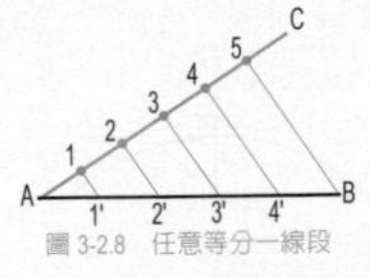

圖 3-2.8 任意等分一線段

3-2.8 任意等分一線段

設等分一已知直線 AB，為五等分。過 A 點作一任意直線 AC，並以適當長度在 AC 上自 A 點起，連續取五段得 1、2、3、4、5 點，連接 5B，過 1、2、3、4 點作直線平行 5B，交線段 AB 於 1'、2'、3'、4' 為所求之五等分點，如圖 3-2.8 所示。

3-2.9 求圓心

取兩任意弦 AB、BC，各作其垂直平分線，相交於 O 點，即為此圓之圓心，如圖 3-2.9 所示。

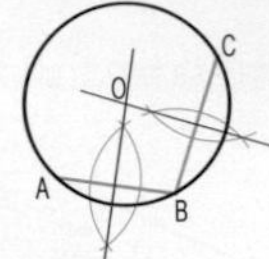

圖 3-2.9 求圓心

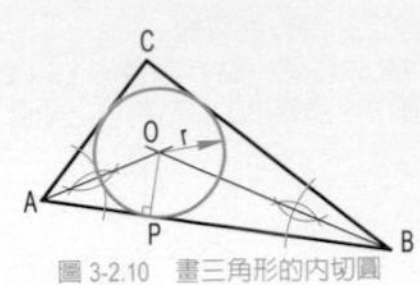

圖 3-2.10 畫三角形的內切圓

3-2.10 畫三角形的內切圓

作△ABC 兩內角∠CAB 與∠ABC 的二等分線，相交於 O 點，過 O 點作 AB 之垂直線，交 AB 於 P 點以 OP 長度 r 為半徑畫圓，即為內切圓，如圖 3-2.10 所示。

3-2.11 畫三角形的外接圓

作△ABC 任兩邊的垂直二等分線相交於 O 點，O 點即為外接圓的圓心。連接 OA(或 OB 或 OC，因為 OA＝OB＝OC)為半徑畫圓，即得外接圓，如圖 3-2.11 所示。

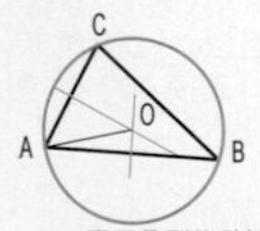

圖 3-2.11 畫三角形的外接圓

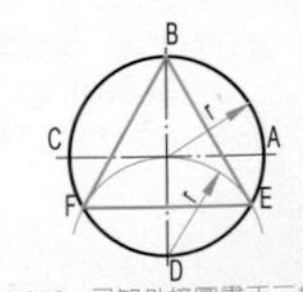

圖 3-2.12 已知外接圓畫正三角形

3-2.12 已知外接圓畫正三角形

如圖 3-2.12 所示，已知外接圓半徑為 r，以 D 為圓心 r 為半徑畫弧，交外接圓於 E、F 兩點，連接 B、E、F 成△BEF 即為正三角形。

3-2.13 已知外接圓畫正五邊形

求半徑 OA 之中點 P，以 P 為圓心 PB 長度 r1 為半徑畫弧，交 OC 於 Q 點，再以 B 為圓心，BQ 長度 r2 為五邊形之一邊邊長，以 r2 為半徑畫弧交外接圓於 E 點，依序將圓周五等分，得到 F、G、H 點，連接 B、E、F、G、H 五點，即得正五邊形，如圖 3-2.13 所示。

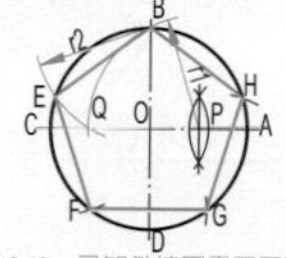

圖 3-2.13 已知外接圓畫正五邊形

圖 3-2.14 已知外接圓畫正六邊形

3-2.14 已知外接圓畫正六邊形

分別以直徑端點 A、C 點為圓心，OA 為半徑畫弧交外接圓於 E、F、G、H 四點，連接 A、E、F、C、G、H 六點即得正六邊形，如圖 3-2.14 所示。

3-2.15 已知外接圓畫正七邊形(近似法)

以 D 為圓心，OD 為半徑畫弧交外接圓於 P、Q 兩點，得到正三角形 PQB。以邊長 PQ 的一半長度 r 為半徑，B 為圓心畫弧與外接圓相交於 J、E 兩點，再以 J、E 為圓心 r 為半徑畫弧，得到 I、F 兩點，再以 I、F 為圓心 r 為半徑畫弧得到 H、G 兩點，依序連接 B、E、F、G、H、I、J 得到近似正七邊形，如圖 3-2.15 所示。

圖 3-2.15 已知外接圓畫正七邊形

圖 3-2.16 已知外接圓畫正八邊形

3-2.16 已知外接圓畫正八邊形

連接 AB、BC、CD、DA 得到正四邊形，以略大於 AB 的一半長度 r 為半徑，找出 AB、BC 之垂直二等分線，交外接圓於 E、G 點與 H、F 點，連接 A、E、B、H、C、G、D、F 即得正八邊形，如圖 3-2.16 所示。

3-2.17 已知外接圓畫正九邊形(近似法)

以畫正九邊形為例，將直徑 AK 九等分，得到 1 至 8 分點，分別以 A 與 K 為圓心，AK 為半徑畫弧相交於 P、Q 兩點。連接 P2、P4、P6、P8 並延長交外接圓於 B、C、D、E 點，連接 Q2、Q4、Q6、Q8 並延長交外接圓於 I、H、G、F 點，依序連接各點即得正九邊形，如圖 3-2.17 所示。

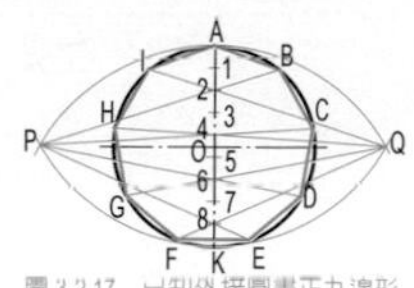

圖 3-2.17 已知外接圓畫正九邊形

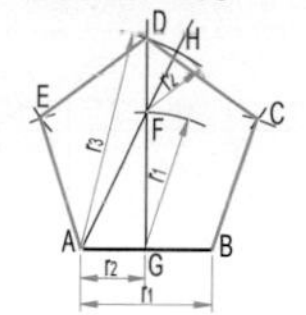

圖 3-2.18 已知一邊長畫正五邊形

3-2.18 已知一邊長畫正五邊形

作 AB 線段之垂直二等分線 GD 交 AB 於 G 點，以 AB 長度 r1 為半徑，G 為圓心在 GD 線上取 F 點，連接直線 AF 並延長之。在直線 AF 上以 AG 長度 r2 為半徑，F 為圓心取 H 點，以 AH 長度 r3 為半徑，A 為圓心畫弧交直線 GD 於 D 點，分別以 A、B、D 為圓心，AB 長度 r1 為半徑畫弧相交於 C、E 點，依序連接即得正五邊形，如圖 3-2.18 所示。

3

3-2.19 已知一邊長畫正七邊形(近似法)

以 B 為圓心，AB 線段長度 r1 為半徑畫弧，交 AB 延長線於 K 點，以 A 為圓心，r1 為半徑畫弧與 AK 弧相交於 I 點，以 K 為圓心 HI 長度 r2 為半徑畫弧交 AK 弧於 C 點。連接 BC 並作其垂直二等分線，交 HI 直線於 O 點，O 點即為正七邊形外接圓之圓心，以 O 為圓心過 A、B、C 三點畫圓，交 HI 直線於 E 點，以 AB 長度 r1 為半徑依序在圓上作等分點，得到 D、F、G 點，連接各點即為正七邊形，如圖 3-2.19 所示。

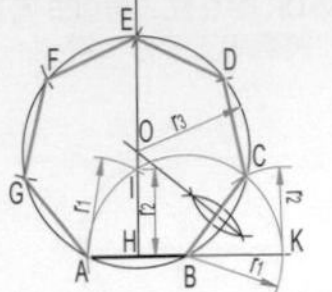

圖 3-2.19 已知一邊長畫正七邊形

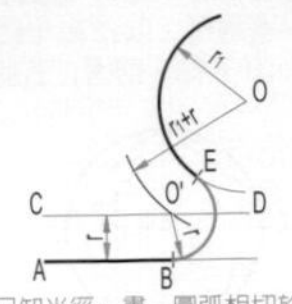

圖 3-2.20 以已知半徑，畫一圓弧相切於直線與圓弧

3-2.20 以已知半徑，畫一圓弧相切於直線與圓弧

作一已知半徑 r 距離之直線 CD 平行直線 AB，以 O 為圓心，r1+r 為半徑畫弧與直線 CD 相交於 O'點，則 O'即為所求之圓弧中心，以 O'為圓心，r 為半徑畫弧 O'B 垂直於 AB，O'O 直線與圓弧交於 E 點，B、E 各為圓弧交於直線與圓弧之切點，圓弧 BE 即為所求，如圖 3-2.20 所示。

3-2.21 畫已知半徑之圓弧由外側切於兩相離之已知圓

分別以 O'與 O"為圓心，r1+r 與 r2+r 為半徑畫弧，相交於 O 點，連接 OO'與 OO"，以 O 點為圓心，已知長度 r 為半徑畫弧，交 OO'與 OO"於 S、T 點並相切兩已知圓於 S、T 點，則圓弧 ST 即為所求，如圖 3-2.21 所示。

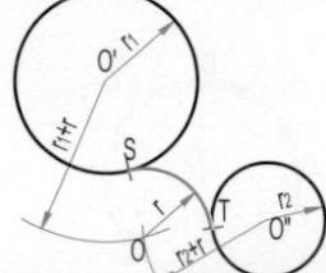

圖 3-2.21 畫已知半徑之圓弧由外側切於兩相離之已知圓

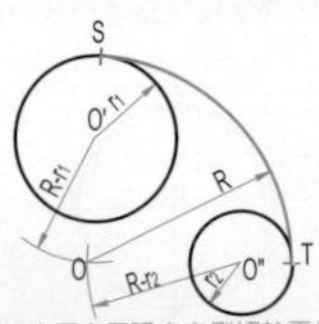

圖 3-2.22 畫已知半徑之圓弧由內側切於兩相離之已知圓

3-2.22 畫已知半徑之圓弧由內側切於兩相離之已知圓

以 O'為圓心，R-r1 為半徑畫弧，以 O"為圓心，R-r2 為半徑畫弧，兩圓弧相交於 O 點，連接 OO'與 OO"，以 R 為半徑畫弧，相交於 OO'與 OO"延長線上 S、T 點，圓弧 ST 即為所求圓弧，如圖 3-2.22 所示

3-2.23 畫正擺線

以圓 o 為已知滾圓，畫正擺線，將圓 o 分成八等分得 1、2、3、4、5、6、7、8 點在 6o 直線上取線段 oa=ab=bc=cd=81，得到 a、b、c、d.....各點，以 a、b、c、d.....各點為圓心，滾圓半徑為半徑畫圓弧，與直線 71、62、53 與相交於 p、q、r、s.....等點，依序以圓滑曲線連接 p、q、r、s.....等點，即得正擺線如圖 3-2.23 所示。

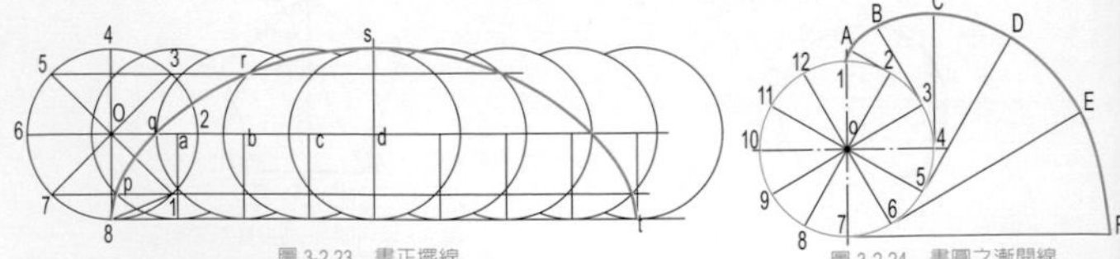

圖 3-2.23 畫正擺線

圖 3-2.24 畫圓之漸開線

3-2.24 畫圓之漸開線

將圓 o 等分為 12 等分，在各等分點上作圓之切線，以點 2 為圓心，弦長 12 為半徑畫弧，與過點之切線交於 A 點，再以點 3 為圓心，A3 長度為半徑畫弧，與過點 3 之切線交於點 B，依序得到 C、D E、F 點，以圓滑曲線連接 A、B、C、D、E、F 各點即得所需之漸開線，如圖 3-2.24 所示。

3-2.25 畫螺旋線

將圓 o 等分為 12 等分，導程 L 分成相同等分數 12 等分，由俯視圖圓周上的等分點，例如 5、9 兩點投影至前視圖編號 5'、9'之等分線上，得到 P、Q 兩點即為螺旋線上之兩點，同法依序得到其他個點，以圓滑曲線連接即得，如圖 3-2.25 所示。

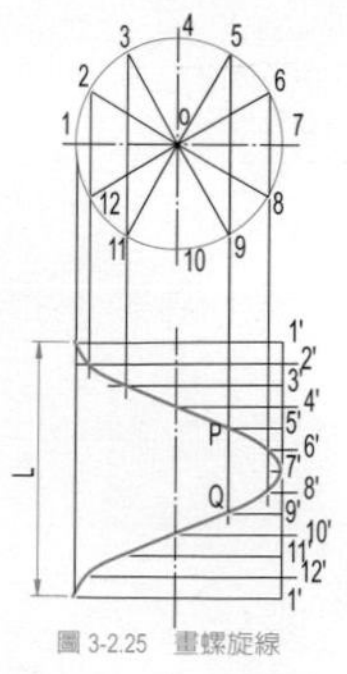

圖 3-2.25 畫螺旋線

第 4 章 投影與交線展開

4

4-1 投影原理

投影：經由物體表面上的各點反射出來的光線(稱投射線)，投射到一平面上(稱投影面)，所構成的形象，稱為此物體的投影。

投影線：投射線在投影面的投影稱為投影線。

視圖：物體的投影投射到投影面，將投影面視為紙面，則投影即稱視圖。

正投影：投射線互相平行與投影面垂直之投影。

斜投影：投射線互相平行與投影面不垂直成任何角度之投影。

透視投影：投射線彼此不平行，但集中於一點之投影。

由正投影、斜投影與透視投影所得的視圖稱為正投影視圖、斜視圖及透視圖，在工程圖中大都使用正投影視圖。

4-1.1 投影面

常用的投影面有直立投影面(V)、水平投影面(H)及側投影面(P)，這些投影面均互相垂直。水平投影面與直立投影面將空間分成四部分，此四部分稱為象限，如圖 4-1.1 所示。

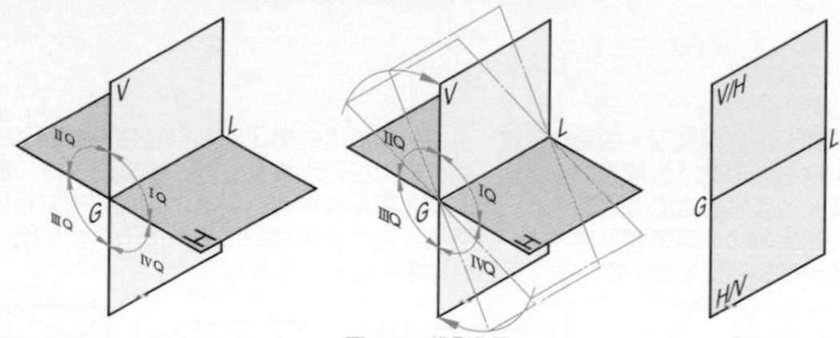

圖 4-1.1 投影象限

投影面與投影面的交線稱為基線，水平投影面與垂直投影面的基線以「HV」表示，直立投影面與側投影面的基線以「VP」表示。因紙是平面的，所以物體在投影面上的投影，將 H 投影面，或 P 投影面以其與 V 投影面之基線為轉軸，向前下方或向外與 V 投影面重合，使可得物體的三個視圖，圖中基線與投影線均以細實線繪製。

4-1.2 點、線、面的投影

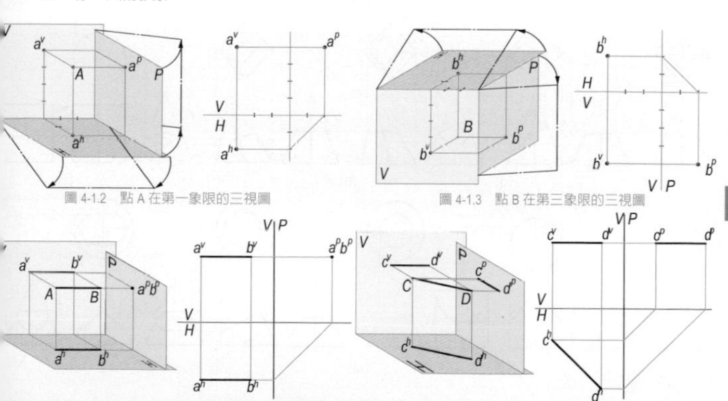

圖 4-1.2 點 A 在第一象限的三視圖

圖 4-1.3 點 B 在第三象限的三視圖

圖 4-1.4 正垂線之三視圖

圖 4-1.5 單斜線之三視圖

4

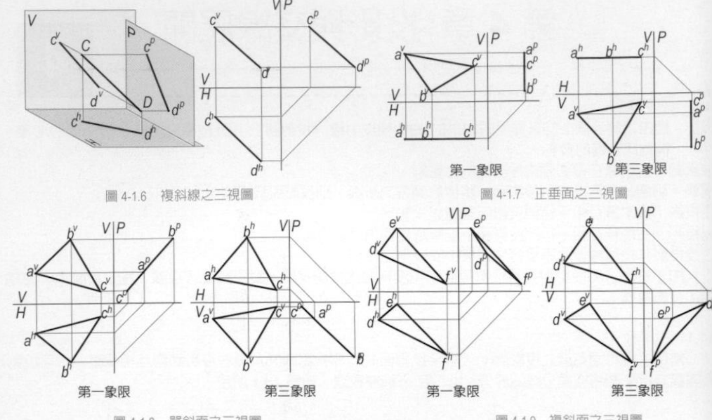

圖 4-1.6　複斜線之三視圖

圖 4-1.7　正垂面之三視圖

圖 4-1.8　單斜面之三視圖

圖 4-1.9　複斜面之三視圖

4-1.3　體的投影

由點構成線，由線構成面，由面構成體。凡由平面構成的體，稱為平面體，由平面和曲面或全面構成的體，稱為曲面體。因體是由面構成，因此體上的兩面投影在同一投影面上時，會產生重疊被遮住的現象，被遮住的輪廓用隱藏線表示(隱藏線是用虛線繪製)，其他的輪廓線則以粗實線繪製。因體與投影面的距離，已無關體形狀和大小的表達，因此繪製體的投影時可不再畫基線，投影線亦太複雜影響視圖的表示而省略。本手冊以下圖例均採第三角法表示。

(a)　(b)　(c)　(d)　(e)

(f)　(g)　(h)　(i)　(j)

(k)　(l)　(m)　(n)　(o)

圖 4-1.10　體的視圖

4-2 交點與交線

線與線相交，其交集為一點，此點稱為交點。線與面相交如為一點，此點亦稱為交點；如線在面上，其交集則為一線，此線稱為交線。

平面與平面相交，其交線必為一直線，平面與曲面或曲面與曲面相交，其交線大都為曲線，但如曲線是由直線滑動而產生的曲面時，其交線始可能為直線。

因此在求物體的交線時，得先求交點。求交點前需先認清物體及其相交的情形，如為直線，則只求兩個交點即可連成直線，如為曲線，則至少要求三點以上之交點，始能連成曲線。

繪圖時，交點可以約 1mm 直徑圓圈表示，亦可省略，求交點的作圖線，則可擇要以細實線繪製。

一般求交點的方法大致可分為邊視圖法、割面法以及輔助球法，將略述於下：

4-2.1 邊視圖法

一平面或曲面在視圖中如形成一直線或曲線，則此直線或曲線即稱為該平面或曲面之邊視圖。凡物體能在主要視圖中出現邊視圖時，即採用此方法求其交線，如圖 4-2.1，4-2.2 所示。

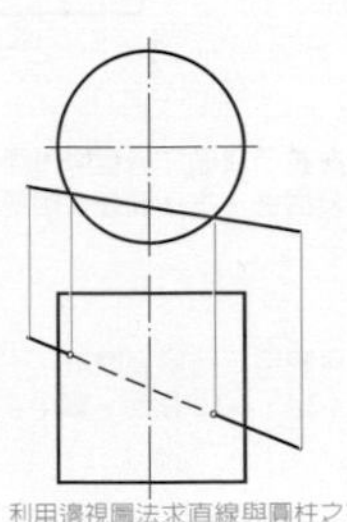

圖 4-2.1 利用邊視圖法求直線與圓柱之交點

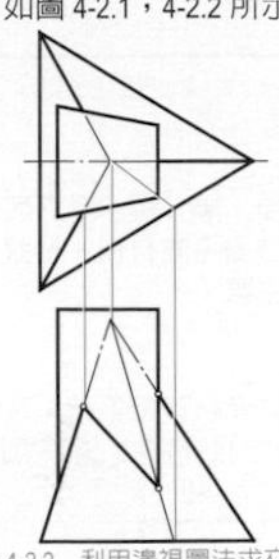

圖 4-2.2 利用邊視圖法求交線

4-2.2 割面法

利用一連串之割面來切割物體，求得交線的方法，稱為割面法。藉用割面與物體相切後的每一個面在視圖上均形成線，這些線的交點都需在所求的交線上，因此每一連串割面的運用，需要依物體斷面形狀及相交情況作選擇，有用正垂面切割亦或用斜面切割求得，當然有時亦可配合邊視圖法求得。如圖 4-2.3，4-2.4，4-2.5，4-2.6。

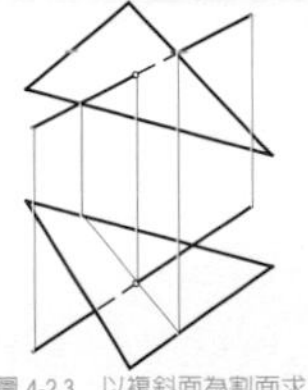

圖 4-2.3 以複斜面為割面求交點

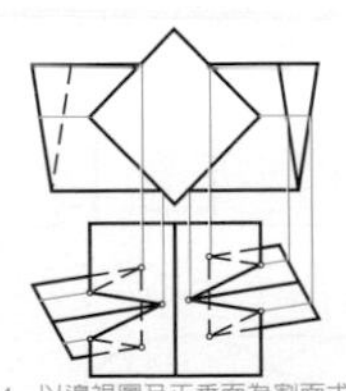

圖 4-2.4 以邊視圖及正垂面為割面求交點

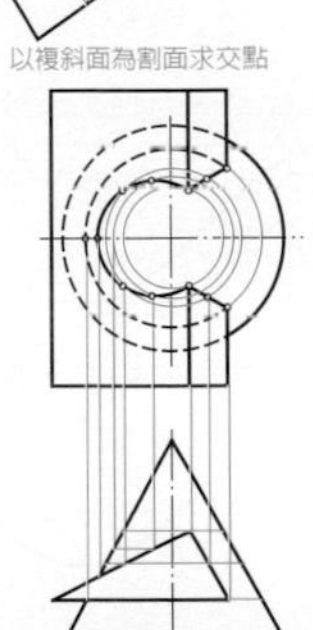

圖 4-2.5 以邊視圖及利用水平面為割面求交點

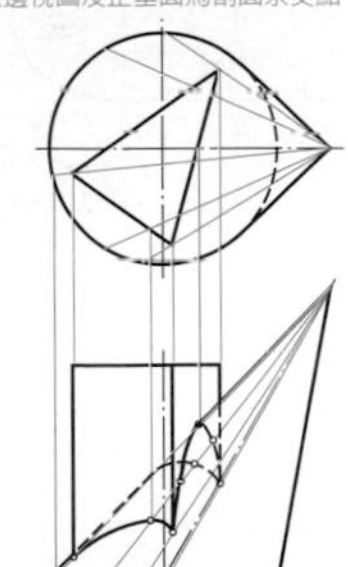

圖 4-2.6 以邊視圖及利用單斜面為割面求交點

4-2.3 球面法

利用一連串的球面切割物體，求得交線的方法，稱為球面法。利用球面法必須兩物體為旋轉面，且其軸線必須相交。使用時，球心必須在其相交之點上，如圖 4-2.7，4-2.8 所示。

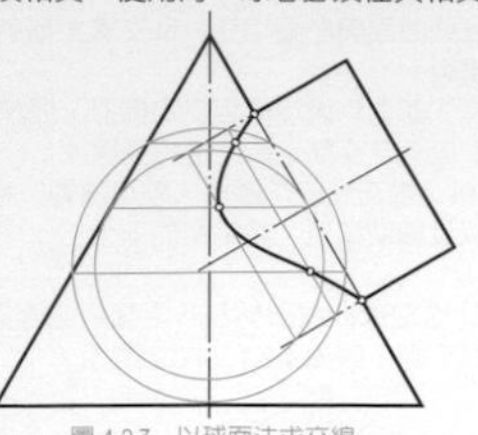

圖 4-2.7 以球面法求交線

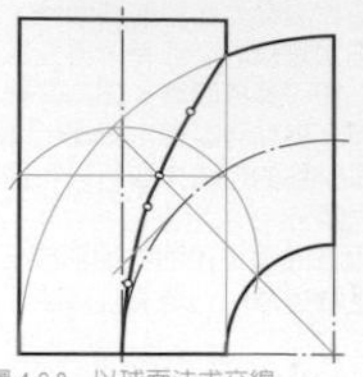

圖 4-2.8 以球面法求交線

4-3 展開圖

凡用薄片材料摺、捲、鉚、焊而製成的物體，為表示其製作過程中所需型板，則可用展開圖來表示。展開圖繪製時必須考慮材料、形狀等不同接縫及摺邊，本手冊僅介紹基本展開法，而將接縫、摺邊等省略，請讀者注意。

4-3.1 平行線展開法

凡構成物體面之元線互相平行，其面之展開即可利用平行線展開法。一般柱體面之元線必為互相平行的直線，故可利用此特性，畫其展開圖，如圖 4-3.1，4-3.2 所示，圖中之折線或捲線以細實線表示之。

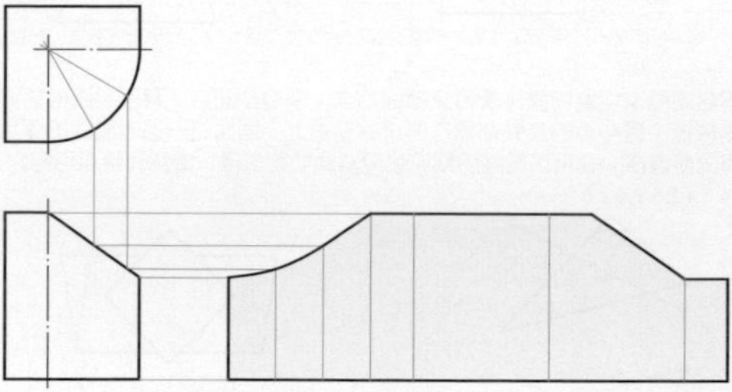

圖 4-3.1 利用平行線展開法展開柱體面

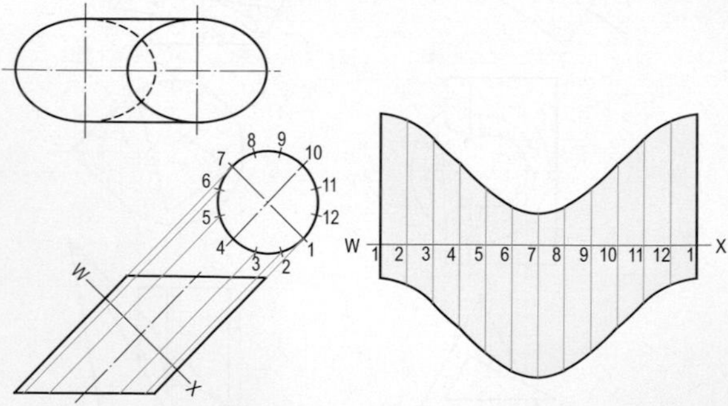

圖 4-3.2 利用平行線展開法展開柱體面

4-3.2 射線展開法

直立錐體，錐面上各元線均等長，且相交於一點呈射線狀，利用此特性，畫其展開圖，稱為「射線展開法」如圖 4-3.3、4-3.4 所示。

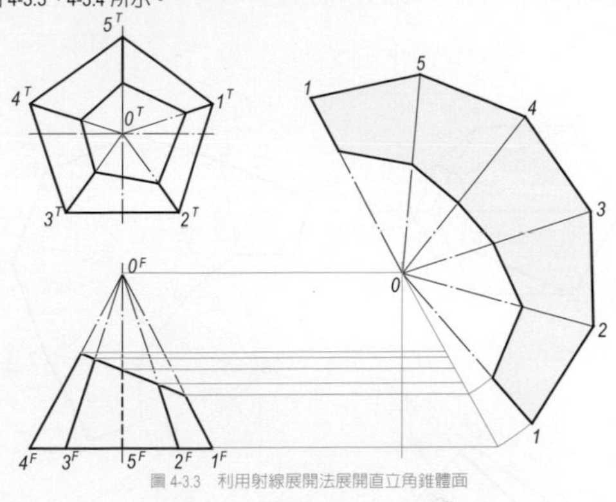

圖 4-3.3 利用射線展開法展開直立角錐體面

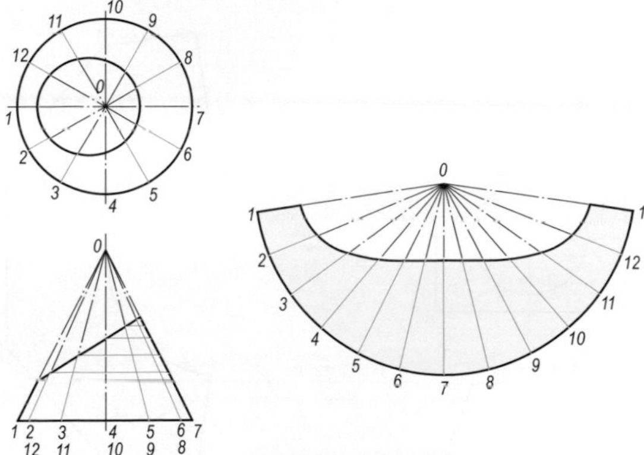

圖 4-3.4 利用射線展開法展開直立圓錐體面

4-3.3 三角形展開法

斜錐體，錐面上各元線雖交於一點，但各元線不等長，畫其展開圖時，則運用三角形展開法，如圖 4-3.5、4-3.6 所示。

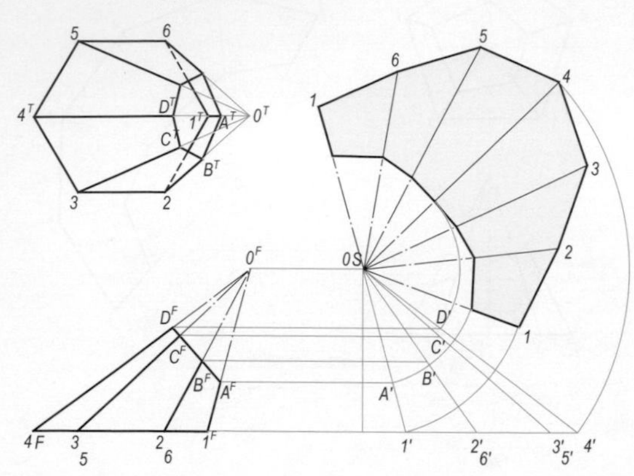

圖 4-3.5 利用三角形展開法展開斜角錐體面

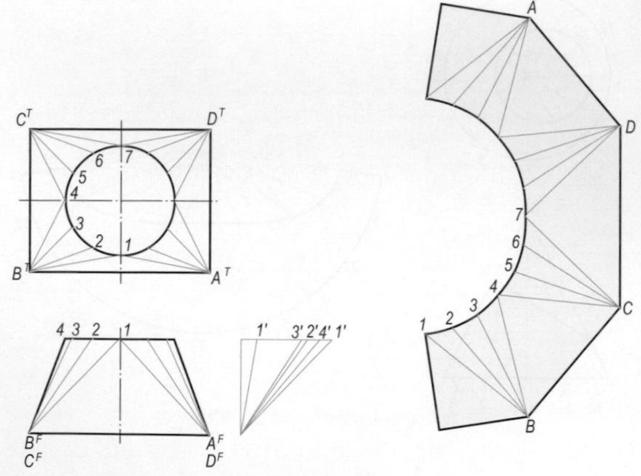

圖 4-3.6 利用三角形展開法展開變口體面

從以上圖例與各面體之特性，大致可分為：

1.凡柱體面之展開可採用平行線展開法。

2.凡直立錐體面可採用射線展開法。

3.斜錐體與變口體面可採用三角形展開法。

第 5 章 視　圖

5

5-1　視圖種類

物體的形狀有簡單有複雜，因此有時為能清楚表達物體形狀，再各加一與直立、水平、側投影面平行之投影面，即成為所謂的投影箱。如將物體置於第一象限如圖 5-1.1 的投影法，稱為第一角法，投影後視圖的位置及名稱如圖 5-1.2 所示。

第三象限如圖 5-1.3 的投影法則稱為第三角法，投影後視圖的位置及名稱如圖 5-1.4 所示。不論使用何種角法在標題欄内或其他明顯處需繪製如圖 5-1.5 及 5-1.6 所示之符號及其大小，CNS3 對此兩種投影法採同等適用，但同一機件之表達，其投影法不得混用。

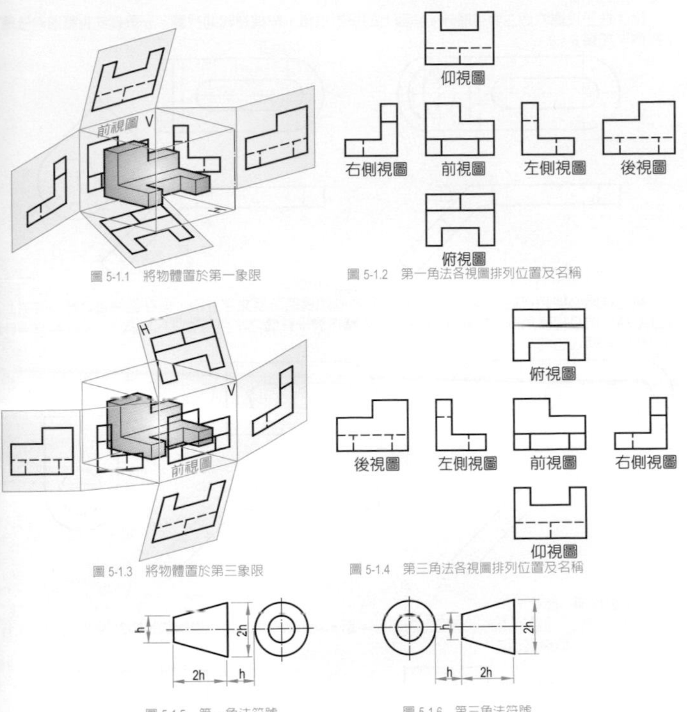

圖 5-1.1　將物體置於第一象限

圖 5-1.2　第一角法各視圖排列位置及名稱

圖 5-1.3　將物體置於第三象限

圖 5-1.4　第三角法各視圖排列位置及名稱

圖 5-1.5　第一角法符號

圖 5-1.6　第三角法符號

5-1.1　局部視圖

只繪出欲表達部分而省略其他部分之視圖，稱為局部視圖，如圖 5-1.7。必要時，局部視圖亦可平移至任何位置，但不得旋轉，並需在投影方向加繪箭頭及文字註明，如圖 5-1.8。

5

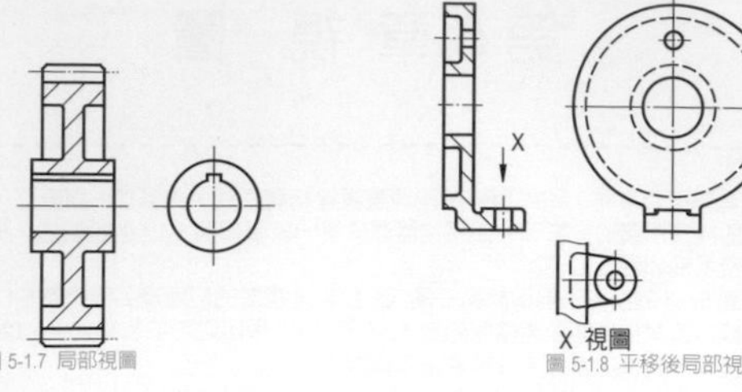

圖 5-1.7 局部視圖

圖 5-1.8 平移後局部視圖

5-1.2 輔助視圖

除了在正投影六個主要視圖外，斜面上的投影視圖，統稱為輔助視圖。一般輔助視圖通常僅繪部視圖，如圖 5-1.9。

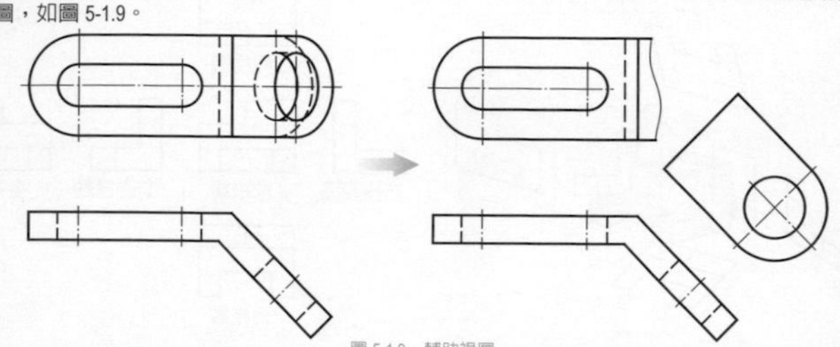

圖 5-1.9 輔助視圖

輔助視圖必要時可做旋轉，但需要在投影方向加繪箭頭及文字註明，並在旋轉後之輔助視圖上加註旋轉符號及旋轉角度，如圖 5-1.10 所示。旋轉符號半圓弧之半徑為標註尺度數字字高，半圓弧一箭頭標明旋轉之方向。

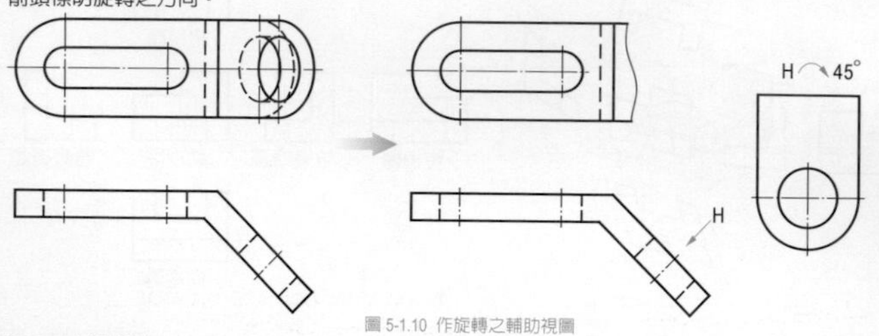

圖 5-1.10 作旋轉之輔助視圖

5-1.3 中斷視圖

較長的物體，可將其間形狀無變化的部分中斷，以節省空間，此種視圖稱為中斷視圖，如圖 5-1.11 其中斷部分以折斷線表示之。

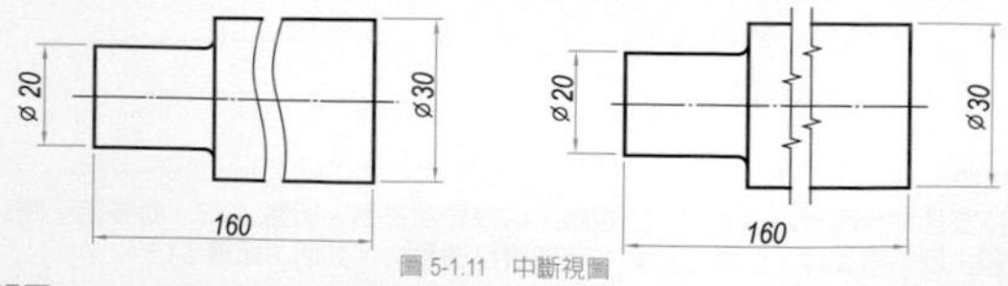

圖 5-1.11 中斷視圖

5-1.4 轉正視圖

將物體與投影面不平行的部位，可將其旋轉至與投影面平行，然後繪出此部位的視圖，是為轉視圖，如圖 5-1.12。一般繪製時，常加上投影線以利製圖與識圖。

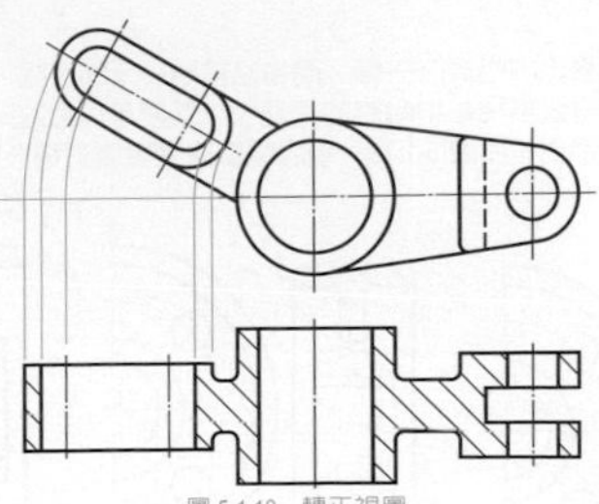

圖 5-1.12　轉正視圖

-1.5　局部放大視圖

一般視圖中，某部位太小，不易標註尺度或表明其形狀時，可將該部位畫一細實圓，然後以適當的比例放大，在此視圖附近繪出該部位的局部放大視圖，如圖 5-1.13。

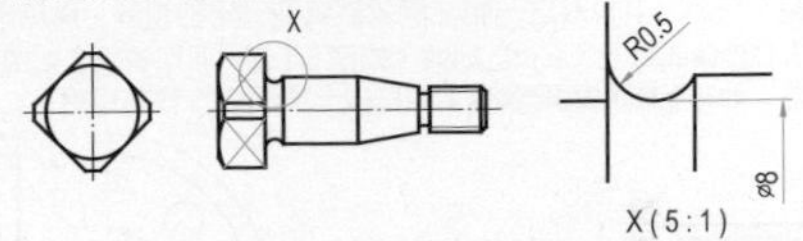

圖 5-1.13　局部放大視圖

-1.6　虛擬視圖

不存在於該視圖之形狀，以假想線繪出於該視圖中，此種視圖稱為虛擬視圖。例如為了製造時較能瞭解該零件之加工需求，即可在一零件的視圖中，用假想線畫出與其相關零件的外形，以表明其關係位置(圖 5-1.14)。有時為了機構的模擬，亦可以假想線畫出零件之移動位置(圖 5-1.15)。

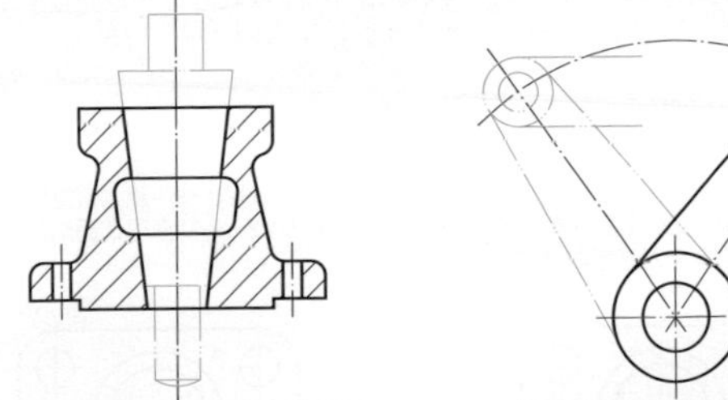

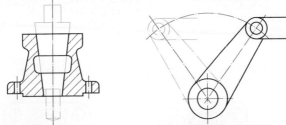

圖 5-1.14 表明零件關係位置之虛擬視圖　　圖 5-1.15 表明零件移動位置之虛擬視圖

又如一物體之前視圖已繪妥，但其頂部有八個小圓孔及孔位圓應在俯視圖中表達，但為省繪俯視圖，即可以假想線接畫於前視圖中(圖 5-1.16)。又如物體需以剖視圖表示，但被剖去的部位中，又有某些形狀需要表示，亦可以假想線繪出該部位之形狀(圖 5-1.17)。

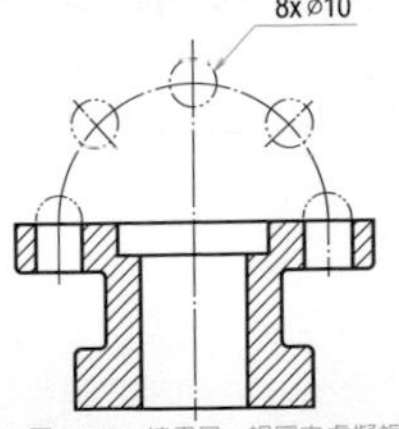

圖 5-1.16　接畫另一視圖之虛擬視圖

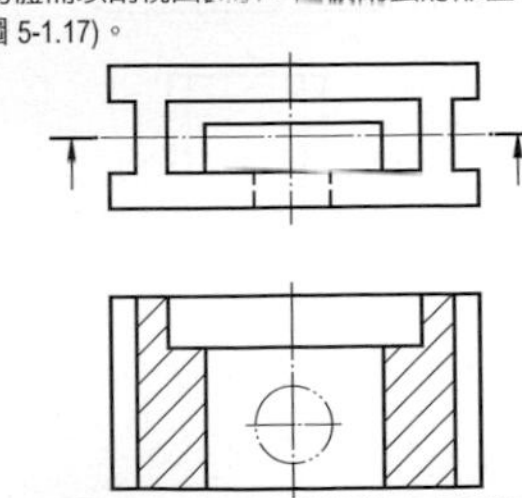

圖 5-1.17　表出剖去部位形狀之虛擬視圖

5-1.7　半視圖

一個視圖成對稱時，只畫出中心線之一側，而省略其他一半的視圖，稱為半視圖，如圖 5-1.18，時強調其為視圖之半亦可在垂直對稱軸中心線的兩端，以長度等於標註尺度數字字高 h 之兩條平行離為 h/3 細實線之符號「II」標明。如圖 5-1.19。現因電腦繪圖繪製對稱形狀非常容易，除非受圖面範限制，否則以全視圖表示較為理想。

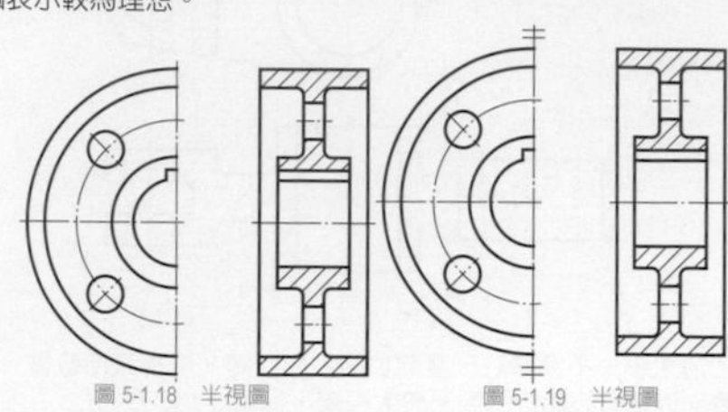

圖 5-1.18　半視圖　　圖 5-1.19　半視圖

一個視圖成對稱時，只畫出中心線之一側，而省略其他一半的視圖，稱為半視圖，以中心線來示視圖的一半，可在中心線端部畫上「℄」之記號，如圖 5-1.20，亦可省略之如圖 5-1.21，現因電腦繪繪製對稱形狀非常容易，除非受圖面範圍限制，否則以全視圖表示較為理想。

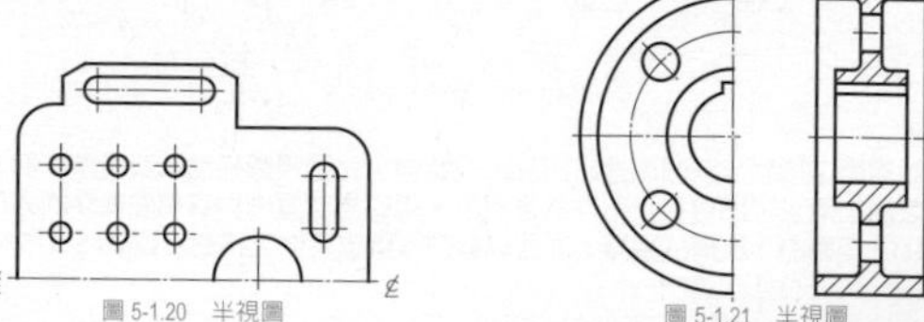

圖 5-1.20　半視圖　　圖 5-1.21　半視圖

5-2　剖視圖

5-2.1　割面及割面線

對物體作假想剖切，以了解其內部形狀之視圖，稱為剖視圖。假想之割切面稱為割面，視圖中割面線表出割面的邊視圖表明切割位置。割面線須以箭頭標示觀察者面對剖面方向，割面線之兩端伸出視圖外約 10mm，其箭頭之形狀與大小可與尺度標註箭頭同大或稍大些，割面位置如不標註亦能確辨認時，割面線可省略，如圖 5-2.1。割面線亦可轉折，如圖 5-2.2，有時亦可作圓弧方向轉折，兩及轉折處均為粗實線，中間則以細鏈線連接。割面之兩端如需以字母表示則需以同一字母標示，字寫在箭頭外側，書寫方向一律朝上，如圖 5-2.3。

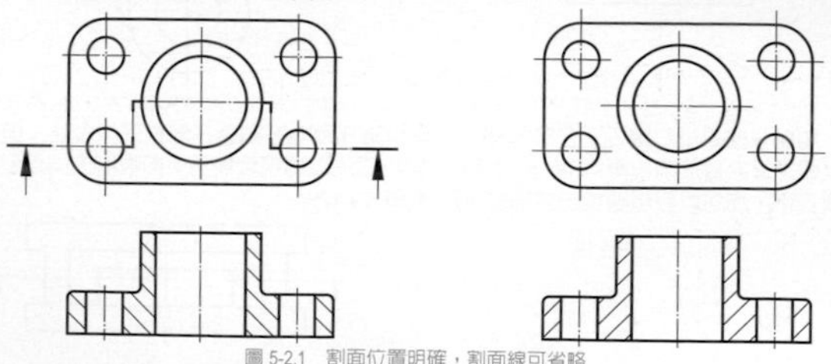

圖 5-2.1　割面位置明確，割面線可省略

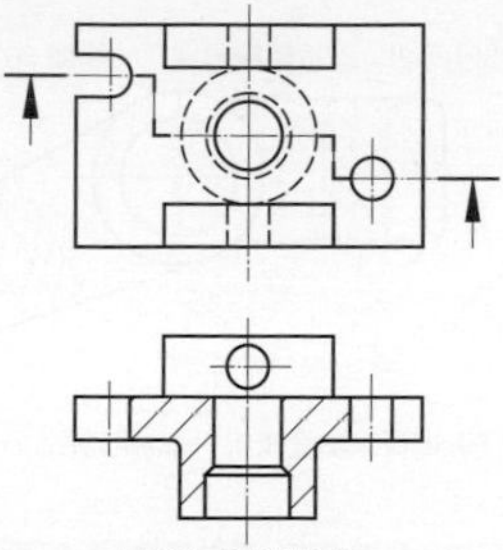

圖 5-2.2 割面線轉折 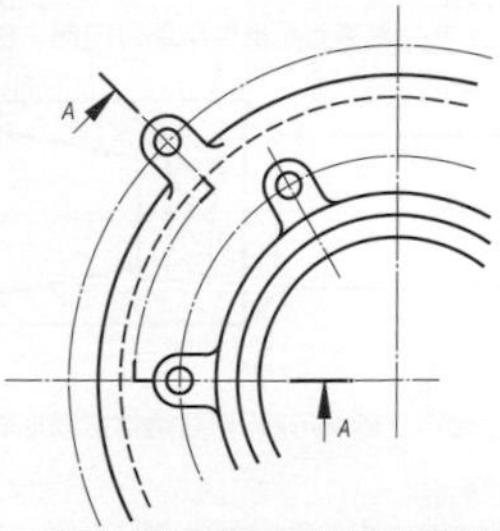　　圖 5-2.3 割面線作圓弧方向以及字母書寫方向

2.2 剖面線

剖面線的繪製，無論是何種材料，均以與物體外形成 45°等距離之細線來繪製。如果物體的剖面範太大，剖面線可全繪，亦可僅繪剖面的邊緣之部分表示之，如圖 5-2.4(a)及(b)所示；如果剖面範圍太小時，則可用塗黑方式來表示，如圖 5-2.5 所示，如為組合件其相鄰兩鄰件剖面線的方向需相反，或用不同的剖面線間隔或傾斜角度如圖 5-2.6。

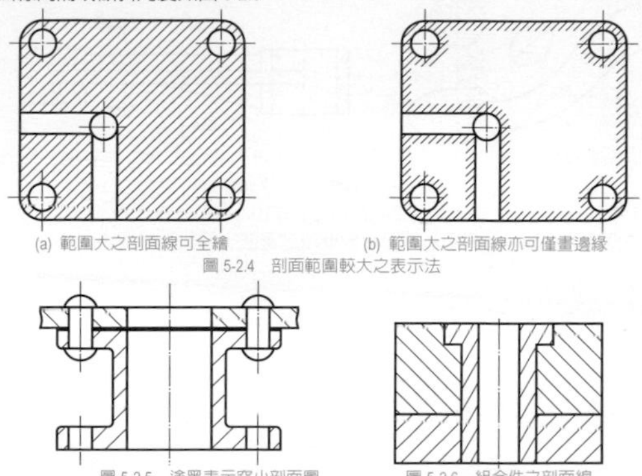

(a) 範圍大之剖面線可全繪　(b) 範圍大之剖面線亦可僅畫邊緣

圖 5-2.4 剖面範圍較大之表示法

圖 5-2.5 塗黑表示窄小剖面圖　　圖 5-2.6 組合件之剖面線

2.3 全剖面

機件被一割面從左至右，或從上至下完全剖切者，不論有無轉折均稱為全剖面，如圖 5-2.7，5-2.1，2.2。

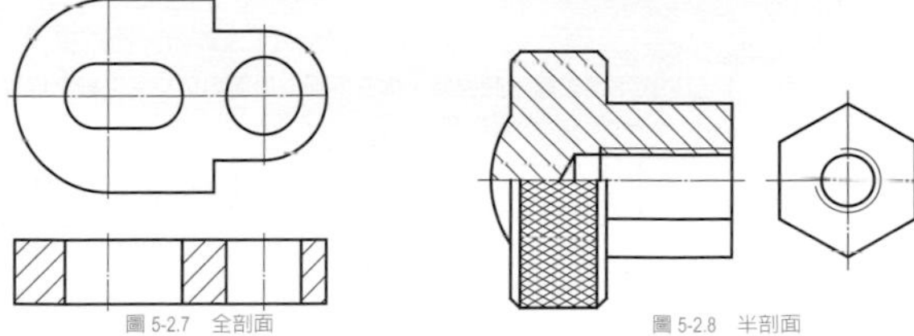

圖 5-2.7 全剖面　　圖 5-2.8 半剖面

2.4 半剖面

對稱機件之視圖，以中心線為界，其中一半畫成剖視圖以表示其內部形狀，一半畫其外形，割面不須繪製而予省略，如圖 5-2.8。

5-2.5 局部剖面

若只需要表示機件某部分內部，僅將該部分剖切，以折斷線分界之，如圖 5-2.9。

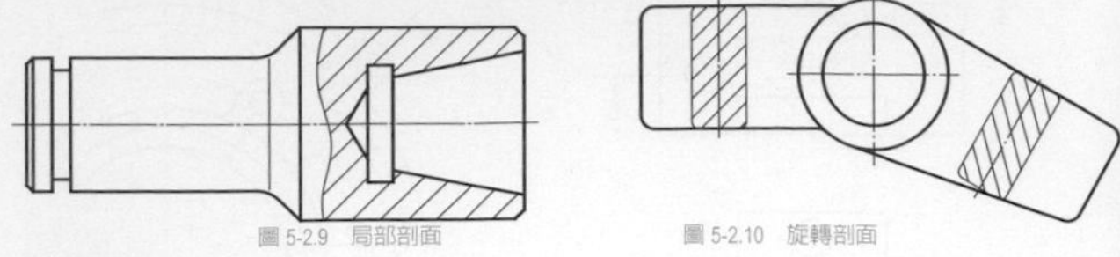

圖 5-2.9 局部剖面　　圖 5-2.10 旋轉剖面

5-2.6 旋轉剖面

為表示機件之斷面形狀，可在適當處原地旋轉 90°，以細實線重疊繪出，稱為旋轉剖面，如圖 5-2.1

5-2.7 移轉剖面

旋轉剖面是沿割面線之方向，移出物體之斷面形狀繪於原圖外者，稱為移轉剖面如圖 5-2.11 所示亦可平移至任何位置，並用文字註明，如圖 5-2.12。

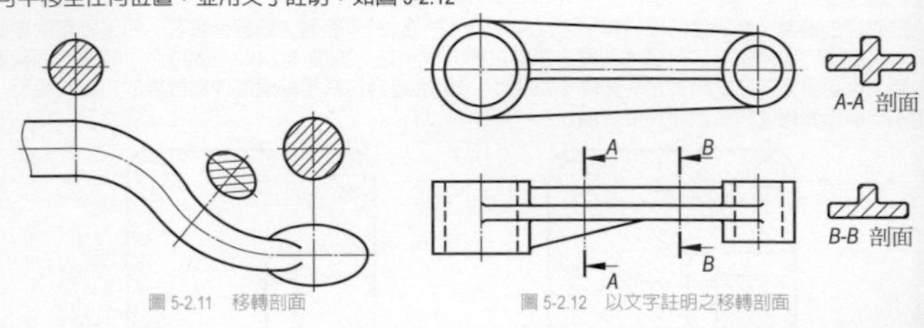

圖 5-2.11 移轉剖面　　圖 5-2.12 以文字註明之移轉剖面

5-3 習用表示法

製圖中有違背投影原理，而採用一般公認較簡單的畫法，稱為習用畫法。

5-3.1 因圓角消失之稜線

機件中因圓角而消失之稜線，可在原位置上以細實線表示，但兩端須稍留空隙。消失之稜線如藏時，則不畫出，如圖 5-3.1。

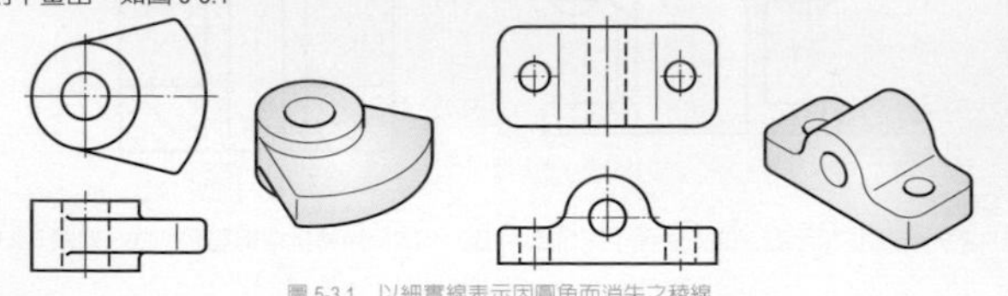

圖 5-3.1 以細實線表示因圓角而消失之稜線

5-3.2 圓柱、圓錐面削平部分表示法

圓柱面或圓錐面有一部份被削平而未繪出側視圖，應在平面上加畫對角交叉之細實線以表示之圖 5-3.2。

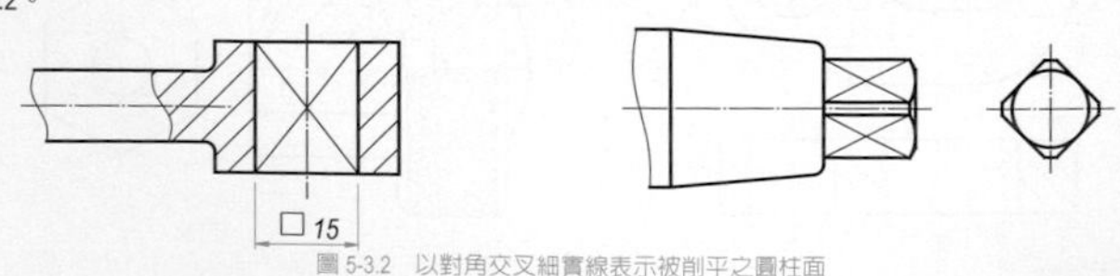

圖 5-3.2 以對角交叉細實線表示被削平之圓柱面

5-3.3 滾花、金屬網及紋面板之表示法

機件之滾花加工面、金屬網、紋面板以細實線表示，亦可僅畫出一角表示之，如圖 5-3.3。

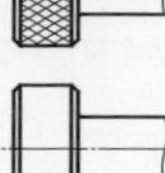

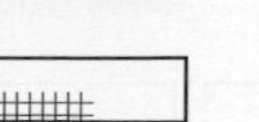
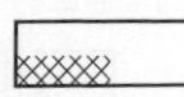

圖 5-3.3 滾花、金屬網及紋面板

3.4 表面特殊處理表示法

機件之一部分須實施特殊加工時，將該部位用粗鏈線平行而稍離於輪廓線表示之，並用文字註明加工法，如圖 5-3.4。

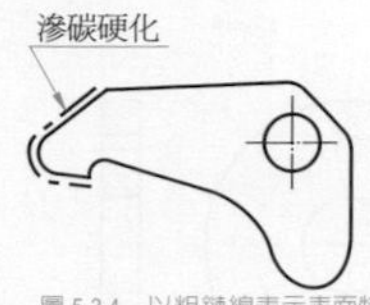

圖 5-3.4 以粗鏈線表示表面特殊處理

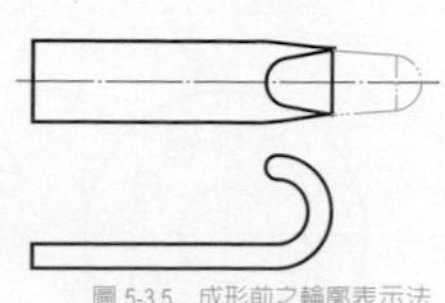

圖 5-3.5 成形前之輪廓表示法

3.5 成形前之輪廓表示法

機件如板金或衝壓成形者，若需表示其成形前之形狀，以假想線繪出其成形前之輪廓，如圖 5-3.5。

3.6 等距圓孔表示法

在一有孔位圓物體上做等距離同大小之圓孔，不論圓孔個數，在右側視圖中只需以孔位圓的直徑其距離來表示出其對稱的兩個，如圖 5-3.6。

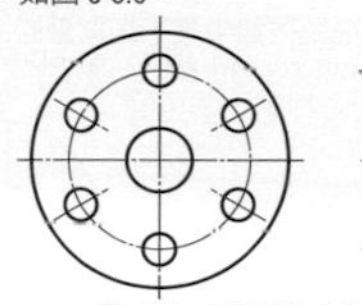

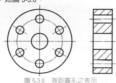

圖 5-3.6 等距圓孔之表示

3.7 交線習用表示法

圓柱與另一圓柱或角柱相交時，其交線依其尺度差別之大小，用直線或圓弧表示之，如圖 5-3.7。

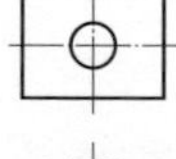
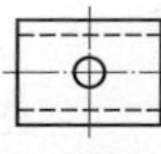
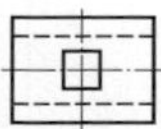
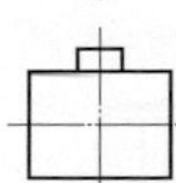

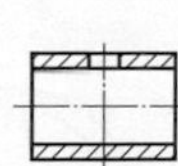

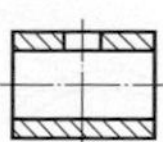

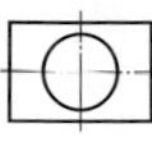
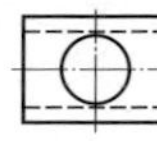
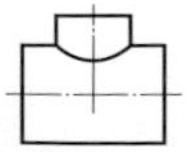

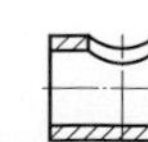

圖 5-3.7 交線表示法

5

5-3.8 相同形狀之表示法

物件中有相等距離或相同大小之形狀時，除部分機械元件有其規定之表示法外，一般除可依據
影表示其形狀外，亦可僅畫一個，其餘均以中心線表示其位置，再以數字表示其個數，如圖 5-3.8 中「12x2
及「12xØ6」其中 12 即表示其個數。

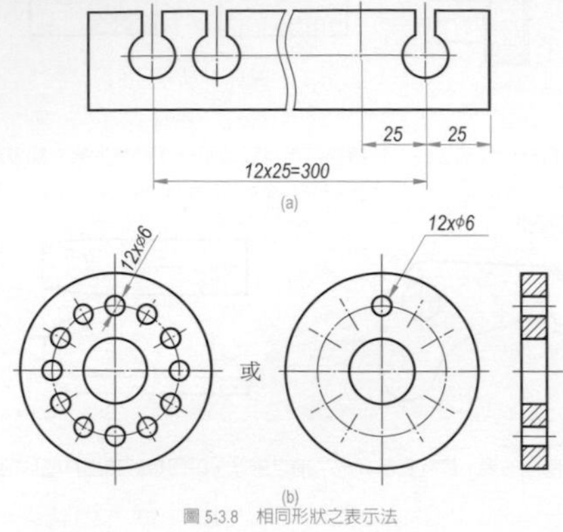

圖 5-3.8 相同形狀之表示法

5-3.9 肋、輻、耳之表示法

凡是支撐物體之肋、輻、耳等部分，在剖視圖中是不加縱剖的，但肋與輻的橫斷面則可以旋轉
面表示之。如圖 5-3.9，5-3.10，5-3.11，5-3.12，5-3.13，5-3.14 所示。

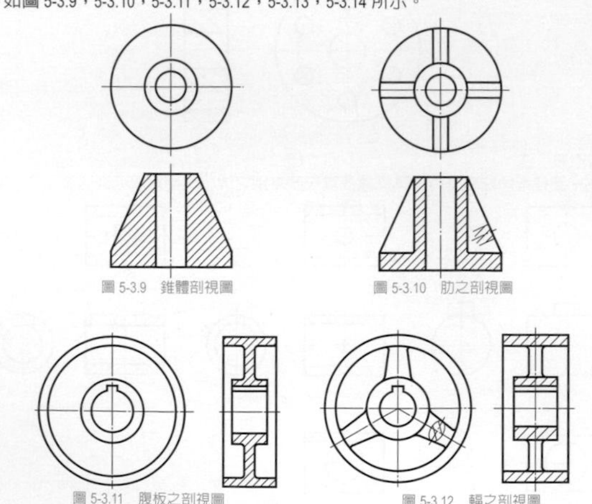

圖 5-3.9 錐體剖視圖

圖 5-3.10 肋之剖視圖

圖 5-3.11 腹板之剖視圖

圖 5-3.12 輻之剖視圖

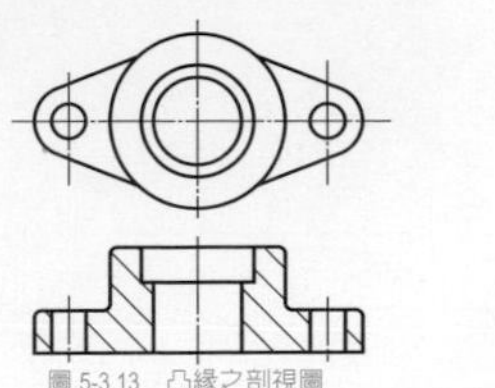

圖 5-3.13　凸緣之剖視圖

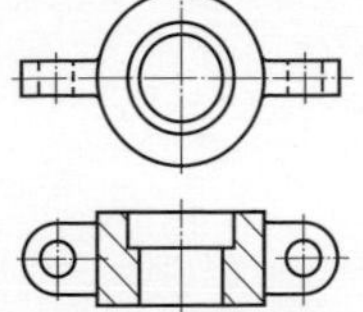

圖 5-3.14　耳不加以剖視

-3.10　透明材料所製物體的視圖

凡以透明材料製造的物體，其視圖之表示方法與一般非透明材料製造之物體同。但在組合圖中，E透明材料後面之零件以能看到的形狀表出，如圖 5-3.15。

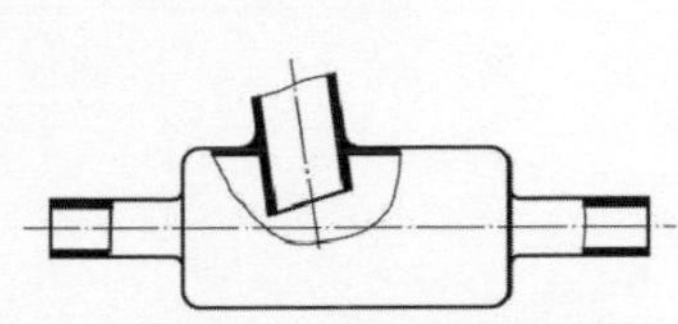

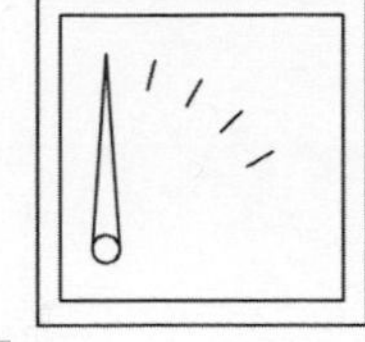

圖 5-3.15　透明材料所製物體視圖

第 6 章 尺度標註

6

6-1 尺度標註之要素

1. 尺度界線：表示尺度的範圍，如圖 6-1.1。
   - 與目標有 1mm 空隙處引出，至超過最外圍的尺度線 2-3mm。
   - 用細實線繪製。
   - 可借用視圖上已有線條，例如中心線、輪廓線等。
   - 與輪廓線或尺度線間之距離為標註尺度數字字高(h)的二倍。

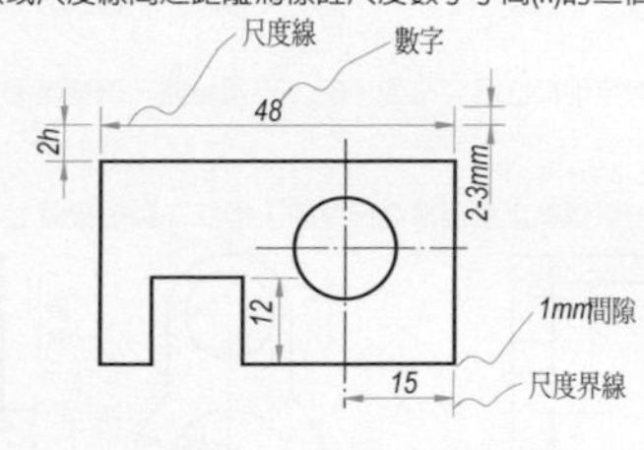

圖 6-1.1 尺度標註之要素

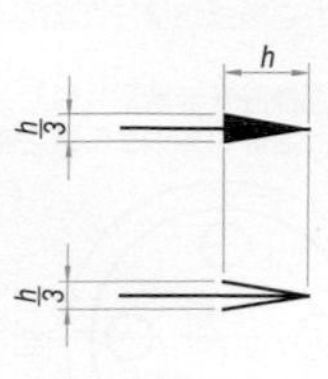

圖 6-1.2 箭頭大小

2. 尺度線：表示尺度之起迄。
   - 兩端帶有箭頭，箭頭大小及畫法，如圖 6-1.2，二種中選一種使用。
   - 用細實線繪製。
   - 不得借用視圖上已有之任何線條。
3. 數字：表示尺度的大小，即一般人所謂的尺寸。
   - 數字單位除長度的 mm(或英制英寸)不加註明，否則均應註明。
   - 在尺度線上方，近中央部位順尺度線書寫數字，如圖 6-1.3。
   - 數字的字高建議，如表 6-1.1。

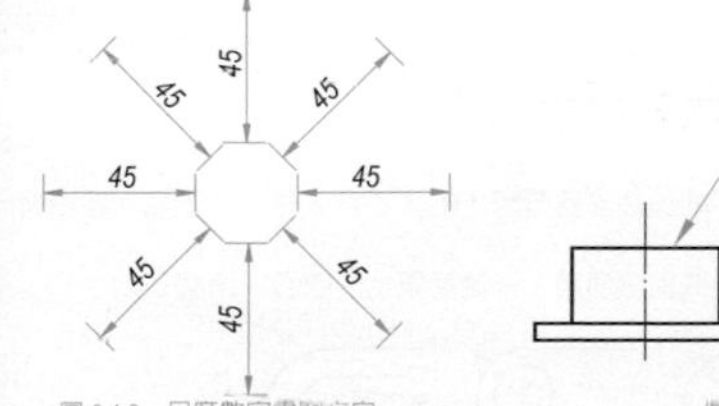

圖 6-1.3 尺度數字書寫方向

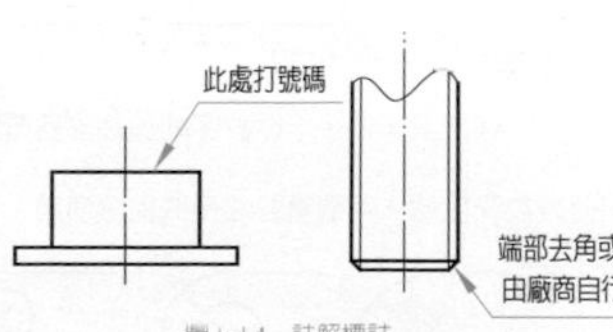

圖 6-1.4 註解標註

表 6-1.1 工程圖上最小字高

應用	圖紙大小	最小字高(單位：mm)	
		中文字	拉丁字母與阿拉伯數字
標題，圖號，件號	A0	7	7
	A1,A2,A3,A4	5	5
尺度，註解	A0	5	3.5
	A1,A2,A3,A4	3.5	2.5

4. 指線：由一段水平線與一段傾斜線組成，指引註解之用。
   - 用細實線繪製。
   - 傾斜線一端帶有箭頭。
   - 註解文字加註在水平線上方，可成多行書寫，如圖 6-1.4。

6-2 角度標註

角度的尺度線是以角的頂點為圓心之圓弧，如圖 6-2.1。一般以度數標註角度的大小，在數字右上角加註度號「°」。數字書寫方向，如圖 6-2.2。

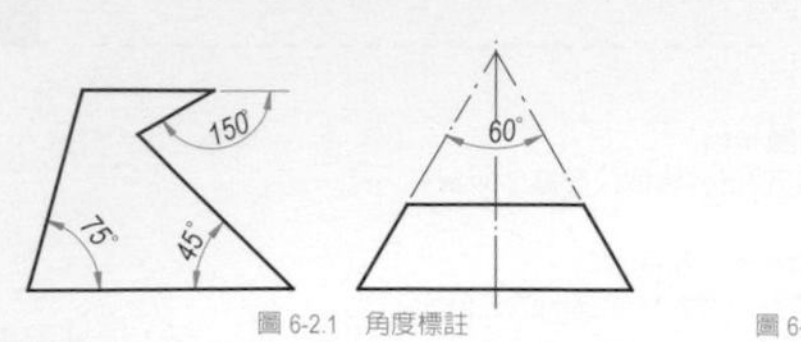

圖 6-2.1 角度標註

圖 6-2.2 角度數字書寫方向

6-3 直徑標註

半圓以上之圓弧均標註其直徑，直徑數字前加註直徑符號「Ø」，不得省略。符號高和粗細與尺度數字同。

整圓直徑標註在非圓形視圖上，如圖 6-3.1。

半圓以上之非整圓或孔位圓之直徑，則以傾斜之直徑線為尺度線，標註在圓形視圖上。

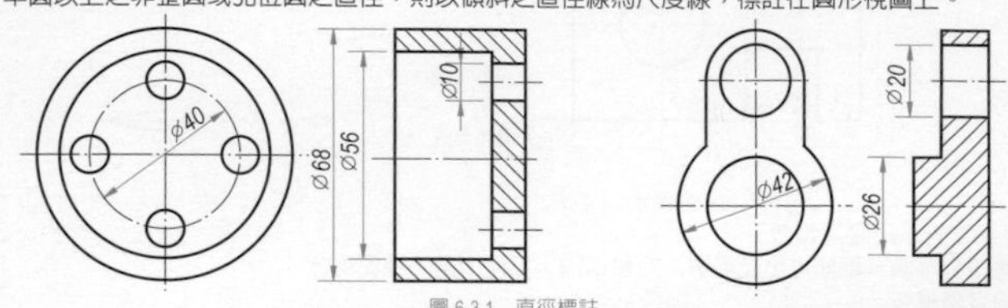

圖 6-3.1 直徑標註

單一視圖時之整圓宜使尺度界線、尺度線與圓之中心線平行，標註其直徑，如圖 6-3.2。

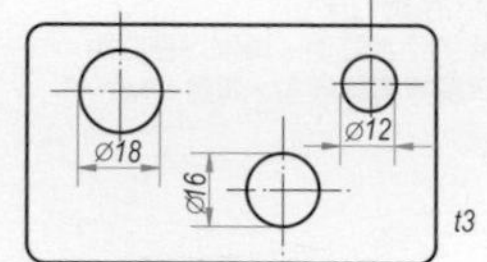

圖 6-3.2 尺度界線、尺度線平行圓之中心線

6-4 半徑標註

半圓以下之圓弧均標註其半徑，半徑數字前加註半徑符號「R」，不得省略，符號高和粗細與尺度數字同。

以傾斜之半徑線為尺度線，可隨需要延長或縮短使用，一端箭頭止於圓弧，如圖 6-4.1。

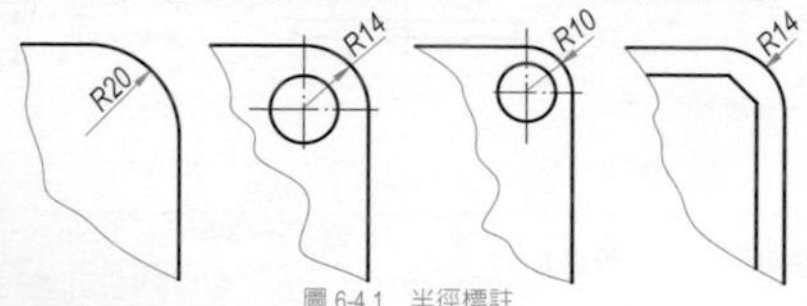

圖 6-4.1 半徑標註

正好半圓之圓弧，可隨需要標註直徑或半徑，如圖 6-4.2。

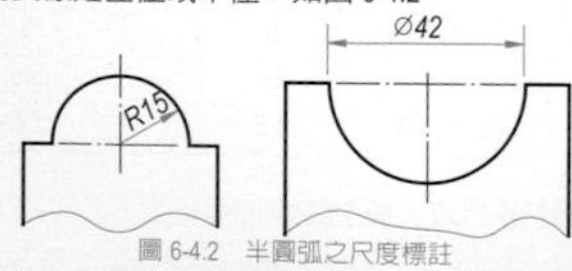

圖 6-4.2 半圓弧之尺度標註

半徑很大，移動圓心位置標註半徑時，尺度線應轉折，帶箭頭之一段必須對準原來圓心，另一段與此段平行，尺度數字順帶箭頭的一段書寫，如圖 6-4.3。

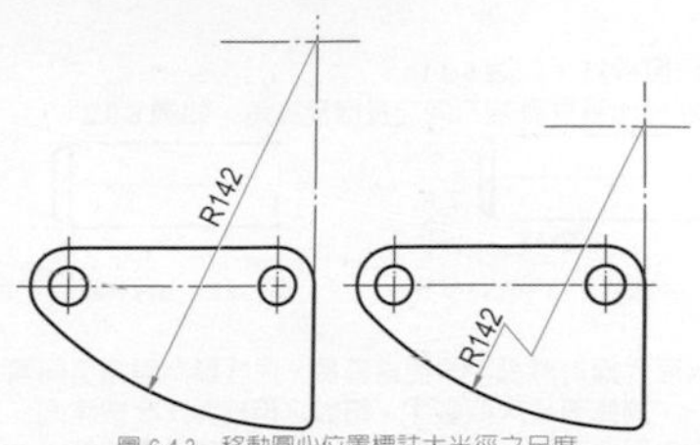

圖 6-4.3 移動圓心位置標註大半徑之尺度

5 厚度標註

平板物體以一視圖表達其形狀時，在其視圖附近以厚度符號「t」加註在厚度數字前表明其厚度，圖 6-3.2。

6 狹窄部位之尺度標註

當尺度線很短，無足夠位置寫入箭頭與數字時，可作如圖 6-6-1 之方法調整，或改用局部放大視圖，圖 6-6-2。

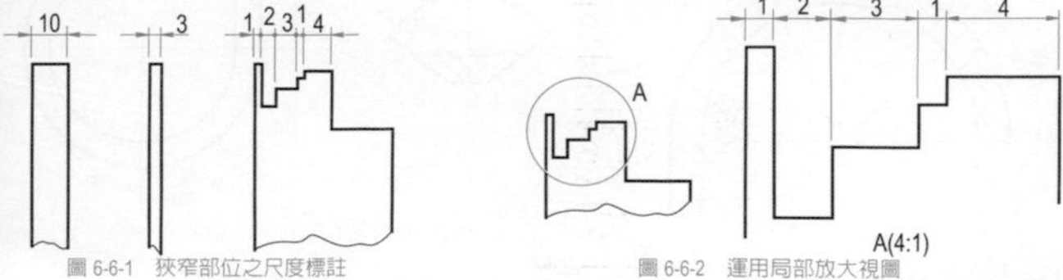

圖 6-6-1 狹窄部位之尺度標註　　圖 6-6-2 運用局部放大視圖

一般標註長度之尺度界線與尺度線垂直，但當尺度界線與輪廓線極為接近時，可使尺度線與尺度線夾 60 度角，如圖 6-6-3。

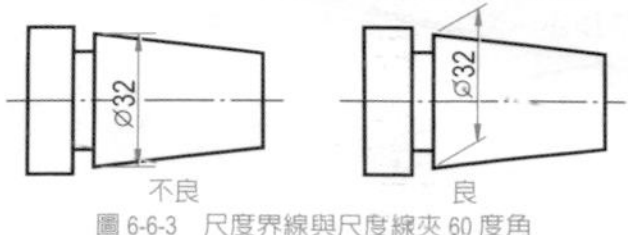

圖 6-6-3 尺度界線與尺度線夾 60 度角

7 正方形尺度標註

正方形可運用正方形符號「□」，以簡化尺度的標註。符號高為尺數字高的 2/3，粗細與尺度數字同，圖 6-7.1。

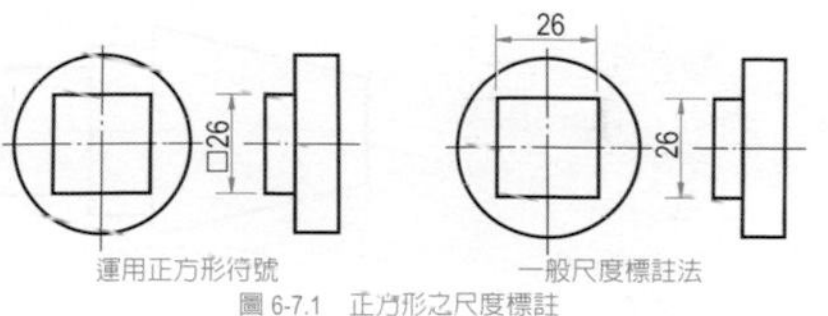

圖 6-7.1 正方形之尺度標註

8 球面尺度標註

球面的直徑、半徑標註方法與圓弧相同，僅在直徑、半徑符號前加註球面符號「S」，符號高和粗與尺度數字同，如圖 6-8.1。

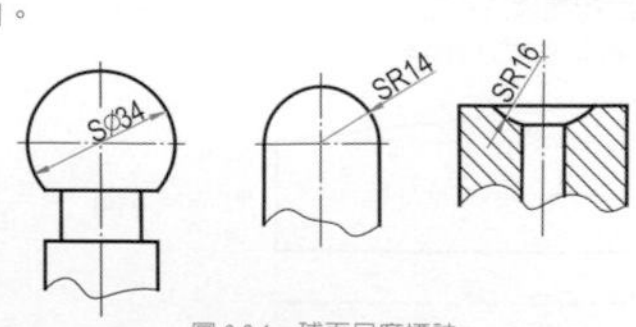

圖 6-8.1 球面尺度標註

6-9 去角尺度標註

去角為 45 度者，其尺度標註，如圖 6-9.1。

去角為非 45 度者，應標出其與軸線方向之長度及夾角，如圖 6-9.2。

圖 6-9.1 去角為 45 度者　　圖 6-9.2 去角為非 45 度者

6-10 弧長標註

標註圓弧之弧長，尺度界線為圓弧之半徑線延長，尺度線為與圓弧同圓心之圓弧，並在弧長數
上方加註弧長符號「⌒」，蓋住弧長尺度數字，符號之粗細與尺度數字同。

若有二個或二個以上之同心圓弧，標註其弧長，則在距離弧長數字 1mm 處畫出箭頭，指在所指
圓弧上，如圖 6-10.1。

一段圓弧與其他圓弧不連續，且其圓心角小於 90 度時，標註其弧長，可使用互相平行之尺度界
如圖 6-10.2。

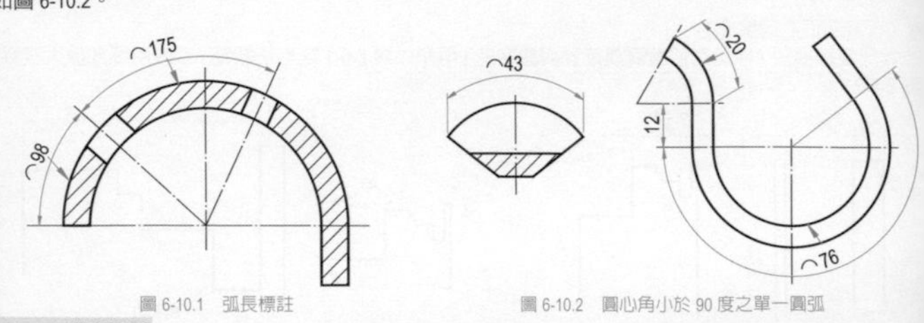

圖 6-10.1 弧長標註　　圖 6-10.2 圓心角小於 90 度之單一圓弧

6-11 錐度標註

錐度是指圓錐兩端直徑差與其長度之比值如圖 6-11.1 所示，在比值之前加註錐度符號「⊳」，
號之高和粗細與尺度數字同，符號之畫法，如圖 6-11.2 所示，其尖端恒指向右方。運用錐度符號標註
度，以指線引出，如圖 6-11.3 所示，圖中「⊳1:5」表示圓錐軸向長 5 單位時，兩端直徑差為 1 單

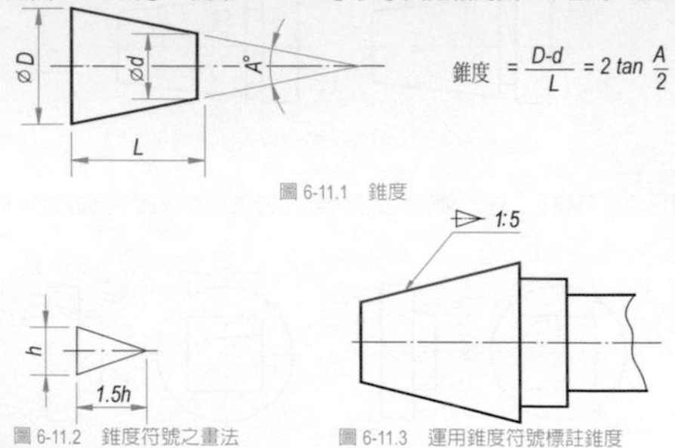

錐度 $= \frac{D-d}{L} = 2\tan\frac{A}{2}$

圖 6-11.1 錐度

圖 6-11.2 錐度符號之畫法　　圖 6-11.3 運用錐度符號標註錐度

6-12 斜度標註

斜度是指傾斜面或線兩端高低差與其兩端間距離之比值如圖 6-12.1 所示，在比值之前加註斜度符
「◺」，符號之高為尺度數字字高之半，符號之粗細與尺度數字同，符號之畫法，如圖 6-12.2 所
其尖端恒指向右方。運用斜度符號標註斜度，以指線引出，如圖 6-12.3 所示，圖中「◺1:20」表
斜面或線兩端間距離之長為 20 單位時，兩端高低差為 1 單位。

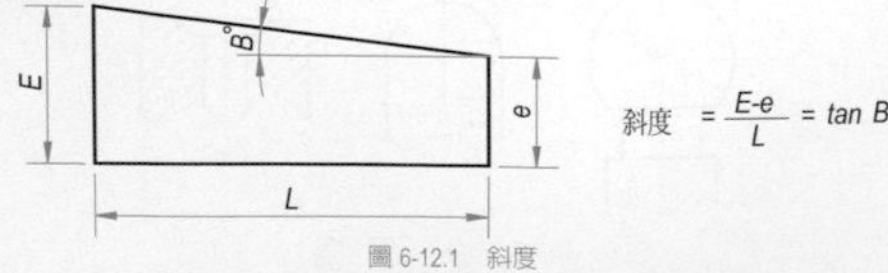

斜度 $= \frac{E-e}{L} = \tan B$

圖 6-12.1 斜度

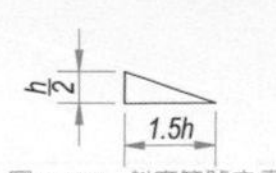

圖 6-12.2 斜度符號之畫法

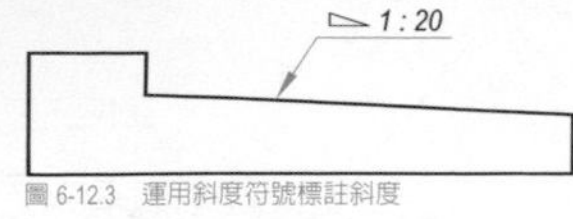

圖 6-12.3 運用斜度符號標註斜度

表 6-11.1 CNS 圓錐錐度

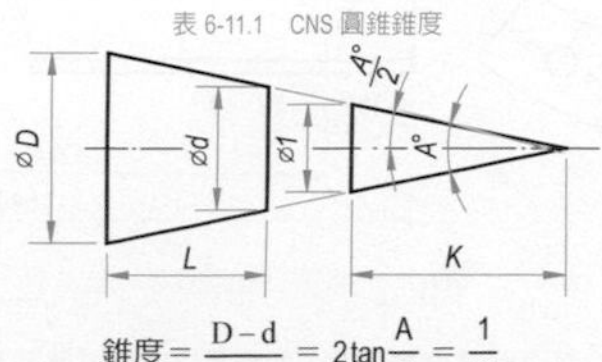

$$錐度 = \frac{D-d}{L} = 2\tan\frac{A}{2} = \frac{1}{K}$$

K 為當圓錐直徑兩端之差等於 1 ㎜時之圓錐長度

錐度 1：K	錐角 A°	工具機上之安置角 A° /2	應用例
1：0.289	120°	60°	中心孔錐坑。
1：0.500	90°	45°	活塞柄、埋頭鉚釘錐坑。
1：0.652	75°	37° 30'	
1：0.866	60°	30°	V 型槽、中心孔、頂心。
1：1.207	45°	22° 30'	
1：1.500	36° 52'12"	18° 26'6"	高壓斜管螺紋。
1：1.866	30°	15°	木工機器之中心圓錐。
1：3	18° 55'28"	9° 27'44"	活塞桿、活塞。
1：3.429	16° 35'33"	8° 17'47"	銑刀軸。
1：5	11° 25'16"	5° 42'38"	摩擦聯結器、橡皮管開關。
1：6	9° 31'38"	4° 45'49"	圓錐油封。
1：10	5° 43'30"	2° 51'45"	可調軸承襯套。
1：12	4° 46'	2° 23'	
1：15	3° 49'6"	1° 54'33"	船用傳動軸轂、鐵路機車活塞桿。
1：20	2° 51'52"	1° 25'56"	公制圓錐。
1：30	1° 54'34"	57'17"	插刀、絞刀。
1：50	1° 8'46"	34'23"	斜銷、斜管螺紋。

摘自 CNS68

13 相同形態之尺度標註

物體上有多個相同的形態時，選擇其一標註其尺度，如圖 6-13.1(a)所示，個數不加註明或註明均可，圖 6-13.1(b)所示，若其間隔距離或角度也相等，可簡化其位置尺度的標註，如圖 6-13.1(c)、(d)。

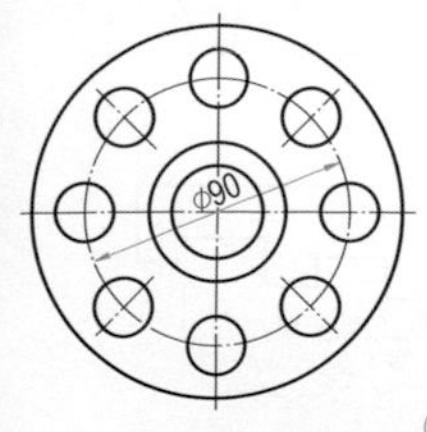

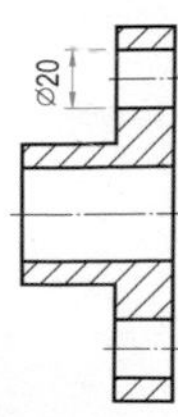

(a)

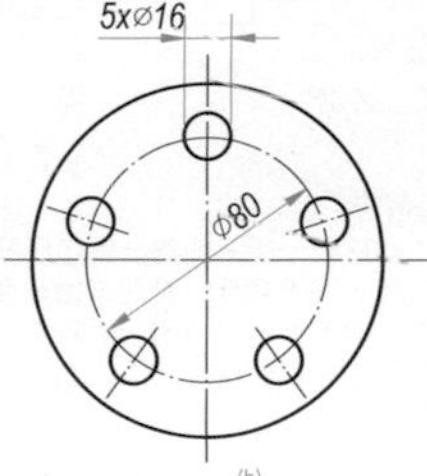

(b)

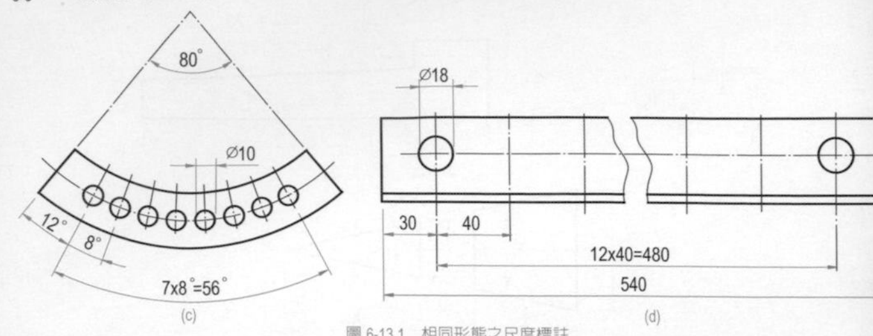

圖 6-13.1 相同形態之尺度標註

6-14 基準尺度之標註

為加工需要，常以機件之某面或某線為基準，而將各尺度均以此等基準為起點標註，此種尺度為基準尺度，如圖 6-14.1。

為減少基準尺度線之層數，可採用單一尺度線，以基準面或基準線為起點，用一小圓點表明，個箭頭指向終點，尺度數字順尺度界線書寫在尺度界線末端，如圖 6-14.2。

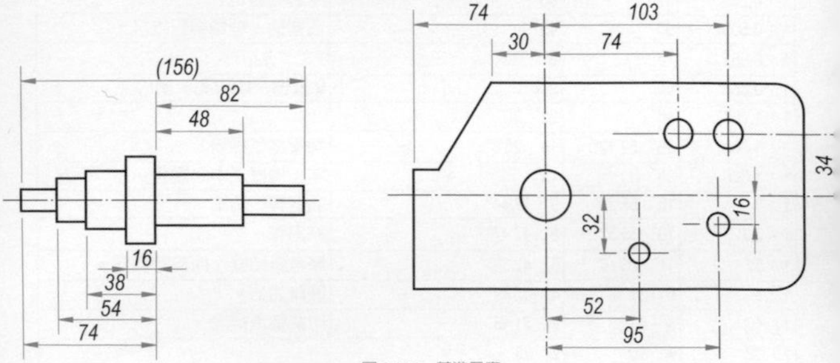

圖 6-14.1 基準尺度

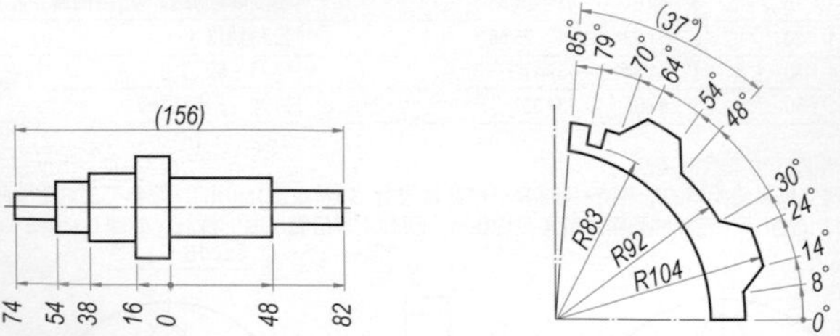

圖 6-14.2 用單一尺度線標註基準尺度

6-15 連續尺度之標註

尺度一個接著一個，成為一串之尺度，稱為連續尺度，如圖 6-15.1 所示。標註連續尺度可減少尺度線之層數，但各部位之連續尺度若有誤差，會相互干擾，所以在不影響機件功能之部位，才適合標註連續尺度。

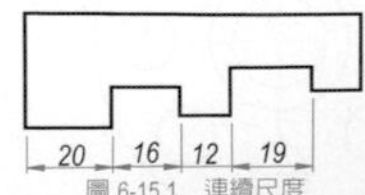

圖 6-15.1 連續尺度

6-16 參考尺度之標註

圖中標註之尺度僅供參考之用，不作生產製造之依據者，則在尺度數字上加註括弧，否則會形成尺度之多餘。例如圖 6-16.1 中的物體，若需尺度 53 及 68，則尺度 37 不加註括弧，成為多餘尺度。

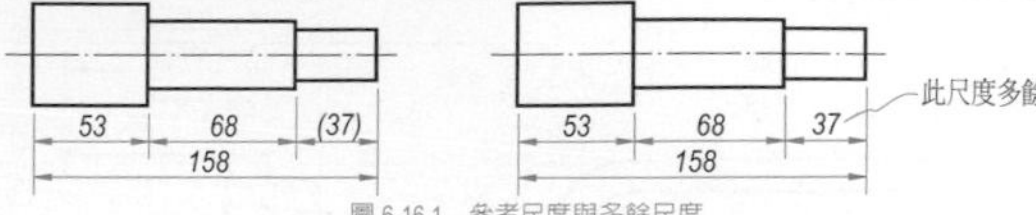

圖 6-16.1 參考尺度與多餘尺度

6-17 對稱尺度之標註

物體形成對稱時，可以對稱尺度標註之，如圖 6-17.1 所示，但對稱軸線不得遺漏。

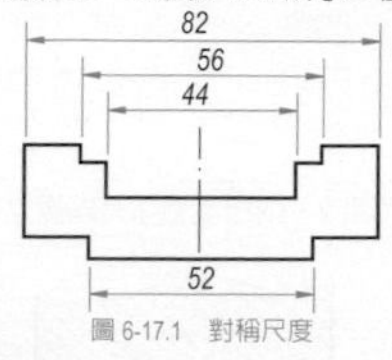

圖 6-17.1 對稱尺度

6-18 不規則曲線之尺度標註

不規則曲線之尺度，可用基準尺度之方式標註，亦可用連續尺度之方式標註，如圖 6-18.1。

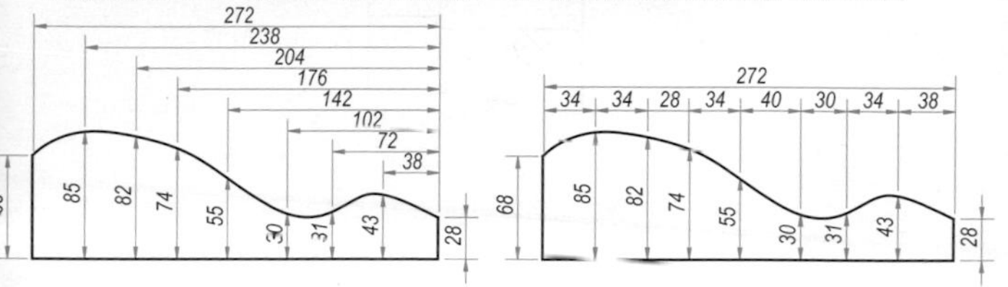

圖 6-18.1 不規則曲線之尺度標註

6-19 稜角消失部位之尺度標註

物體之稜角因去角或圓角而消失時，標註該部位之尺度，應將原有稜角以細實線補出，並在角的頂點處加一圓點，再由此圓點引尺度界線，如圖 6-19.1。

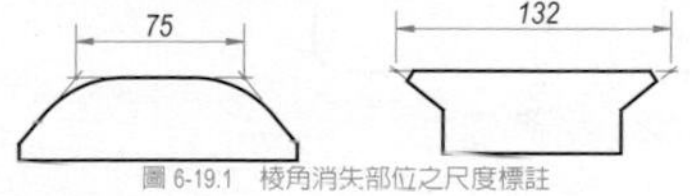

圖 6-19.1 稜角消失部位之尺度標註

6-20 表面處理範圍之尺度標註

物體某部位表面需特別處理時，在距該部位輪廓線約 1mm 處以粗鏈線表出其範圍，並標註尺度，再以指線註明其處理方法，如圖 6-20.1。

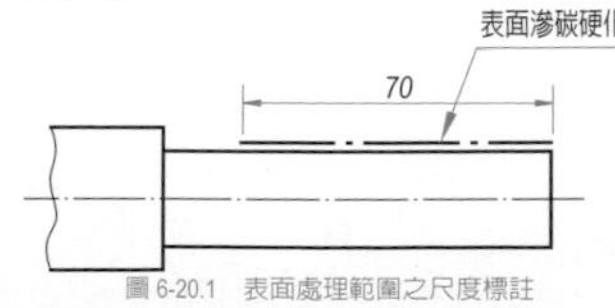

圖 6-20.1 表面處理範圍之尺度標註

6-21 半視圖、半剖視圖上之尺度標註

對稱的物體以半視圖或半剖視圖繪出時，仍應標註其全尺度，但省略未繪出一半處之尺度界線及箭頭，而尺度線則超過一半，如圖 6-21.1。

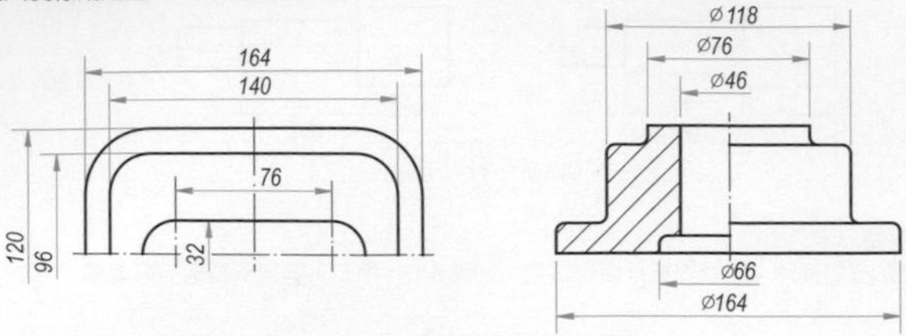

圖 6-21.1 半視圖或半剖視圖上之尺度標註

6-22 剖面範圍內之尺度標註

如果必要時，尺度標註在剖面範圍內，則尺度數字範圍處之剖面線省略，即尺度數字不得被任線條交錯過，如圖 6-22.1。

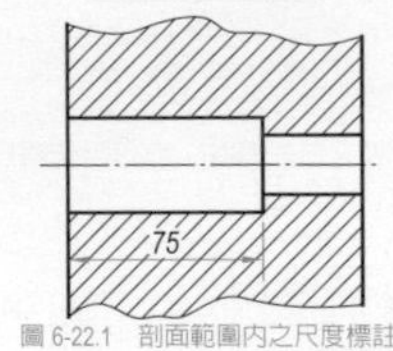

圖 6-22.1 剖面範圍內之尺度標註

6-23 尺度列表標註法

多個孔之大小及位置尺度，可在圖中註明單一尺度線之座標方向，再用列表的方法註明之，如圖 6-23.1。

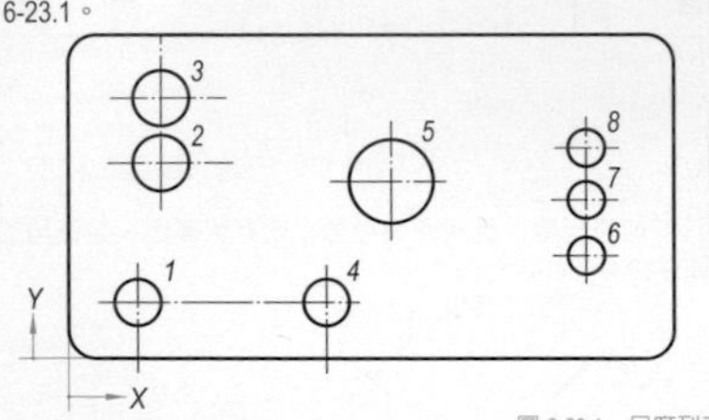

	1	2	3	4	5	6	7	8
X	30	40	40	115	143	124	124	124
Y	24	84	112	24	76	44	68	90
Ø	20	24	24	20	36	16	16	16

圖 6-23.1 尺度列表標註法

6-24 未按比例之尺度標註

視圖上某部位之尺度，未按比例繪出者，在不影響物體形狀的原則下，可在該尺度數字下方加橫線標明，如圖 6-24.1。

圖 6-24.1 未按比例之尺度標註

6-25 立體圖上之尺度標註

在立體圖上標註尺度，是以立體圖的方箱面為座標面進行標註，一般尺度界線與尺度線均與立體圖之軸線平行，如圖 6-25.1。

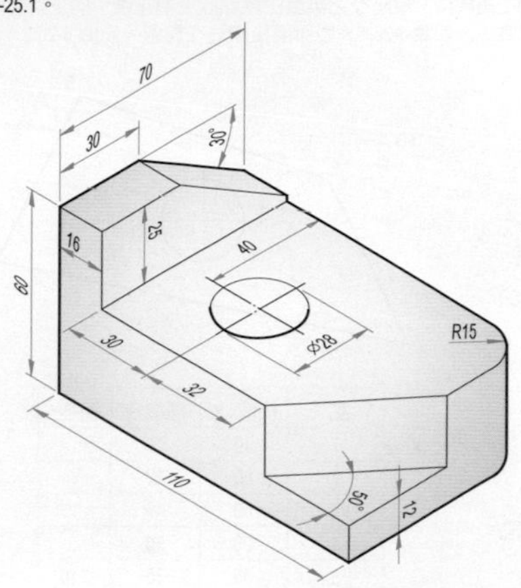

圖 6-25.1 立體圖上之尺度標註

6-26 以座標決定點之位置

直角座標之橫座標 X 軸與縱座標 Y 軸相交於原點，以小圓點表明，原點之標度為 0，橫座標之標由原點向右為正值，向左為負值，縱座標之標度由原點向上為正值，向下為負值，負值時均應加註符號－標度可以表格方式表示，如圖 6-26.1，也可直接標註在點旁，如圖 6-26.2。

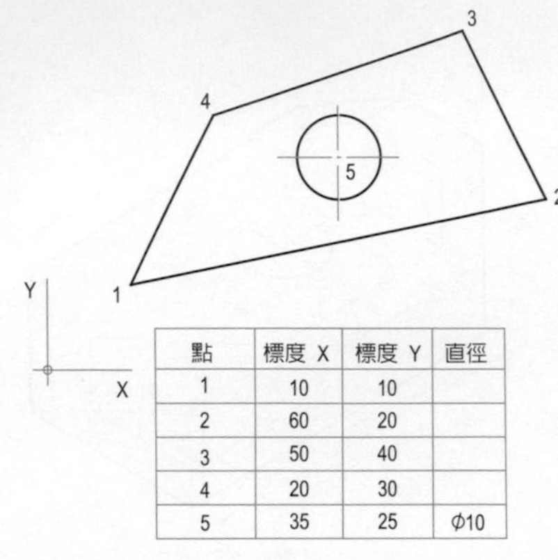

點	標度 X	標度 Y	直徑
1	10	10	
2	60	20	
3	50	40	
4	20	30	
5	35	25	ϕ10

圖 6-26.1

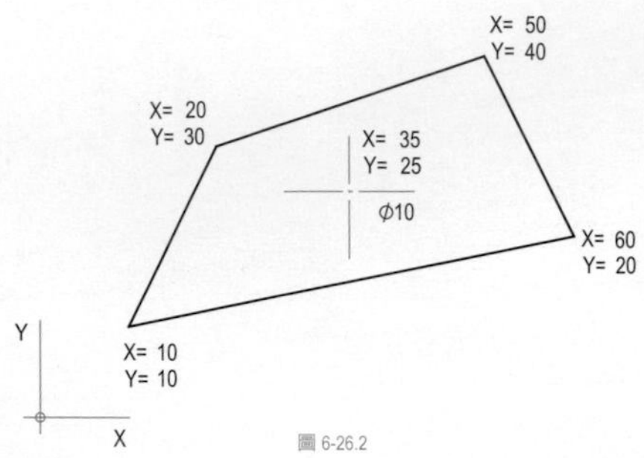

圖 6-26.2

第 7 章 公 差

7

7-1 公差意義

製作物品在尺度上很難絕對準確，因此在設定的尺度上給予允許存在的差異，此差異量即謂之公差。原設定的尺度稱為基本尺度，今假定基本尺度為 83，允許最大可至 83.04，最小可至 82.95，如圖 -1.1，則：

上限界尺度為 83.04

下限界尺度為 82.95

上限界偏差簡稱上偏差為＋0.04，即上限界尺度與標稱尺度之差

下限界偏差簡稱下偏差為－0.05，即下限界尺度與標稱尺度之差

公差為 0.09，即上限界尺度與下限界尺度之差。公差為絕對值，無正負之分。

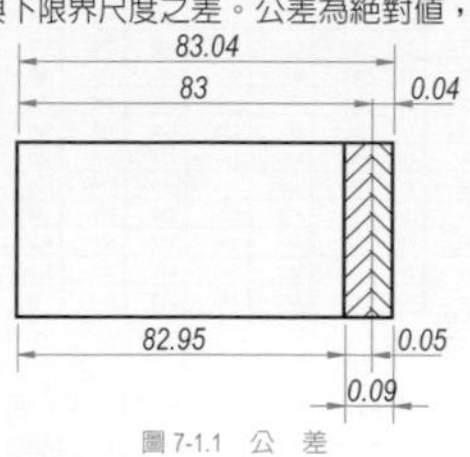

圖 7-1.1 公 差

-2 公差種類

-2.1 一般公差

.按適用範圍分

(1)通用公差：對相同尺度範圍共同適用的公差。

(2)專用公差：對某一尺度專用的公差。

.按限界尺度與標稱尺度的關係分

(1)單向公差：上與下限界尺度均大於或均小於標稱尺度。

適用於需配合部位之尺度。

例：$54^{+0.04}_{+0.01}$　$33^{-0.02}_{-0.06}$

(2)雙向公差：上限界尺度大於標稱尺度，下限界尺度小於標稱尺度。

適用於不需配合部位之尺度或位置尺度。

例：73±0.03　$62^{+0.02}_{-0.01}$

-2.2 幾何公差

形狀公差：包括真直度、真平度、真圓度、圓柱度、曲線輪廓度、曲面輪廓度等公差。

方向公差：包括平行度、垂直度、傾斜度等公差。

定位公差：包括位置度、同心度、同軸度、對稱度等公差。

偏轉度公差：包括圓偏轉度、總偏轉度等公差。

-3 公差符號

-3.1 公差等級

公差的大小可隨需要訂定，但世界上各國間為求步調的一致，對公差的大小訂有共同的標準，稱為國際標準公差(International Tolerance)，以英文的簡寫 IT 表示，現為我國採用之標準公差。標準公差對某一範圍的尺度，將其公差自小至大分成多個等級，稱為公差等級。各等級分別以 IT01、IT0、IT1、IT2、3、..........IT17、IT18 命名。所謂 IT9，就是指公差等級為 9 的標準公差。01 級的公差最小，18 級的公差最大，同一等級的公差，就其標稱尺度由小至大遞增，詳細數值可查閱國際標準公差表，茲摘錄部分，如表 7-3.1。

表 7-3.1 標稱尺度在 3150mm 以下之標準公差等級之值

標稱尺度 mm		標準公差等級																			
		IT01	IT0	IT1	IT2	IT3	IT4	IT5	IT6	IT7	IT8	IT9	IT10	IT11	IT12	IT13	IT14	IT15	IT16	IT17	IT18
大於	至	標準公差值																			
		μm													mm						
–	3	0.3	0.5	0.8	1.2	2	3	4	6	10	14	25	40	60	0.1	0.14	0.25	0.4	0.6	1	1.4
3	6	0.4	0.6	1	1.5	2.5	4	5	8	12	18	30	48	75	0.12	0.18	0.3	0.48	0.75	1.2	1.8
6	10	0.4	0.6	1	1.5	2,5	4	6	9	15	22	36	58	90	0.15	0.22	0.36	0.58	0.9	1.5	2.2
10	18	0.5	0.8	1.2	2	3	5	8	11	18	27	43	70	110	0.18	0.27	0.43	0.7	1.1	1.8	2.7
18	30	0.6	1	1.5	2.5	4	6	9	13	21	33	52	84	130	0.21	0.33	0.52	0.84	1.3	2.1	3.3
30	50	0.6	1	1.5	2.5	4	7	11	16	25	39	62	100	160	0.25	0.39	0.62	1	1.6	2.5	3.9
50	80	0.8	1.2	2	3	5	8	13	19	30	46	74	120	190	0.3	0.46	0.74	1.2	1.9	3	4.6
80	120	1	1.5	2.5	4	6	10	15	22	35	54	87	140	220	0.35	0.54	0.87	1.4	2.2	3.5	5.4
120	180	1.2	2	3.5	5	8	12	18	25	40	63	100	160	250	0.4	0.63	1	1.6	2.5	4	6.3
180	250	2	3	4.5	7	10	14	20	29	46	72	115	185	290	0.46	0.72	1.15	1.85	2.9	4.6	7.2
250	315	2.5	4	6	8	12	16	23	32	52	81	130	210	320	0.52	0.81	1.3	2.1	3.2	5.2	8.1
315	400	3	5	7	9	13	18	25	36	57	89	140	230	360	0.57	0.89	1.4	2.3	3.6	5.7	8.9
400	500	4	6	8	10	15	20	27	40	63	97	155	250	400	0.63	0.97	1.55	2.5	4	6.3	9.7
500	630			9	11	16	22	32	44	70	110	175	280	440	0.7	1.1	1.75	2.8	4.4	7	11
630	800			10	13	18	25	36	50	80	125	200	320	500	0.8	1.25	2	3.2	5	8	12.5
800	1000			11	15	21	28	40	56	90	140	230	360	560	0.9	1.4	2.3	3.6	5.6	9	14
1000	1250			13	18	24	33	47	66	105	165	260	420	660	1.05	1.65	2.6	4.2	6.6	10.5	16.5
1250	1600			15	21	29	39	55	78	125	195	310	500	780	1.25	1.95	3.1	5	7.8	12.5	19.5
1600	2000			18	25	35	46	65	92	150	230	370	600	920	1.5	2.3	3.7	6	9.2	15	23
2000	2500			22	30	41	55	78	110	175	280	440	700	1100	1.75	2.8	4.4	7	11	17.5	28
2500	3150			26	36	50	68	96	135	210	330	540	860	1350	2.1	3.3	5.4	8.6	13.5	21	33

7-3.2 基礎偏差位置

在說明公差的圖解中，常以一水平線代表公差為零的所在，稱為零線。零線以上的偏差為正值零線以下的偏差為負值。代表上限界尺度與下限界尺度二水平線間的距離或面積，稱為公差區間。差區間中接近零線的偏差，亦即最接近標稱尺度之偏差，稱為基礎偏差。

二個需套合在一起的零件，稱為配合件。就配合件配合的部位而言，在外側者稱為外件，通稱孔；在內側者稱為內件，通稱為軸。國際間為便於確定二配合件間的配合狀況，訂出 A、B、C、CD、D E、EF、F、FG、G、H、J、Js、K、M、N、P、R、S、T、U、V、X、Y、Z、ZA、ZB、ZC 二十八類基礎差之位置。

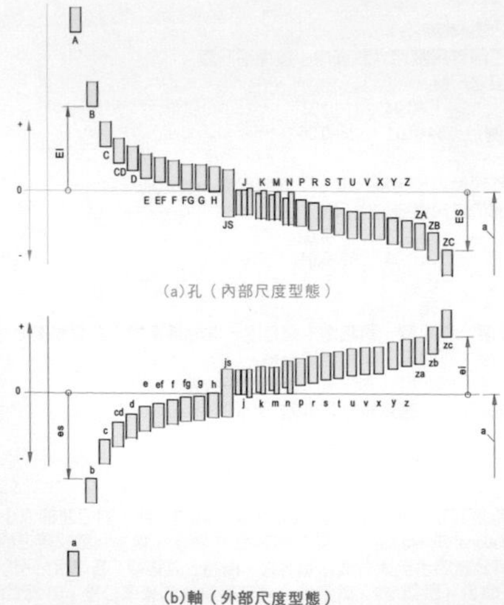

圖 7-3.1 孔與軸基礎偏差之位置

以大楷拉丁字母標示孔之基礎偏差位置，A 至 ZC 則按基礎差由正至負依大小順序排列，偏差位置 H 之下偏差正好為 0；以小楷拉丁字母標示軸之基礎偏差位置，a 至 zc 則按基礎差由負至正依大小順序排列，偏差位置 h 之上偏差正好為 0，如圖 7-3.1 所示。各公差等級軸或孔之基礎偏差均經計算後詳細列表，可查閱有關標準，茲摘錄部分，如表 7-3.2 及表 7-3.3。

7-3.3 公差類別

ISO 線性尺度公差之編碼系統即在標示公差類別，公差類別則由基礎偏差位置之拉丁字母與公差等級之阿拉伯數字組合標示之。

例：E9、H7、P8、d9、f6、s8 等。

表 7-3.2 孔 A 至 M 之基礎偏差值

基礎偏差值之單位：μm

標稱尺度		基礎偏差值 下限界偏差 *EI*												上限界偏差 *ES*						
大於	至	所有標準公差等級												IT6	IT7	IT8	IT8 以下	大於 IT8	IT8 以下	大於 IT8
		A[a]	B[a]	C	CD	D	E	EF	F	FG	G	H	JS	J			K[c][d]		M[b][c][d]	
–	3	+270	+140	+60	+34	+20	+14	+10	+6	+4	+2	0	偏差= ± IT n/2，n 爲標準公差等級數字。	+2	+4	+6	0	0	- 2	- 2
3	6	+270	+140	+70	+46	+30	+20	+14	+10	+6	+4	0		+5	+6	+10	-1+⊿		-4+⊿	- 4
6	10	+280	+150	+80	+56	+40	+25	+18	+13	+8	+5	0		+5	+8	+12	-1+⊿		-6+⊿	- 6
10	14																			
14	18	+290	+150	+95	+70	+50	+32	+23	+16	+10	+6	0		+6	+10	+15	-1+⊿		-7+⊿	- 7
18	24																			
24	30	+300	+160	+110	+85	+65	+40	+28	+20	+12	+7	0		+8	+12	+20	-2+⊿		-8+⊿	- 8
30	40	+310	+170	+120																
40	50	+320	+180	+130	+100	+80	+50	+35	+25	+15	+9	0		+10	+14	+24	-2+⊿		-9+⊿	- 9
50	65	+340	+190	+140															-11+⊿	
65	80	+360	+200	+150		+100	+60		+30		+10	0		+13	+18	+28	-2+⊿			-11
80	100	+380	+220	+170															-13+⊿	
100	120	+410	+240	+180		+120	+72		+36		+12	0		+16	+22	+34	-3+⊿			-13
120	140	+460	+260	+200																
140	160	+520	+280	+210		+145	+85		+43		+14	0		+18	+26	+41	-3+⊿		-15+⊿	-15
160	180	+580	+310	+230																
180	200	+660	+340	+240																
200	225	+740	+380	+260		+170	+100		+50		+15	0		+22	+30	+47	-4+⊿		-17+⊿	-17
225	250	+820	+420	+280																
250	280	+920	+480	+300															-20+⊿	
280	315	+1,050	+540	+330		+190	+110		+56		+17	0		+25	+36	+55	-4+⊿			-20
315	355	+1,200	+600	+360															-21+⊿	
355	400	+1,350	+680	+400		+210	+125		+62		+18	0		+29	+39	+60	-4+⊿			-21
400	450	+1,500	+760	+440															-23+⊿	
450	500	+1,650	+840	+480		+230	+135		+68		+20	0		+33	+43	+66	-5+⊿			-23
500	560																			
560	630					+260	+145		+76		+22	0					0		- 26	
630	710																			
710	800					+290	+160		+80		+24	0					0		- 30	
800	900																			
900	1000					+320	+170		+86		+26	0					0		- 34	
1000	1120																			
1120	1250					+350	+195		+98		+28	0					0		- 40	
1250	1400																			
1400	1600					+390	+220		+110		+30	0					0		- 48	
1600	1800																			
1800	2000					+430	+240		+120		+32	0					0		- 58	
2000	2240																			
2240	2500					+480	+260		+130		+34	0					0		- 68	
2500	2800																			
2800	3150					+520	+290		+145		+38	0					0		- 76	

註(a) 基礎偏差 A 及 B 不適用於標準尺度在 1mm 以下者。

(b) 特殊情況:公差類別爲 M6，標準尺度範圍在大於 250mm 至 315mm 者，*ES*=-9μm(代替依計算結果之-11μm)。

(c) 決定 K 及 M 之數值，參照 4.3.2.5。

(d) ⊿值參照表 3

表 7-3.3 孔 N 至 ZC 之基礎偏差值

標稱尺度 mm		基礎偏差值 上限界偏差 *ES*																⊿值 標準公差等級					
大於	至	IT8 以下	大於 IT8	IT7 以下	標準公差等級大於 IT7																		
		N[(a)(b)]		P 至 ZC[(a)]	P	R	S	T	U	V	X	Y	Z	ZA	ZB	ZC	IT3	IT4	IT5	IT6	IT7	IT8
—	3	-4	-4		-6	-10	-14		-18		-20		-26	-32	-40	-60	0	0	0	0	0	0
3	6	-8+⊿	0		-12	-15	-19		-23		-28		-35	-42	-50	-80	1	1.5	1	3	4	6
6	10	-10+⊿	0		-15	-19	-23		-28		-34		-42	-52	-67	-97	1	1.5	2	3	6	7
10	14	-12+⊿	0		-18	-23	-28		-33		-40		-50	-64	-90	-130	1	2	3	3	7	9
14	18									-39	-45		-60	-77	-108	-150						
18	24	-15+⊿	0		-22	-28	-35		-41	-47	-54	-63	-73	-98	-136	-188	1.5	2	3	4	8	12
24	30							-41	-48	-55	-64	-75	-88	-118	-160	-218						
30	40	-17+⊿	0		-26	-34	-43	-48	-60	-68	-80	-94	-112	-148	-200	-274	1.5	3	4	5	9	14
40	50							-54	-70	-81	-97	-114	-136	-180	-242	-325						
50	65	-20+⊿	0		-32	-41	-53	-66	-87	-102	-122	-144	-172	-226	-300	-405	2	3	5	6	11	16
65	80					-43	-59	-75	-102	-120	-146	-174	-210	-274	-360	-480						
80	100	-23+⊿	0		-37	-51	-71	-91	-124	-146	-178	-214	-258	-335	-445	-585	2	4	5	7	13	19
100	120					-54	-79	-104	-144	-172	-210	-254	-310	-400	-525	-690						
120	140	-27+⊿	0		-43	-63	-92	-122	-170	-202	-248	-300	-365	-470	-620	-800	3	4	6	7	15	23
140	160					-65	-100	-134	-190	-228	-280	-340	-415	-535	-700	-900						
160	180					-68	-108	-146	-210	-252	-310	-380	-465	-600	-780	-1,000						
180	200	-31+⊿	0		-50	-77	-122	-166	-236	-284	-350	-425	-520	-670	-880	-1,150	3	4	6	9	17	26
200	225					-80	-130	-180	-258	-310	-385	-470	-575	-740	-960	-1,250						
225	250					-84	-140	-196	-284	-340	-425	-520	-640	-820	-1,050	-1,350						
250	280	-34+⊿	0		-56	-94	-158	-218	-315	-385	-475	-580	-710	-920	-1,200	-1,550	4	4	7	9	20	29
280	315					-98	-170	-240	-350	-425	-525	-650	-790	-1,000	-1,300	-1,700						
315	355	-37+⊿	0		-62	-108	-190	-268	-390	-475	-590	-730	-900	-1,150	-1,500	-1,900	4	5	7	11	21	32
355	400					-114	-208	-294	-435	-530	-660	-820	-1,000	-1,300	-1,650	-2,100						
400	450	-40+⊿	0		-68	-126	-232	-330	-490	-595	-740	-920	-1,100	-1,450	-1,850	-2,400	5	5	7	13	23	34
450	500					-132	-252	-360	-540	-660	-820	-1,000	-1,250	-1,600	-2,100	-2,600						
500	560	-44			-78	-150	-280	-400	-600													
560	630					-155	-310	-450	-660													

表 7-3.3 孔 N 至 ZC 之基礎偏差值(續)

標稱尺度 mm		基礎偏差值 上限界偏差 *ES*															⊿值 標準公差等級					
大於	至	IT8 以下	大於 IT8	IT7 以下	標準公差等級大於 IT7																	
		N[(a)(b)]		P 至 ZC[(a)]	P	R	S	T	U	V	X	Y	Z	ZA	ZB	ZC	IT3	IT4	IT5	IT6	IT7	IT8
630	710			其數值為標準公差等級大於 IT7 之值加上⊿值		-175	-340	-500	-740													
710	800	-50			-88	-185	-380	-560	-840													
800	900					-210	-430	-620	-940													
900	1000	-56			-100	-220	-470	-680	-1,050													
1000	1120					-250	-520	-780	-1,150													
1120	1250	-66			-120	-260	-580	-840	-1,300													
1250	1400					-300	-640	-960	-1,450													
1400	1600	-78			-140	-330	-720	-1,050	-1,600													
1600	1800					-370	-820	-1,200	-1,850													
1800	2000	-92			-170	-400	-920	-1,350	-2,000													
2000	2240					-440	-1,000	-1,500	-2,300													
2240	2500	-110			-195	-460	-1,100	-1,650	-2,500													
2500	2800					-550	-1,250	-1,900	-2,900													
2800	3150	-135			-240	-580	-1,400	-2,100	-3,200													

註(a)決定 N 及 P 至 ZC 之數值，參照 4.3.2.5。

(b)基礎偏差 N 之標準公差等級大於 IT8 時，不適用於標稱尺度在 1mm 以下者。

表 7-3.4 軸 a 至 j 之基礎偏差

基礎偏差值之單位：μm

標稱尺度		基礎偏差值 上限界偏差 *es*												下限界偏差 *ei*		
大於	至	所有標準公差等級												IT5 及 IT6	IT7	IT8
		a[(a)]	b[(a)]	c	cd	d	e	ef	f	fg	g	h	js	j		
—	3	−270	−140	−60	−34	−20	−14	−10	−6	−4	−2	0		−2	−4	−6
3	6	−270	−140	−70	−46	−30	−20	−14	−10	−6	−4	0	偏差＝±IT $n/2$，n 爲標準公差等級數字。	−2	−4	
6	10	−280	−150	−80	−56	−40	−25	−18	−13	−8	−5	0		−2	−5	
10	14	−290	−150	−95	−70	−50	−32	−23	−16	−10	−6	0		−3	−6	
14	18															
18	24	−300	−160	−110	−85	−65	−40	−25	−20	−12	−7	0		−4	−8	
24	30															
30	40	−310	−170	−120	−100	−80	−50	−35	−25	−15	−9	0		−5	−10	
40	50	−320	−180	−130												
50	65	−340	−190	−140		−100	−60		−30		−10	0		−7	−12	
65	80	−360	−200	−150												
80	100	−380	−220	−170		−120	−72		−36		−12	0		−9	−15	
100	120	−410	−240	−180												
120	140	−460	−260	−200		−145	−85		−43		−14	0		−11	−18	
140	160	−520	−280	−210												
160	180	−580	−310	−230												
180	200	−660	−340	−240		−170	−100		−50		−15	0		−13	−21	
200	225	−740	−380	−260												
225	250	−820	−420	−280												
250	280	−920	−480	−300		−190	−110		−56		−17	0		−16	−26	
280	315	−1,050	−540	−330												

表 7-3.4 軸 a 至 j 之基礎偏差(續)

基礎偏差值之單位：μm

標稱尺度		基礎偏差值 上限界偏差 *es*												下限界偏差 *ei*		
大於	至	所有標準公差等級												IT5及IT6	IT7	IT8
		a[(a)]	b[(a)]	c	cd	d	e	ef	f	fg	g	h	js	j		
315	355	−1,200	−600	−360		−210	−125		−62		−18	0	偏差＝± IT *n*/2，*n* 爲標準公差等級數字。	−18	−28	
355	400	−1,350	−680	−400												
400	450	−1,500	−760	−440		−230	−135		−68		−20	0		−20	−32	
450	500	−1,650	−840	−480												
500	560					−260	−145		−76		−22	0				
560	630															
630	710					−290	−160		−80		−24	0				
710	800															
800	900					−320	−170		−86		−26	0				
900	1,000															
1,000	1,120					−350	−195		−98		−28	0				
1,120	1,250															
1,250	1,400					−390	−220		−110		−30	0				
1,400	1,600															
1,600	1,800					−430	−240		−120		−32	0				
1,800	2,000															
2,000	2,240					−480	−260		−130		−34	0				
2,240	2,500															
2,500	2,800					−520	−290		−145		−38	0				
2,800	3,150															

註[(a)] 基礎偏差 a 及 b 不適用於標稱尺度在 1mm 以下者。

表 7-3.5 軸 k 至 zc 之基礎偏差

基礎偏差值之單位：μm

標準尺度		基礎偏差值 下限界偏差 *ei*															
大於	至	IT4 至 IT7	IT3 以下及 大於 IT7	所有標準公差等級													
		k		m	n	p	r	s	t	u	v	x	y	z	za	zb	zc
—	3	0	0	+2	+4	+6	+10	+14		+18		+20		+26	+32	+40	+60
3	6	+1	0	+4	+8	+12	+15	+19		+23		+28		+35	+42	+50	+80
6	10	+1	0	+6	+10	+15	+19	+23		+28		+34		+42	+52	+67	+97
10	14	+1	0	+7	+12	+18	+23	+28		+33		+40		+50	+64	+90	+130
14	18										+39	+45		+60	+77	+108	+150
18	24	+2	0	+8	+15	+22	+28	+35		+41	+47	+54	+63	+73	+98	+136	+188
24	30								+41	+48	+55	+64	+75	+88	+118	+160	+218
30	40	+2	0	+9	+17	+26	+34	+43	+48	+60	+68	+80	+94	+112	+148	+200	+274
40	50								+54	+70	+81	+97	+114	+136	+180	+242	+325
50	65	+2	0	+11	+20	+32	+41	+53	+66	+87	+102	+122	+144	+172	+226	+300	+405
65	80						+43	+59	+75	+102	+120	+146	+174	+210	+274	+360	+480
80	100	+3	0	+13	+23	+37	+51	+71	+91	+124	+146	+178	+214	+258	+335	+445	+585
100	120						+54	+79	+104	+144	+172	+210	+254	+310	+400	+525	+690
120	140	+3	0	+15	+27	+43	+63	+92	+122	+170	+202	+248	+300	+365	+470	+620	+800
140	160						+65	+100	+134	+190	+228	+280	+340	+415	+535	+700	+900
160	180						+68	+108	+146	+210	+252	+310	+380	+465	+600	+780	+1,000
180	200	+4	0	+17	+31	+50	+77	+122	+166	+236	+284	+350	+425	+520	+670	+880	+1,150
200	225						+80	+130	+180	+258	+310	+385	+470	+575	+740	+960	+1,250
225	250						+84	+140	+196	+284	+340	+425	+520	+640	+820	+1,050	+1,350
250	280	+4	0	+20	+34	+56	+94	+158	+218	+315	+385	+475	+580	+710	+920	+1,200	+1,550
280	315						+98	+170	+240	+350	+425	+525	+650	+790	+1,000	+1,300	+1,700
315	355	+4	0	+21	+37	+62	+108	+190	+268	+390	+475	+590	+730	+900	+1,150	+1,500	+1,900
355	400						+114	+208	+294	+435	+530	+660	+820	+1,000	+1,300	+1,650	+2,100
400	450	+5	0	+23	+40	+68	+126	+232	+330	+490	+595	+740	+920	+1,1000	+1,450	+1,850	+2,400
450	500						+132	+252	+360	+540	+660	+820	+1,000	+1,250	+1,600	+2,100	+2,600
500	560	0	0	+26	+44	+78	+150	+280	+400	+600							
560	630						+155	+310	+450	+660							
630	710	0	0	+30	+50	+88	+175	+340	+500	+740							
710	800						+185	+380	+560	+840							
800	900	0	0	+34	+56	+100	+210	+430	+620	+940							
900	1,000						+220	+470	+680	+1,050							
1,000	1,120	0	0	+40	+66	+120	+250	+520	+780	+1,150							
1,120	1,250						+260	+580	+840	+1,300							
1,250	1,400	0	0	+48	+78	+140	+300	+640	+960	+1,450							
1,400	1,600						+330	+720	+1,050	+1,600							
1,600	1,800	0	0	+58	+92	+170	+370	+820	+1,200	+1,850							
1,800	2,000						+400	+920	+1,350	+2,000							
2,000	2,240	0	0	+68	+110	+195	+440	+1,000	+1,500	+2,300							
2,240	2,500						+460	+1,100	+1,650	+2,300							
2,500	2,800	0	0	+76	+135	+240	+550	+1,250	+1,900	+2,900							
2,800	3,150						+580	+1,400	+2,100	+3,200							

配合之決定：一般用途應選擇「基孔制配合系統」，決定配合制度後，應對於孔與軸選擇公差等級及基礎偏差給予相對應之最小及最大之間隙或干涉，以達成最佳使用狀況。為一般正常工程目的，許多可能的配合中，僅有少數被採用。圖 7-3.2 及圖 7-3.3 指出一般工程常需用到的配合。為了經濟效益，若情況許可，應優先選擇配合之公差類別顯示於框格中。

7

基軸	孔用公差種類																	
	餘隙配合							過渡配合				干涉配合						
h5						G6	H6	JS6	K6	M6		N6	P6					
h6					F7	G7	H7	JS7	K7	M7	N7		P7	R7	S7	T7	U7	X
h7				E8	F8		H8											
h8			D9	E9	F9		H9											
h9				E8	F8		H8											
			D9	E9	F9		H9											
	B11	C10	D10				H10											

圖 7-3.2 基孔制系統之較佳配合

基孔	軸用公差種類																	
	餘隙配合							過渡配合				干涉配合						
H6						g5	h5	js5	k5	m5		n5	p5					
H7					f6	g6	h6	js6	k6	m6	n6		p6	r6	s6	t6	u6	x
H8				e7	f7		h7	js7	k7	m7					s7		u7	
			d8	e8	f8		h8											
H9			d8	e8	f8		h8											
H10	b9	c9	d9	e9			h9											
H11	b11	c11	d10				h10											

圖 7-3.3 基軸制系統之較佳配合

7-4 公差的標註

7-4.1 通用公差的標註

工作圖上未註有公差的尺度，並不是表示這些尺度沒有公差，而是採用通用公差。通用公差是標註在標題欄內，如圖 7-4.1 所示，或另列表格置於標題欄附近，如圖 7-4.2 所示，或記載於各作業工場的手冊中。

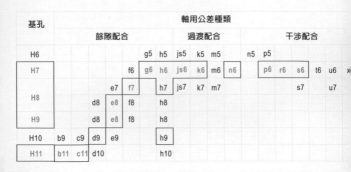

	日期	姓 名	
設計			通用公差 $\frac{1}{2}$ IT12
繪圖			
描圖			
校核			比例
審定			
（機構名稱）			
（圖名）			（圖號）

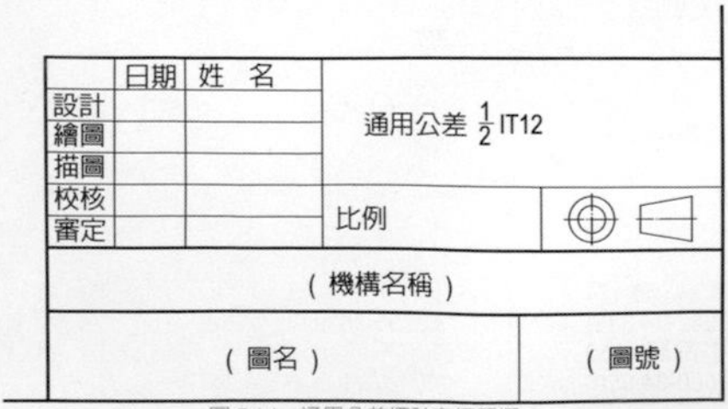

圖 7-4.1 通用公差標註在標題欄

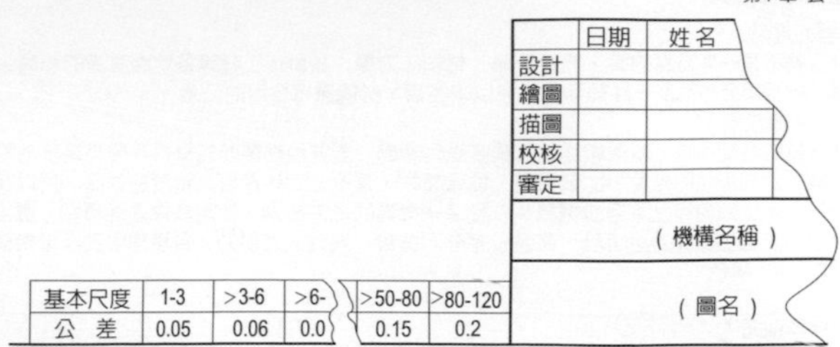

圖 7-4.2 另列表格之通用公差

-4.2 專用公差的標註

.以限界尺度標註：上限界尺度寫在上層、下限界尺度寫在下層，如圖 7-4.3。

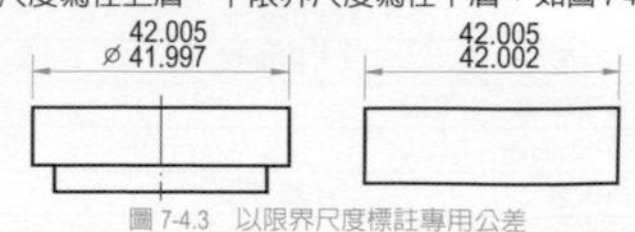

圖 7-4.3 以限界尺度標註專用公差

.以上下偏差標註：標稱尺度外，再加上下偏差。上偏差寫在上層，下偏差寫在下層。上下偏差絕對值相同時，合為一層書寫。上偏差或下偏差為 0 時，仍得加註 0，且 0 之前不加＋或－之符號，如圖 7-4.4。

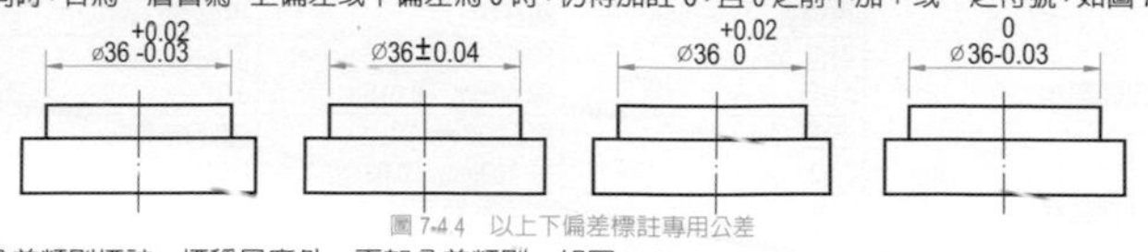

圖 7-4.4 以上下偏差標註專用公差

以公差類別標註：標稱尺度外，再加公差類別，如圖 7-4.5。

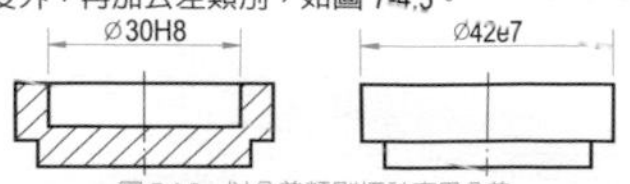

圖 7-4.5 以公差類別標註專用公差

-5 配 合

標註公差的目的，是在控制產製物品應有的精度，以及獲得所需的配合，達到機件具有互換的特:。所謂配合，是指配合件配合部位間應有的鬆緊程度。例如一軸桿與一輪孔需套合在一起，軸徑小:孔徑時，其間必有空隙，稱為餘隙，孔徑與軸徑的差恒為正值，如此的配合稱為餘隙配合；當軸徑:於孔徑時，其間不但沒有空隙，反而有材料的干擾，稱為干涉，孔徑與軸徑的差恒為負值，，如此配合稱為干涉配合；當軸徑與孔徑有時正好相等，也有時孔徑與軸徑的差為正值或負值，即其可能餘隙，也可能有干涉，如此的配合稱為過渡配合。各種配合舉例，如表 7-5.1。

所謂基孔制的配合，就是把孔的偏差位置固定在 H，變動軸的偏差位置，以得到所需的配合。所謂軸制的配合，就是把軸的偏差位置固定在 h，變動孔的偏差位置，以得到所需的配合。

表 7-5.1 各種配合

以尺度35為例		
餘隙配合(H9/e9)	干涉配合(H7/s6)	過渡配合(H8/m7)
H9 $35^{+0.062}_{0}$	H7 $35^{+0.025}_{0}$	H8 $35^{+0.039}_{0}$
e9 $35^{-0.050}_{-0.112}$	s6 $35^{+0.059}_{+0.043}$	m7 $35^{+0.034}_{+0.009}$
最大餘隙0.174 (35.062-34.888) 最小餘隙0.050 (35.000-34.950)	最大干涉-0.059 (35.000-35.059) 最小干涉-0.018 (35.025-35.043)	最大餘隙0.030 (35.039-35.009) 最大干涉-0.034 (35.000-35.034)

7-6 公差的選用

設計公差不是一件容易的事，需要數學、材料、力學、統計、工程等各方面高深的學問，非一般人能從事，但選用公差不是一件難事，注意以下各項，必能選得合用的公差。

7-6.1 配合生產設備

各種機具的性能不同，能產製物品的精度受到牽制。要運用性能差的機具產製高精度的物品，似乎不太可能；而性能強的機具，比較貴重，投資龐大，又不一定能產製高精度的物品。所以在選用公差時，應先了解工廠內可以運用的機具，以及這些機具的能力範圍，確定能夠達到精度，選出所需的公差。否則非工廠機具能力之所及，所選公差形同虛設，浪費人力財力。各種常用工作母機精度之容許差，如表 7-6.1 所示。

表 7-6.1 常用工作母機精度之容許差 單位：mm

機器種類		容許差		
牛頭鉋床		每 300mm 0.02		
插床	衝程	平行度		垂直度
	350mm 以下	每 300mm	0.04	0.025
	350-700mm		0.06	0.04
	700mm 以上		0.08	0.05
銑床		平行度	平面度	垂直度
		每 300mm 0.02		每 300mm 0.03
磨床		每 1000mm 0.01		
車床	心高	真圓度	圓柱度	平面度
	400mm 以下	0.01	每 200mm 0.02	直徑每 300mm 0.02
	400mm 以上	0.02	每 300mm 0.03	
多軸自動車床		真圓度	圓柱度	平面度
		直徑 50mm 以下 0.015	直徑 30mm 以下 每 50mm 0.015	直徑每 50mm 0.01
		直徑 50mm 以上 0.02	直徑 30mm 以上 每 100mm 0.03	直徑每 100mm 0.015
鑽床	鑽頭直徑	孔徑容許差		
	< 1	0.025-0.050		
	> 1-3	0.050		
	> 3- 6	0.075		
	> 6-12	0.100-0.125		
	>12-19	0.125-0.175		
	>19-25	0.200-0.250		
	>25-50	0.250-0.280		
搪床	主軸直徑	真圓度	圓柱度	
	80mm 以下	0.015	每 100mm 0.01	
	80mm 以上	0.02	每 100mm 0.02	

6.2 配合加工方法

各種加工方法所能達到的公差等級範圍不盡相同，專用公差可參考圖 7-6.1 所示，而通用公差則可閱各種不同加工方法一般許可差之國家標準加以選擇，例如表 7-6.2 至表 7-16.12 所示。

加工方法	3	4	5	6	7	8	9	10	11	12	13	14	15	16	17	18
研光	■	■	■	■												
圓磨		■	■	■	■											
平磨		■	■	■	■	■	■									
拉削			■	■	■	■										
絞孔			■	■	■	■	■	■								
車削				■	■	■	■	■	■	■	■	■	■			
搪孔				■	■	■	■	■	■	■	■					
鑽孔					■	■	■	■	■	■	■	■	■			
銑削					■	■	■	■	■	■	■	■	■			
刨削							■	■	■	■	■	■	■			
砂鑄														■	■	■

圖 7-6.1 各種加工方法能達到的公差範圍

表 7-6.2 機械切削之長度一般許可差

標示尺度 等級	0.5 以上至 3	超過 3 至 6	超過 6 至 30	超過 30 至 120	超過 120 至 315	超過 315 至 1000	超過 1000 至 2000	超過 2000 至 4000	超過 4000 至 8000	超過 8000 至 12000	超過 12000 至 16000	超過 16000 至 20000
級(12 級)	±0.05	±0.05	±0.1	±0.15	±0.2	±0.3	±0.5	±0.8	—	—	—	—
級(14 級)	±0.1	±0.1	±0.2	±0.3	±0.5	±0.8	±1.2	±2	±3	±4	±5	±6
級(16 級)	±0.15	±0.2	±0.5	±0.8	±1.2	±2	±3	±4	±5	±6	±7	±8
粗級	—	±0.5	±1	±1.5	±2	±3	±4	±5	±6	±8	±10	±12

考：1. 標示尺度小於 0.5mm 時，應標註許可差。 摘自 CNS4018。
2. 括號內等級別僅供參考。

表 7-6.3 機械切削之去角及曲率半徑一般許可差

標示尺度 / 等級	0.5 以上至 3	超過 3 至 6	超過 6 至 30	超過 30 至 120	超過 120 至 400
精級、中級	±0.2	±0.5	±1	±2	±4
粗級、最粗級	±0.2	±1	±2	±4	±8

備考：1.標示尺度小於 0.5mm 時，應標註許可差。 摘自 CNS4018

表 7-6.4 機械切削之角度一般許可差

示尺度 度或斜度 級	10mm 以下		超過 10 至 50mm		超過 50 至 120mm		超過 120 至 400mm		超過 400mm	
	角度	斜度	角度	斜度	角度	斜度	角度	斜度	角度	斜度
級、中級	±1°	±1.8	±30'	±0.9	±20'	±0.6	±10'	±0.3	±5'	±0.2
級	±1° 30'	±2.6	±50'	±1.5	±25'	±0.7	±15'	±0.4	±10'	±0.3
粗級	±3°	±5.2	±2°	±3.5	±1°	±1.8	±30'	±0.9	±20'	±0.6

考：標示尺度以夾角兩邊之較短邊長度為準。 摘自 CNS4018

表 7-6.5 衝壓之長度一般許可差 單位：mm

尺寸 \ 等級	最精級	精 級	中 級	粗 級	最粗級
30 以下	±0.1	±0.15	±0.25	±0.4	±0.6
超過 30 至 120	±0.15	±0.25	±0.45	±0.7	±1.1
超過 120 至 315	±0.2	±0.4	±0.6	±1	±1.6
超過 315 至 1000	±0.3	±0.7	±1.1	±1.8	±2.8
超過 1000 至 2000	±0.5	±1.1	±1.8	±3	±4.5

自 CNS4019

表 7-6.6 衝壓之彎曲角度一般許可差

	精級、中級	粗級、最粗級
直角	±1	±2
其它角度	±1.5	±3

摘自 CNS4019

表 7-6.7 鐵鑄件之長度一般許可差 單位：mm

長度 \ 等級 \ 材料	灰口鑄鐵		球狀石墨鐵鑄件	
	精級	粗級	精級	粗級
120 以下	±1	±1.5	±1.5	±2
超過 120 至 250	±1.5	±2	±2	±2.5
超過 250 至 400	±2	±3	±2.5	±3.5
超過 400 至 800	±3	±4	±4	±5
超過 800 至 1600	±4	±6	±5	±7
超過 1600 至 3150	—	±10	—	±10

摘自 CNS4021

表 7-6.8 鐵鑄件之厚度一般許可差 單位：mm

厚度 \ 等級 \ 材料	灰口鑄鐵		球狀石墨鐵鑄件	
	精級	粗級	精級	粗級
10 以下	±1	±1.5	±1.2	±2
超過 10 至 18	±1.5	±2	±1.5	±2.5
超過 18 至 30	±2	±3	±2	±3
超過 30 至 50	±2	±3.5	±2.5	±4

摘 CNS4021

表 7-6.9 鐵鑄件之拔模斜度一般許可差 單位：mm

尺寸 l	尺寸 A(最大值)
18 以下	1
超過 18 至 30	1.5
超過 30 至 50	2
超過 50 至 120	2.5
超過 120 至 315	3.5
超過 315 至 630	6
超過 630 至 1000	9

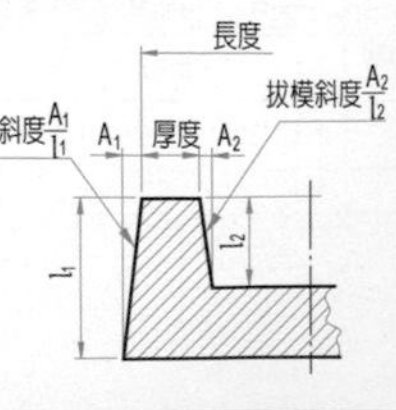

備考：尺寸 l 指圖中之 l_1 或 l_2，尺寸 A 指圖中之 A_1 或 A_2。

摘自 CNS4021

表 7-6.10 鑄件之長度一般許可差 單位：mm

等級 長度	精級	中級	粗級
120 以下	±1.8	±2.8	±4.5
超過 120 至 315	±2.5	±4	±6
超過 315 至 630	±3.5	±5.5	±9
超過 630 至 1250	±5	±8	±12
超過 1250 至 2500	±9	±14	±22
超過 2500 至 5000	—	±20	±35
超過 5000 至 10000	—	—	±63

摘自 CNS4024

表 7-6.11 鋼鑄件之厚度一般許可差 單位：mm

等級 長度	精級	中級	粗級
18 以下	±1.4	±2.2	±3.5
超過 18 至 50	±2	±3	±5
超過 50 至 120	—	±4.5	±7
超過 120 至 250	—	±5.5	±9
超過 250 至 400	—	±7	±11
超過 400 至 630	—	±9	±14
超過 630 至 1000	—	—	±18

備考：精級限於小型鋼鑄件且特別要求精度時適用之。摘自 CNS4024

表 7-6.12 鋼鑄件之拔模斜度一般許可差 單位：mm

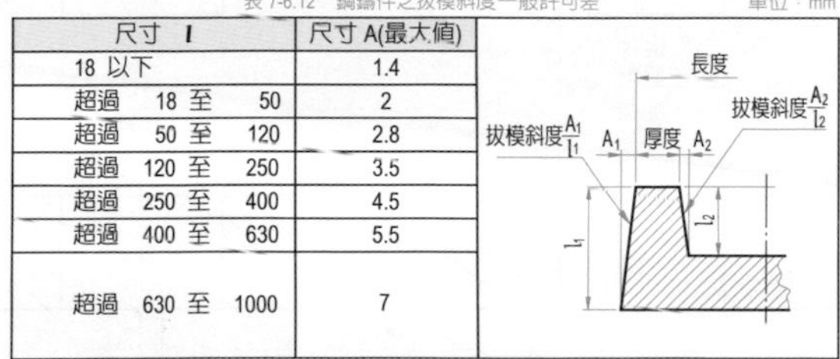

尺寸 l	尺寸 A(最大值)
18 以下	1.4
超過 18 至 50	2
超過 50 至 120	2.8
超過 120 至 250	3.5
超過 250 至 400	4.5
超過 400 至 630	5.5
超過 630 至 1000	7

備考：尺寸 l 指圖中之 l_1 或 l_2，尺寸 A 指圖中之 A_1 或 A_2。 摘自 CNS4024

.3 配合產製者的技能水準

負責產製的技術人員，其技能水準有高低的不同。高精度的工作非一般技能水準者可以達成，目固然已有精密的自動機器可以代替人工，由此獲得高精度的產品，但操作、維護、保養這些機器的，仍然需要高水準的技術人員。而且每個技術人員的工作態度與工作習慣也不同，有人粗心大意，人仔細謹慎，影響精度。新進人員的經驗不及舊有者，操作的生澀與熟練不但影響工作速度，更影精度。所以在選用公差時，要注意產製者的技能水準，以一般人能達到者為選用的對象。

.4 符合經濟原則

產製物品的精度愈高，公差愈小，產製愈困難，耗費的時間愈多，需要的設備愈貴重，技術人員技能水準要求愈高，成本相形提高。所以公差加大，則產製容易，廢品減少，工作效率因而提升，量增加，成本降低。若將產品的精度分成高精度、一般精度、低精度來分析，由低精度進入一般精，費用的提升速度緩慢，由一般精度進入高精度，費用的提升極快，如圖 7-6.2 所示。因此選用一般度與高精度交界附近的公差最為經濟，此時精度已不低，因而支出的費用還不很高。

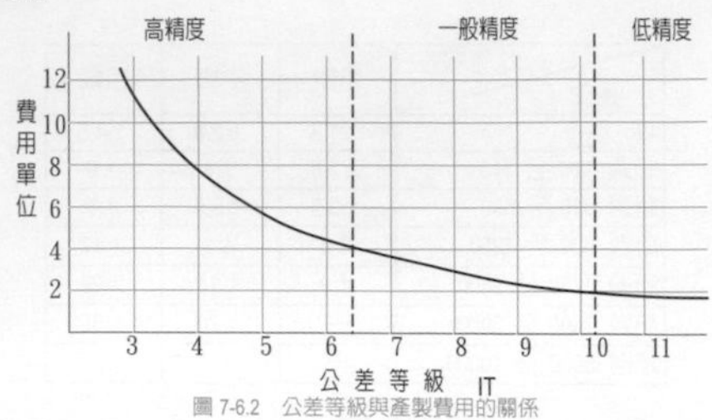

圖 7-6.2 公差等級與產製費用的關係

7-6.5 運用「選擇裝配」的技巧

可加大公差而獲得高精度。所謂「選擇裝配」，是指二配合件按照訂定之公差大量產製完成後，件與軸件分別按其實際大小由大至小分成相同的群數，普通都是三至五群，每群順次編為甲、乙丙.........等群，然後將孔件之甲群與軸件之甲群套合，孔件之乙群與軸件之乙群套合，其他依此類推則每一群中孔件或軸件的公差變小，精度提高，而餘隙可保持不變。例如孔件與軸件原先訂定的公均為 0.03mm，如圖 7-6.3 所示，屬餘隙配合，餘隙為 0.16-0.10mm。如果將孔件與軸件的公差均加大 0.09mm，如圖 7-6.4，則經大量產製完成後，按實際大小各分成三群，則每一群中孔件或軸件的公差減為 0.03mm，餘隙仍為 0.16-0.10mm(表 7-6.13)。所以運用選擇裝配，雖然多加一道分群的手續，而且同群不得互換，但公差可加大很多，產製費用大幅下降，值得考慮採用與否。

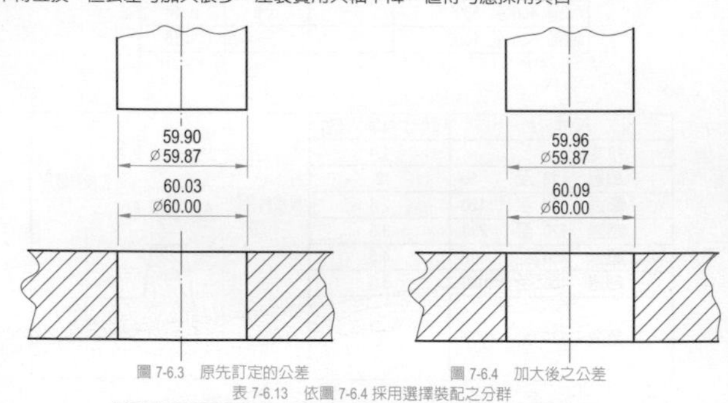

圖 7-6.3 原先訂定的公差　　圖 7-6.4 加大後之公差

表 7-6.13 依圖 7-6.4 採用選擇裝配之分群

孔件		軸件		最大餘隙	最小餘隙
甲	60.09～60.06	甲	59.96～59.93	0.16	0.10
乙	60.06~60.03	乙	59.93～59.90	0.16	0.10
丙	60.03～60.00	丙	59.90～59.87	0.16	0.10

7-6.6 先充分了解配合件間之功能

容差是指二配合件間之最小餘隙或最大干涉，亦即孔的最小極限尺度與軸的最大極限尺度間差，也有人稱之謂裕度。容差的大小主宰配合件之功能，不是精度，所以在選用公差之前，應先了配合件間之功能，由此決定容差的大小。容差由正值變至負值，配合由餘隙變至干涉。容差為正值時容差等於最小餘隙；容差為負值時，容差等於最大干涉；容差的絕對值小於軸或孔之公差，則為過配合。需要轉動或滑動的配合件，應有正容差，即二配合件間需有餘隙，以供潤滑油或體積熱膨脹填充之用。需要固定的配合件，應有負容差，即二配合件間需有干涉，負容差愈小，干涉愈大，結固定愈牢固，但裝卸愈困難。

在配合制度方面，盡量採用基孔制配合，則孔徑劃一，變動軸之公差，便可得到所需的配合，為經濟，因孔之加工比軸難，又必須使用特殊刀具加工，尤其遇到較小之孔，無論加工或量測尺度為困難。，如有現成之軸桿，或一軸裝配多個孔件，各孔件配合的種類又不同時，才採用基軸制。

.7 重視前人的經驗

經驗需要累積，要得到經驗需花費相當多的時間，尤其在公差的選用上，前人留下的經驗價值非，應該重視。

在公差等級的運用上，認為 IT12 是目前一般設備和普通技術人員起碼可以達到的，而一般切削加都先考慮 IT8，需稍高精度再改用較小公差等級，但建議少採用 IT7 以上者，因為量測 IT7 以上之公差，要相當精密的量具，量測前更須仔細校正，否則量測費時，量測結果又難於準確。同時普通工場中般量具的精度都在 IT7 左右。其他各公差等級的適用場合，如表 7-6.14 所示，配合之孔件與軸件均以用相同公差等級為原則，而軸件加工較孔件容易，軸件可採較小一級者。

表 7-6.14 各公差等級的適用場合

IT	適用場合
01～4	精密量規
5～6	一般量規，精密之研磨、搪孔、車削、機件上裝軸承處
7	高級之搪孔、車削、絞孔、機件上轉動配合處
8～10	一般之車削、鑽孔、銑削、鉋削、機件上鬆動配合處
11～12	粗車削、鉋削、鑽孔
13～16	衝壓、拉軋、鍛造、機件上不需配合處
17～18	砂模鑄造

多搜集各種成品的公差資料，極有助於公差的選用，因為這些物品已經生產，對尺度上的公差必下過功夫、作過研究，不會離譜太遠，所以能先參考現成資料，必能得到比較合理的結果。各種常配合及其適用場合，如表 7-6.15 所示。各種常用孔公差和常用軸公差，如表 7-6.16 和 7-6.17 所示。表.18 至表 7-6.32 為孔限界偏差，表 7-6.33 表 7-6.48 為軸限界偏差。

表 7-6.15 各種常用配合

	基孔制	基軸制	適用場合
餘隙配合	H11/d11 H8/d8 H7/d7	D10/h10 H10/h9	餘隙甚大，適用於建築機械、農業機械。
	H8/e8 H7/e7	E9/h9	餘隙大，適用於大型高速重荷軸承。
	H8/f8 H7/f7	F8/h8 F8/h7	餘隙小，適用於導槽、滑塊、紡織機械。
	H7/g6	G7/h6	餘隙極小，適用於輕荷機器主軸。
	H11/h11 H10/h9 H8/h8 H7/h6		餘隙可能為零，配合件裝卸用手力即可，適用於不需轉動之機件。
過度配合	H8/k7 H7/k6	H8/h7	偶有極小之干涉，配合件裝卸需略施力，適用於裝鍵之軸輪。
	H8/m7 H8/n7 H7/m6 H7/n6	M8/h7 N8/h7	偶有小干涉，配合件裝卸需施力，適用於油壓活塞、調速器，工具機塔輪。
干涉配合	H8/p7 H7/p6 H7/r6		干涉小，配合件裝卸需施較大力，結合力尚可，適用於各種襯套。
	H8/s7 H7/s6 H8/u8	S7/h6	干涉大，配合件裝卸需施很大力，結合力堅固，不易鬆脫，適用於鑄造齒輪、閥座。

表 7-6.18 孔之限界偏差(基本偏差 A、B 及 C) (a)
上限界偏差=ES
下限界偏差=EI

偏差單位：

標稱尺度 mm		A[b]					B[b]						C					
大於	至	9	10	11	12	13	8	9	10	11	12	13	8	9	10	11	12	1.
—	3[b]	+295	+310	+330	+370	+410	+154	+165	+180	+200	+240	+280	+74	+85	+100	+120	+160	+20
		+270	+270	+270	+270	+270	+140	+140	+140	+140	+140	+140	+60	+60	+60	+60	+60	+60
	6	+300	+318	+345	+390	+450	+158	+170	+188	+215	+260	+320	+88	+100	+118	+145	+190	+25
		+270	+270	+270	+270	+270	+140	+140	+140	+140	+140	+140	+70	+70	+70	+70	+70	+70
6	10	+316	+338	+370	+430	+500	+172	+186	+208	+240	+300	+370	+102	+116	+138	+170	+230	+30
		+280	+280	+280	+280	+280	+150	+150	+150	+150	+150	+150	+80	+80	+80	+80	+80	+80
10	18	+333	+360	+400	+470	+560	+177	+193	+220	+260	+330	+420	+122	+138	+165	+205	+275	+36
		+290	+290	+290	+290	+290	+150	+150	+150	+150	+150	+150	+95	+95	+95	+95	+95	+95
18	30	+352	+384	+430	+510	+630	+193	+212	+244	+290	+370	+490	+143	+162	+194	+240	+320	+44
		+300	+300	+300	+300	+300	+160	+160	+160	+160	+160	+160	+110	+110	+110	+110	+110	+11
30	40	+372	+410	+470	+560	+700	+209	+232	+270	+330	+420	+560	+159	+182	+220	+280	+370	+51
		+310	+310	+310	+310	+310	+170	+170	+170	+170	+170	+170	+120	+120	+120	+120	+120	+12
40	50	+382	+420	+480	+570	+710	+219	+242	+280	+340	+430	+570	+169	+192	+230	+290	+380	+52
		+320	+320	+320	+320	+320	+180	+180	+180	+180	+180	+180	+130	+130	+130	+130	+130	+13
50	65	+414	+460	+530	+640	+800	+236	+264	+310	+380	+490	+650	+186	+214	+260	+330	+440	+60
		+340	+340	+340	+340	+340	+190	+190	+190	+190	+190	+190	+140	+140	+140	+140	+140	+14
65	80	+434	+480	+550	+660	+820	+246	+274	+320	+390	+500	+660	+196	+224	+270	+340	+450	+61
		+360	+360	+360	+340	+360	+200	+200	+200	+200	+200	+200	+150	+150	+150	+150	+150	+15
80	100	+467	+520	+600	+730	+920	+274	+307	+360	+440	+570	+760	+224	+257	+310	+390	+520	+71
		+380	+380	+380	+380	+380	+220	+220	+220	+220	+220	+220	+170	+170	+170	+170	+170	+17
100	120	+497	+630	+630	+760	+950	+294	+327	+380	+460	+590	+780	+234	+267	+320	+400	+530	+72
		+410	+410	+410	+410	+410	+240	+240	+240	+240	+240	+240	+180	+180	+180	+180	+180	+18
120	140	+560	+620	+710	+860	+1,090	+323	+360	+420	+510	+660	+890	+263	+300	+360	+450	+600	+83
		+460	+460	+460	+460	+460	+260	+260	+260	+260	+260	+260	+200	+200	+200	+200	+200	+20
140	160	+620	+680	+770	+920	+1,150	+343	+380	+440	+530	+680	+910	+273	+310	+370	+460	+610	+84
		+520	+520	+520	+520	+520	+280	+280	+280	+280	+280	+280	+210	+210	+210	+210	+210	+21
160	180	+680	+740	+830	+980	+1,210	+373	+410	+470	+560	+710	+940	+293	+330	+390	+480	+630	+86
		+580	+580	+580	+580	+580	+310	+310	+310	+310	+310	+310	+230	+230	+230	+230	+230	+23
180	200	+775	+845	+950	+1,120	+1,380	+412	+455	+525	+630	+800	+1,060	+312	+355	+425	+530	+700	+96
		+60	+660	+660	+660	+660	+340	+340	+340	+340	+340	+340	+240	+240	+240	+240	+240	+24
200	225	+855	+925	+1,030	+1,200	+1,460	+452	+495	+565	+670	+840	+1,100	+332	+375	+445	+550	+720	+98
		+740	+740	+740	+740	+740	+380	+380	+380	+380	+380	+380	+260	+260	+260	+260	+260	+26
225	250	+935	+1,005	+1,110	+1,280	+1,540	+492	+535	+605	+710	+880	+1,140	+352	+395	+465	+570	+740	+1,
		+820	+820	+820	+820	+820	+420	+420	+420	+420	+420	+420	+280	+280	+280	+280	+280	+28
250	280	+1,050	+1,130	+1,240	+1,440	+1,730	+561	+610	+690	+800	+1,000	+1,290	+381	+430	+510	+620	+820	+1,
		+920	+920	+920	+920	+920	+480	+480	+480	+480	+480	+480	+300	+300	+300	+300	+300	+30
280	315	+1,180	+1,260	+1,370	+1,570	+1,860	+621	+670	+750	+860	+1,060	+1,350	+411	+460	+540	+650	+850	+1.
		+1,050	+1,050	+1,050	+1,050	+1,050	+540	+540	+540	+540	+540	+540	+330	+330	+330	+330	+330	+33
315	355	+1,340	+1,430	+1,560	+1,770	+2,090	+689	+740	+830	+960	+1,170	+1,490	+449	+500	+590	+720	+930	+1,
		+1,200	+1,200	+1,200	+1,200	+1,200	+600	+600	+600	+600	+600	+600	+360	+360	+360	+360	+360	+36
355	400	+1,400	+1,580	+1,710	+1,920	+2,240	+769	+820	+910	+1,040	+1,250	+1,570	+489	+540	+630	+760	+970	+1,
		+1,350	+1,350	+1,350	+1,350	+1,350	+680	+680	+680	+680	+680	+680	+400	+400	+400	+400	+400	+40
400	450	+1,655	+1,750	+1,900	+2,130	+2,470	+857	+915	+1,010	+1,160	+1,390	+1,730	+537	+595	+690	+840	+1,070	+1,
		+1,500	+1,500	+1,500	+1,500	+1,500	+760	+760	+760	+760	+760	+760	+440	+440	+440	+440	+440	+44
450	500	+1,805	+1,900	+2,050	+2,280	+2,620	+937	+995	+1,090	+1,240	+1,470	+1,810	+577	+635	+730	+880	+1,110	+1,
		+1,650	+1,650	+1,650	+1,650	+1,650	+840	+840	+840	+840	+840	+840	+480	+480	+480	+480	+480	+48

註(a)基礎偏差 A、B 及 C 不適用於標稱尺度大於 500mm 者。
(b)基礎偏差 A 及 B 不適用於標稱尺度在 1mm 以下之任何標準公差。

表 7-6.19 孔之限界偏差(基本偏差 CD、D 及 E)
上限界偏差=ES
下限界偏差=EI

偏差單位：μm

標稱尺度 mm		CD[a]					D								E					
於	至	6	7	8	9	10	6	7	8	9	10	11	12	13	5	6	7	8	9	10
	3	+40	+44	+48	+59	+74	+26	+30	+34	+45	+60	+80	+120	+160	+18	+20	+24	+28	+39	+54
		+34	+34	+34	+34	+34	+20	+20	+20	+20	+20	+20	+20	+20	+14	+14	+14	+14	+14	+14
	6	+54	+58	+64	+76	+94	+38	+42	+48	+60	+78	+105	+150	+210	+25	+28	+32	+38	+50	+68
		+46	+46	+46	+46	+46	+30	+30	+30	+30	+30	+30	+30	+30	+20	+20	+20	+20	+20	+20
	10	+65	+71	+78	+92	+114	+49	+55	+62	+76	+98	+130	+190	+260	+31	+34	+40	+47	+61	+83
		+56	+56	+56	+56	+56	+40	+40	+40	+40	+40	+40	+40	+40	+25	+25	+25	+25	+25	+25
	18						+61	+68	+77	+93	+120	+160	+230	+320	+40	+43	+50	+59	+75	+102
							+50	+50	+50	+50	+50	+50	+50	+50	+32	+32	+32	+32	+32	+32
	30						+78	+86	+98	+117	+149	+195	+275	+395	+49	+53	+61	+73	+92	+124
							+65	+65	+65	+65	+65	+65	+65	+65	+40	+40	+40	+40	+40	+40
	50						+96	+105	+119	+142	+180	+240	+330	+470	+61	+66	+75	+89	+112	+150
							+80	+80	+80	+80	+80	+80	+80	+80	+50	+50	+50	+50	+50	+50
	80						+119	+130	+146	+174	+220	+290	+400	+560	+73	+79	+90	+106	+134	+180
							+100	+100	+100	+100	+100	+100	+100	+100	+60	+60	+60	+60	+60	+60
	120						+142	+155	+174	+207	+260	+340	+470	+660	+87	+94	+107	+126	+159	+212
							+120	+120	+120	+120	+120	+120	+120	+120	+72	+72	+72	+72	+72	+72
	180						+170	+185	+208	+245	+305	+395	+545	+775	+103	+110	+125	+148	+185	+245
							+145	+145	+145	+145	+145	+145	+145	+145	+85	+85	+85	+85	+85	+85
	250						+199	+216	+242	+285	+355	+460	+630	+890	+120	+129	+146	+172	+215	+285
							+170	+170	+170	+170	+170	+170	+170	+170	+100	+100	+100	+100	+100	+100
	315						+222	+242	+271	+320	+400	+510	+710	+1,000	+133	+142	+162	+191	+240	+320
							+190	+190	+190	+190	+190	+190	+190	+190	+110	+110	+110	+110	+110	+110
	400						+246	+267	+299	+350	+440	+570	+780	+1,100	+150	+161	+182	+214	+265	+355
							+210	+210	+210	+210	+210	+210	+210	+210	+125	+125	+125	+125	+125	+135
	500						+270	+293	+327	+385	+480	+630	+860	+1,200	+162	+175	+198	+232	+290	+385
							+230	+230	+230	+230	+230	+230	+230	+230	+135	+135	+135	+135	+135	+135
	630						+304	+330	+370	+435	+540	+700	+960	+1,360		+189	+215	+255	+320	+425
							+260	+260	+260	+260	+260	+260	+260	+260		+145	+145	+145	+145	+145
	800						+340	+370	+415	+490	+610	+790	+1,090	+1,540		+210	+240	+285	+360	+480
							+290	+290	+290	+290	+290	+290	+290	+290		+160	+160	+160	+160	+160
	1,000						+376	+410	+460	+550	+680	+880	+1,220	+1,720		+226	+260	+310	+400	+530
							+320	+320	+320	+320	+320	+320	+320	+320		+170	+170	+170	+170	+170
00	1,250						+416	[illegible]	+515	+610	+770	+1,010	+1,400	+2,000		+261	+300	+360	+455	+615
							+350	+350	+350	+350	[illegible]	+350	+350	+350		+195	+195	+195	+195	+195
50	1,600						+468	+515	+585	+700	+890	+1,170	+1,640	+2,340		+298	+345	+415	+530	+720
							+390	+390	+390	+390	+390	+390	+390	+390		+220	+220	+220	+220	+220
00	2,000						+522	+580	+660	+800	+1,030	+1,350	+1,930	+2,750		+332	+390	+470	+610	+840
							+430	+430	+430	+430	+430	+430	+430	+430		+240	+240	+240	+240	+240
00	2,500						+590	+655	+760	+920	+1,180	+1,580	+2,230	+3,280		+370	+435	+540	+700	+960
							+480	+480	+480	+480	+480	+480	+480	+480		+260	+260	+260	+260	+260
00	3,150						+655	+730	+850	+1,060	+1,380	+1,870	+2,620	+3,820		+425	+500	+620	+830	+1,150
							+520	+520	+520	+520	+520	+520	+520	+520		+290	+290	+290	+290	+290

(a)中間基礎偏差 CD 主要使用於精密機械及鐘錶。若此基礎偏差所包含之公差等級在其他標稱尺度被需要時，亦可依 CNS4-1 計算出數值。

表 7-6.20 孔之限界偏差(基本偏差 EF 及 F)
上限界偏差=ES
下限界偏差=EI

偏差單位：

標稱尺度 mm		EF[a]								F							
大於	至	3	4	5	6	7	8	9	10	3	4	5	6	7	8	9	10
—	3	+20 +10	+13 +10	+14 +10	+16 +10	+20 +10	+24 +10	+35 +10	+50 +10	+8 +6	+9 +6	+10 +6	+12 +6	+16 +6	+20 +6	+31 +6	+46 +6
3	6	+16.5 +14	+18 +14	+19 +14	+22 +14	+26 +14	+32 +14	+44 +14	+62 +14	+12.5 +10	+14 +10	+15 +10	+18 +10	+22 +10	+28 +10	+40 +10	+58 +10
6	10	+20,5 +18	+22 +18	+24 +18	+27 +18	+33 +18	+40 +18	+54 +18	+76 +18	+15.5 +13	+17 +13	+19 +13	+22 +13	+28 +13	+35 +13	+49 +13	+71 +13
10	18									+19 +16	+21 +16	+24 +16	+27 +16	+34 +16	+43 +16	+59 +16	+86 +16
18	30									+24 +20	+26 +20	+29 +20	+33 +20	+41 +20	+53 +20	+72 +20	+1[illegible] +20
30	50									+29 +25	+32 +25	+36 +25	+41 +25	+50 +25	+64 +25	+87 +25	+1[illegible] +2[illegible]
50	80											+43 +30	+49 +30	+60 +30	+76 +30	+104 +30	
80	120											+51 +36	+58 +36	+71 +36	+90 +36	+123 +36	
120	180											+61 +43	+68 +43	+83 +43	+106 +43	+143 +43	
180	250											+70 +50	+79 +50	+96 +50	+122 +50	+165 +50	
250	315											+79 +56	+88 +56	+108 +56	+137 +56	+186 +56	
315	400											+87 +62	+98 +62	+119 +62	+151 +62	+202 +62	
400	500											+95 +68	+108 +68	+131 +68	+165 +62	+223 +68	
500	630												+120 +76	+146 +76	+186 +76	+251 +76	
630	800												+130 +80	+160 +80	+205 +80	+280 +80	
800	1,000												+142 +86	+176 +86	+226 +86	+316 +86	
1,000	1,250												+164 +98	+203 +98	+263 +98	+358 +98	
1,250	1,600												+188 +110	+235 +110	+305 +110	+420 +110	
1,650	2,000												+212 +120	+270 +120	+350 +120	+490 +120	
2,000	2,500												+240 +130	+305 +130	+410 +130	+570 +130	
2,500													+280 +145	+355 +145	+475 +145	+685 +145	

註(a)中間基礎偏差 CD 主要使用於精密機械及鐘錶。若此基礎偏差所包含之公差等級在其他標稱尺度被需要時，亦可依 CNS 4-1 計算出數值。

表 7-6.21 孔之限界偏差(基本偏差 FG 及 G)
上限界偏差=ES
下限界偏差=EI

偏差單位：μm

標稱尺度 mm		FG[(a)]								G							
大於	至	3	4	5	6	7	8	9	10	3	4	5	6	7	8	9	10
—	3	+6 +4	+7 +4	+8 +4	+10 +4	+14 +4	+18 +4	+29 +4	+44 +4	+4 +2	+5 +2	+6 +2	+8 +2	+12 +2	+16 +2	+27 +2	+42 +2
3	6	+8.5 +6	+10 +6	+11 +6	+14 +6	+18 +6	+24 +6	+36 +6	+54 +6	+6.5 +4	+8 +4	+9 +4	+12 +4	+16 +4	+22 +4	+34 +4	+52 +4
6	10	+10. 5 +8	+12 +8	+14 +8	+17 +8	+23 +8	+30 +8	+44 +8	+66 +8	+7.5 +5	+9 +5	+11 +5	+14 +5	+20 +5	+27 +5	+41 +5	+63 +5
0	18									+9 +6	+11 +6	+14 +6	+17 +6	+24 +6	+33 +6	+49 +6	+76 +6
8	30									+11 +7	+13 +7	+16 +7	+20 +7	+28 +7	+40 +7	+59 +7	+91 +7
0	50									+13 +9	+16 +9	+20 +9	+25 +9	+34 +9	+48 +9	+71 +9	+109 +9
0	80											+23 +10	+29 +10	+40 +10	+56 +10		
0	120											+27 +12	+34 +12	+47 +12	+66 +12		
20	180											+32 +14	+39 +14	+54 +14	+77 +14		
80	250											+35 +15	+44 +15	+61 +15	+87 +15		
50	315											+40 +17	+49 +17	+69 +17	+98 +17		
15	400											+43 +18	+54 +18	+75 +18	+107 +18		
00	500											+47 +20	+60 +20	+83 +20	+117 +20		
00	630												+66 +22	+92 +22	+132 +22		
30	800												+74 +24	+104 +24	+149 +24		
00	1,000												+82 +26	+116 +26	+166 +26		
,000	1,250												+94 +28	+133 +28	+193 +28		
,250	600												+108 +30	+155 +30	+225 +30		
,600	2,000												+124 +32	+182 +32	+262 +32		
,000	2,500												+144 +34	+209 +34	+314 +34		
,500	3,150												+173 +38	+248 +38	+368 +38		

註(a)中間基礎偏差 CD 主要使用於精密機械及鐘錶。若此基礎偏差所包含之公差等級在其他標稱尺度被需要時，亦可依 CNS 4-1 計算出數值。

表 7-6.22 孔之限界偏差(基本偏差 H)
上限界偏差=ES
下限界偏差=EI

偏差單位：μ

標稱尺度 mm		H																	
		1	2	3	4	5	6	7	8	9	10	11	12	13	14[a]	15[a]	16[a]	17[a]	18[a]
大於	至	偏差																	
		μm											mm						
—	3[a]	+0.8 0	+1.2 0	+2 0	+3 0	+4 0	+6 0	+10 0	+14 0	+25 0	+40 0	+60 0	+0.1 0	+0.14 0	+0.25 0	+0.4 0	+0.6 0		
3	6	+1 0	+1.5 0	+2.5 0	+4 0	+5 0	+8 0	+12 0	+18 0	+30 0	+48 0	+75 0	+0.12 0	+0.18 0	+0.3 0	+0.48 0	+0.75 0	+12 0	+1.8 0
6	10	+1 0	+1.5 0	+2.5 0	+4 0	+6 0	+9 0	+15 0	+22 0	+36 0	+58 0	+90 0	+0.15 0	+0.22 0	+0.36 0	+0.58 0	+0.9 0	+1.5 0	+2.2 0
10	18	+1.2 0	+2 0	+3 0	+5 0	+8 0	+11 0	+18 0	+27 0	+43 0	+70 0	+110 0	+0.18 0	+0.27 0	+0.43 0	+0.7 0	+1.1 0	+1.8 0	+2.7 0
18	30	+1.5 0	+2.5 0	+4 0	+6 0	+9 0	+13 0	+21 0	+33 0	+52 0	+84 0	+130 0	+0.21 0	+0.33 0	+0.52 0	+0.84 0	+1.3 0	+2.1 0	+3.3 0
30	50	+1.5 0	+2.5 0	+4 0	+7 0	+11 0	+16 0	+25 0	+39 0	+62 0	+100 0	+160 0	+0.25 0	+0.39 0	+0.62 0	+1 0	+1.6 0	+2.5 0	+3.9 0
50	80	+2 0	+3 0	+5 0	+8 0	+13 0	+19 0	+30 0	+46 0	+74 0	+120 0	+190 0	+0.3 0	+0.46 0	+0.74 0	+1.2 0	+1.9 0	+3 0	+4.6 0
80	120	+2.5 0	+4 0	+6 0	+10 0	+15 0	+22 0	+35 0	+54 0	+87 0	+140 0	+220 0	+0.35 0	+0.54 0	+0.87 0	+1.4 0	+2.2 0	+3.5 0	+5.4 0
120	180	+3.5 0	+5 0	+8 0	+12 0	+18 0	+25 0	+40 0	+63 0	+100 0	+160 0	+250 0	+0.4 0	+0.63 0	+1 0	+1.6 0	+2.5 0	+4 0	+6.3 0
180	250	+4.5 0	+7 0	+10 0	+14 0	+20 0	+29 0	+46 0	+72 0	+115 0	+185 0	+290 0	+0.46 0	+0.72 0	+1.15 0	+1.85 0	+2.9 0	+4.6 0	+7.2 0
250	315	+6 0	+8 0	+12 0	+16 0	+23 0	+32 0	+52 0	+81 0	+130 0	+210 0	+320 0	+0.52 0	+0.81 0	+1.3 0	+2.1 0	+3.2 0	+5.2 0	+8.1 0
315	400	+7 0	+9 0	+13 0	+18 0	+25 0	+36 0	+57 0	+89 0	+140 0	+230 0	+360 0	+0.57 0	+0.89 0	+1.4 0	+2.3 0	+3.6 0	+5.7 0	+8.9 0
400	500	+8 0	+10 0	+15 0	+20 0	+27 0	+40 0	+63 0	+97 0	+155 0	+250 0	+400 0	+0.63 0	+0.97 0	+1.55 0	+2.5 0	+4 0	+6.3 0	+9.7 0
500	630	+9 0	+11 0	+16 0	+22 0	+32 0	+44 0	+70 0	+110 0	+175 0	+280 0	+440 0	+0.7 0	+1.1 0	+1.75 0	+2.8 0	+4.4 0	+7 0	+11 0
630	800	+10 0	+13 0	+18 0	+25 0	+36 0	+50 0	+80 0	+125 0	+200 0	+320 0	+500 0	+0.8 0	+1.25 0	+2 0	+3.2 0	+5 0	+8 0	+12.5 0
800	1,000	+11 0	+15 0	+21 0	+28 0	+40 0	+56 0	+90 0	+140 0	+230 0	+360 0	+560 0	+0.9 0	+1.4 0	+2.3 0	+3.6 0	+5.6 0	+9 0	+14 0
1,000	1,250	+13 0	+18 0	+24 0	+33 0	+47 0	+66 0	+105 0	+165 0	+260 0	+420 0	+660 0	+1.05 0	+1.65 0	+2.6 0	+4.2 0	+6.6 0	+10.5 0	+16.5 0
1,250	1,600	+15 0	+21 0	+29 0	+39 0	+55 0	+78 0	+125 0	+195 0	+310 0	+500 0	+780 0	+1.25 0	+1.95 0	+3.1 0	+5 0	+7.8 0	+12.5 0	+19.5 0
1,600	2,000	+18 0	+25 0	+35 0	+46 0	+65 0	+92 0	+150 0	+230 0	+370 0	+600 0	+920 0	+1.5 0	+2.3 0	+3.7 0	+6 0	+9.2 0	+15 0	+23 0
2,000	2,500	+22 0	+30 0	+41 0	+55 0	+78 0	+110 0	+175 0	+280 0	+440 0	+700 0	+1,100 0	+1.75 0	+2.8 0	+4.4 0	+7 0	+11 0	+17.5 0	+28 0
2,500	3,150	+25 0	+36 0	+50 0	+68 0	+96 0	+135 0	+210 0	+330 0	+540 0	+860 0	+1,350 0	+2.1 0	+3.3 0	+5.4 0	+8.6 0	+13.5 0	+21 0	+33 0

註(a)公差等級爲 IT14 至 IT18 不適用於標稱尺度在 1 mm 以下者。

表 7-6.23 孔之限界偏差(基本偏差 JS)
上限界偏差=ES
下限界偏差=EI

偏差單位：μm

標稱尺度 mm		JS																	
		1	2	3	4	5	6	7	8	9	10	11	12	13	14b	15(b)	16(b)	17	18
大於	至	偏差 μm											mm						
–	3(b)	±0.4	±0.6	±1	±1.5	±2	±3	±5	±7	±12.5	±20	±30	±0.05	±0.07	±0.125	±0.2	±0.3		
3	6	±0.05	±0.75	±1.25	±2	±2.5	±4	±6	±9	±15	±24	±37.5	±0.06	±0.09	±0.15	±0.24	±0.375	±0.6	±0.9
6	10	±0.05	±0.75	±1.25	±2	±3	±4.5	±7.5	±11	±18	±29	±45	±0.075	±0.11	±0.18	±0.29	±0.45	±0.75	±1.1
0	18	±0.6	±1	±1.5	±2.5	±4	±5.5	±9	±13.5	±21.5	±35	±55	±0.09	±0.135	±0.215	±0.35	±0.55	±0.9	±1.35
8	30	±0.75	±1.25	±2	±3	±4.5	±6.5	±10.5	±16.5	±26	±42	±65	±0.105	±0.165	±0.26	±0.42	±0.65	±1.05	±1.65
0	50	±0.75	±1.25	±2	±3.5	±5.5	±8	±12.5	±19.5	±31	±50	±80	±0.125	±0.195	±0.31	±0.5	±0.8	±1.25	±1.95
0	80	±1	±1.5	±2.5	±4	±6.5	±9.5	±15	±23	±37	±60	±95	±0.15	±0.23	±0.37	±0.6	±0.95	±1.5	±2.3
0	120	±1.25	±2	±3	±5	±7.5	±11	±17.5	±27	±43.5	±70	±110	±0.175	±0.27	±0.435	±0.7	±1.1	±1.75	±2 7
20	180	±1.75	±2.5	±4	±6	±9	±12.5	±20	±31.5	±50	±80	±125	±0.2	±0.315	±0.5	±0.8	±1.25	±2	±3.15
80	250	±2.25	±3.5	±5	±7	±10	±14.5	±23	±36	±57.5	±92.5	±145	±0.23	±0.36	±0.575	±0.925	±1.45	±2.3	±3.6
50	315	±3	±4	±6	±8	±11.5	±16	±26	±40.5	±65	±105	±160	±0.26	±0.405	±0.65	±1.05	±1.6	±2.6	±4.05
15	400	±3.5	±4.5	±6.5	±9	±12.5	±18	±28.5	±44.5	±70	±115	±180	±0.285	±0.445	±0.7	±1.15	±1.8	±2.85	±4.45
00	500	±4	±5	±7.5	±10	±13.5	±20	±31.5	±48.5	±77.5	±125	±200	±0.315	±0.485	±0.775	±1.25	±2	±3.15	±4.85
00	630	±4.5	±5.5	±8	±11	±16	±22	±35	±55	±87.5	±140	±220	±0.35	±0.55	±0.825	±1.4	±2.2	±3.5	±5.5
30	800	±5	±6.5	±9	±12.5	±18	±25	±40	±62.5	±100	±160	±250	±0.4	±0.625	±1	±1.6	±2.5	±4	±6.25
00	1,000	±5.5	±7.5	±10.5	±14	±20	±28	±45	±70	±115	±180	±280	±0.45	±0.7	±1.15	±1.8	±2.8	±4.5	±7
,000	1,250	±6.5	±9	±12	±16.5	±23.5	±33	±52.5	±82.5	±130	±210	±330	±0.525	±0.825	±1.3	±2.1	±3.3	±5.25	±8.25
,250	1,600	±7.5	±10.5	±14.5	±19.5	±27.5	±39	±62.5	±97.5	±155	±250	±390	±0.625	±0.975	±1.55	±2.5	±3.9	±6.25	±9.75
,600	2,000	±9	±12.5	±17.5	±23	±32.5	±46	±75	±115	±185	±300	±460	±0.75	±1.15	±1.85	±3	±4.6	±7.5	±11.5
000	2,500	±11	±15	±20.5	±27.5	±39	±55	±87.5	±140	±220	±350	±550	±0.875	±1.4	±2.2	±3.5	±5.5	±8.75	±14
500	3,150	±13	±18	±25	±34	±48	±67.5	±105	±165	±270	±430	±675	±1.05	±1.65	±2.7	±4.3	±6.75	±10.5	±16.5

(a) 爲避免重複列出相同數值，本表所列數值爲 ± X ， 數值可解釋爲 ES=+且 EI=− X 例: +0.23 mm

(b) 公差等級爲 IT14 至 IT16 不適用於標稱尺度在 1mm 以下者

表 7-6.24 孔之限界偏差(基本偏差 J 及 K)
上限界偏差=ES
下限界偏差=EI

偏差單位：

標稱尺度 mm		J				K							
大於	至	6	7	8	9[a]	3	4	5	6	7	8	9[b]	10[b]
—	3	+2 -4	+4 -6	+6 -8		0 -2	0 -3	0 -4	0 -6	0 -10	0 -14	0 -25	0 -40
3	6	+5 -3	C	+10 -8		0 -2.5	+0.5 -3.5	0 -5	+2 -6	+3 -9	+5 -13		
6	10	+5 -4	+8 -7	+12 -10		0 -2.5	+0.5 -3.5	+1 -5	+2 -7	+5 -10	+6 -16		
10	18	+6 -5	+10 -8	+15 -12		0 -3	+1 -4	+2 -6	+2 -9	+6 -12	+8 -19		
18	30	+8 -5	+12 -9	+20 -13		-0.5 -4.5	0 -6	+1 -8	+2 -11	+6 -15	+10 -23		
30	50	+10 -6	+14 -11	+24 -15		-0.5 -4.5	+1 -6	+2 -9	+3 -13	+7 -18	+12 -27		
50	80	+13 -6	+18 -12	+28 -18				+3 -10	+4 -15	+9 -21	+14 -32		
80	120	+16 -6	+22 -13	+34 -20				+2 -13	+4 -18	+10 -25	+16 -38		
120	180	+18 -7	+26 -14	+41 -22				+3 -15	+4 -21	+12 -28	+20 -43		
180	250	+22 -7	+30 -16	+47 -25				+2 -18	+5 -24	+13 -33	+22 -50		
250	315	+25 -5	+36 -16	+55 -26				+3 -20	+5 -27	+16 -36	+25 -56		
315	400	+29 -7	+39 -18	+60 -29				+3 -22	+7 -29	+17 -40	+28 -61		
400	500	+33 -7	+43 -20	+66 -31				+2 -25	+8 -32	+18 -45	+29 -68		
500	630								0 -44	0 -70	0 -110		
630	800								0 -50	0 -80	0 -125		
800	1,000								0 -56	0 -90	0 -140		
1,000	1,250								0 -66	0 -105	0 -165		
1,250	1,600								0 -78	0 -125	0 -195		
1,600	2,000								0 -92	0 -150	0 -230		
2,000	2,500								0 -110	0 -175	0 -280		
2,500	3,150								0 -135	0 -210	0 -330		

註(a)公差類別爲 J9、J10 等之公差限界係對稱於標稱尺度線(其公差限界值，參照表 7 及圖 1)。
(b)K 之偏差在公差等級大於 IT8 時，對於標稱尺度大於 3mm 者沒有定義。
(c)與 JS7 相同。

表 7-6.25 孔之限界偏差(基本偏差 M 及 N)
上限界偏差=ES
下限界偏差=EI

偏差單位：μm

標稱尺度 mm		M								N								
大於	至	3	4	5	6	7	8	9	10	3	4	5	6	7	8	9[a]	10[a]	11[a]
	3[a]	-2 -4	-2 -5	-2 -6	-2 -8	-2 -12	-2 -16	-2 -27	-2 -42	-4 -6	-4 -7	-4 -8	-4 -10	-4 -14	-4 -18	-4 -29	-4 -44	-4 -64
	6	-3 -5.5	-2.5 -6.5	-3 -8	-1 -9	0 -12	+2 -16	-4 -34	-4 -52	-7 -9.5	-6.5 -10.5	-7 -12	-5 -13	-4 -16	-2 -20	0 -30	0 -48	0 -75
	10	-5 -7.5	-4.5 -8.5	-4 -10	-3 -12	0 -15	+1 -21	-6 -42	-6 -64	-9 -11.5	-8.5 -12.5	-8 -14	-7 -16	-4 -19	-3 -25	0 -36	0 -58	0 -90
	18	-6 -9	-5 -10	-4 -12	-4 -15	0 -18	+2 -25	-7 -50	-7 -77	-11 -14	-10 -15	-9 -17	-9 -20	-5 -23	-3 -30	0 -43	0 -70	0 -110
	30	-6.5 -10.5	-6 -12	-5 -14	-4 -17	0 -21	+4 -29	-8 -60	-8 -92	-13.5 -17.5	-13 -19	-12 -21	-11 -24	-7 -28	-3 -36	0 -52	0 -84	0 -130
	50	-7.5 -11.5	-6 -13	-5 -16	-4 -20	0 -25	+5 -34	-9 -71	-9 -109	-15.5 -19.5	-14 -21	-13 -24	-12 -28	-8 -33	-3 -42	0 -62	0 -100	0 -160
	80			-6 -19	-5 -24	0 -30	+5 -41					-15 -28	-14 -33	-9 -39	-4 -50	0 -74	0 -120	0 -190
	120			-8 -23	-6 -28	0 -35	+6 -48					-18 -33	-16 -38	-10 -45	-4 -58	0 -87	0 -140	0 -220
	180			-9 -27	-8 -33	0 -40	+8 -55					-21 -39	-20 -45	-12 -52	-4 -67	0 -100	0 -160	0 -250
	250			-11 -31	-8 -37	0 -46	+9 -63					-25 -45	-22 -51	-14 -60	-5 -77	0 -115	0 -185	0 -290
	315			-13 -36	-9 -41	0 -52	+9 -72					-27 -50	-25 -57	-14 -66	-5 -86	0 -130	0 -210	0 -320
	400			-14 -39	-10 -46	0 -57	+11 -78					-30 -55	-26 -62	-16 -73	-5 -94	0 -140	0 -230	0 -360
	500			-16 -43	-10 -50	0 -63	+11 -86					-33 -60	-27 -67	-17 -80	-6 -103	0 -155	0 -250	0 -400
	630				-26 -70	-26 -29	-76 -136						-44 -88	-44 -114	-44 -154	-44 -219		
	800				-30 -80	-30 -110	-30 -155						-50 -100	-30 -130	-50 -175	-50 -250		
	1,000				-34 -90	-34 -124	-34 -174						-56 -112	-56 -146	-56 -196	-56 -286		
	1,250				-40 -106	-40 -145	-40 -205						-66 -132	-66 -171	-66 -231	-66 -326		
	1,600				-48 -126	-48 -173	-48 -243						-78 -156	-78 -203	-78 -273	-78 -388		
	2,000				-58 -150	-58 -208	-58 -288						-92 -184	-92 -242	-92 -322	-92 -462		
	2,500				-68 -178	-68 -243	-68 -348						-110 -220	-110 -285	-110 -390	-110 -550		
	3,150				-76 -211	-76 -286	-76 -406						-135 -270	-135 -345	-135 -465	-135 -675		

(a) 公差類別 N9、N10 及 N11 不適用於標稱尺度 1mm 以下者

7

表 7-6.26 孔之限界偏差(基本偏差 P)
上限界偏差=ES
下限界偏差=EI

偏差單位：

標稱尺度 mm		P							
大於	至	3	4	5	6	7	8	9	10
—	3	-6 -8	-6 -9	-6 -10	-6 -12	-6 -16	-6 -20	-6 -31	-6 -46
3	6	-11 -13.5	-10.5 -14.5	-11 -16	-9 -17	-8 -20	-12 -30	-12 -42	-12 -60
6	10	-14 -16.5	-13.5 -17.5	-13 -19	-12 -21	-9 -24	-15 -37	-15 -51	-15 -73
10	18	-17 -20	-16 -21	-15 -23	-15 -26	-11 -29	-18 -45	-18 -61	-18 -88
18	30	-20.5 -24.5	-20 -26	-19 -28	-18 -31	-14 -35	-22 -55	-22 -74	-22 -106
30	50	-24.5 -28.5	-23 -30	-22 -33	-21 -37	-17 -42	-26 -65	-26 -88	-26 -126
50	80			-27 -40	-26 -45	-21 -51	-32 -78	-32 -106	
80	120			-32 -47	-30 -52	-24 -59	-37 -91	-37 -124	
120	180			-37 -55	-36 -61	-28 -68	-43 -106	-43 -143	
180	250			-44 -64	-41 -70	-33 -79	-50 -122	-50 -165	
250	315			-49 -72	-47 -79	-36 -88	-56 -137	-56 -186	
315	400			-55 -80	-51 -87	-41 -98	-62 -151	-62 -202	
400	500			-61 -88	-55 -95	-45 -108	-68 -165	-68 -223	
500	630				-78 -122	-78 -148	-78 -188	-78 -253	
630	800				-88 -138	-88 -168	-88 -213	-88 -288	
800	1,000				-100 -156	-100 -190	-100 -240	-100 -330	
1,000	1,250				-120 -186	-120 -225	-120 -285	-120 -380	
1,250	1,600				-140 -218	-140 -265	-140 -335	-140 -450	
1,600	2,000				-170 -262	-170 -320	-170 -400	-170 -540	
2,000	2,500				-195 -305	-195 -370	-195 -475	-195 -635	
2,500	3,150				-240 -375	-240 -450	-240 -570	-240 -780	

表 7-6.27 孔之限界偏差(基本偏差 R)
上限界偏差=ES
下限界偏差=EI

偏差單位：μm

標稱尺度 mm		R							
大於	至	3	4	5	6	7	8	9	10
–	3	-10 -12	-10 -13	-10 -14	-10 -16	-10 -20	-10 -24	-10 -35	-10 -50
	6	-14 -16.5	-13.5 -17.5	-14 -19	-12 -20	-11 -23	-15 -33	-15 -45	-15 -63
	10	-18 -20.5	-17.5 -21.5	-17 -23	-16 -25	-13 -28	-19 -41	-19 -55	-19 -77
	18	-22 -25	-21 -26	-20 -28	-20 -31	-16 -34	-23 -50	-23 -66	-23 -93
	30	-26.5 -30.5	-26 -32	-25 -34	-24 -37	-20 -41	-28 -61	-28 -80	-28 -112
	50	-32.5 -36.5	-31 -38	-30 -41	-29 -45	-25 -50	-34 -73	-34 -96	-34 -134
	65			-36 -49	-35 -54	-30 -60	-41 -87		
	80			-38 -51	-37 -56	-32 -62	-43 -89		
	100			-46 -61	-44 -66	-38 -73	-51 -105		
	120			-49 -64	-47 -69	-41 -76	-54 -108		
	140			-57 -75	-56 -81	-48 -88	-63 -126		
	160			-59 -77	-58 -83	-50 -90	-65 -128		
	180			-62 -80	-61 -86	-53 -93	-68 -131		
	200			-71 -91	-68 -97	-60 -106	-77 -149		
	225			-74 -94	-71 -100	-63 -109	-80 -152		
	250			-78 -98	-75 -104	-67 -113	-84 -156		
	280			-87 -110	-85 -117	-74 -126	-94 -175		
	315			-91 -114	-89 -121	-78 -130	-98 -179		
	355			-101 -126	-97 -133	-87 -144	-108 -197		
	400			-107 -132	-103 -139	-93 -150	114 -203		
	450			-119 -146	-133 -153	-103 -166	-126 -223		
	500			-125 -152	-119 -159	-109 -172	-132 -229		

表 7-6.27 孔之限界偏差(基本偏差 R)(續)

偏差單位：

標稱尺度 mm		R							
大於	至	3	4	5	6	7	8	9	10
500	560				-150 -194	-150 -220	-150 -260		
560	630				-155 -199	-155 -225	-155 -265		
630	710				-175 -225	-175 -255	-175 -300		
710	800				-185 -235	-185 -265	-185 -310		
800	900				-210 -266	-210 -300	-210 -350		
900	1,000				-220 -276	-220 -310	-220 -360		
1,000	1,120				-250 -316	-250 -355	-250 -415		
1,120	1,250				-260 -326	-260 -365	-260 -425		
1,250	1,400				-300 -378	-300 -425	-300 -495		
1,400	1,600				-330 -408	-330 -455	-330 -525		
1,600	1,800				-370 -462	-370 -520	-370 -600		
1,800	2,000				-400 -492	-400 -550	-400 -630		
2,000	2,240				-440 -550	-440 -615	-440 -720		
2,240	2,500				-460 -570	-460 -635	-460 -740		
2,500	2,800				-550 -685	-550 -760	-550 -880		
2,800	3,150				-580 -715	-580 -790	-580 -910		

表 7-6.28 孔之限界偏差(基本偏差 S)
上限界偏差=ES
下限界偏差=EI

偏差單位：μm

標稱尺度 mm		s							
大於	至	3	4	5	6	7	8	9	10
—	3	-14 -16	-14 -17	-14 -18	-14 -20	-14 -24	-14 -28	-14 -39	-14 -54
3	6	-18 -20.5	-17.5 -21.5	-18 -23	-16 -24	-15 -27	-19 -37	-19 -49	-19 -67
6	10	-22 -24.5	-21.5 -25.5	-21 -27	-20 -29	-17 -32	-23 -45	-23 -59	-23 -81
10	18	-27 -30	-26 -31	-25 -33	-25 -36	-21 -39	-28 -55	-28 -71	-28 -96
18	30	-33.5 -37.5	-33 -39	-32 -41	-31 -44	-27 -48	-35 -68	-35 -87	-35 -119
30	50	-41.5 -45.5	-40 -47	-39 -50	-38 -54	-34 -59	-43 -82	-43 -105	-43 -143
50	65			-48 -61	-47 -66	-42 -72	-53 -99	-53 -127	
65	80			-54 -67	-53 -72	-48 -78	-59 -105	-59 -133	
80	100			-66 -81	-64 -86	-58 -93	-71 -125	-71 -158	
100	120			-74 -89	-72 -94	-66 -101	-79 -133	-79 -165	
120	140			-86 -104	-85 -110	-77 -117	-92 -155	-92 -192	
140	160			94 -112	-93 -118	-85 -125	-100 -163	-100 -200	
160	180			-102 -120	-101 -126	-93 -133	-108 -171	-108 -208	
180	200			-116 -136	-113 -142	-105 -151	-122 -194	-122 -237	
200	225			-124 -144	-121 -150	-113 -159	-130 -202	-130 -245	
225	250			-134 -154	-131 -160	-123 -169	-140 -212	-140 -255	
250	280			-151 -174	149 -181	-138 -190	-158 -239	-158 -288	
280	315			-163 -186	-161 -193	-150 -202	-170 -251	-170 -300	
315	355			-183 -208	-179 -215	-169 -226	-190 -279	-190 -330	
355	400			-201 -226	-197 -233	-187 -244	-208 -297	-208 -348	
400	450			-225 -252	-219 -259	-209 -272	-232 -329	-232 -387	
450	500			-245 -272	-239 -279	-229 -292	-252 -349	-252 -387	

表 7-6.28 孔之限界偏差(基本偏差 S)(續)

偏差單位：μm

標稱尺度 mm		s							
大於	至	3	4	5	6	7	8	9	10
500	560				-280 -324	-280 -350	-280 -390		
560	630				-310 -354	-310 -380	-310 -420		
630	710				-340 -390	-340 -420	-340 -465		
710	800				-380 -430	-380 -460	-380 -505		
800	900				-430 -486	-430 -520	-430 -570		
900	1,000				-470 -526	-470 -560	-470 -610		
1,000	1,120				-520 -586	-520 -625	-520 -685		
1,120	1,250				-580 -646	-580 -685	-580 -745		
1,250	1,400				-640 -718	-640 -765	-640 -835		
1,400	1,600				-720 -798	-720 -845	-720 -915		
1,600	1,800				-820 -912	-820 -970	-820 -1,050		
1,800	2,000				-920 -1,012	-920 -1,070	-920 -1,150		
2,000	2,240				-1,000 -1,110	-1,000 -1,175	-1,000 -1,280		
2,240	2,500				-1,100 -1,210	-1,100 -1,275	-1,100 -1,380		
2,500	2,800				-1,250 -1,380	-1,250 -1,460	-1,250 -1,580		
2,800	3,150				-1,400 -1,535	-1,400 -1,610	-1,400 -1,730		

表 7-6.29 孔之限界偏差(基本偏差 T 及 U)
上限界偏差=ES
下限界偏差=EI

偏差單位：μm

標稱尺度 mm		T[a]				U					
大於	至	5	6	7	8	5	6	7	8	9	10
—	3					-18 -22	-18 -24	-18 -28	-18 -32	-18 -43	-18 -58
3	6					-22 -27	-20 -28	-19 -31	-23 -41	-23 -53	-23 -71
6	10					-26 -32	-25 -34	-22 -37	-28 -50	-28 -64	-28 -86
10	18					-30 -38	-30 -41	-26 -44	-33 -60	-33 -76	-33 -103
18	24					-38 -47	-37 -50	-33 -54	-41 -74	-41 -93	-41 -125
24	30	-38 -47	-37 -50	-33 -54	-41 -74	-45 -54	-44 -57	-40 -61	-48 -81	-48 -100	-48 -132
30	40	-44 -55	-43 -59	-39 -64	-48 -87	-56 -67	-55 -71	-51 -76	-60 -99	-60 -122	-60 -160
40	50	-50 -61	-49 -65	-45 -70	-54 -93	-66 -77	-65 -81	-61 -86	-70 -109	-70 -132	-70 170
50	65		-60 -79	-55 -85	-66 -112		-81 -100	-76 -106	-87 -133	-87 -161	-87 -207
65	80		-69 -88	-64 -94	-75 -121		-96 -115	-91 -121	-102 -148	-102 -176	-102 -222
80	100		-84 -106	-78 -113	-91 -145		-117 -139	-111 -146	-124 -178	-124 -211	-124 -264
100	120		-97 -119	-91 -126	-104 -158		-137 -159	-131 -166	-144 -198	-144 -231	-144 -284
120	140		-115 -140	-107 -147	-122 -185		-163 -188	-155 -195	-170 -233	-170 270	-170 -330
140	160		-127 -152	-119 -159	-134 -197		-183 -208	-175 -215	-190 -253	-190 -290	-190 -350
160	180		-139 -164	-131 -171	-146 -209		-203 -228	-195 235	-210 -273	-210 -310	-210 -370
180	200		-157 -186	-149 -195	-166 -238		-227 -256	-219 -265	-236 -308	-236 -351	-236 -421
200	225		-171 -200	-163 -209	-180 -252		-249 -278	-241 -287	-258 -330	-258 -373	-258 -443
225	250		-187 -216	-179 -225	-196 -268		-275 -304	-267 -313	-284 -356	-284 -399	-284 -469
250	280		-209 -241	-198 -250	-218 -299		-306 -338	-295 -347	-315 -396	-315 -445	-315 -525
280	315		-231 -263	-220 -272	-240 -321		-341 -373	-330 -382	-350 -431	-350 -480	-350 -560
315	355		-257 -293	-247 -304	-268 -357		-379 -415	-369 426	-390 -479	-390 -530	-390 -620
355	400		-283 -319	-273 -330	-294 -383		-424 -460	-414 -471	-435 -524	-435 -575	-435 -665
400	450		-317 -357	-307 -370	-330 -427		-477 -517	-467 -530	-490 -587	-490 -645	-490 -740
450	500		-347 387	-337 -400	-360 -457		-527 -567	-517 -580	540 -637	-540 -695	-540 -790

表 7-6.29 孔之限界偏差(基本偏差 T 及 U)(續)

偏差單位：μ

標稱尺度 mm		T[a]				U					
大於	至	5	6	7	8	5	6	7	8	9	10
500	560		-400 -444	-400 -470	-400 -510		-600 -644	-600 -670	-600 -710		
560	630		-450 -494	-450 -520	-450 -560		-660 -704	-660 -730	-660 -770		
630	710		-500 -550	-500 -580	-500 -625		-740 -790	-740 -820	-740 -865		
710	800		-560 -610	-560 -640	-560 -685		-840 -890	-840 -920	-840 -965		
800	900		-620 -676	-620 -710	-620 -760		-940 -996	-940 -1,030	-940 -1,080		
900	1,000		-680 -736	-680 -770	-680 -820		-1,050 -1,106	-1,050 -1,140	-1,050 -1,190		
1,000	1,120		-780 -846	-780 -885	-780 -945		-1,150 -1,216	-1,150 -1,255	-1,150 -1,315		
1,120	1,250		-840 -906	-840 -945	-840 -1.005		-1,300 -1,366	-1,300 -1,405	-1,300 -1,465		
1,250	1,400		-960 -1,038	-960 -1,085	-960 -1,155		-1,450 -1,528	-1,450 -1,575	-1,450 -1,645		
1,400	1,600		-1,050 -1,128	-1,050 -1,750	-1,050 -1,245		-1,600 -1,678	-1,600 -1,725	-1,600 -1,795		
1,600	1,800		-1,200 -1,292	-1,200 -1,350	-1,200 -1,430		-1,850 -1,942	-1,850 -2,000	-1,850 -2,080		
1,800	2,000		-1,350 -1,442	-1,350 -1,500	-1,350 -1,580		-2,000 -2,092	-2,000 -2,150	-2,000 -2.230		
2,000	2,240		-1,500 -1,610	-1,500 -1,675	-1,500 -1,780		-2,300 -2,410	-2,300 -2,475	-2,300 -2,580		
2,240	2,500		-1,650 -1,760	-1,650 -1,825	-1,650 -1,930		-2,500 -2,610	-2,500 -2,675	-2,500 -2,780		
2,500	2,800		-1900 -2,235	-1,900 -2,110	-1,900 -2,230		-2,900 -3,035	-2,900 -3,110	-2,900 -3,230		
2,800	3,150		-2,100 -2,235	-2,100 -2,310	-2,100 -2,430		-3,200 -3,335	-3,200 -3,410	-3,200 -3,530		

註(a) 標稱尺度在 24mm 以下，公差類別 T5 至 T8 並未列出。建議以公差類別 U5 至 U8 取代。

表 7-6.30 孔之限界偏差(基本偏差 V，X 及 Y)
上限界偏差=ES
下限界偏差=EI

偏差單位：μm

標稱尺度 mm		V(b)				X						Y(C)				
大於	至	5	6	7	8	5	6	7	8	9	10	6	7	8	9	10
	3					-20 -24	-20 -26	-20 -30	-20 -34	-20 -45	-20 -60					
3	6					-27 -32	-25 -33	-24 -36	-28 -46	-28 -58	-28 -76					
6	10					-32 -38	-31 -40	-28 -43	-34 -56	-34 -70	-34 -92					
10	14					-37 -45	-37 -48	-33 -51	-40 -67	-40 -83	-40 -110					
14	18	-36 -44	-36 -47	-32 -50	-39 -66	-42 -50	-42 -53	-38 -56	-45 -72	-45 -88	-45 -115					
18	24	-44 -53	-43 -56	-39 -60	-47 -80	-51 -60	-50 -63	-46 -67	-54 -87	-54 -106	-54 -138	-59 -72	-55 -76	-63 -96	-63 -115	-63 -147
24	30	-52 -61	-51 -64	-47 -68	-55 -88	-61 -70	-60 -73	-56 -77	-64 -97	-64 -116	-64 -148	-71 -84	-67 -88	-75 -108	-75 -127	--75 -159
30	40	-64 -75	-63 -79	-59 -84	-68 -107	-76 -87	-75 -91	-71 -96	-80 -119	-80 -142	-80 -180	-89 -105	-85 -110	-94 -133	-94 -156	-94 -194
40	50	-77 -88	-76 -92	-72 -97	-81 -120	-93 -104	-92 -108	-88 -113	-97 -136	-97 -159	-97 -197	-109 -125	-105 -130	-114 -153	-114 -176	-114 -214
50	65		-96 -115	-91 -121	-102 -148		-116 -135	-111 -141	-122 -168	-122 -196		-138 -157	-133 -163	-144 -190		
65	80		-114 -133	-109 -139	-120 -166		-140 -159	-135 -165	-146 -192	-146 -220		-168 -187	-163 -193	-174 -220		
80	100		-139 -161	-133 -168	-146 -200		-171 -193	-165 -200	-178 -232	-178 -265		-207 -229	-201 -236	-214 -268		
100	120		-165 -187	-159 -194	-172 -226		-203 -225	-197 -232	-210 -264	-210 -297		-247 -269	-241 -276	-254 -308		
120	140		195 -220	-187 -227	-202 -265		-241 -266	-233 -273	-248 311	-248 -348		-293 -318	-285 -325	-300 -363		
140	160		-221 -246	-213 -253	-228 -291		-273 -298	-265 -305	-280 -343	-280 -380		-333 -358	-325 -365	-340 -403		
160	180		-245 -270	-237 -277	-252 215		-303 -328	-295 -335	-310 -373	-310 -410		-373 -398	-365 -405	-380 -443		
180	200		-275 -304	-267 -313	-284 -356		-341 -370	-333 -379	-350 -422	-330 -465		-416 -445	-408 -454	-425 -497		
200	225		-301 -330	-293 -339	-310 -382		-376 -405	-368 -414	-385 -457	-385 -500		-461 -490	-453 -499	-470 -542		
225	250		-331 -360	-323 -369	-340 -412		-416 -445	-408 -454	-425 -497	-425 -540		-511 -540	-503 -549	-520 -592		
250	280		-376 -408	-365 -417	-385 -466		-466 -498	-455 -507	-475 -556	-475 -605		-571 -603	-560 -612	-580 -661		
280	315		-416 -448	-405 -457	-425 -506		-516 -548	-505 -557	-525 -606	-525 -655		-641 -673	-630 -682	-650 -731		
315	355		-464 -500	-454 -511	-475 -564		-579 -615	-569 -626	-590 -679	-590 -730		-719 -755	-709 -766	-730 -819		
355	400		-519 -555	-509 -566	-530 -619		-649 -685	-639 -696	-660 -749	-660 -800		-809 -845	-799 -856	-820 -909		
400	450		-582 -622	-572 -635	-595 -692		-727 -767	-717 -780	-740 -837	-740 -895		-907 -947	-897 -960	-920 -1,017		
450	500		-647 -687	-637 -700	-660 -757		-807 -847	-797 -860	-820 -917	-820 -975		-987 -1,027	-977 -1,040	-1,000 -1,097		

(a) 基礎偏差 V、X 及 Y 不適用於標稱尺度大於 500mm 者。
(b)標稱尺度在 14mm 以下，公差類別 V5 至 V8 並未列出。建議以公差類別 X5 至 X8 取代。
(c)標稱尺度在 18mm 以下，公差類別 Y6 至 Y10 並未列出。建議公差類別 Z6 至 Z10 取代。

表 7-6.31 孔之限界偏差(基本偏差 Z 及 ZA)
上限界偏差=ES
下限界偏差=EI

偏差單位：μ

標稱尺度 mm		Z						ZA					
大於	至	6	7	8	9	10	11	6	7	8	9	10	11
—	3	-26 -32	-26 -36	-26 -40	-26 -51	-26 -66	-26 -86	-32 -38	-32 -42	-32 -46	-32 -57	-32 -72	-32 -92
3	6	-32 -40	-31 -43	-35 -53	-35 -65	-35 -83	-35 -110	-39 -47	-38 -50	-42 -60	-42 -72	-42 -90	-42 -117
6	10	-39 -48	-36 -51	-42 -64	-42 -78	-42 -100	-42 -132	-49 -58	-46 -61	-52 -74	-52 -88	-52 -110	-52 -142
10	14	-47 -58	-43 -61	-50 -77	-50 -93	-50 -120	-50 -160	-61 -72	-57 -75	-64 -91	-64 -107	-64 -134	-64 -174
14	18	-57 -68	-53 -71	-60 -87	-60 -103	-60 -130	-60 -170	-74 -85	-70 -88	-77 -104	-77 -120	-77 -147	-77 -187
18	24	-69 -82	-65 -86	-73 -106	-73 -125	-73 -157	-73 -203	-94 -107	-90 -111	-98 -131	-98 -150	-98 -182	-98 -228
24	30	-84 -97	-80 -101	-88 -121	-88 -140	-88 -172	-88 -218	-114 -127	-110 -131	-118 -151	-118 -170	-118 -202	-118 -248
30	40	-107 -123	-103 -128	-112 -151	-112 -174	-112 -212	-112 -272	-143 -159	-139 -164	-148 -187	-148 -210	-148 -248	-148 -308
40	50	-131 -147	-127 -152	-136 -175	-136 -198	-136 -236	-136 -296	-175 -191	-171 -196	-180 -219	-180 -242	-180 -280	-180 -340
50	65		-161 -191	-172 -218	-172 -246	-172 -292	-172 -362		-215 -245	-226 -272	-226 -300	-226 -346	-226 -416
65	80		-199 -229	-210 -256	-210 -284	-210 -330	-210 -400		-263 -293	-274 -320	-274 -348	-274 -394	-274 -464
80	100		-245 -280	-258 -312	-258 -345	-258 -398	-258 -478		-322 -357	-335 -389	-335 -422	-335 -475	-335 -555
100	120		-297 -332	-310 -364	-310 -397	-310 -450	-310 -530		-387 -422	-400 -454	-400 -487	-400 -540	-400 -620
120	140		-350 -390	-365 -428	-365 -465	-365 -525	-365 -615		-455 -495	-470 -533	-470 -570	-470 -630	-470 -720
140	160		-400 -440	-415 -478	-415 -515	-415 -575	-415 -665		-520 -560	-535 -598	-535 -635	-535 -695	-535 -785
160	180		-450 -490	-465 -528	-465 -565	-465 -625	-465 -715		-585 -625	-600 -663	-600 -700	-600 -760	-600 -850
180	200		-503 -549	-520 -592	-520 -635	-520 -705	-520 -810		-653 -699	-670 -742	-670 -785	-670 -855	-670 -960
200	225		-558 -604	-575 -647	-575 -690	-575 -760	-575 -865		-723 -769	-740 -812	-740 -855	-740 -925	-740 -1,030
225	250		-623 -669	-640 -712	-640 -755	-640 -825	-640 -930		-803 -849	-820 -892	-820 -935	-820 -1,005	-820 -1,110
250	280		-690 -742	-710 -791	-710 -840	-710 -920	-710 -1,030		-900 -952	-920 -1,001	-920 -1,050	-920 -1,130	-920 -1,240
280	315		-770 -822	-790 -871	-790 -920	-790 -1,000	-790 -1,110		-980 -1,032	-1,000 -1,081	-1,000 -1,130	-1,000 -1,210	-1,000 -1,320
315	355		-879 -936	-900 -989	-900 -1,040	-900 -1,130	-900 -1,260		-1,129 -1,186	-1,150 -1,239	-1,150 -1,290	-1,150 -1,380-	-1,150 -1,510
355	400		-979 -1,036	-1,000 -1,089	-1,000 -1,140	-1,000 -1,230	-1,000 -1,360		-1,279 -1,336	-1,300 -1,389	-1,300 -1,440	-1,300 -1,530	-1,300 -1,660
400	450		-1,077 -1,140	-1,100 -1,197	-1,100 -1,255	-1,100 -1,350	-1,100 -1,500		-1,427 -1,490	-1,450 -1,547	-1,450 -1,605	-1,450 -1,700	-1,450 -1,850
450	500		-1,227 -1,290	-1,250 -1,347	-1,250 -1,405	-1,250 -1,500	-1,250 -1,650		-1,577 -1,640	-1,600 -1,697	-1,600 -1,755	-1,600 -1,850	-1,600 -2,000

註(a) 基礎偏差 Z 及 ZA 不適用於標稱尺度大於 500mm 者。

表 7-6.32 孔之限界偏差(基本偏差 ZB 及 ZC)
上限界偏差=ES
下限界偏差=EI

偏差單位：μm

標稱尺度 mm		ZB					ZC				
大於	至	7	8	9	10	11	7	8	9	10	11
—	3	-40 -50	-40 -54	-40 -65	-40 -80	-40 -100	-60 -70	-60 -74	-60 -85	-60 -100	-60 -120
3	6	-46 -58	-50 -68	-50 -80	-50 -98	-50 -125	-76 -88	-80 -98	-80 -110	-80 -128	-80 -155
6	10	-61 -76	-67 -89	-67 -103	-67 -125	-67 -157	-91 -106	-97 -119	-97 -133	-97 -155	-97 -187
10	14	-83 -101	-90 -117	-90 -133	-90 -160	-90 -200	-123 -141	-130 -157	-130 -173	-130 -200	-130 -240
14	18	-101 -119	-108 -135	-108 -151	-108 -178	-108 -218	-143 -161	-150 -177	-150 -193	-150 -220	-150 -260
18	24	-128 -149	-136 -169	-136 -188	-136 -220	-136 -266	-180 -201	-188 -221	-188 -240	-188 -272	-188 -318
24	30	-152 -173	-160 -193	-160 -212	-160 -244	-160 -290	-210 -231	-218 -251	-218 -270	-218 -302	-218 -348
30	40	-191 -216	-200 -239	-200 -262	-200 -300	-200 -360	-265 -290	-274 -313	-274 -336	-274 -374	-274 -434
40	50	-233 -258	-242 -281	-242 -304	-242 -342	-242 -402	-316 -341	-325 -364	-325 -387	-325 -425	-325 -485
50	65	-289 -319	-300 -346	-300 -374	-300 -420	-300 -490	-394 -424	-405 -451	-405 -479	-405 -525	-405 -595
65	80	-349 -379	-360 -406	-360 -434	-360 -480	-360 -550	-469 -499	-480 -526	-480 -554	-480 -600	-480 -670
80	100	-432 -467	-445 -499	-445 -532	-445 -585	-445 -665	-572 -607	-585 -639	-585 -672	-585 -725	-585 -805
100	120	-512 -547	-525 -579	-525 -612	-525 -665	-525 -745	-677 -712	-690 -744	-690 -777	-690 -830	-690 -910
120	140	-605 -645	-620 -683	-620 -720	-620 -780	-620 -870	-785 -825	-800 -863	-800 -900	-800 -960	-800 -1,050
140	160	-685 -725	-700 -763	-700 -800	-700 -860	-700 -950	-885 -925	-900 -963	-900 -1,000	-900 -1,060	-900 -1,150
160	180	-765 -805	-780 -843	-780 -880	-780 -940	-780 -1,030	-985 -1,025	-1,000 -1,063	-1,000 -1,100	-1,000 -1,160	-1,000 -1,250
180	200	-863 -909	-880 -952	-880 -995	-880 -1,065	-880 -1,170	-1,133 -1,179	-1,150 -1,222	-1,150 -1,265	-1,150 -1,355	-1,150 -1,440
200	225	-943 -989	-960 -1,032	-960 -1,075	-960 -1,145	-960 -1,250	-1,233 -1,279	-1,250 -1,322	-1,250 -1,365	-1,250 -1,435	-1,250 -1,540
225	250	-1,033 -1,079	-1,050 -1,122	-1,050 -1,165	-1,050 -1,235	-1,050 -1,340	-1,333 -1,379	-1,350 -1,422	-1,350 -1,465	-1,350 -1,535	-1,350 -1,640
250	280	-1,180 -1,232	-1,200 -1,281	-1,200 -1,330	-1,200 -1,410	-1,200 -1,520	-1,530 -1,582	-1,550 -1,631	-1,550 -1,680	-1,550 -1,760	-1,550 -1,870
280	315	-1,280 -1,332	-1,300 -1,381	-1,300 -1,430	-1,300 -1,510	-1,300 -1,620	-1,680 -1,732	-1,700 -1,781	-1,700 -1,830	-1,700 -1,910	-1,700 -2,020
315	355	-1,479 -1,536	-1,500 -1,589	-1,500 -1,640	-1,500 -1,730	-1,500 -1,860	-1,879 -1,936	-1,900 -1,989	-1,900 -2,040	-1,900 -2,130	-1,900 -2,260
355	400	-1,629 -1,686	-1,650 -1,739	-1,650 -1,790	-1,650 -1,880	-1,650 -2,010	-2,079 -2,136	-2,100 -2,189	-2,100 -2,240	-2,100 -2,330	-2,100 -2,460
400	450	-1,827 -1,890	-1,850 -1,947	-1,850 -2,005	-1,850 -2,100	-1,850 -2,250	-2,377 -2,440	-2,400 -2,497	-2,400 -2,555	-2,400 -2,650	-2,400 -2,800
450	500	-2,077 -2,140	-2,100 -2,197	-2,100 -2,255	-2,100 -2,350	-2,100 -2,500	-2,577 -2,640	-2,600 -2,697	-2,600 -2,755	-2,600 -2,850	-2,600 -3,000

註(a) 基礎偏差 ZB 及 ZC 不適用於標稱尺度大於 500mm 者。

表 7-6.33 軸之限界偏差(基本偏差 a、b 及 c)
上限界偏差=es
下限界偏差=ei

偏差單位：μm

標稱尺度 mm		a[b]					b[b]						c				
大於	至	9	10	11	12	13	8	9	10	11	12	13	8	9	10	11	12
—	3[b]	-270	-270	-270	-270	-270	-140	-140	-140	-140	-140	-140	-60	-60	-60	-60	-60
		-295	-310	-330	-370	-410	-154	-165	-180	-200	-240	-280	-74	-85	-100	-120	-150
3	6	-270	-270	-270	-270	-270	-140	-140	-140	-140	-140	-140	-70	-70	-70	-70	-70
		-300	-318	-345	-390	-450	-158	-170	-188	-215	-260	-320	-88	-100	-118	-145	-190
6	10	-280	-280	-280	-280	-280	-150	-150	-150	-150	-150	-150	-80	-80	-80	-80	-80
		-316	-338	-370	-430	-500	-172	-186	-208	-240	-300	-370	-102	-116	-138	-170	-230
10	18	-290	-290	-290	-290	-290	-150	-150	-150	-150	-150	-150	-95	-95	-95	-95	-95
		-333	-360	-400	-470	-560	-177	-193	-220	-260	-330	-420	-122	-138	-165	-205	-275
18	30	-300	-300	-300	-300	-300	-160	-160	-160	-160	-160	-160	-110	-110	-110	-110	-110
		-352	-384	-430	-510	-630	-193	-212	-244	-290	-370	-490	-143	-162	-194	-240	-320
30	40	-310	-310	-310	-310	-310	-170	-170	-170	-170	-170	-170	-120	-120	-120	-120	-120
		-372	-410	-470	-560	-700	-209	-232	-270	-330	-420	-560	-159	-182	-220	-280	-370
40	50	-320	-320	-320	-320	-320	-180	-180	-180	-180	-180	-180	-130	-130	-130	-130	-130
		-382	-420	-480	-570	-710	-219	-242	-280	-340	-430	-570	-169	-192	-230	-290	-380
50	65	-340	-340	-340	-340	-340	-190	-190	-190	-190	-190	-190	-140	-140	-140	-140	-140
		-414	-460	-530	-640	-800	-236	-264	-310	-380	-490	-650	-186	-214	-260	-330	-440
65	80	-360	-360	-360	-360	-360	-200	-200	-200	-200	-200	-200	-150	-150	-150	-150	-150
		-434	-480	-550	-660	-820	-246	-274	-320	-390	-500	-660	-196	-224	-270	-340	-450
80	100	-380	-380	-380	-380	-380	-220	-220	-220	-220	-220	-220	-170	-170	-170	-170	-170
		-467	-520	-600	-730	-920	-274	-307	-360	-440	-570	-760	-224	-257	-310	-390	-520
100	120	-410	-410	-410	-410	-410	-240	-240	-240	-240	-240	-240	-180	-180	-180	-180	-180
		-497	-550	-630	-760	-950	-294	-327	-380	-460	-590	-780	-234	-267	-320	-400	-530
120	140	-460	-460	-460	-460	-460	-260	-260	-260	-260	-260	-260	-200	-200	-200	-200	-200
		-560	-620	-710	-860	-1,090	-323	-360	-420	-510	-660	-890	-263	-300	-360	-450	-600
140	160	-520	-520	-520	-520	-520	-280	-280	-280	-280	-280	-280	-210	-210	-210	-210	-210
		-620	-680	-770	-920	-1,150	-343	-380	-440	-530	-680	-910	-273	-310	-370	-460	-610
160	180	-580	-580	-580	-580	-580	-310	-310	-310	-310	-310	-310	-230	-230	-230	-230	-230
		-680	-740	-830	-980	-1,210	-373	-410	-470	-560	-710	-940	-293	-330	-390	-480	-630
180	200	-660	-660	-660	-660	-660	-340	-340	-340	-340	-340	-340	-240	-240	-240	-240	-240
		-775	-845	-950	-1,120	-1,380	-412	-455	-525	-630	-800	-1,060	-312	-355	-425	-530	-700
200	225	-740	-740	-740	-740	-740	-380	-380	-380	-380	-380	-380	-260	-260	-260	-260	-260
		-855	-925	-1,030	-1,200	-1,460	-452	-495	-565	-670	-840	-1,100	-332	-375	-445	-550	-720
225	250	-820	-820	-820	-820	-820	-420	-420	-420	-420	-420	-420	-280	-280	-280	-280	-280
		-935	-1,005	-1,110	-1,280	-1,540	-492	-535	-605	-710	-880	-1,140	-352	-395	-465	-570	-740
250	280	-920	-920	-920	-920	-920	-480	-480	-480	-480	-480	-480	-300	-300	-300	-300	-300
		-1,050	-1,130	-1,240	-1,440	-1,730	-561	-610	-690	-800	-1,000	-1,290	-381	-430	-510	-620	-820
280	315	-1,050	-1,050	-1,050	-1,050	-1,050	-540	-540	-540	-540	-540	-540	-330	-330	-330	-330	-330
		-1,180	-1,260	-1,370	-1,570	-1,860	-621	-670	-750	-860	-1,060	-1,350	-411	-460	-540	-650	-850
315	355	-1,200	-1,200	-1,200	-1,200	-1,200	-600	-600	-600	-600	-600	-600	-360	-360	-360	-360	-360
		-1,340	-1,430	-1,560	-1,770	-2,090	-689	-740	-830	-960	-1,170	-1,490	-449	-500	-590	-720	-930
355	400	-1,350	-1,350	-1,350	-1,350	-1,350	-680	-680	-680	-680	-680	-680	-400	-400	-400	-400	-400
		-1,490	-1,580	-1,710	-1,920	-2,240	-769	-820	-910	-1,040	-1,250	-1,570	-489	-540	-630	-760	-970
400	450	-1,500	-1,500	-1,500	-1,500	-1,500	-760	-760	-760	-760	-760	-760	-440	-440	-440	-440	-440
		-1,655	-1,750	-1,900	-2,130	-2,470	-857	-915	-1,010	-1,160	-1,390	-1,730	-537	-595	-690	-840	-1,070
450	500	-1,650	-1,650	-1,650	-1,650	-1,650	-840	-840	-840	-840	-840	-840	-480	-480	-480	-480	-480
		-1,850	-1,900	-2,050	-2,280	-2,620	-937	-995	-1,090	-1,240	-1,470	-1,810	-577	-635	-730	-880	-1,110

註(a) 基礎偏差 A、B 及 C 不適用於標稱尺度大於 500mm 者。

(b) 基礎偏差 A 及 B 不適用於標稱尺度在 1mm 以下之任何標準公差。

表 7-6.34 軸之限界偏差(基本偏差 cd、d 及 e)
上限界偏差=es
下限界偏差=ei

偏差單位：μm

標稱尺度 mm		cd[(a)]						d								
大於	至	5	6	7	8	9	10	5	6	7	8	9	10	11	12	13
–	3	-34 -38	-34 -40	-34 -44	-34 -48	-34 -59	-34 -74	-20 -24	-20 -26	-20 -30	-20 -34	-20 -45	-20 -60	-20 -80	-20 -120	-20 -160
3	6	-46 -51	-46 -54	-46 -58	-46 -64	-46 -76	-46 -94	-30 -35	-30 -38	-30 -42	-30 -48	-30 -60	-30 -78	-30 -105	-30 -150	-30 -210
6	10	-56 -62	-56 -65	-56 -71	-56 -78	-56 -92	-56 -114	-40 -46	-40 -49	-40 -55	-40 -62	-40 -76	-40 -98	-40 -130	-40 -190	-40 -260
10	18							-50 -58	-50 -61	-50 -68	-50 -77	-50 -93	50 -120	-50 -160	-50 -230	-50 -320
18	30							-65 -74	-65 -78	-65 -86	-65 -98	-65 -117	-65 -149	-65 -195	-65 -275	-65 -395
30	50							-80 -91	-80 -96	-80 -105	-80 -119	-80 -142	-80 -180	-80 -240	-80 -330	-80 -470
50	80							-100 -113	-100 -119	-100 -130	-100 -146	-100 -174	-100 -220	-100 -290	-100 -400	-100 -560
80	120							-120 -135	-120 -142	-120 -155	-120 -174	-120 -207	-120 -260	-120 -340	-120 -470	-120 -660
20	180							-145 -163	-145 -170	-145 -185	-145 -208	-145 -245	-145 -305	-145 -395	-145 -545	-145 -775
80	250							-170 -190	-170 -199	-170 -216	-170 -242	-170 -285	-170 -355	-170 -460	-170 -630	-170 -890
50	315							-190 -213	-190 -222	-190 -242	-190 -271	-190 -320	-190 -400	-190 -510	-190 -710	-190 -1,000
15	400							-210 -235	-210 -246	-210 -267	-210 -299	-210 -350	-210 -440	-210 -570	-210 -780	-210 -1,100
00	500							-230 -257	-230 -270	-230 -293	-230 -327	-230 -385	230 -480	-230 -630	-230 -860	-230 -1,200
00	630									-260 -330	-260 -370	-260 -435	-260 -540	-260 -700		
50	800									-290 -370	-290 -415	-290 -490	-290 -610	-290 -760		
00	1,000									-320 -410	-320 -460	-320 -550	-320 -680	-320 -880		
000	1,250									-350 -455	-350 -515	-350 -610	-350 -770	-350 -1,010		
250	1,600									-390 -515	-390 -585	-390 -700	-390 -890	-390 -1,170		
600	2,000									-430 -580	-430 -660	-430 -800	-430 -1,030	-430 -1,350		
000	2,500									-480 -655	-480 -760	-480 -920	-480 -1,180	-480 -1,580		
500	3,150									-520 -730	-520 -850	-520 -1,060	-520 -1,380	-520 -1,870		

註(a)中間基礎偏差 CD 主要使用於精密機械及鐘錶。若此基礎偏差所包含之公差等級在其他標稱尺度被需要時，亦可依 CNS4-1 計算出數值。

7

表 7-6.35 軸之限界偏差(基本偏差 ef 及 f)
上限界偏差=es
下限界偏差=ei

偏差單位：

標稱尺度 mm		e						ef,[a]							
大於	至	5	6	7	8	9	10	3	4	5	6	7	8	9	10
—	3	-14 -18	-14 -20	-14 -24	-14 -28	-14 -39	-14 -54	-10 -12	-10 -13	-10 -14	-10 -16	-10 -20	-10 -24	-10 -35	-10 -50
3	6	-20 -25	-20 -28	-20 -32	-20 -38	-20 -50	-20 -68	-14 -16.5	-14 -18	-14 -19	-14 -22	-14 -26	-14 -32	-14 -44	-14 -62
6	10	-25 -31	-25 -34	-25 -40	-25 -47	-25 -61	-25 -83	-18 -20.5	-18 -22	-18 -24	-18 -27	-18 -33	-18 -40	-18 -54	-18 -76
10	18	-32 -40	-32 -43	-32 -50	-32 -59	-32 -75	-32 -102								
18	30	-40 -49	-40 -53	-40 -61	-40 -73	-40 -92	-40 -124								
30	50	-50 -61	-50 -66	-50 -75	-50 -89	-50 -112	-50 -150								
50	80	-60 -73	-60 -79	-60 -90	-60 -106	-60 -134	-60 -180								
80	120	-72 -87	-72 -94	-72 -107	-72 -126	-72 -159	-72 -212								
120	180	-85 -103	-85 -110	-85 -125	-85 -148	-85 -185	-85 -245								
180	250	-100 -120	-100 -129	-100 -146	-100 -172	-100 -215	-100 -285								
250	315	-110 -133	-110 -142	-110 -162	-110 -191	-110 -240	-110 -320								
315	400	-125 -150	-125 -161	-125 -182	-125 -214	-125 -265	-125 -355								
400	500	-135 -162	-135 -175	-135 -198	-135 -232	-135 -290	-135 -385								
500	630		-145 -189	-145 -215	-145 -255	-145 -320	-145 -425								
630	800		-160 -210	-160 -240	-160 -285	-160 -360	-160 -480								
800	1,000		-170 -226	-170 -260	-170 -310	-170 -400	-170 -530								
1,000	1,250		-195 -261	-195 -300	-195 -360	-195 -455	-195 -615								
1,250	1,600		-220 -298	-220 -345	-220 -415	-220 -530	-220 -720								
1,600	2,000		-240 -332	-240 -390	-240 -470	-240 -610	-240 -840								
2,000	2,500		-260 -370	-260 -435	-260 -540	-260 -700	-260 -960								
2,500	3,150		-290 -425	-290 -500	-290 -620	-290 -830	-290 -1,150								

註(a)中間基礎偏差 CD 主要使用於精密機戒及鐘錶。若此基礎偏差所包含之公差等級在其他標稱尺度被需要時，亦可依 CNS4-1 計算出數值。

表 7-6.36 軸之限界偏差(基本偏差 f 及 fg)
上限界偏差=es
下限界偏差=ei

偏差單位：μm

標稱尺度 mm		f								fg[a]							
大於	至	3	4	5	6	7	8	9	10	3	4	5	6	7	8	9	10
—	3	-6 -8	-6 -9	-6 -10	-6 -12	-6 -16	-6 -20	-6 -31	-6 -46	-4 -6	-4 -7	-4 -8	-4 -10	-4 -14	-4 -18	-4 -29	-4 -44
	6	-10 -12.5	-10 -14	-10 -15	-10 -18	-10 -22	-10 -28	-10 -40	-10 -58	-6 -8.5	-6 -10	-6 -11	-6 -14	-6 -18	-6 -24	-6 -36	-6 -54
	10	-13 -15.5	-13 -17	-13 -19	-13 -22	-13 -28	-13 -35	-13 -49	-13 -71	-8 -10.5	-8 -12	-8 -14	-8 -17	-8 -23	-8 -30	-8 -44	-8 -66
0	18	-16 -19	-16 -21	-16 -24	-16 -27	-16 -34	-16 -43	-16 -59	-16 -86								
8	30	-20 -24	-20 -26	-20 -29	-20 -33	-20 -41	-20 -53	-20 -72	-20 -104								
0	50	-25 -29	-25 -32	-25 -36	-25 -41	-25 -50	-25 -64	-25 -87	-25 -125								
0	80		-30 -38	-30 -43	-30 -49	-30 -60	-30 -76	-30 -104									
0	120		-36 -46	-36 -51	-36 -58	-36 -71	-36 -90	-36 -123									
20	180		-43 -55	-43 -61	-43 -68	-43 -83	-43 -106	-43 -143									
80	250		-50 -64	-50 -70	-50 -79	-50 -96	-50 -122	-50 -165									
50	315		-56 -72	-56 -79	-56 -88	-56 -108	-56 -137	-56 -186									
15	400		-62 -80	-62 -87	-62 -98	-62 -119	-62 -151	-62 -202									
00	500		-68 -88	-68 -95	-68 -108	-68 -131	-68 -165	-68 -223									
00	630				-76 -120	-76 -146	-76 -186	-76 -251									
30	800				-80 -130	-80 -160	-80 -205	-80 -280									
00	1,000				-86 -142	-86 -176	-86 -226	-86 -316									
000	1,250				-98 -164	-98 -203	-98 -263	-98 -358									
250	1,600				-110 -188	-110 -235	-110 -305	-110 -420									
600	2,000				-120 -212	-120 -270	-120 -350	-120 -490									
000	2,500				-130 -240	-130 -305	-130 -410	-130 -570									
500	3,150				-145 -280	-145 -355	-145 -475	-145 -685									

註(a)中間基礎偏差 CD 主要使用於精密機戒及鐘錶。若此基礎偏差所包含之公差等級在其他標稱尺度被需要時，亦可依 CNS4-1 計算出數值。

表 7-6.37 軸之限界偏差(基本偏差 g)
上限界偏差=es
下限界偏差=ei

偏差單位：

標稱尺度 mm		g							
大於	至	3	4	5	6	7	8	9	10
—	3	-2 -4	-2 -5	-2 -6	-2 -8	-2 -12	-2 -16	-2 -27	-2 -42
3	6	-4 -6.5	-4 -8	-4 -9	-4 -12	-4 -16	-4 -22	-4 -34	-4 -52
6	10	-5 -7.5	-5 -9	-5 -11	-5 -14	-5 -20	-5 -27	-5 -41	-5 -63
10	18	-6 -9	-6 -11	-6 -14	-6 -17	-6 -24	-6 -33	-6 -49	-6 -76
18	30	-7 -11	-7 -13	-7 -19	-7 -20	-7 -28	-7 -40	-7 -59	-7 -91
30	50	-9 -13	-9 -16	-9 -20	-9 -25	-9 -34	-9 -48	-9 -71	-9 -109
50	80		-10 -18	-10 -23	-10 -29	-10 -40	-10 -56		
80	120		-12 -22	-12 -27	-12 -34	-12 -47	-12 -66		
120	180		-14 -26	-14 -32	-14 -39	-14 -54	-14 -77		
180	250		-15 -29	-15 -35	-15 -44	-15 -61	-15 -87		
250	315		-17 -33	-17 -40	-17 -49	-17 -69	-17 -98		
315	400		-18 -36	-18 -43	-18 -54	-18 -75	-18 -107		
400	500		-20 -40	-20 -47	-20 -60	-20 -83	-20 -117		
500	630				-22 -66	-22 -92	-22 -132		
630	800				-24 -74	-24 -104	-24 -149		
800	1,000				-26 -82	-26 -116	-26 -166		
1,000	1,250				-28 -94	-28 -133	-28 -193		
1,250	1,600				-30 -108	-30 -155	-30 -225		
1,600	2,000				-32 -124	-32 -182	-32 -262		
2,000	2,500				-34 -144	-34 -209	-34 -314		
2,500	3,150				-38 -173	-38 -248	-38 -368		

表 7-6.38 軸之限界偏差(基本偏差 h)
上限界偏差=es
下限界偏差=ei

偏差單位：μm

標稱尺度 mm		h																	
		1	2	3	4	5	6	7	8	9	10	11	12	13	14[a]	15[a]	16[a]	17	18
大於	至	偏差																	
		μm											mm						
-	3[a]	0 -0.8	0 -1.2	0 -2	0 -3	0 -4	0 -6	0 -10	0 -14	0 -25	0 -40	0 -60	0 -0.1	0 -0.14	0 -0.25	0 -0.4	0 -0.6		
	6	0 -1	0 -1.5	0 -2.5	0 -4	0 -5	0 -8	0 -12	0 -18	0 -30	0 -48	0 -75	0 -0.12	0 -0.18	0 -0.3	0 -0.48	0 -0.75	0 -1.2	0 -1.8
	10	0 -1	0 -1.5	0 -2.5	0 -4	0 -6	0 -9	0 -15	0 -22	0 -36	0 -58	0 -90	0 -0.15	0 -0.22	0 -0.36	0 -0.58	0 -0.9	0 -1.5	0 -22
	18	0 -1.2	0 -2	0 -3	0 -5	0 -8	0 -11	0 -18	0 -27	0 -43	0 -70	0 -110	0 -0.18	0 -0.27	0 -0.43	0 -0.7	0 -1.1	0 1.8	0 -2.7
	30	0 -1.5	0 -2.5	0 -4	0 -6	0 -9	0 -13	0 -21	0 -33	0 -52	0 -84	0 -130	0 -0.21	0 -0.33	0 -0.52	0 -0.84	0 -1.3	0 -2.1	0 -3.3
	50	0 -1.5	0 -2.5	0 -4	0 -7	0 -11	0 -16	0 -25	0 -39	0 -62	0 -100	0 -160	0 -0.25	0 -0.39	0 -0.62	0 -1	0 -1.6	0 -2.5	0 -3.9
	80	0 -2	0 -3	0 -5	0 -8	0 -13	0 -19	0 -30	0 -46	0 -74	0 -120	0 -190	0 -0.3	0 -0.46	0 -0.74	0 -1.2	0 -1.9	0 -3	0 -4.6
	120	0 -2.5	0 -4	0 -6	0 -10	0 -15	0 -22	0 -35	0 -54	0 -87	0 -140	0 -220	0 -0.35	0 -0.54	0 -0.87	0 -1.4	0 -2.2	0 -3.5	0 -5.4
0	180	0 -3.5	0 -5	0 -8	0 -12	0 -18	0 -25	0 -40	0 -63	0 -100	0 -160	0 -250	0 -0.4	0 -0.63	0 -1	0 -1.6	0 -2.5	0 -4	0 -6.3
0	250	0 -4.5	0 -7	0 -10	0 -14	0 -20	0 -29	0 -46	0 -72	0 -115	0 -185	0 -290	0 -0.46	0 -0.72	0 -1.15	0 -1.85	0 -2.9	0 -4.6	0 -7.2
0	315	0 -6	0 -8	0 -12	0 -16	0 -23	0 -32	0 -52	0 -81	0 -130	0 -210	0 -320	0 -0.52	0 -0.81	0 -1.3	0 -2.1	0 -3.2	0 -5.2	0 -8.1
5	400	0 -7	0 -9	0 -13	0 -18	0 -25	0 -36	0 -57	0 -89	0 -140	0 -230	0 -360	0 -0.57	0 -0.89	0 -1.4	0 -2.3	0 -3.6	0 -5.7	0 -8.9
0	500	0 -8	0 -10	0 -15	0 -20	0 -27	0 -40	0 -63	0 -97	0 -155	0 -250	0 -400	0 -0.63	0 -0.97	0 -1.55	0 -2.5	0 -4	0 -6.3	0 -9.7
0	630	0 -9	0 -11	0 -16	0 -22	0 -32	0 -44	0 -70	0 -110	0 -175	0 -280	0 -440	0 -0.7	0 -1.1	0 -1.75	0 -2.8	0 -4.4	0 -7	0 -11
0	800	0 -10	0 -13	0 -18	0 -25	0 -36	0 -50	0 -80	0 -125	0 -200	0 -320	0 -500	0 -0.8	0 -1.25	0 -2	0 -3.2	0 -5	0 -8	0 -12.5
0	1,000	0 -11	0 -15	0 -21	0 -28	0 -40	0 -56	0 -90	0 -140	0 230	0 -360	0 -560	0 -0.9	0 -1.4	0 -2.3	0 -3.6	0 -5.6	0 -9	0 -14
00	1,250	0 -13	0 -18	0 -24	0 -33	0 -47	0 -66	0 -105	0 -165	0 -260	0 -420	0 -660	0 -1.05	0 -1.65	0 -2.6	0 -4.2	0 -6.6	0 -10.5	0 -16.5
50	1,600	0 -15	0 -21	0 -29	0 -39	0 -55	0 -78	0 -125	0 -195	0 -310	0 -500	0 -780	0 -1.25	0 -1.95	0 -3.1	0 -5	0 -7.8	0 -12.5	0 -19.5
00	2,000	0 -18	0 -25	0 -35	0 -46	0 -65	0 -92	0 -150	0 230	0 370	0 600	0 -920	0 -1.5	0 -2.3	0 -3.7	0 -6	0 -9.2	0 -15	0 -23
00	2,500	0 -22	0 -30	0 -41	0 -55	0 -78	0 -110	0 -175	0 -280	0 -440	0 -700	0 -1,100	0 -1.75	0 -2.8	0 -4.4	0 -7	0 -11	0 -17.5	0 -28
00	3,150	0 -26	0 -36	0 -50	0 -68	0 -96	0 -135	0 -210	0 -330	0 -540	0 -860	0 -1,350	0 -2.1	0 -3.3	0 -5.4	0 -8.6	0 -13.5	0 -21	0 -33

a) 公差等級爲 IT14 至 IT16 不適用於標稱尺度在 1mm 以下者

表 7-6.39 軸之限界偏差(基本偏差 js)[a]
上限界偏差=es
下限界偏差=ei

偏差單位：

標稱尺度 mm		js																	
		1	2	3	4	5	6	7	8	9	10	11	12	13	14[b]	15[b]	16[b]	17	18
大於	至	偏差																	
		μm											mm						
—	3[b]	±0.4	±0.6	±1	±1.5	±2	±3	±5	±7	±12.5	±20	±30	±0.05	±0.07	±0.125	±0.2	±0.3		
3	6	±05	±0.75	±1.25	±2	±2.5	±4	±6	±9	±15	±24	±37.5	±0.06	±0.09	±0.15	±0.24	±0.375	±0.6	±0.9
6	10	±05	±0.75	±1.25	±2	±3	±4.5	±7.5	±11	±18	±29	±45	±0.075	±0.11	±0.18	±0.29	±0.45	±0.75	±1.1
10	18	±06	±1	±1.5	±2.5	±4	±5.5	±9	±13.5	±21.5	±35	±55	±0.09	±0.135	±0.215	±0.35	±0.55	±0.9	±1.35
18	30	±075	±1.25	±2	±3	±4.5	±6.5	±10.5	±16.5	±26	±42	±65	±0.105	±0.165	±0.26	±0.42	±0.65	±1.05	±1.65
30	50	±0.75	±1.25	±2	±3.5	±5.5	±8	±12.5	±19.5	±31	±50	±80	±0.125	±0.195	±0.31	±0.5	±0.8	±1.25	±1.95
50	80	±1	±1.5	±2.5	±4	±6.5	±9.5	±15	±23	±37	±60	±95	±0.15	±0.23	±0.37	±0.6	±0.95	±1.5	±2.3
80	120	±1.25	±2	±3	±5	±7.5	±11	±17.5	±27	±43.5	±70	±110	±0.175	±0.27	±0.435	±0.7	±1.1	±1.75	±2.7
120	180	±1.75	±2.5	±4	±6	±9	±12.5	±20	±31.5	±50	±80	±125	±0.2	±0.315	±0.5	±0.8	±1.25	±2	±3.15
180	250	±2.25	±3.5	±5	±7	±10	±14.5	±23	±36	±57.5	±92.5	±145	±0.23	±0.36	±0.575	±0.925	±1.45	±2.3	±3.6
250	315	±3	±4	±6	±8	±11.5	±16	±26	±40.5	±65	±105	±160	±0.26	±0.4O5	±0.65	±1.05	±1.6	±2.6	±4.05
315	400	±3.5	±4.5	±6.5	±9	±12.5	±18	±28.5	±44.5	±70	±115	±180	±0.285	±0.445	±0.7	±1.15	±1.8	±2.85	±4.45
400	500	±4	±5	±7.5	±10	±13.5	±20	±31.5	±48.5	±77.5	±125	±200	±0.315	±0.485	±0.775	±1.25	±2	±3.15	±4.85
500	630	±4.5	±5.5	±8	±11	±16	±22	±35	±55	±87.5	±140	±220	±0.35	±0.55	±0.875	±1.4	±2.2	±3.5	±5.5
630	800	±5	±6.5	±9	±12.5	±18	±25	±40	±62.5	±100	±160	±250	±0.4	±0.625	±1	±1.6	±2.5	±4	±6.25
800	1,000	±5.5	±7.5	±10.5	±15	±20	±28	±45	±70	±115	±180	±280	±0.45	±0.7	±1.15	±1.8	±2.8	±4.5	±7
1,000	1,250	±6.5	±9	±12	±16.5	±23.5	±33	±52.5	±82.5	±130	±210	±330	±0.525	±0.825	±1.3	±2.1	±3.3	±5.25	±8.25
1,250	1,600	±7.5	±10.5	±14.5	±19.5	±27.5	±39	±62.5	±97.5	±155	±250	±390	±0.625	±0.975	±1.55	±2.5	±3.9	±6.25	±9.75
1,600	2,000	±9	±12.5	±17.5	±23	±32.5	±46	±75	±115	±185	±300	±460	±0.75	±1.15	±1.85	±3	±4.6	±7.5	±11.5
2,000	2,500	±11	±15	±20.5	±27.5	±39	±55	±87.5	±140	±220	±350	±550	±0.875	±1.4	±2.2	±3.5	±5.5	±8.75	±14
2,500	3,150	±13	±18	±25	±34	±48	±67.5	±105	±165	±270	±430	±675	±1.05	±1.65	±2.7	±4.3	±6.75	±10.5	±16.5

註(a) 爲避免重複列出相同數值，本表所列數值爲 "±x"；此數值可解釋爲 ES=+x 且 EI=-X，例: $^{+0.23}_{-0.23}$ mm

(b) 公差等級爲 IT14 至 IT16 不適用於標稱尺度在 1mm 以下者。

表 7-6.40 軸之限界偏差(基本偏差 j 及 k)
上限界偏差=es
下限界偏差=ei

偏差單位：μm

標稱尺度 mm		j				k										
大於	至	5[a]	6[a]	7[a]	8	3	4	5	6	7	8	9	10	11	12	13
—	3	±2	+4 -2	+6 -4	+8 -6	+2 0	+3 0	+4 0	+6 0	+10 0	+14 0	+25 0	+40 0	+60 0	+100 0	+140 0
3	6	+3 -2	+6 -2	+8 -4		+2.5 0	+5 +1	+6 +1	+9 +1	+13 +1	+18 0	+30 0	+48 0	+75 0	+120 0	+190 0
6	10	+4 -2	+7 -2	+10 -15		+2.5 0	+5 +1	+7 +1	+10 +1	+16 +1	+22 0	+36 0	+58 0	+90 0	+150 0	+220 0
0	18	+5 -3	+8 -3	+12 -6		+3 0	+6 +1	+9 +1	+12 +1	+19 +1	+27 0	+43 0	+70 0	+110 0	+180 0	+270 0
8	30	+5 -4	+9 -4	+13 -8		+4 0	+8 +2	+11 +2	+15 +2	+23 +2	+33 0	+52 0	+84 0	+130 0	+210 0	+330 0
0	50	+6 -5	+11 -5	+15 -10		+4 0	+9 +2	+13 +2	+18 +2	+27 +2	+39 0	+62 0	+100 0	+160 0	+250 0	+390 0
0	80	+6 -7	+12 -7	+18 -12			+10 +2	+15 +2	+21 +2	+32 +2	+46 0	+74 0	+120 0	+190 0	+300 0	+460 0
0	120	+6 -9	+13 -9	+20 -15			+13 +3	+18 +3	+25 +3	+38 +3	+54 0	+87 0	+140 0	+220 0	+350 0	+540 0
0	180	+7 -11	+14 -11	+22 -18			+15 +3	+21 +3	+28 +3	+43 +3	+63 0	+100 0	+160 0	+250 0	+400 0	+630 0
0	250	+7 -13	+16 -13	+25 -21			+18 +4	+24 +4	+33 +4	+50 +4	+72 0	+115 0	+185 0	+290 0	+460 0	+720 0
0	315	+7 -16	±16	±26			+20 +4	+27 +4	+36 +4	+56 +4	+81 0	+130 0	+210 0	+320 0	+520 0	+810 0
5	400	+7 -18	±18	+29 -28			+22 +4	+29 +4	+40 +4	+61 +4	+89 0	+140 0	+230 0	+360 0	+570 0	+890 0
0	500	+7 -20	±20	+31 -32			+25 +5	+32 +5	+45 +5	+68 +5	+97 0	+155 0	+250 0	+400 0	+630 0	+970 0
0	630								+44 0	+70 0	+110 0	+175 0	+280 0	+440 0	+700 0	+1,100 0
0	800								+50 0	+80 0	+125 0	+200 0	+320 0	+500 0	+800 0	+1,250 0
0	1,000								+56 0	+90 0	+140 0	+230 0	+360 0	+560 0	+900 0	+1,400 0
000	1,250								+66 0	+105 0	+165 0	+260 0	+420 0	+660 0	+1,050 0	+1,650 0
250	1,600								+78 0	+125 0	+195 0	+310 0	+500 0	+780 0	+1,250 0	+1,950 0
600	2,000								+92 0	+150 0	+230 0	+370 0	+600 0	+920 0	+1,500 0	+2,300 0
000	2,500								+110 0	+175 0	+280 0	+440 0	+700 0	+1,100 0	+1,750 0	+2,800 0
500	3,150								+135 0	+210 0	+330 0	+540 0	+860 0	+1,350 0	+2,100 0	+3,300 0

[a] j5、j6 及 j7 以 "±x" 形式表示之數值與在該標稱尺度範圍之公差類別爲 js5、js6 及 js7 之數值相同。

7

表 7-6.41 軸之限界偏差(基本偏差 m 及 n)
上限界偏差=es
下限界偏差=ei

偏差單位：μm

標稱尺度 mm		m							n						
大於	至	3	4	5	6	7	8	9	3	4	5	6	7	8	9
—	3	+4 +2	+5 +2	+6 +2	+8 +2	+12 +2	+16 +2	+27 +2	+6 +4	+7 +4	+8 +4	+10 +4	+14 +4	+18 +4	+29 +4
3	6	+6.5 +4	+8 +4	+9 +4	+12 +4	+16 +4	+22 +4	+34 +4	+10.5 +8	+12 +8	+13 +8	+16 +8	+20 +8	+26 +8	+38 +8
6	10	+8.5 +6	+10 +6	+12 +6	+15 +6	+21 +6	+28 +6	+42 +6	+12.5 +10	+14 +10	+16 +10	+19 +10	+25 +10	+32 +10	+46 +10
10	18	+10 +7	+12 +7	+15 +7	+18 +7	+25 +7	+34 +7	+50 +7	+15 +12	+17 +12	+20 +12	+23 +12	+30 +12	+39 +12	+55 +12
18	30	+12 +8	+14 +8	+17 +8	+21 +8	+29 +8	+41 +8	+60 +8	+19 +15	+21 +15	+24 +15	+28 +15	+36 +15	+48 +15	+67 +15
30	50	+13 +9	+16 +9	+20 +9	+25 +9	+34 +9	+48 +9	+71 +9	+21 +17	+24 +17	+28 +17	+33 +17	+42 +17	+56 +17	+79 +17
50	80		+19 +11	+24 +11	+30 +11	+41 +11				+28 +20	+33 +20	+39 +20	+50 +20		
80	120		+23 +13	+28 +13	+35 +13	+48 +13				+33 +23	+38 +23	+45 +23	+58 +23		
120	180		+27 +15	+33 +15	+40 +15	+55 +15				+39 +27	+45 +27	+52 +27	+67 +27		
180	250		+31 +17	+37 +17	+46 +17	+63 +17				+45 +31	+51 +31	+60 +31	+77 +31		
250	315		+36 +20	+43 +20	+52 +20	+72 +20				+50 +34	+57 +31	+66 +34	+86 +34		
315	400		+39 +21	+46 +21	+57 +21	+78 +21				+55 +37	+62 +37	+73 +37	+94 +37		
400	500		+43 +23	+50 +23	+63 +23	+86 +23				+60 +40	+67 +40	+80 +40	+103 +40		
500	630				+70 +26	+96 +26						+88 +44	+114 +44		
630	800				+80 +30	+110 +30						+100 +50	+130 +50		
800	1,000				+90 +34	+124 +34						+112 +56	+146 +56		
1,000	1,250				+106 +40	+145 +40						+132 +66	+171 +66		
1,250	1,600				+126 +48	+173 +48						+156 +78	+203 +78		
1,600	2,000				+150 +58	+208 +58						+184 +92	+242 +92		
2,000	2,500				+178 +68	+243 +68						+220 +110	+285 +110		
2,500	3,150				+211 +76	+286 +76						+270 +135	+345 +135		

表 7-6.42 軸之限界偏差(基本偏差 p)
上限界偏差=es
下限界偏差=ei

偏差單位：μm

標稱尺度 mm		p							
大於	至	3	4	5	6	7	8	9	10
—	3	+8 +6	+9 +6	+10 +6	+12 +6	+16 +6	+20 +6	+31 +6	+46 +6
3	6	+14.5 +12	+16 +12	+17 +12	+20 +12	+24 +12	+30 +12	+42 +12	+60 +12
6	10	+17.5 +15	+19 +15	+21 +15	+24 +15	+30 +15	+37 +15	+51 +15	+73 +15
10	18	+21 +18	+23 +18	+26 +18	+29 +18	+36 +18	+45 +18	+61 +18	+88 +18
18	30	+26 +22	+28 +22	+31 +22	+35 +22	+43 +22	+55 +22	+74 +22	+106 +22
30	50	+30 +26	+33 +26	+37 +26	+42 +26	+51 +26	+65 +26	+88 +26	+126 +26
50	80		+40 +32	+45 +32	+51 +32	+62 +32	+78 +32		
80	120		+47 +37	+52 +37	+59 +37	+72 +37	+91 +37		
120	180		+55 +43	+61 +43	+68 +43	+83 +43	+106 +43		
180	250		+64 +50	+70 +50	+79 +50	+96 +50	+122 +50		
250	315		+72 +56	+79 +56	+88 +56	+108 +56	+137 +56		
315	400		+80 +62	+87 +62	+98 +62	+119 +62	+151 +62		
400	500		+88 +68	+95 +68	+108 +68	+131 +68	+165 +68		
500	630				+122 +78	+148 +78	+188 +78		
620	800				+138 +88	+168 +88	+213 +88		
800	1,000				+156 +100	+190 +100	+240 +100		
,000	1,250				+186 +120	+225 +120	+285 +120		
,250	1,600				+218 +140	+265 +140	+335 +140		
,600	2,000				+262 +170	+320 +170	+400 +170		
,000	2,500				+305 +195	+370 +195	+475 +195		
,500	3,150				+375 +240	+450 +240	+570 +240		

表 7-6.43 軸之限界偏差(基本偏差 r)
上限界偏差=es
下限界偏差=ei

偏差單位

標稱尺度 mm		r							
大於	至	3	4	5	6	7	8	9	10
—	3	+12	+13	+14	+16	+20	+24	+35	+50
		+10	+10	+10	+10	+10	+10	+10	+10
3	6	+17.5	+19	+20	+23	+27	+33	+45	+63
		+15	+15	+15	+15	+15	+15	+15	+15
6	10	+21.5	+23	+25	+28	+34	+41	+55	+77
		+19	+19	+19	+19	+19	+19	+19	+19
10	18	+26	+28	+31	+34	+41	+50	+66	+93
		+23	+23	+23	+23	+23	+23	+23	+23
18	30	+32	+34	+37	+41	+49	+61	+80	+112
		+28	+28	+28	+28	+28	+28	+28	+28
30	50	+38	+41	+45	+50	+59	+73	+96	+134
		+34	+34	+34	+34	+34	+34	+34	+34
50	65		+49	+54	+60	+71	+87		
			+41	+41	+41	+41	+41		
65	80		+51	+56	+62	+73	+89		
			+43	+43	+43	+43	+43		
80	100		+61	+66	+73	+86	+105		
			+51	+51	+51	+51	+51		
100	120		+64	+69	+76	+89	+108		
			+54	+54	+54	+54	+54		
120	140		+75	+81	+88	+103	+126		
			+63	+63	+63	+63	+63		
140	160		+77	+83	+90	+105	+128		
			+65	+65	+65	+65	+65		
160	180		+80	+86	+93	+108	+131		
			+68	+68	+68	+68	+68		
180	200		+91	+97	+106	+123	+149		
			+77	+77	+77	+77	+77		
200	225		+94	+100	+109	+126	+152		
			+80	+80	+80	+80	+80		
225	250		+98	+104	+113	+130	+156		
			+84	+84	+84	+84	+84		
250	280		+110	+117	+126	+146	+175		
			+94	+94	+94	+94	+94		
280	315		+114	+121	+130	+150	+179		
			+98	+98	+98	+98	+98		
315	355		+126	+133	+144	+165	+197		
			+108	+108	+108	+108	+108		
355	400		+132	+139	+150	+171	+203		
			+114	+114	+114	+114	+114		
400	450		+146	+153	+166	+189	+223		
			+126	+126	+126	+126	+126		
450	500		+152	+159	+172	+195	+229		
			+132	+132	+132	+132	+132		

表 7-6.43 軸之限界偏差(基本偏差 r)(續)

偏差單位：μm

標稱尺度 mm		r							
大於	至	3	4	5	6	7	8	9	10
500	560				+194 +150	+220 +150	+260 +150		
560	630				+199 +155	+225 +155	+265 +155		
630	710				+225 +175	+255 +175	+300 +175		
710	800				+235 +185	+265 +185	+310 +185		
800	900				+266 +210	+300 +210	+350 +210		
900	1,000				+276 +220	+310 +220	+360 +220		
000	1,120				+316 +250	+355 +250	+415 +250		
120	1,250				+326 +260	+365 +260	+425 +260		
250	1,400				+378 +300	+425 +300	+495 +300		
400	1,600				+408 +330	+455 +330	+525 +330		
600	1,800				+462 +370	+520 +370	+600 +370		
800	2,000				+492 +400	+550 +400	+630 +400		
000	2,240				+550 +440	+615 +440	+720 +440		
240	2,500				+570 +460	+635 +460	+740 +460		
500	2,800				+685 +550	+760 +550	+880 +550		
800	3,150				+715 +580	+790 +580	+910 +580		

表 7-6.44 軸之限界偏差(基本偏差 s)
上限界偏差=es
下限界偏差=ei

偏差單位

標稱尺度 mm		s							
大於	至	3	4	5	6	7	8	9	10
—	3	+16	+17	+18	+20	+24	+28	+39	+54
		+14	+14	+14	+14	+14	+14	+14	+14
3	6	+21.5	+23	+24	+27	+31	+37	+49	+67
		+19	+19	+19	+19	+19	+19	+19	+19
6	10	+25.5	+27	+29	+32	+38	+45	+59	+81
		+23	+23	+23	+23	+23	+23	+23	+23
10	18	+31	+33	+36	+39	+46	+55	+71	+98
		+28	+28	+28	+28	+28	+28	+28	+28
18	30	+39	+41	+44	+48	+56	+68	+87	+119
		+35	+35	+35	+35	+35	+35	+35	+35
30	50	+47	+50	+54	+59	+68	+82	+105	+143
		+43	+43	+43	+43	+43	+43	+43	+43
50	65		+61	+66	+72	+83	+99	+127	
			+53	+53	+53	+53	+53	+53	
65	80		+67	+72	+78	+89	+105	+133	
			+59	+59	+59	+59	+59	+59	
80	100		+81	+86	+93	+106	+125	+158	
			+71	+71	+71	+71	+71	+71	
100	120		+89	+94	+101	+114	+133	+166	
			+79	+79	+79	+79	+79	+79	
120	140		+104	+110	+117	+132	+155	+192	
			+92	+92	+92	+92	+92	+92	
140	160		+112	+118	+125	+140	+163	+200	
			+100	+100	+100	+100	+100	+100	
160	180		+120	+126	+133	+148	+171	+208	
			+108	+108	+108	+108	+108	+108	
180	200		+136	+142	+151	+168	+194	+237	
			+122	+122	+122	+122	+122	+122	
200	225		+144	+150	+159	+176	+202	+245	
			+130	+130	+130	+130	+130	+130	
225	250		+154	+160	+169	+186	+212	+255	
			+140	+140	+140	+140	+140	+140	
250	280		+174	+181	+190	+210	+239	+288	
			+158	+158	+158	+158	+158	+158	
280	315		+186	+193	+202	+222	+251	+300	
			+170	+170	+170	+170	+170	+170	
315	355		+208	+215	+226	+247	+279	+330	
			+190	+190	+190	+190	+190	+190	
355	400		+226	+233	+244	+265	+297	+348	
			+208	+208	+208	+208	+208	+208	
400	450		+252	+259	+272	+295	+329	+387	
			+232	+232	+232	+232	+232	+232	
450	500		+272	+279	+292	+315	+349	+407	
			+252	+252	+252	+252	+252	+252	

表 7-6.44 軸之限界偏差(基本偏差 s) (續)

偏差單位：μm

標稱尺度 mm		s							
大於	至	3	4	5	6	7	8	9	10
0	560				+324 +280	+350 +280	+390 +280		
0	630				+354 +310	+380 +310	+420 +310		
0	710				+390 +340	+420 +340	+465 +340		
0	800				+430 +380	+460 +380	+505 +380		
0	900				+486 +430	+520 +430	+570 +430		
0	1,000				+526 +470	+560 +470	+610 +470		
00	1,120				+586 +520	+625 +520	+685 +520		
20	1,250				+646 +580	+685 +580	+745 +580		
50	1,400				+718 +640	+765 +640	+835 +640		
00	1,600				+798 +720	+845 +720	+915 +720		
00	1,800				+912 +820	+970 +820	+1,050 +820		
00	2,000				+1,012 +920	+1,070 +920	+1,150 +920		
00	2,240				+1,110 +1,000	+1,175 +1,000	+1,280 +1,000		
40	2,500				+1,210 +1,100	+1,275 +1,100	+1,380 +1,100		
00	2,800				+1,385 +1,250	+1,460 +1,250	+1,580 +1,250		
00	3,150				+1,535 +1,400	+1,610 +1,400	+1,730 +1,400		

表 7-6.45 軸之限界偏差(基本偏差 t 及 u)
上限界偏差=es
下限界偏差=ei

偏差單位

標稱尺度 mm		t[a]				u				
大於	至	5	6	7	8	5	6	7	8	9
—	3					+22	+24	+28	+32	+43
						+18	+18	+18	+18	+18
3	6					+28	+31	+35	+41	+53
						+23	+23	+23	+23	+23
6	10					+34	+37	+43	+50	+64
						+28	+28	+28	+28	+28
10	18					+41	+44	+51	+60	+76
						+33	+33	+33	+33	+33
18	24					+50	+54	+62	+74	+93
						+41	+41	+41	+41	+41
24	30	+50	+54	+62	+74	+57	+61	+69	+81	+100
		+41	+41	+41	+41	+48	+48	+48	+48	+48
30	40	+59	+64	+73	+87	+71	+76	+85	+99	+122
		+48	+48	+48	+48	+60	+60	+60	+60	+60
40	50	+65	+70	+79	+93	+81	+86	+95	+109	+132
		+54	+54	+54	+54	+70	+70	+70	+70	+70
50	65	+79	+85	+96	+112	+100	+106	+117	+133	+161
		+66	+66	+66	+66	+87	+87	+87	+87	+87
65	80	+88	+94	+105	+121	+115	+121	+132	+148	+176
		+75	+75	+75	+75	+102	+102	+102	+102	+102
80	100	+106	+113	+126	+145	+139	+146	+159	+178	+211
		+91	+91	+91	+91	+124	+124	+124	+124	+124
100	120	+119	+126	+139	+158	+159	+166	+179	+198	+231
		+104	+104	+104	+104	+144	+144	+144	+144	+144
120	140	+140	+147	+162	+185	+188	+195	+210	+233	+270
		+122	+122	+122	+122	+170	+170	+170	+170	+170
140	160	+152	+159	+174	+197	+208	+215	+230	+253	+290
		+134	+134	+134	+134	+190	+190	+190	+190	+190
160	180	+164	+171	+186	+209	+228	+235	+250	+273	+310
		+146	+146	+146	+146	+210	+210	+210	+210	+210
180	200	+186	+195	+212	+238	+256	+265	+282	+308	+351
		+166	+166	+166	+166	+236	+236	+236	+236	+236
200	225	+200	+209	+226	+252	+278	+287	+304	+330	+373
		+180	+180	+180	+180	+258	+258	+258	+258	+258
225	250	+216	+225	+242	+268	+304	+313	+330	+356	+399
		+196	+196	+196	+196	+284	+284	+284	+284	+284
250	280	+241	+250	+270	+299	+338	+347	+367	+396	+445
		+218	+218	+180	+218	+315	+315	+315	+315	+315
280	315	+263	+272	+292	+321	+373	+382	+402	+431	+480
		+240	+240	+240	+240	+350	+350	+350	+350	+350
315	355	+293	+304	+325	+357	+415	+426	+447	+479	+530
		+268	+268	+268	+268	+390	+390	+390	+390	+390
355	400	+319	+330	+351	+383	+460	+471	+492	+524	+575
		+294	+294	+294	+294	+435	+435	+435	+435	+435
400	450	+357	+370	+393	+427	+517	+530	+553	+587	+645
		+330	+330	+330	+330	+490	+490	+490	+490	+490
450	500	+387	+400	+423	+457	+567	+580	+603	+637	+695
		+360	+360	+360	+360	+540	+540	+540	+540	+540

表 7-6.45 軸之限界偏差(基本偏差 t 及 u)(續)

偏差單位：μm

標稱尺度 mm		t[a]				u				
大於	至	5	6	7	8	5	6	7	8	9
0	560		+444 +400	+470 +400			+644 +600	+670 +600	+710 +600	
0	630		+494 +450	+520 +450			+704 +660	+735 +660	+770 +660	
0	710		+550 +500	+580 +500			+790 +740	+820 +740	+865 +740	
0	800		+610 +560	+640 +560			+890 +840	+920 +840	+965 +840	
0	900		+676 +620	+710 +620			+996 +940	+1,030 +940	+1,080 +940	
0	1,000		+736 +680	+770 +680			+1,106 +1,050	+1,140 +1,050	+1,190 +1,050	
00	1,120		+846 +780	+885 +780			+1,216 +1,150	+1,255 +1,150	+1,315 +1,150	
20	1,250		+906 +840	+945 +840			+1,366 +1,300	+1,405 +1,300	+1,465 +1,300	
50	1,400		+1,038 +960	+1,085 +960			+1,528 +1,450	+1,575 +1,450	+1,645 +1,450	
00	1,600		+1,128 +1,050	+1,175 +1,050			+1,678 +1,600	+1,725 +1,600	+1,795 +1,600	
00	1,800		+1,292 +1,200	+1,350 +1,200			+1,924 +1,850	+2,000 +1,850	+2,080 +1,850	
00	2,000		+1,442 +1,350	+1,500 +1,350			+2,092 +2,000	+2,150 +2,000	+2,230 +2,000	
00	2,240		+1,610 +1,500	+1,675 +1,500			+2,410 +2,300	+2,475 +2,300	+2,580 +2,300	
40	2,500		+1,760 +1,650	+1,825 +1,650			+2,610 +2,500	+2,675 +2,500	+2,780 +2,500	
00	2,800		+2,035 +1,900	+2,110 +1,900			+3,035 +2,900	+3,110 +2,900	+3,230 +2,900	
00	3,150		+2,235 +2,100	+2,310 +2,100			+3,335 +3,200	+3,410 +3,200	+3,530 +3,200	

) 標稱尺度在 24mm 以下，公差類別 t5 至 t8 並未列出。建議以公差類別 u5 至 u8 取代。

7

表 7-6.46 軸之限界偏差(基本偏差 v 、x 及 y)
上限界偏差=es
下限界偏差=ei

偏差單位

標稱尺度 mm		V(b)				x						Y(c)				
大於	至	5	6	7	8	5	6	7	8	9	10	6	7	8	9	
—	3					+24 +20	+26 +20	+30 +20	+34 +20	+45 +20	+60 +20					
3	6					+23 +28	+36 +28	+40 +28	+46 +28	+58 +28	+76 +28					
6	10					+40 +34	+43 +34	+49 +34	+56 +34	+70 +34	+92 +34					
10	14					+48 +40	+51 +40	+58 +40	+67 +40	+83 +40	+110 +40					
14	18	+47 +39	+50 +39	+57 +39	+66 +39	+53 +45	+56 +45	+63 +45	+72 +45	+88 +45	+115 +45					
18	24	+56 +47	+60 +47	+68 +47	+80 +47	+63 +54	+67 +54	+75 +54	+87 +54	+106 +54	+138 +54	+76 +63	+84 +63	+96 +63	+115 +63	+1 +6
24	30	+64 +55	+68 +55	+76 +55	+88 +55	+73 +64	+77 +64	+85 +64	+97 +64	+116 +64	+148 +64	+88 +75	+96 +75	+108 +75	+127 +75	+1 +7
30	40	+79 +68	+84 +68	+93 +68	+107 +68	+91 +80	+96 +80	+105 +80	+119 +80	+142 +80	+180 +80	+110 +94	+119 +94	+133 +94	+156 +94	+1 +9
40	50	+92 +81	+97 +81	+106 +81	+120 +81	+108 +97	+113 +97	+122 +97	+136 +97	+159 +97	+197 +97	+130 +114	+139 +94	+153 +114	+176 +114	+2 +1
50	65	+115 +102	+121 +102	+132 +102	+148 +102	+135 +122	+141 +122	+152 +122	+168 +122	+196 +122	+242 +122	+163 +114	+174 +144	+190 +144		
65	80	+133 +120	+139 +120	+150 +120	+166 +120	+159 +146	+165 +146	+176 +146	+192 +146	+220 +146	+266 +146	+193 +174	+204 +174	+220 +174		
80	100	+161 +146	+168 +146	+181 +146	+200 +146	+193 +178	+200 +178	+213 +178	+232 +178	+265 +178	+318 +178	+236 +214	+249 +214	+268 +214		
100	120	+187 +172	+194 +172	+207 +172	+226 +172	+225 +210	+232 +210	+245 +210	+264 +210	+297 +210	+350 +210	+276 +254	+289 +254	+308 +254		
120	140	+220 +202	+227 +202	+242 +202	+265 +202	+266 +248	+273 +248	+288 +248	+311 +248	+348 +248	+408 +248	+325 +300	+340 +300	+363 +300		
140	160	+246 +228	+253 +228	+268 +228	+291 +228	+298 +280	+305 +280	+320 +280	+343 +280	+380 +280	+440 +280	+365 +340	+380 +340	+403 +340		
160	180	+270 +252	+277 +252	+292 +252	+315 +252	+328 +310	+335 +310	+350 +310	+373 +310	+410 +310	+470 +310	+405 +380	+420 +380	+443 +380		
180	200	+304 +284	+313 +284	+330 +284	+356 +284	+370 +350	+379 +350	+396 +350	+422 +350	+465 +350	+535 +350	+454 +425	+471 +425	+497 +425		
200	225	+330 +310	+339 +310	+356 +310	+382 +310	+405 +385	+414 +385	+431 +385	+457 +385	+500 +385	+570 +585	+499 +470	+516 +470	+542 +470		
225	250	+360 +340	+369 +340	+386 +340	+412 +340	+445 +425	+454 +425	+471 +425	+497 +425	+540 +425	+610 +425	+549 +520	+566 +520	+592 +520		
250	280	+408 +385	+417 +385	+437 +385	+466 +385	+498 +475	+507 +475	+527 +475	+556 +475	+650 +475	+685 +475	+612 +580	+632 +580	+661 +580		
280	315	+448 +325	+457 +425	+477 +425	+506 +425	+548 +525	+557 +525	+577 +525	+606 +525	+655 +525	+735 +525	+682 +650	+702 +650	+731 +650		
315	355	+500 +475	+511 +575	+532 +475	+564 +475	+615 +590	+626 +590	+647 +590	+679 +590	+730 +590	+820 +590	+766 +730	+787 +730	+819 +730		
355	400	+555 +530	+566 +530	+587 +530	+619 +530	+685 +660	+696 +660	+717 +660	+749 +660	+800 +660	+890 +660	+856 +820	+877 +820	+909 +820		
400	450	+622 +595	+635 +595	+658 +595	+692 +595	+767 +740	+780 +740	+803 +740	+837 +740	+895 +740	+990 +740	+960 +920	+983 +920	+1,017 +920		
450	500	+687 +660	+700 +660	+723 +660	+757 +660	+847 +820	+860 +820	+883 +820	+917 +820	+975 +820	+1,070 +820	+1,040 +1,000	+1,063 +1,000	+1,097 +1,000		

註(a) 基礎偏差 V、X 及 Y 不適用於標稱尺度大於 500mm 者。
(b)標稱尺度在 14mm 以下，公差類別 V5 至 V8 並未列出。建議以公差類別 X5 至 X8 取代。
(c)標稱尺度在 18mm 以下，公差類別 Y6 至 Y10 並未列出。建議公差類別 Z6 至 Z10 取代。

表 7-6.47 軸之限界偏差(基本偏差 z 及 za)
上限界偏差=es
下限界偏差=ei

偏差單位：μm

標稱尺度 mm		z						za					
於	至	6	7	8	9	10	11	6	7	8	9	10	11
—	3	+32	+36	+40	+51	+66	+86	+38	+42	+46	+57	+72	+92
		+26	+26	+26	+26	+26	+26	+32	+32	+32	+32	+32	+32
	6	+43	+47	+53	+65	+83	+110	+50	+54	+60	+72	+90	+117
		+35	+35	+35	+35	+35	+35	+42	+42	+42	+42	+42	+42
	10	+51	+57	+64	+78	+100	+132	+61	+67	+74	+88	+110	+142
		+42	+42	+42	+42	+42	+42	+52	+52	+52	+52	+52	+52
	14	+61	+68	+77	+93	+120	+160	+75	+82	+91	+107	+134	+174
		+50	+50	+50	+50	+50	+50	+64	+64	+64	+64	+64	+64
	18	+71	+78	+87	+103	+130	+170	+88	+95	+104	+120	+147	+187
		+60	+60	+60	+60	+60	+60	+77	+77	+77	+77	+77	+77
	24	+86	+94	+106	+125	+157	+203	+111	+119	+131	+150	+182	+228
		+73	+73	+73	+73	+73	+73	+98	+98	+98	+98	+98	+98
	30	+101	+109	+121	+140	+172	+218	+131	+139	+151	+170	+202	+248
		+88	+88	+88	+88	+88	+88	+118	+118	+118	+118	+118	+118
	40	+128	+137	+151	+174	+212	+272	+164	+173	+187	+210	+248	+308
		+112	+112	+112	+112	+112	+112	+148	+148	+148	+148	+148	+148
	50	+152	+161	+175	+198	+236	+296	+196	+205	+219	+242	+280	+340
		+136	+136	+136	+136	+136	+136	+180	+180	+180	+180	+180	+180
	65	+191	+202	+218	+246	+292	+362	+245	+256	+272	+300	+346	+416
		+172	+172	+172	+172	+172	+172	+226	+226	+226	+226	+226	+226
	80	+229	+240	+256	+284	+330	+400	+293	+304	+320	+348	+394	+464
		+210	+210	+210	+210	+210	+210	+274	+274	+274	+274	+274	+274
	100	+280	+293	+312	+345	+398	+478	+357	+370	+389	+422	+475	+555
		+258	+258	+258	+258	+258	+258	+335	+335	+335	+335	+335	+335
	120	+332	+345	+364	+397	+450	+530	+422	+435	+454	+487	+540	+620
		+310	+310	+310	+310	+310	+310	+400	+400	+400	+400	+400	+400
	140	+390	+405	+428	+465	+525	+615	+495	+510	+533	+570	+630	+720
		+365	+365	+365	+365	+365	+365	+470	+470	+470	+470	+470	+470
	160	+440	+455	+478	+515	+575	+665	+560	+575	+598	+635	+695	+785
		+415	+415	+415	+415	+415	+415	+535	+535	+535	+535	+535	+535
	180	+490	+505	+528	+565	+625	+715	+625	+640	+663	+700	+760	+850
		+465	+465	+465	+465	+465	+465	+600	+600	+600	+600	+600	+600
	200	+549	+566	+592	+635	+705	+810	+699	+716	+742	+785	+855	+960
		+520	+520	+520	+520	+520	+520	+670	+670	+670	+670	+670	+670
	225	+604	+621	+647	+690	+760	+865	+769	+786	+812	+855	+925	+1,030
		+575	+575	+575	+575	+575	+575	+740	+740	+740	+740	+740	+740
	250	+669	+686	+712	+755	+825	+930	+849	+866	+892	+935	+1,005	+1,100
		+640	+640	+640	+640	+640	+640	+820	+820	+820	+820	+820	+820
	280	+742	+762	+791	+840	+920	+1,030	+952	+972	+1,001	+1,050	+1,130	+1,240
		+710	+710	+710	+710	+710	+710	+920	+910	+920	+920	+920	+920
	315	+822	+842	+871	+920	+1,000	+1,110	+1,032	+1,052	+1,081	+1,130	+1,210	+1,320
		+790	+790	+790	+790	+790	+790	+1,000	+1,000	+1,000	+1,000	+1,000	+1,000
	355	+936	+957	+989	+1,040	+1,130	+1,260	+1,186	+1,207	+1,239	+1,290	+1,380	+1,510
		+900	+900	+900	+900	+900	+900	+1,150	+1,150	+1,150	+1,150	+1,150	+1,150
	400	+1,036	+1,057	+1,089	+1,140	+1,230	+1,360	+1,336	+1,357	+1,389	+1,440	+1,530	+1,660
		+1,000	+1,000	+1,000	+1,000	+1,000	+1,000	+1,300	+1,300	+1,300	+1,300	+1,300	+1,300
	450	+1,140	+1,163	+1,197	+1,255	+1,350	+1,500	+1,490	+1,513	+1,547	+1,605	+1,700	+1,850
		+1,100	+1,100	+1,100	+1,100	+1,100	+1,100	+1,450	+1,450	+1,450	+1,450	+1,450	+1,450
	500	+1,290	+1,313	+1,347	+1,405	+1,300	+1,650	+1,640	+1,663	+1,697	+1,755	+1,850	+2,000
		+1,250	+1,250	+1,250	+1,250	+1,250	+1,250	+1,600	+1,600	+1,600	+1,600	+1,600	+1,600

a) 基礎偏差 z 及 za 不適用於標稱尺度大於 500mm 者。

表 7-6.48 軸之限界偏差(基本偏差 zb 及 zc) (a)
上限界偏差=es
下限界偏差=ei

偏差單位：

標稱尺度 mm		zb					zc				
大於	至	7	8	9	10	11	7	8	9	10	11
—	3	+50	+54	+65	+80	+100	+70	+74	+85	+100	+120
		+40	+40	+40	+40	+40	+60	+60	+60	+60	+60
3	6	+62	+68	+80	+98	+125	+92	+98	+110	+128	+155
		+50	+50	+50	+50	+50	+80	+80	+80	+80	+80
6	10	+82	+89	+103	+125	+157	+112	+119	+133	+155	+187
		+67	+67	+67	+67	+67	+97	+97	+97	+97	+97
10	14	+108	+117	+133	+160	+200	+148	+157	+173	+200	+240
		+90	+90	+90	+90	+90	+130	+130	+130	+130	+130
14	18	+126	+135	+151	+178	+218	+168	+177	+193	+220	+260
		+108	+108	+108	+108	+108	+150	+150	+150	+150	+150
18	24	+157	+169	+188	+220	+266	+209	+221	+240	+272	+318
		+136	+136	+136	+136	+136	+188	+188	+188	+188	+188
24	30	+181	+193	+212	+244	+290	+239	+251	+270	+302	+348
		+160	+160	+160	+160	+160	+218	+218	+218	+218	+218
30	40	+225	+239	+262	+300	+360	+299	+313	+336	+374	+434
		+200	+200	+200	+200	+200	+274	+274	+274	+274	+274
40	50	+267	+281	+304	+342	+402	+350	+364	+387	+425	+485
		+242	+242	+242	+242	+242	+325	+325	+325	+325	+325
50	65	+330	+346	+374	+420	+490	+435	+451	+479	+525	+595
		+300	+300	+300	+300	+300	+405	+405	+405	+405	+405
65	80	+390	+406	+434	+480	+550	+510	+526	+554	+600	+670
		+360	+360	+360	+360	+360	+480	+480	+480	+480	+480
80	100	+480	+499	+532	+585	+665	+620	+639	+672	+725	+805
		+445	+445	+445	+445	+445	+585	+585	+585	+585	+585
100	120	+560	+579	+612	+665	+745	+725	+744	+777	+830	+910
		+525	+525	+525	+525	+525	+690	+690	+690	+690	+690
120	140	+660	+683	+720	+780	+870	+840	+863	+900	+960	+1,050
		+620	+620	+620	+620	+620	+800	+800	+800	+800	+800
140	160	+740	+763	+800	+860	+950	+940	+963	+1,000	+1,060	+1,150
		+700	+700	+700	+700	+700	+900	+900	+900	+900	+900
160	180	+820	+843	+880	+940	+1,030	+1,040	+1,063	+1,100	+1,160	+1,250
		+780	+780	+780	+780	+780	+1,000	+1,000	+1,000	+1,000	+1,000
180	200	+926	+952	+ 995	+1,065	+1,170	+1,196	+1,222	+1,265	+1,335	+1,440
		+880	+880	+880	+880	+880	+1,150	+1,150	+1,150	+1,150	+1,150
200	225	+1,006	+1,032	+1,075	+1,145	+1,250	+1,296	+1,322	+1,365	+1,435	+1,540
		+960	+960	+960	+960	+960	+1,250	+1,250	+1,250	+1,250	+1,250
225	250	+1,096	+1,122	+1,165	+1,235	+1,340	+1,396	+1,422	+1,465	+1,535	+1,640
		+1,050	+1,050	+1,050	+1,050	+1,050	+1,350	+1,350	+1,350	+1,350	+1,350
250	280	+1,252	+1,281	+1,330	+1,410	+1,520	+1,602	+1,631	+1,680	+1,760	+1,870
		+1,200	+1,200	+1,200	+1,200	+1,200	+1,550	+1,550	+1,550	+1,550	+1,550
280	315	+1,352	+1,381	+1,430	+1,510	+1,620	+1,752	+1,781	+1,830	+1,910	+2,020
		+1,300	+1,300	+1,300	+1,300	+1,300	+1,700	+1,700	+1,700	+1,700	+1,700
315	355	+1,557	+1,589	+1,640	+1,731	+1,860	+1,957	+1,989	+2,040	+2,130	+2,260
		+1,500	+1,500	+1,500	+1,500	+1,500	+1,900	+1,900	+1,900	+1,900	+1,900
355	400	+1,707	+1,739	+1,790	+1,880	+2,010	+2,157	+2,189	+2,240	+2,330	+2,460
		+1,650	+1,650	+1,650	+1,650	+1,650	+2,100	+2,100	+2,100	+2,100	+2,100
400	450	+1,913	+1,974	+2,005	+2,100	+2,250	+2,463	+2,497	+2,555	+2,650	+2,800
		+1,850	+1,850	+1,850	+1,850	+1,850	+2,400	+2,400	+2,400	+2,400	+2,400
450	500	+2,163	+2,197	+2,255	+2,350	+2,500	+2,663	+2,697	+2,755	+2,850	+3,000
		+2,100	+2,100	+2,100	+2,100	+2,100	+2,600	+2,600	+2,600	+2,600	+2,600

註(a) 基礎偏差 zd 及 zc 不適用於標稱尺度大於 500mm 者。

表 7-6-49 中心距離的容許差(JIS B0613)

單位：μm = 0.001 mm

中心距離區分(mm) 超過	等級 以下	0 級 (參考) (IT5)	1 級 (IT6)	2 級 (IT8)	3 級 (IT10)	4 級 (mm) (IT12)
-	3	±2	±3	±7	±20	±0.05
3	6	±3	±4	±9	±24	±0.06
6	10	±3	±5	±11	±29	±0.08
10	18	±4	±6	±14	±35	±0.09
18	30	±5	±7	±17	±42	±0.11
30	50	±6	±8	±20	±50	±0.13
50	80	±7	±10	±23	±60	±0.15
80	120	±8	±11	±27	±70	±0.18
120	180	±9	±13	±32	±80	±0.20
180	250	±10	±15	±36	±93	±0.23
250	315	±12	±16	±41	±105	±0.26
315	400	±13	±18	±45	±115	±0.29
400	500	±14	±20	±49	±125	±0.32
500	630	-	±22	±55	±140	±0.35
630	800	-	±25	±63	±160	±0.40
800	1000	-	±28	±70	±180	±0.45
1000	1250	-	±33	±83	±210	±0.53
1250	1600	-	±39	±98	±250	±0.63
1600	2000	-	±46	±120	±300	±0.75
2000	2500	-	±55	±140	±350	±0.88
2500	3150	-	±68	±170	±430	±1.05

註：此處所標示為機械加工二孔間的中心距離，或兩軸的中心距離或兩槽的中心距離，或軸與孔，軸與槽等中心距離皆是屬之。

7

7-7 幾何公差符號

幾何公差符號包括幾何公差性質符號，如圖 7-7-1 所示，與附加之符號，如圖 7-7-2 所示。符號之小及畫法，如圖 7-7-3 所示，圖中 h 為標註尺度數字之字高。

形態	公差	公差性質	符號
單一形態	形狀公差	真直度	—
		真平度	⏥
		真圓度	○
		圓柱度	⌭
單一或相關形態		曲線輪廓度	⌒
		曲面輪廓度	⌓
相關形態	方向公差	平行度	//
		垂直度	⊥
		傾斜度	∠
	定位公差	位置度	⌖
		同心度 同軸度	◎
		對稱度	⌯
	偏轉度公差	圓偏轉度	↗
		總偏轉度	⌰

圖 7-7-1 幾何公差性質符號

種類		符號
公差形態之標示	直接	
	用文字	A
基準之標示	直接	
	用文字	A A
基準目標		⌀2 A1
理論上正確尺度		50
延伸公差區域		Ⓟ
最大實體狀況		Ⓜ

圖 7-7-2 幾何公差附加之符號

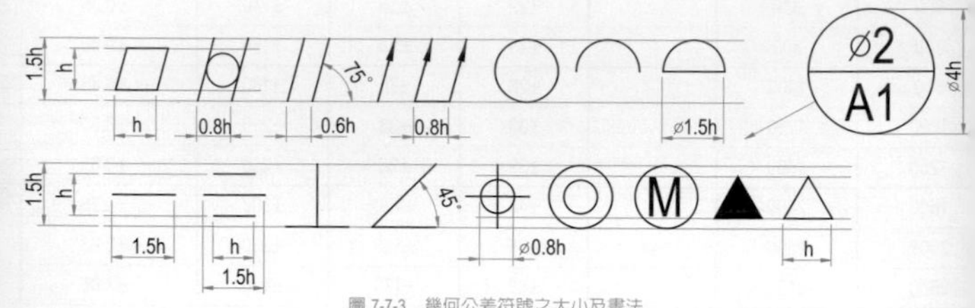

圖 7-7-3 幾何公差符號之大小及畫法

幾何公差標註

幾何公差是用長方形框格和引線表出，框格和引線都以細實線繪製，框格高為尺度數字高(h)的二，長度隨需要而定，如圖 7-8.1 所示，自左起第一格填入幾何公差符號，第二格填入幾何公差數值，示直徑者應在公差數值前加註直徑符號，需要註基準者，第三格填入基準之代號，需要註明有關之解，則寫在框格上方，對同一部位有一個以上之幾何公差者，可將框格上下疊置之，如圖 7-8.2。

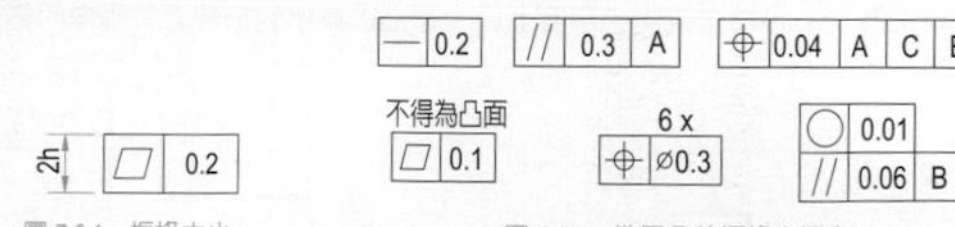

圖 7-8.1　框格大小

圖 7-8.2　幾何公差框格之填寫

用一端帶有箭頭之引線，將框格與管制的形態相連。若將引線的箭頭指在該形態之輪廓線或其延線上，不對準尺度線時，是管制該形態之表面，如圖 7-8.3。

若將引線的箭頭指在該形態之輪廓線或其延長線上，對準尺度線時，是管制該形態之中心軸線或心平面，如圖 7-8.4。

若將引線的箭頭指在中心軸線或中心平面上時，是管制以該中心軸線或中心平面為對稱軸線之所形態，如圖 7-8.5。

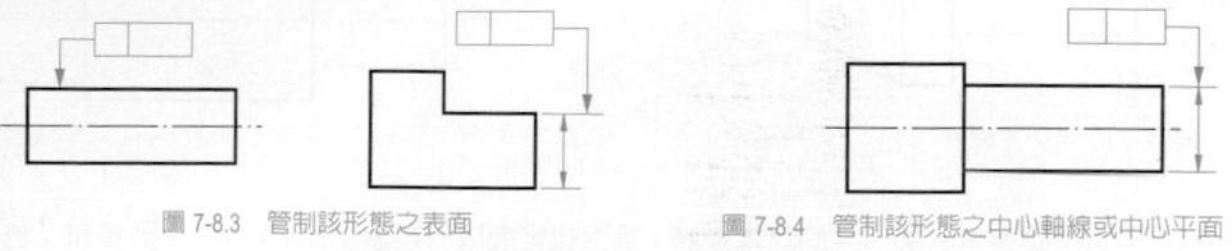

圖 7-8.3　管制該形態之表面

圖 7-8.4　管制該形態之中心軸線或中心平面

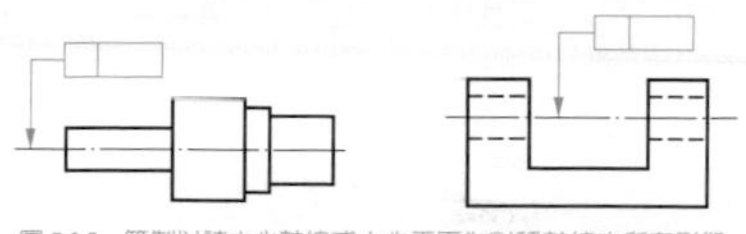

圖 7-8.5　管制以該中心軸線或中心平面為對稱軸線之所有形態

如果基準離開幾何公差的框格不太遠時，可省略基準之框格，而以引線直接連接，基準引線之端加一填黑或空心之正三角形，置於基準上，如圖 7-8.6 所示。如果基準離開幾何公差的框格很遠，不便以引線直接連接時，是單獨使用基準之框格，如圖 7-8.7。

若基準之正三角形置於該形態之輪廓線或其延長線上，引線不對準尺度線時，是以該形態之表為基準，如圖 7-8.6、7-8.7。

若基準之正三角形置於該形態之輪廓線或其延長線上，引線對準尺度線時，是以該中心軸線或心平面為基準，如圖 7-8.8。

若基準之正三角形置於中心軸線或中心平面上時，是指以該所有形態之共同中心軸線或中心平為基準，如圖 7-8.9。

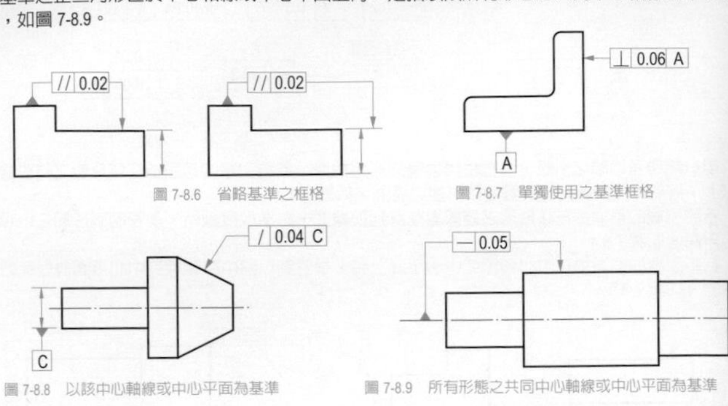

圖 7-8.6 省略基準之框格

圖 7-8.7 單獨使用之基準框格

圖 7-8.8 以該中心軸線或中心平面為基準

圖 7-8.9 所有形態之共同中心軸線或中心平面為基準

若有二個以上之基準合為一共同之基準時，基準代號間以一短劃相連，如圖 7-8.10 所示；若多個準有其優先次序時，則自左至右分格依序填入，如圖 7-8.11 所示；無優先次序時，不必分格填入，如 7-8.12。

圖 7-8.10 二個以上之基準合為一共同之基準

圖 7-8.11 多個基準有其優先次序

圖 7˜8.12 多個基準無優先次序

7-9 理論上正確尺度

視圖上標註的尺度，在尺度數字外加框格者，表示此尺度為理論上正確尺度，此尺度上不允許任何公差，如圖 7-9.1。

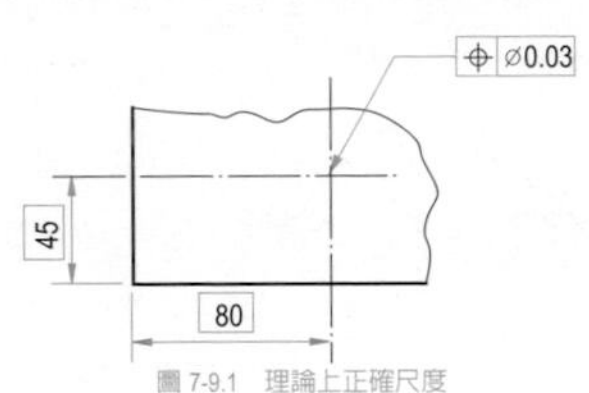

圖 7-9.1 理論上正確尺度

7-10 幾何公差區域

幾何公差框格引線箭頭必須垂直於物體之幾何形狀，則其所指之方向，即為其公差區域的寬度，除非公差數值前註有直徑符號。

7-10.1 相同的個別公差區域

多個分開的形態，具有相同的公差區域，可如圖 7-10.1 所示的二種方法中擇一標註。

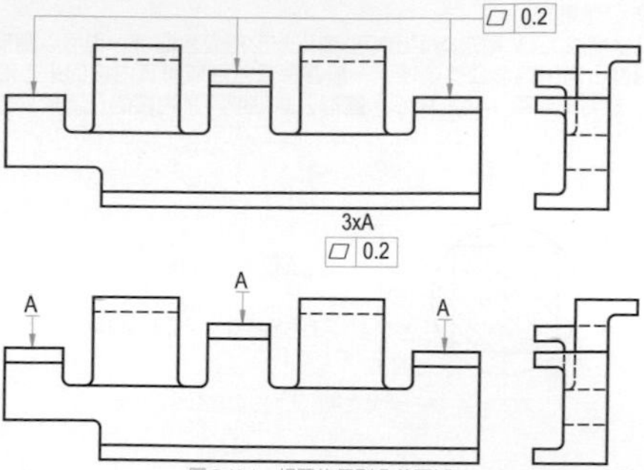

圖 7-10.1　相同的個別公差區域

).2　共同的公差區域

多個分開的形態，管制在一個共有的公差區域下，則此公差區域是為多個分開形態的共同公差區，可如圖 7-10.2 所示的二種方法中擇一標註。

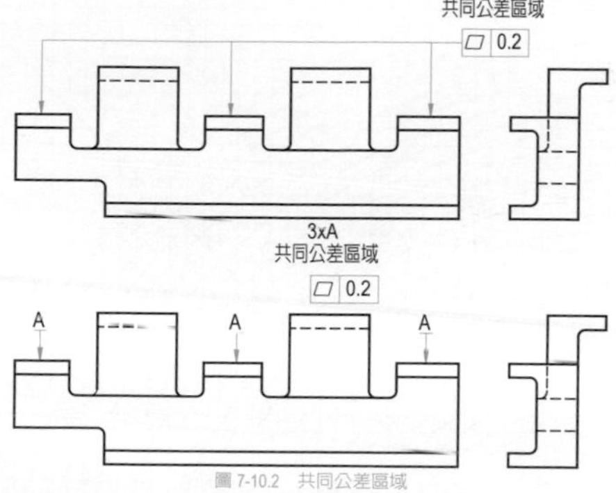

圖 7-10.2　共同公差區域

.3　延伸的公差區域

幾何公差中之方向公差或定位公差，其公差區域有時不是指該形態之本身，而是指該形態向外延
3分，此時圖中用細鏈線畫出延伸部分，並在延伸尺度前加註符號Ⓟ，幾何公差數值後也要加註符
⁾，如圖 7-10.3。

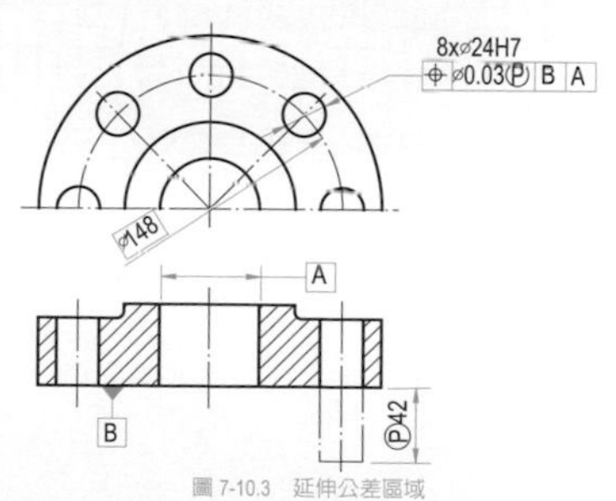

圖 7-10.3　延伸公差區域

7-10.4 位置度公差的公差區域

位置度公差可以坐標的 X、Y 軸方向定出矩形或正方形的公差區域，也可以圓形定出公差區域。常圓形或圓柱形之機件，常用圓形公差區域。一般圓形公差區域與其內接的正方形公差區域相比較圓形公差區域要大出 57%，如圖 7-10.4 所示。圓形公差區域與其內接的正方形公差區域大小之轉換如圖 7-10.5。

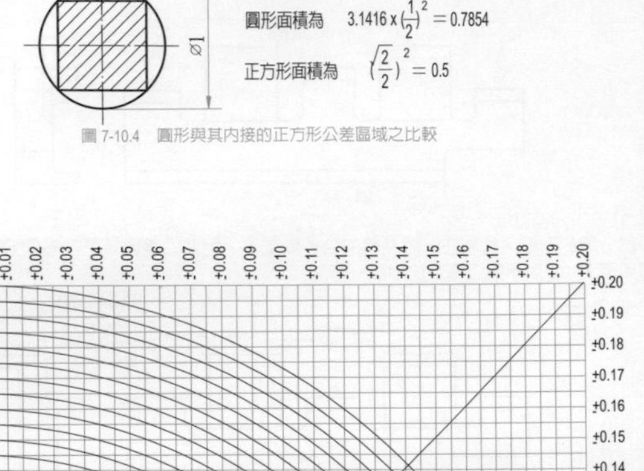

Ø1
圓形面積為 $3.1416 \times (\frac{1}{2})^2 = 0.7854$
正方形面積為 $(\frac{\sqrt{2}}{2})^2 = 0.5$

圖 7-10.4 圓形與其內接的正方形公差區域之比較

Ø0.1 的圓形公差區域，約相當於每邊長為 0.035X2 之正方形公差區域

圓形公差區域

正方形公差區域

圖 7-10.5 圓形與其內接正方形公差區域大小之轉換

-11 幾何公差範例

類別			公差區域	圖例	說明
1	真直度	—	 ⌀0.03	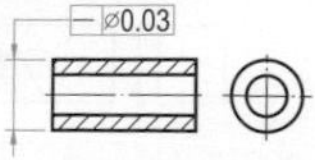 — ⌀0.03	圓柱之中心軸線應位於直徑0.03之圓柱體內。
2	真平度	⏥	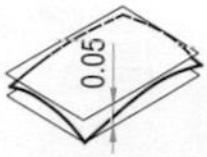 0.05	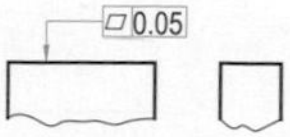 ⏥ 0.05	所指表面應位於二相距0.05之平行平面間。
3	真圓度	○	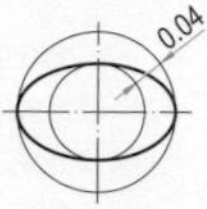 0.04	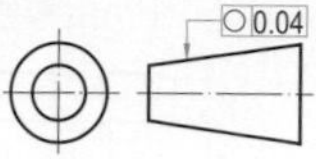 ○ 0.04	截面之周圍應位於二相距0.04之同平面同心圓間。
4	圓柱度	⌭	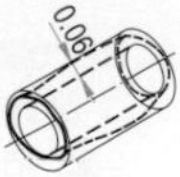 0.06	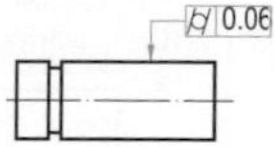 ⌭ 0.06	所指圓柱面應位於二相距0.06之共軸線圓柱面間。
5	曲線輪廓度	⌒	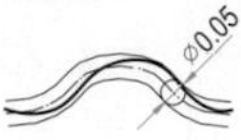 ⌀0.05	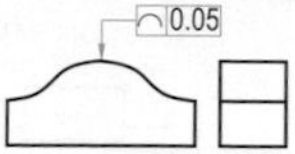 ⌒ 0.05	所指曲線應位於圓心在真確輪廓線上，直徑為0.05的圓，圍繞所成二包絡線間。
6	曲面輪廓度	⌓	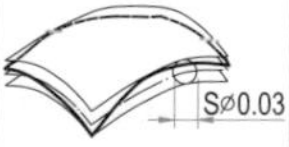 S⌀0.03	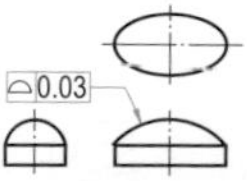 ⌓ 0.03	所指曲面應位於球心在真確輪廓面上，直徑為0.03的球，圍繞所成二包絡面間。
7	平行度	//	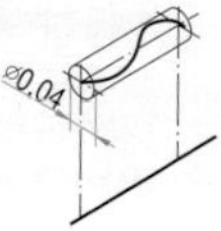 ⌀0.04	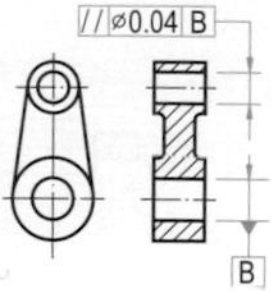 // ⌀0.04 B B	上方圓柱之中心軸線，應位於直徑0.04且平行於基準中心軸線B之圓柱體內。
8	垂直度	⊥	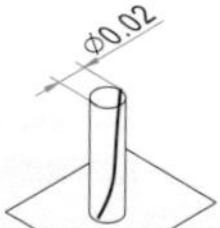 ⌀0.02	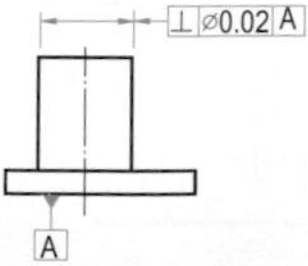 ⊥ ⌀0.02 A A	所指圓柱之中心軸線，應位於直徑0.02且垂直於基準平面A之圓柱體內。

7

類別			公差區域	圖例	說明
9	傾斜度	∠	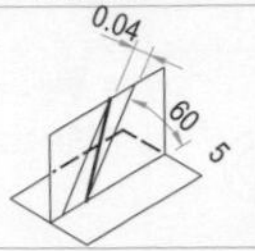 0.04 60 5	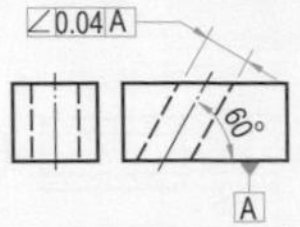 ∠0.04 A 60° A	孔之中心軸線應位於二相距 0.04 且傾斜於基準平面 A 成 60°之同平面 平行線間。
10	位置度	⌖	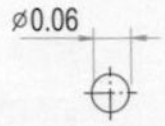 ⌀0.06	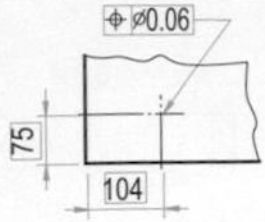 ⌖ ⌀0.06 75 104	所指之點應位於直徑 0.06 圓心在理論上正確位置之圓內。
11	同軸度	◎	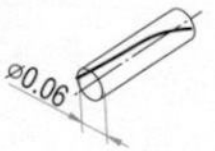 ⌀0.06	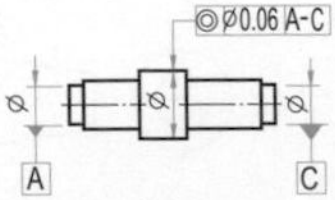 ◎⌀0.06 A-C ⌀ ⌀ ⌀ A C	所指之圓柱中心軸線應位於直徑為 0.06 且與基準中心軸 A-C 同軸線之圓柱體內。
12	對稱度	⌯	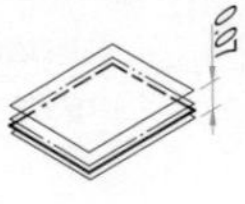 0.07	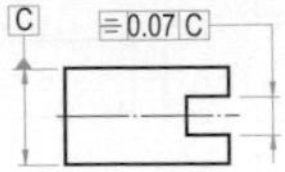 C ⌯0.07 C	槽之中心平面應位於二相距 0.07 且對稱於基準 C 之中心平面之平行平面間。
13	圓偏轉度	↗	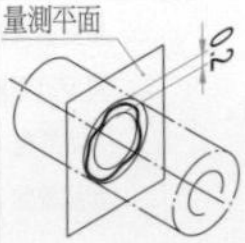 量測平面 0.2	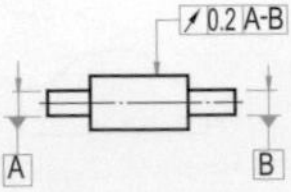 ↗0.2 A-B A B	圍繞基準中心軸線A-B旋轉時，在任一量測平面上，其徑向偏轉均不得超過 0.2 。
14			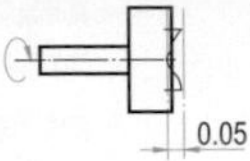 0.05	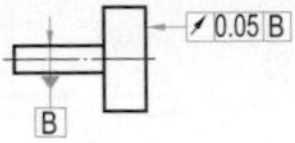 ↗0.05 B B	圍繞基準中心軸線 B旋轉時，在任一量測位置，箭頭所指方向之偏轉均不得超過 0.05 。
15	總偏轉度	⌰	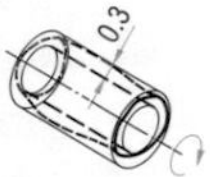 0.3	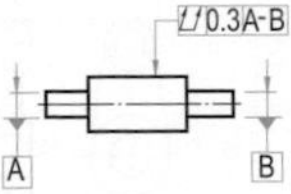 ⌰0.3A-B A B	圍繞基準中心軸線A-B 旋轉時，依理論上正確 位置作軸向移動所得徑向偏轉均不得超過 0.3 。
16			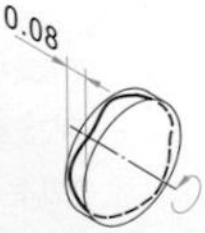 0.08	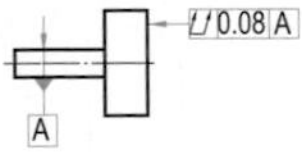 ⌰0.08 A A	圍繞基準中心軸線 A 旋轉時，依理論上正確位置作徑向移動所得箭頭所指方向之偏轉均不得超過 0.08 。

-12 最大實體原理

若有孔件與軸件配合，孔之尺度在最小限界，軸之尺度在最大限界，則孔件或軸件各處於保有最多材料狀況之下，此狀況即謂之最大實體狀況。

二配合件在加工完成後，能否順利組合，決定於配合部位之實際尺度，以及該部位形態之幾何偏差。當二配合件處於最大實體狀況時，為最不利之組合狀態，即形態之幾何偏差局限在最小的範圍；如果二配合件或其中之一遠離最大實體狀況，則形態之幾何偏差範圍，即幾何公差可因此加大，也不致影響二配合件應有的組合狀態與功能，此時之幾何公差具有變動性，此即最大實體原理之所在。應用此原理時，應在圖上以符號 Ⓜ 表明。

-13 最大實體原理之應用例

13.1 真直度公差

圖 7-13.1 中機件中央部分之直徑公差為 0.2，上限界尺度為∅16.00，下限界尺度為∅15.8，中心軸線之真直度公差為∅0.5，適用於最大實體狀況。

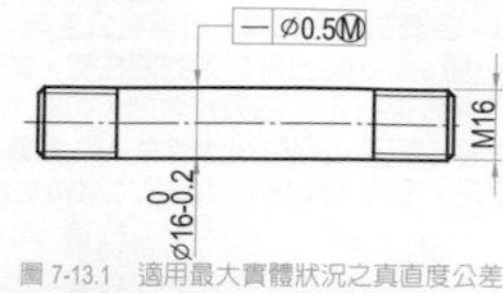

圖 7-13.1 適用最大實體狀況之真直度公差

所以標註幾何公差形態部分須介於直徑 16.5(即 16+0.5)正確功效的圓柱體內，當形態處於最大實體狀況時，即其直徑為 16 時，其中心軸線須保持在直徑為 0.5 的圓柱體內，如圖 7-13.2 所示；當形態處於最小實體狀況時，即其直徑為 15.8 時，則其中心軸線可保持在直徑為 0.7 的圓柱體內，如圖 7-13.3 所示，真直度幾何公差因形態遠離最大實體狀況，而由∅0.5 增至∅0.7(即 0.5+0.2)。

圖 7-13.2 公差區域為直徑 0.5 的圓柱體

圖 7-13.3 公差區域為直徑 0.7 的圓柱體

3.2 垂直度公差

圖 7-13.4 中機件中央圓孔之直徑公差為 0.15，上限界尺度為∅60.15，下限界尺度為∅60.00，中心軸之垂直度公差為∅0.07，適用於最大實體狀況。

所以中央圓孔須內接於直徑 59.93(即 60.00-0.07)正確功效的圓柱體，當形態處於最大實體狀況時，其孔徑為 60 時，其中心軸線須保持在直徑為 0.07 的圓柱體內，如圖 7-13.5 所示；當形態處於最小實體狀況時，即其孔徑為 60.15 時，則其中心軸線可保持在直徑為 0.22 的圓柱體內，如圖 7-13.6 所示，垂直度幾何公差因形態遠離最大實體狀況，而由∅0.07 增至∅0.22(即 0.07+0.15)。

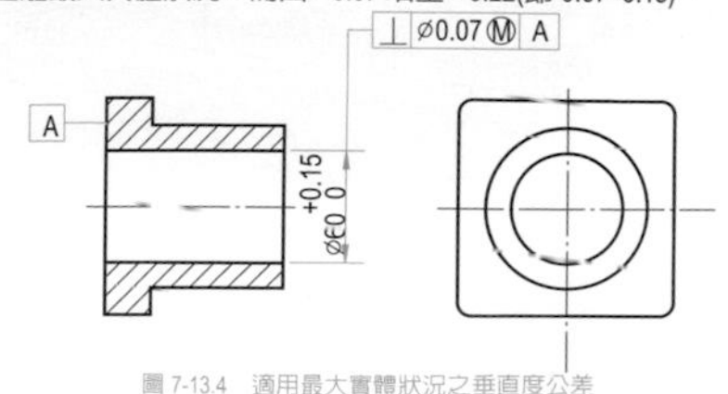

圖 7-13.4 適用最大實體狀況之垂直度公差

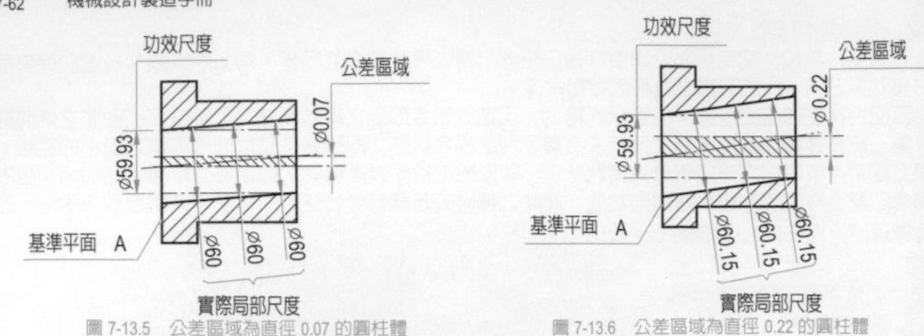

圖 7-13.5 公差區域為直徑 0.07 的圓柱體

圖 7-13.6 公差區域為直徑 0.22 的圓柱體

7-13.3 位置度公差

圖 7-13.7 中機件四個圓孔位於理論上正確尺度 34 與 28 的正確位置上，其直徑公差為 0.05，上限尺度為∅8.09，下限界尺度為∅8.04，各圓孔中心軸線之位置度公差為∅0.04，適用於最大實體狀況。

所以每個圓孔須外切於直徑 8 (即 8.04-0.04)正確功效的圓柱體，當形態處於最大實體狀況時，即孔徑為 8.04 時，其中心軸線須保持在直徑為 0.04 的圓柱體內，如圖 7-13.8 所示；當形態處於最小實狀況時，即其孔徑為 8.09 時，則其中心軸線可保持在直徑為 0.09 的圓柱體內，如圖 7-13.9 所示，位度幾何公差因形態遠離最大實體狀況，而由 0.04 增至 0.09(即 0.04+0.05)。

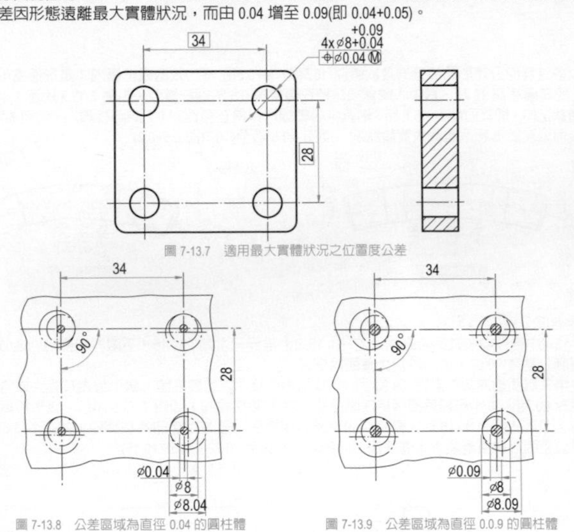

圖 7-13.7 適用最大實體狀況之位置度公差

圖 7-13.8 公差區域為直徑 0.04 的圓柱體

圖 7-13.9 公差區域為直徑 0.0.9 的圓柱體

依據表 7-13.1，各個圓孔之中心軸線偏離理論上正確位置之偏差量(即位置度公差)與形態尺度間之關係，如圖 7-13.10。

表 7-13.1 孔徑與位置度公差

孔徑	位置度公差
8.04MMS	0.04
8.05	0.05
8.06	0.06
8.07	0.07
8.08	0.08
8.09LMS	0.09

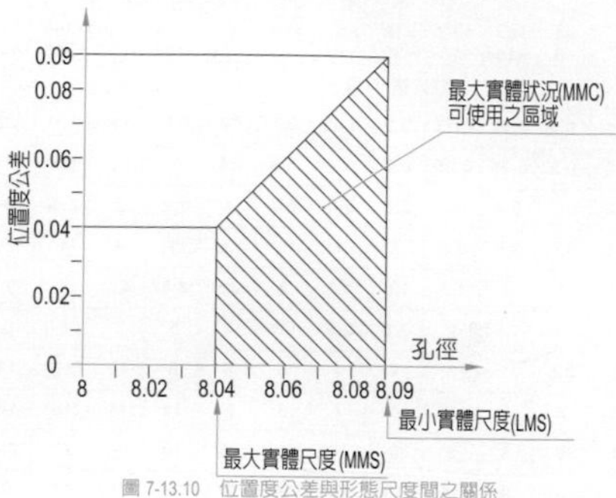

圖 7-13.10 位置度公差與形態尺度間之關係

7-14 圖面上標註幾何公差數值表

真直度 —、真平度 ▱

公差等級	主參數 L mm															
	≦10	>10 ~16	>16 ~25	>25 ~40	>40 ~63	>63 ~100	>100 ~160	>160 ~250	>250 ~400	>400 ~630	>630 ~1000	>1000 ~1600	>1600 ~2500	>2500 ~4000	>4000 ~6300	>6300 ~10000
	公差值 μm															
1	0.2	0.25	0.3	0.4	0.5	0.6	0.8	1	1.2	1.5	2	2.5	3	4	5	6
2	0.4	0.5	0.6	0.8	1	1.2	1.5	2	2.5	3	4	5	6	8	10	12
3	0.8	1	1.2	1.5	2	2.5	3	4	5	6	8	10	12	15	20	25
4	1.2	1.5	2	2.5	3	4	5	6	8	10	12	15	20	25	30	40
5	2	2.5	3	4	5	6	8	10	12	15	20	25	30	40	50	60
6	3	4	5	6	8	10	12	15	20	25	30	40	50	60	80	100
7	5	6	8	10	12	15	20	25	30	40	50	60	80	100	120	150
8	8	10	12	15	20	25	30	40	50	60	80	100	120	150	200	250
9	12	15	20	25	30	40	50	60	80	100	120	150	200	250	300	400
10	20	25	30	40	50	60	80	100	120	150	200	250	300	400	500	600
11	30	40	50	60	80	100	120	150	200	250	300	400	500	600	800	1000
12	60	80	100	120	150	200	250	300	400	500	600	800	1000	1200	1500	2000

真圓度 ○、圓柱度 ⌭

公差等級	主參數 L mm												
	≦3	>3 ~6	>6 ~10	>10 ~18	>18 ~30	>30 ~50	>50 ~80	>80 ~120	>120 ~180	>180 ~250	>250 ~315	>315 ~400	>400 ~500
	公差值 μm												
0	0.1	0.1	0.12	0.15	0.2	0.25	0.3	0.4	0.6	0.8	1.0	1.2	1.5
1	0.2	0.2	0.25	0.25	0.3	0.4	0.5	0.6	1	1.2	1.6	2	2.5
2	0.3	0.4	0.4	0.5	0.6	0.6	0.8	1	1.2	2	2.5	3	4
3	0.5	0.6	0.6	0.8	1	1	1.2	1.5	2	3	4	5	6
4	0.8	1	1	1.2	1.5	1.5	2	2.5	3.5	4.5	6	7	8
5	1.2	1.5	1.5	2	2.5	2.5	3	4	5	7	8	9	10
6	2	2.5	2.5	3	4	4	5	6	8	10	12	13	15
7	3	4	4	5	6	7	8	10	12	14	16	18	20
8	4	5	6	8	9	11	13	15	18	20	23	25	27
9	6	8	9	11	13	16	19	22	25	29	32	36	40
10	10	12	15	18	21	25	30	35	40	46	52	57	63
11	14	18	22	27	33	39	46	54	63	72	81	89	97
12	25	30	36	43	52	62	74	87	100	115	130	140	155

平行度 //、垂直度 ⊥、傾斜度 ∠

公差等級	主參數 L mm															
	≦10	>10~16	>16~25	>25~40	>40~63	>63~100	>100~160	>160~250	>250~400	>400~630	>630~1000	>1000~1600	>1600~2500	>2500~4000	>4000~6300	>6300~10000
	公差值 μm															
1	0.4	0.5	0.6	0.8	1	1.2	1.5	2	2.5	3	4	5	6	8	10	12
2	0.8	1	1.2	1.5	2	2.5	3	4	5	6	8	10	12	15	20	25
3	1.5	2	2.5	3	4	5	6	8	10	12	15	20	25	30	40	50
4	3	4	5	6	8	10	12	15	20	25	30	40	50	60	80	100
5	5	6	8	10	12	15	20	25	30	40	50	60	80	100	120	150
6	8	10	12	15	20	25	30	40	50	60	80	100	120	150	200	250
7	12	15	20	25	30	40	50	60	80	100	120	150	200	250	300	400
8	20	25	30	40	50	60	80	100	120	150	200	250	300	400	500	600
9	30	40	50	60	80	100	120	150	200	250	300	400	500	600	800	1000
10	50	60	80	100	120	150	200	250	300	400	500	600	800	1000	1200	1500
11	80	100	120	150	200	250	300	400	500	600	800	1000	1200	1500	2000	2500
12	120	150	200	250	300	400	500	600	800	1000	1200	1500	2000	2500	3000	4000

同心度◎、對稱度⌯、圓偏轉↗和總偏轉度⌰

公差等級	主參數 L mm																
	≦1	>1 ~3	>3 ~6	>6 ~10	>10 ~18	>18 ~30	>30 ~50	>50 ~120	>120 ~250	>250 ~500	>500 ~800	>800 ~1250	>1250 ~2000	>2000 ~3150	>3150 ~5000	>5000 ~8000	>8000 ~10000
	公差值 μm																
1	0.4	0.4	0.5	0.6	0.8	1	1.2	1.5	2	2.5	3	4	5	6	8	10	12
2	0.6	0.6	0.8	1	1.2	1.5	2	2.5	3	4	5	6	8	10	12	15	20
3	1	1	1.2	1.5	2	2.5	3	4	5	6	8	10	12	15	20	25	30
4	1.5	1.5	2	2.5	3	4	5	6	8	10	12	15	20	25	30	40	50
5	2.5	2.5	3	4	5	6	8	10	12	15	20	25	30	40	50	60	80
6	4	4	5	6	8	10	12	15	20	25	30	40	50	60	80	100	120
7	6	6	8	10	12	15	20	25	30	40	50	60	80	100	120	150	200
8	10	10	12	15	20	25	30	40	50	60	80	100	120	150	200	250	300
9	15	20	25	30	40	50	60	80	100	120	150	200	250	300	400	500	600
10	25	40	50	60	80	100	120	150	200	250	300	400	500	600	800	1000	1200
11	40	60	80	100	120	150	200	250	300	400	500	600	800	1000	1200	1500	2000
12	60	120	150	200	250	300	400	500	600	800	1000	1200	1500	2000	2500	3000	4000

第 8 章 機械加工與表面粗糙度

8

-1 機械切削加工細部規劃

1.1 讓切(Undercuts)CNS 5060 B1133(已於 104 年 5 月 20 日廢止)

通常方便配合件肩部之配合緊密，須於頸部製成凹入之形狀，做為一般切削製作機件之讓切，依下列規定：

: 0.6×0.2 以上之 E，F 型讓切，可以仿削法製作。

期使用之 A，B，C 及 D 型讓切，參看表 8-1.4(不適用於新設計)。

型及 F 型之形狀及尺度如表 8-1.1 所示。

表 8-1.1

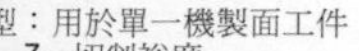
型：用於單一機製面工件
Z＝切削裕度
D_1＝完成尺度

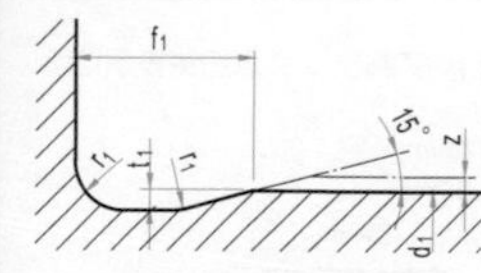

F型：用於兩機製面互成直角之工件

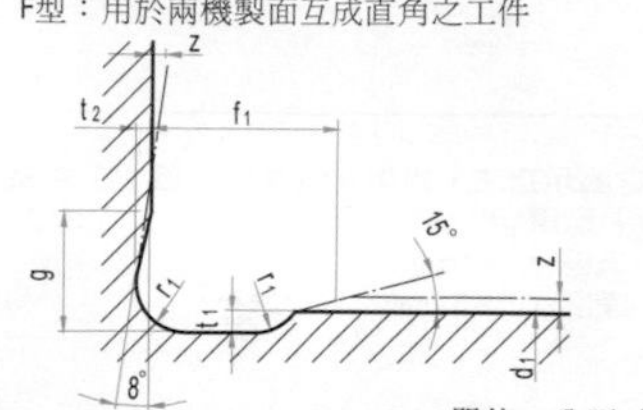

單位：公厘（mm）

r_1	t_1 $^{+0.1}_{0}$	f_1	g≈	t_3 $^{+0.05}_{0}$	仿削法再製可能性	適用工件直徑d_1(1) 一般使用	適用工件直徑d_1(1) 改善疲勞
0.1	0.1	0.5	0.8	0.1	否	1.6以下	
0.2	0.1	1.0	0.9	0.1		超過1.6至3	
0.4	0.2	2.0	1.1	0.1		超過3至10	
0.6	0.2	2.0	1.4	0.1	可	超過10至18	
0.6	0.3	2.5	2.1	0.2		超過18至80	
1.0	0.4	4.0	3.2	0.3		超過80	
1.0	0.2	2.5	1.8	0.1	可		超過18至50
1.6	0.3	4.0	3.1	0.2			超過50至80
2.5	0.4	5.0	4.8	0.3			超過80至125
4.0	0.5	7.0	6.4	0.3			超過125

註：(1)各相關不同直徑範圍，對於短凸緣及薄壁機件不適用。

加工精度：$\sqrt{Ra8}$～$\sqrt{Ra25}$，如需其他等級之表面精度可另行規定。

機件具有不同之直徑時，為製造上之方便，可在各點使用同樣形狀、尺度之讓切。

紋部份之讓切，依 CNS 4324 退刀及凹槽之規定。

於球狀及針狀軸承配合尺度之讓切，依 CNS 之規定。

合件之錐坑尺度如表 8-1.2 所示。

表 8-1.2

單位：mm

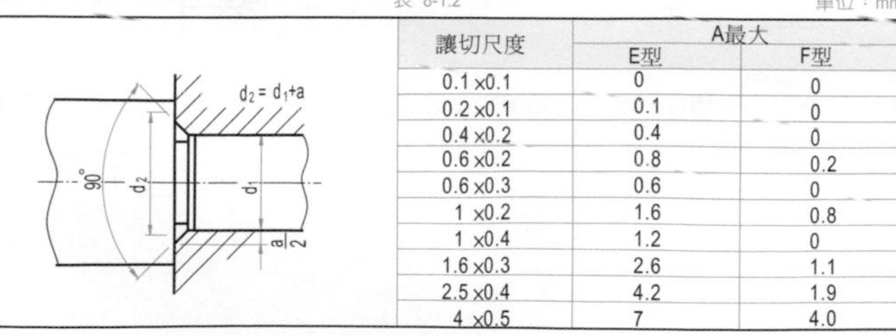

讓切尺度	A最大 E型	A最大 F型
0.1 ×0.1	0	0
0.2 ×0.1	0.1	0
0.4 ×0.2	0.4	0
0.6 ×0.2	0.8	0.2
0.6 ×0.3	0.6	0
1 ×0.2	1.6	0.8
1 ×0.4	1.2	0
1.6 ×0.3	2.6	1.1
2.5 ×0.4	4.2	1.9
4 ×0.5	7	4.0

8

在 E 及 F 型上切削裕度的影響，如表 8-1.3 所示。

車削讓切時，除 f 及 g 尺度外，尚應考慮包含加工裕度之讓切尺度 e_1 及 e_2(e_1 及 e_2 由加工裕度
出或由表 8-1.3 查出)。

讓切總量(包含 e_1 及 e_2)依據切削裕度 Z 及讓切之入角與出角之大小而定。

表 8-1.3

單位：m

Z	E_1	E_2
0.1	0.37	0.71
0.15	0.56	1.07
0.2	0.75	1.42
0.25	0.93	1.78
0.3	1.12	2.14
0.4	1.49	2.85
0.5	1.87	3.56
0.6	2.24	4.27
0.7	2.61	4.98
0.8	2.99	5.69
0.9	3.36	6.40
1.0	3.73	7.12

圖示法

讓切之圖示方法，如圖 8-1.1 所示，讓切在圖面上，可以全尺度劃出，或以符號表示均可。

例 1：F 型讓切

半徑 r_1 ＝1mm

深度 t_1 ＝0.2mm

例 2：E 型讓切

半徑 r_1 ＝1mm

深度 t_1 ＝0.2mm

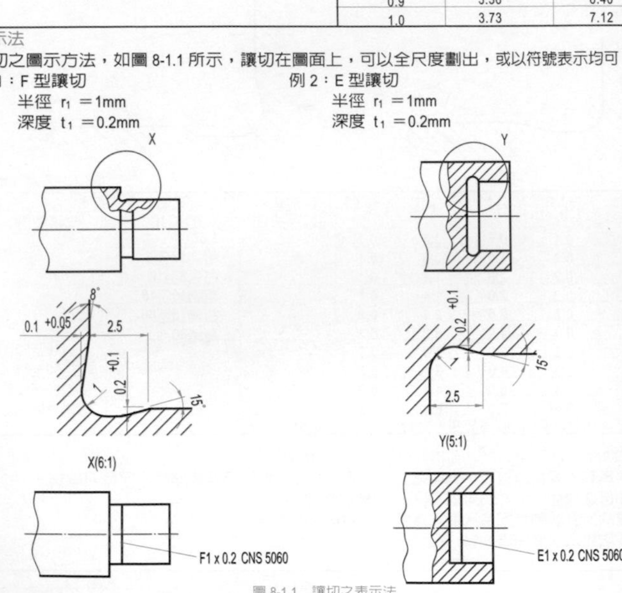

圖 8-1.1 讓切之表示法

舊法 A 至 D 型讓切

不能用於新設計之機件，因其必須使用成型刀切削而不能用仿削法製作。其形狀及尺度如
8-1.4 所示。

表 8-1.4

A型 用於單一機製面工件
Z = 切削裕度
d_1 = 完成尺寸

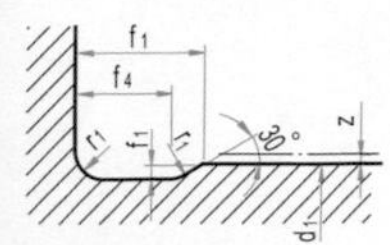

B型 用於兩機製面互成直角之工件

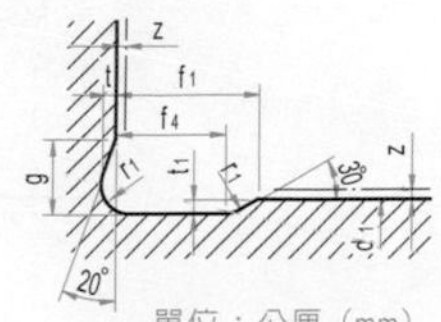

單位：公厘（mm）

f_1	t_1		f_4	g≈	r_1
	公差				
1	0.1	+0.05	0.8	0.5	0.2
2	0.2	+0.1	1.5	1	0.4
4	0.3		3.3	1.5	0.6
6	0.4		5	2.3	1

C型 用於單一機製面之工件
Z = 切削裕度
d_1 = 完成尺寸

D型 用於兩機製面互成直角之工件

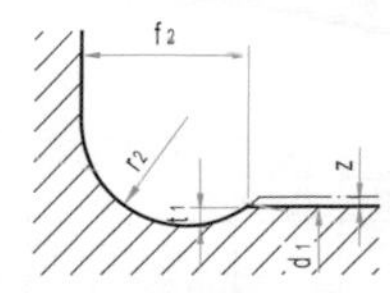

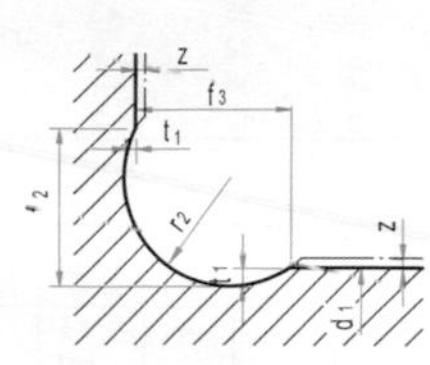

單位：公厘（mm）

r_2	f_1 $^{+0.1}_{0}$	f_2≈	f_3≈
1	0.2	1.6	1.4
1.6	0.3	2.5	2.2
2.5	0.3	3.7	3.4

稱方法

切之標稱方法如下所示：

S 總號或標準名稱、型式及半徑×深度組合標稱之。

：CNS 5060・E 型・0.6×0.2mm 或讓切・E 型・0.6×0.2mm。

.2 T 形槽(T-Slots)CNS B1134

般工具機應用之 T 形槽依下列規定。

狀及尺度

表 8-1.5，表 8-1.6 所示。

表 8-1.5

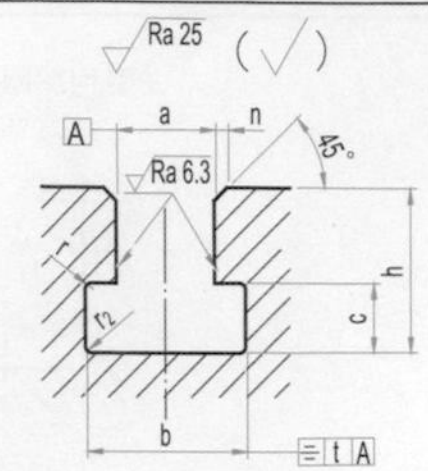

$a^{(1)}$	$b^{(2)}$	公差	$C^{(2)}$	公差	$h^{(3)}$		n 最大	$r_1^{(4)}$ 最大	$r_2^{(4)}$ 最大	$t^{(5)}$
5(6)	10	+1 0	3	+0.5 0	10	8				
6(6)	11	+1.5	5		13	11				
8	14.5		7		18	15	1	0.6		
10	16		7	+1 0	21	17			1	
12	19		8		25	20				
14	23	+2 0	9		28	23				0.5
18	30		12		36	30			1.6	
22	37	+3 0	16	+2 0	45	38	1.6	1		
28	46		20		56	48			2.5	
36	56	+4 0	25	+3 0	71	61				
42	68		32		85	74	2.5	1.6	4	
48	80	+5 0	36	+4 0	95	84				1
54	90		40		106	94		2	6	

表 8-1.6

$a^{(1)}$	$b^{(2)}$	公差	$C^{(2)}$	公差	$h^{(3)}$ 最大	最小	n 最大	$r_1^{(4)}$ 最大	$r_2^{(4)}$ 最大	$t^{(5)}$
16	26	+2 0	11	+1 0	32	27	1.6	0.6	2.5	1.5
20	34		14	+2 0	40	34				
24	42	+3 0	18		50	42		1		
32	52	+4 0	22		63	54	2.5		4	1

註：

(1)公差等級為 H8 用於定位與拉緊準榫槽。H12 僅用於拉緊準榫槽。

(2)內部加工情形可以 CNS 3600 T 形槽銑刀規定 D 尺度之近似值為依據。

(3)採用最大值，以免事後再行加深整修。

(4)r_1 及 r_2 內圓角，增加強度。

(5)"對稱度公差"標記規定依 CNS____形狀位置公差之圖示法。

(6)僅用於細小機件及光學儀器。

標稱方法

以中國國家標準總號或標準名稱及標準尺度、公差等為組合標稱之。

例：CNS 5061 ·22 ·H8 或 T 形槽 ·22 ·H8。

8-1.3　退刀及凹槽(Runout and Undercut)CNS B1066

一般具有粗螺距之標準螺紋如：梯形螺紋、圓螺紋、愛克姆螺紋、鋸齒形螺紋、圓角梯形螺紋等之退刀及凹槽。

外螺紋部分

退刀之形狀及尺度：如圖 8-1.2 及表 8-1.7 所示。

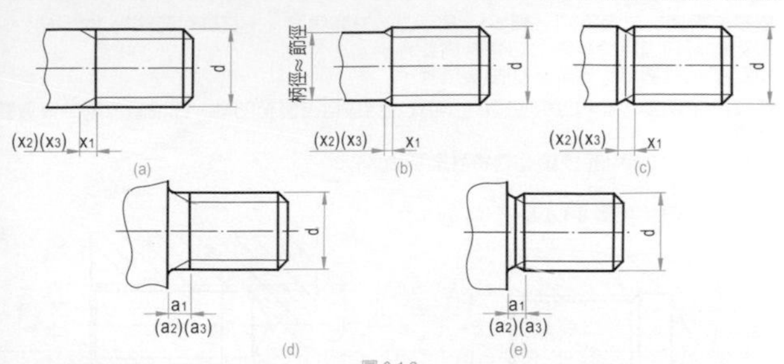

圖 8-1.2

圖中，全螺紋螺釘 $a_1(a_2)$ (a_3)為最後之完全螺紋至承面之距離。

槽之形狀及尺度：分為 A 型(一般值)、B 型(短值)及 C 型(長值)三種，如圖 8-1.3 及表 8-1.7 所
。

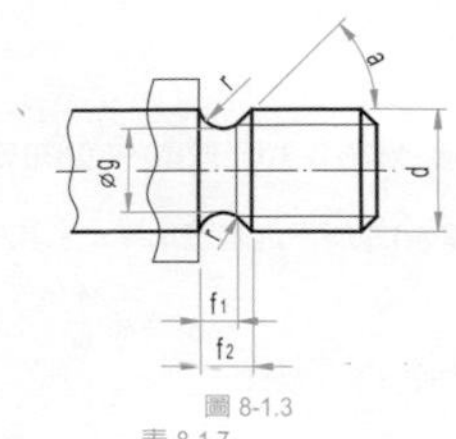

圖 8-1.3

表 8-1.7

單位：mm

螺距	退刀			距離			凹槽							
	x_1	x_2	x_3	a_1	a_2	a_3	F_1			f_2			g	r
P	最大			最大			最小			最大				
	一般	短	長	一般	短(2)	長(3)	一般 A	短(5) B	長 C	一般 A	短(5) B	長 C	h13	
1	4	2.5	5.5	4	2.5	5.5	3	2	4	4.5	3	5.5	依螺紋谷徑之最小值	0.6
1.5	6	3.8	8.3	6	3.8	8.3	4.5	3	6	6.8	4.5	8.3		
2	8	5	11	8	5	11	6	4	8	9	6	11		
3	12	7.5	16.5	12	7.5	16.5	9	6	12	13.5	9	16.5		1.6
4	16	10	22	16	10	22	12	8	16	18	12	22		
5	20	12.5	27.5	20	12.5	27.5	15	10	20	22.5	15	27.5		
6	24	15	33	24	15	33	18	12	24	27	18	33		2.5
7	28	17.5	38.5	28	17.5	38.5	21	14	28	31.5	21	38.5		
8	32	20	44	32	20	44	24	16	32	36	24	44		
9	36	22.5	49.5	36	22.5	49.5	27	18	36	40.5	27	49.5		4
10	40	25	55	40	25	55	30	20	40	45	30	55		
12	48	30	67	48	30	67	36	24	48	54	36	67		
14	56	35	77	56	35	77	42	28	56	63	42	77		6
16	64	40	88	64	40	88	48	32	64	72	48	88		
18	72	45	99	72	45	99	54	36	72	81	54	99		
20	80	50	110	80	50	110	60	40	80	90	60	110		8
22	88	55	121	88	55	121	66	44	88	99	66	121		
24	96	60	132	96	60	132	72	48	96	108	72	132		
28	112	70	154	112	70	154	84	56	112	126	84	154		10
32	128	80	176	128	80	176	96	64	128	144	96	176		
36	144	90	198	144	90	198	108	72	144	162	108	198		
40	160	100	220	160	100	220	120	80	160	180	120	220		
44	176	110	242	176	110	242	132	83	176	198	132	241		
中度≈	4P	2.5P	5.5P	4P	2.5P	5.5P	3P	2P	4P	4.5P	3P	5.5P		

註 1：依螺紋製造方法之不同，圖 8-1.3 所示之過渡圓角度 α ，其許可範圍為 30°～60°。

註 2：短距離 a_2 只適用於技術上之特殊需要者。

註 3：短距離 a_3 祉適用於螺紋係切削製成者。

註 4：螺紋係經滾製成者，凹槽直徑($\varnothing g$)可決定螺紋可否製至凹槽。凹槽直徑則由買賣雙方議之。

註 5：B 型短凹槽祉適用於技術上之特殊需要者。

螺紋部分

退刀之形狀及尺度：如圖 8-1.4 及表 8-1.8 所示。

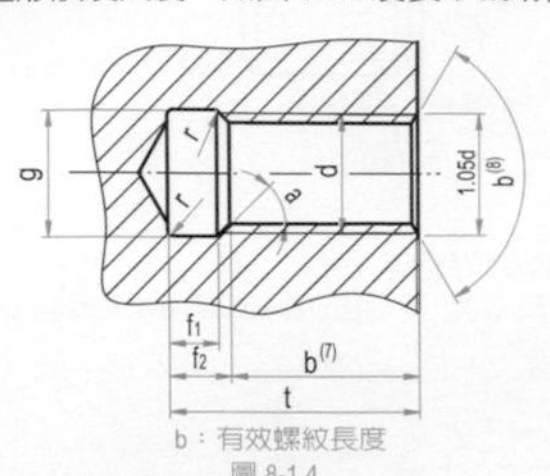

b：有效螺紋長度

圖 8-1.4

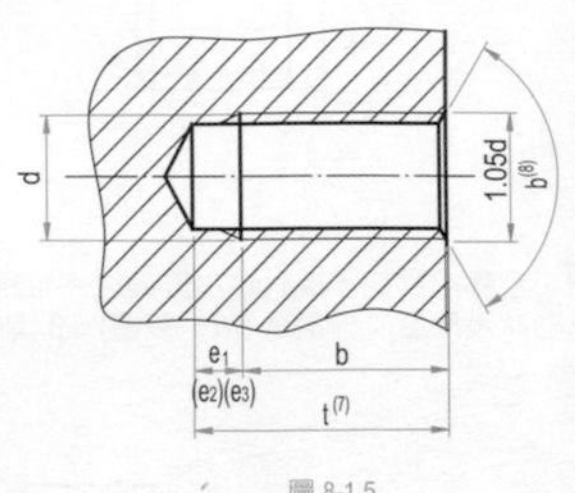

圖 8-1.5

凹槽之形狀及尺度僅適用於 d>8mm：分為 D 型(一般值)、E 型(短值)及 F 型(長值)三種，如圖 8-及表 8-1.8 所示。

註 6：依螺紋製造方法之不同，圖 8-1.5 所示之過渡角度 α ，其許可範圍為 30°~60°。

註 7：尺度 t 之許可差為 $^{+0.5P}_{-0}$ 。

註 8：通常 $\beta = 120°\ ^{+0}_{-10}$ ，亦可為 90°。

表 8-1.8

單位：m

螺距 P	退刀			凹槽							
	e_1	e_2	e_3	f_1			f_2			g	r
				最小			最大			H13	
	一般	短 (9)	長 (10)	一般 D	短 (9) E	長 (10) F	一般 D	短 (9) E	長 (10) F		
1	6	4	10	5	3	8.5	8.5	5	12		
1.5	9	6	15	7.5	4.5	12.8	12.8	7.5	18		0.6
2	12	8	20	10	6	17	17	10	24		
3	18	12	30	15	9	25.5	25.5	15	36	D+1	
4	24	16	40	20	12	34	34	20	48		1.6
5	30	20	50	25	15	42.5	42.5	25	60		
6	36	24	60	30	18	51	51	30	72		
7	42	28	70	35	21	59.5	59.5	35	84		2.5
8	48	32	80	40	24	68	68	40	96	D+1.5	
9	54	36	90	45	27	76.5	76.5	45	108		
10	60	40	100	50	30	85	85	50	120		4
12	72	48	120	60	36	102	102	60	144		
14	84	56	140	70	42	119	119	70	168		
16	96	64	160	80	48	136	136	80	192		6
18	108	72	180	90	54	153	153	90	216		
20	120	80	200	100	60	170	170	100	240		
22	132	88	220	110	66	187	187	110	264		8
24	144	96	240	120	72	204	204	120	288	D+2.5	
28	168	112	280	140	84	238	238	140	336		
32	192	128	320	160	96	272	272	160	384		10
36	216	144	360	180	108	306	306	180	432		
40	240	160	400	200	120	340	340	200	480		
44	264	176	440	220	132	374	374	220	528		
表中尺度≈	6P	4P	10P	5P	3P	8.5P	8.5P	5P	12P		

9：短退刀 e_2 及 E 型短凹槽，只適用於技術上之特殊需要者。

10：長退刀 e_3 及 F 型長凹槽，只適用於螺紋係經切削工具或切入螺絲攻製成者。但於長退刀 e_3 者，切入螺絲攻僅施於低強度之材料或細螺紋者。

11：對於 e_1~e_3 之值，已曾考慮內螺紋之各種製造方法且已有足夠深度來承受切削。退刀及凹槽之加工選擇，如「長」者依註 10 所示。「一般」者係以螺絲攻組多次切削。「短」者係以每一次均要求以特別製成之工具組多次切削。

.4 輥紋(Knurls) CNS B1005

機件之表面為增加摩擦力或便於握持而製成凹凸紋路者謂之輥紋，其為輥壓機件之紋。

類及代號、圖示、製造方法：如表 8-1.9 所示。

表 8-1.9

種類及代號	圖　　示	輥製方法
直行紋 KAA	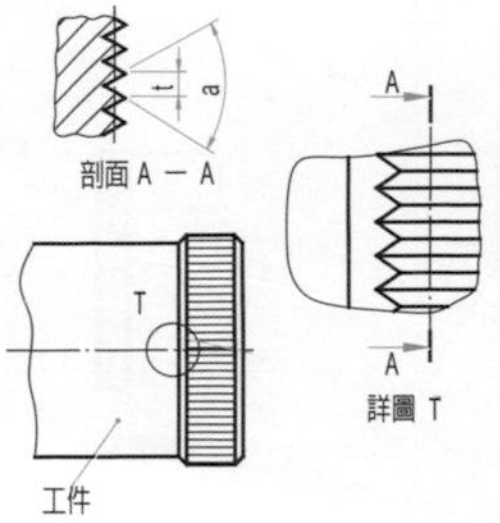 剖面 A－A t a A A T 詳圖 T 工件	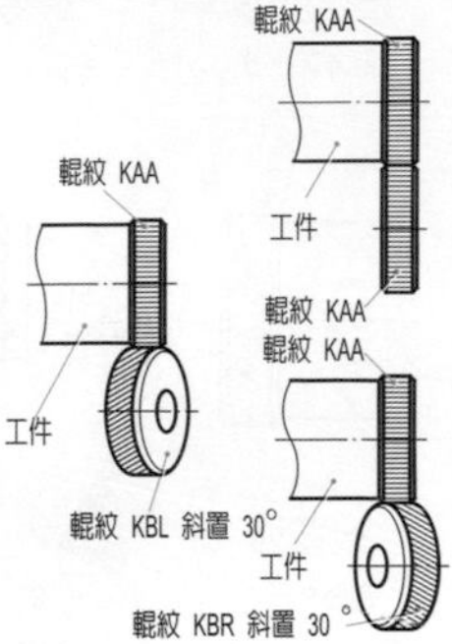 輥紋 KAA 工件 輥紋 KBL 斜置 30° 輥紋 KAA 工件 輥紋 KAA 輥紋 KAA 工件 輥紋 KBR 斜置 30°
左旋斜紋 KBL	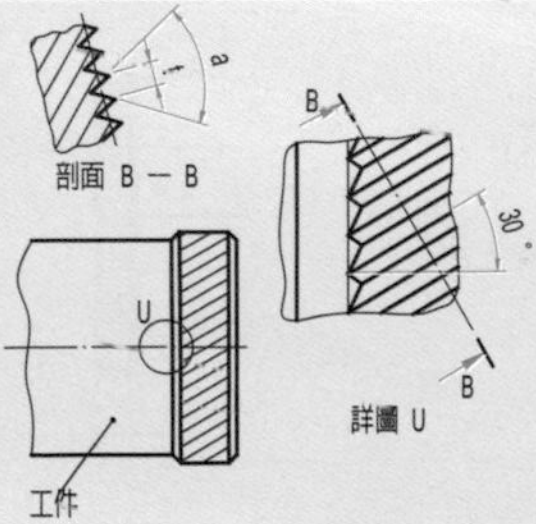 t a 剖面 B－B B 30° B U 詳圖 U 工件	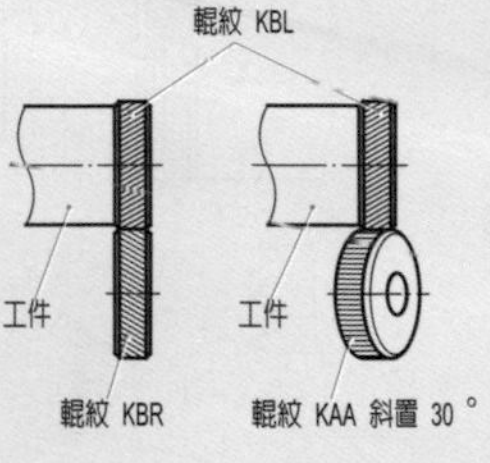 輥紋 KBL 工件 工件 輥紋 KBR 輥紋 KAA 斜置 30°
右旋斜紋 KBR	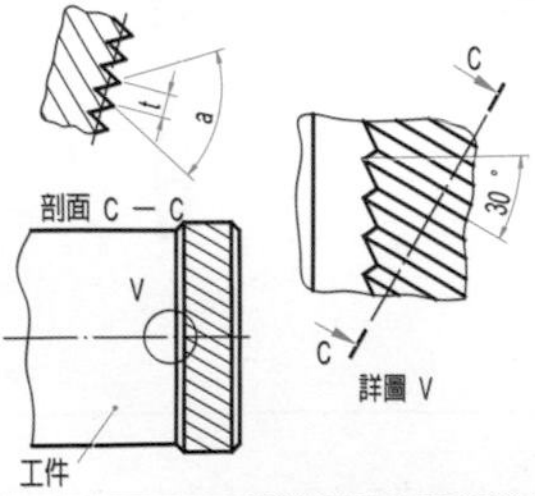 t a 剖面 C－C C 30° C V 詳圖 V 工件	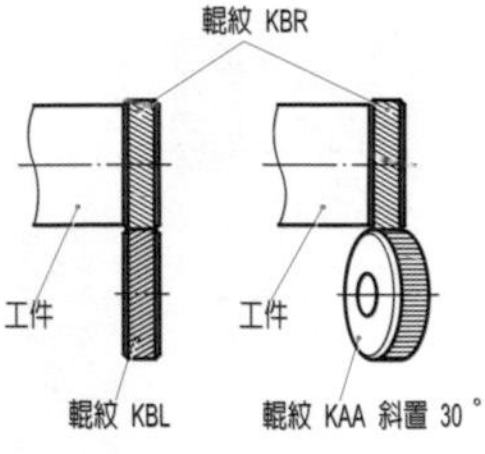 輥紋 KBR 工件 工件 輥紋 KBL 輥紋 KAA 斜置 30°

表 8-1.9 (續)

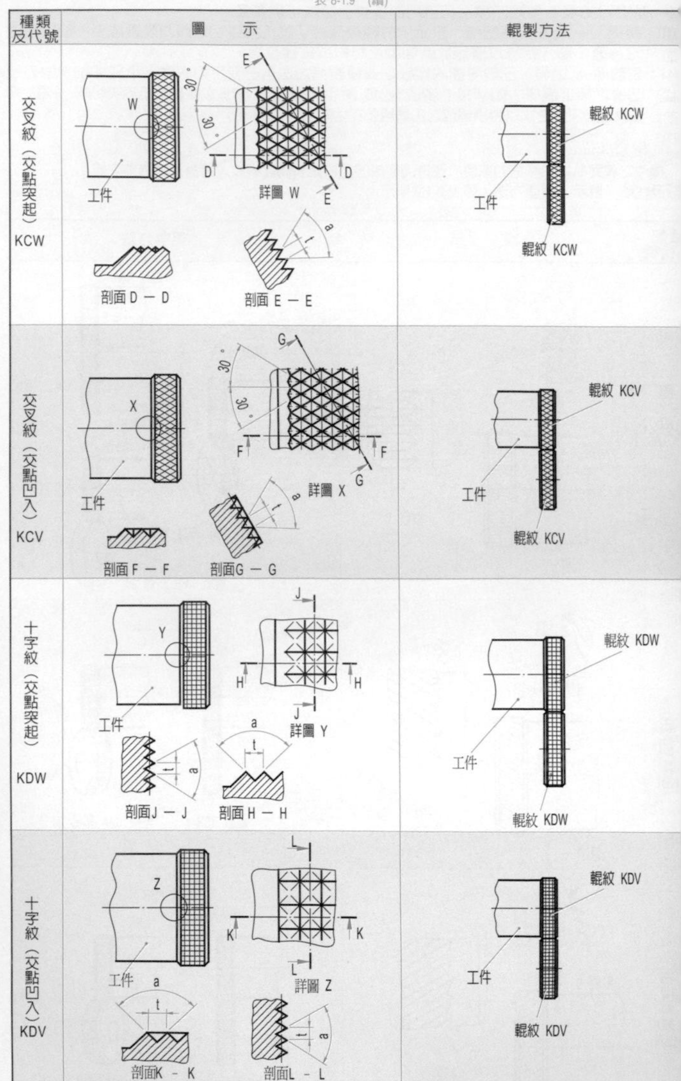

註：1.代號第一位字母表示 (輥紋) K。
2.代號第二位字母表示種類，A→直紋，B→斜紋，C→交叉紋，D→十字紋。
3.代號第三位字母表示方向及形狀 R→右，L→左，W→凸，V→凹。

紋尺度

廓角：紋廓角 α =90º。如有需要，輥紋亦可製成紋廓角 α =105º 者得由買賣雙方協議之。

節 t：為使輥紋用輥紋輪數列減至最少，輥紋廓節 t 限界於一定標準值即如下。

0.5　0.6　0.8　1　1.2　1.6 mm。

稱直徑 d_1：工作圖中標示之標稱直徑 d_1 為輥壓完成後外徑，此尺度亦為設計考慮因數之一。

前直徑 d_2：輥前直徑 d_2，(表 8-1.10)，表為工件未輥紋前之原有尺度，必需較小於標稱直徑 d_1，因為由輥紋加工材料塑形變形而使原直徑擴大。

用輥紋之輥前直徑 d_2，如紋廓角 α =90º 者，可用表列公式計算，此與輥紋種類及紋節有關。公式中因數並未計及經由輥紋加工而紋槽去角成弧之值，亦未對輥紋工件材料特性考慮。

表 8-1.10

輥紋種類	輥前直徑 $d_2 \approx$
KAA 直行紋 KBL 左旋紋 KBR 右旋紋	$d_1 - 0.5t$
KCW 交叉紋 (交點突起)	$d_1 - 0.67t$
KCV 交叉紋 (交點凹入)	$d_1 - 0.33t$
KDW 十字紋 (交點突起)	$d_1 - 0.67t$
KDV 十字紋 (交點凹入)	$d_1 - 0.33t$

示

包括種類、代號、尺度及 CNS 總號。

1.交叉紋(交點突起) KCW 型，紋節 t=0.8mm(08) 紋廓角 α =105˚ (105)之標示為：
　輥紋 KCW 08-105 CNS 75。

2.交叉紋(交點突起) KCW 型，紋節 T=0.8(08)之標示為輥紋 KCW 08 CNS 75。

5 圓角及去角(Fillet and Chamfer)

件之內、外圓角應依表 8-1.11 之規定。

表 8-1.11

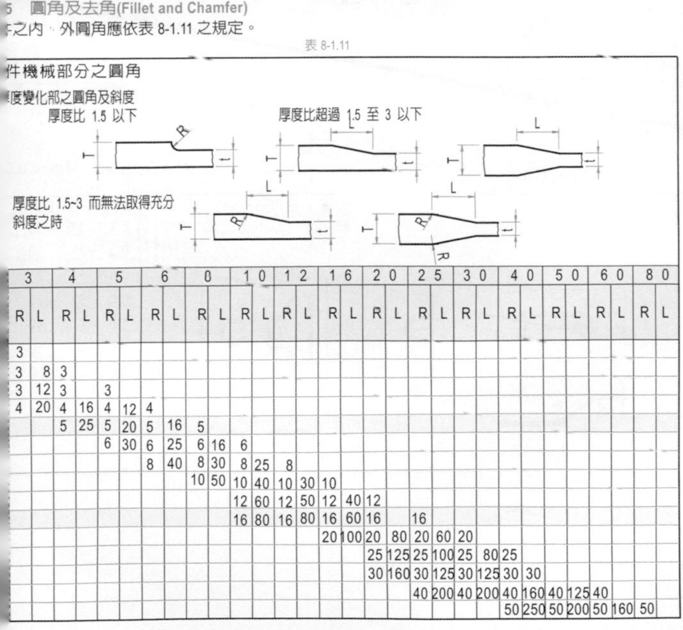

3		4		5		6		0		10		12		16		20		25		30		40		50		60		80	
R	L	R	L	R	L	R	L	R	L	R	L	R	L	R	L	R	L	R	L	R	L	R	L	R	L	R	L	R	L
3																													
3	8	3																											
3	12	3		3																									
4	20	4	16	4	12	4																							
		5	25	5	20	5	16	5																					
				6	30	6	25	6	16	6																			
						8	40	8	30	8	25	8																	
								10	50	10	40	10	30	10															
										12	60	12	50	12	40	12													
										16	80	16	80	16	60	16		16											
														20	100	20	80	20	60	20									
																25	125	25	100	25	80	25							
																30	160	30	125	30	125	30	30						
																		40	200	40	200	40	160	40	125	40			
																						50	250	50	200	50	160	50	

表 8-1.11 (續)

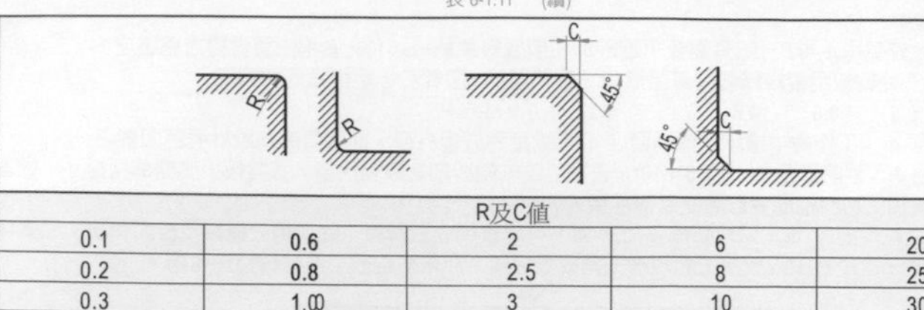

R及C值				
0.1	0.6	2	6	20
0.2	0.8	2.5	8	25
0.3	1.0	3	10	30
0.4	1.2	4	12	40
0.5	1.6	5	16	50

壓製成品機械部分之圓角

衝穿成品之圓角

圓角之最小值	
板厚劃分	圓角之最小值
0.5以下	0.2
0.5以上 1以下	0.5
1以下 3.2以上	1
3.2以上 6以下	2

彎曲成品之圓角彎曲成品之圓角rp值為
rp≧t 但是
rp< 0.2時，可不按照標準數

模壓成品之圓角

模壓成品之圓角rp，rd及rc值為
rp≧4 t
rd≧4 t
rc≧6 t
但是不超過 8 t 為宜。

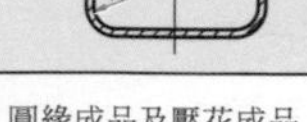

光口(Burring)成品及孔凸緣成品之圓角

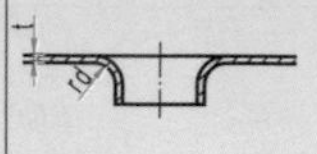

光口成品及孔凸緣成品之圓rd之值為 rd 0.5

圓緣成品及壓花成品

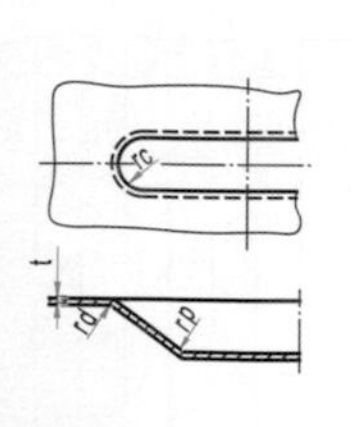

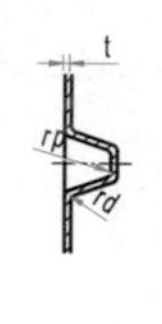

圓緣成品及壓花成品之圓角rp，rd及rc之值為：rp≧4 t
rd≧4 t
rc≧6 t

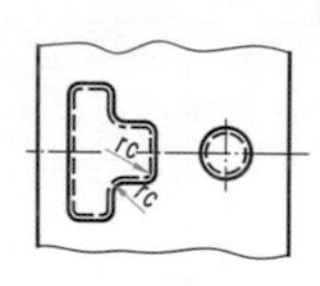

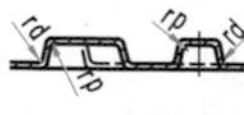

壓製成品之圓角之		
0.2	2.5	16
0.3	3	20
0.5	4	25
0.8	5	30
1.0	6	40
1.0	8	50
1.6	10	60

6 軸端尺度

動軸軸端尺度應依表 8-1.12 之規定。

表 8-1.12

柱軸端：

使用埋頭鍵之場合
（端銑刀加工）（無槽銑刀加工）
鍵之公稱尺度bxh配合有效長度

無階梯者　有階梯者

軸端之直徑 d	軸端之長度 i		直徑 d 之容許差		(參考)端部之去角 C	使用埋頭鍵之場合(參考)					軸端之直徑 d
						鍵槽		鍵之標稱尺寸	i_1		
	短軸端	長軸端				b_1	f_1	b X h	短軸端用	長軸端用	
6	—	16	j6	+0.005 -0.002	0.5	—	—	—	—	—	6
7	—	16		+0.007 -0.002	0.5	—	—	—	—	—	7
8	—	20			0.5	—	—	—	—	—	8
9	—	20			0.5	—	—	—	—	—	9
10	20	23			0.5	3	1.8	3 x 3	—	20	10
11	20	23		+0.008 -0.003	0.5	4	2.5	4 x 4	—	20	11
12	25	30			0.5	4	2.5	4 x 4	—	20	12
14	25	30			0.5	5	3.0	5 x 5	—	25	14
16	28	40			0.5	5	3.0	5 x 5	25	36	16
18	28	40			0.5	6	3.5	6 x 6	25	36	18
19	28	50			0.5	6	3.5	6 x 6	25	36	19
20	36	50		+0.009 -0.004	0.5	6	3.5	6 x 6	32	45	20
22	36	50			0.5	6	3.5	6 x 6	32	45	22
24	36	60			0.5	8	4.0	8 x 7	32	45	24
25	42	60			0.5	8	4.0	8 x 7	36	50	25
28	42	80			1	8	4.0	8 x 7	36	50	28
30	58	80			1	8	4.0	8 x 7	50	70	30
32	58	80	k6	+0.018 +0.002	1	10	5.0	10 x 8	50	70	32
35	58	80			1	10	5.0	10 x 8	50	70	35
38	58	110			1	10	5.0	10 x 8	50	70	38
40	82	110			1	12	5.0	12 x 8	70	90	40
42	82	110			1	12	5.0	12 x 8	70	90	42
45	82	110			1	14	5.5	14 x 9	70	90	45
48	82	110			1	14	5.5	14 x 9	70	90	48
50	82	110			1	14	5.5	14 x 9	70	90	50
55	82	110	m6	+0.030 +0.011	1	16	6.0	16 x 10	70	90	55
56	82	140			1	16	6.0	16 x 10	70	90	56
60	105	140			1	18	7.0	18 x 11	90	110	60
63	105	140			1	18	7.0	18 x 11	90	110	63
65	105	140			1	18	7.0	18 x 11	90	110	65
70	105	140			1	20	7.5	20 x 12	90	110	70
71	105	140			1	20	7.5	20 x 12	90	110	71
75	105	140			1	20	7.5	20 x 12	90	110	75
80	130	170			1	22	9.0	22 x 14	110	140	80
85	130	170		+0.035 +0.013	1	22	9.0	22 x 14	110	140	85
90	130	170			1	25	9.0	25 x 14	110	140	90
95	130	170			1	25	9.0	25 x 14	110	140	95
100	165	210			1	28	10.0	28 x 16	140	180	100
110	165	210			2	28	10.0	28 x 16	140	180	110

表 8-1.12 (續)

圓筒軸端											
直徑 d	軸端之長度 *i*		直徑 d 之容許差		(參考) 端部之去角 C	使用埋頭鍵之場合(參考)					軸端直徑 d
						鍵槽		鍵之標稱尺寸	i_1		
	短軸端	長軸端				B_1	T_1	B x h	短軸端用	長軸端用	
120	165	210	M6	+0.035 -0.013	2	32	11.0	32x18	140	180	120
125	165	210		+0.040 -0.015	2	32	11.0	32x18	140	180	125
130	200	250			2	32	11.0	32x18	180	220	130
140	200	250			2	36	12.0	36x20	180	220	140
150	200	250			2	36	12.0	36x20	180	220	150
160	240	300			2	40	13.0	40x22	220	250	160
170	240	300			2	40	13.0	40x22	220	250	170
180	240	300			2	45	15.0	45x25	220	250	180
190	280	350		+0.009 -0.004	2	45	15.0	45x25	250	280	190
200	280	350			2	45	15.0	45x25	250	280	200
220	280	350			2	50	17.0	50x28	250	280	220
240	330	410			2	56	20.0	56x32	280	360	240
250	330	410			2	56	20.0	56x32	280	360	250
260	380	470		+0.052 -0.020	3	56	20.0	56x32	280	360	260
280	380	470			3	63	20.0	63x32	320	400	280
300	380	470			3	70	22.0	70x36	320	400	300
320	450	550		+0.057 -0.021	3	70	22.0	70x36	320	400	320
340	450	550			3	80	25.0	80x40	400	—	340
360	450	550			3	80	25.0	80x40	400	—	360
380	540	650			3	80	25.0	80x40	400	—	380
400	540	650			3	90	28.0	90x45	—	—	400
420	540	650		+0.063 -0.023	3	90	28.0	90x45	—	—	420
440	540	650			3	90	28.0	90x45	—	—	440
450	540	650			3	100	31.0	10x50	—	—	450
460	540	650			3	100	31.0	100x50	—	—	460
480	540	650			3	100	31.0	100x50	—	—	480
500	540	650			3	100	31.0	100x50	—	—	500
530	680	800		+0.070 -0.026	3	—	—	—	—	—	530
560	680	800			3	—	—	—	—	—	560
600	680	800			3	—	—	—	—	—	600
630	680	800			3	—	—	—	—	—	630

無階梯時，其內圓角半徑，應以 γ =S之間爲宜。

有階梯時，即便經過淬火處理，其內圓角半徑，(0.3~0.5) 應以 γ = (0.3~0.5) S之間爲宜。

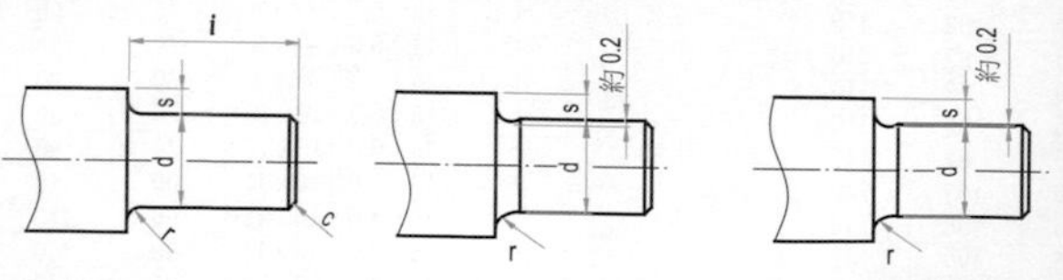

表 8-1.12 (續)

$\frac{1}{10}$錐形軸端

使用半圓鍵時之鍵槽之例　　使用埋頭鍵時之鍵槽之例

與軸心平行（$d_1 \leq 220$mm）與面平行（$d_2 \geq 240$mm）
（鍵之標稱尺寸b X h）（鍵之標稱尺寸bXh）（鍵之標稱尺寸bXd_0）

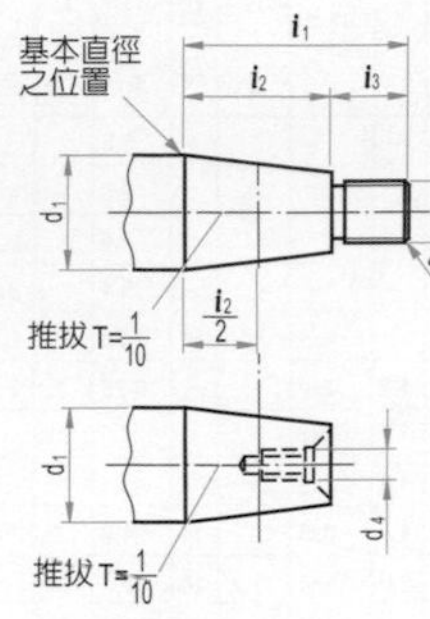

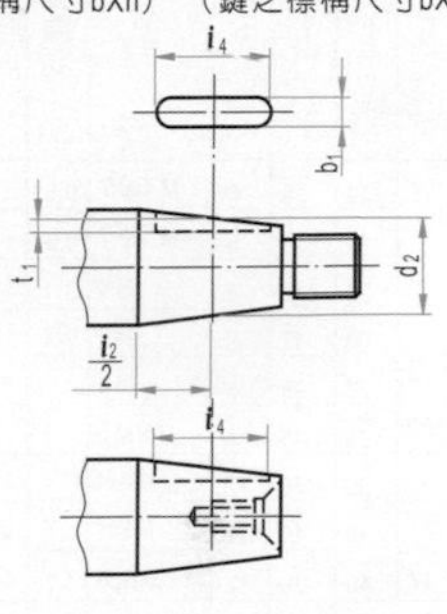

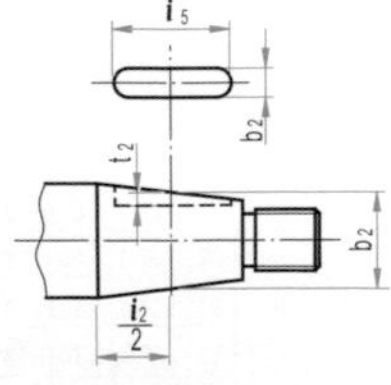

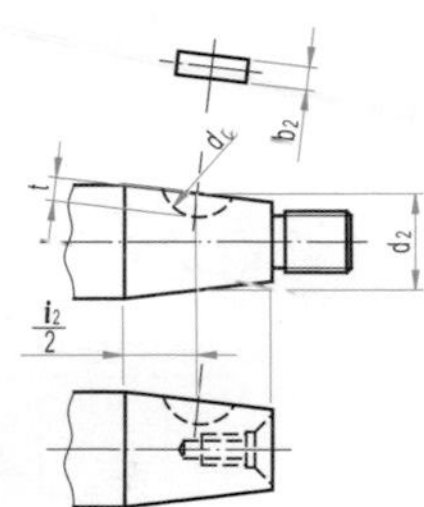

表 8-1.12 (續)

備考：鍵槽之形狀在此表示端銑槽之加工列。

軸端之基本直徑 d_1	短軸端			長軸端			螺紋			鍵及鍵槽									
							外螺紋		內螺紋	埋頭鍵							(參考)半圓		
							螺紋之標稱 d_3	(參考)去角 C	螺紋之標稱 d_4	鍵槽		鍵之標稱尺寸 bxh	短軸端		長軸端		鍵槽		
	i_1	i_2	i_3	i_1	i_2	i_3				b_1 或 b	t_1 或 t_2		d_2	(參考) i_4 或 i_5	d_2	(參考) i_4 或 i_5	b_2	t_3	b1x
6	–	–	–	16	10	6	M 4x0.7	0.8	–	–	–	–	–	–	5.5	–	–	–	–
7	–	–	–	16	10	6	M 4x0.7	0.8	–	–	–	–	–	–	6.5	–	–	–	–
8	–	–	–	20	12	8	M 6	1	–	–	–	–	–	–	7.4	–	2.5	2.5	2.5
9	–	–	–	20	12	8	M 6	1	–	–	–	–	–	–	8.4	–	2.5	2.5	2.5
10	–	–	–	23	15	8	M 6	1	–	–	–	–	–	–	9.25	–	2.5	2.5	2.5
11	–	–	–	23	15	8	M 6	1	–	2	1.2	2x2	–	–	10.25	12	2.5	2.5	2.5
12	–	–	–	30	18	12	M 8x1	1	M 4x0.7	2	1.2	2x2	–	–	11.1	16	3	2.5	2.5
14	–	–	–	30	18	12	M 8x1	1	M 4x0.7	3	1.8	3x3	–	–	13.1	16	4	3.5	2.5
16	28	16	12	40	28	12	M 10x1.25	1.2	M 4x0.7	3	1.8	3x3	15.2	14	14.6	25	4	3.5	2.5
18	28	16	12	40	28	12	M 10x1.25	1.2	M 5x0.8	4	2.5	4x4	17.2	14	16.6	25	5	4.5	2.5
19	28	16	12	40	28	12	M 10x1.25	1.2	M 5x0.8	4	2.5	4x4	18.2	14	17.6	25	5	4.5	2.5
20	36	22	14	50	36	14	M 12x1.25	1.2	M 6	4	2.5	4x4	18.9	20	18.2	32	5	4.5	2.5
22	36	22	14	50	36	14	M 12x1.25	1.2	M 6	4	2.5	4x4	20.9	20	20.2	32	5	7	2.5
24	36	22	14	50	36	14	M 12x1.25	1.2	M 6	5	3	5x5	22.9	20	22.2	32	5	7	2.5
25	42	24	18	60	42	18	M 16x1.5	1.5	M 8	5	3	5x5	23.8	22	22.9	36	5	7	2.5
28	42	24	18	60	42	18	M 16x1.5	1.5	M 8	5	3	5x5	26.8	22	25.9	36	6	8.6	2.5
30	58	36	22	80	58	22	M 20x1.5	1.5	M 10	5	3	5x5	28.2	32	27.1	50	6	8.6	2.5
32	58	36	22	80	58	22	M 20x1.5	1.5	M 10	6	3.5	6x6	30.2	32	29.1	50	6	8.6	2.5
35	58	36	22	80	58	22	M 20x1.5	1.5	M 10	6	3.5	6x6	33.2	32	32.1	50	8	10.2	8
38	58	36	22	80	58	22	M 24x2	2	M 12	6	3.5	6x6	36.2	32	35.1	50	8	10.2	8
40	82	54	28	110	82	28	M 24x2	2	M 12	10	5	10x8	37.3	50	35.9	70	8	10.2	8
42	82	54	28	110	82	28	M 24x2	2	M 12	10	5	10x8	79.3	50	37.9	70	8	12.2	8
45	82	54	28	110	82	28	M 30x2	2	M 16	12	5	12x8	42.3	50	40.9	70	8	12.2	8
48	82	54	28	110	82	28	M 30x2	2	M 16	12	5	12x8	45.3	50	43.9	70	10	12.8	10
50	82	54	28	110	82	28	M 36x3	3	M 16	12	5	12x8	47.3	50	45.9	70	10	12.8	10
55	82	54	28	110	82	28	M 36x3	3	M 20	14	5.5	14x9	52.3	50	50.9	70	10	12.8	10
56	82	54	28	110	82	28	M 36x3	3	M 20	14	5.5	14x9	53.3	50	51.9	70	10	12.8	10
60	105	70	35	140	105	35	M 42x3	3	M 20	16	6	16x10	56.5	63	54.75	100	10	12.8	10
63	105	70	35	140	105	35	M 42x3	3	M 20	16	6	16x10	59.5	63	54.75	100	12	15.2	12
65	105	70	35	140	105	35	M 42x3	3	M 20	16	6	16x10	61.5	63	59.75	100	12	15.2	12
70	105	70	35	140	105	35	M 48x3	3	M 24	18	7	18x11	66.5	63	64.75	100	12	15.2	12
71	105	70	35	140	105	35	M 48x3	3	M 24	18	7	18x11	67.5	63	65.75	100	12	15.2	12
75	105	70	35	140	105	35	M 48x3	3	M 24	18	7	18x11	71.5	63	69.75	100	12	10.2	12
80	130	90	40	170	130	40	M 56x4	4	M 30	20	7.5	20x12	75.5	80	73.5	110	12	20.2	12
85	130	90	40	170	130	40	M 56x4	4	M 30	20	7.5	20x12	80.5	80	78.5	110	12	20.2	12
90	130	90	40	170	130	40	M 64x4	4	M 30	22	9	22x14	85.5	80	83.5	110	–	–	

表 8-1.12 (續)

錐形軸端(承前頁)																		
短軸端			長軸端			螺紋			鍵及鍵槽									
						外螺紋		內螺紋	埋頭鍵							(參考)半圓鍵		
									鍵槽		鍵之標稱尺寸	短軸端		長軸端		鍵槽		
ℓ_1	ℓ_2	ℓ_3	ℓ_1	ℓ_2	ℓ_3	螺紋之標稱 d_3	(參考)去角 C	螺紋之標稱 d_4	b_1 或 b	t_1 或 t_2	b x h	d_2	(參考) ℓ_4 或 ℓ_5	d_2	(參考) ℓ_4 或 ℓ_5	b_2	t_3	b_1xb_0
130	90	40	170	130	40	M 64x4	4	M36	22	9	22x14	90.5	80	88.5	110			—
165	120	45	210	165	45	M 72x4	4	M36	25	9	25x14	94	110	91.75	140			—
165	120	45	210	165	45	M 80x4	4	M42	25	9	25x14	104	110	101.75	140			—
165	120	45	210	165	45	M 90x4	4	M42	28	10	28x16	114	110	111.75	140			—
165	120	45	210	165	45	M 90x4	4	M48	28	10	28x16	119	110	116.75	140			—
200	150	50	250	200	50	M 100x4	4	—	28	10	28x16	122.5	125	120	180			—
200	150	50	250	200	50	M 100x4	4	—	32	11	32x18	132.5	125	130	180			—
200	150	50	250	200	50	M 110x4	4	—	32	11	32x18	142.5	125	140	180			—
240	180	60	300	240	60	M 125x4	4	—	36	12	36x20	151	160	148	220			—
240	180	60	300	240	60	M 125x4	4	—	36	12	36x20	161	160	158	220			—
240	180	60	300	240	60	M 140x6	6	—	40	13	40x22	171	160	168	220			—
280	210	70	350	280	70	M 140x6	6	—	40	13	40x22	179.5	180	176	250			—
280	210	70	350	280	70	M 160x6	6	—	40	13	40x22	189.5	180	186	250			—
280	210	70	350	280	70	M160x6	6	—	45	15	45x25	209.5	180	206	250			—
—	—	—	410	330	80	M 180x6	6	—	50	17	50x28	—	—	223.5	280			—
—	—	—	410	330	80	M 180x6	6	—	50	17	50x28		—	233.5	280			—
—	—	—	410	330	80	M 200x6	6	—	50	17	50x28	—	—	243.5	280			—
—	—	—	470	380	90	M 220x6	6	—	56	20	56x32	—	—	261	320			—
—	—	—	470	380	90	M 220x6	6	—	63	20	63x32	—	—	281	320			—
—	—	—	470	380	90	M 250x6	6	—	63	20	63x32	—	—	301	320			—
—	—	—	550	450	100	M 280x6	6	—	70	22	70x36	—	—	317.5	400			—
—	—	—	550	450	100	M 280x6	6	—	70	22	70x36	—	—	337.5	400			—
—	—	—	550	450	100	M 300x6	6		70	22	70x36	—	—	357.5	400			—
—	—	—	650	540	110	M 320x6	6		80	25	80x40	—	—	373	—			—
—	—	—	650	540	110	M 320x6	6	—	80	25	80x40	—	—	393	—			—
—	—	—	650	540	110	M 350x6	6	—	80	25	80x40	—	—	413	—			
—	—	—	650	540	110	M 380x6	6	—	90	28	90x45	—	—	423	—			—
—	—	—	650	540	110	M 380x6	6	—	90	28	90x45	—	—	433	—			—
—	—	—	650	540	110	M 380x6	6	—	90	28	90x45	—	—	453	—			—
—	—	—	650	540	110	M 420x6	6	—	90	28	90x45	—	—	473	—			—
—	—	—	800	680	120	M 420x6	6	—	100	31	100x50	—	—	496	—			—
—	—	—	800	680	120	M 450x6	6	—	100	31	100x50	—	—	526	—			—
—	—	—	800	680	120	M 500x6	6	—	100	31	100x50	—	—	566	—			—
—	—	—	800	680	120	M 550x6	6	—	100	31	100x50	—	—	596	—			—

8

表 8-1.12 (續)

軸端之形狀	基本直徑(d_1)位置之精度	
	d_1尺度劃分	i_2之公差
短軸端	6以上 10以下	0 -0.22
短軸端	11以上 18以下	0 -0.27
短軸端	19以上 30以下	0 -0.33
短軸端	32以上 50以下	0 -0.39
短軸端	55以上 80以下	0 -0.46
短軸端	85以上 120以下	0 -0.54
長軸端	125以上 180以下	0 -0.63
長軸端	190以上 250以下	0 -0.72
長軸端	260以上 300以下	0 -0.81
長軸端	320以上 400以下	0 -0.89
長軸端	420以上 500以下	0 -0.97
長軸端	530以上 630以下	0 -1.10

堆拔之容許差		
i_2尺度劃分(mm)	堆拔之公差	公差之總
10以上 20以下	0.00040	8T
逾20 40以下	0.00025	7T
逾40 80以下	0.00016	6T
逾80 160以下	0.00010	5T
逾160 33以下	0.000063	4T
逾330 680以下	0.000040	3T

8-1.7 螺紋孔及深度 CNS B1060

穿通孔徑

機件容許螺栓穿通知光孔孔徑應依表 8-1.13 之規定。

表 8-1.13

φD φd

細級	H12
中級	H13
粗級	H14

孔公差

單位：m

螺紋標稱直徑 d	穿通孔徑D			螺紋標稱直徑 d	穿通孔徑D		
	細級	中級	粗級		細級	中級	粗級
1	1.1	1.2	1.3	30	31	33	35
1.2	1.3	1.4	1.5	33	34	36	38
1.4	1.5	1.6	1.8	36	37	39	42
1.6	1.7	1.8	2	39	40	42	45
1.8	1.9	2	2.3	42	43	45	48
2	2.2	2.4	2.6	45	46	48	52
2.5	2.7	2.9	3.1	48	50	52	56
3	3.2	3.4	3.6	52	54	56	62
3.5	3.7	3.9	4.1	56	58	62	66
4	4.3	4.5	4.8	60	62	66	70
5	5.3	5.5	5.8	64	66	70	74
6	6.4	6.6	7	68	70	74	78
7	7.4	7.6	8	72	74	78	82
8	8.4	9	10	76	78	82	86
10	10.5	11	12	80	82	86	91
12	13	14	15	90	93	96	101
14	15	16	17	100	104	107	112
16	17	18	19	110	114	117	122
18	19	20	21	120	124	127	132
20	21	22	24	125	129	132	137
22	23	24	26	130	134	137	144
24	25	26	28	140	144	147	155
27	28	30	32	150	155	158	165

註：螺栓與穿通孔相配合，若需依 CNS 4243 螺栓，螺釘之頭下內圓角半徑之規定時，則穿通孔需有一錐坑。

攻加工深度：機件之盲螺孔深度應依表 8-1.14 之規定。

表 8-1.14

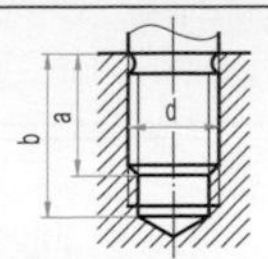

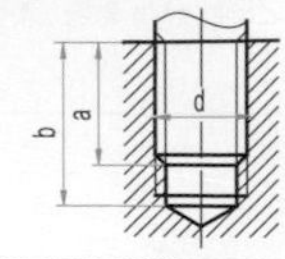

螺紋外徑公稱 d	螺孔鑽徑 d_1	鋼鑄鋼，青銅，青銅鑄件		鑄鐵		鋁及其他輕合金系	
		a	b	a	b	a	b
3	2.4	3	6	4.5	7.5	5.5	8.5
3.5	2.9	3.5	6.5	5.5	8.5	6.5	9.5
4	3.25	4	7	6	9	7	10
4.5	3.75	4.5	7.5	7	10	8	11
5	4.1	5	8.5	8	11.5	9	12.5
5.5	4.6	5.5	9	8	11.5	10	13.5
6	5	6	10	9	13	11	15
7	6	7	11	11	15	13	17
8	6.8	8	12	12	16	14	18
9	7.8	9	13	13	17	16	20
10	8.5	10	14	15	19	18	22
12	10.2	12	17	17	22	22	27
14	12	14	19	20	25	25	30
16	14	16	21	22	27	28	33
18	15.5	18	24	25	31	33	39
20	17.5	20	26	27	33	36	42
22	19.5	22	29	30	37	40	47
24	21	24	32	32	40	44	52
27	24	27	36	36	45	48	57
30	26.5	30	39	40	49	54	63
33	29.5	33	43	43	53	60	70
36	32	36	47	47	58	65	76
39	35	39	51	52	64	70	82
42	37.5	42	54	55	67	75	87
45	40.5	45	58	58	71	80	93
48	43	48	62	62	76	86	100

常用材料鑽孔及攻孔之詳細深度 <英制>

材料	有蓋螺帽等進入深度A	孔底之螺紋間隙B	螺紋深度C	孔底無螺紋部分E	鑽孔深度F
鋁	2D	4/n	2D+4/n	4/n	C+E
鑄鐵	$1^{1}/_{2}D$	4/n	$1^{1}/_{2}D+4/n$	4/n	C+E
黃銅	$1^{1}/_{2}D$	4/n	$1^{1}/_{2}D+4/n$	4/n	C+E
青銅	$1^{1}/_{2}D$	4/n	$1^{1}/_{2}D+4/n$	4/n	C+E
鋼	D	4/n	D+4/n	4/n	C+E

扣件之進入長度　B＝孔底之螺紋餘隙　C＝總螺紋深度　D＝扣件直徑
孔底無螺紋部分　F＝鑽孔深度　n＝每吋螺紋數

8-1.8 中心孔(Center Holes)

本節機件用之 60º 中心孔，與 ISO 之相關資料，請參閱 ISO/R 866-1968，ISO 2540-1973 及 I
2541-1972，其種類：依中心孔之形狀分為 R 型、A 型、B 型及 C 型。
形狀及尺度依表 8-1.15 所示。

表 8-1.15

R型

圓弧錐形中心孔（無去角）

標稱方法：
60° R型中心孔之尺寸d_1=4㎜及d_2=8.5㎜，其標稱如下：
CNS 300・R型中心孔・4x8.5

單位：m

d_1	d_2	$t^{(1)}$最小	$a^{(2)}$	d_1	d_2	$t^{(1)}$最小	$a^{(2)}$
0.5	1.06	1.4	2	● 3.15	6.7	5.8	9
0.8	1.7	1.5	2.5	● 4	8.5	7.4	11
● 1	2.12	1.9	3	● 5	10.6	9.2	14
● 1.25	2.65	2.3	4	● 6.3	13.2	11.4	18
● 1.6	3.35	2.9	5	● 8	17	14.7	22
● 2	4.25	3.7	6	● 10	21.2	18.3	28
● 2.5	5.3	4.6	7	12.5	26.5	23.6	36

標示●之尺寸係包括於ISO 2541-1972 之規定中。

A型

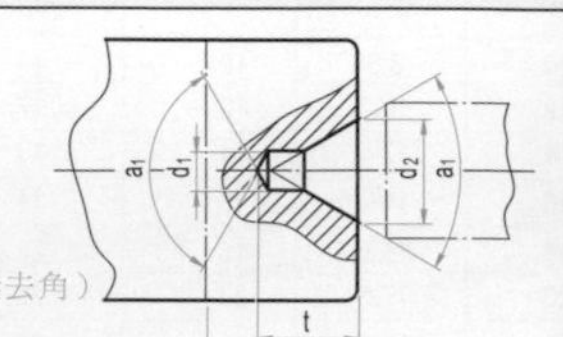

直線錐形中心孔（無去角）

標稱方法：
60° A型心孔之尺寸d_1=4㎜及d_2=8.5㎜，其標稱如下：
CNS 300・A型中心孔・4x8.5

單位：m

d_1	d_2	$t^{(1)}$最小	$a^{(2)}$
● 0.5	1.06	1.4	2
● 0.8	1.7	1.5	2.5
● 1	2.12	1.9	3
● 1.25	2.65	2.3	4
● 1.6	3.35	2.9	5
● 2	4.25	3.7	6
● 2.5	5.3	4.6	7
● 3.15	6.7	5.8	9
● 4	8.5	7.4	11
● 5	10.6	9.2	14
● 6.3	13.2	11.4	18
● 8	17	14.7	22
● 10	21.2	18.3	28
● 12.5	26.5	23.6	36

d_1 H12	d_2 JS12	$t^{(1)}$		α_1	$\alpha_2\,{}^{0}_{-1°}$	$a^{(2)}$
		最大	最小			
16	33.5	37.5	30	120°	60°	45
20	42.5	47.5	37.5			56
25	53	60	47.5			71
31.5	67	75	60			90
40	85	95	75			112
50	106	118	95			140

標示●之尺寸係包括於ISO 866-1968 之規定中。

註(1)：用中心鑽加工製成之中心孔深度 t，乃隨依CNS 226~CNS 228規 定之中心鑽(包含細磨鑽頭之長度 i 而變化。
若中心孔能保持所規定之直徑 d_1 尺度，則當 t 爲最小尺度時，磨成60 支頂心尖端應不 致碰到中心孔底。
深度t(最小)表示一限界，若不能達上述要求之中心鑽應重新研磨。

註(2)：a 爲中心孔部位之尺度，凡工作物端不得有中心孔，但爲加工而需 中心孔時，則需預留尺度 a，加工後再切除之。

表 8-1.15 (續)

型

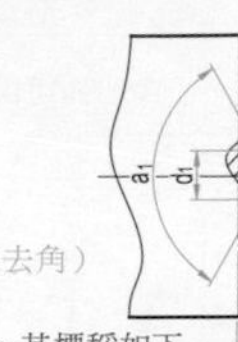

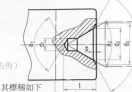

直線錐形中心孔（具錐形保護去角）

稱方法：
° B型中心孔之尺度d_1=4mm及d_2=8.5mm，其標稱如下
NS 300・B型中心孔・4x8.5

單位：mm

d_1	d_2	b	d_3	$t^{(1)}$ 最小	$a^{(2)}$	d_1 H12	d_2 JS12	b	d_3	$t^{(1)}$ 最大	$t^{(1)}$ 最小	$a^{(2)}$	α_1	$\alpha_2\ ^{0}_{-1°}$	α_3
1	2.12	0.3	3.15	2.2	3.5	12.5	26.5	2	33.5	32.1	25.6	38	120°	60°	120°
1.25	2.65	0.4	4	2.7	4.5	16	33.5	2.6	42.5	40.1	32.6	48			
1.6	3.35	0.5	5	3.4	5.5	20	42.5	3	53	50.5	40.5	60			
2	4.25	0.6	6.3	4.3	6.6	25	53	2.9	63	62.9	50.4	75			
2.5	5.3	0.8	8	5.4	8.3	31.5	67	3.8	80	73.8	63.8	95			
3.15	6.7	0.9	10	6.8	10	40	85	4.3	100	99.3	79.3	118			
4	8.5	1.2	12.5	8.6	12.7	50	106	5.5	125	123.5	100.5	150			
5	10.6	1.6	16	10.8	15.6	標示●之尺寸係包括於ISO 2540-1973 之規中。									
6.3	13.2	1.4	18	12.9	20										
8	17	1.6	22.4	16.4	25										
10	21.2	2	28	20.4	31										

C型

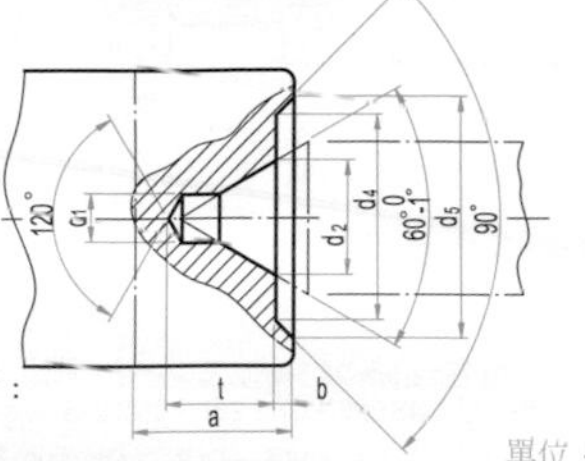

直線錐形中心孔（具保護錐坑）

稱方法：
° C型中心孔之尺度d_1=4㎜及d_2=8.5㎜，其標稱如下：
NS 300・C型中心孔・4 8.5

單位：㎜

d_1	d_2	b	d_1	d_3	$t^{(1)}$ 最小	$a^{(2)}$	d_1 H12	d_2 JS12	b	d_1	d_3	$t^{(1)}$ 最大	$t^{(1)}$ 最小	$a^{(2)}$
1	2.12	0.4	4.5	5	1.9	3.5	16	33.5	6.1	56	63	37.5	30	53
1.25	2.65	0.6	5.3	6	2.3	4.5	20	42.5	7.8	71	80	47.5	37.5	67
1.6	3.35	0.7	6.3	7.1	2.9	5.5	25	53	8.7	90	100	60	47.5	85
2	4.25	0.9	7.5	8.5	3.7	6.6	31.5	67	11.3	112	125	75	60	106
2.5	5.3	0.9	9	10	4.6	8.3	40	85	17.3	140	160	95	75	132
3.15	6.7	1.1	11.2	12.5	5.9	10	50	106	17.3	180	200	118	95	170
4	8.5	1.7	14	16	7.4	12.7								
5	10.6	1.7	18	20	9.2	15.6								
6.3	13.2	2.3	22.4	25	11.5	20								
8	17	3	28	31.5	14.8	25								
0	21.2	3.9	35.5	40	18.4	31								
2.5	26.5	4.3	45	50	23.6	42.5								

表 8-1.15 (續)

繪圖標示			
指定項目	中心孔應留在成品上	中心孔可留在成品上	中心孔不得留在成品上
應用實例	CNS 300・A型 中心孔・4・8.5		成品不留 中心孔

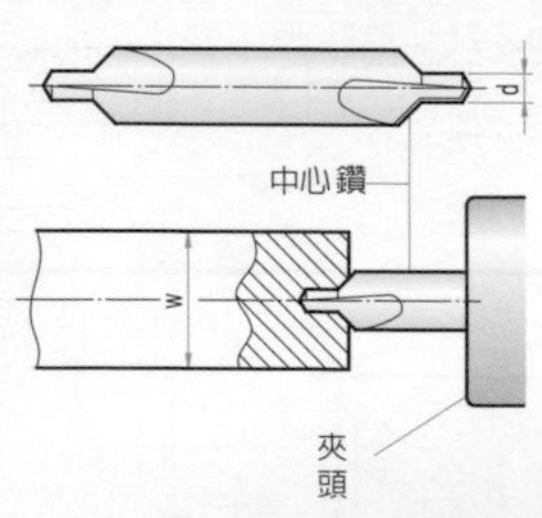

工作物直徑和中心鑽直徑關係（mm）

工作物直徑W	錐孔徑D	中心鑽直徑d
5-8	3	>2
8-25	4-5	2-3
25-60	5-8	3-4
60-100	8-12	4-5

註(1)：尺度在12.5mm 26.5mm以下之R型、A型中心孔與尺度在10mm 21.2mm以下之B型中心孔，係由依CNS 226、CNS 227、CNS 228規定之中心鑽所製造。

註(2)：尺度超過12.5mm 26.5mm以下之A型中心孔與尺度超過10mm 21.2mm之B型中心孔以及C型中心孔，通常均需使用兩種以上之工具方能加工完成。

註(3)：因為A型、B型及C型中心孔之定心部尺度相同，若其他定心部尺度在12.5mm 26.5mm (A型、B型)或10mm 21.2mm(C型)以下者，亦可由依CNS 227、CNS 228規定之中心鑽製造之。

註(4)：凡未規定之細部尺度而用中心鑽所鑽之中心孔，其尺度可隨中心鑽之形狀、尺度決定之。

註(5)：B型中心孔之錐形保護去角依CNS 231規定之沈鑽頭製造之。

8-1.9 鳩尾槽、鳩尾塊

機件中鳩尾槽、鳩尾座之量測與尺度，依圖 8-1.6 之規定。

鳩尾座測量

1.鳩尾塊

C= (D/2)cotA

X=B+2C+D

=B+DcotA+D

=B+D(cotA+1)

2.鳩尾槽

M=Y-D(cotA+1)

註：前述 X 及 M 尺度必須註記專用公差。

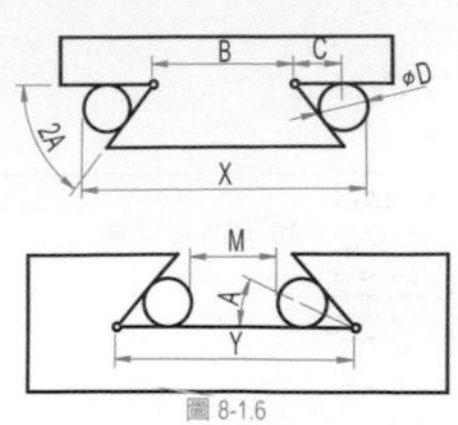

圖 8-1.6

10 稜角修圓 CNS B3025

為保安全與便於組裝，通常需去除稜角，稱為修圓。

度與應用應依表 8-1.16 之規定。

表 8-1.16

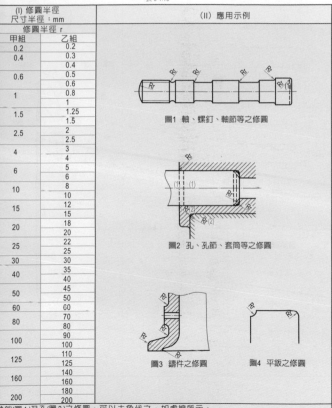

(I) 修圓半徑 尺寸半徑：mm		(II) 應用示例
修圓半徑 r		
甲組	乙組	
0.2	0.2	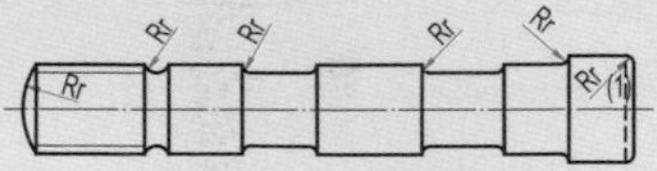 圖1 軸、螺釘、軸節等之修圓 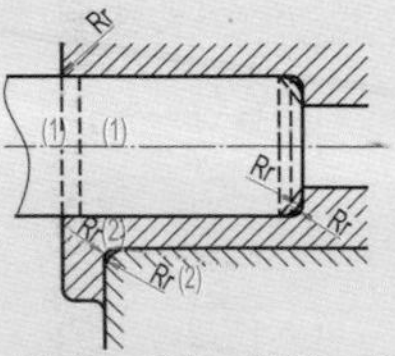 圖2 孔、孔節、套筒等之修圓 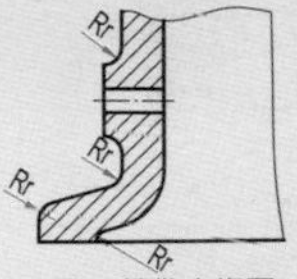 圖3 鑄件之修圓 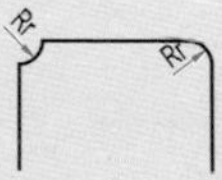 圖4 平鈑之修圓
0.4	0.3	
	0.4	
0.6	0.5	
	0.6	
1	0.8	
	1	
1.5	1.25	
	1.5	
2.5	2	
	2.5	
4	3	
	4	
6	5	
	6	
10	8	
	10	
15	12	
	15	
20	18	
	20	
25	22	
	25	
30	30	
40	35	
	40	
50	45	
	50	
60	60	
80	70	
	80	
100	90	
	100	
125	110	
	125	
160	140	
	160	
200	180	
	200	

軸銷(圖 1)及孔(圖 2)之修圓，可以去角代之，如虛線所示。

機件在相應地位之稜角修圓，應具不同半徑使留有合適之孔隙。

：甲組修圓半徑應予優先擇用。

8-2 刀具規格

8-2.1 鑽頭規格

依表 8-2.1 之規定。

表 8-2.1

簡示鑽頭規格

直柄鑽頭直徑（mm）

0.3~~10	每0.1mm一支
10.0~~13	每0.5mm一支

錐柄鑽頭直徑（mm）	莫斯號數MT）
2,2.1~~~~~~~~~~~~~~~10	No:1
10.5,11~~~~~~~~~~~~~ 14	
14.5~~~~~~~~~~~ 22.5, 23	No:2
23.5~~~~~~~~~~~ 31.5, 32	No:3
33, 34~~~~~~~~~~~~~~50	No:4
51~~~~~~~~~~~~~~ 75, 76	No:5
77~~~~~~~~~~~~~~99,100	No:6

鑽孔之精度

單位：（mm）

鑽頭直徑	精度
0.3 ~ 6	+0.05 ~ +0.08
6 ~ 12	+0.10 ~ +0.12
13 ~ 20	+0.20 ~ +0.25
25 ~ 40	+0.25 ~ +0.30

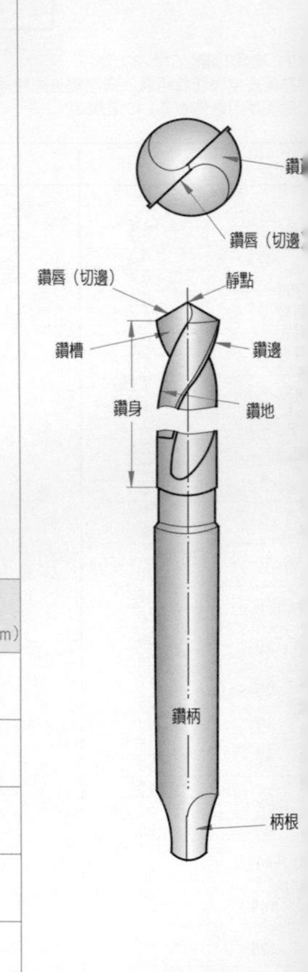

2 銑刀規格(參考 HKF 銑刀手冊)

細微粒碳化鎢 2刃球型立銑刀

份 : CO12% WC88% Tungsten Carbide 0.0005mm

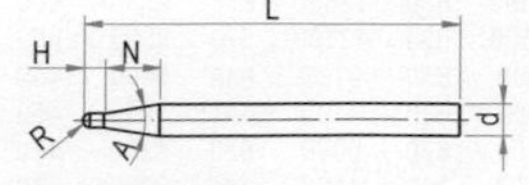

刃徑與柄徑不同時之尺度圖

立:mm
旋角度:35度
用對象:塑膠模 鍛造鋼 壓鑄模 板金模 汽機車零件 各種產業零件
用材料:鐵材 碳素鋼 鑄鐵 模具鋼 合金鋼 工具鋼 熱處理鋼 焊補鋼料
要特性:極細微粒碳化鎢母材韌性高,被覆TIALN(鋁鈦)耐摩耗,可在高速M/C上進行高硬度高速切削
对熱處理模具直接進行粗加工到細加工,可精減模具之製作工程大幅提昇模具之製作效能

R徑 Radius	刃長 Length of Cut	斜頸長 Length of Neck	斜頸角 Angle of Neck	全長 Overall Length	柄徑 Shank Diameter	刃數 Flute Number	被覆層 Coating (鋁鈦)
R 0.5	H 2.0	N 8.5	A 10	L 50	d 4.0	2T	TIALN
R 0.75	H 3.0	N 7.0	A 10	L 50	d 4.0	2T	TIALN
R 1.0	H 4.0	N 5.7	A 10	L 50	d 4.0	2T	TIALN
R 1.25	H 5.0	N 4.2	A 10	L 50	d 4.0	2T	TIALN
R 1.5	H 6.0	N 2.8	A 10	L 50	d 4.0	2T	TIALN
R 2.0	H 8.0			L 50	d 4.0	2T	TIALN
R 2.5	H 10.0	N 2.8	A 10	L 60	d 6.0	2T	TIALN
R 3.0	H 12.0			L 60	d 6.0	2T	TIALN
R 3.5	H 14.0	N 2.8	A 10	L 60	d 8.0	2T	TIALN
R 4.0	H 16.0			L 75	d 8.0	2T	TIALN
R 4.5	H 18.0	N 2.8	A 10	L 75	d 10.0	2T	TIALN
R 5.0	H 20.0			L 75	d 10.0	2T	TIALN
R 6.0	H 20.0			L 75	d 12.0	2T	TIALN
R 7.0	H 24.0			L 75	d 14.0	2T	TIALN
R 8.0	H 24.0			L 100	d 16.0	2T	TIALN
R 10.0	H 30.0			L 150	d 20.0	2T	TIALN
R 12.5	H 35.0			L 150	d 25.0	2T	TIALN

8

切削條件:極細微粒碳化鎢 2刃球型立銑刀 (一般M/C使用)

被切削材	鐵材，碳素鋼，鑄鐵，合金鋼，工具鋼 SS41,S45C,FC,FCD,SCr SCM,SNC,SNCM,SK SKS,SKT,SKD,PDS1 PDS3,S50C,YK30				合金鋼，工具鋼，不銹鋼 熱處理鋼 SCr,SCM, SNC,SNCM, SKT,SKD,P20,P20S NAK55,NAK80,FDAC PDS5,SUS420J2,SUS304 SUS316				熱處理鋼			
被切削材硬度	HRC30度以下				HRC30-45度				HRC45-55度			
立銑刀	等高切削		曲面切削		等高切削		曲面切削		等高切削		曲面切	
R徑	轉速	進給	轉速	進給	轉速	進給	轉速	進給	轉速	進給	轉速	進
mm	轉/分	mm/分	轉/分	mm/分	轉/分	mm/分	轉/分	mm/分	轉/分	mm/分	轉/分	mm
R 0.5	45000	880	31000	620	35700	570	25000	400	19000	210	13300	15
R 1.0	22000	880	15500	620	17800	570	12500	400	9500	210	6600	15
R 1.5	15000	900	10600	630	12100	570	8500	400	6400	210	4500	15
R 2.0	11400	900	8000	630	9100	640	6400	450	4800	270	3400	1
R 2.5	9100	900	6400	630	7100	640	5000	450	3800	290	2700	2
R 3.0	7600	960	5300	670	6000	670	4200	470	3200	300	2200	2
R 4.0	5700	1140	4000	800	4600	790	3200	550	2300	320	1600	2
R 5.0	4600	1070	3200	750	3600	740	2500	520	1900	330	1300	2
R 6.0	3900	1000	2700	700	3000	700	2100	490	1600	310	1100	2
R 8.0	2900	930	2000	650	2300	670	1600	470	1100	270	770	1
R10.0	2300	810	1600	570	1900	640	1300	450	950	250	660	1
R12.5	1900	670	1300	470	1400	510	1000	360	760	210	530	1
最大切削量	H=0.06R以下 P=0.10R以下		粗銑切削時,H=0.2R以下,P=0.5R以下 轉速以60%進行,進給速度以40%進行						H=0.03R以 P=0.05R以			

切削條件:極細微粒碳化鎢 2刃球型立銑刀 (高速M/C使用)

被切削材	鐵材，碳素鋼，鑄鐵，合金鋼，工具鋼 SS41,S45C,FC,FCD,SCr SCM,SNC,SNCM,SK,SKS SKT,SKD ,PDS1,PDS3 S50C,YK30				合金鋼，工具鋼 熱處理鋼 SCr,SCM, SNC,SNCM SKT,SKD,P20,P20S NAK55,NAK80,PDS5 FDAC				熱處理鋼			
被切削材硬度	HRC30度以下				HRC30-45度				HRC45-55度			
立銑刀	等高切削		曲面切削		等高切削		曲面切削		等高切削		曲面切	
R徑	轉速	進給	轉速	進給	轉速	進給	轉速	進給	轉速	進給	轉速	進
mm	轉/分	mm/分	轉/分	mm/分	轉/分	mm/分	轉/分	mm/分	轉/分	mm/分	轉/分	mm
R 0.5	50000	2200	35000	1500	50000	2000	35000	1400	32000	1100	22400	8
R 1.0	25000	2200	17500	1500	24500	2000	17000	1400	17000	1200	11900	8
R 1.5	16500	2200	11600	1500	16000	2000	11200	1400	11200	1200	8000	8
R 2.0	15500	2700	10800	1900	15000	2200	10500	1500	10500	1500	7700	10
R 2.5	15000	3200	10500	2200	14000	2300	9800	1600	9800	1680	7000	11
R 3.0	13500	3400	9500	2400	11500	2200	8000	1500	8000	1800	6600	12
R 4.0	10000	2500	7000	1960	9000	1700	6300	1200	6300	1360	5000	9
R 5.0	8200	2100	5700	1400	7200	1360	5000	960	5000	1080	4000	7
R 6.0	6800	1700	4700	1200	6000	1100	4200	800	4200	880	3300	6
R 8.0	5100	1300	3600	880	4500	840	3200	600	3200	780	2500	5
R10.0	4100	1000	2900	720	3600	680	2500	480	2500	540	2000	3
R12.5	3300	850	2300	600	2900	540	2000	380	2000	360	1500	2
最大切削量	H=0.03R以下 P=0.05R以下								H=0.015R以下 P=0.025R以下			

細微粒碳化鎢　長柄型　2刃球型立銑刀

分：CO12%　WC88%　Tungsten Carbide 0.0005mm

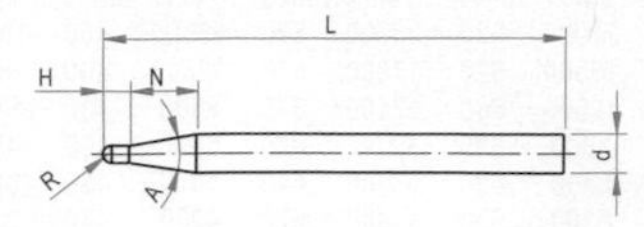

刃徑與柄徑不同時之尺度圖

位:mm
旋角度：35度。
用對象：塑膠模、鍛造模、壓鑄模、板金模、汽機車零件、各種產業零件。
用材料：鐵材、碳素鋼、鑄鐵、模具鋼、合金鋼、工具鋼、熱處理鋼、焊補鋼料。
要特性：極細微粒碳化鎢母材韌性高，被覆TIALN(鋁鈦)耐摩耗，可在高速M/C上進行高硬度高速切削能對熱處離模具直接進行粗加工到細加工，可精簡模具之製作工程大幅提升模具之製作效能。

R徑 Radius	刃長 Length of Cut	斜頸長 Length of Neck	斜頸角 Angle of Neck	全長 Overall Length	柄徑 Shank Diamoter	刃數 Flute Number	被覆層 Coating (鋁鈦)
R 1.0	H 4.0	H 35.0	A 10	L 75	d 6.0	2T	TIALN
R 1.25	H 4.0	N 4.2	A 10	L 75	d 6.0	2T	TIALN
R 1.5	H 6.0	N 10.3	A 10	L 75	d 6.0	2T	TIALN
R 2.0	H 6.0	N 10.3	A 10	L 75	d 6.0	2T	TIALN
R 2.5	H 10.0	N 1.4	A 10	L 75	d 6.0	2T	TIALN
R 3.0	H 12.0			L 75	d 6.0	2T	TIALN
R 3.0	H 12.0			L 100	d 6.0	2T	TIALN
R 3.5	H 14.0	N 2.8	A 10	L 75	d 8.0	2T	TIALN
R 4.0	H 16.0			L 100	d 8.0	2T	TIALN
R 4.0	H 16.0			L 150	d 8.0	2T	TIALN
R 4.5	H 18.0	N 2.8	A 10	L 100	d 10.0	2T	TIALN
R 5.0	H 20.0			L 100	d 10.0	2T	TIALN
R 5.0	H 20.0			L 150	d 10.0	2T	TIALN
R 6.0	H 20.0			L 100	d 12.0	2T	TIALN
R 6.0	H 20.0			L 150	d 12.0	2T	TIALN
R 7.0	H 20.0			L 100	d 14.0	2T	TIALN
R 8.0	H 20.0			L 150	d 16.0	2T	TIALN
R 8.0	H 24.0			L 200	d 16.0	2T	TIALN
R 10.0	H 30.0			L 200	d 20.0	2T	TIALN
R 10.0	H 35.0			L 200	d 25.0	2T	TIALN

切削條件:極細微粒碳化鎢 2刃球型立銑刀 (一般M/C使用)

被切削材	鐵材，碳素鋼，鑄鐵，合金鋼，工具鋼 SS41,S45C,FC,FCD,SCr SCM,SNC,SNCM,SK SKS,SKT,SKD,PDS1 PDS3,S50C,YK30				合金鋼，工具鋼，不銹鋼 熱處理鋼 SCr,SCM, SNC,SNCM, SKT,SKD,P20,P20S NAK55,NAK80,FDAC PDS5,SUS420J2,SUS304 SUS316				熱處理鋼			
被切削材硬度	HRC30度以下				HRC30-45度				HRC45-55度			
立銑刀 R徑 mm	等高切削		曲面切削		等高切削		曲面切削		等高切削		曲面切削	
	轉速	進給	轉速	進給	轉速	進給	轉速	進給	轉速	進給	轉速	進給
	轉/分	mm/分	轉/分	mm/分	轉/分	mm/分	轉/分	mm/分	轉/分	mm/分	轉/分	mm/
R 0.5	45000	880	31000	620	35700	570	25000	400	19000	210	13300	150
R 1.0	22000	880	15500	620	17800	570	12500	400	9500	210	6600	150
R 1.5	15000	900	10600	630	12100	570	8500	400	6400	210	4500	150
R 2.0	11400	900	8000	630	9100	640	6400	450	4800	270	3400	190
R 2.5	9100	900	6400	630	7100	640	5000	450	3800	290	2700	200
R 3.0	7600	960	5300	670	6000	670	4200	470	3200	300	2200	210
R 4.0	5700	1140	4000	800	4600	790	3200	550	2300	320	1600	220
R 5.0	4600	1070	3200	750	3600	740	2500	520	1900	330	1300	230
R 6.0	3900	1000	2700	700	3000	700	2100	490	1600	310	1100	220
R 8.0	2900	930	2000	650	2300	670	1600	470	1100	270	770	190
R10.0	2300	810	1600	570	1900	640	1300	450	950	250	660	180
R12.5	1900	670	1300	470	1400	510	1000	360	760	210	530	15
最大切削量	P H H=0.06R以下 P=0.10R以下 粗銑切削時,H=0.2R以下,P=0.5R以下 轉速以60%進行,進給速度以40%進行								P H H=0.03R以 P=0.05R以			

切削條件:極細微粒碳化鎢 2刃球型立銑刀 (高速M/C使用)

被切削材	鐵材，碳素鋼，鑄鐵，合金鋼，工具鋼 SS41,S45C,FC,FCD,SCr SCM,SNC,SNCM,SK,SKS SKT,SKD ,PDS1,PDS3 S50C,YK30				合金鋼，工具鋼，熱處理鋼 SCr,SCM, SNC,SNCM SKT,SKD,P20,P20S NAK55,NAK80,PDS5 FDAC				熱處理鋼			
被切削材硬度	HRC30度以下				HRC30-45度				HRC45-55度			
立銑刀 R徑 mm	等高切削		曲面切削		等高切削		曲面切削		等高切削		曲面切削	
	轉速	進給	轉速	進給	轉速	進給	轉速	進給	轉速	進給	轉速	進
	轉/分	mm/分	轉/分	mm/分	轉/分	mm/分	轉/分	mm/分	轉/分	mm/分	轉/分	mm/
R 0.5	50000	2200	35000	1500	50000	2000	35000	1400	32000	1100	22400	80
R 1.0	25000	2200	17500	1500	24500	2000	17000	1400	17000	1200	11900	80
R 1.5	16500	2200	11600	1500	16000	2000	11200	1400	11200	1200	8000	80
R 2.0	15500	2700	10800	1900	15000	2200	10500	1500	10500	1500	7700	104
R 2.5	15000	3200	10500	2200	14000	2300	9800	1600	9800	1680	7000	117
R 3.0	13500	3400	9500	2400	11500	2200	8000	1500	8000	1800	6600	128
R 4.0	10000	2500	7000	1960	9000	1700	6300	1200	6300	1360	5000	96
R 5.0	8200	2100	5700	1400	7200	1360	5000	960	5000	1080	4000	76
R 6.0	6800	1700	4700	1200	6000	1100	4200	800	4200	880	3300	61
R 8.0	5100	1300	3600	880	4500	840	3200	600	3200	780	2500	54
R10.0	4100	1000	2900	720	3600	680	2500	480	2500	540	2000	38
R12.5	3300	850	2300	600	2900	540	2000	380	2000	360	1500	25
最大切削量	P H H=0.03R以下 P=0.05R以下								P H H=0.015R以下 P=0.025R以下			

細微粒碳化鎢4刃球型立銑刀

分：CO12% WC88% Tungsten Carbide 0.0005mm

位：mm。

旋角度：35度。

用對象：塑膠模、鍛造模、壓鑄模、板金模、汽機車零件、各種產業零件。

用材料：碳素鋼、模具鋼、合金鋼、工具鋼、鑄鐵、熱處理鋼料、焊補鋼料。

要特性：極細微粒碳化鎢母材韌性強，被覆TIALN(鋁鈦)耐摩耗，可在高速M/C上進行高硬度高速切削可對熱處理模具直接進行中加工到細加工，以縮短工程與工程之精簡而大幅提昇模具製作效能4刃結構設計對需要長時間切削之模具能分擔刀具之摩耗，以提昇模具之尺寸精度4刃結構設計可提高刀具之進給速度，在高速M/C上更能發揮高速切削之加工效能。

R徑 Radius	刃長 Length of Cut	全長 Overall Length	柄徑 Shank Diameter	刃數 Flute Number	被覆層 Coating (鋁鈦)
R 3.0	H12.0	L 60	d 6.0	4T	TIALN
R 3.0	H12.0	L 75	d 6.0	4T	TIALN
R 4.0	H16.0	L 75	d 8.0	4T	TIALN
R 5.0	H20.0	L 75	d10.0	4T	TIALN
R 5.0	H20.0	L100	d10.0	4T	TIALN
R 6.0	H20.0	L100	d12.0	4T	TIALN
R 7.0	H24.0	L100	d14.0	4T	TIALN
R 8.0	H24.0	L100	d16.0	4T	TIALN
R10.0	H30.0	L150	d20.0	4T	TIALN
R12.5	H35.0	L150	d25.0	4T	TIALN

切削條件:極細微粒碳化鎢 4刃球型立銑刀 (一般M/C使用)

被切削材	鐵材，碳素鋼，鑄鐵，合金鋼，工具鋼 SS41,S45C,FC,FCD,SCr SCM,SNC,SNCM,SK SKS,SKT,SKD,PDS1 PDS3,S50C,YK30				合金鋼，工具鋼，不銹鋼，熱處理鋼 SCr,SCM, SNC,SNCM, SKT,SKD,P20,P20S NAK55,NAK80,PDS5 FDAC,SUS304,SUS316				熱處理鋼		熱處理鋼	
被切削材硬度	HRC30度以下				HRC30-45度				HRC45-55度		HRC55-60度	
立銑刀R徑 mm	等高切削		曲面切削		等高切削		曲面切削		等高或曲面切削		等高或曲面切削	
	轉速 轉/分	進給 mm/分	轉速 轉/分	進給 mm/分	轉速 轉/分	進給 mm/分	轉速 轉/分	進給 mm/分	轉速 轉/分	進給 mm/分	轉速 轉/分	進給 mm/分
R 3.0	7600	960	5300	670	6000	670	4200	470	3200	300	2300	185
R 4.0	5700	1140	4000	800	4600	790	3200	550	2300	320	1800	21
R 5.0	4600	1070	3200	750	3600	740	2500	520	1900	330	1400	21
R 6.0	3900	1000	2700	700	3000	700	2100	490	1600	310	1150	20
R 6.0	3400	950	2350	680	2650	680	1900	480	1350	290	1000	20
R 8.0	2900	930	2000	650	2300	670	1600	470	1100	270	900	19
R10.0	2300	810	1600	570	1900	640	1300	450	950	250	720	17
R12.5	1900	670	1300	470	1400	510	1000	360	760	210	570	15
最大切削量	H=0.1R以下 P=0.3R以下				H=0.3R以下 P=0.1R以下				H=0.05R以下 P=0.15R以下		H=0.15R以下 P=0.05R以下	

切削條件:極細微粒碳化鎢 4刃球型立銑刀 (一般M/C使用)

被切削材	鐵材，碳素鋼，鑄鐵，合金鋼，工具鋼 SS41,S45C,FC,FCD,SCr SCM,SNC,SNCM,SK SKS,SKT,SKD,PDS1 PDS3,S50C,YK30				合金鋼，工具鋼，熱處理鋼 SCr,SCM, SNC,SNCM, SKT,SKD,P20,P20S NAK55,NAK80,PDS5 FDAC				熱處理鋼		熱處理鋼	
被切削材硬度	HRC30度以下				HRC30-45度				HRC45-55度		HRC55-60度	
立銑刀R徑 mm	等高切削		曲面切削		等高切削		曲面切削		等高或曲面切削		等高或曲面切削	
	轉速 轉/分	進給 mm/分	轉速 轉/分	進給 mm/分	轉速 轉/分	進給 mm/分	轉速 轉/分	進給 mm/分	轉速 轉/分	進給 mm/分	轉速 轉/分	進給 mm/分
R 3.0	13500	4300	9500	3000	11500	2750	8000	1900	9500	2250	6600	115
R 4.0	10000	3200	7000	2200	9000	2100	6300	1500	7100	1700	5000	90
R 5.0	8200	2600	5700	1800	7200	1700	5000	1200	5700	1350	4000	71
R 6.0	6800	2150	4700	1500	6000	1400	4200	1000	4800	1100	3300	60
R 6.0	6000	1950	4150	1300	5250	1200	3700	870	4200	1050	2900	52
R 8.0	5100	1600	3600	1100	4500	1050	3200	740	3600	970	2500	44
R10.0	4100	1300	2900	910	3600	850	2500	600	2900	680	2000	35
R12.5	3300	1050	2300	740	2900	680	2000	480	2200	450	1600	27
最大切削量	H=0.03R以下 P=0.05R以下								H=0.03R以下 P=0.05R以下			

細微粒碳化鎢 2刃立銑刀
分：CO12% WC88% Tungsten Carbide 0.0005mm

位：mm。
旋角度：35度。
用對象：各類模具及各種產業零件。
用材料：碳素鋼、模具鋼、合金鋼、工具鋼、鑄鐵、熱處理鋼。
要特性：極細微粒母材韌性高，被覆TIALN(鋁鈦)耐摩耗，刀具壽命長，可切削HRC55度以內之鋼料在銑削溝槽時採用少量深度配合高速進給切削，切削效率為一般碳化鎢立銑刀之3倍以上。

刃徑 Diameter	刃長 Length of Cut	全長 Overall Length	柄徑 Shank Diameter	刃數 Flute Number	被覆層 Coating (鋁鈦)
D 1.0	H 2.0	L 50	d 4.0	2T	TIALN
D 1.5	H 3.0	L 50	d 4.0	2T	TIALN
D 2.0	H 5.0	L 50	d 4.0	2T	TIALN
D 2.5	H 6.0	L 50	d 4.0	2T	TIALN
D 3.0	H 6.0	L 50	d 4.0	2T	TIALN
D 3.5	H 8.0	L 50	d 4.0	2T	TIALN
D 4.0	H 8.0	L 50	d 4.0	2T	TIALN
D 4.5	H 10.0	L 50	d 6.0	2T	TIALN
D 5.0	H 10.0	L 50	d 6.0	2T	TIALN
D 5.5	H 12.0	L 50	d 6.0	2T	TIALN
D 6.0	H 12.0	L 60	d 6.0	2T	TIALN
D 6.5	H 14.0	L 60	d 8.0	2T	TIALN
D 7.0	H 14.0	L 60	d 8.0	2T	TIALN
D 7.5	H 16.0	L 60	d 8.0	2T	TIALN
D 8.0	H 16.0	L 60	d 8.0	2T	TIALN
D 8.5	H 18.0	L 75	d 10.0	2T	TIALN
D 9.0	H 18.0	L 75	d 10.0	2T	TIALN
D 9.5	H 22.0	L 75	d 10.0	2T	TIALN
D 10.0	H 22.0	L 75	d 10.0	2T	TIALN
D 10.5	H 24.0	L 75	d 12.0	2T	TIALN
D 11.0	H 24.0	L 75	d 12.0	2T	TIALN
D 11.5	H 24.0	L 75	d 12.0	2T	TIALN
D 12.0	H 24.0	L 75	d 12.0	2T	TIALN
D 12.5	H 26.0	L 75	d 14.0	2T	TIALN
D 13.0	H 26.0	L 75	d 14.0	2T	TIALN
D 14.0	H 30.0	L 75	d 14.0	2T	TIALN
D 15.0	H 30.0	L 75	d 16.0	2T	TIALN
D 16.0	H 30.0	L 75	d 16.0	2T	TIALN
D 17.0	H 40.0	L 100	d 18.0	2T	TIALN
D 18.0	H 40.0	L 100	d 18.0	2T	TIALN
D 19.0	H 40.0	L 100	d 20.0	2T	TIALN
D 20.0	H 40.0	L 100	d 20.0	2T	TIALN

切削條件:極細微粒碳化鎢2刃立銑刀

被切削材	鐵材，碳素鋼，鑄鐵，合金鋼，工具鋼，模具鋼 SS41,S45C,FC FCD,SCr,SCM SNC,SNCM,SK SKS,SKT,SKD PDS1,PDS3 S50C,YK30		合金鋼，工具鋼 模具鋼，熱處理鋼 SCr,SCM, SNC SNCM,SKD NAK101,PDS5 P20		合金鋼，工具鋼 不銹鋼，模具鋼 熱處理鋼 SCr,SCM,SNC SNCM ,SKD NAK55,NAK80 P20S, FDAC SUS420J2 SUS304,SUS316		熱處理鋼 鈦合金 Ti-6Al-4V		熱處理鋼 耐熱合金 鎳基合金 Inconel	
被切削材硬度	HRC30以下		HRC30-35		HRC30-40		HRC40-45		HRC45-55	
立銑刀刃徑	轉速	進給	轉速	進給	轉速	進給	轉速	進給	轉速	進給
mm	轉/分	mm/分	轉/分	mm/分	轉/分	mm/分	轉/分	mm/分	轉/分	mm/分
D 1.0	16000	64	9500	40	7600	36	5700	25	3200	13
D 2.0	9500	88	5700	56	4500	44	3300	32	1900	19
D 3.0	7400	120	4500	76	3600	60	2600	44	1500	25
D 4.0	6400	160	3800	96	3000	80	2200	56	1270	32
D 5.0	5700	200	3400	120	2700	96	2000	72	1150	40
D 6.0	5300	256	3200	152	2500	120	1900	92	1060	50
D 8.0	4000	256	2400	152	1900	120	1400	90	800	50
D10.0	3200	256	1900	152	1500	120	1100	88	640	50
D12.0	2600	250	1600	152	1300	120	950	88	530	50
D16.0	2000	192	1200	116	950	92	710	68	400	38
D18.0	1800	176	1050	104	850	80	630	60	350	33
D20.0	1600	152	950	92	760	72	570	56	320	30
D25.0	1300	128	760	72	600	58	460	44	250	24
最大切削量	D=3.0mm以下時，H=0.15D以下 D=3.0mm以上時，H=0.25D以下						D=3.0mm以下時H=0.15D以 D=3.0mm以上時H=0.25D以			

立銑刀刃徑	轉速	進給	轉速	進給	轉速	進給	轉速	進給	轉速	進給
mm	轉/分	mm/分	轉/分	mm/分	轉/分	mm/分	轉/分	mm/分	轉/分	mm/分
D 1.0	16000	80	9500	50	7600	40	5700	30	3200	16
D 2.0	9500	110	5700	70	4500	55	3300	40	1900	23
D 3.0	7400	150	4500	95	3600	75	2600	55	1500	31
D 4.0	6400	200	3800	120	3000	100	2200	70	1270	40
D 5.0	5700	250	3400	150	2700	120	2000	90	1150	51
D 6.0	5300	320	3200	190	2500	150	1900	115	1060	64
D 8.0	4000	320	2400	190	1900	150	1400	112	800	64
D10.0	3200	320	1900	190	1500	150	1100	110	640	64
D12.0	2600	310	1600	190	1300	150	950	110	530	64
D16.0	2000	240	1200	145	950	115	710	85	400	48
D18.0	1800	220	1050	130	850	100	630	75	350	42
D20.0	1600	190	950	115	760	90	570	70	320	38
D25.0	1300	160	760	90	600	72	460	55	250	30
最大切削量	H=1.5D以下，W=0.05D以下						H=1D以下，W=0.02D以			

極細微粒碳化鎢 4刃立銑刀

成份 : CO12% WC88% Tungsten Carbide 0.0005mm

單位：mm。

螺旋角度：45度。

適用對象：塑膠模、鍛造鋼、壓鑄模、板金模、汽機車零件、航太零件、各種產業零件。

適用材料：碳素鋼、模具鋼、合金鋼、工具鋼、鑄鐵、熱處理鋼料、焊補鋼料。

主要特性：四刃立洗刀以側面精銑切削為主，建議切削硬度HRC55度以內之鋼料極細微粒碳化鎢。母材韌性強，被覆TIALN(鋁鈦)耐摩耗，可在高速M/C上進行高硬度高速切削。

刃徑 Diameter	刃長 Length of Cut	全長 Overall Lenght	柄徑 Shank Diameter	刃數 Flute Number	被覆層 Coating (鋁鈦)
D 3.0	H 7.5	L 50	d 4.0	4T	TIALN
D 4.0	H 10.0	L 50	d 4.0	4T	TIALN
D 5.0	H 12.5	L 60	d 6.0	4T	TIALN
D 6.0	H 15.0	L 60	d 6.0	4T	TIALN
D 7.0	H 20.0	L 60	d 8.0	4T	TIALN
D 8.0	H 25.0	L 75	d 8.0	4T	TIALN
D 10.0	H 30.0	L 75	d 10.0	4T	TIALN
D 12.0	H 30.0	L 75	d 12.0	4T	TIALN
D 14.0	H 35.0	L 75	d 14.0	4T	TIALN
D 16.0	H 45.0	L 100	d 16.0	4T	TIALN
D 18.0	H 45.0	L 100	d 18.0	4T	TIALN
D 20.0	H 45.0	L 100	d 20.0	4T	TIALN
D 25.0	H 45.0	L 100	d 25.0	4T	TIALN

極細微粒碳化鎢 長刃型 2刃立銑刀

被切削材	鐵材，碳素碳鑄鐵，合金鋼模具鋼 SS41，S45C，FC FCD,SCr,SCM SNC,SNCM,SK SKS，SKT，SKD PDS1，PDS3 S50C，YK30		合金剛，工具鋼模具鋼，熱處理鋼 SCr，SCM SNC,SNCM,SKD NAK101 PDS5，P20		合金鋼，模具鋼不銹鋼，鈦合金熱處理鋼 SCr，SCM，SNC SNCM,SKD NAK55,NAK80 P20S，FDAC SUS420J2 SUS304 SUS316		熱處理鋼鈦合金 Ti-6A-4V		熱處理鋼耐熱合金鎳基合金 Inconel	
被切削材硬度	HRC30以下		HRC30-35		HRC35-40		HRC40-45		HRC45-55	
立銑刀刃徑	轉速	進給	轉速	進給	轉速	進給	轉速	進給	轉速	進給
mm	轉/分	mm/分	轉/分	mm/分	轉/分	mm/分	轉/分	mm/分	轉/分	mm/分
D 2.0	4800	44	2850	28	2250	22	1650	16	950	10
D 3.0	3700	60	2250	40	1800	30	1300	22	750	13
D 4.0	3200	80	1900	50	1500	40	1100	28	630	16
D 5.0	2850	100	1700	80	1350	48	1000	36	570	20
D 6.0	2650	130	1600	80	1250	60	950	46	530	25
D 8.0	2000	130	1200	80	950	60	700	45	400	25
D 10.0	1600	130	950	80	750	60	550	44	320	25
D 12.0	1300	120	800	80	650	60	480	44	260	25
D 16.0	1000	100	600	60	480	46	350	34	200	19
D 18.0	900	90	520	50	430	40	320	30	180	17
D 20.0	800	80	480	45	380	36	280	28	160	15
D 25.0	650	65	380	36	300	30	230	22	130	12
最大切削量	H=2.5D以下，W=0.025D以下(最大0.5mm)						H=2.5D以下，W=0.025D以 (最大0.5mm)			
立銑刀刃徑	轉速	進給	轉速	進給	轉速	進給	轉速	進給	轉速	進給
mm	轉/分	mm/分	轉/分	mm/分	轉/分	mm/分	轉/分	mm/分	轉/分	mm/分
D 2.0	4800	35	2850	22	2250	18	1650	13	950	8
D 3.0	3700	48	2250	32	1800	24	1300	17	750	10
D 4.0	3200	64	1900	40	1500	32	1100	22	630	13
D 5.0	2850	80	1700	64	1350	39	1000	29	570	16
D 6.0	2650	104	1600	64	1250	48	950	37	530	20
D 8.0	2000	104	1200	64	950	48	700	36	400	20
D 10.0	1600	104	950	64	750	48	550	35	320	20
D 12.0	1300	96	800	64	650	48	480	35	260	20
D 16.0	1000	80	600	48	480	37	350	27	200	15
D 18.0	900	72	520	40	430	32	320	24	180	14
D 20.0	800	64	480	36	380	29	280	22	160	12
D 25.0	650	52	380	29	300	24	230	18	130	10
最大切削量	H=0.15D以下(最大3.0mm)						H=0.025D以下(最大0.5mm)			

極細微粒碳化鎢 4刃立銑刀

成份：CO12% WC88% Tungsten Carbide 0.0005mm

單位：mm

螺旋角度：45度。

適用對象：塑膠模、鍛造鋼、壓鑄模、板金模、汽機車零件、航太零件、各種產業零件。

適用材料：碳素鋼、模具鋼、合金鋼、工具鋼、鑄鐵、熱處理鋼料、焊補鋼料。

主要特性：四刃立洗刀以側面精銑切削為主，建議切削硬度HRC55度以內之鋼料極細微粒碳化鎢。母材韌性強，被覆TIALN(鋁鈦)耐摩耗，可在高速M/C上進行高硬度高速切削。

刃徑 Diameter	刃長 Length of Cut	全長 Overall Lenght	柄徑 Shank Diameter	刃數 Flute Number	被覆層 Coating (鋁鈦)
D 3.0	H 7.5	L 50	d 4.0	4T	TIALN
D 4.0	H 10.0	L 50	d 4.0	4T	TIALN
D 5.0	H 12.5	L 60	d 6.0	4T	TIALN
D 6.0	H 15.0	L 60	d 6.0	4T	TIALN
D 7.0	H 20.0	L 60	d 8.0	4T	TIALN
D 8.0	H 25.0	L 75	d 8.0	4T	TIALN
D 10.0	H 30.0	L 75	d 10.0	4T	TIALN
D 12.0	H 30.0	L 75	d 12.0	4T	TIALN
D 14.0	H 35.0	L 75	d 14.0	4T	TIALN
D 16.0	H 45.0	L 100	d 16.0	4T	TIALN
D 18.0	H 45.0	L 100	d 18.0	4T	TIALN
D 20.0	H 45.0	L 100	d 20.0	4T	TIALN
D 25.0	H 45.0	L 100	d 25.0	4T	TIALN

極細微粒碳化鎢 4刃立銑刀

被切削材	鐵材，碳素鋼，鑄鐵，合金鋼，模具鋼，工具鋼 SS41,S45C,FC FCD,SCr,SCM SNC,SNCM,SK SKS,SKT,SKD PDS1,PDS3,S50C Yk30		合金鋼，工具鋼 不銹鋼，熱處理鋼 SCr,SCM, SNC SNCM,SKD NAK101 PDS5,P20		合金鋼，工具鋼 不銹鋼，熱處理鋼 SCr,SCM, SNC SNCM,SKD NAK55,NAK80 P20S,FDAC SUS420J2 SUS304 SUS316		熱處理鋼 鈦合金 Ti-6Al-4V		熱處理鋼 耐熱合金 鎳基合金 Inconel	
被切削材硬度	HRC30以下		HRC30-35		HRC35-40		HRC40-45		HRC45-55	
立銑刀刃徑	轉速	進給	轉速	進給	轉速	進給	轉速	進給	轉速	進
mm	轉/分	mm/分	轉/分	mm/分	轉/分	mm/分	轉/分	mm/分	轉/分	mm/
D 3.0	7400	220	4500	140	4000	130	3600	110	1500	46
D 4.0	6400	370	3800	180	3400	160	3000	150	1270	60
D 5.0	5700	370	3400	220	3000	200	2700	180	1150	76
D 6.0	5300	480	3200	290	2900	260	2500	220	1060	96
D 8.0	4000	480	2400	290	2200	260	1900	220	800	96
D 10.0	3200	480	1900	290	1650	260	1500	220	640	96
D 12.0	2600	460	1600	290	1450	260	1300	220	530	96
D 16.0	2000	360	1200	220	1080	200	950	170	400	72
D 18.0	1800	330	1050	195	950	180	850	150	350	63
D 20.0	1600	290	950	170	850	150	760	135	320	57
D 25.0	1300	240	760	135	680	120	600	110	250	45
最大切削量	H=1.5D以下，W=0.05D以下 W=0.025D以下時，進給速度可以2倍進行						H=1D以下，W=0.02D以下			

立銑刀刃徑	轉速	進給	轉速	進給	轉速	進給	轉速	進給	轉速	進
mm	轉/分	mm/分	轉/分	mm/分	轉/分	mm/分	轉/分	mm/分	轉/分	mm/
D 3.0	7400	180	4500	115	4000	104	3600	90	1500	37
D 4.0	6400	240	3800	144	3400	130	3000	120	1270	48
D 5.0	5700	300	3400	180	3000	160	2700	145	1150	60
D 6.0	5300	380	3200	230	2900	210	2500	180	1060	75
D 8.0	4000	380	2400	230	2200	210	1900	180	800	75
D 10.0	3100	380	1900	230	1650	210	1500	180	640	75
D 12.0	2600	380	1600	230	1450	210	1300	180	530	75
D 16.0	2000	290	1200	170	1080	160	950	140	400	57
D 18.0	1800	260	1050	150	950	145	850	120	350	5
D 20.0	1600	230	950	140	850	120	760	110	320	45
D 25.0	1300	190	760	110	680	100	600	90	250	36
最大切削量	H=0.25D以下 H=0.1D以下，進給可2倍						H=0.025D以下			

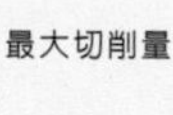

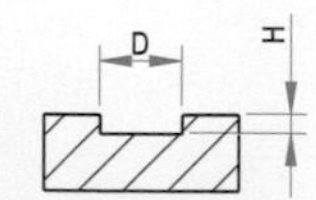

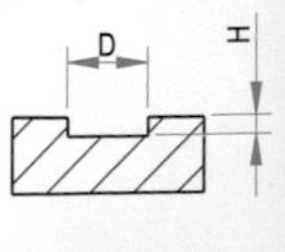

細微粒碳化鎢長刃型4刃立銑刀

分：CO12% WC88% Tungsten Carbide 0.0005mm

位：mm。

旋角度：45度。

用對象：塑膠模、鍛造模、壓鑄模、板金模、汽機車零件、航太零件、各種產業零件。

用材料：碳素鋼、模具鋼、合金鋼、工具鋼、鑄鐵。

要特性：長刃規格以較深側面精銑切削為主，建議切削硬度HRC55以內鋼料。

刃徑 Diameter	刃長 Length of Cut	全長 Overall Lenght	柄徑 Shank Diameter	刃數 Flute Number	被覆層 Coating (鋁鈦)
D 3.0	H12.0	L 60	d 6.0	4T	TIALN
D 4.0	H16.0	L 60	d 6.0	4T	TIALN
D 5.0	H25.0	L 75	d 6.0	4T	TIALN
D 6.0	H25.0	L 75	d 6.0	4T	TIALN
D 7.0	H30.0	L 75	d 8.0	4T	TIALN
D 8.0	H35.0	L100	d 8.0	4T	TIALN
D10.0	H40.0	L100	d10.0	4T	TIALN
D12.0	H45.0	L100	d12.0	4T	TIALN
D14.0	H45.0	L100	d14.0	4T	TIALN
D16.0	H64.0	L150	d16.0	4T	TIALN
D18.0	H65.0	L150	d18.0	4T	TIALN
D20.0	H72.0	L150	d20.0	4T	TIALN
D25.0	H80.0	L150	d25.0	4T	TIALN

極細微粒碳化鎢長刃型4刃立銑刀

被切削材	鐵材，碳素鋼，鑄鐵，合金鋼，模具鋼，工具鋼 SS41,S45C,FC FCD,SCr,SCM SNC,SNCM,SK SKS,SKT,SKD PDS1,PDS3,S50C Yk30		碳素鋼，工具鋼 模具鋼，熱處理鋼 SCr,SCM, SNC SNCM,SKD NAK101 PDS5,P20		碳素鋼，工具鋼 不銹鋼，模具鋼 熱處理鋼 SCr,SCM, SNC SNCM,SKD NAK55,NAK80 P20S,FDAC SUS304 SUS316		熱處理鋼 鈦合金 Ti-6Al-4V		熱處理鋼 耐熱合金 鎳基合金 Inconel	
被切削材硬度	HRC30以下		HRC30-35		HRC35-40		HRC40-45		HRC45-55	
立銑刀刃徑	轉速	進給	轉速	進給	轉速	進給	轉速	進給	轉速	進給
mm	轉/分	mm/分	轉/分	mm/分	轉/分	mm/分	轉/分	mm/分	轉/分	mm/
D 3.0	3700	88	2250	56	1800	44	1300	33	750	18
D 4.0	3200	150	1900	72	1500	60	1100	42	630	24
D 5.0	2850	150	1700	88	1350	72	1000	55	560	30
D 6.0	2650	190	1600	115	1250	88	950	68	530	38
D 8.0	2000	190	1200	115	950	88	700	68	400	38
D 10.0	1600	190	950	115	750	88	550	66	320	38
D 12.0	1300	180	800	115	650	88	480	66	270	38
D 16.0	1000	145	600	88	480	70	350	52	200	29
D 18.0	900	130	520	80	430	60	320	45	170	25
D 20.0	800	115	480	68	380	55	280	41	160	23
D 25.0	650	96	380	55	300	45	230	33	130	18
最大切削量	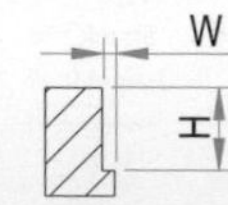 H=2.5D以下，W=0.05D以下 (最大0.05mm)						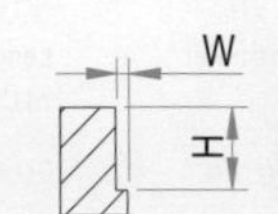 H=2.0D以下，W=0.02D以 (最大0.3mm)			
立銑刀刃徑	轉速	進給	轉速	進給	轉速	進給	轉速	進給	轉速	進給
mm	轉/分	mm/分	轉/分	mm/分	轉/分	mm/分	轉/分	mm/分	轉/分	mm/
D 3.0	3700	70	2250	45	1800	35	1300	26	750	15
D 4.0	3200	120	1900	58	1500	48	1100	33	630	19
D 5.0	2850	120	1700	70	1350	58	1000	44	560	24
D 6.0	2650	150	1600	90	1250	70	950	55	530	30
D 8.0	2000	150	1200	90	950	70	700	55	400	30
D 10.0	1600	150	950	90	750	70	550	53	320	30
D 12.0	1300	140	800	90	650	70	480	53	270	30
D 16.0	1000	115	600	70	480	56	350	41	200	23
D 18.0	900	100	520	64	430	78	320	36	170	20
D 20.0	800	90	480	55	380	75	280	32	160	19
D 25.0	650	77	380	45	300	36	230	26	130	15
最大切削量	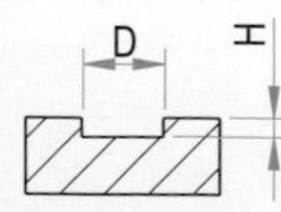 H=0.2D以下 (最大3.0mm)						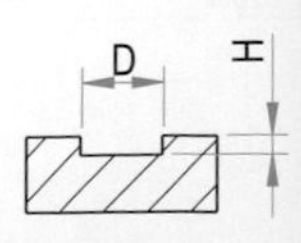 H=0.05D以下 (最大0.5mm			

切削資料

1 車削加工計算式

切削速度	$V=\dfrac{\pi\cdot D\cdot N}{1000}(m/min)$
⌀D N	切削速度(v) = $\dfrac{\pi\times 被切削材料直徑D(mm)\times 主軸的迴轉數N(r.p.m.)}{1000}$ (把 mm 換算為 m，除以 1000) 例題：主軸迴轉 700r.p.m.的被切削材料外徑 Ø50 實施外徑切削，此時計算切削速度則 答：π＝3.14、D＝50、N＝700 代入公式則 $V=\dfrac{\pi DN}{1000}=V=\dfrac{3.14\times 50\times 700}{1000}=110m/min$ 因此切削速度為 110m/min
	$f=\dfrac{I}{N}(mm/rev.)$
l t N	迴轉的進位(f)＝$\dfrac{每分鐘的切削長度l(mm/min)}{主軸迴轉數N(r.p.m.)}$ (每 1 迴轉進給 f＝Z×Sz) 例題：主軸迴轉 500r.p.m.1 分鐘切削長度為 120 mm/min 此時計算每 1 迴轉的進給量，則 答：N＝500 l＝120 代入公式 $f=\dfrac{I}{N}=\dfrac{120}{500}=0.24(mm/rev.)$ 因此 1 迴轉進給量為 0.24mm/rev.
台進給(U)	$f=\dfrac{l}{N}(mm/rev)$
：長度 100mm 的被刀削材料以迴轉數 r.p.m.，進給 0.2mm/rev.切削時需時多少？	答：先依進給與迴轉數計算 1 公的切削長度。 l＝f × N＝0.2 × 1000＝200mm/min 依此代入 $T=\dfrac{L}{I}=\dfrac{100}{200}=0.5(min)$ 需要 0.5 × 60＝30(sec)30 秒。
時間(T)	$h=\dfrac{f^2}{8R}\times 1000(\mu)$
面粗度(h) h＝小 刀尖R大 / 面粗度(h) h＝大 刀尖R小	加工面精度(h)＝$\dfrac{進給f^2(mm/rev.)}{8\times 刀尖R(mm)}\times 1000(\mu)$ 例題：刀片刀尖 R0.8mm 進給 0.2mm/rev.時的理論加工面精度，則 答：f＝0.2mm/rev. R＝0.8 代入公式則 $h=\dfrac{0.2^2}{8\times 0.8}\times 1000=6.25\mu$ 理論加工面粗度為約 6 μ

8

8-3.2 銑削加工計算式

切削速度(V)

$$V=\frac{\pi \cdot D \cdot N}{1000}(m/min)$$

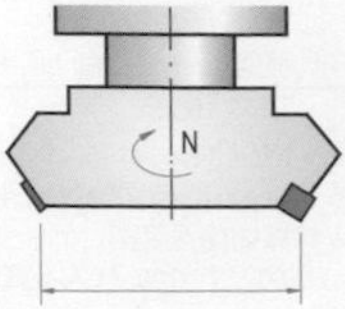

N

切削速度(V)＝

$$\frac{\pi\times \text{銑刀直徑Ds(mm)}\cdot \text{主軸的迴轉數N(r.p.m.)}}{1000}$$

(mm 換算為 m 除以 1000)

以主軸迴轉數 350r.p.mØ125 切削，計算此時的切速度

答：π ＝3.14、 Ds＝125、 N＝350 代入公式則

$$V=\frac{\pi DsN}{1000}=\frac{3.14\times125\times350}{1000}=137.4m/min$$

因此，切削速度為 137.4m/min

每 1 刃的進給(Sz)

$$Sz=\frac{U}{Z\cdot N}(m/刃)$$

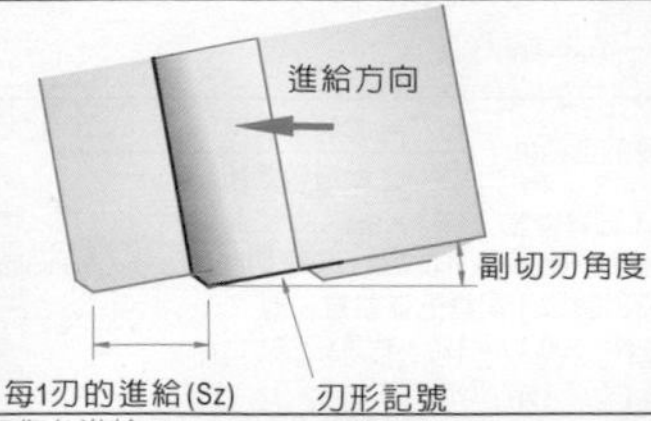

進給方向

副切刃角度

每1刃的進給(Sz)

刃形記號

每 1 刃的進給(Sz)＝

$$\frac{\text{每分鐘的工作台進給速度(U)}}{\text{刃數(Z)}\times\text{回轉數(N)}}(mm/刃)$$

(每 1 回轉數進給 f＝Z × Sz)

例題：計算主軸迴轉量 500r.p.m.刀具刃數 10 片，作台進給 500mm/min 時的每 1 刃進給量

答：代入公式 $Sz=\frac{U}{Z\cdot N}=\frac{500}{10x500}=0.1mm/$

因而每 1 刃進給量為 0.1mm/刃

工作台進給(U)

U＝Sz × Z × N(mm/min.)

工作台進給(U)=每 1 刃的進給(Sz)x 工具的刃數(Z

工具的迴轉數(N)

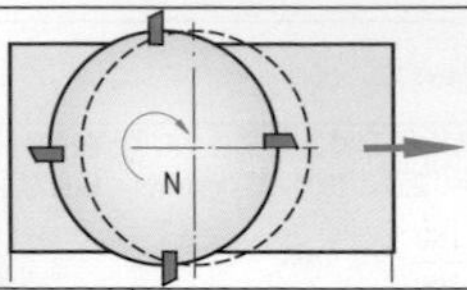

N

例題：計算主軸迴轉量 500r.p.m.刀具刃數 10 片，1 刃進給量 0.1mm/刃之工作台進給？

答：代入公式 U＝Sz × Z × N＝0.1×10×500

500mm/min

因而工作台進給為 500mm/min

加工時間(T)

$$T=\frac{L}{U}(min.)$$

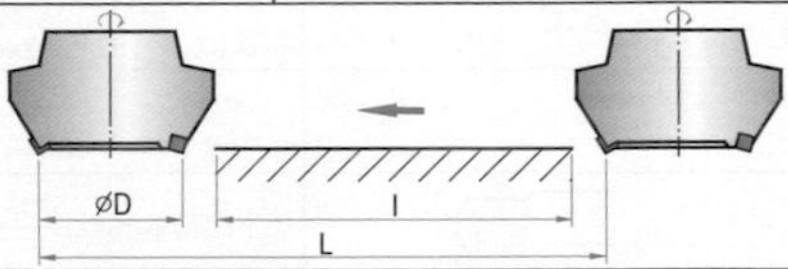

ØD

l

L

$$\text{正面銑刀的加工時間(T)}=\frac{\text{工作台的總進給長度(mm)}}{\text{工作台進給(mm/min)}}$$

工作台的總進給長度(L)＝被切削才長度(l)＋銑刀直徑(Ds)

例題：欲把鑄鐵塊(FC200)精加工為寬 100m 長 300mm，計算以正面銑刀直徑 200，刀片數 16 片，切削度 125m/min，每 1 刃的進給 0.25mm 時的切削時間(迴轉數 200r.p.m.)則

答：計算每 1 分鐘的工作台進給　　U＝0.25×16×200＝800mm/min.

　　計算工作台的總進給量 L＝300＋200＝500mm

$$\text{代入公式 } T=\frac{500}{800}=0.625(min)$$

0.625×60＝37.5(sec)　需時約 37.5 秒

.3 鎢鋼立銑刀切削資料

鎢鋼立銑刀切削資料表

被切削材料	切削速度 V(M/分)	進刀率 mm/一刃	冷卻液
一般鋼材			
抗張強度 500N/mm 以下	120~180	0.05~0.10	太古油
抗張強度 700N/mm 以下	80~140	0.04~0.08	太古油
抗張強度 900N/mm 以下	60~110	0.02~0.05	太古油
合金鋼			
抗張強度 1250N/mm 以下	60~80	0.04~0.08	太古油
抗張強度 1500N/mm 以下	30~50	0.03~0.07	切削油
不銹鋼・耐熱鋼	30~50	0.02~0.05	切削油
鉻鉬合金鋼			
鑄鐵硬度 200HB 以下	60~100	0.06~0.15	乾式
鑄鐵硬度 200HB 以上	50~80	0.04~0.08	太古油
銅合金	100~200	0.05~0.12	太古油
鋁合金含矽 8%以下	120~200	0.04~0.08	太古油
鋁合金含矽 8%以上	100~180	0.03~0.08	太古油

圓頭立銑刀切削資料

被切削材料	切削速度 V(M/分)	進刀率 mm/一刃	冷卻液
一般鋼材			
抗張強度 500N/mm 以下	140~180	0.08~0.15	太古油
抗張強度 700N/mm 以下	100~140	0.06~0.12	太古油
抗張強度 900N/mm 以下	80~120	0.04~0.10	太古油
合金鋼			
抗張強度 1250N/mm 以下	60~80	0.06~0.12	太古油
抗張強度 1500N/mm 以下	40~50	0.04~0.08	切削油
不銹鋼・耐熱鋼	30~50	0.03~0.08	切削油
鉻鉬合金鋼			
鑄鐵硬度 200HB 以下	110~180	0.10~0.36	乾式
鑄鐵硬度 200HB 以上	60~100	0.08~0.20	太古油
銅合金	120~220	0.08~0.18	太古油
鋁合金含矽 8%以下	120~250	0.06~0.18	太古油
鋁合金含矽 8%以上	100~200	0.04~0.12	太古油

導角立銑刀切削資料

被切削材料	切削速度 V(M/分)	進刀率 mm/一刃	冷卻液
一般鋼材			
抗張強度 900N/mm 以下	60~110	0.02~0.05	太古油
合金鋼			
抗張強度 1250N/mm 以下	60~80	0.04~0.08	太古油
抗張強度 1500N/mm 以下	30~50	0.03~0.07	切削油
不銹鋼・耐熱鋼	30~50	0.02~0.05	切削油
鉻鉬合金鋼			
鑄鐵硬度 200HB 以上	50~80	0.04~0.08	太古油
銅合金	25~40	0.02~0.04	切削油

8-4 表面粗糙度(Surface Roughness)

8-4.1 表面粗糙度的意義

本節說明最大高度(Rmax)、十點平均粗糙度(Rz)及中心線平均粗糙度(Ra)表示之表面粗糙度。

1.名詞之意義

(1)表面粗糙度值：從機械表面隨意採取各部分之 Rmax，Rz，或 Ra，其各個之算術平均值謂之。

註：①一般而言，機械表面其各個位置之表面粗糙度通常都表示有相當大之差異。因此求機械表面之表面粗糙度值時，能有效確定其平均值，均需選定測量位置及其個數。

②依測量目的，在機械表面之一處求得之值，亦可代表其表面粗糙度。

(2)剖面曲線：以一平面垂直切斷被測面之平均表面時，在其切口處呈現之輪廓。

註：①本切斷，如無特別指定，應在呈表面粗糙度最大之方向切斷。例如有方向性之被測量面，應與該方向成直角切之。

②以觸針法求剖面曲線時，觸針前端之曲率半徑，原則上使用 12.5 μm 以下者，即要使用極其微小之觸針。

③以觸針法使用滑板為導路求剖面曲線時，滑板之曲率半徑要非常大。由 於滑板之關系，剖面曲線有變形之問題時，記明滑板與觸針之關系位置及滑板之曲率半徑。

(3)剖面曲線之基準長度：從剖面曲線抽取一定長度，該採取部分之長度即為基準長度(以下稱基準長度)。

(4)粗糙度曲線：具有從縱剖面曲線除去低頻率成分特性之測量法所求之曲線。

(5)粗糙度曲線之基準長度：求粗糙度曲線時，使用衰減率－12Db/oct 之高領域濾波器時，其過濾之益能達到 70~之頻率，此頻率相對應之波長(以下稱基準長度)謂之。

(6)剖面曲線或粗糙度曲線之平均線：在剖面曲線或粗糙度曲線之採取部分，具有被測量面之標稱形狀之直線或曲線，且使從該線到剖面曲線或粗糙度曲線之偏差值之平方和為最小而設定之線。

(7)粗糙度曲線之中心線：畫一與粗糙度曲線之平均線平行之直線，如該直線能使其與上下粗糙度曲線所包圍之面積相等，則此直線稱為粗糙度曲線之中心線(以下稱中心線)。

2.最大高度

(1)採取部分之最大高度：從剖面曲線採取基準長度之部分(以下稱採取部分)，以其平均線平行之二直線夾該採取部分，將此二直線之間隔依剖面曲線之縱向倍率之方向測量，其測量值以千分公釐單位(μm)表示，即為採取部分之最大高度之求法，例示於圖 8-4.1。

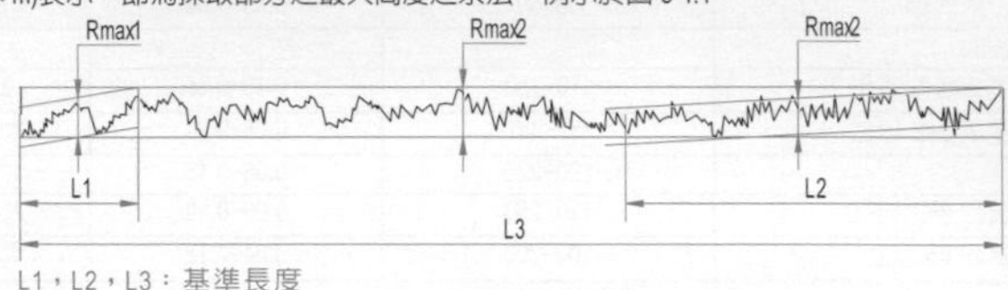

L1，L2，L3：基準長度

圖 8-4.1 最大高度之求法

Rmax1，Rmax2，Rmax3：對於基準長度 L1，L2 及 L3 之各個抽取部分之最大高度。

註：①機械表面之最大高度，從表面求多個剖面曲線，由這些斷面曲線求取部分最大高度，並求其平均值，以此平均值表示之。

②被測量面如為曲面時，沿切口之曲線，求其最大高度。

③求最大高度時，不要從似有傷痕部分之不尋常之高峰或深谷，採取基準長度。

(2)基準長度：求採取部分之最大高度時，其基準長度原則上以下列 6 種為之。

0.08，0.25，0.8，2.5，8，25　　單位：mm

(3)基準長度之標準值：如無特別需要指定外，求最大高度時，其基準長度之標準值，區分如表 8-4

表 8-4.1 求最大高度時其基準長度之標準值

最大高度之範圍		基準長度 (mm)
超過	以下	
—	0.8 μm Rmax	0.25
0.8 μm Rmax	6.3 μm Rmax	0.8

6.3 μm Rmax	25 μm Rmax	2.5
25 μm Rmax	100 μm Rmax	8

求最大高度應先指定基準長度，但為表示或指示表面粗糙度，每次都要指定基準長度甚為不便，因此如無特別需要指定以外，使用本表所示之值。

)最大高度之標稱：最大高之標稱如下。

最大高度________μm　　　基準長度________mm

或________μm Rmax　　　L________mm

使用表 8-4.1 所示基準長度之標準值所得最大高度之值如在表 8-4.1 所示範圍，則基準長度之標示可以省略。

)最大高度之區分值：以最大高度指定表面粗糙度時，如無特別需要，使用表 8-4.2 之區分值，區分值係表示在許可最大範圍內之最大高度。在最大高度之區分值後附 S。

表 8-4.2 最大高度之區分值

(0.05 S)	0.8 S	12.5 S	50 S	200 S
0.1 S	1.6 S	(18 S)	(70 S)	(280 S)
0.2 S	3.2 S	25 S	100 S	400 S
0.4 S	6.3 S	(35 S)	(140 S)	(560 S)

①表 8-4.2 有括弧者，無特別需要外不使用。
②區分值後面附寫 S 之字體，以羅馬字體為之。

)最大高度之限界指示：需要指示某範圍之最大高度限界之區分值時，以相當於其下限(表示值之小者)與上限(表示值之大者)之區分值併記之。

※0.8 μm Rmax 以上，3.2 μm Rmax 以下時，以 0.8S—3.2S 表示。

2 十點平均粗糙度

取部分之十點平均粗糙度：從剖面曲線採取基準長度之部分(以下稱採取部分)，與該部分之平均線平行直線中，通過第 3 高之峰與通過第 3 深之谷底之二條直線間隔在剖面曲線縱向倍率之方向測量值，採取部分十點平均粗糙度之求法示例於圖 8-4.2。

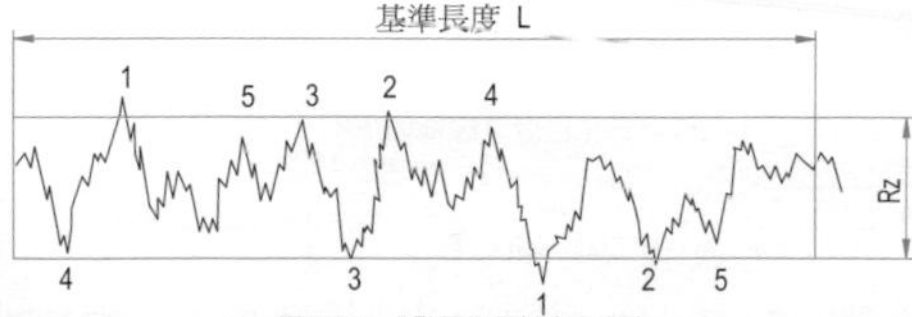

圖 8-4.2 十點平均粗糙度之求法

①機械表面之十點平均粗糙度，從其面求多數之剖面曲線，以這些剖面曲線求採取部分十點平均粗糙度之平均值表示。
②被測量面如為曲面，沿出現於切口之曲線求十點平均粗糙度。
③採取部分之採取法則準照圖 8-4.1。

準長度：求採取部分十點平均粗糙度時，其基準長度原則如下列六種類。

0.08，0.25，0.8，2.5，8，25　　單位：mm

準長度之標準值：如特別需要指定外，求十點平均粗糙度基準長度之標準值，區分如表 8-4.3。

表 8-4.3 求基準長度之標準值

十點平均粗糙度之範圍		基準長度 (mm)
超過	以下	
—	0.8 μm Rmax	0.25
0.8 μm Rmax	6.3 μm Rmax	0.8
6.3 μm Rmax	25 μm Rmax	2.5
25 μm Rmax	100 μm Rmax	8

十點平均粗糙度應先指定基準長度後求之。表示或指示表面粗糙度時，每一次都要指定基準長度甚為不便，因此如無特別需要指定外，使用本表之值。

4.十點平均粗糙度之標稱：十點平均粗糙度之標稱如下。

十點平均粗糙度________μm　　　　基準長度________mm

或________μm Rmax　　　　L________mm

註：依據表 8-4.3 所示基準長度之標準值所得十點平均粗糙度之值在表 8-4.3 所示範圍時，基準長度之表示可以省略。

5.十點平均粗糙度之標稱：以十點平均粗糙度表示表面粗糙度時，如無特別需要，依表 8-4.4 之區分
區分十點平均粗糙度區分值後面附記 Z 字：

表 8-4.4　十點平均粗糙度之區分值

(0.05 Z)	0.8 Z	12.5 Z	50 Z	200 Z
0.1 Z	1.6 Z	(18 Z)	(70 S)	(280 Z)
0.2 Z	3.2 Z	25 Z	100 Z	400 Z
0.4 Z	6.3 Z	(35 Z)	(140 Z)	(560 Z)

註：①表 8-4.4 括弧內之區分值，無特別需要不使用。
②區分值後面附記之字體，以羅馬字體為之。

6.點平均粗糙度之限界指示：某範圍之十點平均粗糙度限界要以區分值表示時，併記相當於其下限
示值小者)與上分(表示值大者)之區分值。

※超過 0.8 μm Rz，3.2 μm Rz 以下時，以 0.8z－3.2z 表示。

8-4.3　中心線平均粗糙度

1.定義：從粗糙度曲線在其中心線方向採取測量長度 l，以採取部分之中心線為 X 軸，縱向倍率之
為 Y 軸，將粗糙度曲線以 Y=f(x)表示時，以下式謫得對 Ra 值以千分公釐(μm)單位表示為中心線
粗糙度。

$$Ra = \frac{1}{\ell}\int_0^l \left| f(x) \right| dx$$

測量長度原則上以基準長度之 3 倍或比 3 倍大之值為之。

2.基準長度：基準長度原則上以下列 6 種。

0.08，0.25，0.8，2.5，8，25　單位：mm

3.基準長度之標準值：基準長度之標準值為 0.8mm。

4.中心線平均粗糙度之標稱：中心線平均粗糙度之標稱如下。

中心線平均粗糙度________μm　　　　基準長度________mm

或________μm Ra　　　　λc________mm

註：使用 0.8mm 之基準長度時，基準長度之標示可以省略。

5.中心線平均粗糙度之區分值：指定以中心線平均糙度表示表面粗糙度時，如無特別需要，使用表
區分值。區分值係表示可容許之最大中心線平均粗糙度。

中線平均粗糙度區分值之後面應附記 a 字。

表 8-4.5　中心線平均粗糙度之區分值

(0.013 a)	0.4 a	12.5 a
0.025 a	0.8 a	25 a
0.05 a	1.6 a	(50 a)
0.1 a	3.2 a	(100 a)
0.2 a	6.3 a	

註：①表 5 括弧內之區分值，無特別需要不使用。
②使用區分值時，如無特別指定，使用前述第 3 點基準長度之標準值。
③區分值後面附記之字體，以羅馬字體為之。

6.中心線平均粗糙度之限界指示：某範圍之中心線平均粗糙度限界需要用區分值指示時，併記相當
限(表示值小者)與上限(表示值大者)之區分值。

※超過 1.6 μm Ra　6.3 μm Ra 以下，以 1.6a－6.3a 表示。

.4 表面粗糙度符號的應用 CNS B1001-3

表面粗糙性質之規定，以符號表示，標明其加工方法及粗糙程度。

面符號之組成

部分之名稱及書寫位置：表面符號以基本符號為主體，在其上可加註下列各項：

1)切削加工符號

2)表面粗糙度

3)加工方法之代字或表面處理

4)基準長度

5)刀痕方向符號

6)加工裕度

以上各項之書寫位置如圖 8-4.3 所示，如無必要，不必加註。

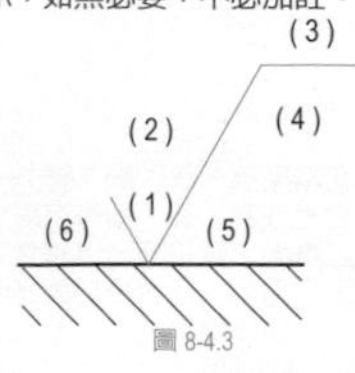

圖 8-4.3

本符號

)意義：基本符號用以指出表面符號所標示之表面，並界定各項加註事項之位置，無任何加註之基本符號，毫無意義，不可使用。

)形狀：基本符號為與其所指之面之邊線成 60° 角度之不等邊 V 字，其頂點必須與代表加工面之線或延長線接觸，如圖 8-4.4。

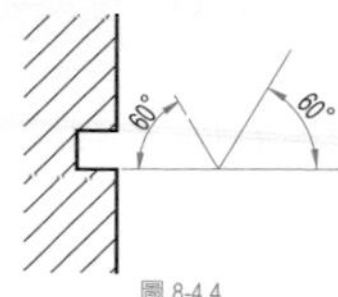

圖 8-4.4

削加工符號

須切削之表面：若所指之面必須予以切削加工，則在基本符號上加一短橫線，自基本符號較短邊之端畫起，圍成一等邊三角形，如圖 8-4.5。

圖 8-4.5

得切削之表面：若所指之面不得予以切削加工，則在基本符號上加一小圓與 V 字形之兩邊相切，圓最高點與較短邊之末端對齊，如圖 8-4.6 所示。

圖 8-4.6

規定切削加工之表面：若基本符號上不加上列兩種切削加工符號之任何一種，則表示是否採用切削工不予限定，由施工者自由選擇，但此種基本符號上至少必需加註表面粗糙度。

面粗糙度

值意義：表面粗糙度有(1)中心線平均粗糙度 Ra(2)最大高度 Rmax(3)十點平均粗糙度 Rz 等三種表示，各種不同加工方法及其表面粗糙度之關係，如表 8-4.6 所示以供參考。

8

表 8-4.6

表面情況	基準長度 (mm)	說明	表面粗糙度 (μm) Ra	Rmax	Rz
超光面	0.08	以超光製加工方法，加工所得之表面，其加工面光滑如鏡面。	0.010a	0.040S	0.040Z
			0.012a	0.050S	0.050Z
			0.016a	0.063S	0.063Z
			0.020a	0.080S	0.080Z
	0.25		0.020a	0.080S	0.080Z
			0.025a	0.100S	0.100Z
			0.032a	0.125S	0.125Z
			0.040a	0.16S	0.16Z
			0.050a	0.20S	0.20Z
			0.063a	0.25S	0.25Z
			0.080a	0.32S	0.32Z
			0.100a	0.40S	0.40Z
精切面	0.8	經一次或多次精密車、銑、磨、搪光、研光、擦光、拋光或刮、鉸、搪等有屑切削加工法所得之表面，幾乎無法以觸覺或視覺分辨出加工之刀痕，故較細切面光滑。	0.125a	0.50S	0.50Z
			0.160a	0.63S	0.63Z
			0.20a	0.80S	0.80Z
			0.25a	1.0S	1.0Z
			0.32a	1.25S	1.25Z
			0.40a	1.6S	1.60Z
			0.50a	2.0S	2.0Z
			0.63a	2.5S	2.5Z
			0.80a	3.2S	3.2Z
			1.00a	4.0S	4.0Z
			1.25a	5.0S	5.0Z
			1.60a	6.3S	6.3Z
			2.0a	8.0S	8.0Z
細切面	2.5	經一次或多次較精細車、銑、刨、磨、鑽、搪、鉸或銼等有屑切削加工所得之表面，以觸覺試之，似甚光滑，但由視覺仍可分辨出有模糊之刀痕，故較粗切面光滑。	2.5a	10.0S	10.0Z
			3.2a	12.5S	12.5Z
			4.0a	16S	16Z
			5.0a	20S	20Z
			6.3a	25S	25Z
			8.0a	32S	32Z
			10.0a	40S	40Z
粗切面	8	經一次或多次粗車、銑、刨、磨、鑽、搪或銼等有屑切削加工所得之表面，能以觸覺及及視覺分辨出殘留有明顯刀痕。	12.5a	50S	50Z
			16.0a	63S	63Z
			20a	80S	80Z
			25a	100S	100Z
			32a	125S	125Z
			40a	160S	160Z
			50a	200S	200Z
			63a	250S	250Z
			80a	320S	320Z
光胚面	25 或 25 以上	一般鑄造、鍛造、壓鑄、輥軋、氣焰或電弧切割等無屑加工法所得之表面，必要時尚可整修毛頭，惟其黑皮胚料仍可保留。	100a	400S	400Z
			125a	500S	500Z

CNS 規定標註機件表面符號，採用「中心線平均粗糙度」。數值之後不加單位亦不加註"a"

5.寫法

(1)最大限界：用單一數值表示表面粗糙度之最大限界，如圖 8-4.7。

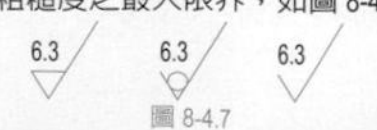

圖 8-4.7

)上下限界：用兩組數值上下並列，以表示粗糙度之最大限界及最小限界，如圖 8-4.8。

6.3/3.2　25/12.5　12.5/3.2

圖 8-4.8

工方法與表面粗糙度之關係，如表 8-4.7 所示以供參考。

表 8-4.7

工方法	中心線平均粗糙度值Ra(μm) 50~25	25~12.5	12.5~6.3	6.3~3.2	3.2~1.6	1.6~0.8	0.8~0.4	0.4~0.2	0.2~0.1	0.1~0.05	0.05~0.025	0.025~0.0125
焰切割	□	■	□									
模鑄造	□	■	□									
軋	□	■	□									
切	□	■	■	■	□							
削	□	■	■	■	■	■	□					
造		□	■	■	□							
削		□	□	■	■	■	□	□				
削		□	□	■	■	■	■	□	□	□		
孔		□	□	■	■	■	■	□	□	□		
孔			□	■	■	□						
學銑			□	■	■	□						
電加工			□	■	■	□						
製			□	■	■	■	□					
削				□	■	■	□					
孔				□	■	■	□					
磨				□	□	■	■	■	■	□	□	
軋				□	■	■	□	□				
伸				□	■	■	□	□				
筒磨光					□	□	■	■	□	□		
鑄					□	■	□					
光						□	■	■	■	□	□	
光磨光							□	■	□			
光							□	■	■	■	□	□
光							□	□	■	■	□	□

.7 中之"■"及"□"係分別表示在常有情況下及罕有情況下能達到之表面粗糙度值，但如情況特殊，則二者中均會有較高
氐之數值出現。

工方法之代字

必要指定之加工方法，則在基本符號長邊之末端加一短線，在其上方(圖 8-4.3 中(3)位置)加註加工方
之代字，且該代字書寫時盡可能朝上書寫，如圖 8-4.9 所示。

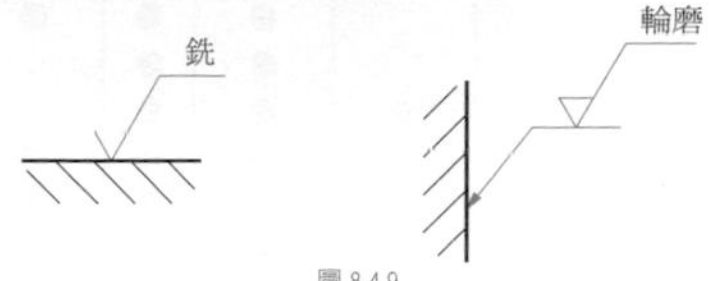

圖 8-4.9

字種類：各種不同加工方法之代字標註如表 8-4.8 所示。

表 8-4.8

目	加工方法	代字	項目	加工方法	代字
1	車削(Turning)	車	21	落錘鍛造(Drop Forging)	落鍛
2	銑削(Milling)	銑	22	壓鑄(Die Casting)	壓鑄
3	刨削(Planing , shaping)	刨	23	超光製(Supper Finishing)	超光

項目	加工方法	代字	項目	加工方法	代字
4	搪孔(Boring)	搪	24	鋸切(Sawing)	鋸切
5	鑽孔(Drilling)	鑽	25	焰割(Buffing)	焰割
6	絞孔(Reaming)	絞	26	擠製(Sanding)	擠製
7	攻螺紋(Tapping)	攻	27	壓光(Lapping)	壓光
8	拉削(Broaching)	拉	28	抽製(Drawing)	抽製
9	輪磨(Grinding)	輪磨	29	衝製(Blanking)	衝製
10	搪光(Honing)	搪光	30	衝孔(Piercing)	衝孔
11	研光(Lapping)	研光	31	放電加工(E.D.M)	放電
12	抛光(Polishing)	抛光	32	電化加工(E.C.M)	電化
13	擦光(Buffing)	擦光	33	化學銑(C. Milling)	化銑
14	砂光(Sanding)	砂光	34	化學切削(C. Maching)	化削
15	滾筒磨光(Tumbling)	滾磨	35	雷射加工(Laser)	雷射
16	鋼絲刷光(Brushing)	鋼刷	36	電化磨光(E.C.G)	電化磨
17	銼削(Filing)	銼	37		
18	刮削(Scraping)	刮	38		
19	鑄造(Casting)	鑄	39		
20	鍛造(Forging)	鍛	40		

7.表面處理

機件上某一部位須作表面處理者則用粗鏈線表示其範圍(參閱 CNS 3-1〔工程製圖(尺度註)〕。將處理前之表面符號標註在原表面上，處理後之表面符號則標註在鏈線上，並註明面處理方法(圖 8-4.10)(參閱 CNS 3〔工程製圖(一般準則)〕)。

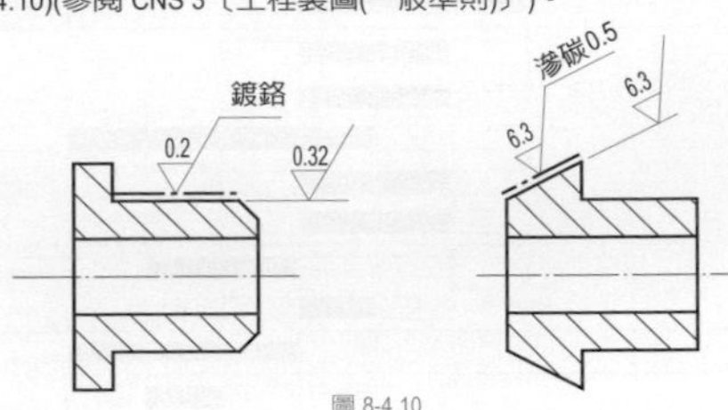

圖 8-4.10

8.基準長度

(1)適用數值：各種不同加工方法所能達到之中心線平均粗糙度之最適宜的基準長度，如表 8-4.9 所示（參閱 CNS 7868)以供參考。

表 8-4.9

加工方法	基準長度(mm)					
	0.08	0.25	0.8	2.5	8.0	25.0
銑削			●	●	●	
搪孔			●	●	●	
車削			●	●		
輪磨		●	●	●		
刨削(牛頭刨床)			●	●	●	
刨削(龍門刨床)				●	●	●
絞孔			●	●		
拉削			●			
鑽石刀搪孔		●	●			
鑽石刀車削	●	●	●			
搪光	●	●	●			
研光	●	●	●			
超光	●		●			

	基準長度(mm)					
擦光	●	●	●			
拋光	●	●	●			
砂光			●			
放電加工			●			
抽製			●			
擠製			●			

)寫法：基準長度寫在圖 8-4.3 中(4)之位置，且必須與表面粗糙度對齊(圖 8-4.11)，如表面粗糙度標明上下限界而兩限界之基準長度相同時，則僅寫一個且對正表面粗糙度兩限界之中間，如圖 8-4.12 所示。一般常用之基準長度如表 8-4.10 所示。一般常用之基準長度如表 8-4.9 所示，如採用表 8-4.6 中所示之基準長度均省略不寫，如圖 8-4.13 所示否則必須予以註明。

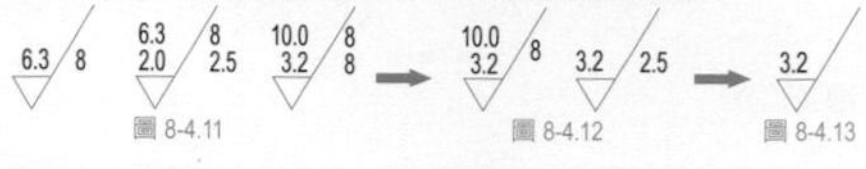

圖 8-4.11　　圖 8-4.12　　圖 8-4.13

表 8-4.10　　單位：mm

基準長度					
0.08	0.25	0.8	2.5	8	25

痕方向或紋理符號

意義：切削加工之表面，若必須指定刀具之進給方法時，不論表面上能否看出刀痕，皆須加註刀痕方向符號，如非確有必要，不必指定。

種類：各種刀痕方向符號之種類如表 8-4.11 所示。

表 8-4.11

號	說明	圖例	符號	說明	圖例
=	刀痕之方向與其所指加工面之邊緣平行。	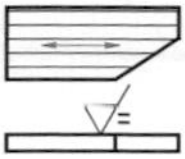	C	刀痕成同心圓狀	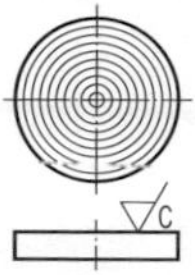
-	刀痕之方向與其所指加工面之邊緣垂直。	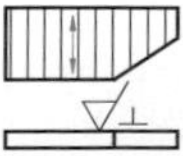	R	刀痕成放射狀	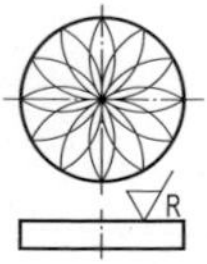
	刀痕之方向與其所指加工面之邊緣呈兩方向傾斜交叉。	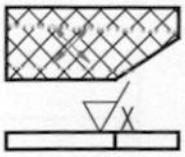	P	表面紋理成凸起之細柱狀	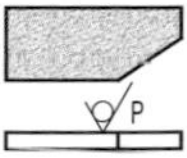
	刀痕成多方向交叉或無一定方向。	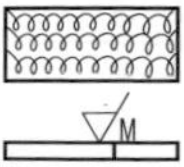			

削加工方法與刀痕符號之配合，刀痕方向符號僅用於必須切削加工之表面，其刀痕方向有多種可，而必須指定為某一種者，如圖 8-4.14 所示。若僅有一種可能，則不必加註，如圖 8-4.15 所示。

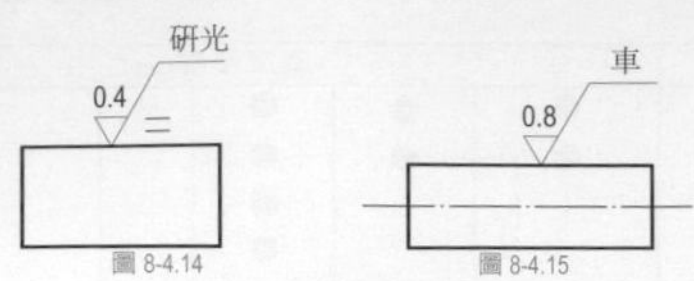

圖 8-4.14　　圖 8-4.15

10.加工裕度

(1)意義：加工裕度之數值(其單位為 mm)指表面加工時所預留材料之大約厚度。

(2)加註方法：如圖 8-4.16 所示。

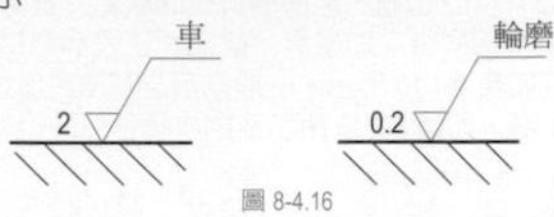

圖 8-4.16

8-4.5 表面符號之標註方法

一、標註位置

表面符號以標註在機件工作圖之各加工面上為原則，同一機件上不同表面之表面符號，可分別標註不同視圖上如圖 8-4.17 所示，但不得遺漏或重複。

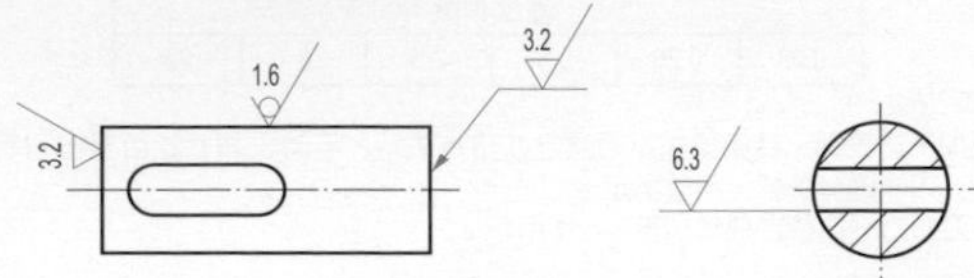

圖 8-4.17

表面符號應標註於圖形之輪廓線外，如圖 8-4.18 所示，但可標註於孔或槽內，如圖 8-4.19。

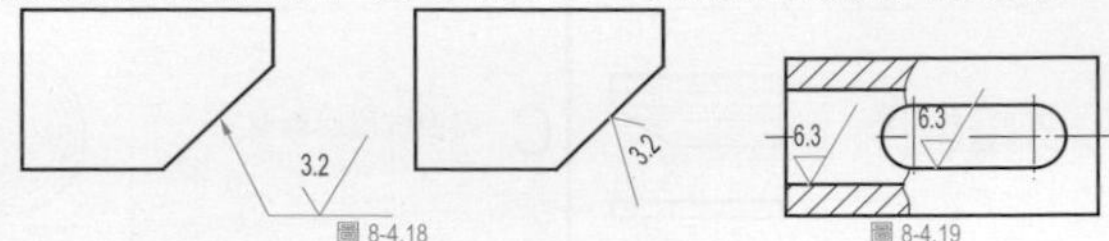

圖 8-4.18　　圖 8-4.19

表面符號應標註於最易識別之視圖上以免混淆，如圖 8-4.20。

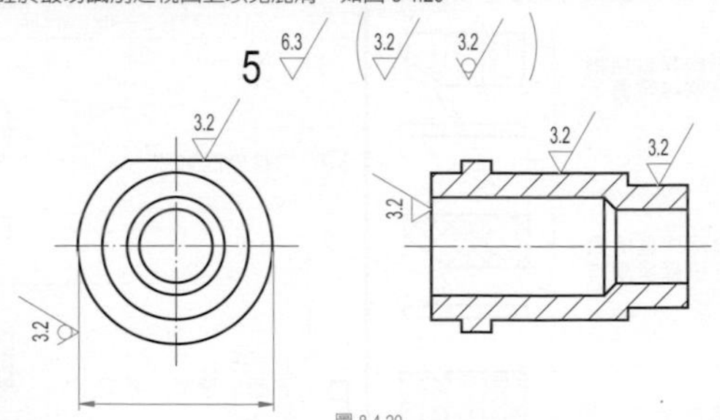

圖 8-4.20

圓柱、圓錐或孔之表面符號標註法：圓柱、圓錐或孔之表面符號應標註在其任一邊或其延長線上可重複，如圖 8-4.21。

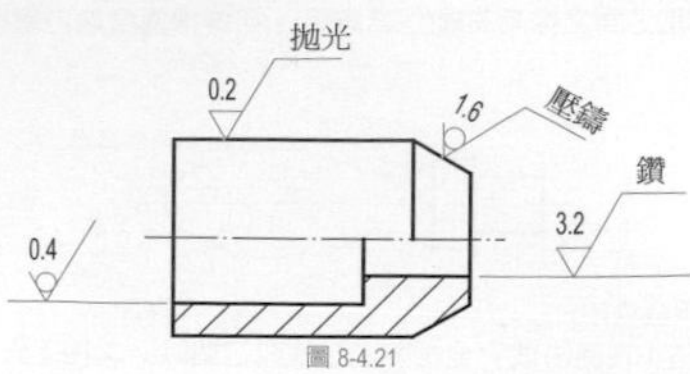

圖 8-4.21

主、圓錐或圓孔等之表面符號，以標註在非圓形視圖上為原則，如圖 8-4.21 所示。但必要時，亦可標在其視圖上，如圖 8-4.20、8-4.22。

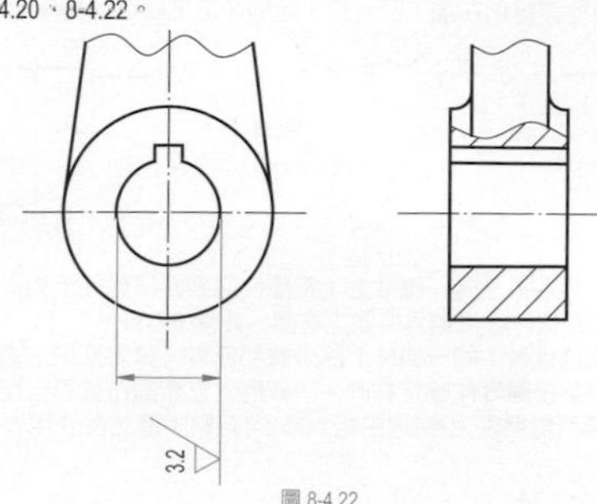

圖 8-4.22

、標註方向

則：表面符號之標註以朝上，如圖 8-4.23 所示及朝左，如圖 8-4.24 所示兩種方向為原則。

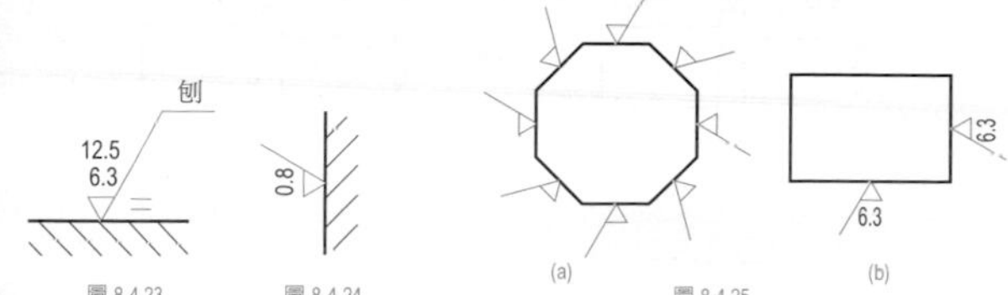

圖 8-4.23　圖 8-4.24　圖 8-4.25

若表面符號不帶文字級數字，則可畫在任何方向如圖 8-4.25(a)。

表面符號僅含表面粗糙度時，該數字必須朝上或朝左如圖 8-4.25(b)。

線應用：若表面之傾斜方向或地位不利時，可用指線引出，而將表面符號標註於指線尾端之橫線上圖 8-4.26。

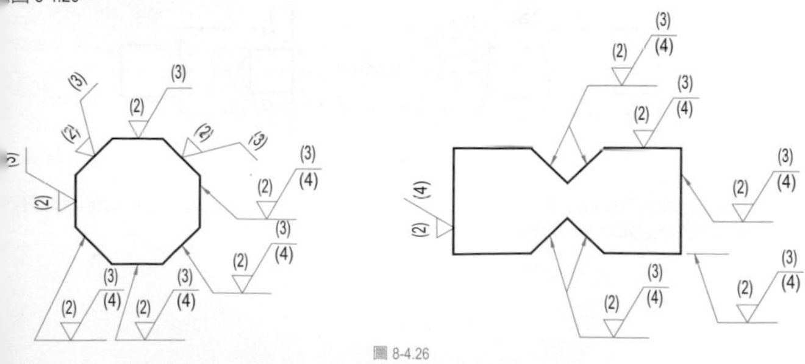

圖 8-4.26

3.非平面之加工面：若代表加工面之線為曲線(包含圓弧)，可選擇適當之位置標註表面符號如圖 8-4.2

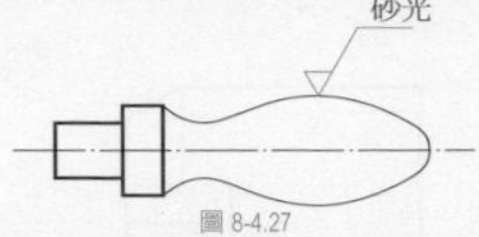

圖 8-4.27

4.表面符號標註之省略(合用或公用)

(1)合用之表面符號標註法：表面符號完全相同之二個或二個以上之加工面，可用一指線分出二個二個以上之指示端，分別指在不同之加工面上，並將相同之表面符號標註在指線上如圖 8-4.28 示。若指線之指示端不便直接指在加工面上時，可指在加工面之延長線上，如圖 8-4.29。

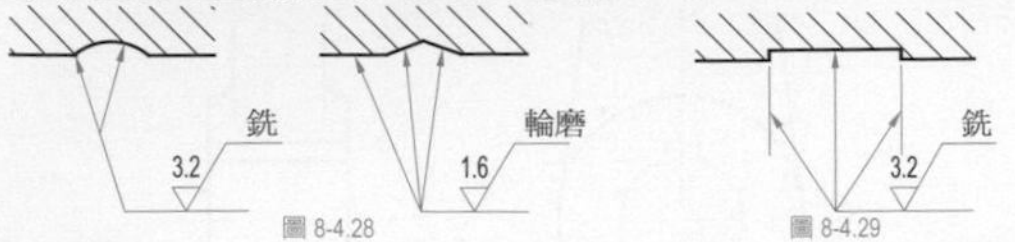

圖 8-4.28　圖 8-4.29

(2)公用之表面符號標註法

①各部位表面符號完全相同者：同一機件上，各部位之表面符號完全相同，而無例外情形者，將其表面符號標註於該機件之視圖外件號之右側，如圖 8-4.30。

②大部分相同，有少數例外者：同一機件上除少數部位外，其大部份之表面符號均相同者，則相同之表面符號標註於視圖外件號之右側。少數例外之表面符號仍分別標註在各視圖中各之加工面上。並依照其粗糙度之粗細(由粗到細)向右順序標註在公用表面符號之後，兩端加弧，如圖 8-4.31。

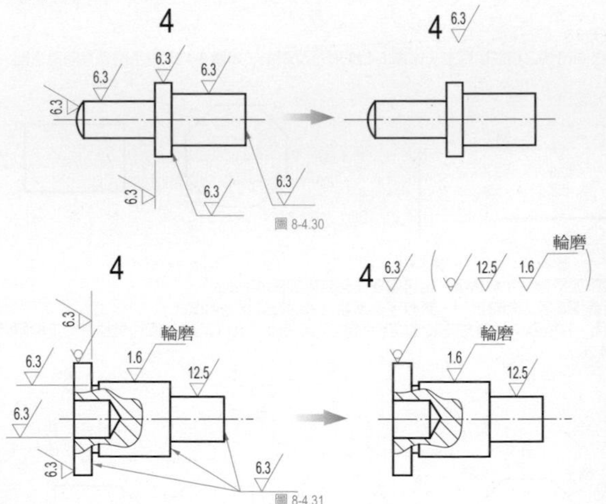

圖 8-4.30

圖 8-4.31

5.分段不同加工之表面符號標註法：機件上之同一部位，需分段做不同情況之加工者，則用兩個不同表面符號分別標註之如圖 8-4.32(參閱 CNS 3-1)。

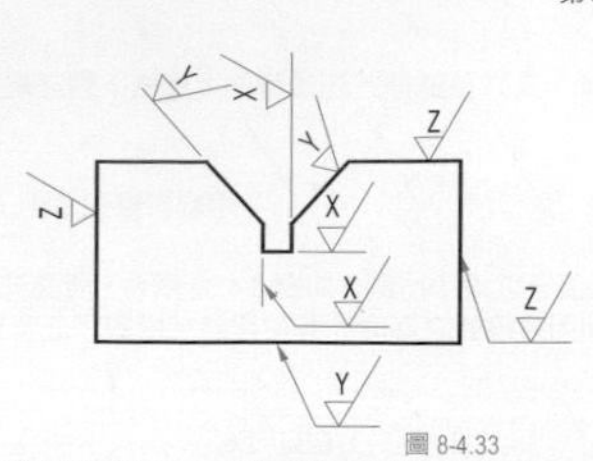

圖 8-4.32 圖 8-4.33

用代號之標註方法：表面符號較多時，可以用代號分別標註在各加工面上或其延長線上，而將各代號與其所代表之實際表面符號並列在適當位置，如圖 8-4.33。

免事項：標註表面符號時應選擇適當位置，避免其他線條交叉，或致使其他線條切讓開，如圖 8-4.34。

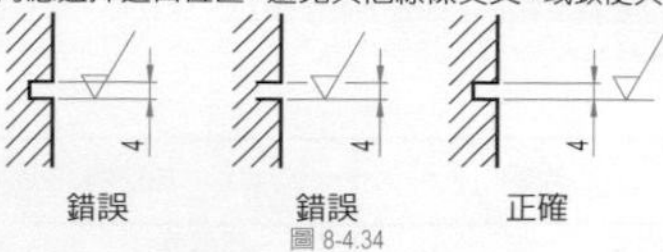

圖 8-4.34

用機件之表面符號標註法

1)螺紋之表面符號：螺紋繪成螺紋輪廓者，其螺紋之表面符號應標註在螺紋之節線上，或其延長線上如圖 8-4.35 所示，螺紋以習用畫法繪成者，其表面符號標註在外螺紋之大徑線上，或內螺紋之小徑線上，如圖 8-4.36。

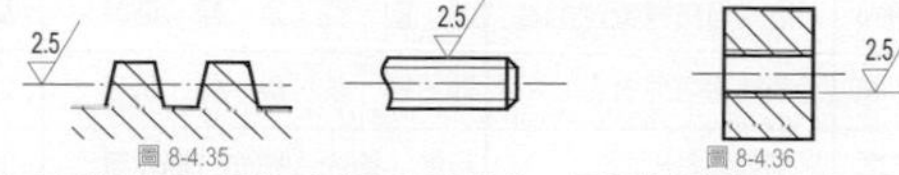

圖 8-4.35 圖 8-4.36

2)齒輪齒廓面之表面符號標註方法：各種齒輪之輪齒，如繪製之實際形狀者，則其表面符號標註在節圓、節線或其延長線上，如圖 8-4.37。

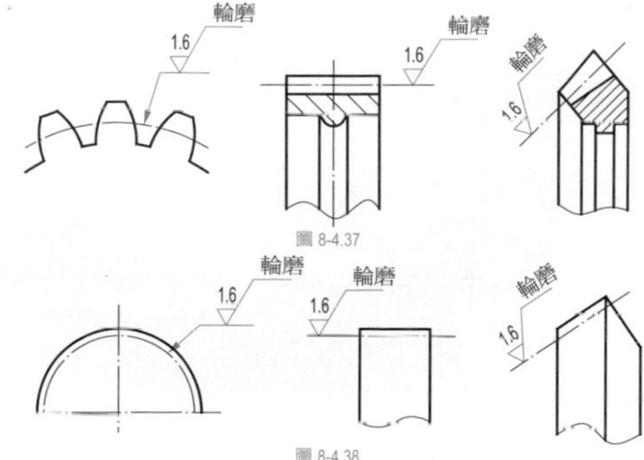

圖 8-4.37

圖 8-4.38

習用表示法繪製之齒輪，其表面符號標註在節圓、節線或其延長線上，如圖 8-4.38。

8-4.6 表面符號之畫法

表面符號之大小及其線條之粗細：表面符號標註在各種圖上應依下列之規定採用適當之大小及粗細

1.線條粗細：表面符號中之線條 √ ， ▽ ， ◯ 用細實線為原則，數字、文字及刀痕方向符
之粗細與尺度數字相同為原則。

2.表面符號之大小：表面符號各部分之大小比例，如圖 8-4.39 所示。表面符號之高度 H_1 等於標註尺度
字之字高，H_2 則視需要而定，刀痕符號之高度 h 等於標註尺度數字之字高。

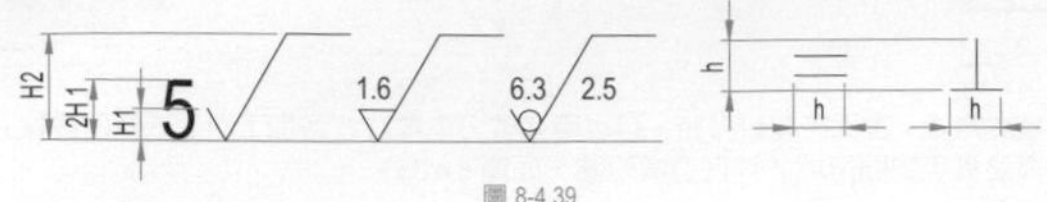

圖 8-4.39

3.代用表面符號：其所代表之意義及對照，如表 8-4.12 所示。標註時，應畫在實體外側，如圖 8-4.40 所
示。符號之大小，如圖 8-4.41。

表 8-4.12

表面符號	名稱	說明	加工例	相當表面粗糙 Ra 之範圍(μm)
	毛胚面	自然面	壓延、鑄鍛等	125 以上
	光胚面	平整胚面	壓延、精鑄、模鍛等	32~125
	粗切面	刀痕尚可由觸覺及視覺明顯辨認者	銼、刨、銑、車、輪、磨等	8.0~25
	細切面	刀痕尚可由視覺辨認者	銼、刨、銑、車、輪、磨等	2.0~6.3
	精切面	刀痕隱約可見者	銼、刨、銑、車、輪、磨等	0.25~1.60
	超光面	光滑如鏡者	超光、研光、拋光、搪光等	0.010~0.20

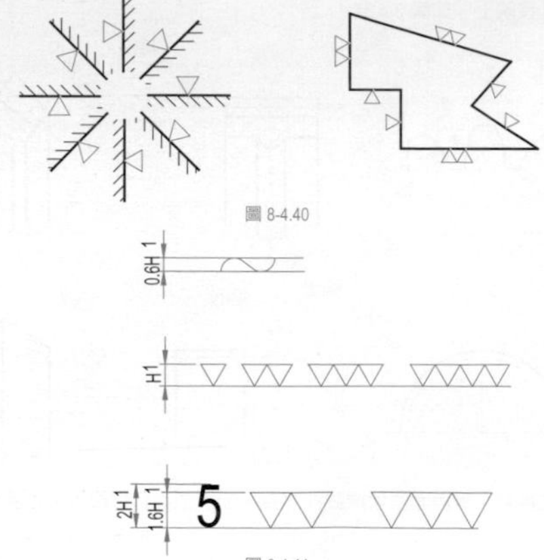

圖 8-4.40

圖 8-4.41

最新 CNS(ISO)表面符號

1 表面織構的意義 CNS 3-3, B 1001-3

表面織構符號是指採用圖形及標註來規定技術產品文件(如圖面、規範、合約、報告等)中表面規則符號。

2 名詞之意義

面輪廓線

評估機件表面的粗糙程度時，須先在此機件表面上，選取一個適當方向，在此方向上擷取一垂直件表面的平面，使其與機件表面相交所得之上下起伏曲線，即稱為表面輪廓線(圖8-5.1)。利用此輪可作為分析該機件表面之狀況。

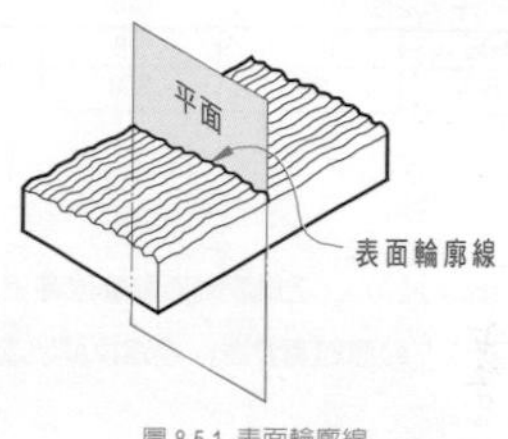

圖 8-5.1 表面輪廓線

估長度(ln)

為實際用於評估表面粗糙程度之長度，根據λc 輪廓線濾波器截止點之值而定，通常取為截止點之五倍，如無法取得，最少也要有三倍。

測長度

為取得機件表面資料數據之長度。量測長度為配合濾波器之使用，均應長於評估長度。一般處理量測長度取為截止點之值的七倍長，評估長度則取其中間的五個長度。

樣長度

在輪廓橫向水平方向做描述輪廓線特性使用之長度：

①基本輪廓線之取樣長度「lp」設為評估長度ln。

②粗糙度輪廓線之取樣長度「lr」設為λc。

③波狀輪廓線之取樣長度「lw」設為λf。

廓線

①基本輪廓線(P輪廓結構參數)

基本輪廓線是由表面輪廓線，經波長為λs 之長波高斯濾波器(λs 輪廓線濾波器)過濾掉其短波成分，再經波長為λf 之短波高斯輪廓線濾波器(λf 輪廓線濾波器)，過濾掉長波成分而得。

在儀器處理上，基本輪廓線是取五倍的λc值爲全部長度，λc值視所取機件表面性質而定，一般使用的標準值有0.08mm，0.25mm，0.8mm，2.5mm及8mm等。每個λc值長度再分為100或300等分，等分後之長度即為λs之值，如表8-5.1所示。取表面輪廓線在全部長度範圍內各分點之值，做最小平方法之直線擬合，然後，在各分點上，將表面輪廓線在此擬合直線上或下之長度取為各分點之新值，則此新值可形成另一輪廓線，此輪廓線即為基本輪廓線。

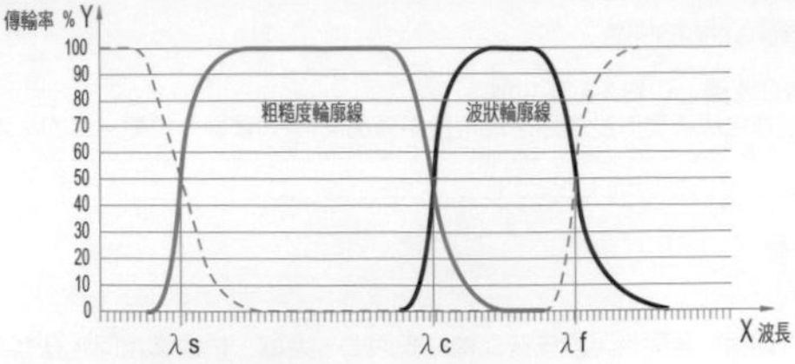

圖 8-5.2 λs，λc，λf 之關係

表8-5.1 λs 及 λc 之關係

λc(mm)	0.08	0.25	0.8	2.5	8.0
λc：λs	30	100	300	300	300

②波狀輪廓線(W輪廓波紋參數)

波狀輪廓線是由表面輪廓線經波長為λc之長波高斯輪廓線濾波器過濾掉較短成分，再經波長λf 之短波高斯輪廓線濾波器(λf 輪廓線濾波器)，過濾掉長波成分而得。由λc到λf 之區間稱波狀輪廓線之傳輸波域。

如將波狀輪廓線與基本輪廓線顯示於同一平面座標上，則基本輪廓線可視為站在波狀輪廓線上的曲線。

③粗糙度輪廓線(R輪廓粗糙度參數)

粗糙度輪廓線是由表面輪廓線經過波長為λs 之長波高斯輪廓線濾波器，過濾其較短成分，再經波長為λc 之短波高斯輪廓線濾波器(λc 輪廓線濾波器)，過濾掉較長成分而得。由λs 到λc 區間稱為粗糙度輪廓線之傳輸波域。

將基本輪廓線高於或低於波狀輪廓線部分，註記於原座標點處，則形成一新的輪廓線，此輪廓線即為粗糙度輪廓線。

如不計其他因素，可約略歸納基本輪廓線含有粗糙度輪廓線及波狀輪廓線二成分，如將波狀輪廓線成分過濾，則會留下粗糙度輪廓線成分。

(6)平均線

①基本輪廓線之平均線：由基本輪廓線經最小平方法擬合所得之直線。

②粗糙度輪廓線之平均線：對應基本輪廓線之長波成分經λc 輪廓線濾波器壓縮成的直線。

③波狀輪廓線之平均線：對應基本輪廓線之長波成分經λf 輪廓線濾波器壓縮成的直線。

(7)常用參數

①以輪廓線區分，有基本輪廓線參數、粗糙度輪廓線參數及波狀輪廓線參數，基本輪廓線之參數均以「P」開始；粗糙度輪廓線之參數均以「R」開始；波狀輪廓線之參數均以「W」開始。如表所示。

②以性質區分有振幅參數、間隔參數、混合參數、曲線參數及相關參數等。

表8-5.2 輪廓線常用參數

	基本輪廓線	粗糙度輪廓線	波狀輪廓線	參數名稱
峰谷值	Pp	Rp	Wp	輪廓線最大波峰高度
	Pv	Rv	Wv	輪廓線最大波谷深度
	Pz	Rz	Wz	輪廓線最大高度
	Pc	Rc	Wc	輪廓線元素之平均高度
	Pt	Rt	Wt	輪廓線總高度
平均值	Pa	Ra	Wa	輪廓線振幅之算術平均
	Pq	Rq	Wq	輪廓線振幅之均方根
	Psk	Rsk	Wsk	輪廓線振幅之不對稱
	Pku	Rku	Wku	輪廓線振幅之陡峭度
隔參數	PSm	RSm	WSm	輪廓線元素之平均寬度
合參數	PΔq	RΔq	WΔq	輪廓線斜率之均方根
線參數	Pmr(c)	Rmr(c)	Wmr(c)	輪廓線材料比
	Pδc	Rδc	Wδc	輪廓線水平高度差
	Pmr	Rmr	Wmr	相對材料比

此處Rz之定義舊有標準不同

參數有關之幾何用語

①縱座標值Z(x)：輪廓線在平均線描述位置之縱向高度。

②波峰與波谷：輪廓線與平均線相交，在二相鄰交點間，若為平均線以上部分，稱為波峰，若為平均線以下部分，稱為波谷，如圖8-5.3所示。

③輪廓線波谷深度Zv：輪廓線波谷之最低點與平均線的距離。

④輪廓線波峰高度Zp：輪廓線波峰之最高點與平均線的距離。

⑤輪廓線元素：輪廓線之波峰與右鄰波谷合稱一元素。

⑥輪廓線元素高度Zt：輪廓線元素之波峰高度與波谷深度的和。

⑦輪廓線元素寬度 Xs：輪廓線元素之波峰、波谷所在兩區間之長度。

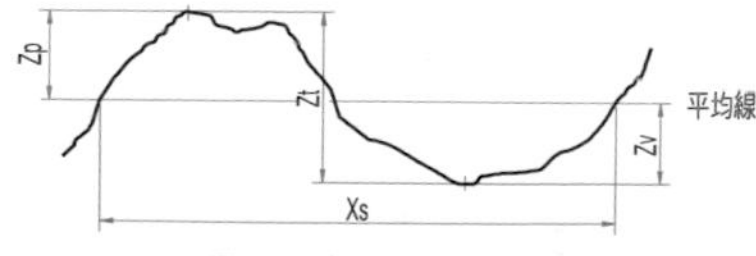

圖 8-5.3 輪廓線元素及相關值

表面符號註寫

由於測定機件表面粗糙度儀器的進步與更新，ISO 對表面符號之註寫最近曾作大幅修訂，國家標準 CNS 利用圖形及標示，來規定技術產品文件中表面織構(surface texture)之符號簡面符號之規則，本書特將其與目前不同部分且常會用到者，提出供參考。

1.表面符號之組成如圖 8-5.4 所示，各項目可擇要加註。

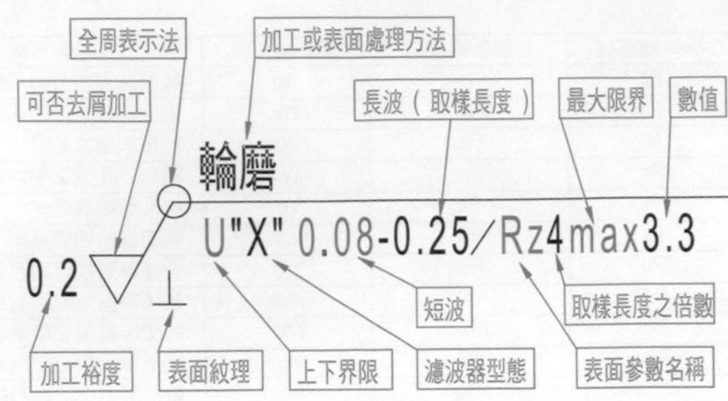

圖 8-5.4　表面符號之組成

2.表面粗糙度與基準長度註寫位置與註寫方法的變更：

表面粗糙度與基準長度都註寫在符號水平線的下方，由於各國所表示的表面粗糙度數值種類不相同，除原有的 Ra 外，還有多種，原來的 Rz 已不再使用，Rmax 則改成 Rz，所以表面粗糙度數值和必需註明，並在其後空二格之位置，寫上其粗糙度數值，單位為 μm(圖 8-5.5)。

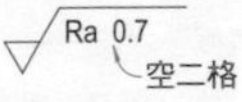

Ra 0.7
空二格

圖 8-5.5　表面粗糙度的註寫

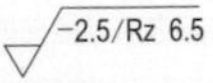

-2.5/Rz 6.5

圖 8-5.6　基準長度為 2.5mm

一般設定的基準長度為 0.8mm，不必註明，如果不採用設定的基準長度，則必須註明，例如圖 中基準長度為 2.5 mm。在測量表面粗糙度時，測量長度均設定為基準長度的五倍，也不必註明，否必須註明，例如圖 8-5.7 中即表示測量長度未採用基準長度的五倍，而是採用基準長度的三倍，故需明 3，即測量長度採 3x0.8mm 為 2.4mm。

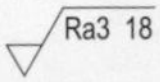

Ra3 18

圖 8-5.7　測量長度為基準長度的三倍

Rzmax 6.7

圖 8-5.8　粗糙度數值為最大限度

表面粗糙度數值都設定有 16%增減之的寬限度，不必加以註明，若在表面粗糙度數值種類之後 max，則表示所註粗糙度數值為最大限度(圖 8-5.8)，若粗糙度數值有上下限之別時，則上限以"U"， 以"L"，註在粗糙度數值種類之前，粗糙度數值種類相同時，上下限之前可省略加註 U 或 L(圖 8-5.9)

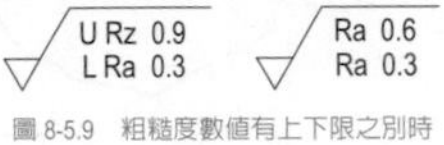

U Rz 0.9
L Ra 0.3

Ra 0.6
Ra 0.3

圖 8-5.9　粗糙度數值有上下限之別時

3.全周表面符號之表示法：

當機件之一個視圖周圍呈現邊視圖之各面，其表面符號都相同時，可擇一表面之邊視圖上標註應有之表面符號，並在此表面符號之 V 形長邊與水平線之交點上，加畫一直徑約 2mm 之小圓，是周表面符號之表示方法，例如圖 8-5.10 中之全周表面符號，即表示此視圖周圍呈現邊視圖之六面，面符號均相同，而非邊視圖之前後二面則不包括在內。

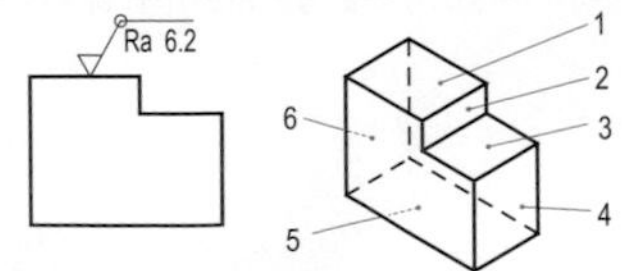

圖 8-5.10　全周表面符號之表示法

加工裕度的標註

加工裕度通常僅標註在多重加工階段(例如在鑄造或鍛造的工件粗胚圖面上同時呈現最後工件形)。加工裕度之要求事項的定義及運用，請參照 ISO 10135。用加工裕度標註是不適用在文字中。標註加工裕度時，僅需將所要求的裕度值加註在符號上。加工裕度也可以與表面織構要求項目連接一起標註，如圖 8-5.11 所示。

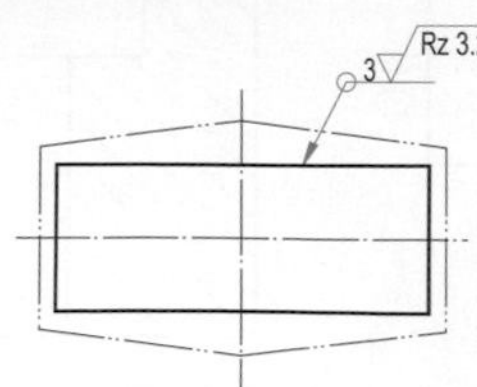

(所有表面之加工裕度為 3mm)

圖 8-5.11　表面織構符號各要求項目標註在工件最後形貌上

5-4　表面織構符號在圖面及其他技術產品文件上之標註位置

圖形及其補充資料之方向，應從圖之底邊或右手邊可讀取為原則，如圖 8-5.12 所示。

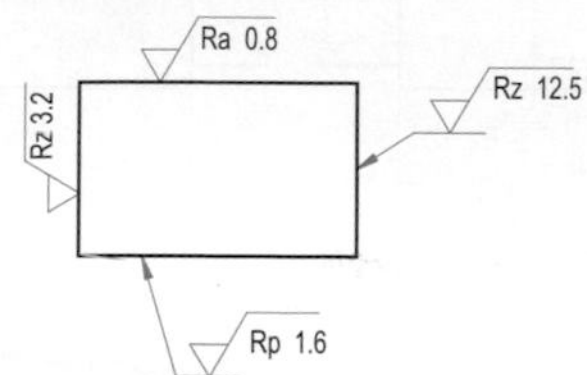

圖 8-5.12　表面織構符號之標註方向

在輪廓線外或利用參考線及指線

表面織構符號應該與表面接觸或利用參考線/指線與之相連。符號或指線的箭頭端(或其他相關端)，應該指在工件材料外側表面的輪廓線或其延伸線上，如圖 8-5.13 圖 8-5.14 所示。

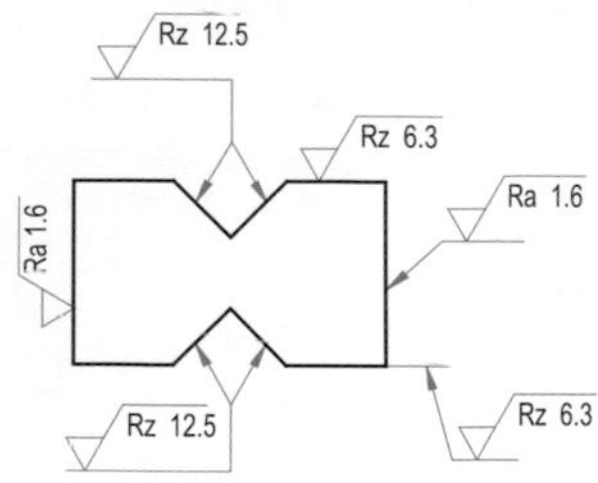

圖 8-5.13　表面織構符號之標註。

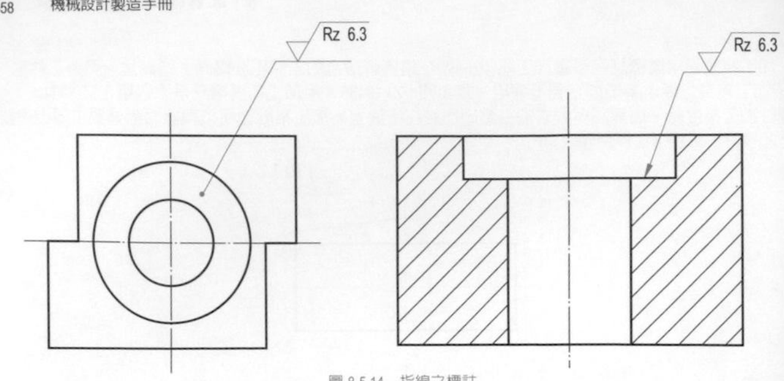

圖 8-5.14 指線之標註

3.表面符號可標註在尺度線上或標註在幾何公差方框上方

在不致誤解的情況下，表面織構符號可標註在尺度之後，如圖 8-5.15 所示。表面織構符號可以放幾何公差符號框格上(參照 ISO 1101)，如圖 8-5.16 所示。

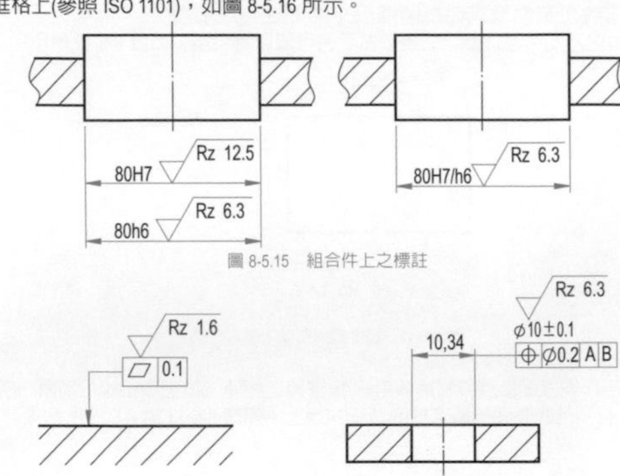

圖 8-5.15 組合件上之標註

圖 8-5.16 表面織構符號－幾何公差符號

4.在尺度界線上之標註

表面織構符號可以直接標註在尺度界線上或以參考線/指線的箭頭端與尺度界線相連。若圓柱及柱的表面有相同的表面織構要求時，則其表面僅須標註一次如圖 8-5.17 所示。如稜柱各表面有不同的面織構要求時，則須個別標註如圖 8-5.18 所示。

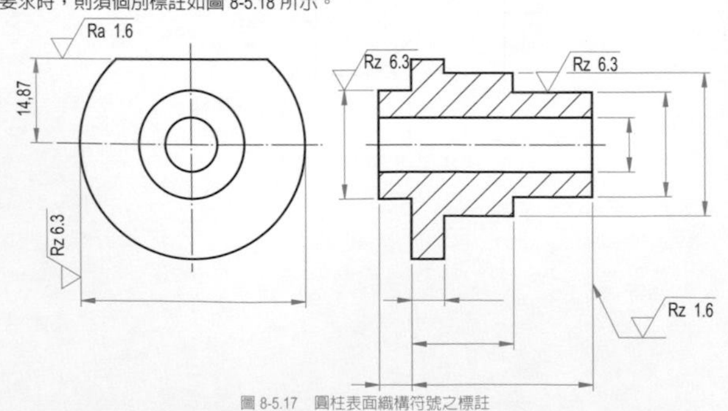

圖 8-5.17 圓柱表面織構符號之標註

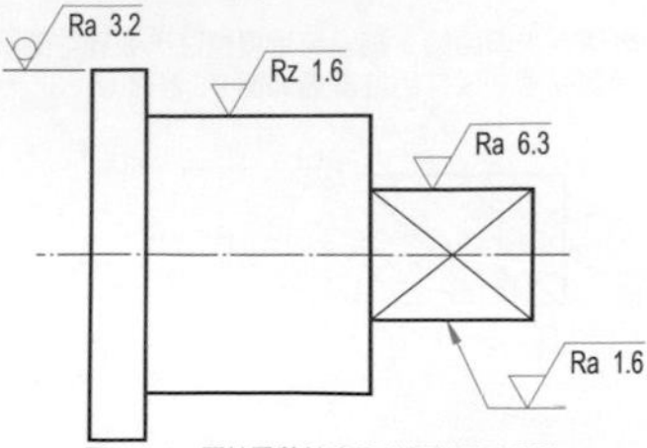

圖 8-5.18 圓柱及稜柱表面織構符號之標註

公用表面織構符號之標註

單一零件圖上，若工件大多數表面有相同之表面織構，其公用表面織構符號應置於該圖的標題欄。

將基本符號置於括弧內不加註其他說明如圖 8-5.19(a)所示，或為了指出有些要求項目與共同的表面構之要求項目有所差異，將要求事項特別差異的表面織構符號加註在括符內如圖 8-5.20(a)所示。個零件圖上，則其公用表面織構符號應置於該零件圖上方的件號右側，如圖 8-5.19 (b)及圖 8-5.20 (b)示。

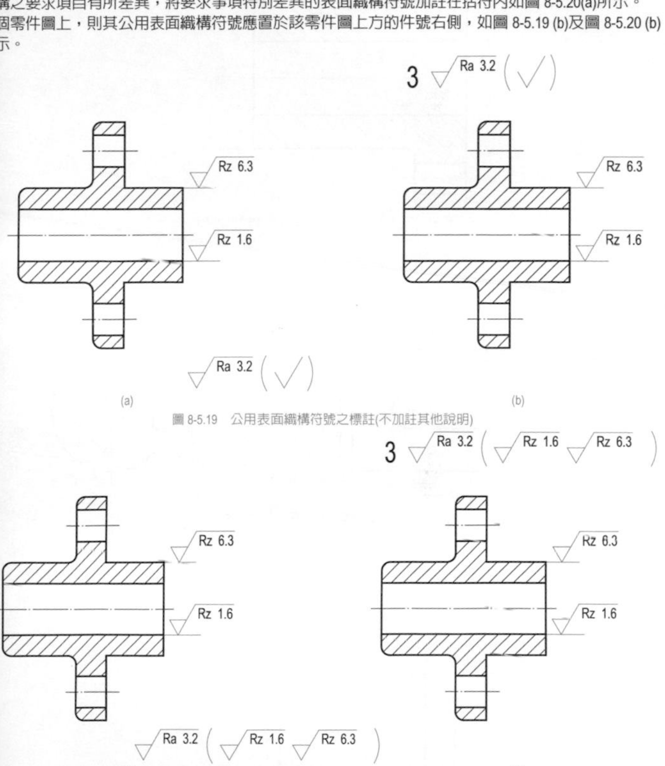

圖 8-5.19 公用表面織構符號之標註(不加註其他說明)

圖 8-5.20 公用表面織構符號之標註(加註說明)

6.多數表面有相同要求項目

多數表面有相同的表面織構要求項目時，為避免重複標註、或受空間限制，其標註法如下。符號可標註於靠近工件處、接近標題欄旁、或共用註解處如圖 8-5.21 所示。

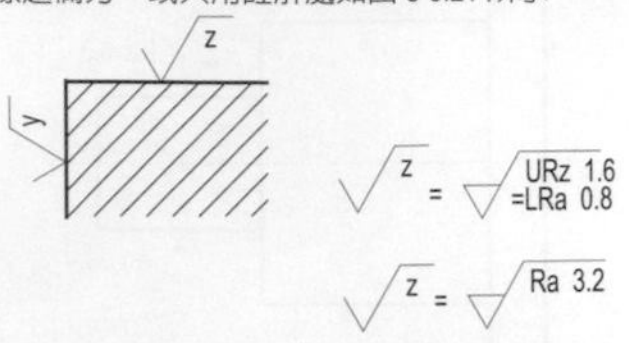

圖 8-5.21　代用符號之標註

7 兩個或多個加工方法的標示

若必須要求表面處理前、後之表面織構，則應該在註解中說明或如圖 8-5.22 所示。

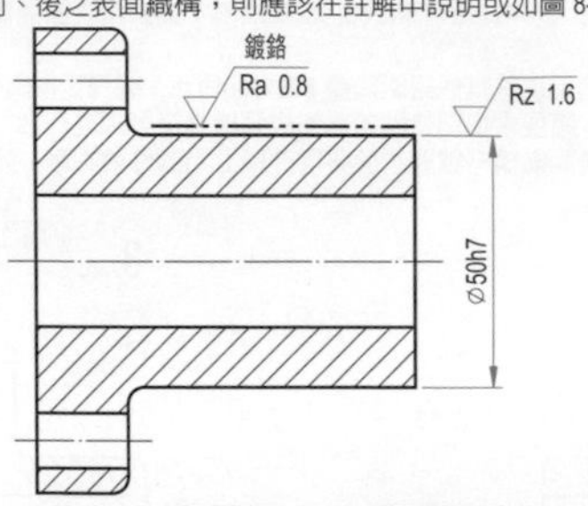

圖 8-5.22　表面處理前、後之表面織構符號標註

8.表面織構符號及尺度可以在同一尺度線上標註。

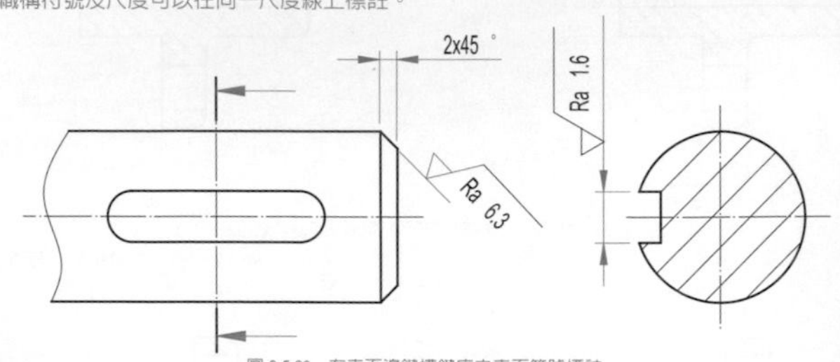

圖 8-5.23　在表面邊鍵槽鍵座之表面符號標註

9.表面織構符號及尺度可以被標註如下

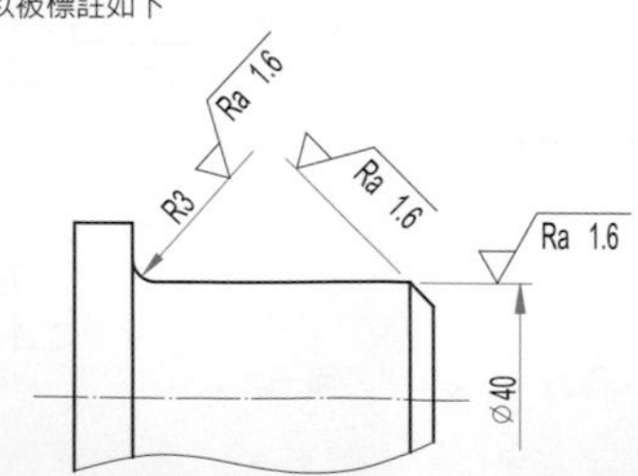

圖 8-5.24　標註在尺度延伸線上及各自的投影線及尺度線上符號標註

5-5 符號的比例及尺度

表面織構符號中之圖形尺度，如圖 8-5.25、圖 8-5.26 所示，圖 8-5.27 所示 a、b、c、d、e 各區域之高等於 h。

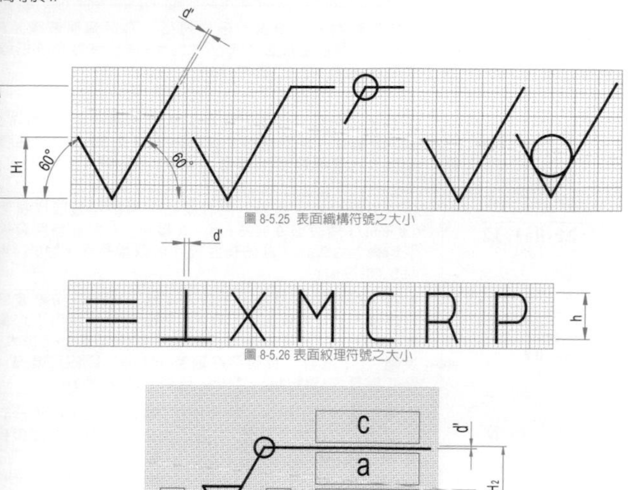

圖 8-5.25 表面織構符號之大小

圖 8-5.26 表面紋理符號之大小

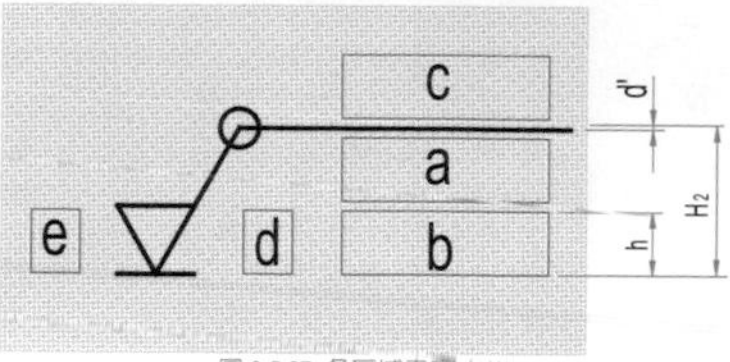

c
a
b
d
e
d'
h
H_2

圖 8-5.27 各區域書寫大小

號及其加註項目的尺度，如表 8-5.3 所示。

表 8-5.3 單位：mm

字及字母高度，h(參照 CNS 3)	2.5	3.5	5	7	10	14	20
號 d'線寬 母 d 線寬	0.25	0.35	0.5	0.7	1	1.4	2
高度	3.5	5	7	10	14	20	28
高度(最小)[(a)]	7.5	10.5	15	21	30	42	60

.6 表面織構符號標註範例

表面織構代號

符號	意義
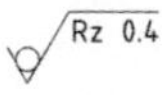 Rz 0.4	不得去除材料，單邊上限界規格，預設傳輸波域，R 輪廓，表面粗糙度最大高度 0.4μm，評估長度為 5 倍取樣長度(預設值)，〝16%–規則〞(預設值)。

符號	意義
Rzmax 0.2	必須去除材料，單邊上限界規格，預設傳輸波域，R 輪廓，表面粗糙度最大高度 0.2μm，評估長度為 5 倍取樣長度(預設值)，〝最大–規則〞。
0.008-0.8/Ra 3.2	必須去除材料，單邊上限界規格，傳輸波域 0.008-0.8 mm，R 輪廓，表面粗糙度算術平均偏差 3.2μm，評估長度為 5 倍取樣長度(預設值)，〝16%–規則〞 (預設值)。
-0.8/Ra3 3.2	必須去除材料，單邊上限界規格，傳輸波域取樣長度 0.8 mm(λs 預設值 0.0025 mm)，R 輪廓，表面粗糙度算術平均偏差 3.2 μm，評估長度為 3 倍取樣長度，〝16%–規則〞 (預設值)。
U Ramax 3.2 L Ra 0.8	不得去除材料，雙邊上下限界規格，兩限界傳輸波域均為預設值，R 輪廓，上限界：表面粗糙度算術平均偏差 3.2μm，評估長度為 5 倍取樣長度(預設值)，〝最大–規則〞。下限界：算術平均偏差 0.8μm，評估長度為 5 倍取樣長度(預設值)，〝16%–規則〞 (預設值)。
0.8-25/Wz3 10	必須去除材料，單邊上限界規格，傳輸波域 0.8–25 mm W 輪廓，波紋最大高度 10 μm，評估長度為 3 倍取樣長度，〝16%–規則〞 (預設值)。
0.008-/Ptmax 25	必須去除材料，單邊上限界規格，傳輸波域 λs=0.00 mm，無長波濾波器，P 輪廓，輪廓總高度 25μm，評估長度等於工件長度(預設值)，〝最大–規則〞。
0.0025-0.1//Rx 0.2	未規定加工方法，單邊上限界規格，傳輸波域 λs 0.0025mm；A=0.1mm，評估長度等於 3.2mm(預設值)，粗糙度圖形參數，粗糙度圖形最大深度 0.2μm，〝16%–規則〞 (預設值)。
/10/R 10	不得去除材料，單邊上限界規格，傳輸波域 λs=0.00 mm(預設值)；A=0.5mm(預設值)，評估長度等於 10mm 粗糙度圖形參數，粗糙度圖形平均深度 10μm，〝16% 規則〞 (預設值)。
W 1	必須去除材料，單邊上限界規格，傳輸波域 A=0.5mm(預設值)，B=2.5mm(預設值)，評估長度等於 16mm(預設值)，波紋圖形參數，波紋圖形平均深度 1mm，〝16% 規則〞 (預設值)。
-0.3/6/AR 0.08	未規定加工方法，單邊上限界規格，傳輸波域 λs=0.00 mm(預設值)，A=0.3mm，評估長度等於 6mm，粗糙度圖形參數，粗糙度圖形平均寬度 0.08mm，〝16%–規則〞 (預設值)。
備考：所給之表面織構參數、傳輸波域/取樣長度及參數值以及符號等，僅作為範例	

5.7 帶有補充資訊之符號

以下標註可與 B.2 中適當的符號結合使用。

符號	意義
milled 銑削 或	加工方法：銑削。
M	表面紋理：紋理呈多方向。
	對於投影視圖上封閉之輪廓所有各表面有相同的表面織構要求。
3	加工裕度 3mm。
備考：所給之加工方法、表面紋理、以及加工裕度等，僅作為範例。	

5.8 代用符號

符號	意義
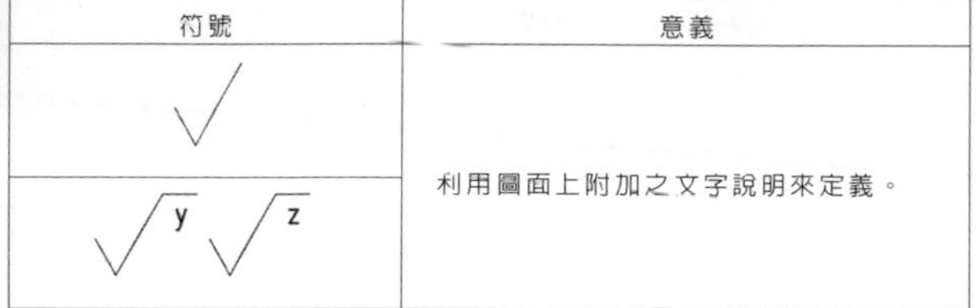	利用圖面上附加之文字說明來定義。
y z	

5.9 表面織構要求項目標註之範例

要求項目	範例
表面粗糙度： - 雙邊限界； - 上限界 Ra = 50μm， - 下限界 Ra = 6.3μm； - 兩者 〝16%–規則〞，預設值(ISO 4288)； - 兩者傳輸波域 0.008–4mm； - 預設評估長度(5×4mm=20mm) (參照 ISO 4288)； - 表面紋理呈同心圓狀； - 加工方法，銑削。 備考：因為不會產生混淆，U 及 L 不用標註。	milled 0.008-4/Ra 50 C 0.008-4/Ra 6.3 或 銑削 0.008-4/Ra 50 C 0.008-4/Ra 6.3

要求項目	範例
除了 1 個面以外的所有表面的粗糙度： － 1 個，單邊上限界； － Rz = 6.3μm， － "16%–規則"，預設值(參照 ISO 4288)； － 預設值傳輸波域 (參照 ISO 4288 及 ISO 3274)； － 預設評估長度(5×λc)(參照 ISO 4288)； － 表面紋理，不要求； － 加工方法必須去除材料。 粗糙度有不同要求之表面： － 1 個，單邊上限界； － Rz = 0.8μm， － "16%–規則"，預設值； － 預設值傳輸波域 (參照 ISO 4288 及 ISO 3274)； － 預設評估長度(5×λc)(參照 ISO 4288)； － 表面紋理，不要求； － 加工方法必須去除材料。	Ra 0.8 Rz 6.3 (√)
表面粗糙度： － 2 個，單邊上限界： 1. Ra = 1.6μm； (a) "16%–規則" 預設值 (參照 ISO 4288)； (b) 預設傳輸波域 (參照 ISO 4288 及 ISO 3274)； (c) 預設評估長度(5×λc) (參照 ISO 4288)。 2. Rzmax = 6.3 μm； (a) "最大–規則"； (b) 傳輸波域–2.5mm(參照 ISO 3274)； (c) 評估長度(5×2.5mm)。 － 表面紋理方向與其所指加工面之邊緣垂直； － 加工方法，研磨。	ground Ra 1.6 ⊥-2.5/Rzmax 6.3 研磨 Ra 1.6 ⊥-2.5/Rzmax 6.3 或

要求項目	範例
表面粗糙度： - 1 個，單邊上限界； - Rz = 1 μm， - "16%–規則"，預設值； - 預設傳輸波域(參照 ISO 4288 及 ISO 3274)； - 預設評估長度(5×λc)(參照 ISO 4288)； - 表面紋理，不要求； - 表面處理：被覆鎳/鉻； - 適用於封閉輪廓全周表面。	Fe/Ni20p Cr r Rz 1
表面粗糙度： - 1 個單邊上限界及 1 個雙邊限界： 1. 單邊 Ra = 3.2μm； (a) "16%–規則" 預設值 (參照 ISO 4288)； (b) 傳輸波域–0.8mm (λc 參照 ISO 3274)； (c) 評估長度 5×0.8=4mm (參照 ISO 4288)。 2. 雙邊 Rz； (a) 上限界 Rz = 12.5μm； (b) 下限界 Rz = 6.3μm； (c) 上下限界傳輸波域為–2.5mm (λc 參照 ISO 3274)； (d) 上下限界評估長度為 5×2.5=12.5 mm； 在明確無疑之處，符號 U 及 L 也可以標註。) - 表面處理：被覆鎳/鉻。	Fe/Ni10b Cr r -0.8/Ra 3.2 U -2.5/Rz 12.5 L -2.5/Rz 6.3
表面織構符號及尺度可以在同一尺度線上標註。 表面邊鍵槽/鍵座之表面織構符號： 1 個，單邊上限界； Ra = 1.6μm； "16%–規則"，預設值(參照 ISO 4288)； 預設評估長度(5×λc)(參照 ISO 3274)； 預設傳輸波域(參照 ISO 4288 及 ISO 3274)；	2x45° Ra 16 Ra 6.3

<table>
<tr><th>要求項目</th><th>範例</th></tr>
<tr><td>－ 表面紋理，不要求；
－ 加工方法必須去除材料。
去角上之表面織構符號：
－ 1 個，單邊上限界；
－ Ra = 6.3μm；
－ 〝16%–規則〞，預設值(參照 ISO 4288)；
－ 預設評估長度(5×λc)(參照 ISO 3274)；
－ 預設傳輸波域(參照 ISO 4288 及 ISO 3274)；
－ 表面紋理，不要求；
－ 加工方法必須移除材料。</td><td></td></tr>
<tr><td>表面織構符號及尺度可以被標註如下
－ 一起標註在尺度延伸線上，或
－ 分開標註在各自的投影線及尺度線上。
範例中有三個表面織構符號，要求事項如下述：
－ 1 個，單邊上限界；
－ 分別為 Ra = 1.6μm，Ra = 6.3μm，
Rz = 12.5μm；
－ 〝16%-規則〞，預設值(參照 ISO 4288)；
－ 預設評估長度(5×λc)(參照 ISO 3274)；
－ 預設傳輸波域(參照 ISO 4288 及 ISO 3274)；
－ 表面紋理，不要求；
－ 加工方法必須去除材料</td><td>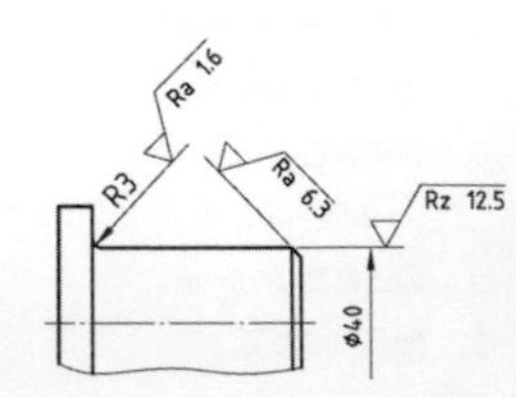
</td></tr>
<tr><td>本範例為描述連續三階段加工方法之表面織構符號、尺度以及表面處理的標註。
第一階段：
－ 1 個，單邊上限界；
－ Rz = 1.6μm；
－ 〝16%–規則〞，預設值(參照 ISO 4288)；
－ 預設評估長度(5×λc)(參照 ISO 3274)；
－ 預設傳輸波域(參照 ISO 4288 及 ISO 3274)；
－ 表面紋理，不要求；
－ 加工方法必須去除材料。
第二階段：
沒有其他表面(織構)要求項目，除了：
－ 被覆鉻。</td><td></td></tr>
</table>

要求項目	範例
第三階段： - 1 個，單邊上限界；有效範圍在圓柱前端 40mm 之表面； - Rz = 6.3μm； - "16%–規則"，預設值(參照 ISO 4288)； - 預設評估長度(5×λc)(參照 ISO 3274)； - 預設傳輸波域(參照 ISO 4288 及 ISO 3274)； - 表面紋理，不要求； - 加工方法，研磨。	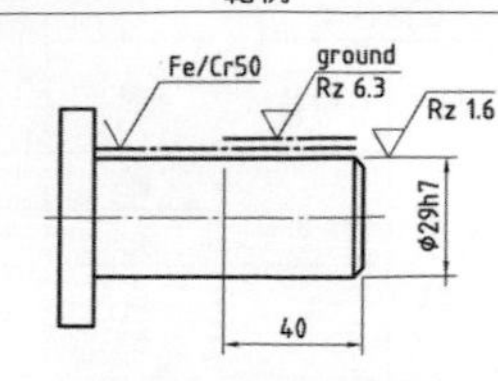 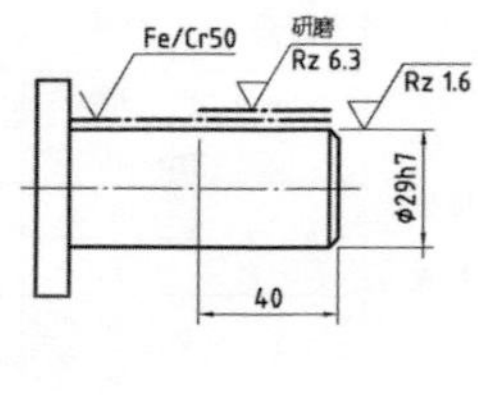

8

表面織構符號Ra與配合形態的選用

<table>
<tr><td colspan="3">表面特徵</td><td colspan="6">Ra/μm 不大於</td></tr>
<tr><td rowspan="10">輕度裝卸零件的配合表面（如掛輪、滾刀等）</td><td rowspan="2">公差等級</td><td rowspan="2">表面</td><td colspan="6">基本尺寸/mm</td></tr>
<tr><td colspan="3">到50</td><td colspan="3">大於50到500</td></tr>
<tr><td rowspan="2">5</td><td>軸</td><td colspan="3">0.2</td><td colspan="3">0.4</td></tr>
<tr><td>孔</td><td colspan="3">0.4</td><td colspan="3">0.8</td></tr>
<tr><td rowspan="2">6</td><td>軸</td><td colspan="3">0.4</td><td colspan="3">0.8</td></tr>
<tr><td>孔</td><td colspan="3">0.4～0.8</td><td colspan="3">0.8～1.6</td></tr>
<tr><td rowspan="2">7</td><td>軸</td><td colspan="3">0.4～0.8</td><td colspan="3">0.8～1.6</td></tr>
<tr><td>孔</td><td colspan="3">0.8</td><td colspan="3">1.6</td></tr>
<tr><td rowspan="2">8</td><td>軸</td><td colspan="3">0.8</td><td colspan="3">1.6</td></tr>
<tr><td>孔</td><td colspan="3">0.8～1.6</td><td colspan="3">1.6～3.2</td></tr>
<tr><td rowspan="10">過盈配合的配合表面
1.裝配按機械壓入法
2.裝配按熱處理法</td><td rowspan="2">公差等級</td><td rowspan="2">表面</td><td colspan="6">基本尺寸/mm</td></tr>
<tr><td colspan="2">到50</td><td colspan="2">大於50到120</td><td colspan="2">大於120到500</td></tr>
<tr><td rowspan="2">5</td><td>軸</td><td colspan="2">0.1～0.2</td><td colspan="2">0.4</td><td colspan="2">0.4</td></tr>
<tr><td>孔</td><td colspan="2">0.2～0.4</td><td colspan="2">0.8</td><td colspan="2">0.8</td></tr>
<tr><td rowspan="2">6～7</td><td>軸</td><td colspan="2">0.4</td><td colspan="2">0.8</td><td colspan="2">1.6</td></tr>
<tr><td>孔</td><td colspan="2">0.8</td><td colspan="2">1.6</td><td colspan="2">1.6</td></tr>
<tr><td rowspan="2">8</td><td>軸</td><td colspan="2">0.8</td><td colspan="2">0.8～1.6</td><td colspan="2">1.6～3.2</td></tr>
<tr><td>孔</td><td colspan="2">1.6</td><td colspan="2">1.6～3.2</td><td colspan="2">1.6～3.2</td></tr>
<tr><td rowspan="2">----</td><td>軸</td><td colspan="6">1.6</td></tr>
<tr><td>孔</td><td colspan="6">1.6～3.2</td></tr>
<tr><td rowspan="5">精密定心用配合的零件表面</td><td rowspan="3">表面</td><td colspan="7">徑向圓跳動公差/μm</td></tr>
<tr><td>2.5</td><td>4</td><td>6</td><td>10</td><td>16</td><td colspan="2">25</td></tr>
<tr><td colspan="7">Ra/μm不大於</td></tr>
<tr><td>軸</td><td>0.05</td><td>0.1</td><td>0.1</td><td>0.2</td><td>0.4</td><td colspan="2">0.8</td></tr>
<tr><td>孔</td><td>0.1</td><td>0.2</td><td>0.2</td><td>0.4</td><td>0.8</td><td colspan="2">1.6</td></tr>
<tr><td rowspan="5">滑動軸承的配合表面</td><td rowspan="3">表面</td><td colspan="5">公差等級</td><td colspan="2" rowspan="2">液體濕摩擦條件</td></tr>
<tr><td colspan="3">6～9</td><td colspan="2">10～12</td></tr>
<tr><td colspan="7">Ra/μm不大於</td></tr>
<tr><td>軸</td><td colspan="3">0.4～0.8</td><td colspan="2">0.8～3.2</td><td colspan="2">0.1～0.4</td></tr>
<tr><td>孔</td><td colspan="3">0.8～1.6</td><td colspan="2">1.6～3.2</td><td colspan="2">0.2～0.8</td></tr>
</table>

面織構 Ra 值與加工方法選用參考

表面微觀特性	Ra/μm	加工方法	應用舉例
微見刀痕	≦20	粗車、粗銑、粗刨鑽孔、毛銼、鋸斷、粗砂輪等加工	半成品粗加工過的表面、非配合的加工表面，如軸端面、倒角、鑽孔、齒輪和帶輪側面、鍵槽底面、墊圈接觸面
微見加工痕跡	≦10	車、銑、刨、鏜、鑽、粗鉸	軸上不安裝軸承、齒輪處的非配合表面，緊固件的自由裝配表面，軸和孔的退刀槽
微見加工痕跡	≦5	車、銑、刨、鏜、磨、拉、粗刮、滾壓	半精加工表面，箱體、支架、蓋面、套筒等和其他零件結合而無配合要求的表面，需要發藍的表面等
看不清加工痕跡	≦2.5	車、銑、刨、鏜、磨、拉、刮、壓、銑齒	接近於精加工表面，箱體上安裝軸承的鏜孔表面，齒輪的工作面
可辨加工痕跡方向	≦1.25	車、鏜、磨、拉、刮、精鉸、磨齒、滾壓	圓柱銷、圓錐銷、與滾動軸承配合的表面，臥式車床導軌面，內、外花鍵定心表面
微辨加工痕跡方向	≦0.63	精鉸、精鏜、磨、刮、滾壓	要求配合性質穩定的配合表面，工作時受交變應力的重要零件，較高精度車床的導軌面
不可辨加工痕跡方向	≦0.32	精磨、珩磨、研磨、超精加工	精密機床主軸錐孔、頂尖圓錐面、發動機曲軸、凸輪軸工作表面，高精度齒輪齒面
暗光表面	≦0.16	精磨、研磨、普通拋光	精密機床主軸軸頸表面，一般量規工作表面，汽缸套內表面，活塞銷表面
亮光澤面	≦0.08	超精磨、精拋光、鏡面磨削	精密機床主軸軸頸表面，滾動軸承的滾珠，高壓油泵中柱塞和柱塞套配合表面
鏡狀光澤面	≦0.04		
鏡面	≦0.01	鏡面磨削、超精研	高精度量儀、量塊的工作表面，光學儀器中的金屬鏡面

第 9 章 機件造型常規

9

鑄件圓角

表 9-1.1

不良設計	優良設計	說明
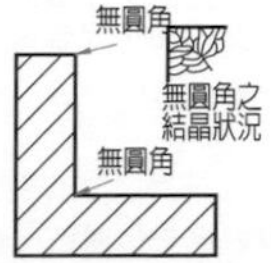 無圓角 無圓角之結晶狀況 無圓角	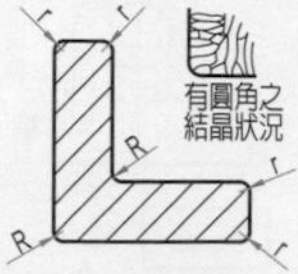 r r 有圓角之結晶狀況 R r R r	鑄件冷卻因結晶粒收縮，若無圓角會發生裂痕，鑄造時會發生困難，也不容易鑄造。
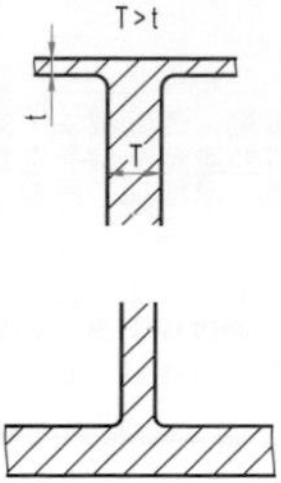 T>t t T	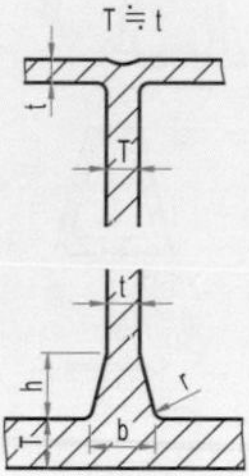 T ≒ t t T t h r T b	鑄造厚度應儘量相等。以免造成收縮應力不均，而有局部裂痕。
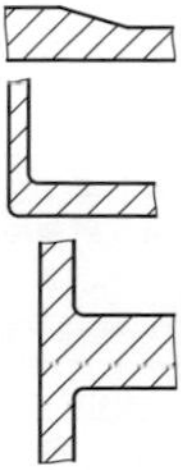	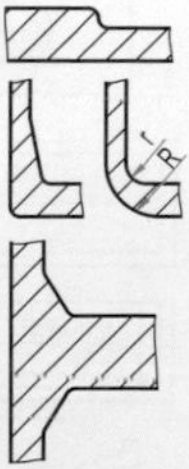 r R	鑄造厚度變化太大時，可考慮鑄成錐形或斜形，並可參考左圖或設計公式，以避免流質惡劣得不到緻密的鑄件，造成強度減半。
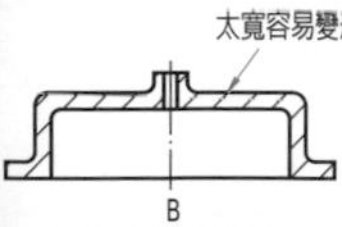 太寬容易變形 B	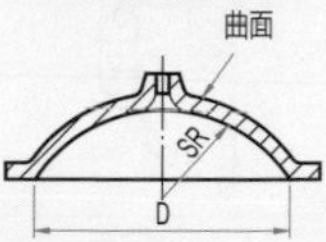 曲面 SR D	鑄面太寬容易變形，如能改為曲面可增加美觀，又不佔位置，更能增加強度。

9-2 鑄件型體

表 9-2.1

不良設計	優良設計	說明
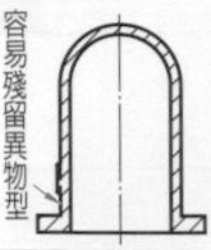 容易殘留異物型	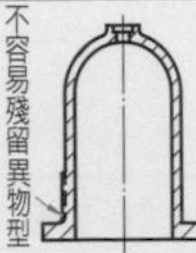 不容易殘留異物型	鑄件圓柱外型如需要鑄成平 最好從底面開始不留空間， 免殘留異物或鑄砂。
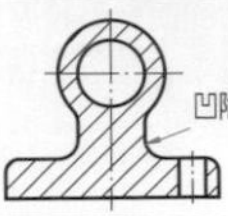 凹陷	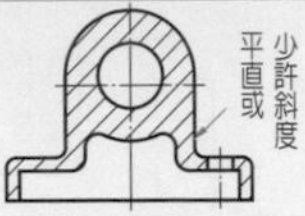 少許斜度或平直	過度的凹陷，造成砂型的安 和裝卸困難，應儘量避免。
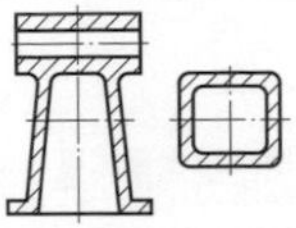	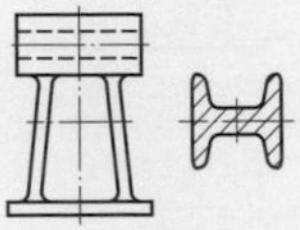	儘量避免心型鑄造，鑄件除 作上較困難外，鑄造的價格 相對提高。
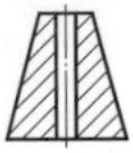	 內部空心	減輕重量，降低成本，減少 工時間並避免孔與孔之間因 度太長，形成加工困難。
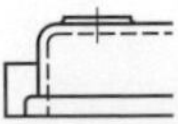	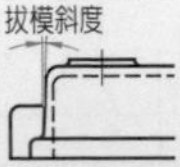 拔模斜度	鑄件若無拔模斜度，將增加 造困難，且不容易鑄造，而 加成本。
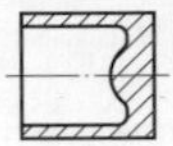	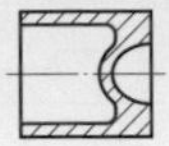	鑄件厚度宜保持一致，若無 符合理想時可考慮製成圓弧 ，以消除應力集中，又能減 鑄件重量。
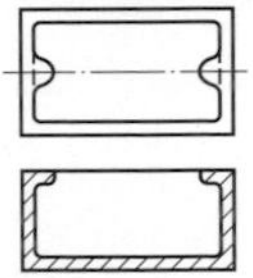	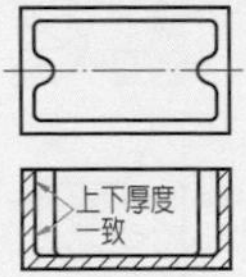 上下厚度一致	鑄件有耳或肋之部分，設計 可考慮讓其上至下之厚度一 ，方便於鑄件鑄造時容易拔 。
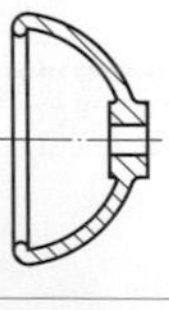	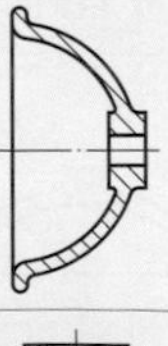	鑄件外型設計，應先考慮是 能拔模，對於不能或不方便 模之外型可考慮加入拔模斜 或改變外型設計。
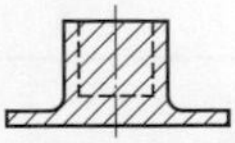	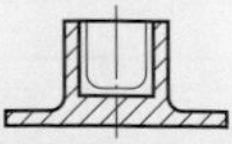	鑄件無實心之必要時可考慮 除內部多餘材料，不但可減 重量、降低成本，又能避免 力集中。

鑄件加工設計

表 9-3.1

不良設計	優良設計	說明
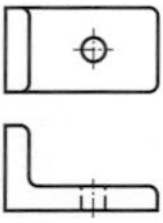	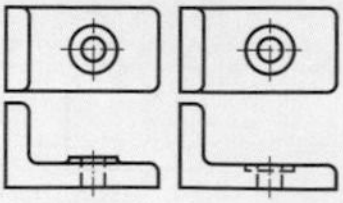	鑄件表面除非全部吻合接觸，否則可考慮局部凸緣或內凹加工，以減少加工成本。
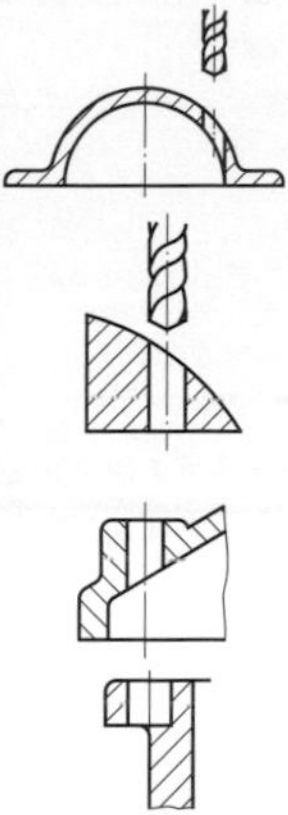	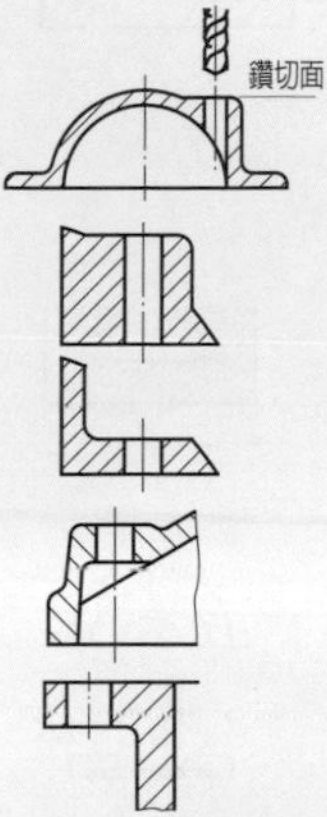 鑽切面	鑽切時，被鑽切物體之面宜與鑽頭保持垂直，以免鑽切造成鑽頭折斷或鑽孔擴大、偏置等情況。
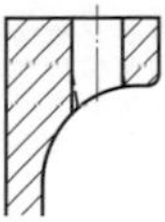	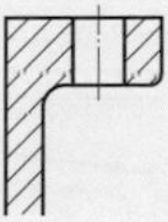	被鑽孔之材料厚度如有變化，鑽切易造成鑽切孔偏置、鑽頭容易斷裂，宜改成厚度均勻之材料較佳。
	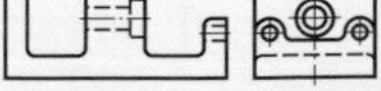	機件鑄造前，是否易於加工，可由外型加以考慮，如考慮外型修正、尺度變動等因素，必有助於加工之進行。

表 9-3.1 (續)

不良設計	優良設計	說明
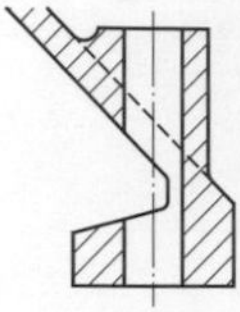	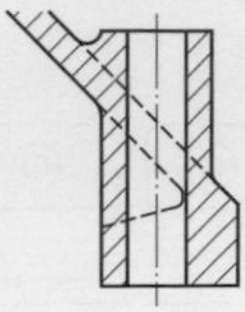	鑽孔進行中，遇有材料缺口至此時易造成中心偏移、斷象，鑄造前宜考慮彌補缺口
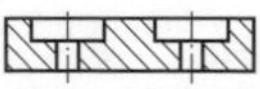	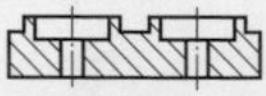	滑座接觸只需部分加工即因不必全部加工可考慮左予凸面，再加工此面即可
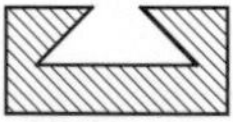	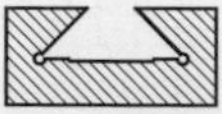	
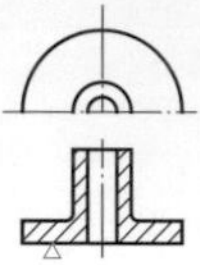	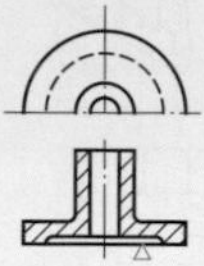	基座與平面無需全面接觸可將內緣製成內凹，不但少加工面又能穩固的與平觸。
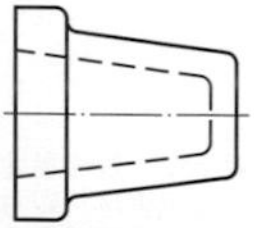	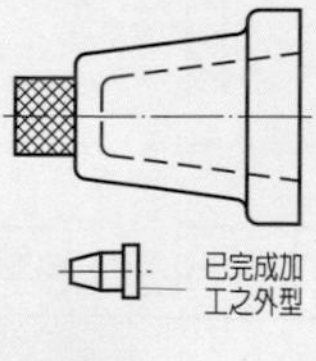 已完成加工之外型	對於有錐度之機件的車削鑄造時可考慮多出車削所持尺寸，等車削加工完畢再予切除多餘尺寸。

軸類加工型體設計

表 9-4.1

不良設計	優良設計	說明
		軸徑配合需研磨加工處，如遇有階級直徑，應於階級處應有讓切，利於輪磨加工，且能與端面產生直角度，更可避免砂輪碰撞端面，以免發生意外。
		對於軸徑太長或不易於車削之大旋徑等工作物，可考慮分解成兩件配合，以利加工。
	讓切	錐度如需研磨，其接合面處應有讓切，以利輪磨研磨工作。
1.6 6.3	讓切 1.6 6.3	如直徑軸需研磨與其直角端面處，應有讓切。
	讓切 讓切	車削螺紋或直徑軸若需直角配合，其軸與軸交界處應有讓切。
端銑刀	側銑刀	端銑刀銑切鍵座較不易，又容易折斷刀具，可考慮改為側銑刀銑切成溝槽，簡單又方便。
		軸端面與孔端面之配合，如需確實，孔端製成去角，軸頸部製成內圓角，則不但不影響軸之強度，又能緊密接觸平面。

9-5 孔類加工型體設計

表 9-5.1

不良設計	優良設計	說明
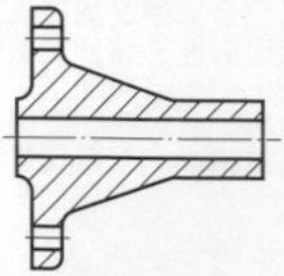	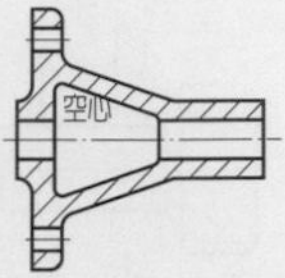 空心	鑄件長孔的加工，於鑄造前考慮令中間部分中空一部份此種情況不但易於切削，又保持前後孔尺寸精確，加工速等好處。
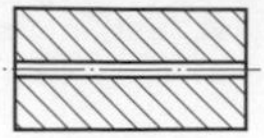	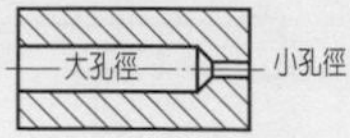 大孔徑 小孔徑	細小孔徑，不易鑽長，可考先鑽一較大之孔後，再鑽小徑孔，不但容易，又不易折鑽頭。
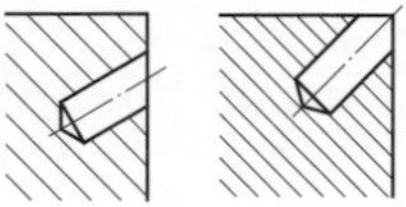	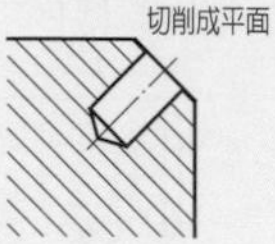 切削成平面	欲在尖角度鑽孔時，不易鑽，事前應將該處磨平或切削平面後再鑽孔。
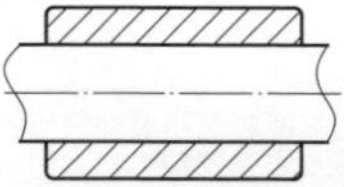	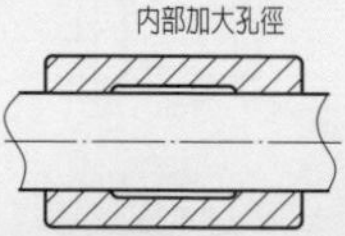 內部加大孔徑	軸與內孔之配合因內徑尺寸長，不易切削，可考慮內部大孔徑，令前後保持應有配尺寸及精度。
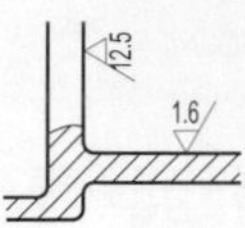 12.5 1.6	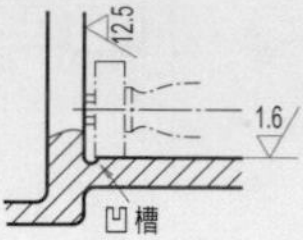 12.5 1.6 凹槽	孔之直徑如需研磨加工在其面處切一凹槽，研磨會平直確。
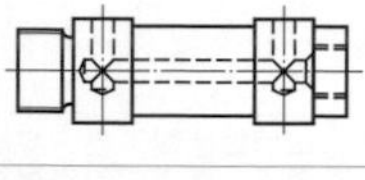	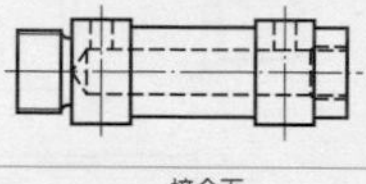	油孔太長，鑽切不易，可考鑽一較大直徑後，再鑽與大相通之垂直小孔徑，以避免直徑與小直徑鑽通時折斷鑽。
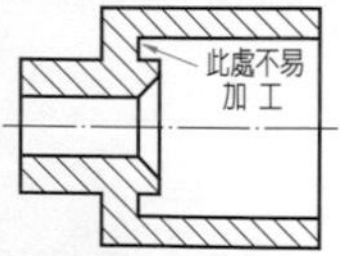 此處不易加工	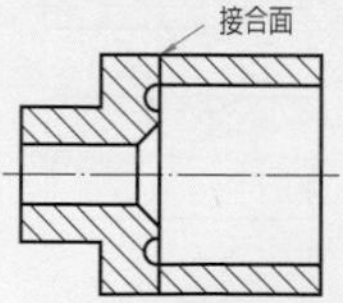 接合面	有承面之內孔，加工不易，考慮分成兩機件各別加工後再接合成一體較為簡單。
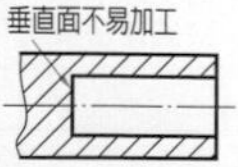 垂直面不易加工	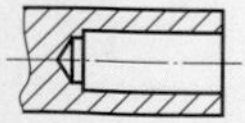	垂直角孔之加工不易，可考先鑽比所需孔徑較小之直徑再加工成垂直端面。

機件強度整體設計

表 9-6.1

不良設計	優良設計	說明
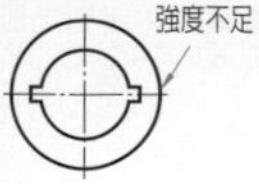 強度不足	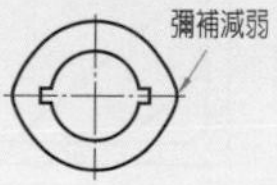 彌補減弱	此材料被切削鍵槽後，強度必定減弱，應事先在鏈兩側增加厚度，以彌補切前後強度的減弱。
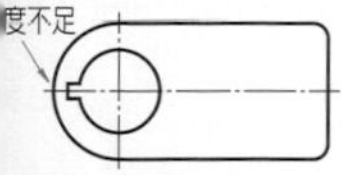 度不足	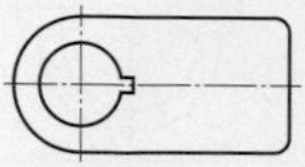	切削鍵槽位置之考慮，應注意強度是否因位置不良造成破裂或降低強度。
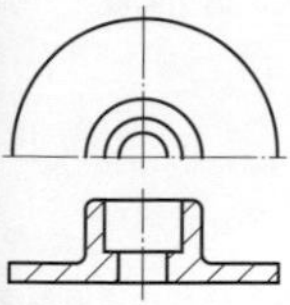	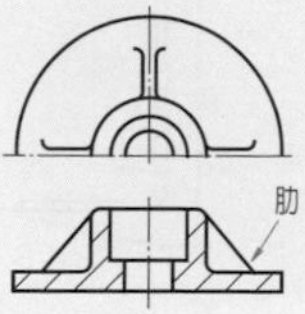 肋	鑄件之肋有助於增加強度，防止變形之功效。
	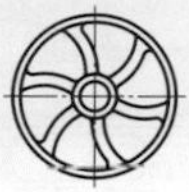	大輪之肋除有支撐作用外，其外型上由直線改變成曲線，可防止型體之變形，又於負重時，可吸收內能，減少因直接衝擊所產生的應力。
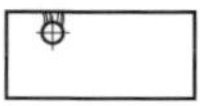	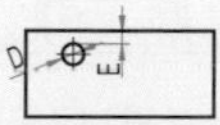 D E E>1.5D	衝孔或鑽切孔徑，不宜太靠邊，至少為孔徑的1.5倍以上，以免受力破損。
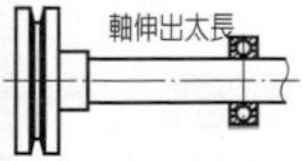 軸伸出太長	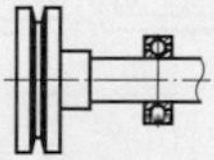	皮帶輪因受扭力之作用會產生撓曲作用，故伸出之軸長度，不宜太長以免降低強度，撓曲度增大。
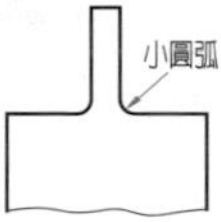 小圓弧	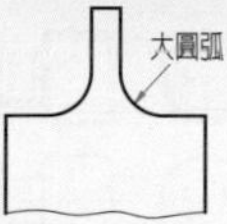 大圓弧	大圓弧之強度較佳，儘可能採用。

表 9-6.1 (續)

不良設計	優良設計	說明
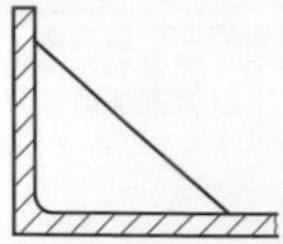	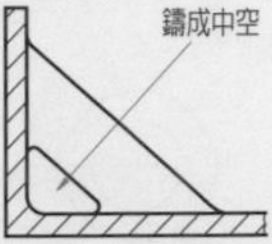 鑄成中空	補強之肋，於直角交會處應力集中處，又不容易鑄可考慮鑄成左圖例之形狀接時亦同。
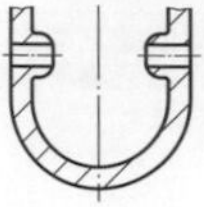	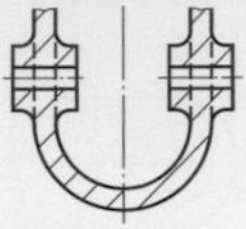	承面之凸緣，最好能左右，以免造成應力集中或變
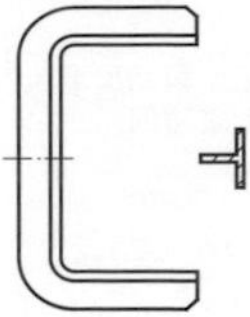	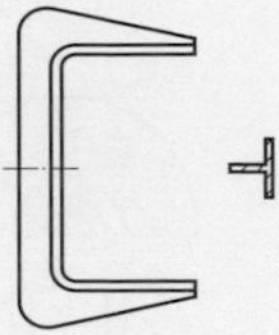	在不妨害其他機件之位置響太多外觀時，肋的寬度時加大，增加強度。
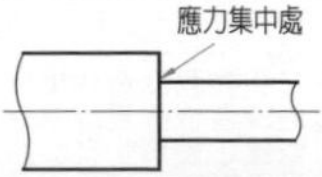 應力集中處	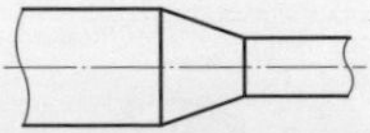	由大直徑變成小直徑為應中處，也是強度最弱部位由錐度之形成，消彌應力。
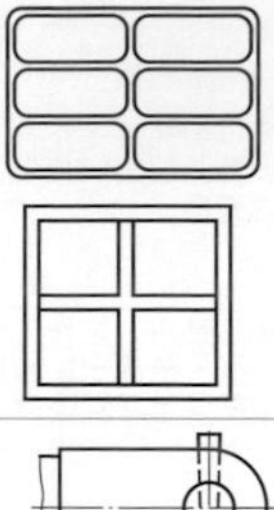	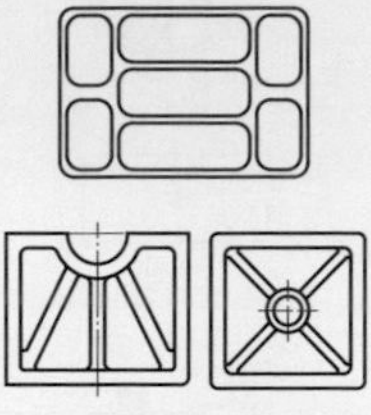	鑄件肋的排列，成交叉狀，不宜成一直線，因較易，強度也會較弱。
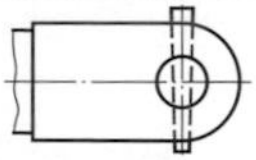	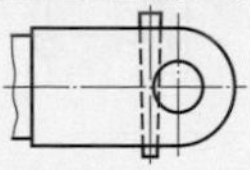	軸與機件之配合，如有銷情況，不宜鑽削於正中央偏置另一側，以免降低軸強度。
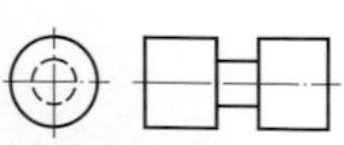	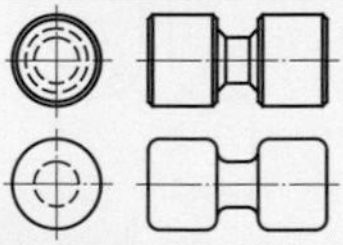	切槽之軸徑最好切削成去圓角，除可減低應力集中又可增加美觀。

表 9-6.1 (續)

不良設計	優良設計	說明
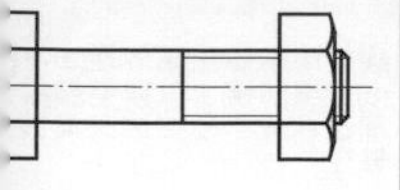	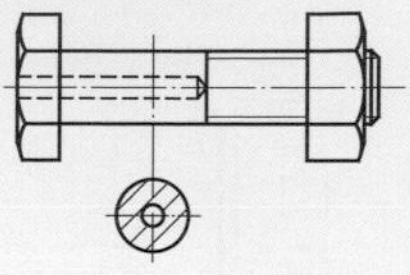	車削螺紋部位直徑已較小，強度較未切削螺紋前減少一些，如欲令螺栓之強度一致可考慮於未切削螺紋處鑽一縱孔徑，平衡強度之不平均。
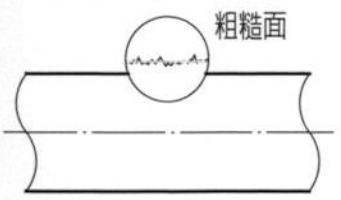 粗糙面	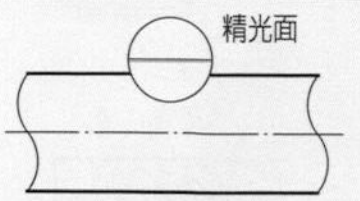 精光面	同樣直徑之材料，粗糙面的強度較精光面之強度為弱些。
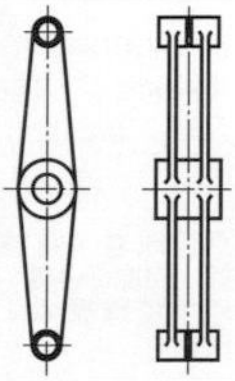	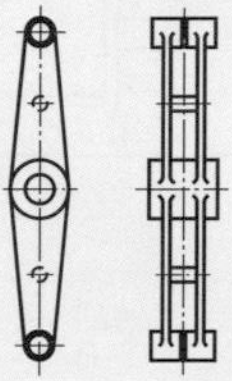	軸與軸間的肋太長，強度降低，可以在兩肋之間加以連絡肋以用來補強，並可防止變形。
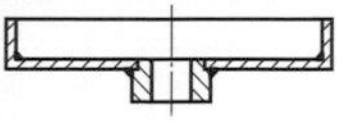	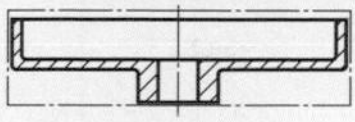	熔接件加工有時較費時，又容易因高溫有較多變形，有時小機件可考慮一體用挖切方式，或鑄造成型。
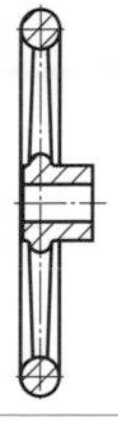	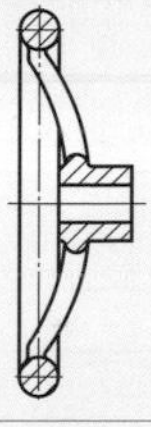	肋的分配要平均，但彎曲的肋有許多優點是直肋所沒有的，如不易變形，外型美觀等優點。
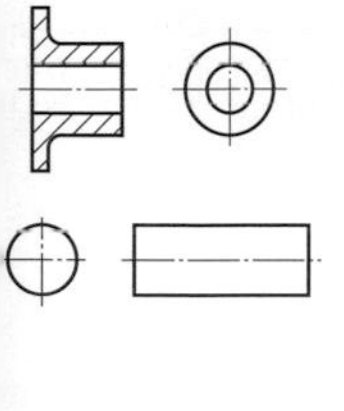	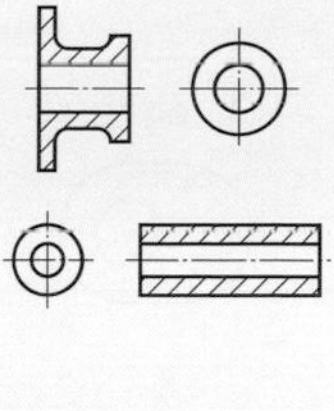	鑄件的厚度或直徑有時宜保持均勻，但多餘的厚度鑄件形成浪費內材料，有時可以在強度夠用範圍去除多餘之材料以減輕其重量。

9-7 螺紋加工型體設計

表 9-7.1

不良設計	優良設計	說明
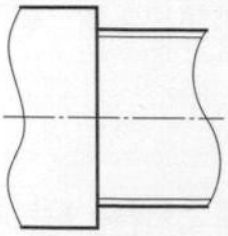 (a) 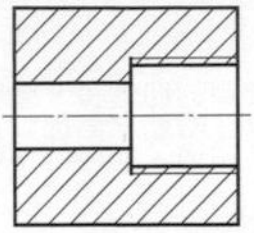 (b)	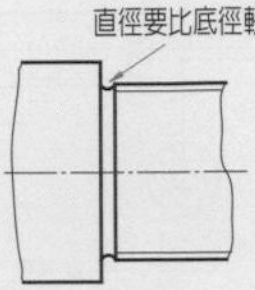 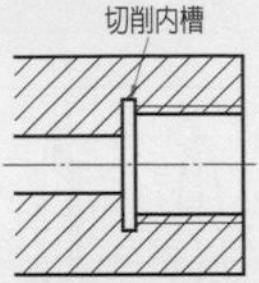 直徑要比底徑較少些 (a) 切削內槽 (b)	螺紋車削如左圖外徑(a)， (b)宜車凹槽，以避免螺紋 尾端退牙不及造成牙痕或 軸徑。
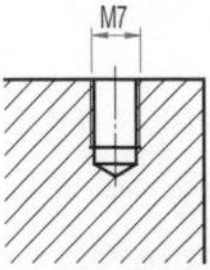 M7	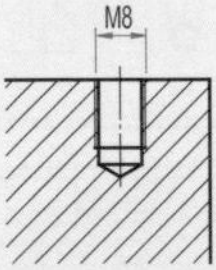 M8	螺紋攻牙之尺寸，宜找常 公制螺紋，如M6、M8、M1 應避免使用特殊規格，以 後換裝困難。
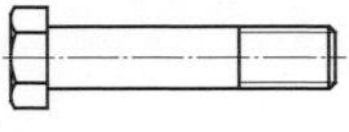	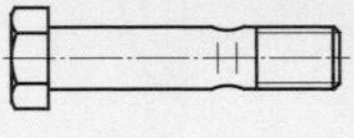	車削螺紋部位其強度較弱 能將其車低避免應力集中 成扭旋而於該處斷裂。
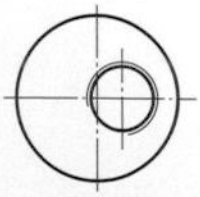 	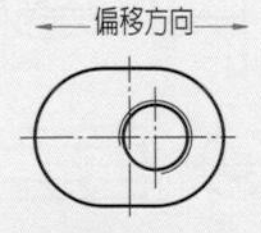 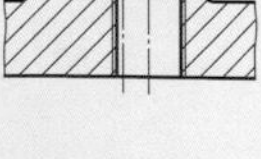 偏移方向	螺孔如事先無法確定位置 事先將加工承面依偏移方 大，以免造成偏移過多情

裝配型體設計

表 9-8.1

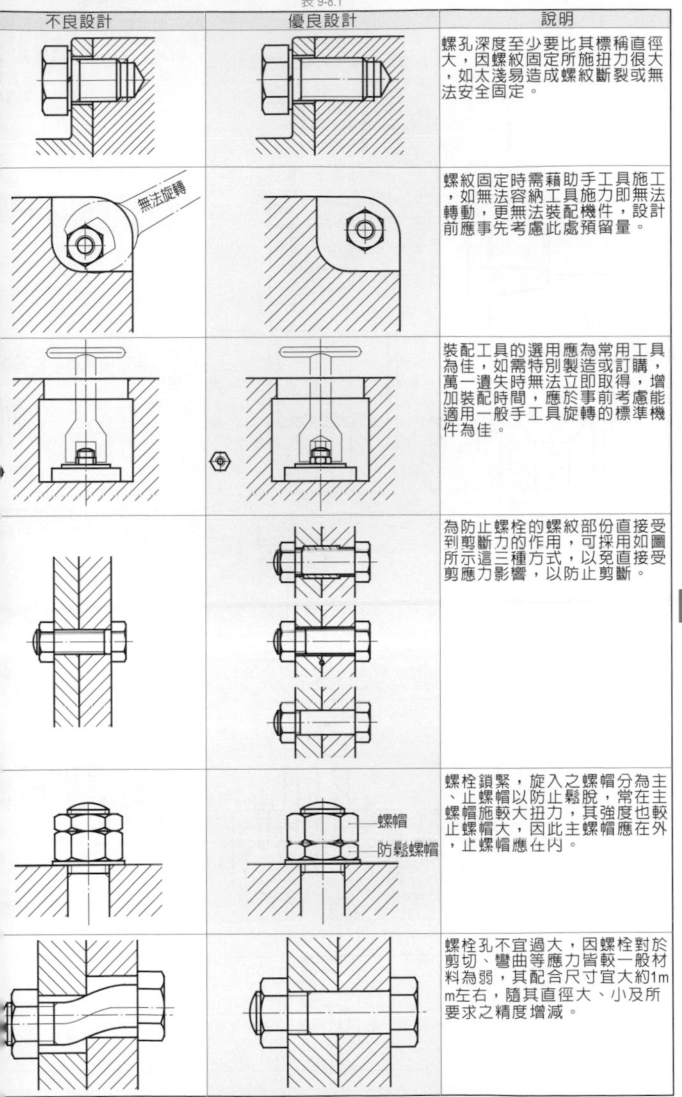

不良設計	優良設計	說明
		螺孔深度至少要比其標稱直徑大，因螺紋固定所施扭力很大，如太淺易造成螺紋斷裂或無法安全固定。
無法旋轉		螺紋固定時需藉助手工具施工，如無法容納工具施力即無法轉動，更無法裝配機件，設計前應事先考慮此處預留量。
		裝配工具的選用應為常用工具為佳，如需特別製造或訂購，萬一遺失時無法立即取得，增加裝配時間，應於事前考慮能適用一般手工具旋轉的標準機件為佳。
		為防止螺栓的螺紋部份直接受到剪斷力的作用，可採用如圖所示這三種方式，以免直接受剪應力影響，以防止剪斷。
	螺帽 防鬆螺帽	螺栓鎖緊，旋入之螺帽分為主、止螺帽以防止鬆脫，常在主螺帽施較大扭力，其強度也較止螺帽大，因此主螺帽應在外，止螺帽應在內。
		螺栓孔不宜過大，因螺栓對於剪切、彎曲等應力皆較一般材料為弱，其配合尺寸宜大約1mm左右，隨其直徑大、小及所要求之精度增減。

表 9-8.1 (續)

不良設計	優良設計	說明
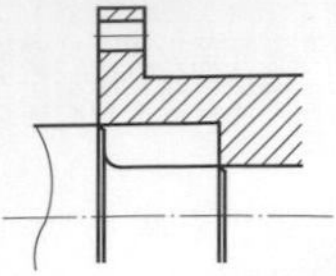	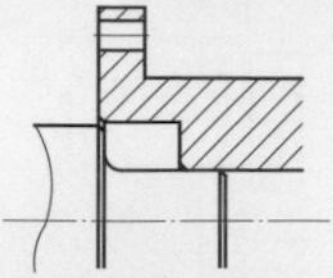	軸孔配合能先配合好小直徑後，再依次配合大直徑軸較，同時配合時易造成雙重困。
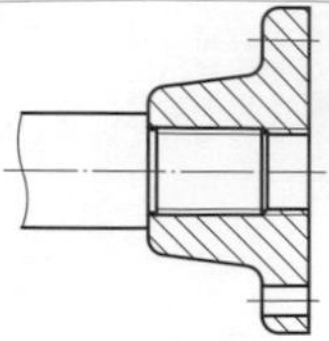	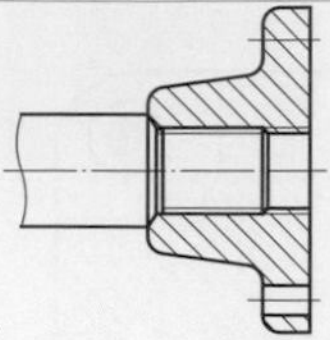	僅用螺紋固定或對準中心軸易正確，可用錐形或圓直徑式與接觸面固定較佳。
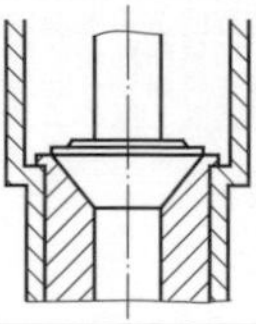	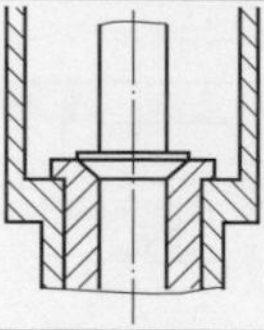	兩機件接觸承面可考慮減少些，以免接觸不良或配合情不良。
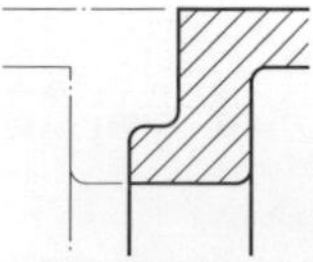	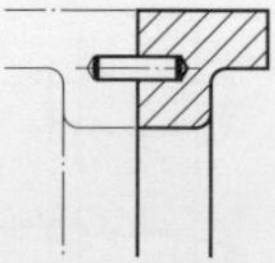	配合面的固定可用圓銷固定可以防止配合誤差，又可減面的加工次數。
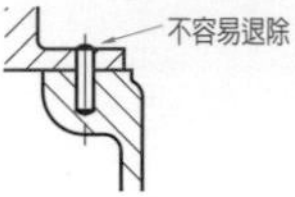 不容易退除	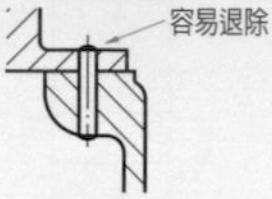 容易退除	銷孔的加工最好能鑽通，於配時可排除孔內之空氣，拆時又可利用工具將銷退除。
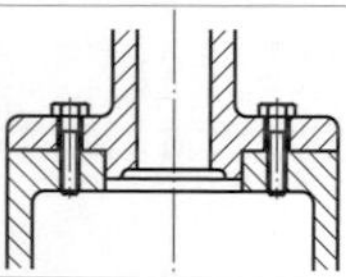	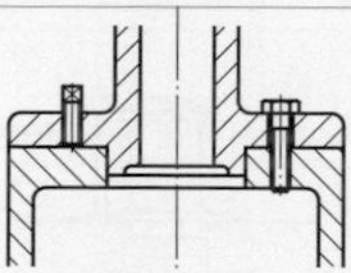	兩機件之固定由螺紋固定外如再有軸、孔之配合時，可慮於螺絲孔間加上一頂出螺，以利於拆卸。
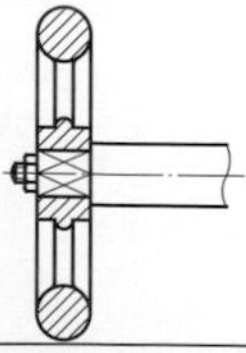	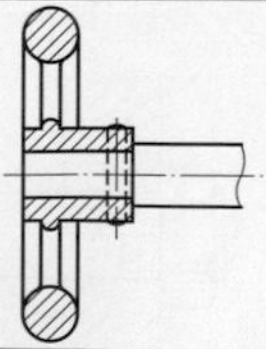	方孔或方軸加工不易，可考用銷來代替固定。

表 9-8.1　(續)

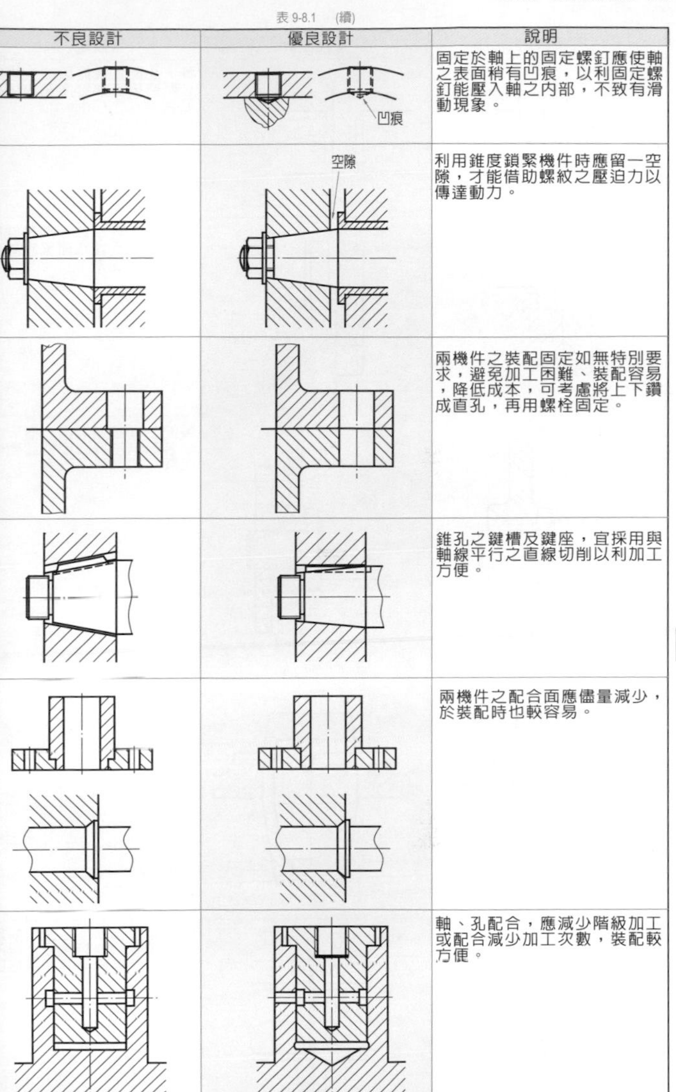

不良設計	優良設計	說明
	凹痕	固定於軸上的固定螺釘應使軸之表面稍有凹痕，以利固定螺釘能壓入軸之內部，不致有滑動現象。
	空隙	利用錐度鎖緊機件時應留一空隙，才能借助螺紋之壓迫力以傳達動力。
		兩機件之裝配固定如無特別要求，避免加工困難、裝配容易，降低成本，可考慮將上下鑽成直孔，再用螺栓固定。
		錐孔之鍵槽及鍵座，宜採用與軸線平行之直線切削以利加工方便。
		兩機件之配合面應儘量減少，於裝配時也較容易。
		軸、孔配合，應減少階級加工或配合減少加工次數，裝配較方便。

表 9-8.1 (續)

不良設計	優良設計	說明
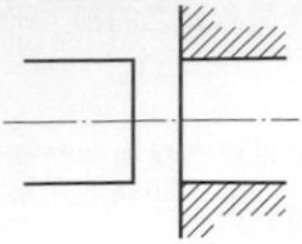	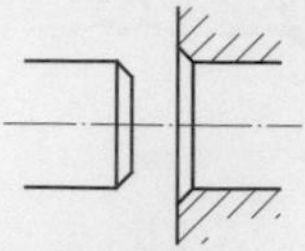	軸、孔配合最好製成去角，裝配時較容易對準孔心，容裝配。
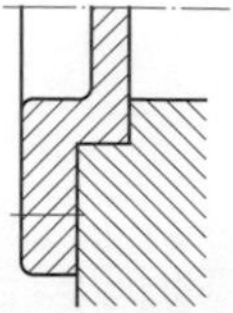	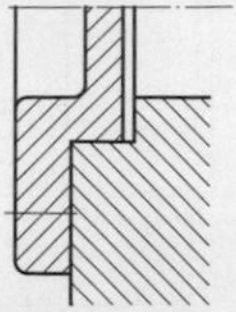	機件的孔蓋宜留一部份間隙以利承面受螺絲壓緊時能於面上平均受力。
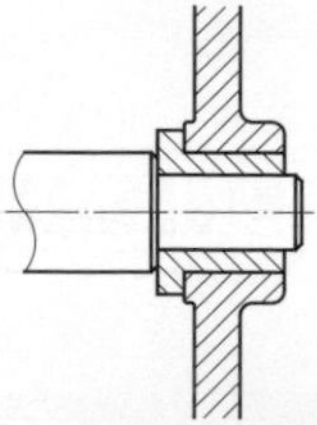	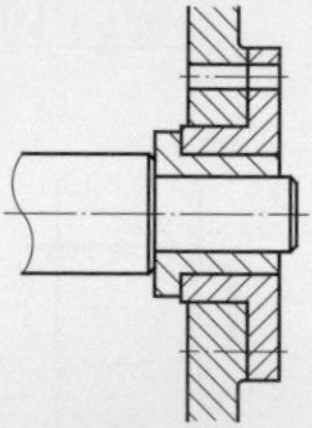	裝配及拆卸應考慮方便，如能裝配無法拆卸或拆卸困難在設計初應考慮改良。
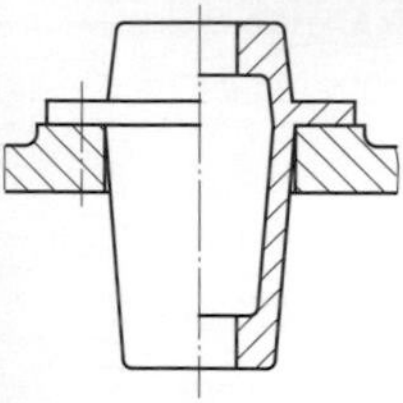	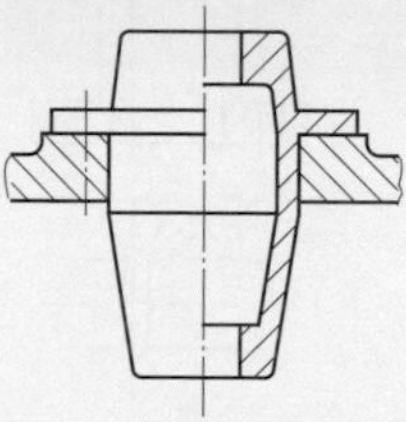	錐形軸與直孔不易固定中心宜考慮採用直孔徑配合較理。
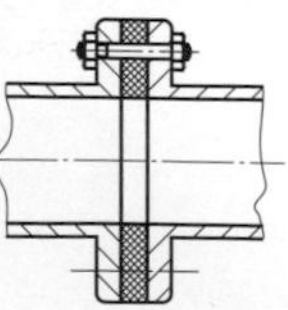	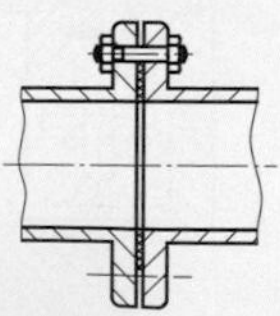	兩承面間若需密合時所採用軟性橡皮，宜較薄及直徑不太大，使螺栓壓力能將接口合。

板金彎曲型體

表 9-9-1

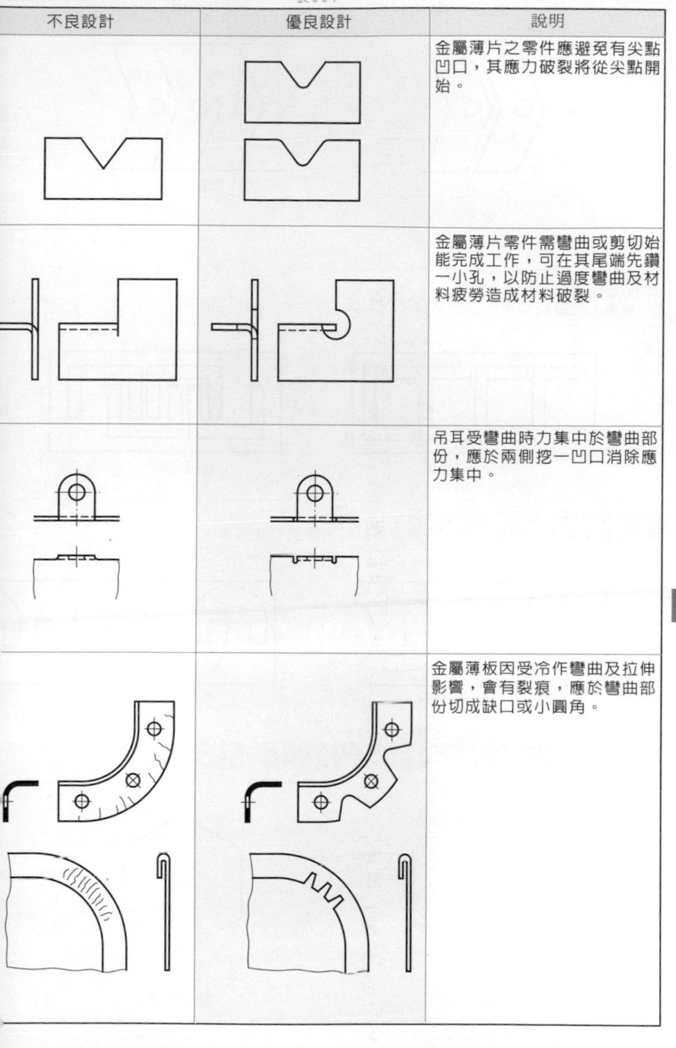

不良設計	優良設計	說明
		金屬薄片之零件應避免有尖點凹口，其應力破裂將從尖點開始。
		金屬薄片零件需彎曲或剪切始能完成工作，可在其尾端先鑽一小孔，以防止過度彎曲及材料疲勞造成材料破裂。
		吊耳受彎曲時力集中於彎曲部份，應於兩側挖一凹口消除應力集中。
		金屬薄板因受冷作彎曲及拉伸影響，會有裂痕，應於彎曲部份切成缺口或小圓角。

9-10 省料與排列設計實務

表 9-10.1

1 

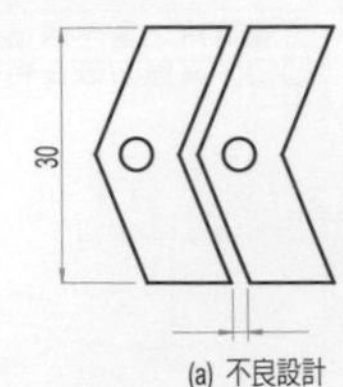

(a) 不良設計

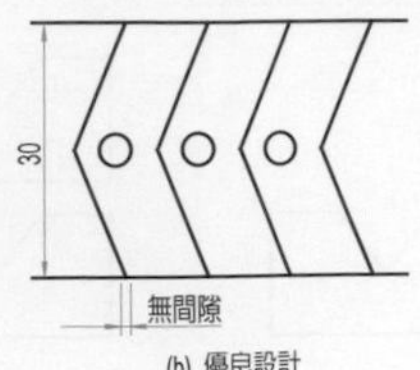

(b) 優良設計

說明 (a)沖床製品與製品間隔適當。
(b)沖床製品間隔太大浪費材料。

2

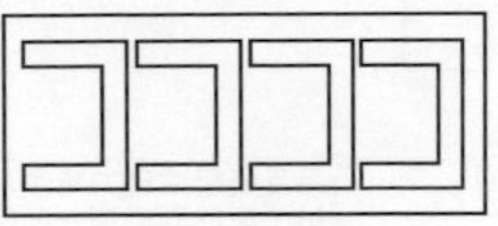
(a) 不良設計

(b) 優良設計

說明 (a)C型製品，取料方式安排良好。
(b)C型製品位置安排欠佳，浪費太多餘料，增加生產成本。

3 

(a) 不良設計

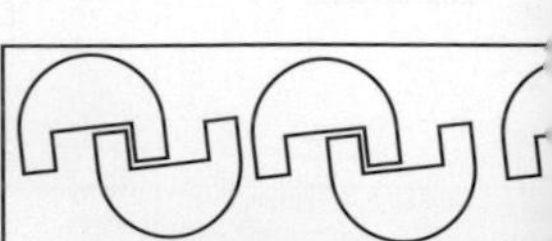
(b) 優良設計

說明 (a)沖床下料應節材料之浪費，製品的位置安排應事先設計以免浪費太多材料，增加成
(b)下料後，剩餘材料太多，影響成本，應重新排列，以節省材料浪費。

4

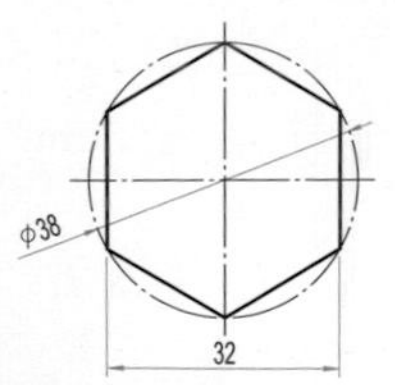

(a) 不良設計

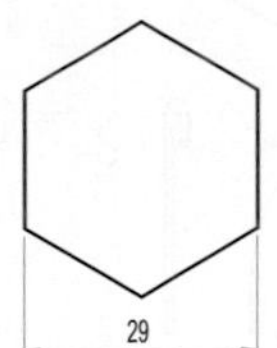

(b) 優良設計

說明 (a)市面供應之各種標準材料、尺度式樣多、價格便宜，取材方便，應多利用。
(b)無法買到32之尺度需自行加工，增加造價成本，應改變設計尺度。

第 10 章 標準機件

10

1 標準結件

螺紋形狀輪廓視用途而定，加強或傳動用者除外。

1 三角形(尖牙)螺紋

用為固定者：

公制粗螺紋：ISO2721，CNS496,497，DIN13T1

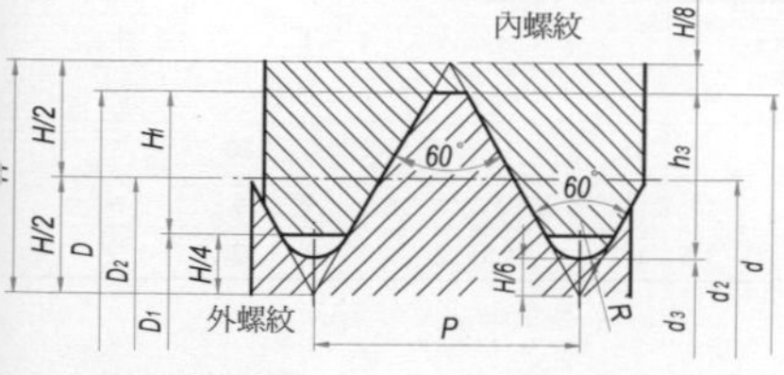

$d=D$=螺紋標稱直徑-ϕ
P=螺距
H=基本三角形高度. $=0.86603\,P$
H_1=螺紋接觸面高度, $=0.54127\,P$
$d_2=D_2$=節徑$\phi = d - 0.64953\,P$
D_1=內螺紋小徑-$\phi = d - 2H_1$
d_3=外螺紋小徑-ϕ=$0.61343\,P$
h_3=外螺紋深度=$0.61343\,P$

（螺紋）角 $\tan\beta = P/d_2\times\pi$　　$R = H/6 = 0.14434P$

紋小徑截面 $Ad_3 = d_3^2\pi/4$　　拉力截面 $As = \pi/4\,[(d_2+d_3)/2]^2$

稱徑 =D 列1	螺距 P	節徑 ϕd1=D2	小徑ϕ d3	小徑ϕ D1	螺紋接觸面高度 h1	螺紋接觸面高度 H1	螺谷圓弧半徑 R	拉力截面 As mm²
	0.25	0.838		0.729		0.135		
	0.25	1.038		0.929		0.135		
	0.35	1.373		1.221		0.189		
	0.4	1.740		1.567		0.217		
	0.45	2.208		2.031		0.244		
	0.5	2.675	2.387	2.459	0.307	0.271	0.072	5.03
	0.7	3.545	3.141	3.242	0.429	0.379	0.101	8.78
	0.8	4.48	4.019	4.134	0.491	0.433	0.115	14.2
	1	5.35	4.773	4.917	0.613	0.541	0.144	20.1
	1.25	7.188	6.466	6.647	0.767	0.677	0.18	36.6
	1.5	9.026	8.16	8.376	0.92	0.812	0.217	58.0
	1.75	10.863	9.853	10.106	1.074	0.947	0.253	84.3
	2	14.701	13.546	13.835	1.227	1.083	0.289	157
	2.5	18.376	16.933	17.294	1.534	1.353	0.361	245
	3	22.051	20.319	20.752	1.84	1.624	0.433	353
	3.5	27.727	25.706	26.211	2.147	1.894	0.505	561
	4	33.402	31.093	31.670	2.454	2.165	0.577	817
	4.5	39.077	36.479	37.129	2.76	2.436	0.65	1120
	5	44.752	41.866	42.587	3.067	2.703	0.722	1470
	5.5	52.428	49.252	50.046	3.374	2.977	0.794	2030
	6	60.103	56.639	57.505	3.681	3.248	0.866	2680

細螺紋：ISO261，CNS496,498,499,500,501~507，DIN13T2~T12，規定之紋具有防鬆作用，表列者選自ISO261及CNS，DIN各標準之螺紋系列1~3。

(二)公制細螺紋.ISO261，CNS496 等標稱直徑系列未列入

標稱直徑-ϕd系列	1	1		1.2		1.6		2		2.5	3		4		5
	2		1.1		1.4		1.8		2.2			3.5		4.5	
螺距P系列	細	0.2						0.25		0.35			0.5		
	極細	---						---		---			---		

標稱直徑-ϕd系列	1	8	10	12		16		20		24	
	2				14		18		22		27
螺距P系列	細	1	1.25	1.25	1.5	1.5	1.5	1.5	1.5	2	2
	極細		0.75	1	1	1	1	1	1	1.5	1.5

標稱直徑-ϕd系列	1		36		42		48		56		64
	2	33		39		45		52		60	
螺距P系列	細	2	3	3	3	3	3	3	4	4	4
	極細	1.5	1.5	1.5	1.5	1.5	1.5	2	2	2	2

)JIS 公制粗牙(標準牙)螺紋

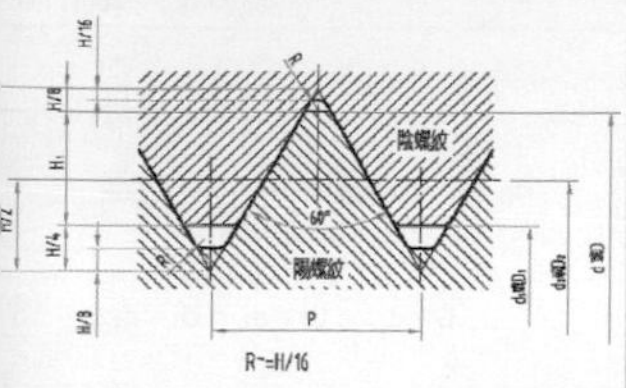

粗實線爲基本峰形

$H=0.866025P$　$H_1=0.541266P$

$d_2=d-0.649519P$

$d_1=d-1.082532P$

$D=d$　$D_2=d_2$　$D_1=d_1$

(適用範圍)此規格定一般用公制粗牙螺紋

(註)*順序 1 者優先，必要時按 2，3，之順序選用

(備註)：順序 1，2，3 之規定與 ISO 制螺紋稱呼直徑的選擇基準相同

螺紋的稱呼		節距 P	作用高度 H_1	陰螺紋		
紋的稱呼	順序 *			底徑 D	有效直徑 D_2	內徑 D_1
				陽螺紋		
				外徑 d	有效直徑 d_2	底徑 d_1
M1	1	0.25	0.135	1.000	0.838	0.729
M1.1	2	0.25	0.135	1.100	0.938	0.829
M1.2	1	0.25	0.135	1.200	1.038	0.929
M1.4	2	0.3	0.162	1.400	1.205	1.075
M1.6	1	0.35	0.189	1.600	1.373	1.221
M1.8	2	0.35	0.189	1.800	1.574	1.421
M2	1	0.4	0.217	2.000	1.740	1.567
M2.2	2	0.45	0.244	2.200	1.908	1.713
M2.5	1	0.45	0.244	2.500	2.208	2.013
M3×0.5	1	0.5	0.271	3.000	2.657	2.459
M3.5	2	0.6	0.325	3.500	3.110	2.850
M4×0.7	1	0.7	0.379	4.000	3.545	3.242
M4.5	2	0.75	0.406	4.500	4.013	3.688
M5×0.8	1	0.8	0.433	5.000	4.480	4.134
M6	1	1	0.541	6.000	5.350	4.917
M7	3	1	0.541	7.000	6.350	5.017
M8	1	1.25	0.677	8.000	7.188	6.647
M9	3	1.25	0.677	9.000	8.188	7.647
M10	1	1.5	0.812	10.000	9.026	8.376
M11	3	1.5	0.812	11.000	10.026	9.376
M12	1	1.75	0.947	12.000	10.836	10.106
M14	2	2	1.083	14.000	12.701	11.835
M16	1	2	1.083	16.000	14.701	13.835
M18	2	2.5	1.353	18.000	16.376	15.294
M20	1	2.5	1.353	20.000	18.376	17.294
M22	2	2.5	1.353	22.000	20.376	19.294
M24	1	3	1.624	24.000	22.051	20.752
M27	2	3	1.624	27.000	25.051	23.752
M30	1	3.5	1.894	30.000	27.727	26.211
M33	2	3.5	1.894	33.000	30.727	29.211
M36	1	4	2.165	36.000	33.402	31.670
M39	2	4	2.165	39.000	36.402	34.670
M42	1	4.5	2.436	42.000	39.077	37.129
M45	2	4.5	2.436	45.000	42.077	40.129
M48	1	5	2.706	48.000	44.752	42.587
M52	2	5	2.706	52.000	48.752	46.587
M56	1	5.5	2.977	56.000	52.428	50.046
M60	2	5.5	2.977	60.000	56.428	54.046
M64	1	6	3.248	64.000	60.103	57.505
M68	2	6	3.248	68.000	64.103	61.505

(四)JIS 公制細牙螺紋

單位 mm

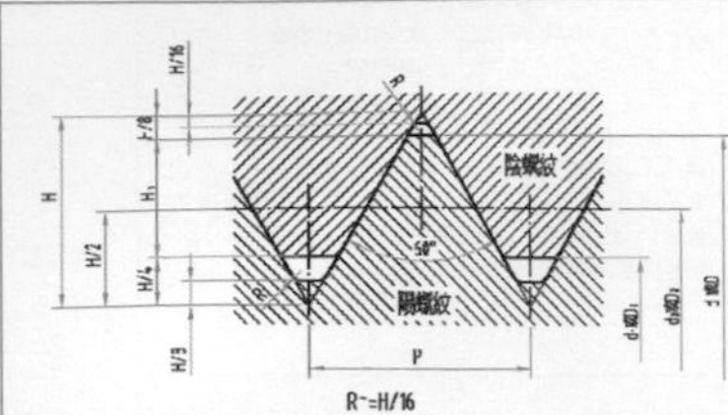

$H = 0.866025P$ $H_1 = 0.541266P$

$d_2 = d - 0.649519P$

$d_1 = d - 1.082532P$

$D = d$ $D_2 = d_2$ $D_1 = d_1$

稱呼直徑	節距 P	作用高度 H_1	陰螺紋 底徑 D	陰螺紋 有效直徑 D_2	陰螺紋 內徑 D_1
			陽螺紋 外徑 d	陽螺紋 有效直徑 d_2	陽螺紋 底徑 d_1
M1×0.2	0.2	0.108	1.000	0.870	0.783
M1.1×0.2	0.2	0.108	1.100	0.970	0.883
M1.2×0.2	0.2	0.108	1.200	1.070	0.983
M1.4×0.2	0.2	0.108	1.400	1.270	1.183
M1.6×0.2	0.2	0.108	1.600	1.470	1.383
M1.8×0.2	0.2	0.108	1.800	1.670	1.583
M2×0.25	0.25	0.135	2.000	1.838	1.729
M2.2×0.25	0.25	0.135	2.200	2.083	1.929
M2.5×0.35	0.35	0.189	2.500	2.273	2.121
M3×0.35	0.35	0.189	3.000	2.773	2.621
M3.5×0.35	0.35	0.189	3.500	3.273	3.121
M4×0.5	0.5	0.271	4.000	3.675	3.459
M4.5×0.5	0.5	0.271	4.500	4.175	3.959
M5×0.5	0.5	0.271	5.000	4.675	4.459
M5.5×0.5	0.5	0.271	5.500	5.175	4.959
M6×0.75	0.75	0.406	6.000	6.350	5.188
M7×0.75	0.75	0.406	7.000	7.188	6.188
M8×1	1	0.541	8.000	7.350	6.971
M8×0.75	0.75	0.406	8.000	7.513	7.188
M9×1	1	0.541	9.000	8.350	7.917
M9×0.75	0.75	0.406	9.000	8.513	8.188
M10×1.25	1.25	0.677	10.000	9.188	8.647
M10×1	1	0.541	10.000	9.350	8.917
M10×0.75	0.75	0.406	10.000	9.513	9.188
M11×1	1	0.541	11.000	10.350	9.917
M11×0.75	0.75	0.406	11.000	10.513	10.188
M12×1.5	1. 5	0.812	12.000	11.026	10.376
M12×1.25	1.25	0.677	12.000	11.188	10.647
M12×1	1	0.541	12.000	11.350	10.917
M14×1.5	1.5	0.812	14.000	13.026	12.376
M14×1.25	1.25	0.677	14.000	13.118	12.647
M14×1	1	0.541	14.000	13.350	12.917
M15×1.5	1.5	0.812	15.000	14.026	13.376
M15×1	1	0.541	15.000	14.350	13.917
M16×1.5	1.5	0.812	16.000	15.026	14.376
M16×1	1	0.541	16.000	15.350	14.917
M17×1.5	1.5	0.812	17.000	16.026	15.376
M17×1	1	0.541	17.000	16.350	15.917

稱呼直徑	節距 P	作用高度 H_1	陰螺紋		
			底徑 D	有效直徑 D_2	內徑 D_1
			陽螺紋		
			外徑 d	有效直徑 d_2	底徑 d_1
M18×2	2	1.083	18.000	16.701	15.835
M18×1.5	1.5	0.812	18.000	17.026	16.376
M18×1	1	0.541	18.000	17.350	16.917
M20×2	2	1.083	20.000	18.701	17.835
M20×1.5	1.5	0.812	20.000	19.026	18.376
M20×1	1	0.541	20.000	19.350	18.917
M22×2	2	1.083	22.000	20.701	19.835
M22×1.5	1.5	0.812	22.000	21.026	20.376
M22×1	1	0.541	22.000	21.350	20.917
M24×2	2	1.083	24.000	22.701	21.835
M24×1.5	1.5	0.812	24.000	23.026	22.376
M24×1	1	0.541	24.000	23.350	22.917
M25×2	2	1.083	25.000	23.701	22.835
M25×1.5	1.5	0.812	25.000	24.026	23.376
M25×1	1	0.541	25.000	24.350	23.917
M26×1.5	1.5	0.812	26.000	25.026	24.376
M27×2	2	1.083	27.000	25.701	24.835
M27×1.5	1.5	0.812	27.000	26.026	25.376
M27×1	1	0.541	27.000	26.350	25.917
M28×2	2	1.083	28.000	26.701	25.835
M28×1.5	1.5	0.812	28.000	27.026	26.376
M28×1	1	0.541	28.000	27.350	26.917
M30×3	3	1.624	30.000	28.051	26.752
M30×2	2	1.083	30.000	28.701	27.835
M30×1.5	1.5	0.812	30.000	29.026	28.376
M30×1	1	0.541	30.000	29.350	28.917
M32×2	2	1.083	32.000	30.701	29.835
M32×1.5	1.5	0.812	32.000	31.026	30.376
M33×3	3	1.624	33.000	31.051	29.752
M33×2	2	1.083	33.000	31.701	30.835
M33×1.5	1.5	0.812	33.000	32.026	31.376
M35×1.5	1.5	0.812	35.000	34.026	33.376
M36×3	3	1.624	36.000	34.051	32.752
M36×2	2	1.083	36.000	34.701	33.835
M36×1.5	1.5	0.812	36.000	35.026	34.376
M38×1.5	1.5	0.812	38.000	37.026	36.376
M39×3	3	1.624	39.000	37.051	35.752
M39×2	2	1.083	39.000	37.701	36.835

稱呼直徑	節距 P	作用高度 H_1	陰螺紋		
			底徑 D	有效直徑 D_2	內徑 D_1
			陽螺紋		
			外徑 d	有效直徑 d_2	底徑 d_1
M39×1.5	1.5	0.812	39.000	38.026	37.376
M40×3	3	1.624	40.000	38.051	36.752
M40×2	2	1.083	40.000	38.701	37.835
M40×1.5	1.5	0.812	40.000	39.026	38.376
M42×4	4	2.165	42.000	39.402	37.670
M42×3	3	1.624	42.000	40.051	38.752
M42×2	2	1.083	42.000	40.702	39.835
M42×1.5	1.5	0.812	42.000	42.026	40.376
M45×4	4	2.165	45.000	42.402	40.670
M45×3	3	1.624	45.000	43.051	41.752
M45×2	2	1.083	45.000	43.701	42.835
M45×1.5	1.5	0.812	45.000	44.026	43.376
M48×4	4	2.165	48.000	45.402	43.670
M48×3	3	1.624	48.000	46.051	44.752
M48×2	2	1.083	48000	46.701	45.835
M48×1.5	1.5	0.812	48.000	47.026	46.376
M50×3	3	1.624	50.000	48.051	46.752
M50×2	2	1.083	50.000	48.701	47.835
M50×1	1.5	0.812	50.000	49.026	48.376
M52×4	4	2.165	52.000	49.402	47.670
M52×3	3	1.624	52.000	50.501	58.752
M52×2	2	1.083	52.000	50.051	52.835
M52×1.5	1.5	0.812	52.000	50.701	53.376
M55×4	4	2.165	55.000	52.402	50.670
M55×3	3	1.624	55.000	53.501	51.752
M55×2	2	1.083	55.000	53.701	52.835
M55×1.5	1.5	0.812	55.000	54.026	53.376
M56×4	4	2.165	56.000	53.402	51.670
M56×3	3	1.624	56.000	54.051	52.752
M56×2	2	1.083	56.000	54.701	53.835
M56×1.5	1.5	0.812	56.000	55.026	54.376
M58×4	4	2.165	58.000	55.402	53.670

韋氏管螺紋：ISO228-1，CNS492，518，519，520，DINISO228-1

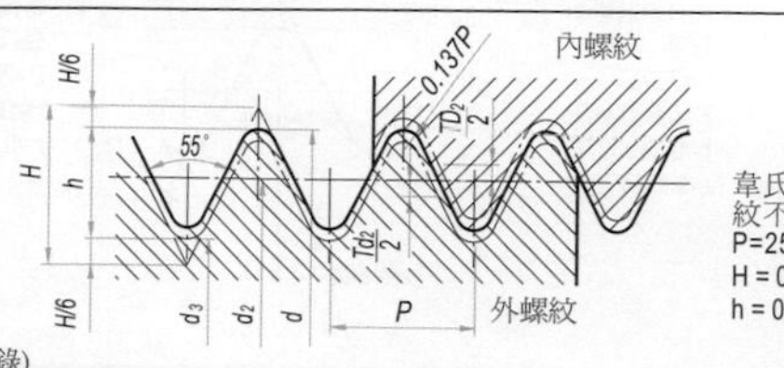

韋氏管螺紋之平行內外螺紋不用於氣密接合螺紋。
P=25.4/Z　r = 0.137329P
H = 0.960491P
h = 0.640327P

螺紋尺度(選錄)

標稱直徑 (吋)	大徑-ϕ $d=D$	節徑-ϕ $d_2=D_2$	小徑-ϕ $d_1=D_1$	螺距 P	每吋(25.4)牙數 Z	螺紋接觸面高度 h
G1/16	7.723	7.142	6.561	0.907	28	0.581
G1/8	9.728	9.14	8.566	0.907	28	0.581
G1/4	13.157	12.301	11.445	1.337	19	0.856
G3/8	16.662	15.806	14.950			
G1/2	20.955	19.793	18.631	1.814	14	1.162
(G5/8)	22.911	21.749	20.587			
G3/4	26.441	25.279	24.117			
(G7/8)	30.201	29.039	27.877			
G1	33.249	31.770	30.291	2.309	11	1.479
(G1 1/8)	37.897	36.418	34.939			
G1 1/4	41.910	40.431	38.952			
G1 3/8	44.323	42.844	41.365			
G1 1/2	47.803	46.324	44.845			
G1 3/4	53.746	52.267	50.788			
G2	59.614	58.135	56.656			

DIN2999-1 韋氏管螺紋之平行內螺紋與推拔外螺用爲壓力氣密螺紋結合。

10

(六)JIS 管用螺紋

單位

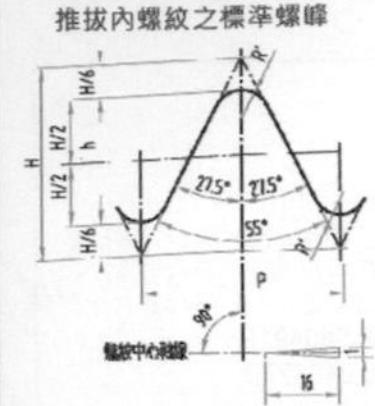

粗實線為標準螺峰
P=25./n
H=0.960237P
h=0.640327P
r=0.137278P

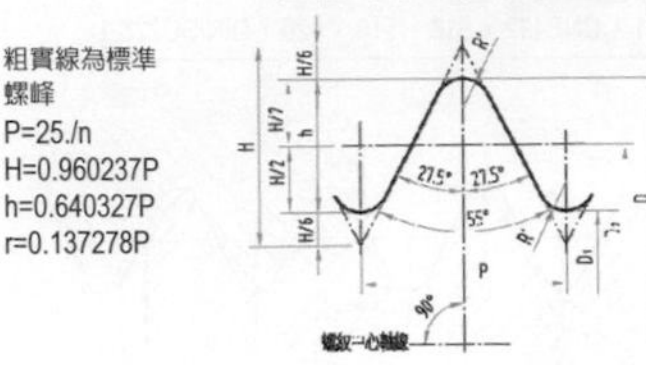

粗實線為標準螺峰
P=25./n
H=0.960491P
h=0.640327P
r=0.137329P

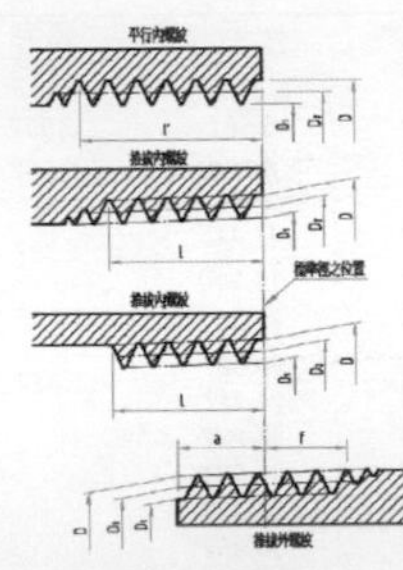

標稱		螺紋牙數 (25.4mm 之間) n	節距 P	峰高 h	圓角	外螺紋 外徑 d / 內螺紋 底徑 D	外螺紋 有效直徑 d_2 / 內螺紋 有效直徑 D_2	外螺紋 底徑 / 內螺紋 內徑
PT /16	R 1/16	28	0.9071	0.581	0.12	7.723	7.142	6.561
PT 1/8	R 1/8	28	0.9071	0.581	0.12	9.728	9.147	8.566
PT 1/4	R 1/4	19	1.3668	0.856	0.18	13.157	12.301	11.44
PT 3/8	R 3/8	19	1.3668	0.856	0.18	16.662	15.806	14.95
PT 1/2	R 1/2	14	1.8143	1.162	0.25	20.955	19.793	18.63
PT 3/4	R 3/4	14	1.8143	1.162	0.25	26.441	25.279	24.11
PT 1	R 1	11	2.3091	1.479	0.32	33.249	31.770	30.29
PT 1 1/4	R 1 1/4	11	2.3091	1.479	0.32	41.910	40.431	38.95
PT 1 1/2	R 1 1/2	11	2.3091	1.479	0.32	47.803	46.324	44.84
PT 2	R 2	11	2.3091	1.479	0.32	59.614	58.135	56.65
PT 2 1/2	R 2 1/2	11	2.3091	1.479	0.32	75.184	73.705	72.22
PT 3	R 3	11	2.3091	1.479	0.32	87.884	86.405	84.92
PT 4	R 4	11	2.3091	1.479	0.32	113.030	111.551	110.07
PT 5	R 5	11	2.3091	1.479	0.32	138.430	136.951	135.47
PT 6	R 6	11	2.3091	1.479	0.32	163.830	162.351	160.87
PT 7	R 7	11	2.3091	1.479	0.32	189.230	187.751	186.27
PT 8	R 8	11	2.3091	1.479	0.32	214.630	213.151	211.67
PT 9	R 9	11	2.3091	1.479	0.32	240.030	238.551	237.07
PT 10	R 10	11	2.3091	1.479	0.32	265.430	263.951	262.47
PT 12	R 12	11	2.3091	1.479	0.32	316.230	314.751	313.27

標稱	標準徑之位置			平行螺紋之D，D_2及D_1之容許差±	有效螺紋長度（最小）				配管用碳鋼管尺度（參考）	
	外螺紋		內螺紋		外螺紋	內螺紋				
	由管端		管端部			有不完全螺紋時		無不完全螺紋時		
	標準長度 a	軸線方向之容許差 ±b	軸線方向之容許差 ±c		由標準徑之位置向大徑側 f	推拔內螺紋 由標準徑之位置向小徑側 l	平行內螺紋 由管或管接頭 l'	推拔內螺紋/平行內螺紋 由標準徑或配管接頭 t	外徑	厚度
R1/8	3.97	0.91	1.13	0.071	2.5	6.2	7.4	4.4	10.5	2
R1/4	6.01	1.34	1.67	0.104	3.7	9.4	11.0	6.7	13.8	2.3
R3/8	6.35	1.34	1.67	0.104	3.7	9.7	11.4	7.0	17.3	2.3
R1/2	8.16	1.81	2.27	0.142	5.0	12.7	15.0	9.1	21.7	2.8
R3/4	9.53	1.81	2.27	0.142	5.0	14.1	16.3	10.2	27.2	2.8
R1	10.39	2.31	2.89	0.180	6.4	16.2	19.0	11.5	34.0	3.2
R1 1/4	12.70	2.31	2.89	0.180	6.4	18.5	21.4	13.4	42.7	3.5
R1 1/2	12.70	2.31	2.89	0.180	6.4	18.5	21.4	13.4	48.6	3.5
R2	15.88	2.31	2.89	0.180	7.5	22.8	25.7	16.9	60.5	3.8
R2 1/2	17.46	3.46	3.46	0.217	9.2	26.7	30.2	18.6	76.3	4.2
R3	20.64	3.46	3.46	0.217	9.2	29.9+	33.3	21.1	89.1	4.2
R3 1/2	22.23	3.46	3.46	0.217	9.2	31.5	34.9	22.4	101.6	4.2
R4	25.40	3.46	3.46	0.217	10.4	35.8	39.3	25.9	114.3	4.5
R5	28.58	3.46	3.46	0.217	11.5	40.1	43.6	29.3	139.8	4.5
R6	28.58	3.46	3.46	0.217	11.5	40.1	43.6	29.3	165.2	5.0
R7	34.93	5.08	5.08	0.318	14.0	48.9	54.0	35.1	190.7	5.3
R8	38.10	5.08	5.08	0.318	14.0	52.1	57.2	37.6	216.3	5.8
R9	38.10	5.08	5.08	0.318	14.0	52.1	57.2	37.6	241.8	6.2
R10	41.28	5.08	5.08	0.318	14.0	55.2	60.3	40.1	267.4	6.6
R12	41.28	6.35	6.35	0.397	17.6	58.7	65.1	41.9	318.5	6.9

10-1.2 公制 ISO 梯形螺紋 CNS511~514，DIN103

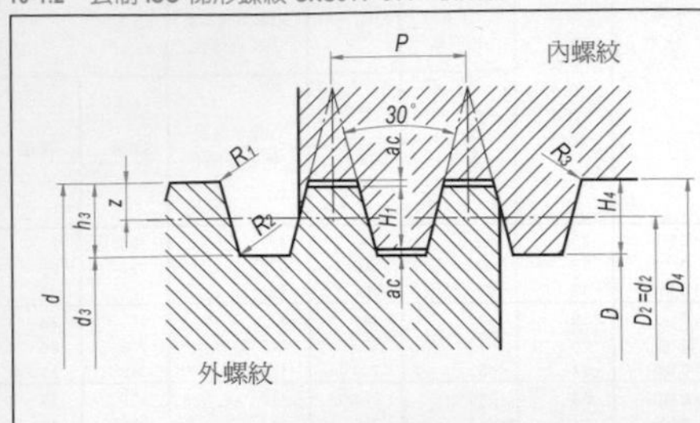

公制ISO梯形螺紋螺峰與螺谷相等，用於高速或精確動力之傳送。例如各種工具機之導螺桿螺紋。

$D_1 = d\text{-}2H_1 = d\text{-}PH_1 = 0.5P$

$H_4 = H_1 + a_c = 0.5P + a_c$

$h_3 = H_1 + a_c = 0.5P + a_c$

$z = 0.25P = H_1/2$

$D_4 = d + 2a_c$, $d_s = d\text{-}2h_3$

$d_2 = D_2 = d\text{-}2z = d\text{-}0.5P$

a_c=峰（谷）間隙

螺紋尺度(節錄)

標稱大徑 Ød	螺距 P	節徑 Ø $d_2=D_2$	大徑 ØD_4	小徑 Ø d_3	小徑 Ø D_1	標稱大徑 Ød	螺距 P	節徑Ø $d_2=D_2$	大徑 ØD_4	小徑 Ø d_3	小徑 Ø D_1
8	1.5	7.250	8.300	6.200	6.500	40	7	36.500	41.000	32.000	33.00
10	2	9.000	10.500	7.500	8.000	44	7	40.500	45.000	36.000	37.00
12	3	10.500	12.500	8.500	9.000	48	8	44.000	49.000	39.000	40.00
16	4	14.000	16.500	11.500	12.000	52	8	48.000	53.000	43.000	44.00
20	4	18.000	20.500	15.500	16.000	60	9	55.500	61.000	50.000	51.00
24	5	21.500	24.500	18.500	19.000	70	10	65.000	71.000	59.000	60.00
28	5	25.500	28.500	22.500	23.000	80	10	75.000	81.000	69.000	70.00
32	6	29.000	33.000	25.000	26.000	90	12	84.000	91.000	77.000	78.00
36	6	33.000	37.000	29.000	30.000	100	12	94.000	101.000	87.000	88.00

P	1.5	2	3	4	5	6	7	8	9	10
Ac	0.15	0.25	0.25	0.25	0.25	0.5	0.5	0.5	0.5	0.5
$h_3=H_4$	0.9	1.25	1.75	2.25	2.75	3.5	4	4.5	5	5.5
H_1	0.75	1	1.5	2	2.5	3	3.5	4	4.5	5
R_1	0.075	0.125	0.125	0.125	0.125	0.25	0.25	0.25	0.25	0.25
R_2	0.15	0.25	0.25	0.25	0.25	0.5	0.5	0.5	0.5	0.5

.3 公制 ISO 鋸齒形螺紋 CNS515，517，DIN513

鋸齒形螺紋用以傳達單向動力，例如衝錘連動螺桿等。

h_3=外螺紋高度　　a_c=峰間隙　　R=外螺紋谷半徑

a=螺紋軸向間隙　　e=內螺紋峰寬度　　d_3=外螺紋小徑

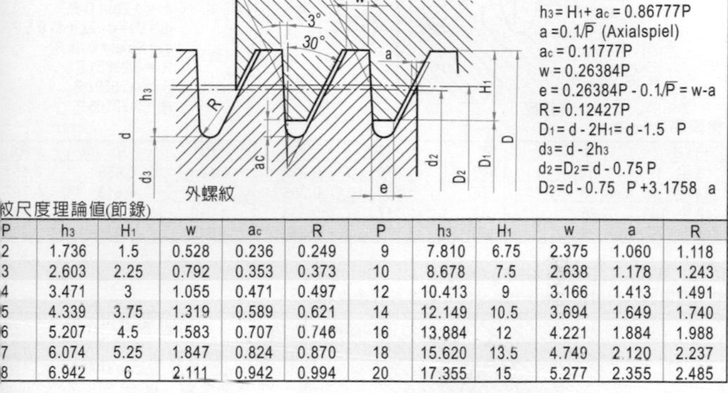

紋尺度理論值(節錄)

P	h_3	H_1	w	a_c	R	P	h_3	H_1	w	a	R
2	1.736	1.5	0.528	0.236	0.249	9	7.810	6.75	2.375	1.060	1.118
3	2.603	2.25	0.792	0.353	0.373	10	8.678	7.5	2.638	1.178	1.243
4	3.471	3	1.055	0.471	0.497	12	10.413	9	3.166	1.413	1.491
5	4.339	3.75	1.319	0.589	0.621	14	12.149	10.5	3.694	1.649	1.740
6	5.207	4.5	1.583	0.707	0.746	16	13.884	12	4.221	1.884	1.988
7	6.074	5.25	1.847	0.824	0.870	18	15.620	13.5	4.749	2.120	2.237
8	6.942	6	2.111	0.942	0.994	20	17.355	15	5.277	2.355	2.485

10-1.4 圓螺紋：CNS 508，509，DIN 405

圓螺紋由 30º 梯形螺紋之峰谷製成相接等大圓弧而成，使用於非精密配合之結合，螺紋通常用
或輥輾而成，例如玻璃瓶口螺紋、電燈泡燈頭螺紋等。螺紋高度可視需要而定。

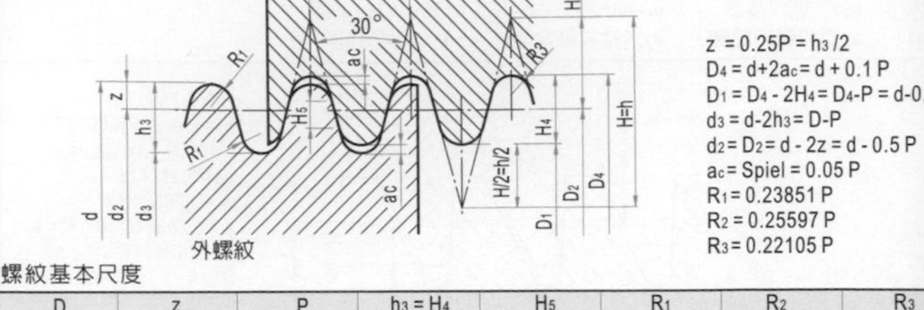

螺紋基本尺度

D	z	P	$h_3 = H_4$	H_5	R_1	R_2	R_3
8 至 12	10	2.540	1.270	0.212	0.606	0.650	0.561
14 至 38	8	3.175	1.588	0.265	0.757	0.813	0.702
40 至 100	6	4.233	2.117	0.353	1.010	1.084	0.936
105 至 200	4	6.350	3.175	0.530	1.515	1.625	1.404

10-1.5 螺紋配合公差：ISO965，CNS 530 ~532，DIN 13 ~15

常用螺紋旋入長度正常(N)＝0.55～1.5 d 之螺紋公差區域。

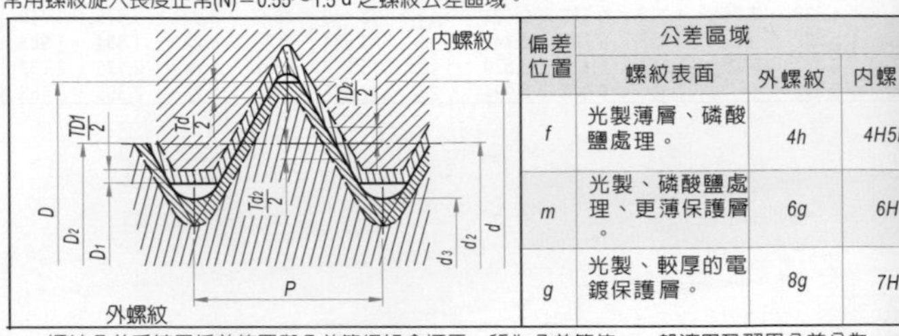

偏差位置	公差區域		
	螺紋表面	外螺紋	內螺
f	光製薄層、磷酸鹽處理。	4h	4H5
m	光製、磷酸鹽處理、更薄保護層。	6g	6H
g	光製、較厚的電鍍保護層。	8g	7H

螺紋公差系統用偏差位置與公差等級組合標示，稱為公差等位，一般適用及習用公差分為：
細級(f)：用於精密螺紋。
中級(m)：一般用。
粗級(g)：用於中級以下之粗製品；此外，螺紋之配合公差與旋入之接觸長度有密切關聯，通常螺
觸長度習慣上亦分為短(S)、正常(N)及長(L)三種，未知實際接觸長度時，通常取正常(N)級。短(S)與
可各較正常級減加一級公差。

螺紋公差區域標註管制內螺紋節徑 D_2 與小徑 D_1 以及外螺紋節徑 d_2 與大徑 d。
節徑與小徑或節徑與大徑之公差等位相同，只需標註一個即可，不必重複。通常未標註螺紋公差
其公差區域採中級內螺紋 6H、外螺紋 6g。
螺紋配合之公差區域標註如下：

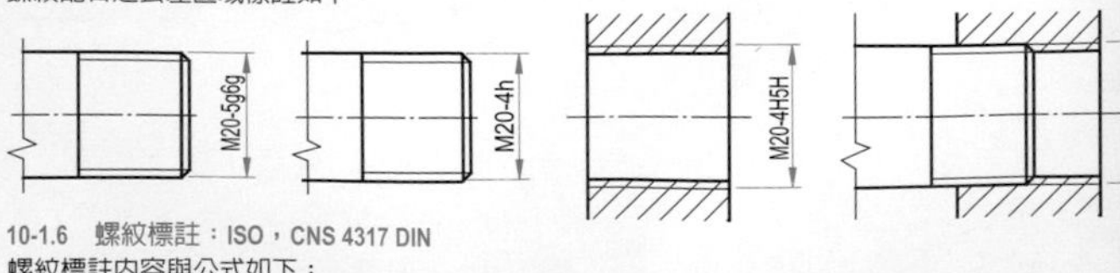

10-1.6 螺紋標註：ISO，CNS 4317 DIN

螺紋標註內容與公式如下：

螺紋旋向 螺紋線數 螺紋標稱尺度 — 螺紋公差等位 強度區分 — 其他

2N M6 - 5G6G 8.8

螺紋旋向

螺紋線數

螺紋標稱尺度

G：螺紋偏差等位

強度區分

旋向分左旋、右旋兩種，通常未標示者為右旋。

線數單螺紋者不必標示。強度區分依各別產品之規定。

標註尺度如下表所示(節錄)

CNS 編號	螺紋名稱		螺紋形狀	螺紋符號	螺紋標稱
497	公制粗螺紋		三角形螺紋	M	M8
498	公制細螺紋				M8x1
507	公制精細小螺紋			S	S0.8
4227	木螺釘螺紋			WS	WS4
3981	自攻螺釘螺紋			TS	TS3.5
494	韋氏平行管子螺紋			R	R 1/2"
495	韋氏管子螺紋	推拔外螺紋			R 3/4"
		平行內螺紋			R 1/4"
511	公制梯形螺紋		梯形螺紋	Tr	Tr 40x7
4225	公制短梯形螺紋			Tr.s	Tr.s 48x8
4552	圓角梯形螺紋			RTr	RTr 40x5
515	公制鋸齒形螺紋		鋸齒形螺紋	Bu	Bu 40x7
4468	45°鋸齒形螺紋				Bu 630x20
510	愛迪生式螺紋		圓螺紋	E	E27
2233	玻璃容器用外螺紋			GL	GL 125x5
4370 等	各種圓螺紋			Rd	Rd 59x7

7 螺釘端部與螺釘伸出長度：ISO4753，CNS 4323，DIN78

公制 ISO，CNS，DIN 螺紋之各種使用目的者，各種 ISO 公制螺紋 Ød=1.......52mm 之標準化的螺釘端螺釘伸出長度之標記與尺度，如下列各圖所示：

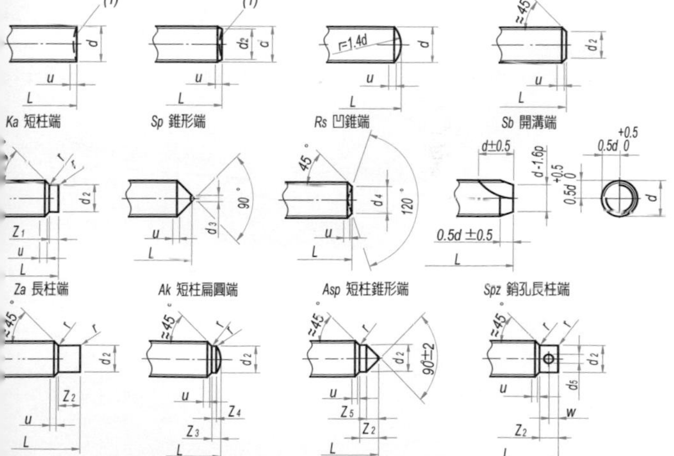

凹入 l=螺釘標稱長度 u=最大 2P(不完全螺紋)

螺紋大徑 d	螺距 P	d_1 H13	d_2 h13	d_3 h16	d_4 h14	z_1 +It14	z_2 +It14	z_3 +It14	z_4 ≒	z_5 ≒	w 最小	開口 尺 CNS
3.5	0.6	0.8	2.2	--	1.7	0.88	1.75	0.88	0.45	0.9	1.2	0.8x
4	0.7	0.8	2.5	--	2	1	2	1	0.5	1	1.5	0.8x
4.5	0.75	0.8	3	--	2.2	1.12	2.25	1.12	0.55	1.25	1.8	0.8
5	0.8	1	3.5	--	2.5	1.25	2.5	1.25	0.6	1.5	2	1x
6	1	1	4	1.5	3	1.5	3	1.5	0.7	1.75	2.5	1x
7	1	1.2	5	2	4	1.75	3.5	1.75	0.8	2.25	2.5	1.2x
8	1.25	1.6	5.5	2	5	2	4	2	1	2.5	3	1.6x
10	1.5	2	7	2.5	6	2.5	5	2.5	1	3	3.5	2x
12	1.75	2.5	8.5	3	8	3	6	3	1.25	3.5	4	2.5x
14	2	3.2	10	4	9	3.5	7	3.5	1.5	4	4.5	3.2x
16	2	3.2	12	4	10	4	8	4	1.75	4.5	5	3.2x
18	2.5	4	13	5	12	4.5	9	4.5	2	4.5	6	4x
20	2.5	4	15	5	14	5	10	5	2	5	7	4x
22	2.5	4	17	6	16	5.5	11	5.5	2.5	6	8	4x
24	3	5	18	6	16	6	12	6	2.5	6	9	5x

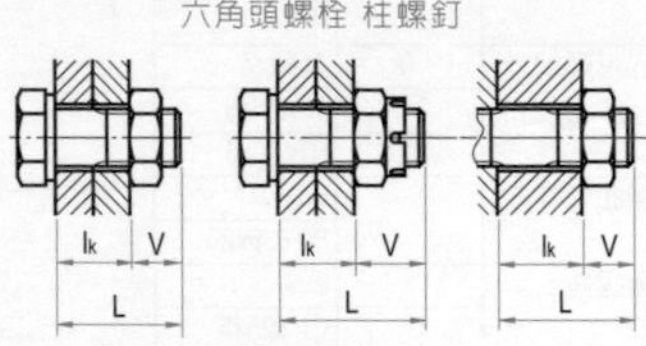

當使用六角螺帽與堡型螺帽時，螺釘伸出長度V＝螺帽高度＋2P。

如有使用墊圈時需考慮墊圈厚度。

柱螺釘與六角螺帽或堡型螺帽配合時柱螺釘伸出長度V＝螺帽高度＋3P。

螺釘標準長度之計算：

標準長度L=夾緊長度l_k+伸出長度V。

10-2　標準螺栓、螺帽、螺釘與墊圈

螺栓：通常指附有螺帽之螺紋結件

螺釘：指直接旋入機件內螺紋之螺紋結件

10-2.1　六角頭螺栓

10-2.1(A) 六角頭螺栓：CNS 3121，4320 ISO 4014，8765，DIN 24014 CNS 3122，4321 ISO 4017，8676，D

-般用六角頭螺栓(公制粗螺紋)
NS 3121 B2120螺紋標稱未滿M56者

標稱方式：
NS 3121・M16×長度

d		M1.6	M1.7	M2	M2.3	M2.5	M2.6	M3	(M3.5)	M4	M 5	M6
b	(1)	9	9	10	11	11	11	12	13	14	16	18
	(2)	—	—	—	—	—	—	—	—	—	22	24
	(3)	—	—	—	—	—	—	—	—	—	—	—
c		—	—	—	—	—	—	—	—	0.2	0.2	0.3
da(最大值)		2	2.1	2.6	2.9	3.1	3.2	3.6	4.1	4.7	5.7	6.8
e 最小值	精緻	3.48	3.82	4.38	4.95	5.51	5.51	6.08	6.64	7.74	8.84	11.5
	半精緻	—	—	—	—	—	—	—	—	—	—	—
k		1.1	1.2	1.4	1.6	1.7	1.8	2	2.4	2.8	3.5	4
r(最小值)		0.1	0.1	0.1	0.1	0.1	0.1	0.1	0.1	0.2	0.2	0.2
S		3.2	3.5	4	4.5	5	5	5.5	6	7	8	10
長度 L		12~16	12~16	12~16	14~20	14~25	14~25	20~28	22~28	22~70	30~80	30~90

d		(M7)	M8	M10	M12	(M14)	M 16	(M18)	M20	(M22)	M24	(M27)
b	(1)	20	22	26	30	34	38	42	46	50	54	60
	(2)	26	28	32	36	40	44	48	52	56	60	66
	(3)	—	—	45	49	53	57	61	65	69	73	79
c		0.3	0.4	0.4	0.4	0.4	0.4	0.4	0.4	0.4	0.5	0.5
da(最大值)		7.8	9.2	11.2	14.2	16.2	18.2	20.2	22.4	24.4	26.4	30.4
e 最小值	精緻	12.12	14.37	18.00	21.10	24.49	26.75	30.14	33.53	35.72	39.98	45.63
	半精緻	—	—	—	20.88	23.91	26.17	29.56	32.95	35.03	39.55	45.20
k		5	5.5	7	8	9	10	12	13	14	15	17
r(最小值)		0.25	0..4	0.4	0.6	0.6	0.6	0.6	0.8	0.8	0.8	1
S		11	13	17	19	22	24	27	30	32	36	41
長度 L		30~100	35~105	40~150	45~180	50~200	55~200	60~200	65~220	70~220	75~220	80~220

一般用六角頭螺栓(公制粗螺紋)
CNS 3121 B2120螺紋標稱未滿M56者

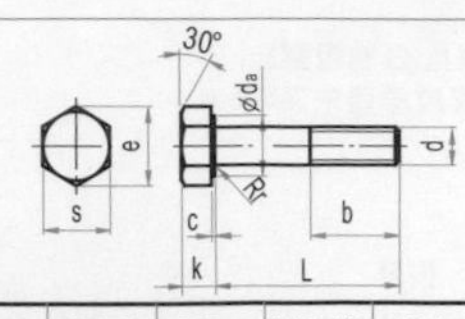

標稱方式：
CNS 3121・M16×長度

d		M1.6	M1.7	M2	M2.3	M2.5	M2.6	M3	(M3.5)	M4	M 5	M6
b	(1)	9	9	10	11	11	11	12	13	14	16	18
	(2)	—	—	—	—	—	—	—	—	—	22	24
	(3)	—	—	—	—	—	—	—	—	—	—	—
c		—	—	—	—	—	—	—	—	0.2	0.2	0.3
da(最大值)		2	2.1	2.6	2.9	3.1	3.2	3.6	4.1	4.7	5.7	6.8
e 最小值	精緻	3.48	3.82	4.38	4.95	5.51	5.51	6.08	6.64	7.74	8.84	1.05
	半精緻	—	—	—	—	—	—	—	—	—	—	—
k		1.1	1.2	1.4	1.6	1.7	1.8	2	2.4	2.8	3.5	4
r(最小值)		0.1	0.1	0.1	0.1	0.1	0.1	0.1	0.1	0.2	0.2	0.2
S		3.2	3.5	4	4.5	5	5	5.5	6	7	8	10
長度 L		12 ~ 16	12 ~ 16	12 ~ 16	14 ~ 20	14 ~ 25	14 ~ 25	20 ~ 28	22 ~ 28	22 ~ 70	30 ~ 80	30 ~ 90

d		(M7)	M8	M10	M12	(M14)	M16	(M18)	M20	(M22)	M24	(M27)
b	(1)	20	22	26	30	34	38	42	46	50	54	60
	(2)	26	28	32	36	40	44	48	52	56	60	66
	(3)	—	—	45	49	53	57	61	65	69	73	79
c		0.3	0.4	0.4	0.4	0.4	0.4	0.4	0.4	0.4	0.5	0.5
da(最大值)		7.8	9.2	11.2	14.2	16.2	18.2	20.2	22.4	24.4	26.4	30.4
e 最小值	精緻	12.12	14.37	18.00	21.10	24.49	26.75	30.14	33.53	35.72	39.98	45.63
	半精緻	—	—	—	20.88	23.91	26.17	29.56	32.95	35.03	39.55	45.20
k		5	5.5	7	8	9	10	12	13	14	15	17
r(最小值)		0.25	0..4	0.4	0.6	0.6	0.6	0.6	0.8	0.8	0.8	1
S		11	13	17	19	22	24	27	30	32	36	41
長度 L		30 ~ 100	35 ~ 105	40 ~ 150	45 ~ 180	50 ~ 200	55 ~ 200	60 ~ 200	65 ~ 220	70 ~ 220	75 ~ 220	80 ~ 220

2.1(B)六角螺栓(上、中、粗)

單位 mm

(備註)：有括弧者宜少選用。

螺紋的稱呼 (d)		d1				H				B				C	D	R	k
		基準尺寸	容許公差			基準尺寸	容許公差			基準尺寸	容許公差			約	約	最小	約
粗牙	細牙		上	中	粗		上	中	粗		上	中	粗				
×0.5	−	3	0 −0.1	−	−	2	±0.1	−	−	5.5	0 −0.2	−	−	6.4	5.3	0.1	0.6
3.5)	−	3.5				2.4				6				6.0	5.8	0.1	0.6
4×0.7	−	4				2.8				7				8.1	6.8	0.2	0.8
4.5)	−	4.5				3.2	±0.15			8				9.2	7.8	0.2	0.8
5×0.8	−	5				3.5				8				9.2	7.8	0.2	0.9
M6	−	6		0 −0.2	+0.6 −0.15	4		±0.25	±0.6	10		0 −0.6	0 −0.6	11.5	9.8	0.25	1
M7)	−	7	0 −0.15		+0.7 −0.2	5				11	0 −0.25	0 −0.7	0 −0.7	12.7	10.7	0.25	1
18	M8×1	8				5.5				13				15	12.6	0.4	1.2
110	M10×1.25	10				7	±0.2	±0.3	±0.8	17				19.6	16.5	0.4	1.5
12	M12×1.25	12	0 −0.2	0 0.25	+0.9 −0.2	8				19	0 −0.35	0 −0.8	0 −0.8	21.9	18	0.6	2
114)	(M14×1.25)	1				9				22				25.4	21	0.6	2
116	M16×1.5	16				10				24				27.7	23	0.6	2
118)	(M18×1.5)	18				12		±0.35	±0.9	27				31.2	26	0.6	2.5
120	M20×1.5	20		0 −0.35	+0.95 −0.35	13				30				34.6	29	0.8	2.5
22)	(M22×1.5)	22				14				32	0 −0.4	0 −1	0 −1	37	31	0.8	2.5
124	M24×2	24				15				36				41.6	34	0.8	3
127)	(M27×2)	27				17				41				47.3	39	1	3
130	M30×2	30				19	±0.25	±0.4	±1	46				53.1	44	1	3.5
133)	(M33×2)	33	0 −0.25	0 −0.4	+1.2 −0.4	21				50				57.7	48	1	3.5
136	M36×3	36				23				55	0 −0.45	0 −1.2	0 −1.2	63.5	53	1	4
39)	(M39×3)	39				25				60				69.3	57	1	4
142	−	42				26				65				75	62	1.2	4.5
145)	−	45				28				70				80.8	67	1.2	4.5
148	−	48				30				75				06.5	72	1.6	5
152)	−	52	0 −0.3	0 −0.45	+1.2 −0.7	33	±0.3	±0.5	±1.5	80				92.4	77	2	5
156	−	58			−	35			−	85	0 −0.55	0 −1.4	−	98.1	82	2	5.5
160)	−	60				38				90				104	87	2	5.5
164	−	64				40				95				110	92	2	6
168)	−	68				43				100				115	97	2	6
	M72×6	72				45				105				121	102	2	6
	(M76×6)	76				48*				110				127	107	2	6
	M80×6	80				50				115				133	112	2	6

10

10-2.1(C)小型六角螺栓(上、中)

單位

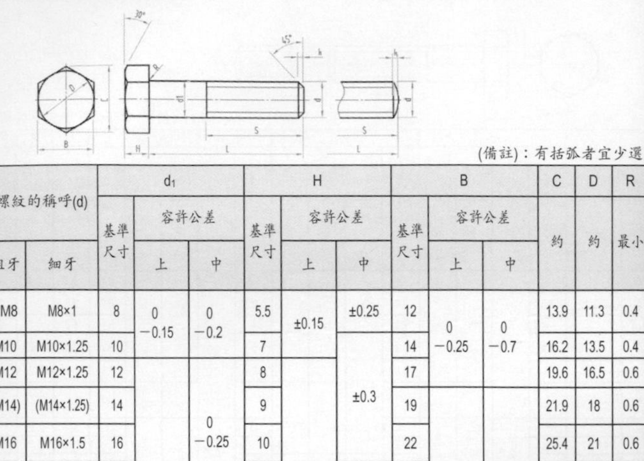

(備註)：有括弧者宜少選用

螺紋的稱呼(d)		d₁			H			B			C	D	R
		基準尺寸	容許公差		基準尺寸	容許公差		基準尺寸	容許公差		約	約	最小
粗牙	細牙		上	中		上	中		上	中			
M8	M8×1	8	0 −0.15	0 −0.2	5.5	±0.15	±0.25	12			13.9	11.3	0.4
M10	M10×1.25	10			7			14	0 −0.25	0 −0.7	16.2	13.5	0.4
M12	M12×1.25	12			8			17			19.6	16.5	0.6
(M14)	(M14×1.25)	14			9		±0.3	19			21.9	18	0.6
M16	M16×1.5	16		0 −0.25	10			22			25.4	21	0.6
(M18)	(M18×1.5)	18			12			24	−0.35	−0.8	27.7	23	0.6
M20	M20×1.5	20	0 −0.2		13	±0.2		27			31.2	26	0.8
(M22)	(M22×1.5)	22			14		±0.35	30			34.6	29	0.8
M24	M24×2	24		0 −0.35	15			32			37	31	0.8
(M27)	(M27×2)	27			17			36			41.6	34	1
M30	M30×2	30			19			41	0 −0.4	0 −1	47.3	39	1
(M33)	(M33×2)	33			21			46			53.1	44	1
M36	M36×3	36	0 −0.25	0 −0.4	23	±0.25	±0.4	50			57.7	48	1
(M39)	(M39×3)	39			25			55	0 −0.45	0 −1.2	63.5	53	1

2 六角螺帽 CNS3128

六角螺帽(精製及半精製)
CNS 3128 B2126

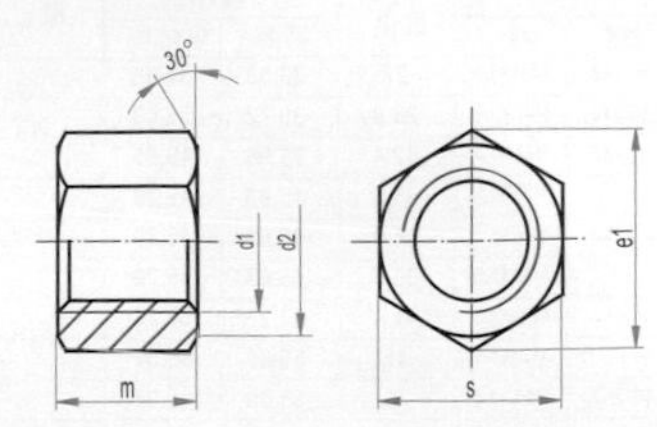

標稱方式：
(1)CNS 3128・M10
(2)六角螺帽・精製・M10

d1			d2 最小	e1 最小		m	s	重量(7.85kg/dm3) kg/1000個,近似值		
欄	2欄	3欄		精製	半精製			1欄	2欄	3欄
1*)			2.25	2.72		0.8	25	0.030		
1.2*)			2.7	3.29		1	3	0.054		
1.4*)			2.7	3.29		1.2	3	0.063		
1.6			2.88	3.48		1.3	32	0.076		
1.7*)			3.15	3.82		1.4	35	0.097		
2			3.6	4.38		1.6	4	0.142		
2.3*)			4.05	4.95		1.8	45	0.200		
2.5			4.5	5.51		2	5	0.280		
2.6*)			4.5	5.51		2	5	0.272		
3			4.95	6.08		2.4	55	0.374		
3.5			5.4	6.64	8.63	2.8	6	0.514		
4			6.3	7.74	10.89	3.2	7	0.812		
5			7.2	8.87	11.94	4	8	1.23		
6			9	11.05	14.20	5	10	2.50		
7			9.9	12.12	18.72	5.5	11	3.12		
8	M8X1		11.7	14.38	20.88	6.5	13	5.50	5.30	
10	M10X1.25	(M10X1)	15.3	18.90	23.91	8	17	11.6	11.4	11.5
12	M12X1.5	(M12X1.25)	17.1	21.10	26.17	10	19	17.3	17.2	17.0
14	M14X1.5		19.8	24.49	29.56	11	22	25.0	24.5	
16	M16X1.5		21.6	26.75		13	24	33.3	32.6	
				30.14		15	27	49.4	48.2	47.2

d1			1 d2 最小	e1 最小		2 e2	m	s	重量(7.85kg/dm3) kg/1000個,近似値		
1欄	2欄	3欄		精製	半精製				1欄	2欄	3欄
M20	M20X2	M20 X1.5	27	33.53	32.95		16	30	64.4	62.8	62
M22	M22X2	M22 X1.5	28.8	35.72	35.03		18	32	79.0	77.2	75.
M24	M24X2	M24 X1.5	32.4	39.98	49.55		19	36	110	106	105
		(M26X1.5)	36.9	45.63	45.20		22	41			165
M27	M27X2	M27 X1.5	36.9	45.63	45.20		22	41	165	161	158
		(M28X1.5)	36.9	45.63	45.20		22	41			150
M30	M30X2	M30 X1.5	41.4	51.28	50.85		24	46	223	221	219
		(M32X1.5)	45	55.80	55.37		26	50			285
M33	M33X2	M33 X1.5	45	55.80	55.37		26	50	258	279	276
		(M35X1.5)	49.5	61.31	60.79		29	55			387
M36	M36X3	M36 X1.5	49.5	61.31	60.79		29	55	393	387	374
		(M38X1.5)	54	66.96	66.44		31	60			492
M39	M39X3	M39 X1.5	54	66.96	66.44		31	60	502	492	478
		(M40X1.5)	54	66.96	66.44		31	60			464
M43	M43X3	M43 X1.5	62	72.61	72.09		34	65	652	636	620
M45	M45X3	M45 X1.5	66	78.26	77.74		36	70	800	780	742
M48	M48X3	M48 X1.5	71	83.91	83.39		38	75	977	949	927
		(M50X1.5)	71	83.91	83.39		38	75			883
M52	M52X3	M52 X1.5	76	89.56	89.04		42	80	1220	1180	116
M56	M56X4	M56X1.5	81	95.07	94.47		45	85	1420	1410	137
		(M58X1.5)	85	100.72	100.12		48	90			168
M60	M60X4	M60 X2	85	100.72	100.12		48	90	1690	1650	161
M64	M64X4	M64 X2	90	106.37	105.77		51	95	1980	1930	188
M68	M68X4	M68 X2	95	112.02	111.42		54	100	2300	2250	223
M72X6	M72X4	M72X2	100	117.67	117.07		58	105	2670	2610	255
M76X6	M76X4	M76X2	105	123.32	122.72		61	110	3040	2970	290
M80X6	M80X4	M80X2	110	128.97	128.37		64	115	3440	3370	329
M85X6	M85X4	M85X2	115	134.62	134.02		68	120	3930	3780	369
M90X6	M90X4	M90X2	125	145.77	145.09		72	130	4930	4830	468
M95X6	M95X4	M95X2	130	151.42	150.74		76	135	5570	5380	527
M100X6	M100X4	M100X2	140	162.72	162.04		80	145	6820	6700	658
M105X6	M105X6	M105X2	145	168.37	167.69	165	84	150	7600	7400	735
M110X6	M110X4	M110X2	150	174.02	173.34	170	88	155	8200	8100	800
M115X6	M115X4	M115X2	160	185.32	184.64	180	92	165			990
(M120X6*)	M120X4	M120X2	165	190.97	190.29	186	96	170	11700	11600	1140
M125X6	M125X4	M125X2	175	202.27	201.59	196	100	180	13000	12700	1250
M130X6		M130X2	180	207.75	206.96	200	104	185	13800		1350
(M135X6*)		M135X2	185	213.40	212.61	206	108	190	15200		1470
M140X6		M140X2	195	224.70	223.91	218	112	200	17500		1720
(M145X6*)		M145X2	205	236.00	235.21	230	116	210	20700		2000
M150X6			205	236.00	235.21	230	120	210			

角螺帽（低型）
S 3129 B2127
限使用於M10以下者

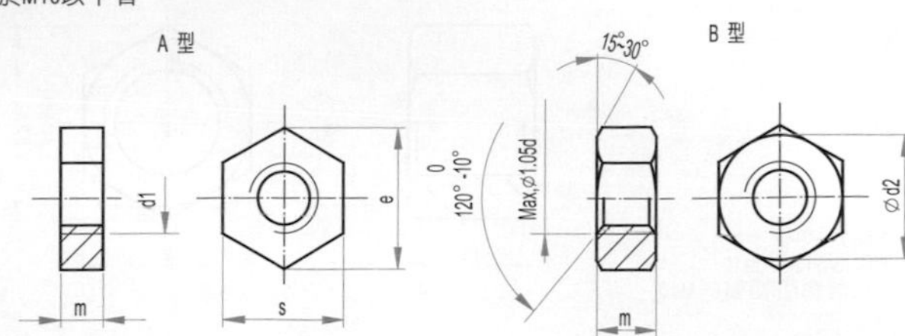

稱方式：
CNS 3129．型式．M10
六角螺帽．低型．型式．M10

螺紋標稱 d2				d2 最小	e 最小		m	s	重量(7.85kg/dm3) kg/1000個 近似值			
欄	2欄	3欄	4欄		A型	B型			1欄	2欄	3欄	4欄
.6				2.88	3.28	3.48	1	3.2	0.058			
.8)				3.15	3.62	3.82	1.1	3.5	0.075			
				3.6	4.18	4.38	1.2	4	0.106			
.5				4.5	5.31	5.51	1.6	5	0.224			
				4.95	5.87	6.08	1.8	5.5	0.288			
.5)				5.4	6.44	6.64	2	6	0.367			
				6.3	7.50	7.74	2.2	7	0.558			
				7.2	8.63	8.87	2.7	8	0.830			
				9	10.89	11.05	3.2	10	1.60			
	M8X1			11.7	14.20	14.38	4	13	3.20	3.12		
0	M10X1.25		M10X 1	15.3		18.0	5	17	7.25	7.12		7
2	M12X1.5		M12X1.25	17.1		21.10	6	19	10.37	10.28		
4)	M14X1.5			19.8		24.49	7	22	15.92	15.57		
6	M16X1.5			21.6		26.75	8	24	20.49	20.06		
8)	M18X2		M18X1.5	24.3		30.14	9	27	29.64	28.92		28.32
0	M20X2		M20X1.5	27		35.53	10	30	40.33	39.33		38.8
22)	M22X2		M22X1.5	28.8		35.72	11	32	48.18	47.08		46.2
4	M24X2		M24X1.5	32.4		39.98	12	36	63.8	61.38		60.72
27)	M27X2		M27X1.5	36.9		45.63	13.5	41	101	97.87		96.75
0	M30X2		M30X1.5	41.4		51.28	15	46	138	137		136
33)	M33X3		M33X1.5	45		55.80	16.5	50	182	176		174
6	M36X3	M36X2	M36X1.5	49.5		63.31	18	55	244	240	236	232
39)	M39X3	M39X2	M39X1.5	54		66.96	19.5	60	316	309	304	301
2	M42X3	M42X2	M42X1.5	62		72.61	21	65	403	393	387	380
45)	M45X3	M45X2	M45X1.5	66		78.26	22.5	70	500	487	475	462
8	M48X3	M48X2	M48X1.5	71		83.91	24	75	613	600	593	586
52)						89.56				728		

10

六角螺帽（粗製）
CNS 3130 B2128

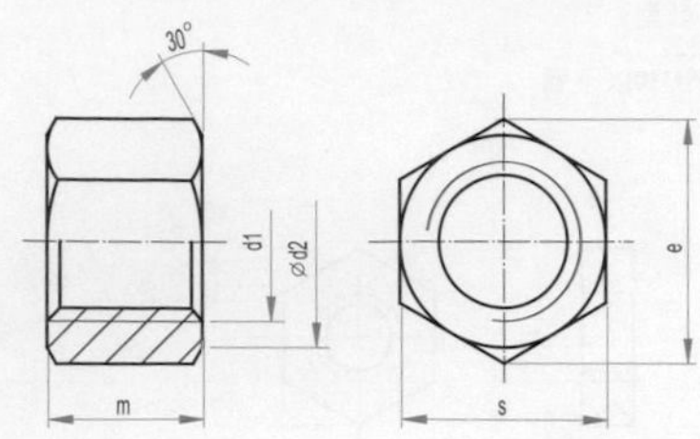

標稱方式：
(1)CNS 3130・M10
(2)六角螺帽(粗製)・M10

d2	d2 最小	e 最小	m	s	重量 (7.85kg/dm3) kg/1000個 近似值
M5	7.2	8.63	4	8	1.11
M6	9	10.89	5	10	2.32
M8	11.7	14.20	6.5	13	4.62
M10	15.3	18.72	8	17	10.9
M12	17.1	20.88	10	19	15.9
M16	21.6	26.17	13	24	30.8
M20	27	32.95	16	30	60.3
M22(1)	28.8	35.03	18	32	80.2
M24	32.4	39.55	19	36	103
(M27)	36.9	45.20	22	41	154
M30	41.4	50.85	24	46	216
(M33)	45	55.37	26	50	271
M36	49.5	60.79	29	55	369
(M39)	54	66.44	31	60	472
M42	62	72.09	34	65	610
(M45)	66	77.74	36	70	750
M48	71	83.39	38	75	924
(M52)	76	89.04	42	80	1130
M56	81	94.47	45	85	1350
(M60)	85	100.12	48	90	1600
M64	90	105.77	51	95	1880
M72X6	100	17107	58	105	2520
M80X6	110	128.37	64	115	3260
M90X6	125	145.09	72	130	4680
M100X6	140	162.04	80	145	6340

3 精緻墊圈 CNS150

一般商業用 d_1 至 23mm

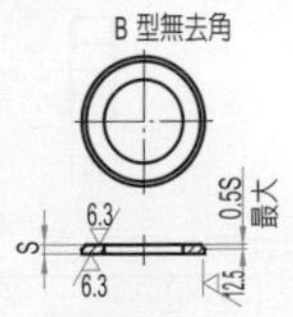

一般商業用 d_1 從 5.3 mm 起

單位：mm

稱徑	d_2	S	配合公制螺釘	標稱直徑 d_1	d_2	S	配合公制螺釘	標稱直徑 d_1	d_2	S	配合公制螺釘
3	9	0.8	4	13	24	2.5	12	25	44	4	24
3	10	1	5	15	28	2.5	14	27	50	4	26
4	12.5	1.6	6	17	30	3	16	28	50	4	27
4	14	1.6	7	19	34	3	18	29	50	4	28
4	17	1.6	8	21	37	3	20	31	56	4	30
5	21	2	10	23	39	3	22				

4 高強度鋼結構用螺栓 CNS3124，3125，4366 (ISO7412，DIN6914)

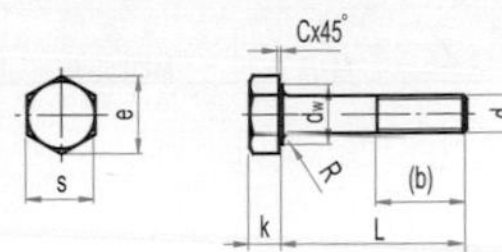

大對面寬度，高預力連接鋼結構用。
稱方法：
S4366 螺紋標稱強度區分

d	M12	M16	M20	M22	M24	M27	M30
b	21	30	31	32	34	37	40
C_{max}	0.6	0.6	0.8	0.8	0.8	0.8	0.8
d_w	20	25	30	34	39	43.5	47.8
e	23.9	29.6	35	39.6	45.2	50.9	55.4
k	8	10	13	14	15	17	19
R	1.2	1.2	1.5	1.5	1.5	2	2
s	22	27	32	36	41	46	50
從	30	40	45	50	60	70	75
至	95	130	155	165	195	200	200

常級長度 1:30 至 200mm 每 5mm 分級
造等級:C
度區分:10.9
差等級：6g

10-2.5 鋼結構用六角螺帽 CNS4236 (ISO7414，DIN6915)

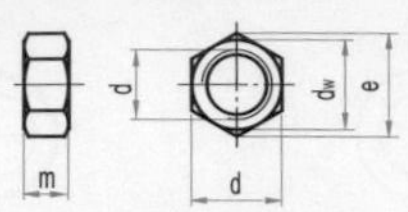

標稱方法：CNS4236螺紋標稱公差強度 單位：

d	M12	M16	M20	M22	M24	M27	M30
d_w	20	25	30	34	39	43.5	47.5
e	23.9	0.6	0.8	0.8	0.8	50.9	55.4
m	10	25	30	34	39	43.5	24
s	22	29.6	35	39.6	45.2	50.9	50

10-2.6 高強度鋼結構用墊圈 CNS5051 (ISO7416，DIN6916)

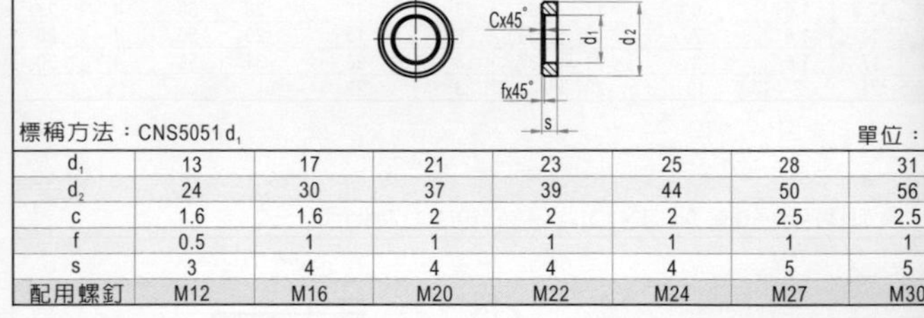

標稱方法：CNS5051 d_1 單位：

d_1	13	17	21	23	25	28	31
d_2	24	30	37	39	44	50	56
c	1.6	1.6	2	2	2	2.5	2.5
f	0.5	1	1	1	1	1	1
s	3	4	4	4	4	5	5
配用螺釘	M12	M16	M20	M22	M24	M27	M30

7 六角承窩螺釘 CNS3932

角承窩螺釘CNS 3932 B2142

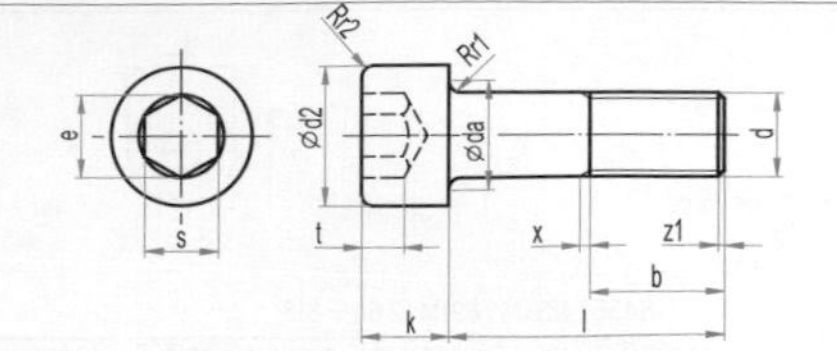

稱方式：CNS 3932．M3× 長度

d	M3	M4	M5	M6	M8	M10	M12	(M14)	M16
	-	-	-	-	M8X1	M10X1.2	M12X1.5	(M14X1.5)	M16X1.5
(1)	12	14	16	18	22	26	30	34	38
(2)	-	-	-	24	28	32	36	40	44
(3)	-	-	-	-	-	45	49	53	57
d2	5.5	7	8.5	10	13	16	18	21	24
最大	3.6	4.7	5.7	6.8	9.2	11.2	14.2	16.2	18.2
近似值	2.9	3.6	4.7	5.9	7	9.4	11.7	14	16.3
k	3	4	5	6	8	10	12	14	16
最小	0.1	0.2	0.2	0.25	0.4	0.4	0.6	0.6	0.6
r2	0.2	0.4	0.4	0.5	0.85	1	1	2	2
s	2.5	3	4	5	6	8	10	12	14
最小	1.3	2	2.7	3.3	4.3	5.5	6.6	7.8	8.8
最大	1.7	2.4	3.2	3.78	4.78	6.25	7.5	8.7	9.7
(5)	5	6	10	10 ~ 60	14	14 ~ 120	20 ~ 120	30 ~ 120	30 ~ 150

	(M18)	M20	(M22)	M24	(M27)	M30	(M33)	M36	M42	M48
	(M18X2)	M20X2	(M22X2)	M24X2	(M27X2)	M30X2	(M33X2)	M36X3	M42X3	M48X3
(1)	42	46	50	54	60	66	72	78	90	102
(2)	48	52	56	60	66	72	78	84	96	108
(3)	61	65	59	73	79	85	91	97	109	121
d2	27	30	33	36	40	45	50	54	63	72
最大	20.2	22.4	24.4	26.4	30.4	33.4	36.4	39.4	45.6	52.6
近似值	16.3	19.8	19.8	22.1		25.6	27.9	31.4	37.2	41.8
k	18	20	22	24	27	30	33	36	42	48
最小	0.6	0.8	0.8	0.8	1	1	1	1	1.2	1.6
r2	2	2	2	2	2	3	3	3	4	4
s	14	17	17	19	19	22	24	27	32	36
最小	9.8	10.7	113	12.9	15.1	17.1	18.8	20.8	25.0	29.1
最大	10.7	118	12.4	14.0	16.2	18.2	20.1	22.1	26.3	30.4
5)	40 ~ 150	40 ~ 180	50 ~ 200	50 ~ 200	70 ~ 200	80 ~ 200	100 ~ 200	100 ~ 200	110 ~ 200	140

10-2.8　六角承窩短頭螺釘 CNS4557 (ISO4762)

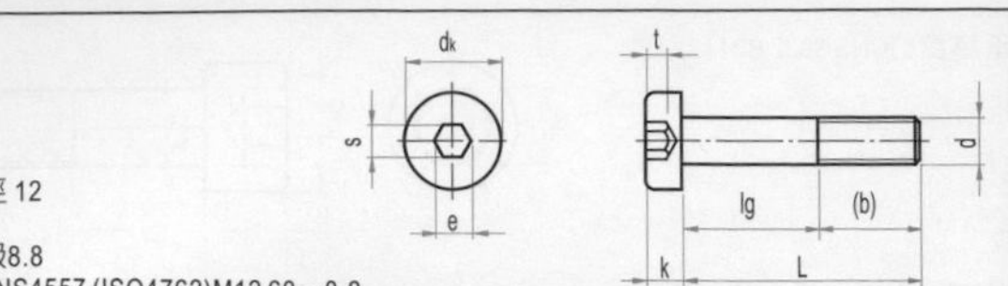

螺紋標稱直徑 12
長度60
材料強度等級8.8
標稱方法：CNS4557 (ISO4762)M12 60－8.8

D	M4 —	M5 —	M6 —	M8 M8×1	M10 M10×1.25	M12 M12×1.5	M14 M14×1.5	M16 M16×1.5	M20 M20×2	M2 M24
K	2.8	3.5	4	5	6	7	8	9	11	1
S	2.5	3	4	5	7	8	10	12	14	1
e	2.9	3.6	4.7	5.9	8.1	9.4	11.7	14	16.3	19
T	2.3	2.7	3	4.2	4.8	5.3	5.5	5.5	7.5	8
b	14	16	18	22	26	30	34	34	46	5
l從	6	8	10	12	16	20	30	30	40	5
至	25	30	40	60	70	80	80	80	100	10

正常級長度 1 : 5 ,6 ,8 ,10 ,12 ,16 ,20 ,25 至 70mm每 5mm分級, 70mm至 160mm每 10mm分級,160mm以每 20mm分級。

10-2.9　有槽盤頭螺釘 CNS4357 (DIN&ISO 1207：1994-10)

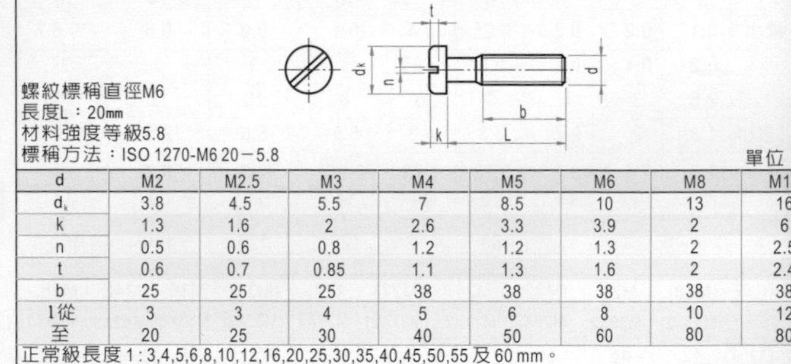

螺紋標稱直徑M6
長度L：20㎜
材料強度等級5.8
標稱方法：ISO 1270-M6 20－5.8

單位

d	M2	M2.5	M3	M4	M5	M6	M8	M1
d_k	3.8	4.5	5.5	7	8.5	10	13	16
k	1.3	1.6	2	2.6	3.3	3.9	2	6
n	0.5	0.6	0.8	1.2	1.2	1.3	2	2.5
t	0.6	0.7	0.85	1.1	1.3	1.6	2	2.4
b	25	25	25	38	38	38	38	38
l從	3	3	4	5	6	8	10	12
至	20	25	30	40	50	60	80	80

正常級長度 1 : 3,4,5,6,8,10,12,16,20,25,30,35,40,45,50,55 及 60 mm。

10-2.10　平頂埋頭螺釘 CNS4411 (DIN EN ISO 2009：1994-10)

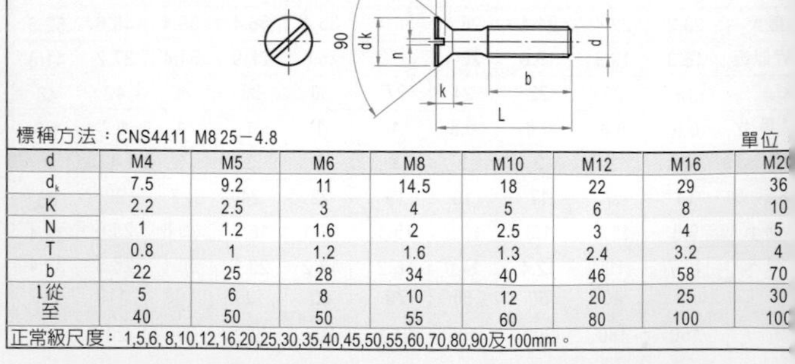

標稱方法：CNS4411 M8 25－4.8

單位

d	M4	M5	M6	M8	M10	M12	M16	M2
d_k	7.5	9.2	11	14.5	18	22	29	36
K	2.2	2.5	3	4	5	6	8	10
N	1	1.2	1.6	2	2.5	3	4	5
T	0.8	1	1.2	1.6	1.3	2.4	3.2	4
b	22	25	28	34	40	46	58	70
l從	5	6	8	10	12	20	25	30
至	40	50	50	55	60	80	100	100

正常級尺度： 1,5,6, 8,10,12,16,20,25,30,35,40,45,50,55,60,70,80,90及100mm。

.11 扁圓頂埋頭螺釘 CNS4414，4561 (DIN EN ISO 2010，DIN EN ISO 7047：1994-10 ISO 2010)

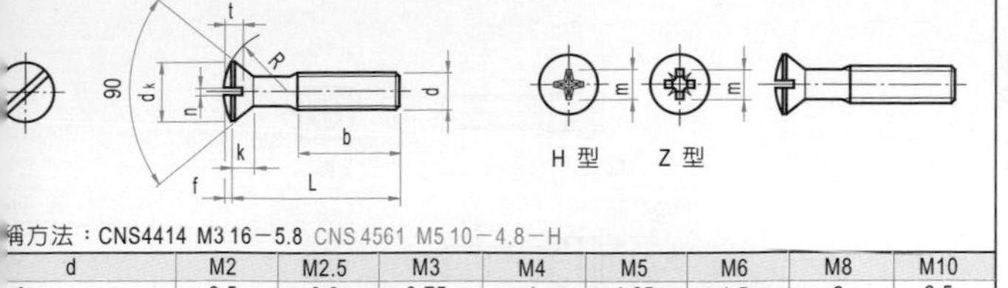

稱方法：CNS4414 M3 16－5.8 CNS 4561 M5 10－4.8－H

d		M2	M2.5	M3	M4	M5	M6	M8	M10
f		0.5	0.6	0.75	1	1.25	1.5	2	2.5
m	H型	2.5	2.7	3.1	4.5	5.3	6.8	9	10
	Z型	2.4	2.8	3.1	4.6	5.3	7	8.8	9.9
R		4	5	6	8	10	12	16	20

也範圍參考 DIN EN ISO 2009， DIN EN ISO 7046
度區分正常級說：3，4.8，5.8，8.8。

.12 平頂埋頭螺釘 CNS4560 (DIN EN ISO 7046-1：-2:1994-10)

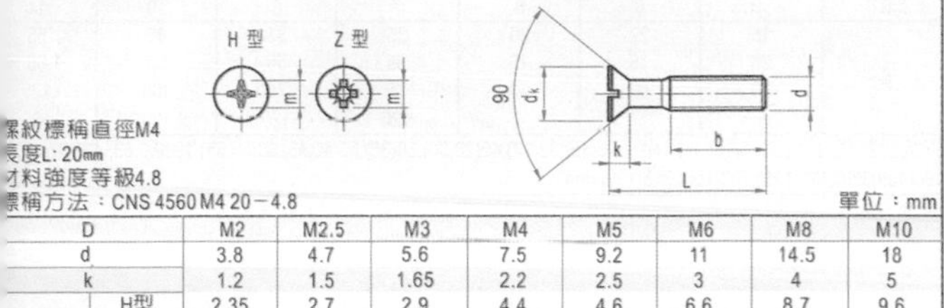

螺紋標稱直徑M4
長度L: 20㎜
材料強度等級4.8
標稱方法：CNS 4560 M4 20－4.8

單位：mm

D		M2	M2.5	M3	M4	M5	M6	M8	M10
d		3.8	4.7	5.6	7.5	9.2	11	14.5	18
k		1.2	1.5	1.65	2.2	2.5	3	4	5
m	H型	2.35	2.7	2.9	4.4	4.6	6.6	8.7	9.6
	Z型	2.2	2.5	2.8	4	4.4	6.1	8.5	9.4
十字穴插入深度		1	1	1	2	2	3	4	4
B		16	18	19	22	25	28	34	40
l從		3	3	4	5	6	8	10	12
至		20	25	30	40	50	50	55	60

正常級長度 l: 3, 4, 5, 6, 8, 10, 12, 16, 20, 25, 30, 35, 40, 45, 50, 55 und 60 mm。
強度區分正常級:4.8,5.8,8.8

10

10-2.13 T 型頭方頸螺栓 CNS4567，4570 (DIN 787：1991-05 ISO 299)

螺紋標稱直徑 M12 a=12

長度 L: 125 mm

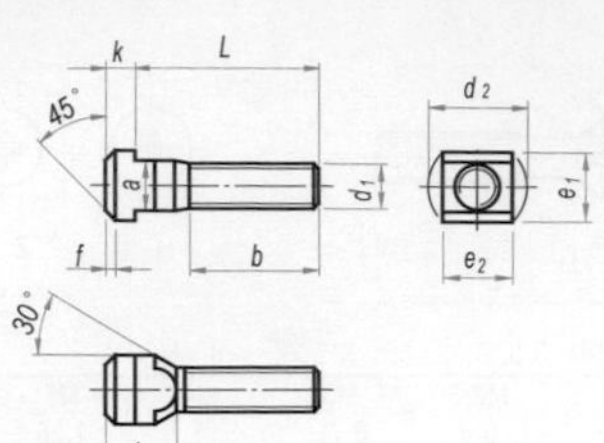

材料強度等級 8.8

標註：CNS4567-M12×12×125－8.8

單位：m

a	6	8	10	12	14	18	22
公差	-0.3 -0.5				-0.3 -0.6		
d1	M6	M8	M10	M12	M12	M16	M20
d2≈	12	16	20	25	28	36	45
e_1-0.5	10	13	15	18	22	28	35
F	1.6	1.6	1.6	2.5	2.5	2.5	2.5
H	8	12	14	16	20	24	32
k-0.5	4	6	6	7	8	10	14
B	15	22	30	35	35	45	55
	28	35	45	55	55	63	85
	40	50	60	75	75	100	125
	—	—	—	120	120	150	190

正常級長度 l 包含()中之 b 尺度：25(15),32(22),40(28,30),50(35),65(40,45),80(50,55),100(60,63),125(75,85),160(100),200(120,125),250(150),315(190) mm。

2.14 螺樁 CNS4607 (DIN835，DIN938，DIN939：1995-02)

螺樁
CNS 4603 B2315

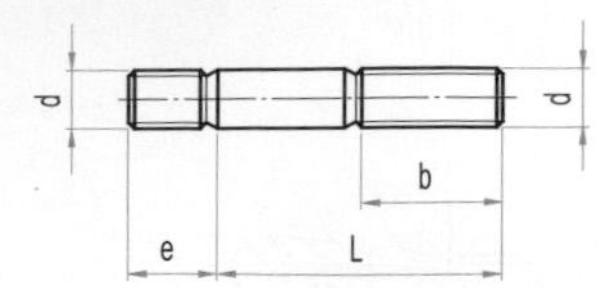

稱方法：CNS 4603 M10×長度

d		M3	M4	M5	M6	(M7)	M8	M10	M12	(M14)	M16
							M8X1	M10X1.25	M12X1.25	(M14X1.5)	M16X1.5
b	(1)	12	14	16	18	20	22	26	30	34	38
	(2)	18	20	22	24	26	28	32	36	40	44
	(3)							45	49	53	57
e		3	4	5	6	7	8	10	12	14	16
L		18 ~ 30	02 ~ 40	22 ~ 50	25 ~ 60	28 ~ 70	30 ~ 80	35 ~ 100	40 ~ 120	45 ~ 140	50 ~ 160

d		(M18)	M20	(M22)	M24	(M27)	M30	(M33)
		(M18X1.5)	M20X1.5	(M22X1.5)	M24X2	(M27X2)	M30X2	(M33X2)
b	(1)	42	46	50	54	60	66	72
	(2)	48	52	56	60	66	72	78
	(3)	61	65	69	73	79	85	91
e		18	20	22	24	25	30	32
L		55 ~ 180	60 ~ 200	65 ~ 200	70 ~ 200	75 ~ 280	80 ~ 300	90 ~ 340

d		M36	(M39)	M42	(M45)	M48	(M52)
		M36X3	(M39X3)	M42X3	(M45X3)	M48X3	(M52X3)
b	(1)	78	84	90	96	102	110
	(2)	84	90	96	102	108	116
	(3)	97	103	109	115	121	129
e		35	38	42	45	48	52
L		95 ~ 360	110 ~ 400	110 ~ 400	120 ~ 400	120 ~ 400	140 ~ 400

註：e為接入端
(1)適用於長度(L)在125mm以下者。
(2)適用於長度(L)超過125mm至200mm以下者。
(3)適用於長度(L)超過200mm者。

L=125mm者 b＝2d+6mm, L>125mm者b=2d+12mm
CNS 4607 e=1.5d T型螺帽用件。
CNS 4606 e=2.5d 放入軟金屬為主。
CNS 4605 e=2d 放入鋁合金件用。
CNS 4604 e=1.25d 放入鑄鐵件用。
CNS4603 e=d 放入鋼料件用。
精度A級 強度區分正常級5, 6, 8.8 , 10.9

10-2.15 內六角螺栓與埋柱孔配合尺度

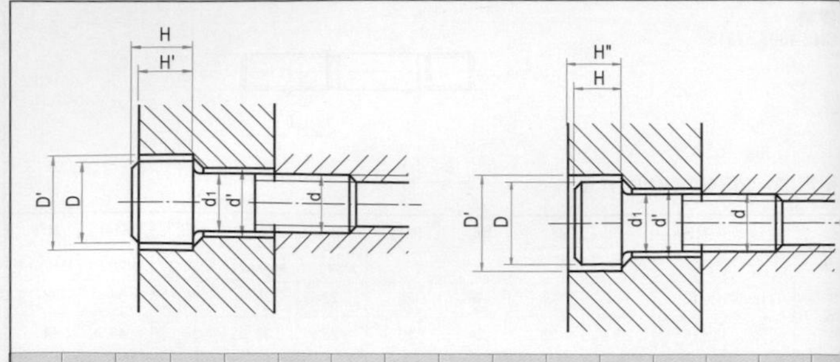

代號	M3	M4	M5	M6	M8	M10	M12	M14	M16	M18	M20	M22	M24	M27	M
d	3	4	5	6	8	10	12	14	16	18	20	22	24	27	3
d'	3.4	4.5	5.5	6.6	9	11	14	16	18	20	22	24	26	30	3
D	5.5	7	8.5	10	13	16	18	21	24	27	30	33	36	40	4
D'	6.5	8	9.5	11	14	17.5	20	23	26	29	32	35	39	43	4
H	3	4	5	6	8	10	12	14	16	18	20	22	24	27	3
H'	2.7	3.6	4.6	5.5	7.4	9.2	11	12.8	14.5	16.5	18.5	20.5	22.5	25	2
H"	3.3	4.4	5.4	6.5	8.6	10.8	13	15.2	17.5	19.5	21.5	23.5	25.5	29	3

10-2.16 柱坑 CNS4807 (DIN ISO 1207)

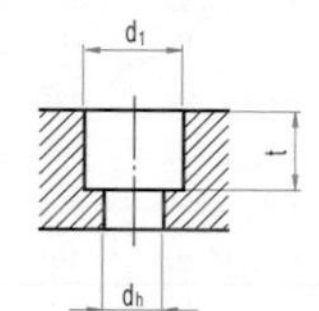

六角承窩頭螺釘與
平頂錐頭螺釘用。
有H.J.K型
另有其他型式用之不同螺釘者。
標稱方法：CNS 4807．型．等級．螺紋大於

螺釘-Ø	M3	M4	M5	M6	M8	M10	M12	M16	M20	M24	M3
d_h	3.4	4.5	5.5	6.6	9	11	13.5	17.5	22	26	33
d_1 H13	6.5	8	10	11	15	18	20	26	33	40	50

註：d1精度等級有中級（H13）細級（H12）兩種。

17 錐坑 CNS4805 DIN EN ISO 2009，2010，7046，7047

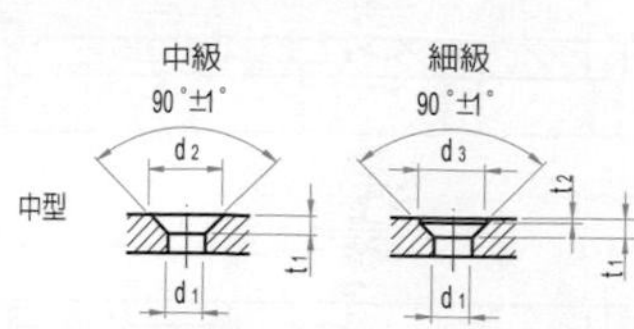

稱方法：CNS4805．A型．中級．螺紋標稱。

		配用螺紋-	M2	M3	M4	M5	M6	M8	M10	M12	M16	M20
製合	m	d_1 H13	2.4	3.4	4.5	5.5	6.5	9	11	14	18	22
		d_2 H13	4.6	6.5	8.6	10.4	12.4	16.4	20.4	24.4	32.4	40.4
		t_1	1.1	1.6	2.1	2.5	2.9	3.7	4.7	5.2	7.2	9.2
製合	F	d_1 H13	2.2	3.2	4.3	5.3	6.4	8.4	10.5	13	17	21
		d_3 H13	4.3	6	8	10	11.5	15	19	23	30	37
		t_1	1.2	1.7	2.2	2.6	3	4	5	5.7	7.7	9.7
		t_2	0.15	0.25	0.3	0.3	0.45	0.7	0.7	0.7	1.2	1.7

另有B，C，D，E等型適用於其他埋頭螺釘之用。

10-2.18 錐坑、柱坑之其他常用型式

10-2.18(A)錐坑、柱坑之其他常用型式

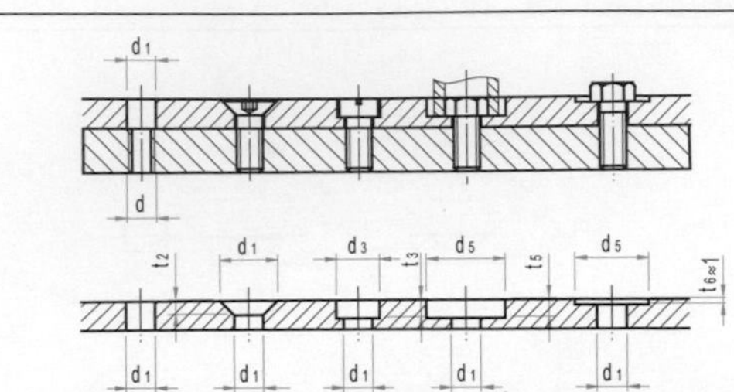

沈頭孔深度t_3，t_5視使用情況而定。
深度t_2最大螺釘頭部高度+最大墊圈厚度+適當增量。

螺紋標稱	鋼料攻牙前孔徑d	穿通孔徑d_1		沈孔應用					
				DIN 74.1 例如用於 DIN7991 B型螺釘		DIN 974.1 例如用於			DIN 974.2 例如用於六角頭
		細級	中級			DIN EN ISO 1207		DIN912	DIN EN 2401
						系列1			系列 1
		f H12	m H13	d_3	t_2	d_4H13	t_3 (1)	t_4 (1)	d_5H13
M 3	2.5	3.2	3.4	6.6	1.6	6.5	2.4	3.4	11
M 4	3.3	4.3	4.5	9	2.3	8	3.2	4.6	13
M 5	4.2	5.3	5.5	11	2.8	10	4	5.7	15
M 6	5	6.4	6.6	13	3.2	1	4.7	6.8	18
M 8	6.8	8.4	9	17.2	4.1	15	6	9	24
M10	8.5	10.5	11	21.5	5.3	18	7	11	28
M12	10.2	13	13.5	25.5	6	20	8	13	33
M16	14	17	17.5	31.5	7	26	10.5	17.5	40
M20	17.5	21	22	38	8	33	12.5	21.5	46
M24	21	25	26	41	13.5	40	14.5	25.5	58

.18(B)穿通孔徑與魚眼座

單位 mm

去角　　　　魚眼座

螺栓孔徑 d 1級	螺栓孔徑 d 2級	螺栓孔徑 d 3級	螺栓孔徑 d 4級	去角 e	魚眼座徑 D_1
1.1	1.2	1.4	—	0.2	3
1.3	1.4	1.6	—	0.2	4
1.5	1.6	1.8	—	0.2	4
1.7	1.8	2	—	0.2	5
1.8	2	2.2	—	0.2	5
2.2	2.4	2.6	—	0.2	7
2.4	2.5	2.7	—	0.2	8
2.5	2.6	2.8	—	0.2	8
2.7	2.9	3.1	—	0.2	8
2.8	3	3.2	—	0.2	8
3.2	3.4	3.6	—	0.2	9
3.7	4.9	4.3		0.2	10
4.3	4.5	4.8	5.5	0.3	11
4.8	5	5.5	6	0.3	13
5.3	5.5	5.8	6.5	0.3	13
6.4	6.6	***7***	7.8	***0.5***	***15***
7.4	7.6	8	—	0.5	10
8.4	***9***	10	10	0.5	20
10.5	11	12	13	0.8	24
13	14	15	15	0.8	28
15	16	17	17	0.8	32
17	18	19	20	1.2	35
19	20	21	22	1.2	39
21	22	24	25	1.2	43
23	24	26	27	1.2	46
25	26	28	29	1.6	50
28	30	32	33	1.6	55

螺紋標稱		螺栓孔徑 d 1級	螺栓孔徑 d 2級	螺栓孔徑 d 3級	螺栓孔徑 d 4級	去角 e	魚眼座徑 D_1
M30		31	33	35	36	1.6	62
(M33)		34	36	38	40	2	66
M36		37	39	42	43	2	72
(M39)		40	42	45	46	2	76
M42		43	45	48	—	2	82
(M45)		46	48	52	—	2	87
M48		50	52	56	—	2	93
(M52)		54	56	62	—	2.5	100
M56		58	62	66	—	2.5	110
(M60)		62	66	70	—	2.5	115
M64		66	70	74	—	2.5	122
(M68)		70	74	78	—	2.5	127
M72		74	78	82	—	3	133
(M76)		78	82	86	—	3	143
M80		82	86	91	—	3	148
參考	M85	87	91	96	—	—	—
	M90	93	96	101	—	—	—
	M95	98	101	107	—	—	—
	M100	104	107	112	—	—	—
	M105	109	112	117	—	—	—
	M110	114	117	122	—	—	—
	M115	119	122	127	—	—	—
	M120	124	127	132	—	—	—
	M125	129	132	137	—	—	—
	M130	134	137	144	—	—	—
	M140	144	147	255	—	—	—
	M150	155	158	165	—	—	—

記號表示於 ISO R261 無此記載。

角 90°者，如承面部充份之場合，不防增至 118°。

級以適用於鑄孔爲主。

眼座面對孔之中心線應形成直角。

眼座深度通常以剝去黑皮爲限度。

10-2.19 一般攻牙允許孔徑尺度

1.公制粗螺紋

規　　格	最小徑	最大徑	規　　格	最小徑	最大徑
M 1×0.25	0.73	0.78	M 8×1.25	6.65	6.91
M 1.1×0.25	0.83	0.89	M 9×1.25	7.65	7.91
M 1.2×0.25	0.93	0.98	M 10×1.5	8.38	8.68
M 1.4×0.3	1.08	1.14	M 11×1.5	9.38	9.68
M 1.6×0.35	1.22	1.32	M 12×1.75	10.11	10.44
M 1.7×0.35	1.33	1.42	M 14×2	11.84	12.21
M 1.8×0.35	1.42	1.52	M 16×2	13.84	14.21
M 2×0.4	1.57	1.67	M 18×2.5	15.29	15.74
M 2.2×0.45	1.71	1.84	M 20×2.5	17.29	17.74
M 2.3×0.4	1.87	1.97	M 22×2.5	12.29	19.74
M 2.5×0.45	2.01	2.14	M 24×3	20.75	21.25
M 2.6×0.45	2.12	2.23	M 27×3	23.75	24.25
M 3×0.5	2.46	2.60	M 30×3.5	26.21	26.77
M 3.5×0.6	2.85	3.01	M 33×3.5	29.21	29.77
M 4×0.7	3.24	3.42	M 36×4	31.67	32.27
M 4.5×0.75	3.69	3.88	M 39×4	34.67	35.27
M 5×0.8	4.13	4.33	M 42×4.5	37.13	37.80
M 6×1	4.92	5.15	M 45×4.5	40.13	40.80
M 7×1	5.92	6.15	M 48×5	42.59	43.30

2.公制細螺紋

規　　格	最小徑	最大徑	規　　格	最小徑	最大徑
M2.5×0.35	2.12	2.22	M 25 1.5	23.92	24.15
M3×0.35	2.62	2.72	M26×1.5	24.38	24.68
M3.5×0.35	3.12	3.22	M27×2	24.84	25.21
M4×0.5	3.46	3.60	M27×1.5	25.38	25.68
M4.5×0.5	3.96	4.10	M27×1	25.92	27.15
M5×0.5	4.46	4.60	M28×2	25.84	26.21
M5.5×0.5	4.96	5.10	M28×1.5	26.38	26.68
M6×0.75	5.19	5.38	M28×1	26.92	27.15
M7×0.75	6.19	6.38	M30×3	26.75	27.25
M8×1	6.92	7.15	M30×2	27.84	28.21
M8×0.75	7.19	7.38	M30×1.5	28.21	28.68
M9×1	7.92	8.15	M30×1	28.38	29.15
M9×0.75	8.19	8.38	M32×2	28.92	30.21
M10×1.25	8.65	8.91	M32×1.5	29.84	30.68
M10×1	8.92	9.15	M33×3	30.38	30.25
M10×0.75	9.19	9.38	M33×2	29.75	31.21
M11×1	9.92	10.15	M33×1.5	30.84	31.68
M11×0.75	10.19	10.38	M35×1.5	31.38	32.68
M12×1.5	10.38	10.68	M36×3	33.38	33.25
M12×1.25	10.65	10.91	M36×2	33.84	34.21
M12×1	10.92	11.15	M36×1.5	34.38	34.68
M14×1.5	12.38	12.68	M38×1.5	36.38	36.68
M14×1	12.92	13.15	M39×3	35.75	36.25
M15×1.5	13.38	13.68	M39×2	36.84	37.21
M15×1	13.92	14.15	M39×1.5	37.38	38.68
M16×1.5	14.38	14.68	M40×3	36.75	37.25
M16×1	14.92	15.15	M40×2	37.84	38.21
M17×1.5	15.38	15.68	M40×1.5	38.38	38.68
M17×1	15.92	16.15	M42×4	37.67	38.27
M18×2	15.84	16.21	M42×3	38.75	39.25
M18×1.5	16.38	16.68	M42×2	39.84	40.21
M18×1	16.92	17.15	M42×1.5	40.38	40.68
M20×2	17.84	18.21	M45×4	40.67	41.27
M20×1.5	18.38	18.68	M45×3	41.75	42.25
M20×1	18.92	19.15	M45×2	42.84	43.21
M22×2	19.84	20.21	M45×1.5	43.38	43.68
M22×1.5	20.38	20.68	M48×4	43.67	44.27
M22×1	20.92	21.15	M48×3	44.75	45.25
M24×2	21.84	22.21	M48×2	45.84	46.21
M24×1.5	22.38	22.68	M48×1.5	46.38	46.68
M24×1	22.92	23.15	M50×3	46.75	47.25
M25×2	22.84	23.21	M50×2	47.84	48.21
M25×1.5	23.38	23.68	M50×1.5	48.38	48.68

2.20 絲攻柄徑與方頭對邊規格表

攻 格	JIS		ISO529		DIN (352)(357)(376)		DIN 374 (371)	
	φ D	□	φ D	□	φ D	□	φ D	□
13	4	3.2	3.15(2.24)	2.5(1.8)			2.5 (3.5)	2.1 (2.7)
14	5	4	4(3.15)	3.15(2.5)	(B) 2.8 (C)	2.1	3.5 (4.5)	2.7 (3.4)
15	5.5	4.5	5(4)	4(3.15)	(B) 3.5 (C)	2.7	4 (6)	3 (4.9)
16	6	4.5	6.3(4.5)	5(3.55)	(B) 4.5 (C)	3.4	5.5 (6)	4.3 (4.9)
18	6.2	5	8(6.3)	6.3(5)	(B) 6 (A)	4.9	7 (8)	5.5 (6.2)
10	7	5.5	8	6.3	(A) 7 (C)	5.5	8 (10)	6.2 (8)
12	8.5	6.5	9	7.1	9	7	9	7
14	10.5	8	11.2	9	11	9	11	9
16	12.5	10	12.5	10	12	9	12	9
18	14	11	14	11.2	14	11	14	11
20	15	12	14	11.2	16	12	16	12
22	17	13	16	1.25	18	14.5	18	14.5
24	19	15	18	14	18	14.5		
27	20	15			20	16	20	16
30	23	17	20	16	22	16	22	18
33	25	19	22.4	18	25	20	25	20
35	26	21					28	22
36	28	21	25	20	28	22	28	22
39	30	23	28	22.4	32	24	32	24
42	32	26	28	22.4	32	24	32	24
45	35	26	31.5	25	36	29	36	29
48	38	29	31.5	25	36	29	36	29
52	42	32	35.5	28	40	32	40	32
56	44	35	35.5	28	45	35		
60	46	35	40	31.5	45	35		
/8	4	3.2	3.15	2.5	(NO.6)4	3		
'32	5	4	4	3.15	(NO.8)4.5	3.4		
'16	5.5	4.5	5	4	(NO.10.12)6	4.9		
/4	6	4.5	6.3	5	7	5.5		
'16	6.1	5	8	6.3	8	6.2		

攻規格	JIS		ISO529		DIN (352)(357)(376)		DIN	
	φ D	□	φ D	□	φ D	□	φ D	□
W3/8	7	5.5	10	8	9	7		
7/16	8	6	8	6.3	8	6.2		
W1/2	9	7	9	7.1	9	7		
/9/16	10.5	8	11.113	8.331	11	9		
W5/8	12	9	125	10	12	9		
W3/4	14	11	14	11.2	14	11		
W7/8	17	13	16	12.5	18	14.5		
W 1"	20	15	18	14	18	14.5		
'1 1/8	22	17	20	16	22	18		
'1 1/4	24	19	22.4	18	22	18		

10

W1 3/8	26	21			28	22		
W1 1/2	30	23	28	22.4	32	24		
W1 5/8	32	26						
W1 3/4	35	26	31.5	25	36	29		
W1 7/8	38	29						
W 2"	40	32	35.5	28	40	32		
P1/8	8	6	8	6.3	7(353)	5.5		
P1/4	11	9	10	8	11	9		
P3/8	14	11	12.5	10	12	9		
P1/2	18	14	16	12.5				
P5/8	20	15	18	14	18	14.5		
P3/4	23	17	20	16	20	16		
P7/8	24	19	22.4	18	22	18		
P1"	26	21	25	20	25	20		
P1 1/8	28	21			28	22		
P1 1/4	32	26	31.5	25	32	24		
P1 3/8	35	26			36	29		
P1 1/2	38	29	35.5	28	36	29		
P1 3/4	42	32	35.5	28	36	29		
P2"	46	35	40	31.5	36	29		

10-2.21 絲攻攻牙切削速度與切削油劑

被切削材料		切削速度(m/min)				切削油劑
		標準	螺旋刀 SF	螺旋端角 SD	無溝	
低炭素鋼	C0.2%以下	8~13	8~13	15~25	8~13	硫酸化系列不水溶性切削油 植物性油
中炭素鋼	C0.25~0.40%	7~12	7~12	10~15	7~10	
高炭素鋼	C0.45%以上	6~9	6~9	8~13	5~8	
合金剛	SCM	7~12	7~12	10~15	5~8	
調質鋼	HRC25~45°	3~5 (4~8)	3~5 (4~8)	4~6 (6~10)	—	
白鐵	SUS	4~7	5~8	8~13	5~10	
工具鋼	SKD	6~9	6~9	7~10	—	
鑄鋼	SC	6~11	6~11	10~15	—	
鑄鐵	FC	10~15	—	—	—	空氣冷卻
	FCD	7~12	7~12	10~20	—	
紅銅	Cu	6~9	6~11	7~12	7~12	不水溶性切削油 水溶性切削油 植物性油
黃銅	BS, BSC	10~15	10~15	15~25	7~12	
青銅	PB, PBC	6~11	6~11	10~20	7~12	
鋁	AL	10~20	10~20	15~25	10~20	
鋁合金	AC, ADC	10~15	10~15	15~20	10~15	

2.22 六角小螺帽 ISO4032

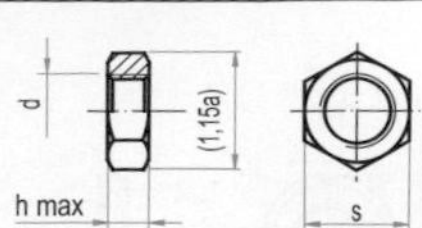

稱方法：ISO 4032- M10-8

d	P	S	h	d	P	S	h	d	P	S	h
M1.6	0.35	3.2	1.3	M 6	1	10	5.2	M20	2.5	30	18
M2	0.4	4	1.6	M 8	1.25	13	6.8	M24	3	36	21.5
M2.5	0.45	5	2	M10	1.5	16	8.4	M30	3.5	46	25.6
M3	0.5	5.5	2.4	M12	1.75	18	10.8	M36	4	55	31
M4	0.7	7	3.2	(M14)	2	21	12.8	M42	4.5	65	34
M5	0.8	8	4.7	M16	2	24	14.8	M48	5	75	38

2.23 不同厚度之六角螺帽 CNS3129：1992-02

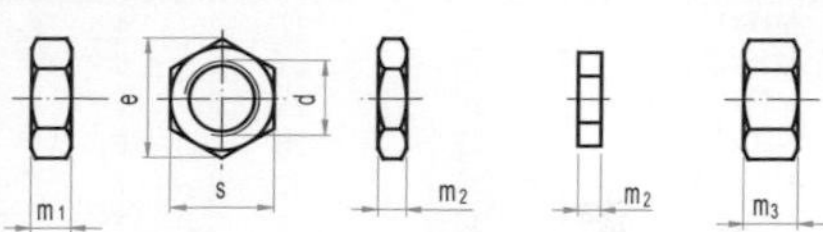

稱方法：CNS3129・型式・螺紋標稱

	M3	M4	M5	M6	M8	M10	M12	M14	M16	M20	M24	M30
	—	—	—	—	M8x1	M10x1	M12x1.5	M14x1.5	M16x1.5	M20x1.5	M24x2	M30x2
	5.5	7	8	10	13	16	18	21	24	30	36	46
	6	7.7	8.8	11.1	14.4	17.7	20.0	23.4	26.8	33	39.6	50.9
1	2.4	3.2	4.7	5.2	6.8	8.4	10.8	12.8	14.8	18	21.5	25.6
2	1.8	2.2	2.7	3.2	4	5	6	7	8	10	12	15
3	—	—	—	—	7.5	9.3	12	14.1	16.4	20.3	23.9	28.6

2.24 堡型螺帽 CNS4469 4470 (DIN935-1：1987-10)

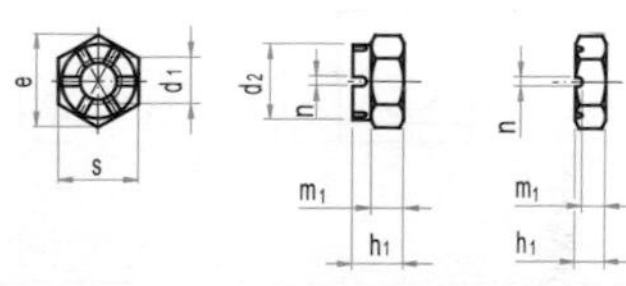

差等級：6H

稱方法 CNS 4469 M20x60-8

單位：mm

d 1	M6	M8	M10	M12	M14	M16	M20	M24	M30
	—	M8x1	M10x1.25	M12x1.5	M14x1.5	M16x1.5	M20x2	M24x2	M30x2
d 2	—	—	—	(16) 17	(18) 19	22	28	34	42
n	2.5	13	16	3.5	3.5	24	30	36	46
h1	7.5	14.4	17.7	20.0	23.4	26.8	33	39.6	50.9
m1	5	6.8	8.4	10.8	12.8	14.8	18	21.5	25.6
用開口尺度	1.6x14	2x16	2.5x20	3.2x22	3.2x25	4x28	4x36	5x40	6.3x50

弧（）內為DIN ISO272

10-2.25 側槽圓螺帽 CNS4464 (DIN981：1993-02)

（鎖緊滾動軸承用）

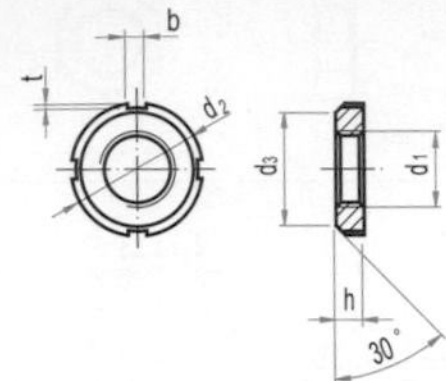

若内螺紋：M20×1則
標稱方法：CNS 4464 （DIN 981）-KM4

標稱編號	d_1	d_2	d_3	h	b	t
KM 1	M12x1	22	17	4	3	2
KM 2	M15x1	25	21	5	4	2
KM 3	M17x1	28	24	5	4	2
KM 4	M20x1	32	26	6	4	2
KM 5	M25x1.5	38	32	7	5	2
KM 6	M30x1.5	45	38	7	5	2
KM 7	M35x1.5	52	44	8	5	2
KM 8	M40x1.5	58	50	9	6	2.5
KM 9	M45x1.5	65	56	10	6	2.5
KM10	M50x1.5	70	61	11	6	2.5
KM11	M55x2	75	67	11	7	3
KM12	M60x2	80	73	11	7	3

10-2.26 T 型螺帽 CNS4771 (DIN 508：1991-04)

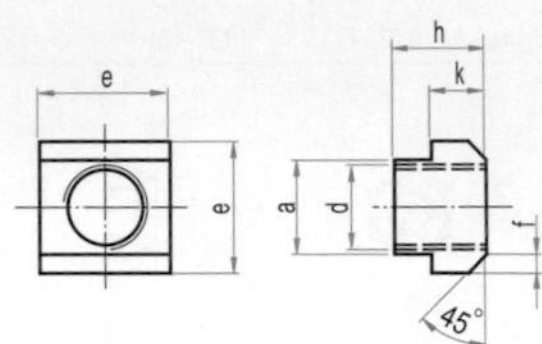

材料：鋼，強度區分 8
若内螺紋 M12，
a = 14 mm：
標稱方法：CNS 4771 M12 x 4

A		d	e		f	h	k	
	公差			公差				公差
6		M 5	10	0		8	4	0
8		M 6	13	- 0.5		10	6	- 0.5
10		M 8	15			12	6	
12		M10	18			14	7	
14		M12	22	0		16	8	0
18		M16	28	- 0.5		20	10	- 0.5
22		M20	35			28	14	
28		M24	44			36	18	
36		M30	54	0		44	22	0
42		M36	65	- 1		52	26	- 1
48		M42	75			60	30	

-2.27 T 型槽 CNS5061 (DIN650：1989-10)

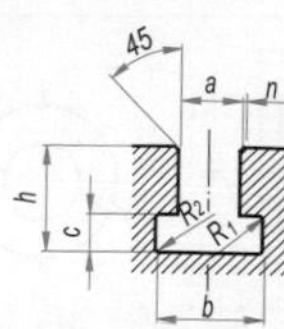

= 14 mm 及公差 H8：

標稱方法：CNS 5061 14H8

單位：mm

a H8	b		c		h		n	R_1	R_2
		公差		公差	最小	最大			
6	11	+1.5	5	+1	11	13	1	0.6	1
8	14.5	+1.5	7	+1	15	18	1	0.6	1
10	16.5	+1.5	7	+1	17	21	1	0.6	1.6
12	19.5	+1.5	8	+1	20	25	1	0.6	1.6
14	23	+2	9	+2	23	28	1	0.6	1.6
18	30	+2	12	+2	30	36	1.6	0.6	2.5
22	37	+3	16	+2	38	45	1.6	1	2.5
28	46	+4	20	+2	48	56	1.6	1	2.5
36	56	+4	25	+3	60	71	2.5	1	4
42	68	+4	32	+4	74	85	2.5	1	4
48	80	+5	36	+4	84	95	2.5	2	6

10-2.28 墊圈

10-2.28(A)墊圈 CNS150 (ISO8738)

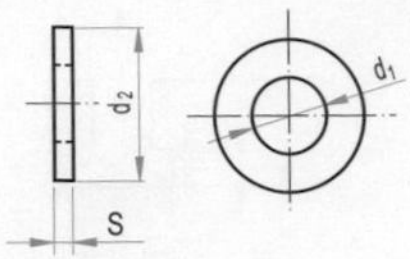

精度：AISO 8738 單位：mm

d_1H_{11}	5	6	8	10	12	14	16	20	24	30	40
d_2	10	12	15	18	20	22	24	30	37	44	56
s	1	1.6	2	2.5	3	3	3	4	4	5	6

如：d_1= 20mm，硬度 160 HV

標稱方法：CNS 150 20-160HV

有齒墊圈 CNS 4402　A型外齒　J型內齒

圓錐作業墊圈 CNS 4309 DIN 6796

長舌墊圈 CNS 1591 DIN 93

雙舌墊圈 CNS 4645 DIN 463

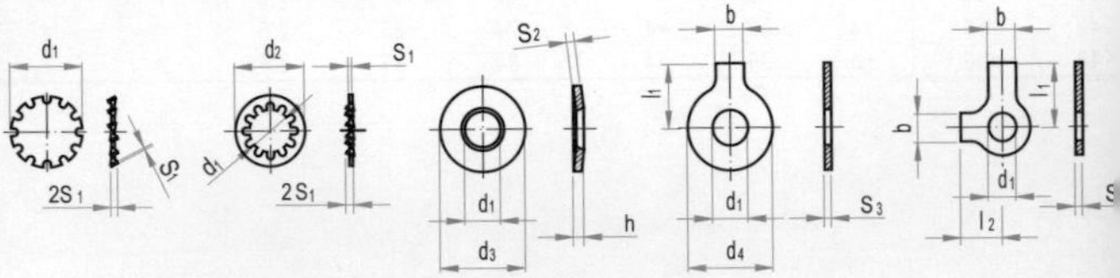

D	b	d_1	d_2	d_3	d_4	d_5	d_6	f	h	l_1	l_2	S_1	S_2	S_3
4	5	4.3	8	9	14	14	9	2.5	1.3	14	6.5	0.5	1	0.38
5	6	5.3	10	11	17	17	11	3.5	1.5	16	8	0.6	1.2	0.5
6	7	6.4	11	14	19	19	12	3.5	2	18	9	0.7	1.5	0.5
8	8	8.4	15	18	22	22	17	3.5	2.6	20	11	0.8	2	0.75
10	10	10.5	18	23	26	26	21	4.5	3.2	22	13	0.9	2.5	0.75
12	12	13	20.5	29	30	32	24	4.5	3.9	28	15	1	3	1
16	15	17	26	39	36	40	30	5.5	5.2	32	18	1.2	4	1
20	18	21	33	45	42	45	36	6.5	6.4	36	21	1.4	5	1
24	20	25	38	56	50	50	44	7.5	7.7	42	25	1.5	6	1

10-2.28(B)平墊圈

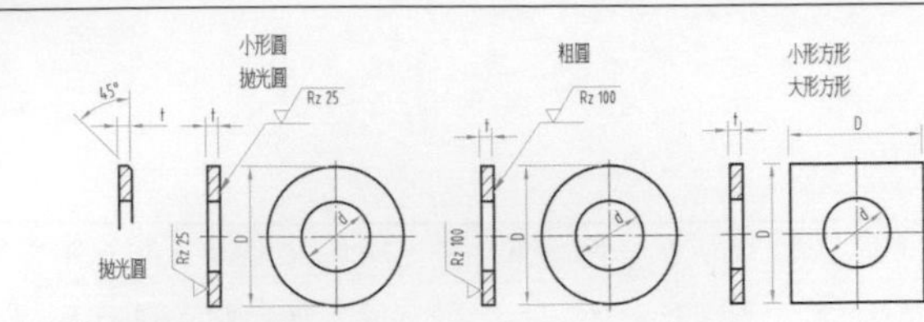

標稱直徑	圓形									方形				
	小形圓			拋光圓			粗圓			d	小形方形		大形方形	
	d	D	t	d	D	t	d	D	t		D	t	D	t
1	1.1	2.5	0.3											
1.2	1.3	2.8	0.3											
(1.4)	1.5	3	0.3											
1.6	1.7	3.8	0.3											
*(1.7)	1.8	3.8	0.3											
2	2.2	4.3	0.5	2.2	5	0.3								
2.2	2.4	4.6	0.5	2.4	6.5	0.5								
*(2.3)	2.5	4.6	0.5	2.5	6.5	0.5								
2.5	2.7	5	0.5	2.7	6.5	0.5								
*(2.6)	2.8	5	0.5	2.8	6.5	0.5								
3	3.2	6	0.5	3.2	7	0.5								
(3.5)	3.7	7	0.5	3.7	9	0.5								
4	4.3	8	0.8	4.3	9	0.8								
(4.5)	4.8	9	0.8	4.8	10	0.8								
5	5.3	10	1	5.3	10	1								
6	6.4	11.5	1.6	6.4	12.5	1.6	6.6	12.5	1.6	6.6	17	1.2	20	2
8	8.4	15.5	1.	8.4	17	16	9	17	1.6	9	23	1.6	26	2
10	10.5	18	2	10.5	21	2	11	21	2	11	28	1.6	32	2
12	13	21	2.5	13	24	2.5	14	24	2.3	14	35	2.3	40	3
(14)	15	24	2.5	15	28	2.5	16	28	3.2	16	40	3.2	44	3
16	17	28	3	17	30	3	18	30	3.2	18	45	3.2	52	4
(18)	19	30	3	19	34	3	20	34	3.2	20	52	4.5	55	4
20	21	34	3	21	37	3	22	37	3.2	22	56	4.5	62	[illegible]
(22)	23	37	3	23	39	3	24	39	3.2	24	64	4.5	68	[illegible]
24	25	39	4	25	44	4	26	44	4.5	26	68	6	72	[illegible]
(27)	28	44	4	28	50	4	30	50	4.5	30			80	[illegible]
30	31	50	4	31	56	4	33	56	4.5	33			90	[illegible]
(33)	34	56	5	34	60	5	36	60	6	36			100	[illegible]
36	37	60	5	37	66	5	39	66	6	39			110	[illegible]
(39)	40	66	6	40	72	6	42	72	6	42			115	[illegible]
42				43	78	7	45	78	7	45			120	[illegible]
(45)				46	85	7	48	85	7	48			130	[illegible]
48				50	92	8	52	92	8	52			140	[illegible]
(52)				54	98	8	56	98	8	56			150	[illegible]
56				58	105	9	62	105	9					
(60)				62	110	9	66	110	9					
64				66	115	9	70	115	9					
(68)				70	120	10	74	120	10					
72				74	125	10	78	125	10					
(76)				78	135	10	82	135	10					
80				82	140	12	86	140	12					
(85)							91	145	12					
90							96	160	12					
(95)							101	165	12					

.29 開口彈簧墊圈 CNS161

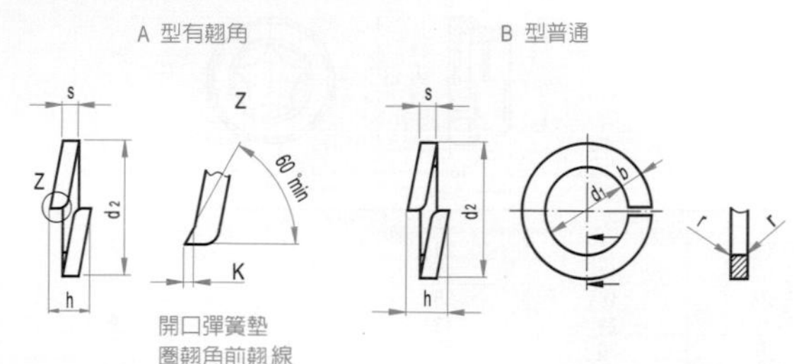

料：彈簧鋼
標稱直徑d=10mm，A型 淬火回火至HRC 51之間
稱方法：CNS 161．A型．10mm (HV50~HV70)

稱徑	d_1 公差		d_2 最大	h A型 最小	h A型 最大	h B型 最小	h B型 最大	b 公差		s 公差		R	k	配合公制螺釘
2	2.1	+0.3	4.4	-	-	1	1.2	0.9	±0.1	0.5	±0.1	0.1	-	2
.3	2.4	+0.3	4.9	-	-	1.2	1.4	1	±	0.6	±0.1	0.1	-	2.3
.5	2.6	+0.3	5.1	-	-	1.2	1.4	1	±0.1	0.6	±0.1	0.1	-	2.5
.6	2.7	+0.3	5.2	-	-	1.2	1.4	1	±0.1	0.6	±0.1	0.1	-	2.6
	3.1	+0.3	6.2	1.9	2.1	1.6	1.9	1.3	±0.1	0.8	±0.1	0.2	0.15	3
.5	3.6	+0.3	6.7	1.9	2.2	1.6	1.9	1.3	±0.1	0.8	±0.1	0.2	0.15	3.5
	4.1	+0.3	7.6	2.1	2.5	1.8	2.1	1.5	±0.1	0.9	±0.1	0.2	0.15	4
	5.1	+0.3	9.2	2.7	3.2	2.4	2.8	1.8	±0.1	1.2	±0.1	0.2	0.15	5
	6.1	0.4	11.8	3.6	4.2	3.2	3.8	2.5	±0.15	1.6	±0.1	0.3	0.2	6
	7.1	+0.4	12.8	3.6	4.2	3.2	3.8	2.5	±0.15	1.6	±0.1	0.3	0.2	7
	8.1	+0.4	14.8	4.6	5.4	4	4.7	3	±0.15	2	±0.1	0.5	0.3	8
0	10.2	+0.5	18.1	5	5.9	4.4	5.2	3.5	±0.2	2.2	±0.15	0.5	0.3	10
2	12.2	+0.5	21.1	5.8	6.8	5	5.9	4	±0.2	2.5	±0.15	1	0.4	12
4	14.2	+0.5	24.1	6.8	8	6	7.1	4.5	±0.2	3	±0.15	1	0.4	14
6	16.2	+0.8	27.4	7.8	9.2	7	8.3	5	±0.2	3.5	±0.2	1	0.4	16
8	18.2	+0.8	29.4	7.8	9.2	7	8.3	5	±0.2	3.5	±0.2	1	0.4	18
0	20.2	+1	33.6	8.8	10.4	8	9.4	6	±0.2	4	±0.2	1	0.4	20
2	22.5	+1	35.9	8.8	10.4	8	9.4	6	±0.2	4	±0.2	1	0.4	22
4	24.5	+1	40	11	13	10	11.8	7	±0.25	5	±0.2	1.6	0.5	24
7	27.5	+1	43	11	13	10	11.8	7	±0.25	5	±0.2	1.6	0.5	27
0	30.5	+1.2	48.2	13.6	16.1	12	14.2	8	±0.25	6	±0.2	1.6	0.8	30

10

10-3 油盅、油窗及黃油嘴

10-3.1 油 窗

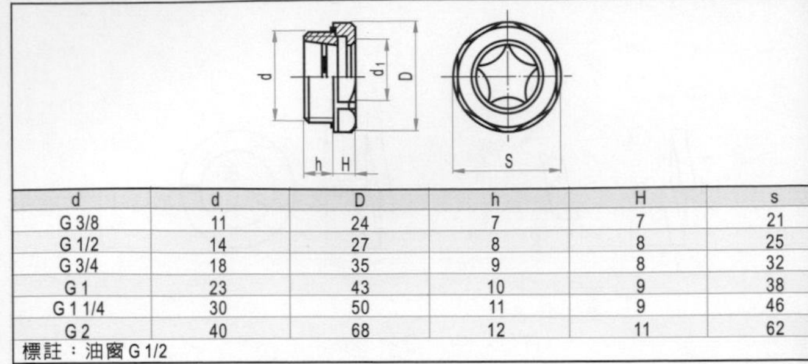

d	d	D	h	H	s
G 3/8	11	24	7	7	21
G 1/2	14	27	8	8	25
G 3/4	18	35	9	8	32
G 1	23	43	10	9	38
G 1 1/4	30	50	11	9	46
G 2	40	68	12	11	62

標註：油窗 G 1/2

10-3.2 平頭式黃油嘴 CNS7582 (DIN3403：1988-01)

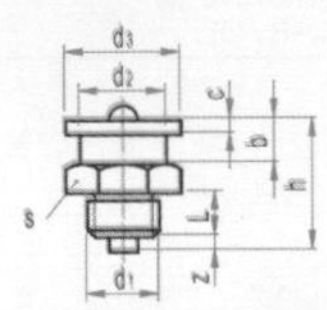

標稱方法：CNS 7582、AM10×1 單位：mm

代號	d	b	c	d	d	h	ℓ	s	z
AM10x1	M10x1	6.5	2	12	16	17.6	5.5	17	1
AM16x1.5	M16x1.5	8.5	3	18	22	23.1	7.5	22	1.5
AG /	G /	6.5	2	12	16	17.6	5.5	17	1
AG /	G /	6.5	2	12	16	17.6	7.5	17	1
AG /	G /	8.5	3	18	22	23.1	7.5	22	1.5

材料：St (鋼, 鋅合金, 強度區分 5.8)
用於新設計 號碼. St (不銹剛) Ms (Cu-Zn-合金)
如為螺紋代號 M10 1 及材料 St:
標稱方法：CNS 7582 AM10 1 - St

10-3.3 油盅 CNS2925 (DIN3410，3411：1972-10，1974-12)

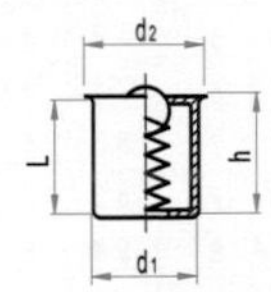

單位：

代號	F4	F5	F6	F8	F10	F12.5	F14	F1
d_1 (1)	4	5	6	8	10	12.5	14	16
d_2	4.5	5.5	6.5	9	11	13.5	15	17
h	5	6	7	9	11.5	14	16.5	18
ℓ	3	4	5	7	9.5	12	14.5	16

(1) d_1承裝孔公差 H11
如為 d_1 = 8 mm 材料 St:
標稱方法：CNS 2925 F8-St

IN 3411 : 1972-10

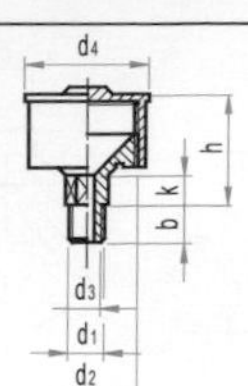

編號	d_1		d_2	d_3	d_4	b	h	k	s
00	–	M6 x1	M10 x1	2	14	6	26	6	7
0	$G^1/_8$	M8 x1	M12 x1	2.5	16	8	30	7	10
1	$G^1/_8$	M10 x1	M16 x1	3	24	9	35	7	12
2	$G^1/_4$	M12 x1.5	M22 x1.5	4	28	11	38	10	17
3	$G^1/_4$	M12 x1.5	M30 x1.5	4	38	11	42	10	17
4	$G^1/_4$	M12 x1.5	M36 x1.5	4	45	11	45	10	17
5	$G^1/_4$	M12 x1.5	M48 x1.5	4	58	11	52	10	17

型：蓋與底部抽製(編號1至5)　材料:
型：蓋與底部抽製(編號00至5)　個(St)
型：蓋抽製, 底部捲製(編號2至5)
為編號1, 公制螺紋, B型, 材料St:
稱方法：CNS 2959 B1M - St

4 傳動結合件

.1 配合平鍵及滑鍵 CNS169 (DIN6885：1968-08)

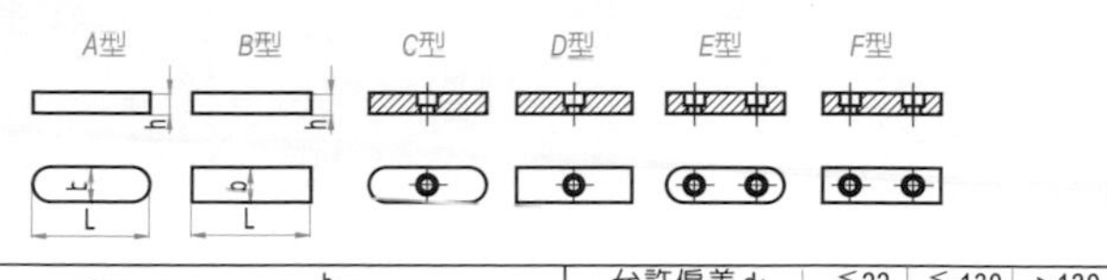

允許偏差 d_1	≦22	≦ 130	> 130
鍵座深度 t_1	+ 0.1	+ 0.2	+ 0.3
鍵槽深度 t_2	+ 0.1	+ 0.2	+ 0.3

	6 8	8 10	10 12	12 17	17 22	22 30	30 38	38 44	44 50	50 58	58 65	65 75	75 85	85 95	95 110	110 130	130 150
	2 2	3 3	4 4	5 5	6 6	8 7	10 8	12 8	14 9	16 10	18 11	20 12	22 14	25 14	28 16	32 18	36 20
	1.2	1.8	2.5	3	3.5	4	5	5	5.5	6	7	7.5	9	9	10	11	12
	1	1.4	1.8	2.3	2.8	3.3	3.3	3.3	3.8	4.3	4.4	4.9	5.4	5.4	6.4	7.4	8.4
	6 20	6 36	8 45	10 56	14 70	18 90	20 110	28 140	36 160	45 180	50 200	56 220	63 250	70 280	80 320	90 360	
度	6, 8, 10, 12, 14, 16, 18, 20, 22, 25, 28, 32, 36, 40, 45, 50, 56, 63, 70, 80, 90, 100, 110, 125, 140, 160, 180, 200, 220, 250, 280, 320 mm																

A型，b = 12mm，h = 8mm，l =56mm：標稱方法：CNS 169 (DIN 6885)-A12x8x56

配合		餘隙配合	過渡配合	干涉配合
b	孔之鍵槽	D10	J9	P9
	軸之鍵座	H9	N9	

滑鍵

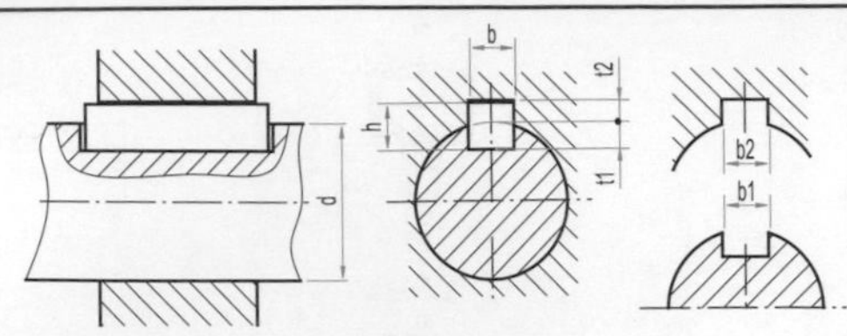

鍵之標稱尺度 bxh	鍵槽之尺度 b1 基準尺度	b1 公差 (H9)	b2 基準尺度	b2 公差 (D10)	t1 基準尺度	t2 基準尺度	t1,t2 公差	參考 適用軸徑 d
2x2	2	+0.025 0	2	+0.060 +0.020	1.2	1.0	+0.1 0	6~8
3x3	3		3		1.8	1.4		8~10
4x4	4	+0.030 0	4	+0.078 +0.030	2.5	1.8		10~12
5x5	5		5		3.0	2.3		12~17
6x6	6		6		3.5	2.8		17~22
8x7	8	+0.036 0	8	+0.098 +0.040	4.0	3.3	+0.2 0	22~30
10x8	10		10		5.0	3.3		30~38
12x8	12	+0.043 0	12	+0.120 +0.050	5.0	3.3		38~44
14x9	14		14		5.5	3.8		41~50
16x10	16		16		6.0	4.3		50~58
18x11	18		18		7.0	4.4		58~65
20x12	20	+0.052 0	20	+0.147 +0.065	7.5	4.9		65~75
22x14	22		22		9.0	5.4		75~85
25x14	25		25		9.0	5.4		85~95
28x16	28	+0.062 0	28	+0.180 +0.080	10.0	6.4		95~110
32x18	32		32		11.0	7.4		110~130
36x20	36		36		12.0	8.4		130~150
40x22	40		40		13.0	9.4		150~170
45x25	45		45		15.0	10.4		170~200
50x28	50		50		17.0	11.4		200~230
56x32	56	+0.074 0	56	+0.220 +0.100	20.0	12.4	+0.3 0	230~260
63x32	63		63		20.0	12.4		260~290
70x36	70		70		22.0	14.4		290~330
80x40	80		80		25.0	15.4		330~380
90x45	90	+0.087 0	90	+0.260 +0.120	28.0	17.4		380~440
100x50	100		100		31.0	19.5		440~500

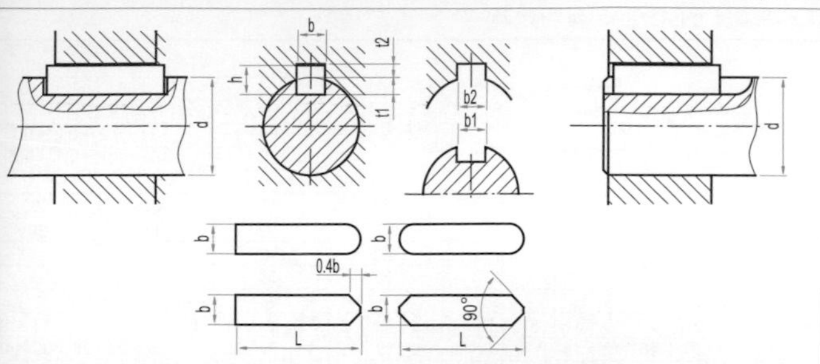

之標 尺度 bxh	鍵之尺度					鍵槽之尺度							參考
	b		h			b1 b2 基準尺度	精級	普通級		t1 基準尺度	t2 基準尺度	t1 t2 公差	適用軸徑 d
	基準尺度	公差 (h9)	基準尺度	公差			b1,b2 公差 (P9)	b1 公差 (N9)	b2 公差 (Js9)				
2x2	2	0 -0.025	2	0 -0.025	h9	2	-0.006 -0.031	-0.004 -0.029	±0.0125	1.2	1.0	+0.1 0	6~8
3x3	3		3			3				1.8	1.4		8~10
4x4	4	0 -0.030	4	0 -0.030		4	-0.012 -0.042	0 -0.030	±0.0150	2.5	1.8		10~12
5x5	5		5			5				3.0	2.3		12~17
6x6	6		6			6				3.5	2.8		17~22
8x7	8	0 -0.036	7	0 -0.090	h11	8	-0.015 -0.051	0 -0.036	±0.0180	4.0	3.3	+0.2 0	22~30
10x8	10		8			10				5.0	3.3		30~38
12x8	12	0 -0.043	8			12	-0.018 -0.061	0 -0.043	±0.0215	5.0	3.3		38~44
14x9	14		9			14				5.5	3.8		44~50
6x10	16		10			16				6.0	4.3		50~58
8x11	18		11	0 -0.110		18				7.0	4.4		58~65
0x12	20	0 -0.052	12			20	-0.022 -0.074	0 -0.052	±0.0260	7.5	4.9	+0.3 0	65~75
2x14	22		14			22				9.0	5.4		75~85
5x14	25		14			25				9.0	5.4		85~95
8x16	28		16			28				10.0	6.4		95~110
2x18	32	0 -0.062	18			32	-0.026 -0.088	0 -0.062	±0.0310	11.0	7.4		110~130
6x20	36		20	0 -0.130		36				12.0	8.4		130~150
0x22	40		22			40				13.0	9.4		150~170
5x25	45		25			45				15.0	10.4		170~200
0x28	50		28			50				17.0	11.4		200~230

10-4.2 半圓鍵 CNS172 (DIN6888：1956-08)

b	≦5	5	6	6	8	10
h	≦7.5	>7.5	≦9	>9	—	—
t_1	+0.1	+0.2	+0.1	+0.2	+0.2	+0.2
t_2	+0.1	+0.1	+0.1	+0.1	+0.1	+0.2

系列I 超過 軸-d_1	8				10			12			17			22			30		
至	10				12			17			22			30			38		
系列II超過 軸-d_1	12				17			22			30			—			—		
至	17				22			30			38			—			—		
鍵-截面 厚度b	2.5	3			4			5			6			8			10		
高度h	3.7	3.7	5	6.5	5	6.5	7.5	6.5	7.5	9	7.5	9	11	9	11	13	11	13	1
鍵- d_2	10	10	13	16	13	16	19	16	19	22	19	22	28	22	28	32	28	32	4
鍵長度	9.7	9.7	12.7	15.7	12.7	15.7	18.6	15.7	18.6	21.6	18.6	21.6	27.4	21.6	27.4	31.4	27.4	31.4	43
鍵座深度t_1	2.9	2.5	3.8	5.3	3.5	5	6	4.5	5.5	7	5.1	6.6	8.6	6.2	8.2	10	7.8	9.8	1
鍵槽深度t_2	1	1.4			1.7			2.2			2.6			3			3.4		

系列I：半圓鍵傳送動力時，承受全部轉矩
系列II：半圓鍵依運轉狀況而定，其轉矩參雜其他因素(例如：圓錐體)運轉。
半圓鍵槽深度以不超過軸半徑為原則。
如鍵厚度b=5mm，h=9mm及材料E 335：
標稱方法：CNS172 5x9-E 335

鍵槽與鍵座之配合

		過渡配合	干涉配合
b	孔之鍵槽	J9(P8)	P9(P8)
	軸之鍵座	N9(P8)	

半圓鍵

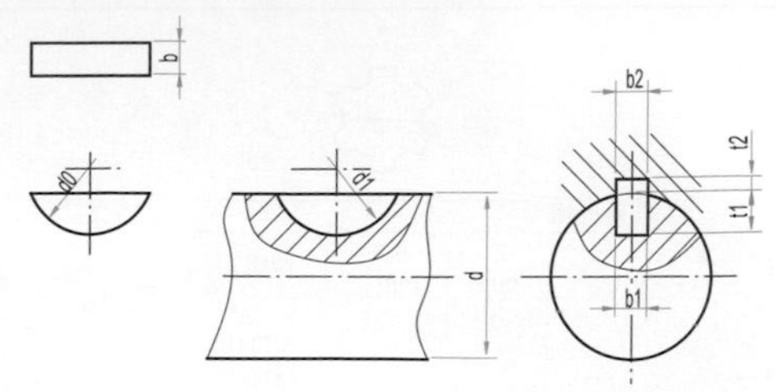

鍵之標稱尺度 bxd0	鍵槽尺度 b1 基準尺度	b1 公差 (N9)	b2 基準尺度	b2 公差 (F9)	t1 基準尺度	t2 基準尺度	t1,t2 公差	d1 基準尺度	d1 公差	參考 適用軸徑 d
2.5x10	2.5	-0.004 -0.029	2.5	+0.031 +0.006	2.5	1.4	+0.1 0	10	+0.2 0	7~12
3x10	3		3		2.5	1.4		10		8~14
3x13	3		3		3.8	1.4		13		9~16
3x16	3		3		5.3	1.4		16		11~18
4x13	4	0 -0.030	4	+0.040 +0.010	3.5	1.7		13		11~18
4x16	4		4		5	1.7		16		12~20
4x19	4		4		6	1.7		19	+0.3 0	14~22
5x16	5		5		4.5	2.2		16	+0.2 0	14~22
5x19	5		5		5.5	2.2		19	+0.3 0	15~24
5x22	5		5		7	2.2		22		17~26
6x22	6		6		6.6	2.6		22		19~28
6x25	6		6		7.6	2.6		25		20~30
6x28	6		6		8.6	2.6		28		22~32
6x32	6		6		10.6	2.6		32		24~34
8x25	8	0 -0.036	8	+0.049 +0.013	7.2	3		25		24~34
8x28	8		8		8.2	3		28		26~37
8x32	8		8		10.2	3		32		28~40
8x38	8		8		12.2	3		38		30~44
10x32	10		10		9.8	3.4		32		31~46
10x45	10		10		12.8	3.4		45		38~54
10x55	10		10		13.8	3.4		55		42~60
10x65	10		10		15.8	3.4		65	+0.5 0	46~65
12x65	12	0 -0.043	12	+0.059 +0.016	15.2	4		65		50~73
12x80	12		12		20.2	4		80		58~82

10

10-4.3 栓槽組 ISO 14：1986-12

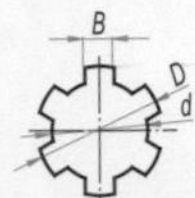

d mm	輕負荷用 標稱方式	N	D mm	B mm	中負荷用 標稱方式	N	D mm	B mm
11	–	–	–	–	6x11x14	6	14	3
13	–	–	–	–	6x13x16	6	16	3.5
16	–	–	–	–	6x16x20	6	20	4
18	–	–	–	–	6x18x22	6	22	5
21	–	–	–	–	6x21x25	6	25	5
23	6x23x26	6	26	6	6x23x28	6	28	6
26	6x26x30	6	30	6	6x26x32	6	32	6
28	6x28x32	6	32	7	6x28x34	6	34	7
32	8x32x36	8	36	6	8x32x38	8	38	6
36	8x36x40	8	40	7	8x36x42	8	42	7
42	8x42x46	8	46	8	8x42x48	8	48	8
46	8x46x50	8	50	9	8x46x54	8	54	9
52	8x52x58	8	58	10	8x52x60	8	60	10
56	8x56x62	8	62	10	8x56x65	8	65	10
62	8x62x68	8	68	12	8x62x72	8	72	12
72	10x72x78	10	78	12	10x72x82	10	82	12
82	10x82x88	10	88	12	10x82x92	10	92	12
92	10x92x98	10	98	14	10x92x102	10	102	14
102	10x102x108	10	108	16	10x102x112	10	112	16
112	10x112x120	10	120	18	10x112x125	10	125	18

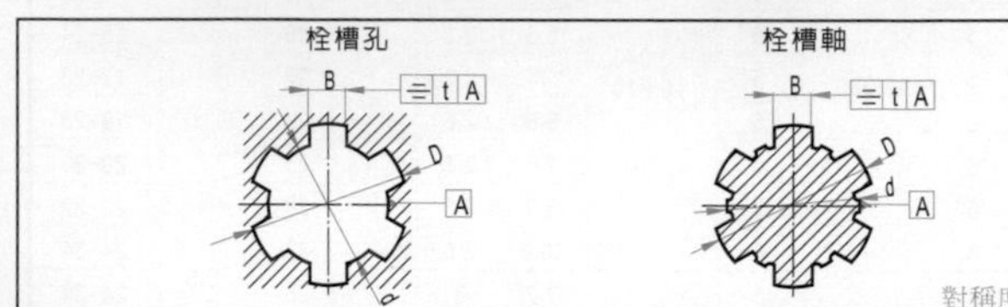

對稱度公差t單位:

孔公差						軸公差			配合形式
加工後熱處理			加工後熱處理						
B	D	d	B	D	d	B	D	d	
H 9	H10	H 7	H11	H10	H 7	d10	a11	f7	自由
						f9	a11	g7	滑動
						f9	a11	g7	固定

栓槽寬B	3	3.5, 4, 5, 6	7, 8, 9, 10	12, 14, 16, 18
對稱度公差t	0.010 (IT7)	0.012 (IT7)	0.015 (IT7)	0.018 (IT7)

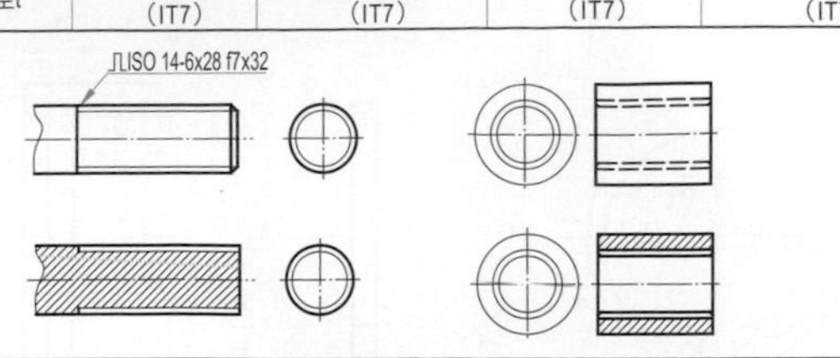

扣環 CNS 9074，9075，9076

E型扣環

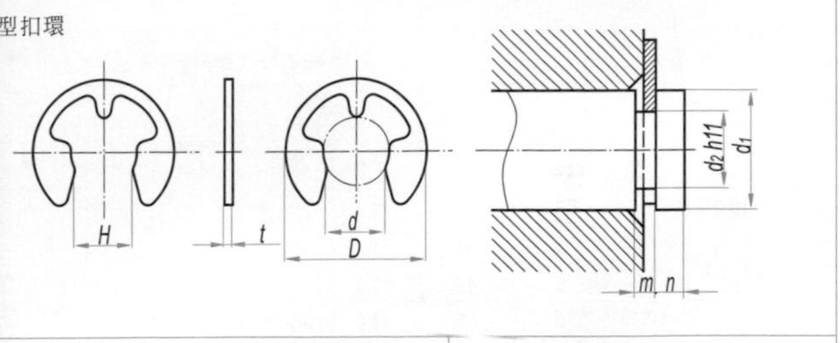

扣					環				適	用		之	軸		
d		D		H		t		b	(參考) d1之劃分		d2		m		(參考) n
基本尺度	公差	基本尺度	公差	基本尺度	公差	基本尺度	公差	約	從	至	基本尺度	公差	基本尺度	公差	最小
0.8	0 -0.08	2	±0.1	0.7	0 -0.25	0.2	±0.02	0.3	1	1.4	0.8	+0.05 0	0.3	+0.05 0	0.4
1.2	0 -0.09	3		1		0.3	±0.025	0.4	1.4	2	1.2	+0.06 0	0.4		0.6
1.5		1	±0.2	1.3		0.4	±0.03	0.6	2	2.5	1.5		0.5		0.8
2		5		1.7		0.4		0.7	2.5	3.2	2				1.0
2.5		6		2.1		0.4		0.8	3.2	4	2.5				
3		7		2.6		0.6	±0.04	0.9	4	5	3		0.7	+0.1 0	
4	0 -0.12	9		3.5	0 -0.30	0.6		1.1	5	7	4	+0.075 0			1.2
5		11		4.3		0.6		1.2	6	8	5				
6		12		5.2		0.8		1.4	7	9	6		0.9		
7	0 -0.15	14		6.1	0 -0.35	0.8		1.6	8	11	7	+0.09 0			1.5
8		16		6.9		0.8		1.8	9	12	8				1.8
9		18		7.8		0.8		2.0	10	14	9				2
10		20	±0.3	8.7		1.0		2.2	11	15	10		1.15	+0.14 0	
12	0 -0.18	23		10.4	0 -0.45	1.0		2.4	13	18	12	+0.11 0			2.5
15		29		13		1.5	±0.05	2.8	16	24	15		1.65		3
19	0 -0.21	37		16.5		1.5		4.0	20	31	19	+0.13 0			3.5
24		44		20.8	0 -0.50	2.0	±0.06	5.0	25	38	24		2.2		4

10

孔用C型扣環

mm

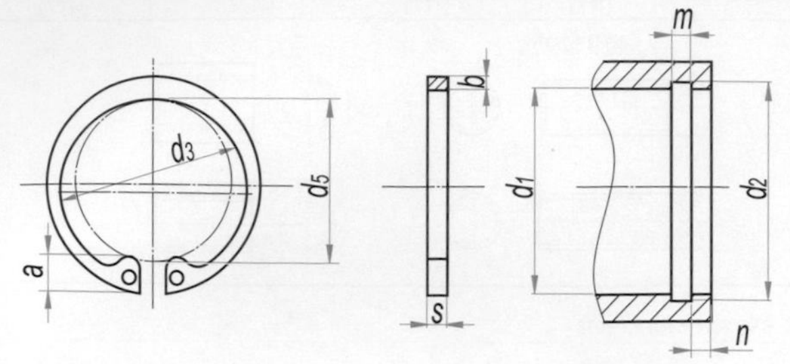

標稱直徑	扣環 d3 標準尺度	扣環 d3 公差	可適用之軸（參考） d5	d1	d2 標準尺度	d2 公差	m 標準尺度	m 公差	n 最小
10	10.7	±0.18	3	10	10.4	+0.11 0	1.15	+0.14 0	1.5
11	11.8		4	11	11.4				
12	13		5	12	12.5				
13	14.1		6	13	13.6				
14	15.1		7	14	14.6				
15	16.2		8	15	15.7				
16	17.3			16	16.8				
17	18.3	±0.2	9	17	17.8				
18	19.5		10	18	19	+0.21 0			
19	20.5		11	19	20				
20	21.5		12	20	21				
21	22.5			21	22				
22	23.5		13	22	23				
24	25.9		15	24	25.2		1.35		
25	26.9		16	25	26.2				
26	27.9			26	27.2				
28	30.1	±0.25	18	28	29.4				
30	32.1		20	30	31.4	+0.25 0			
32	34.4		21	32	33.7				
34	36.5		23	34	35.7		1.75		2
35	37.8		24	35	37				
36	38.8		25	36	38				
37	39.8		26	37	39				
38	40.8		27	38	40				

孔用 C 型扣環 mm

稱徑	扣環		可適用之軸（參考）						
	d3		d5	d1	d2		m		n
	標準尺度	公差			標準尺度	公差	標準尺度	公差	最小
40	43.5	±0.4	28	40	42.5	+0.25 0	1.95	+0.14 0	2
42	45.5		30	42	44.5				
45	48.5		33	45	47.5				
47	50.5	±0.45	34	47	49.5				
48	51.5		35	48	50.5	+0.3 0			
50	54.2		37	50	53		2.2		
52	56.2		39	52	55				
55	59.2		41	55	58				
56	60.2		42	56	59				
58	62.2		44	58	61				
60	64.2		46	60	63				
62	66.2		48	62	65				
63	67.2		49	63	66				
65	69.2		50	65	68		2.7		2.5
68	72.5		53	68	71				
70	74.5		55	70	73				
72	76.5		57	72	75				
75	79.5		60	75	77				
78	82.5	±0.55	62	78	81	+0.35 0			
80	85.5		64	80	83.5				
82	87.5		66	82	85.5				
85	90.5		69	85	88.5		3.2	+0.18 0	3
88	93.5		71	88	91.5				
90	95.5		73	90	93.5				
92	97.5		74	92	95.5				
95	100.5		77	95	98.5				
98	103.5		80	98	101.5				
100	105.5		82	100	103.5				

10

軸用C型扣環

mm

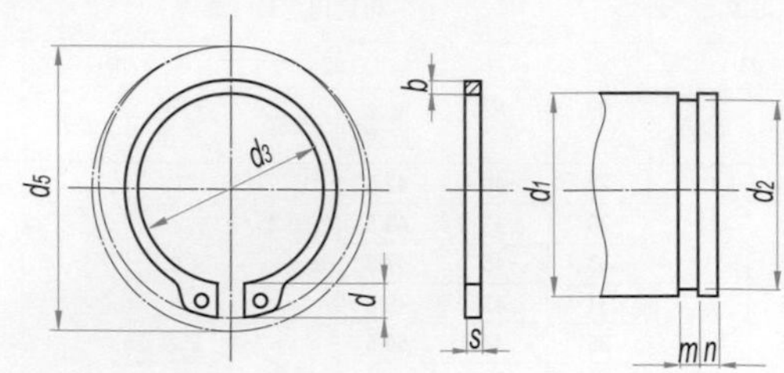

<table>
<tr><th rowspan="3">標稱直徑</th><th colspan="2">扣環</th><th colspan="7">可適用之軸（參考）</th></tr>
<tr><th colspan="2">d3</th><th rowspan="2">d5</th><th rowspan="2">d1</th><th colspan="2">d2</th><th colspan="2">m</th><th>n</th></tr>
<tr><th>標準尺度</th><th>公差</th><th>標準尺度</th><th>公差</th><th>標準尺度</th><th>公差</th><th>最小</th></tr>
<tr><td>10</td><td>9.3</td><td rowspan="2">±0.15</td><td>17</td><td>10</td><td>9.6</td><td>0
-0.09</td><td rowspan="8">1.15</td><td rowspan="19">+0.14
0</td><td rowspan="19">1.5</td></tr>
<tr><td>(11)</td><td>10.2</td><td>18</td><td>11</td><td>10.5</td><td rowspan="9">0
-0.11</td></tr>
<tr><td>12</td><td>11.1</td><td rowspan="8">±0.18</td><td>19</td><td>12</td><td>11.5</td></tr>
<tr><td>(13)</td><td>12</td><td>20</td><td>13</td><td>12.4</td></tr>
<tr><td>14</td><td>12.9</td><td>22</td><td>14</td><td>13.4</td></tr>
<tr><td>15</td><td>13.8</td><td>23</td><td>15</td><td>14.3</td></tr>
<tr><td>16</td><td>14.7</td><td>24</td><td>16</td><td>15.2</td></tr>
<tr><td>17</td><td>15.7</td><td>25</td><td>17</td><td>16.2</td></tr>
<tr><td>18</td><td>16.5</td><td>26</td><td>18</td><td>17</td><td rowspan="8">1.35</td></tr>
<tr><td>(19)</td><td>17.5</td><td>27</td><td>19</td><td>18</td></tr>
<tr><td>20</td><td>18.5</td><td rowspan="9">±0.20</td><td>28</td><td>20</td><td>19</td><td rowspan="9">0
-0.21</td></tr>
<tr><td>(21)</td><td>19.5</td><td>30</td><td>21</td><td>20</td></tr>
<tr><td>22</td><td>20.5</td><td>31</td><td>22</td><td>21</td></tr>
<tr><td>(24)</td><td>22.2</td><td>33</td><td>24</td><td>22.9</td></tr>
<tr><td>25</td><td>23.2</td><td>34</td><td>25</td><td>23.9</td></tr>
<tr><td>(26)</td><td>24.2</td><td>35</td><td>26</td><td>24.9</td></tr>
<tr><td>28</td><td>25.9</td><td>38</td><td>28</td><td>26.6</td><td rowspan="3">1.75</td></tr>
<tr><td>(29)</td><td>26.9</td><td>39</td><td>29</td><td>27.6</td></tr>
<tr><td>30</td><td>27.9</td><td>40</td><td>30</td><td>28.6</td></tr>
</table>

軸用C型扣環

mm

稱徑	扣環		可適用之軸（參考）						
	d3		d5	d1	d2		m		n
	標準尺度	公差			標準尺度	公差	標準尺度	公差	最小
32	29.6	±0.20	43	32	30.3	0 -0.25	1.75	+0.14 0	1.5
4)	31.5	±0.25	45	34	32.3				
35	32.2		46	35	33.3				
6)	33.2		47	36	34		1.95		2
8)	35.2		50	38	36				
40	37	±0.4	53	40	38				
2)	38.5		55	42	39.5				
45	41.5		58	45	42.5				
8)	44.5		62	48	45.5		2.2		
50	45.8		64	50	47				
2)	47.8		66	52	49				
55	50.8	±0.45	70	55	52	0 -0.3			
6)	51.8		71	56	23				
8)	53.8		73	58	55				
60	55.8		75	60	57				
2)	57.8		77	62	59				
3)	58.8		78	63	60				
65	60.8		81	65	62		2.7		2.5
8)	63.5		84	68	65				
70	65.5		86	70	67				
2)	67.5		88	72	69				
75	70.5		92	75	72				
8)	73.5		95	78	75				
80	74.5		97	80	76.5				
2)	76.5		99	82	78.5				
85	79.5		103	85	81.5	0 -0.35	3.2	+0.18 0	3
8)	82.5	±0.55	106	88	84.5				
90	84.5		108	90	86.5				
95	89.5		114	95	91.5				
00	94.5		119	100	96.5				
05)	98		125	105	101	0 -0.54	42		4
10	103		131	110	106				

10

10-4.5 U 型環插銷 CNS 4311，4312 ISO 2340

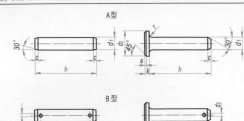

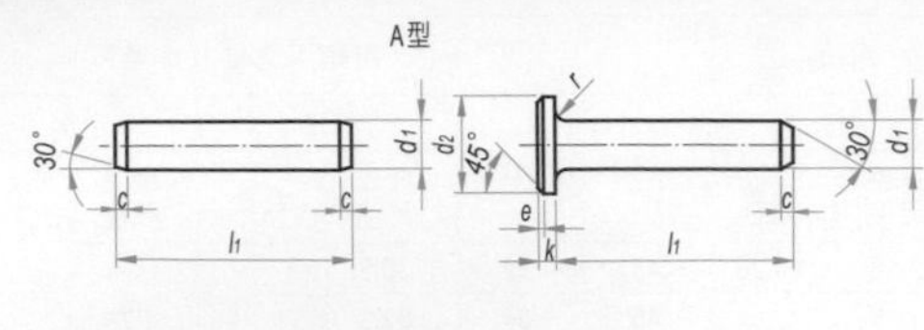

標稱方法：

CNS4312_A_10 50 St d_1 = 10 h 11，l_1 = 50帶頭St

CNS4311_B_10 100 3.2-St d_1 = 10 h 11，l_1 = 100 l_2 = 88

d_1[(1)] h11	4	5	6	8	10	12	14	16	18	3
d_2 h14	6	8	10	14	18	20	22	25	28	3
d_3 H13	1	1.2	1.6	2	3.2	3.2	4	4	5	5
K js14	1	1.6	2	3	4	4	4	4.5	5	5
R	0.6	0.6	0.6	0.6	0.6	0.6	0.6	0.6	1	1
W	2.2	2.9	3.2	3.5	4.5	5.5	6	6	7	8
c 最大	1	2	2	2	2	3	3	3	3	4
e	0.5	1	1	1	1	1.6	1.6	1.6	1.6	2
L_1 從	8	10	12	16	20	24	28	32	35	4
js15 至	40	50	60	80	100	120	140	160	180	2
墊圈 d_4	8	10	12	16	20	25	28	28	30	3
ISO 8738	0.8	1	1.6	2	2.5	3	3	3	4	4
開口銷 DIN 94	1x6	1.2x8	1.6x10	2x12	3.5x12	3.2x20	4x25	4x25	5x30	5

分段 8 10 12 14 16 18 20 22 26 28 30 32 35 40

長度 l_1 45 50 55 60 65 70 75 80 85 90 95 100 . . . 200

10-4.6 開口銷 CNS 398 DIN 94：1983-10

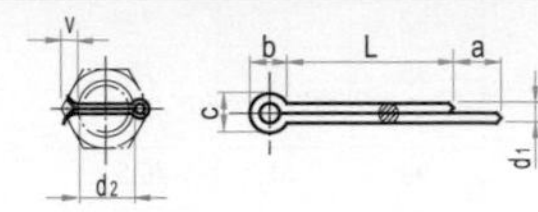

如為標稱直徑 3.2 mm，長度 l = 40mm，材料：鋼

標稱方法CNS398 3.2 40 St

單位：

標稱直徑∅			1	1.2	1.6	2	2.5	3.2	4	5	6.3	8	10
d_1			0.85	0.95	1.35	1.75	2.2	2.8	3.6	4.5	5.8	7.4	9.4
a			1.6	2.5	2.5	2.5	2.5	3.2	4	4	4	4	6.3
b			3	3	3.2	4	5	6.4	8	10	12.6	16	20
c			1.7	1.9	2.6	3.4	4.3	5.6	6	8.6	11.2	14	18
L 從			6	8	8	10	12	18	20	20	28	36	56
L 至			18	25	32	40	50	80	125	125	140	140	140
直徑範圍 d_2	螺釘	超過	3.5	4.5	5.5	7	9	11	14	20	27	39	56
		至	4.5	5.5	7	9	11	14	20	27	39	56	80
	螺釘	超過	3	4	5	6	8	9	12	17	23	29	44
		至	4	5	6	8	9	12	17	23	29	44	69
V 最小			4	5	5	6	6	8	8	10	12	14	16

長度 l：4, 5, 6, 8, 10, 12, 14, 16, 18, 20, 22, 25, 28, 32, 36, 40, 45, 50, 56, 63, 71, 80, 90, 100, 112, 125, 140, 160, 180, 200, 224, 250, 280

圓柱定位銷 CNS 397 ISO 8734：1992-10

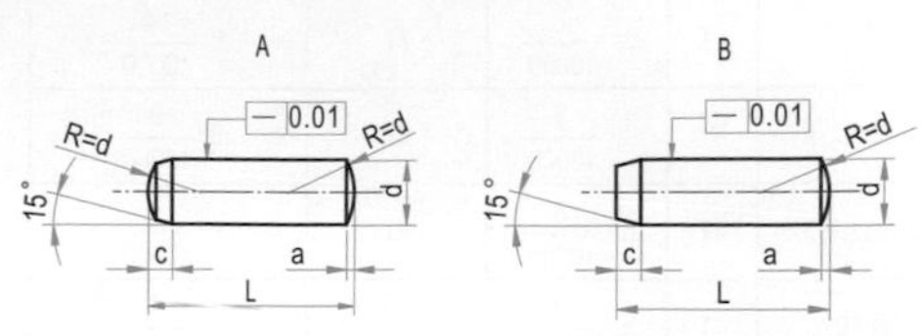

單位：mm

m6	2	2.5	3	4	5	6	8	10	12	16	20
a	0.25	0.3	0.4	0.5	0.63	0.8	1	1.2	1.6	2	2.5
c	0.8	1	1.2	1.4	1.7	2.1	2.6	3	3.8	4.6	6
L從 至	5 20	6 24	8 30	10 40	12 50	14 60	18 80	22 100	24 100	40 100	50 100

L:5, 6, 8, 10....... 32, 36, 40, 45....... 100mm。
徑 d = 8mm, 淬火硬化, L = 28mm‥
方法：CNS 397 8x28-A-St
硬化處理HRC 60

定位銷CNS397

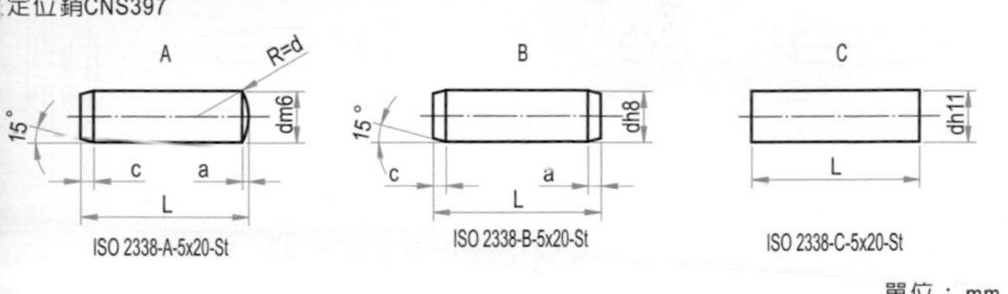

ISO 2338-A-5x20-St ISO 2338-B-5x20-St ISO 2338-C-5x20-St

單位：mm

d	2	3	4	5	6	8	10	12	16	20	25	30
a≈	0.25	0.4	0.5	0.63	0.8	1	1.2	1.6	2	2.5	3	4
c≈	0.35	0.5	0.6	0.8	1.2	1.6	2	2.5	3	3.5	4	5
L從 至	6 20	8 30	8 40	10 50	12 60	14 80	18 95	22 140	26 180	35 200	50 200	60 200

L: 6, 8, 10, 12, 14, 16, 18, 20, 22, 25, 28, 32, 36, 40, 45 . 100, 120, 140, 160, 180, 200 目。
直徑 d = 8mm, 公差等位：m6L= 2,8mm：
方法：CNS 397 A-8x28-St

推拔銷 CNS 396(ISO 2339)：1992-10

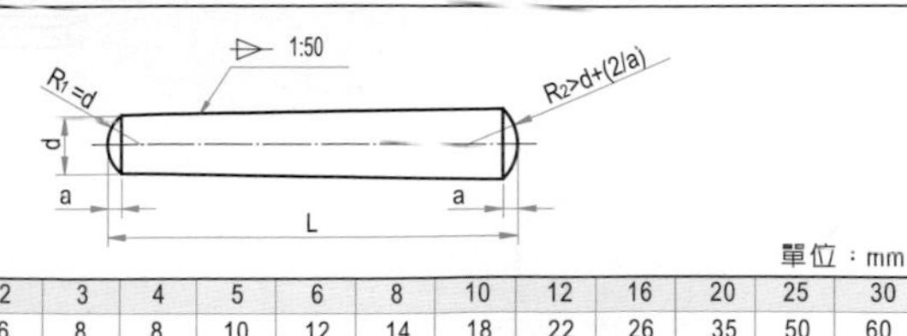

單位：mm

d m6	2	3	4	5	6	8	10	12	16	20	25	30
L從 至	6 20	8 30	8 40	10 50	12 60	14 80	18 95	22 140	26 180	35 200	50 200	60 200

L尺寸 a: 參考, DIN EN 22338
徑 d = 5mm, 研磨,L= 50mm:
方法：CNS 396 A-5X50-St.

錐度之公差

長度 L	1 級		2 級	
12 以下	6T	$\pm \frac{7}{10000}$	7T	$\pm \frac{14}{10000}$
12~25 以下	5T	$\pm \frac{5}{10000}$	6T	$\pm \frac{9}{10000}$
25~50 以下	4T	$\pm \frac{3}{10000}$	5T	$\pm \frac{6}{10000}$
逾 50	4T	$\pm \frac{3}{10000}$	5T	$\pm \frac{5}{10000}$

10-4.9 槽銷 CNS 8925，8926，8927，8928 ISO 8740，8744，8745 : 1992-10

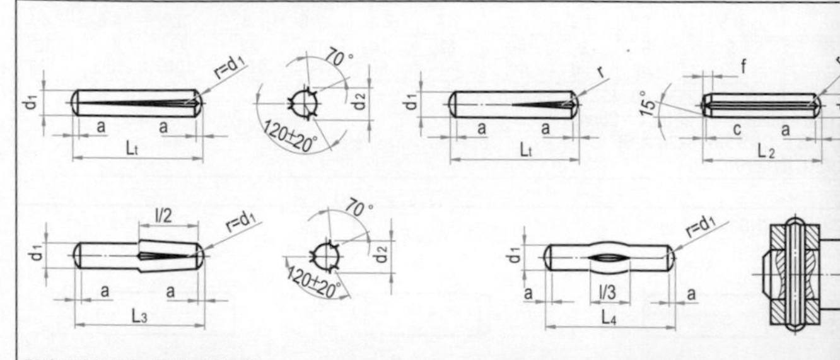

CNS 8925 (ISO 8741) -5 30-St
CNS 8926 (ISO 8742) -5 30-St

單位：

d h11	2	2.5	3	4	5	6	8	10	12	16	20
a	0.8	1	1.2	1.4	1.7	2.1	2.6	3	3.8	4.6	6
c	0.2	0.3	0.4	0.5	0.6	0.8	1	1.2	1.6	2	2.5
L 從	8	10	10	10	14	14	14	14	18	22	26
至	30	30	40	60	60	100	100	100	100	100	100

10-4.10 彈簧銷 CNS 8772，8773 ISO 8752 : 1993-08

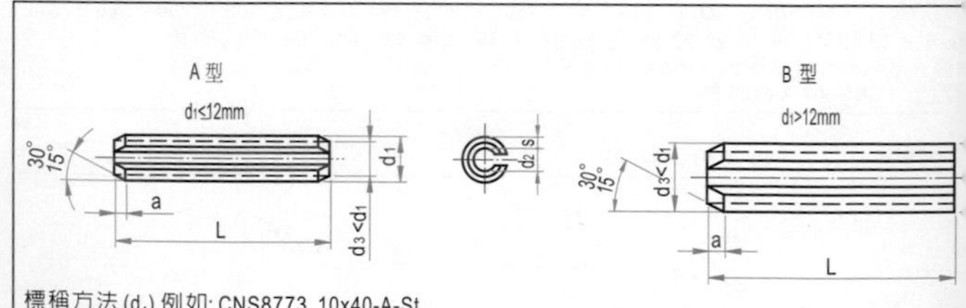

標稱方法 (d_1),例如: CNS8773 10x40-A-St

CNS 8773 12x32-A-St

單位

標稱直徑 -∅	2	3	4	5	6	8	10	12	14	16	20
$D_{最小}$	2.3	3.3	4.4	5.4	6.4	8.5	10.5	12.5	14.5	16.5	20.5
S	0.4	0.6	0.8	1	1.25	1.5	2	2.5	3	3	4
$A_{最小}$	0.35	0.5	0.65	0.9	1.2	2	2	2	2	2	3
L 從	4	4	4	5	10	10	10	10	10	10	10
至	30	40	50	80	100	100	100	100	100	100	100

長度L：6,8,10,12,14,16,18,20,22,25,28,32,36,40,45 .. 100,120,140,160,180,200mm。

定位銷裝配裝置 ：CNS 399

於推拔銷及開口銷

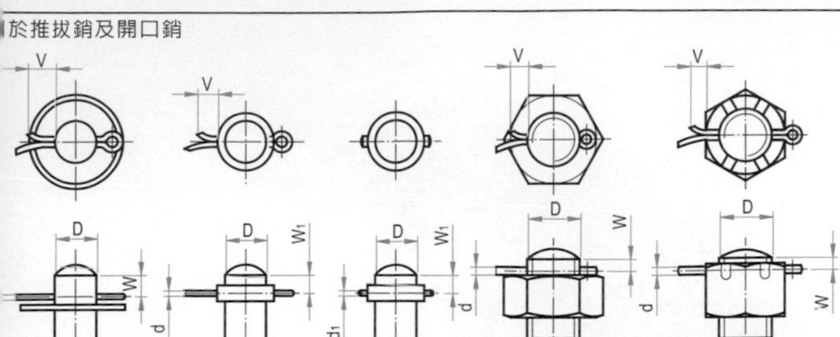

螺栓	直徑D		開口銷 標稱直徑d	圓錐銷 直徑 d1	孔距 (最小尺寸)		銷子突出長度 (最小尺寸) V
	螺釘						
	韋氏	公制			W	W1	
至2	-	2至2.6	0.6	0.6	1.2	1.5	2
至3	-	3至3.5	0.8	0.8	1.5	2	2
至4	-	4至5	1	1	1.8	2.5	3
至5	1/4	5.5至6	1.5	1.5	2	3	3
至6	-	7	1.5	1.5	2.5	3.5	4
至8	5/16至3/8	8至10	2	2	3	4	5
至11	7/16至1/2	11至14	3	3	4	6	6
至17	5/8至3/4	16至20	4	4	5	7	8
至23	7/8至1	22至27	5	5	6.5	8	10
至30	11/8至11/8	30至36	6	6	8	10	12
至45	11/2至2	39至52	8	8	10	11	14
至75	21/4至31/4	56至84	10	10	12	13	16
至110	31/2至43/4	89至119	13	13	15	17	20
0至160	5至61/2	124至169	16	16	18	20	25
0	-	-	20	20	22	25	32

：1.螺釘上用之開口銷，應視內螺紋內徑而決定之。

第 11 章 傳動機件

11

1 滾動軸承種類

表 11-1.1

<table>
<tr><th colspan="9">軸承系列</th></tr>
<tr><th colspan="4">軸承形式</th><th>略圖</th><th>尺度系號</th><th>軸承系號</th><th>CNS 編號</th></tr>
<tr><td>深溝滾珠軸承</td><td>單列</td><td colspan="2">無填裝槽</td><td></td><td>18
19
10
02
03
04</td><td>68
69
60
62
63
64</td><td>CNS 2862
B2116
CNS 8207
B2637
CNS 8206
B2635</td></tr>
<tr><td>斜角接觸滾珠軸承</td><td>單列</td><td colspan="2">標稱接觸角45°以下非分離型</td><td></td><td>10
02
03
04</td><td>70
72
73
74</td><td>CNS 5504
B 2471</td></tr>
<tr><td>自動對位滾珠軸承</td><td>雙列</td><td colspan="2">外環導軌面為球面</td><td></td><td>02
03
22
23</td><td>12
13
22
23</td><td>CNS 5500
B 2471</td></tr>
<tr><td rowspan="4">滾柱軸承</td><td rowspan="4">單列</td><td rowspan="2">內環雙凸緣</td><td>外環單凸緣</td><td></td><td>02
03
04</td><td>NF 2
NF 3
NF 4</td><td rowspan="2">CNS 7104
B2541</td></tr>
<tr><td>外環無凸緣</td><td></td><td>02
03
04</td><td>N 2
N 3
N 4</td></tr>
<tr><td>內環單凸緣</td><td>外環雙凸緣</td><td></td><td>02
22
03
23
04</td><td>NJ 2
MJ 22
MJ 3
MJ 23
NJ 4</td><td>CNS 7110
B2547</td></tr>
<tr><td>內環無凸緣</td><td>外環雙凸緣</td><td></td><td>10
02
22
03
23
04</td><td>NU 10
NU 2
NU 22
NU 3
NU 23
NU 4</td><td>CNS 7105
B2542
CNS 5502
B2473</td></tr>
</table>

表 11-1.1 (續)

軸承系列								
軸承形式					略圖	尺度系號	軸承系號	CNS 編號
徑向滾子軸承	滾子軸承	雙列	內環有凸緣	外環有凸緣		30	NN 30	CNS 710 B2543
	滾針軸承	單列	內環無凸緣			49	NA 49	CNS 569 B2490
			無內環			49	RNA 49	CNS 71 B2544 CNS 569 B2491
止推滾珠軸承	滾錐軸承	單列	分離型			29	329	CNS 5503 B2474
						20	320	
						02	302	
						22	322	
						03	303,303D	
						23	323	
	自動對位滾子軸承	雙列	外環導軌面為球面			30	230	CNS 568 B2486
						31	231	
						22	222	
						32	232	
						03	213	
						23	223	
止推滾珠軸承	止推滾珠軸承	單列	單層，平面座形			11	511	CNS 286 B2117
						12	512	
						13	513	
						14	514	
			雙層，平面座形			22	522	CNS 809 B2624
						23	523	
						24	524	
止推滾子軸承	止推自動對位滾子軸承	單列	外環導軌面為球面			92	292	CNS 809 B2627
						93	293	
						94	294	

內徑編號與內徑尺度			
內徑編號	內徑尺度	內徑編號	內徑尺度
1	1	48	240
2	2	52	260
3	3	56	280
4	4	60	300
5	5	64	320
6	6	68	340
7	7	72	360
8	8	76	380
9	9	80	400
00	10	84	420
01	12	88	440
02	15	92	460
03	17	96	480
04	20	/500	500
/22	22	/530	530
05	25	/560	560
/28	28	/600	600
06	30	/630	630
/32	32	/670	670
07	35	/710	710
08	40	/750	750
09	45	/800	800
10	50	/850	/850
11	55	/900	900
12	60	/950	950
13	65	/1000	
14	70	/1060	
15	75	/1120	
16	80	/1180	
17	85	/1250	
18	90	/1320	
19	95	/1400	
20	100	/1500	
21	105	/1600	
22	110	/1700	
24	120	/1800	
26	130	/1900	
28	140	/2000	
30	150		
32	160		
34	170		
36	180		
38	190		
40	200		
44	220		

補充符號			
軸承籠符號		密封或遮蓋	
符號	內容	符號	內容
K	滾動件附軸承籠。	UU	兩面密封
		U	單面密封
		ZZ	兩面遮蓋
		Z	單面遮蓋

軸承環形狀符號		組合符號	
符號	內容	符號	內容
K	內徑 $\frac{1}{12}$ 斜度	DB	背面組合
N	環槽	DF	正面組合
NR	附扣環	DT	並列組合

間隙符號		等級符號	
符號	內容	符號	內容
C1	小於 C2 之間隙	無記號	0 級
C2	小於一般之間隙	P6	6 級
無符號	一般間隙		
C3	大於一般之間隙	P5	5 級
C4	大於 C3 之間隙		
C5	大於 C4 之間隙	P4	4 級

接觸角符號		
軸承形式		符號
單列斜角接觸滾珠軸承	標稱接觸角超過 10°，22°以下	C
	標稱接觸角超過 22°，32°以下 (普通 30°)	A
	標稱接觸角超過 32°，45°以下 (普通 40°)	B
單列滾錐軸承	標稱接觸角超過 24°，32°以下	D

11-2 滾動軸承之標稱 CNS 5682 B1167

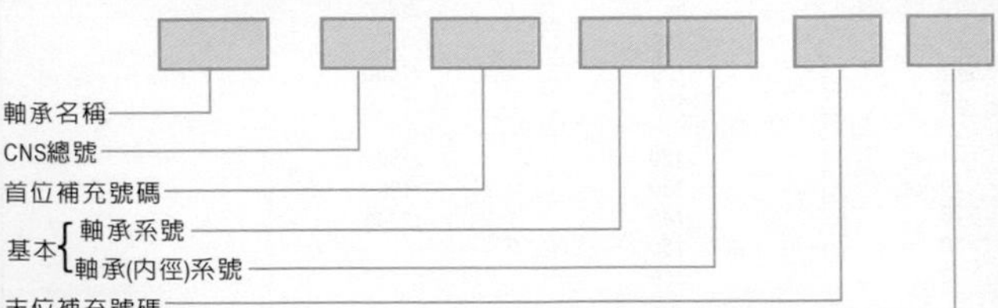

基本號碼表示軸承系列與軸承內徑，首位補充號碼與末位補充號碼，在需要時可用以表示軸承之

1.首位補充號碼：通常用於表示整個軸承之構成個別零件、型類及材料，實際上亦可視為基本號碼部分。

如：K：表示附滾動件軸承籠(如滾子組件)。

L：表示活動軸承環(大都為具替換目的之分離型軸承零件)。

R：表示軸承環(內環或外環)與滾柱或滾針之組件。

除上例外，尚有其他特徵，以其他符號表示者。

2.基本號碼：用以表示軸承特徵，由軸承系號與尺度(內徑)系號組成。

位補充號碼：利用末位補充號碼在需要時可用以表示補充說明，諸如：

界尺度　　公　差
卜　形　　軸承間隙
密　封　　耐　溫
軸承籠(保持器)型式等。

提到之其他符號，亦可用以表示其各自之特徵。

部標稱中，基本號碼為必要項目，其他如無必要可省略。

3 軸承之配合公差：CNS 7946 B1275

1 粗體用於實心軸之公差等位

單位：mm

軸承內孔	平行孔									推拔孔附套接器
負荷狀態	純軸向負荷	中心負荷 內環可移推 需要	中心負荷 內環可移推 不一定需要	周圍負荷 中負荷及中運轉情況						負荷大小及方向不一定。
舉例	╳	軸靜止輪轉動	拉緊滾動，繩輪滾動	一般機械，渦輪機 電器機械，泵，減速機						一般機械
徑向滾珠軸承	全部直徑			至18	超過18至100	超過100至140	超過140至200	╳	╳	全部直徑
徑向滾柱及滾錐軸承				╳	至40	超過40至100	超過100至140	超過140至200	╳	
軸向滾動軸承				╳	至40	超過40至65	超過65至100	超過100至140	超過140至200	
公差等位依 CNS 4	j6	g6(1)	h6(1)	h5	k5(2)(3)(7)	m5(2)(3)(7)	m6(1)(7)	n6(4)(7)	p6(7)	h9/IT5(5)(6)
動軸承內徑之公差等位 CNS軸承標準	0									0 KB

需更高之旋轉精度者，可採用IT5。

採用雙列斜角接觸滾珠軸承之公差等位，亦即有較大之上限公差5，則軸承必須具有較大之徑向間隙。

一般用於徑向滾錐軸承之公差等位k6及m6，可不必注意其軸承間隙已減少。

鐵道車輛用軸承為滾柱軸承者，從100mm開始，軸直徑n6~p6。

/IT5意思是除了圓柱度公差等位為IT5之外，還規定尺度公差為IT9。

要求更高之旋轉精度或轉速，可用h7/IT5。

查驗是否需要更大之徑向間隙。

軸為空心者，應選擇壓入配合，逾越之尺度，不在此表內。

11-3.2 用於軸承殼之公差等位

負荷狀況	純軸向負荷	中心負荷					不定向負荷			周圍負荷[9]		
		中負荷，外環移推	不一定之負荷(任何)	衝擊負荷，亦可能毫無負荷			中負荷，外環移推		大衝擊負荷	低負荷 $P \leq 0.07C$	中負荷 $P \approx 0.1C$	高負薄壁承殼 0.15C
							需要	不需要				
	外環能移推				外環在通常					外環不能移推		
					可		不可					
					移推							
舉例	全部軸承	乾燥機	一般機械	鐵路車輛用軸承		電器機械	曲軸之主軸承			帶輪或索輪滾動	厚壁輪轂連桿軸承	薄 輪 滾
				不分開	分開							
公差等位[9] 依CNS 4	H8 至 E8	G7	H7		J7[10]	J6	K7[7]			M7[7]	N7[7]	P7
滾動軸承外徑hB之公差等位見CNS												

(1)見軸公差等位表。
(2)P及C依CNS 5683。
(3)適用於鑄鐵及鋼製軸承殼，如遇輕金屬，通常用固定配合，精密軸承用IT6級，凸肩滾珠軸承，其外緣面有上限尺度差 ± 者，可用較鬆公差等位，例如以H7代替J7。
(4) 如用雙列徑向斜角接觸滾珠軸承之公差等位，其下限尺度差小於J7者，需較大之徑向間隙

11-3.3 軸承配合面與承面之幾何公差

圓柱度公差：用於軸及軸承殼之軸承承面之圓柱度公差。在一般情形，需採用精於直徑公差二級之柱度公差(例如：100m6 直徑，亦即$100^{+0.035}_{+0.013}$，其 IT6 及之公差相當於 22 μm，而所屬 IT4 級者為公差μm)，圓柱度公差，在此情況下應為 ⌭ 0.005

特別規則：拉張和牽引襯套之配合面，在一般機械製造業中，其圓柱度公差相當於 IT5 級。

位置公差：垂直度公差用在滾動軸承環和間隔環之軸向承面，其公差應精於其所屬軸或軸承殼直徑取之公差 2 級。間隔環之承面，凡用車床自由車製而帶承面之負荷者，應高於 IT5。

軸承配合面之表面粗糙度數值

直徑		軸一或軸承殼一軸承承面之直徑公差等位(2)		
超過	至	IT7(3) R_z：μm	IT6 R_z：μm	IT5 R_z：μm
—	18	10	6.3	4
18	30	10	6.3	4
30	50	10	6.3	4
50	80	10	6.3	4
80	120	16	10	6.3
120	180	16	10	6.3
180	250	16	10	6.3
250	315	16	10	6.3
315	400	16	10	6.3

(1) R_z 為平均粗糙度約等於 $4R_a$。
(2)在採用鬆裝配合軸承時，軸承殼之配合面可採取表列數值之 1.5 倍。

3.4 徑向軸承的容許公差

單位 mm

負荷條件		軸徑(mm)			軸之種類與等級	備註	適用實例(參考)
		滾珠軸承	滾柱軸承 滾錐軸承	自動調心 滾子軸承			
直圓孔軸承							
座圈迴轉荷	內座圈須容易在軸上移動	全軸徑			g6	要求精密時用 g5、h5，大軸承爲易於移動可以用 f6	靜止軸之車輪
	內座圈不需易在軸上移動	全軸徑			h6		張力帶輪等
內座圈迴轉負荷或負荷方向不固定	輕負荷與變動負荷	18 以下	—	—	h5	要求精密時用 j6、k6、m6，改用 j5、k5、m5	電動工具、工具機、鼓風機、搬運車
		18 以上 100 以下	40 以下	—	j6		
		100 以上 200 以下	40 以上 140 以下	—	k6		
		—	140 以上 200 以下	—	m6		
	普通負荷與重負荷	***18 以下***	—	—	*j5*	單列滾錐軸承與斜角滾錐軸承時不必考慮配合之間隙變化，k5、m5 改用 k6、m6 即可	一般軸承部份馬達、適平、內燃機、木工機器
		18 以上 100 以下	40 以下	40 以下	k5		
		100 以上 200 以下	40 以上 100 以下	40 以上 65 以下	m5		
		—	100 以上 140 以下	65 以上 100 以下	m6		
		—	140 以上 200 以下	100 以上 1400 以下	n6		
		—	200 以上 400 以下	140 以上 280 以下	p6		
		—	—	280 以上	r8		
	非常重的負荷與衝擊負荷	—	50 以上 140 以下	50 以上 100 以下	n6	須用比普通間隙更大之間隙	火車、軌道車輛之車軸軸承、馬達
		—	140 以上 200 以下	100 以上 140 以下	p6		
		—	200 以上	140 以上	r6		
中心推力負荷		250 以下			j6	—	—
		250 以上			js6＝j6		
推孔的軸承(有襯套)							
各負荷		全軸徑			*h9/IT5*	傳動軸等亦可用 h10/IT7 表示軸的形狀誤差必須在 IT5、IT7 之公差範圍內	一般的軸承部份軌道車輛、傳動軸

11-4　滾動軸承之壽命

負載容量及負載，與壽命間之關係。

滾珠軸承　$L=(C/P)^3$

滾子軸承　$L=(C/P)^{10/3}$

L＝軸承之壽命(10^6 迴轉單位)

C＝基本負載容量(表示於各軸承表中)

P＝軸承負載 kg

軸承壽命以 500 小時為基準，

$33.3 \times 60 \times 500=10^6$

即表示壽命之基本負載容量 C，在 33.3 r.p.m 時，可維持 500 小時壽命。

軸承型式	滾珠軸承	滾子軸承
壽命時間	$L_h = 500\ fh^3$	$L_h = 500\ fh^{10/3}$
壽命係數	$f_h = f_n \dfrac{C}{P}$	$f_h = f_n \dfrac{C}{P}$
速度係數	$f_n = \left(\dfrac{33.3}{n}\right)^{1/3}$	$f_n = \left(\dfrac{33.3}{n}\right)^{3/10}$

機械種類及所用軸承之標準壽命 L_h

工作條件	適用於機械之實例	壽命時間 L_h
短時間工作	廣告用機器，滑門輥等雜零件，方向指示器。	500
短時間或斷續工作 即使發生故障亦無嚴重後果	手用工具，工廠升降機，一般手動機械起重機，家庭用機器，農耕機械。	4000~ 8000
雖屬斷續工作但需要確實之傳動時	發電所用輔助機械，裝配作業之運送機升降機，裝卸起重機，不常用之工作機械。	8000~ 13000
每日工作八小時，而在未達最高運轉狀態	工廠電動機，一般齒輪裝置。	13000~ 20000
每日運轉八小時而在最高運轉狀態	使用於機械工廠之一般機械，常時操作之起重機，送風機，中間傳動軸。	20000~ 30000
每日 24 小時連續運轉	分離機，壓縮機，泵，運送機。	45000~ 60000
每日 24 小時連續運轉且絕對不可停止	發電所，公共設施之機械裝置，礦山揚水泵，自來水供水裝置，船舶用之連續使用機械。	100000~ 200000

-5 滾動軸承表示法 CNS 3-2 B1001-2

5.1 滾動軸承習用表示法

名稱	一般表示法	簡易表示法
滾珠軸承	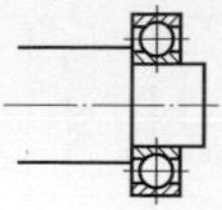	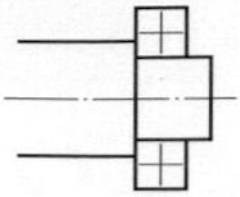
滾柱軸承	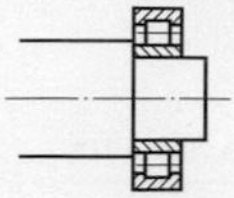	
滾針軸承	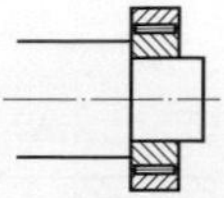	
止推軸承	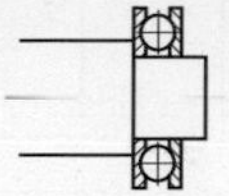	

11-5.2 滾動軸承簡畫法

設 B 表軸承寬度，H 表軸承高度，D 表軸承外環外徑，d 表軸承內環內徑，則其簡畫法如下表所示。

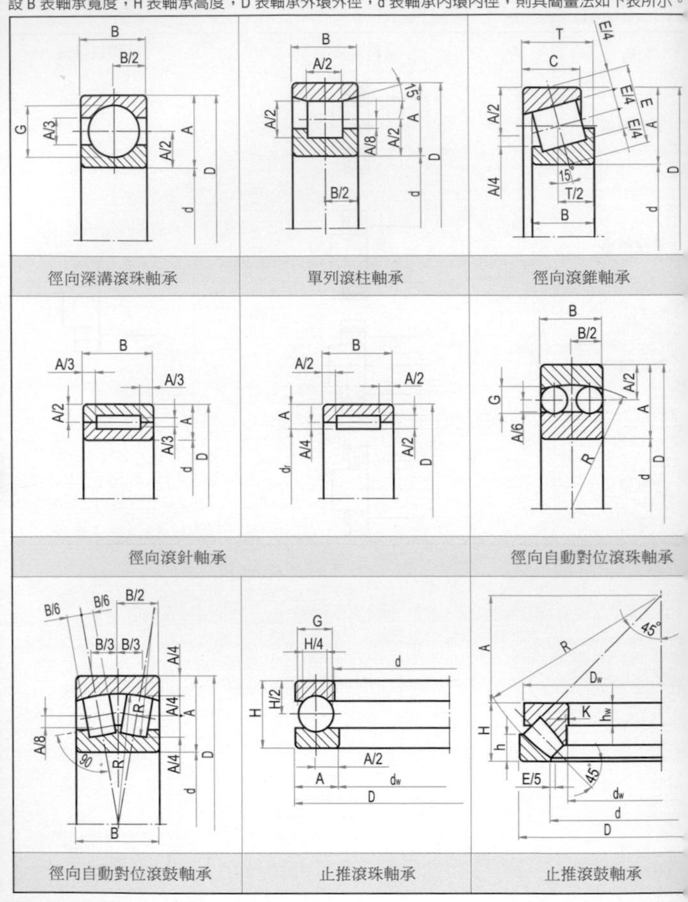

徑向深溝滾珠軸承　單列滾柱軸承　徑向滾錐軸承

徑向滾針軸承　徑向自動對位滾珠軸承

徑向自動對位滾鼓軸承　止推滾珠軸承　止推滾鼓軸承

-6 滾動軸承及相關元件尺度 **CNS** 節錄

6.1 滾動軸承尺度

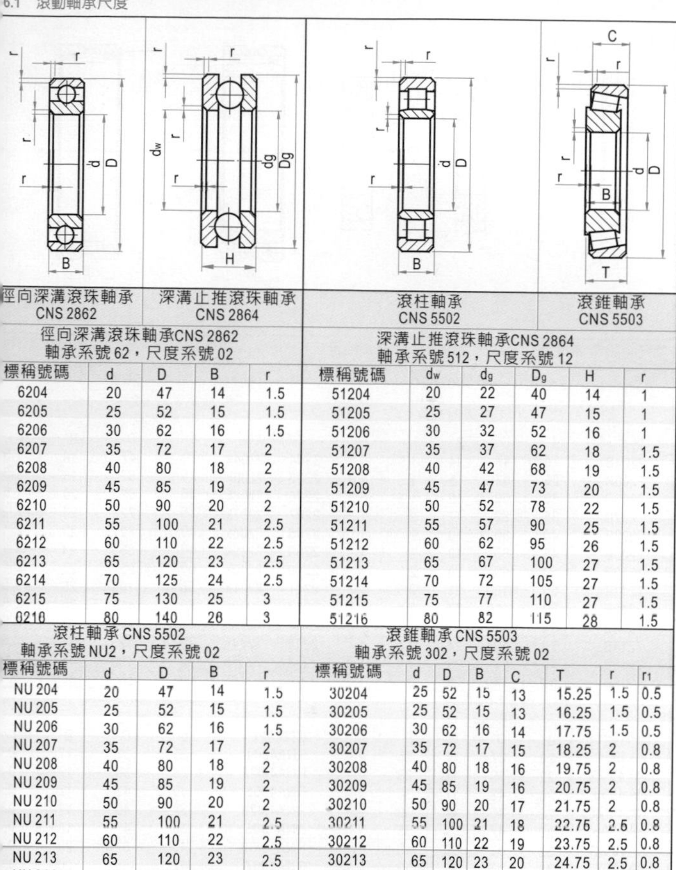

徑向深溝滾珠軸承 CNS 2862	深溝止推滾珠軸承 CNS 2864	滾柱軸承 CNS 5502	滾錐軸承 CNS 5503

徑向深溝滾珠軸承CNS 2862
軸承系號 62，尺度系號 02

標稱號碼	d	D	B	r
6204	20	47	14	1.5
6205	25	52	15	1.5
6206	30	62	16	1.5
6207	35	72	17	2
6208	40	80	18	2
6209	45	85	19	2
6210	50	90	20	2
6211	55	100	21	2.5
6212	60	110	22	2.5
6213	65	120	23	2.5
6214	70	125	24	2.5
6215	75	130	25	3
6216	80	140	26	3

深溝止推滾珠軸承CNS 2864
軸承系號 512，尺度系號 12

標稱號碼	d_w	d_g	D_g	H	r
51204	20	22	40	14	1
51205	25	27	47	15	1
51206	30	32	52	16	1
51207	35	37	62	18	1.5
51208	40	42	68	19	1.5
51209	45	47	73	20	1.5
51210	50	52	78	22	1.5
51211	55	57	90	25	1.5
51212	60	62	95	26	1.5
51213	65	67	100	27	1.5
51214	70	72	105	27	1.5
51215	75	77	110	27	1.5
51216	80	82	115	28	1.5

滾柱軸承 CNS 5502
軸承系號 NU2，尺度系號 02

標稱號碼	d	D	B	r
NU 204	20	47	14	1.5
NU 205	25	52	15	1.5
NU 206	30	62	16	1.5
NU 207	35	72	17	2
NU 208	40	80	18	2
NU 209	45	85	19	2
NU 210	50	90	20	2
NU 211	55	100	21	2.5
NU 212	60	110	22	2.5
NU 213	65	120	23	2.5
NU 214	70	125	24	2.5
NU 215	75	130	25	2.5
NU 216	80	140	26	3

滾錐軸承 CNS 5503
軸承系號 302，尺度系號 02

標稱號碼	d	D	B	C	T	r	r_1
30204	25	52	15	13	15.25	1.5	0.5
30205	25	52	15	13	16.25	1.5	0.5
30206	30	62	16	14	17.75	1.5	0.5
30207	35	72	17	15	18.25	2	0.8
30208	40	80	18	16	19.75	2	0.8
30209	45	85	19	16	20.75	2	0.8
30210	50	90	20	17	21.75	2	0.8
30211	55	100	21	18	22.75	2.5	0.8
30212	60	110	22	19	23.75	2.5	0.8
30213	65	120	23	20	24.75	2.5	0.8
30214	70	125	24	21	26.25	2.5	0.8
30215	75	130	25	22	27.25	2.5	0.8
30216	80	140	26	22	28.25	3	1

(續前表)

徑向斜角接觸滾珠軸承CNS 5504	自動對位滾珠軸承 CNS 5500	滾針軸承 CNS 5692	滾針軸承組件 CNS 5693

徑向斜角接觸滾珠軸承CNS 5504					
軸承系號 72 尺度系號 02					
標稱號碼	d	D	B	r	r_1
7204B	20	47	14	1.5	0.8
7205B	25	52	15	1.5	0.8
7206B	30	62	16	1.5	0.8
7207B	35	72	17	2	1
7208B	40	80	18	2	1
7209B	45	85	19	2	1
7210B	50	90	20	2	1
7211B	55	100	21	2.5	1.2
7212B	60	110	22	2.5	1.2
7213B	65	120	23	2.5	1.2
7214B	70	125	24	2.5	1.2
7215B	75	130	25	2.5	1.2
7216B	80	140	26	3	1.5

自動對位滾珠軸承CNS 5500					
軸承系號22及22K 尺度系號 22					
標稱號碼		d	D	B	r
2204	2204k	20	47	18	1.5
2205	2205k	25	52	18	1.5
2206	2206k	30	62	20	1.5
2207	2207k	35	72	23	2
2208	2208k	40	80	23	2
2209	2209k	45	85	23	2
2210	2210k	50	95	23	2
2211	2211k	55	100	25	2.5
2212	2212k	60	110	28	2.5
2213	2213k	65	120	31	2.5
2214	2214k	70	125	31	2.5
2215	2215k	75	130	31	2.5
2216	2216k	80	140	33	3

滾針軸承CNS 5692					
尺度系號 49					
標稱號碼	d	D	B	F	r
NA4904	20	37	17	25	0.5
NA 49/22	22	39	17	28	0.5
NA 4905	25	42	17	30	0.5
NA 49/28	28	45	17	32	0.5
NA 4906	30	47	17	35	0.5
NA49/32	32	52	20	40	1
NA4907	35	55	20	42	1
NA4908	40	62	22	48	1
NA4909	45	68	22	52	1
NA4910	50	72	22	58	1
NA4911	55	80	25	63	1.5
NA4912	60	85	25	68	1.5
NA4913	65	90	25	72	1.5
NA4914	70	100	30	80	1.5
NA4915	75	105	30	85	1.5
NA4916	80	110	30	90	1.5

滾針軸承組件CNS 5693				
尺度系號 49				
標稱號碼	d_r	D	B	r
RNA4904	25	37	17	0.
RNA49/22	28	39	17	0.
RNA4905	30	42	17	0.
RNA49/28	32	45	17	0.
RNA4906	35	47	17	0.
RNA49/32	40	52	20	0.
RNA4907	42	55	20	1
RNA4908	48	62	22	1
RNA4909	52	68	22	1
RNA4910	58	72	22	1
RNA4911	63	80	25	1.
RNA4912	68	85	25	1.
RNA4913	72	90	25	1.
RNA4914	80	100	30	1.

-6.2 軸承鎖緊用側槽圓螺帽

-6.2 (A)軸承鎖緊用側槽圓螺帽 CNS4464 B2257

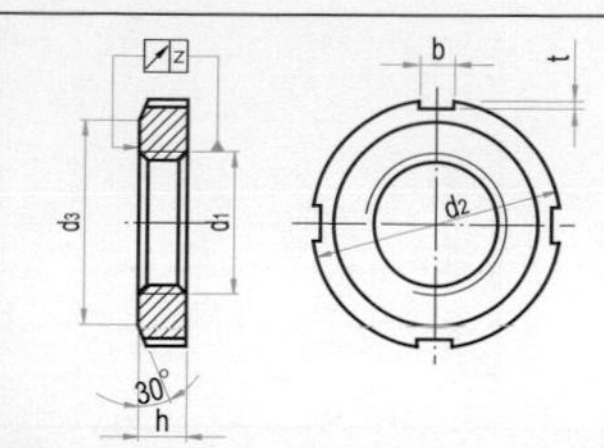

螺孔兩側均須作內去角120°至螺紋大徑為
指標稱方法： CNS 4464 標稱號碼

單位：mm

稱號碼	d1 5h	d2 h11	d3 h13	h h13	b h14	t	t 公差	z	防鬆墊圈 （註1）
KM4	M20 x 1	32	26	6	4	2			MB4
KM5	M25 x 1.5	38	32	7	5	2	0		MB5
KM6	M30 x 1.5	45	38	7	5	2	- 0.5		MB6
KM7	M35 x 1.5	52	44	8	5	2		0.04	MB7
KM8	M40 x 1.5	58	50	9	6	2.5			MB8
KM9	M45 x 1.5	65	56	10	6	2.5			MB9
KM10	M50 x 1.5	70	61	11	6	2.5			MB10
KM11	M55 x 2	75	67	11	7	3			MB11
KM12	M60 x 2	80	73	11	7	3	H17		MB12
KM13	M65 x 2	85	79	12	7	3		0.05	MB13
KM14	M70 x 2	92	85	12	8	3.5			MB14
KM15	M75 x 2	98	90	13	8	3.5			MB15
KM16	M80 x 2	105	95	15	8	3.5			MB16

11-6.2(B)AN 螺帽系列

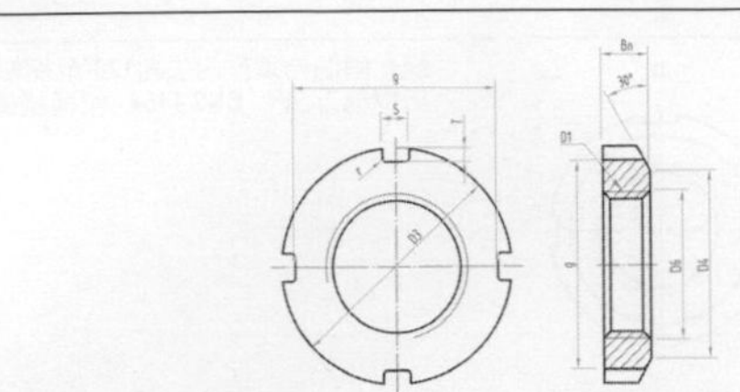

螺帽系列 AN(接頭、拆卸套筒及軸用)										參考	
標稱號碼	螺紋標稱 D_1	標準尺度								接頭套筒之內徑號碼	軸徑(軸…
		D_3	D_4	g	S	T	D_6	B_n	r(最大)		
AN02	M15x1	25	21	21	4	2	15.5	5	0.4	-	[illegible]
AN03	M17x1	28	24	24	4	2	17.5	5	0.4	-	[illegible]
AN04	M20x1	32	26	28	4	2	20.5	6	0.4	04	[illegible]
AN05	M25x1.5	38	32	34	5	2	25.8	7	0.4	05	[illegible]
AN06	M30x1.5	45	38	41	5	2	30.8	7	0.4	06	[illegible]
AN07	M35x1.5	52	44	48	5	2	35.8	8	0.4	07	[illegible]
AN08	M40x1.5	58	50	53	6	2.5	40.8	9	0.5	08	[illegible]
AN09	M45x1.5	65	56	60	6	2.5	45.8	10	0.5	09	[illegible]
AN10	M50x1.5	70	61	65	6	2.5	50.8	11	0.5	10	[illegible]
AN11	M55x2	75	67	69	7	3	56	11	0.5	11	[illegible]
AN12	M60x2	80	73	74	7	3	61	11	0.5	12	[illegible]
AN13	M65x2	85	79	79	7	3	66	10	0.5	13	[illegible]
AN14	M70x2	92	85	85	8	3.5	71	12	0.5	14	[illegible]
AN15	M75x2	98	90	91	8	3.5	76	13	0.5	15	[illegible]
AN16	M80x2	105	95	98	8	3.5	81	15	0.6	16	[illegible]
AN17	M85x2	110	102	103	8	3.5	86	16	0.6	17	[illegible]
AN18	M90x2	120	108	112	10	4	91	16	0.6	18	[illegible]
AN19	M95x2	125	113	117	10	4	96	17	0.6	19	[illegible]
AN20	M100x2	130	120	122	10	4	101	18	0.6	20	[illegible]
AN21	M105x2	140	126	130	12	5	106	18	0.7	21	[illegible]
AN22	M110x2	145	133	135	12	5	111	19	0.7	22	[illegible]
AN23	M115x2	150	137	140	12	5	116	19	0.7	-	[illegible]
AN24	M120x2	155	138	145	12	5	121	20	0.7	24	[illegible]
AN25	M125x2	160	148	150	12	5	126	21	0.7	-	[illegible]
AN26	M130x2	165	149	155	12	5	131	21	0.7	26	[illegible]
AN27	M135x2	175	160	163	14	6	136	22	0.7	-	[illegible]
AN28	M140x2	180	160	168	14	6	141	22	0.7	28	[illegible]
AN29	M145x2	190	172	178	14	6	146	24	0.7	-	[illegible]
AN30	M150x2	195	172	183	14	6	151	24	0.7	30	[illegible]
AN31	M155x2	200	182	186	16	7	156.5	25	0.7	-	[illegible]
AN32	M160x2	210	182	196	16	7	161.5	25	0.7	32	[illegible]
AN33	M165x2	210	193	196	16	7	166.5	26	0.7	-	[illegible]
AN34	M170x2	220	193	206	16	7	171.5	26	0.7	34	[illegible]
AN36	M180x2	230	203	214	18	8	181.5	27	0.7	36	[illegible]
AN38	M190x2	240	214	224	18	8	191.5	28	0.7	38	[illegible]
AN40	M200x2	250	226	234	18	8	201.5	29	0.7	40	[illegible]

3 滾動軸承鎖緊墊圈 CNS 9569 B2720

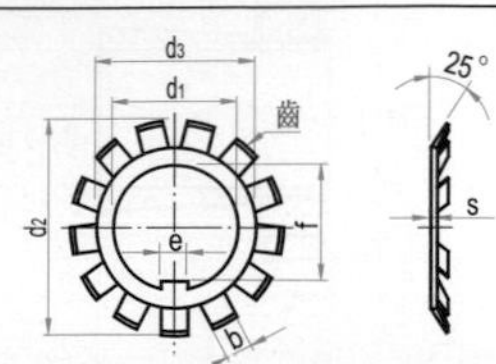

稱方法：
S 9569．標稱號碼

單位：mm

稱號碼	d1 c11	d2	d3	e	f c11	b	s	齒數最少	配用之附溝螺帽依 CNS 4464
B4	20	36	26	4	18.5	4	1	11	MB4
B5	25	42	32	5	23	5	1.25	13	MB5
B6	30	49	38	5	27.5	5	1.25	13	MB6
B7	35	57	44	6	32.5	5	1.25	13	MB7
B8	40	62	50	6	37.5	6	1.25	13	MB8
B9	45	69	56	6	42.5	6	1.25	13	MB9
B10	50	74	61	6	47.6	6	1.25	13	MB10
B11	55	81	67	8	52.5	7	1.25	17	MB11
B12	60	86	73	8	57.5	7	1.5	17	MB12
B13	65	92	79	8	62.5	7	1.5	17	MB13
B14	70	98	85	8	66.5	8	1.5	17	MB14
B15	75	104	90	8	71.5	8	1.5	17	MB15
B16	80	112	95	10	76.5	8	1.75	17	MB16

11

11-6.4 滾動軸承套接套筒 CNS 9568 B2719

套筒軸向位置上自一端至他端開有槽縫。
附有側槽圓螺帽及鎖緊墊圈。

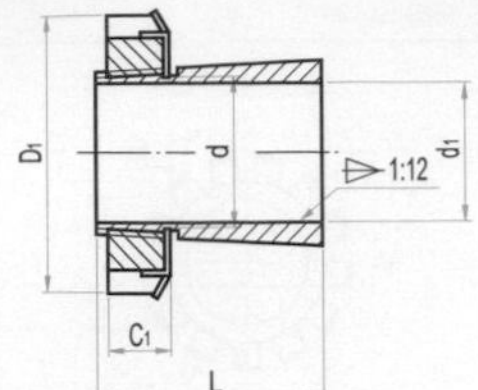

標稱方法：
CNS 9568 標稱號碼

單位：m

標稱號碼	d (*)	d_1	L	D_1	C_1	標稱號碼	d (*)	d_1	L	D_1	C_1
系列H2 (配用軸承尺度系列02)						系列H3 (配用軸承尺度系列03,22)					
H204	20	17	24	32	7	H304	20	17	28	32	7
H205	25	20	26	38	8	H305	25	20	29	38	8
H206	30	25	27	45	8	H306	30	25	31	45	8
H207	35	30	29	52	9	H307	35	30	35	52	9
H208	40	35	31	58	10	H308	40	35	36	85	10
H209	45	50	33	65	11	H309	45	40	39	65	11
H210	50	45	35	70	12	H310	50	45	42	70	12
H211	55	50	37	75	12	H311	55	50	45	75	12
H212	60	55	38	80	13	H312	60	55	47	80	13
H213	65	60	40	85	14	H313	65	60	50	85	14
H215	75	65	43	98	15	H315	75	65	55	98	15
H216	80	70	46	105	17	H316	80	70	59	105	17

11-6.5 崁入夾緊滾動軸承用鑄製外殼 CNS 5509 B2479

立式 (SG) (P)

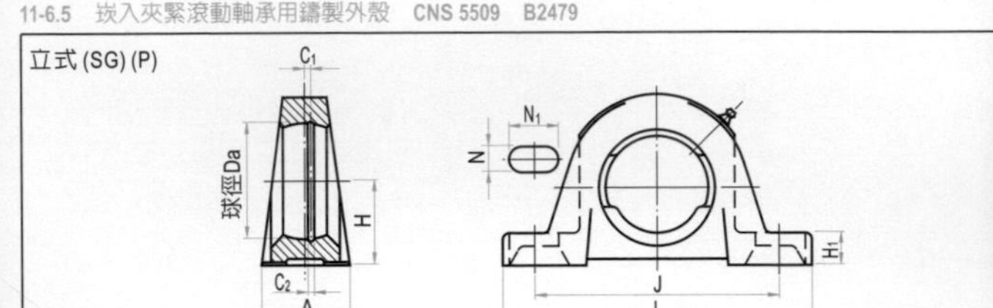

標稱方法：CNS 5509 標稱號碼

單位：m

標稱號碼		d 標稱尺度	Da	L 最大	A 最大	A $\pm\frac{IT12}{2}$	H_1 最大	J	N 最小	N_1 最小	C_1	C_2	徑向負荷能力 N
SG Y 204	P204	20	47	128	39	33.3	16	96	11.5	16	3.7	2	6 180
SG Y 205	P205	25	52	140	39	36.5	17	105	11.5	16	3.9	2.5	6 905
SG Y 206	P206	30	62	166	48	42.9	19	121	14	19	5	2.5	10 00
SG Y 207	P207	35	72	167	48	47.6	20	126	14	19	5.7	3	13 70
SG Y 208	P208	40	80	185	55	49.2	20	136	14	19	6.2	3	16 60
SG Y 209	P209	45	85	191	55	54	22	146	14	19	6.4	3	17 85
SG Y 210	P210	50	90	207	61	57.2	23	159	18	20.5	6.5	3.5	19 60
SG Y 211	P211	55	100	220	61	63.5	25	172	18	20.5	7	3.5	25 00
SG Y 212	P212	60	110	242	71	69.9	27	186	18	22	7.6	4	27 95

-7 滑動軸承

動軸承用金屬材料性能

軸承材料	硬度概值 HB	軸最小硬度 HB	最大容許壓力 (kg/cm²)	最高容許溫度 (°C)	膠質性*	適配性*	耐蝕性*	耐疲勞性*
砲銅	50~100	200	70~200	200	3	5	1	1
青銅	80~150	200	70~200	200	3	5	1	1
磷青銅	100~200	300	150~600	250	5	5	1	1
Sn 基白合金	20~30	<150	60~100	150	1	1	1	5
Pb 基白合金	15~20	<150	60~80	150	1	1	3	5
鉛銅	20~30	300	100~180	170	2	2	5	3
鉛青銅	40~80	300	200~320	220~250	3	4	4	2
銀(蓋覆薄層)	25	300	>300	250	2	3	1	1
三層合金(蓋覆白合金)		<230	>300	100~150	1	2	2	3
*符號表示位次，以 1 為最佳								

7.1 滑動軸承之配合 CNS 9068 B1286

適用於一般傳動機件及軸系列或其他一般機器製造，其平均相對軸承間隙為 Øm＝0.56 至 3.15
；不適用於軸承襯料及軸承套之場合。

匀相對軸承間隙：Øm。

票稱尺寸範圍之 c/co 計算，其公式為：

$$=\frac{Sm}{Dm}$$

中，Sm：平均絕對軸承間隙($=\frac{\text{最大間隙}+\text{最小間隙}}{2}$)，單位為 μm。

Dm：標稱尺寸範圍之算術平均數，單位為 mm。

標稱尺寸範圍 mm		軸公差 μm Øm 以 c/co 計								軸與孔間之最大及最小間隙 μm Øm 以 c/co 計							
超過	至	0.56	0.8	1.12	1.32	1.6	1.9	2.24	3.15	0.56	0.8	1.12	1.32	1.6	1.9	2.24	3.15
25	30	－	-15 -21	-23 -29	-29 -35	-37 -43	-45 -51	-51 -60	-76 -85	－	30 15	38 23	44 29	52 37	60 45	73 51	98 76
30	35	－	-17 -24	-27 -34	-34 -41	-43 -50	-48 -59	-59 -70	-89 -100	－	35 17	45 27	52 34	61 43	75 48	86 59	116 89
35	40	-12 -19	-21 -28	-33 -40	-36 -47	-47 -58	-58 -69	-71 -82	-105 -116	30 12	39 21	51 33	63 36	74 47	85 58	98 71	132 105
40	45	-14 -21	-25 -32	-34 -45	-43 -54	-55 -66	-67 -78	-82 -93	-120 -131	31 14	48 25	61 34	70 49	82 55	94 67	109 82	147 120
45	50	-18 -25	-25 -36	-40 -51	-50 -60	-63 -74	-77 -88	-93 -104	-136 -147	36 18	52 25	67 40	76 49	90 63	104 77	120 93	163 136
50	55	-19 -27	-26 -39	-49 -56	-53 -66	-68 -81	-84 -97	-102 -115	-149 -162	40 19	58 26	75 43	85 53	100 68	116 84	144 102	181 149
55	60	-22 -30	-30 -43	-48 -61	-60 -73	-76 -89	-93 -106	-113 -126	-165 -178	43 22	62 30	80 48	92 60	108 76	125 93	145 113	197 165
60	70	-20 -33	-36 -49	-57 -70	-70 -83	-80 -99	-99 -118	-121 -140	-180 -199	53 20	68 36	90 57	102 70	129 80	148 99	170 121	229 180
70	80	-26 -39	-44 -57	-60 -79	-75 -94	-96 -115	-118 -137	-144 -162	-212 -231	58 26	76 44	109 60	124 75	145 96	167 118	193 144	261 212
80	90	-29 -44	-50 -65	-67 -89	-84 -106	-108 -130	-133 -155	-162 -184	-239 -261	66 29	87 50	124 67	141 84	165 108	190 133	219 162	296 239

11

11-7.2 滑動軸承襯面油槽

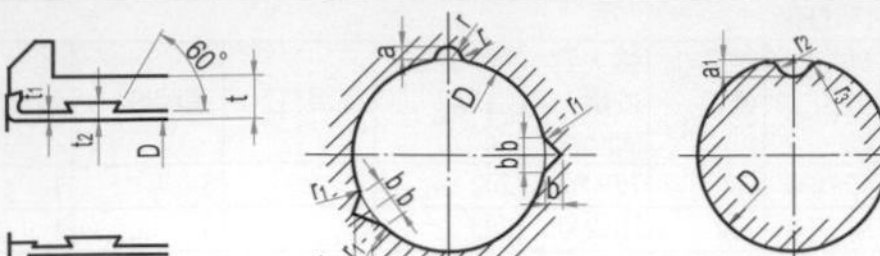

	t			t_1	t_2	合金面之油槽斷面						軸面之油槽斷面		
	FC	SC	BC			C	a	r	b	r	r_1	a_1	r_2	r_3
20						3	1.5	1.5	2	1.5	1.5	0.5	0.5	1.
20~40						4	1.5	1.5	3	1.5	1.5	0.6	0.6	2.
40~75	20	15	13	3	5	5	2	2	4	2	1.5	0.8	0.8	3.
75~100	22	18	15	3	5	6	2.5	2.5	5	2.5	2	1	1	4

軸標稱直徑	e	f	g	h	i	r_4
20	2.5	1.5	3	1	2	0.6
20~40	4	1.5	5	1.5	3	1
40~75	7	2	6	2	4	2
75~100	9	2	8	2	5	3

11-7.3 滑動軸承用甩油圈

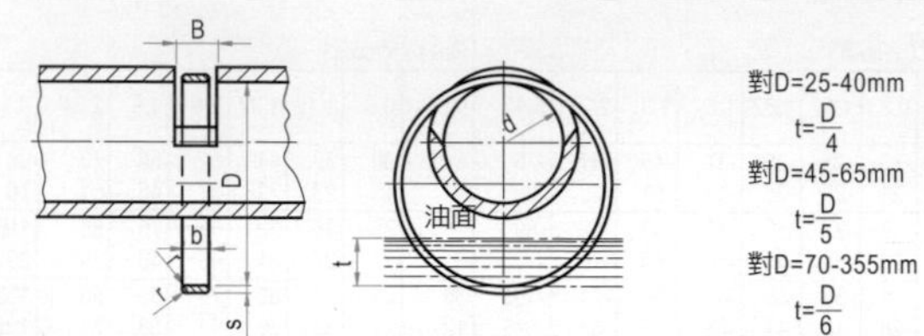

對D=25-40mm
$t=\frac{D}{4}$
對D=45-65mm
$t=\frac{D}{5}$
對D=70-355mm
$t=\frac{D}{6}$

材料：青銅、鑄鐵、鉛等

青銅合金

軸徑 d	油圈 D	b	s	r	槽B 窄	槽B 寬
20 21 22 23	40 45	6	2	0.3	7	10
24 25 26 28 30 32 34	50 55 60	8	3	0.5	9	12
35 36 38 40 42 44 45 46 48	65 70 75 80	10	3	0.5	11	14
50 52 55 58 60 62 65 68 78 80 82	90 100 110 130	12	4	0.5	13	16

白合金

軸徑 d	油圈 D	b	s	r	槽B 窄	槽B 寬
20 22 25 28	50 55 60	8	3	0.5	9	1
30 32 35 38 40	65 70 75 80	10	3	0.5	11	1
42 45 48 50 52 55 58 60 62 65 68 70 72	90 100 110 120 130	12	4	0.5	13	1
75 78 80	140					

窄形用於高速機械，寬形用於一般機械

4 軸頸圓角，去角及環槽 CNS 395 B2063

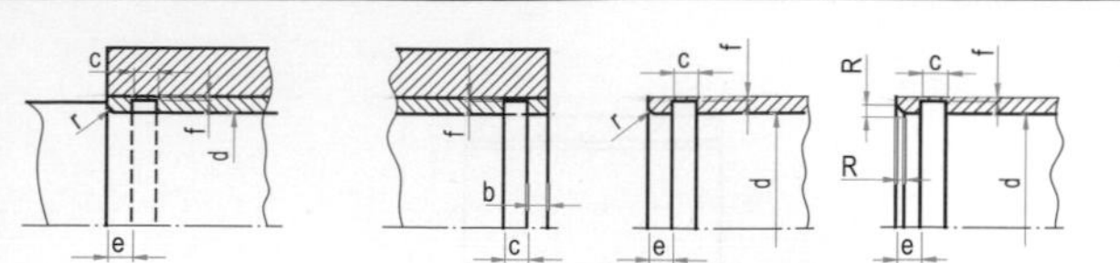

單位：mm

軸徑 d	b	c	e	f	軸承圓角半徑 R	軸圓角半徑 r
10至18	1.6	3	2.5	1.6	1	0.6
超過18至28	2	4	3.5	2	1.6	1
超過28至46	3	5	5	2.5	2	1.6
超過46至68	4	6	7	3	3	2.5
超過68至100	5	8	9	4	4	3

8 滑動軸承元件

1 粗體軸承襯 CNS 392 B2060，CNS 303 B2061

L
d
D(D')
1.6

:NS 392 薄型（外徑以D表示）
:NS 393 厚型（外徑以D'表示）

稱方法：
S 392(或393)· d×(或D')
料於訂購時註明

單位：mm

D	D'	長度 L								d	D	D'	長度 L							
16	18	10	15	20	25	30	—	—	—	35	42	45	35	40	45	50	60	70	80	90
17	19	10	15	20	25	30	—	—	—	36	44	46	35	40	45	50	60	70	80	90
18	20	15	20	25	30	35	—	—	—	38	46	48	40	45	50	60	70	80	90	100
19	21	15	20	25	30	35	40	—	—	40	48	50	40	45	50	60	70	80	90	100
20	22	15	20	25	30	35	40	—	—	42	50	52	40	45	50	60	70	80	90	100
21	23	15	50	25	30	35	40	45	—	44	52	55	45	50	60	70	80	90	100	120
22	25	15	20	25	30	35	40	45	—	45	52	55	45	50	60	70	80	90	100	120
24	26	20	25	30	35	40	45	50	—	46	55	58	45	50	60	70	80	90	100	120
25	27	20	25	30	35	40	45	50	—	48	58	60	50	60	70	80	90	100	120	140
26	28	20	25	30	35	40	45	50	60	50	60	62	50	60	70	80	90	100	120	140
27	30	20	25	30	35	40	45	50	60	52	62	65	50	60	70	80	90	100	120	140
28	30	20	25	30	35	40	45	50	60	55	65	68	60	70	80	90	100	120	140	160
30	32	25	30	35	40	45	50	60	70	58	68	70	60	70	80	90	100	120	140	160
30	33	25	30	35	40	45	50	60	70	60	70	72	60	70	80	90	100	120	140	160
32	34	25	30	35	40	45	50	60	70	62	72	75	60	70	80	90	100	120	140	160
32	35	25	30	35	40	45	50	60	70	65	75	78	70	80	90	100	120	140	160	180
34	36	25	30	35	40	45	50	60	70	68	78	82	70	80	90	110	120	140	160	180
34	36	30	35	40	45	50	60	70	80	70	80	85	70	80	90	110	120	140	160	180
35	38	30	35	40	45	50	60	70	80	72	82	85	70	80	90	110	120	140	160	180
38	40	30	35	40	45	50	60	75	80	75	85	90	80	90	100	120	140	160	180	200
40	42	35	40	45	50	60	70	80	90	78	88	92	80	90	100	120	140	160	180	200
42	44	35	40	45	50	60	70	80	90	80	90	95	80	90	100	120	140	160	180	200

11

11-8.2 軸承襯(崁入硬鉛) CNS 394 B2062

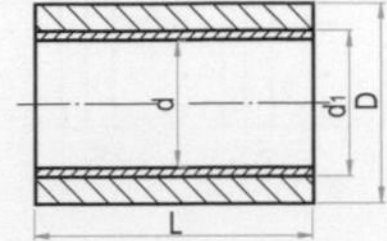

標稱方法：CNS 394 · d×D

單位：m

d	d 正確尺寸	D	L			
15	20	32	—	—	30	40
16	21	35	—	—	30	40
18	23	38	—	—	35	45
20	25	40	—	—	40	50
22	27	42	—	—	50	60
25	30	45	—	—	50	60
28	34	50	—	—	60	70
30	36	52	—	45	60	80
32	38	55	—	50	60	80
35	41	60	—	50	70	90
38	44	62	—	60	80	100
40	46	65	—	60	80	100
42	48	68	—	60	80	100
45	52	70	45	70	90	120
48	55	75	50	70	100	120
50	57	78	50	70	100	120
52	59	80	50	80	100	120
55	62	85	60	90	120	140
58	65	88	60	90	120	140
60	67	90	60	90	120	160
62	69	92	60	90	120	160
65	72	95	70	90	120	160
68	75	100	70	100	140	180
70	78	100	70	100	140	180
72	80	105	70	100	140	180
75	83	110	80	120	140	180
78	86	110	80	120	160	200
80	88	115	80	120	160	200

1.軸承體材料：鑄鐵。
2.疊層金屬在旋轉方向及沿軸向移動之阻止法，因工作情形不同而有差異，嵌入疊層金屬之施工法，由廠家自訂。

3 滑動軸承軸襯－銅合金製件 CNS 9349 B2708 ISO4379

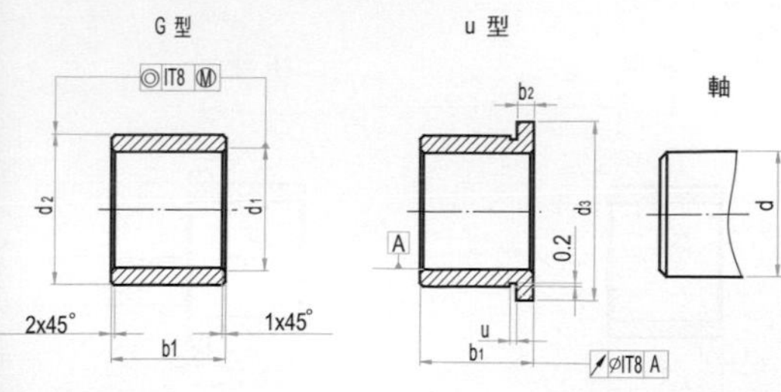

稱方法：CNS 9349 · $d_1 \times d_2 \times b_1$

單位：mm

G 型							u 型								
	d_2		b_1			f max	d_1	d_2	d_3	b_1			b_2	f max	U
8	10	12	6	10		0.3	6	12	14		10		3	0.3	1
10	12	14	6	10		0.3	8	14	18		10		3	0.3	1
12	14	16	6	10		0.3	10	16	20		10		3	0.3	1
14	16	18	10	15	20	0.5	12	18	22	10	15	20	3	0.5	1
16	18	20	10	15	20	0.5	14	20	25	10	15	20	3	0.5	1
17	19	21	10	15	20	0.5	15	21	27	10	15	20	3	0.5	1
18	20	22	12	15	20	0.5	16	22	28	12	15	20	3	0.5	1.5
20	22	24	12	20	30	0.5	18	24	30	12	20	30	3	0.5	1.5
23	24	26	15	20	30	0.5	20	26	32	15	20	30	3	0.5	1.5
25	26	28	15	20	30	0.5	22	28	34	15	20	30	3	0.5	1.5
28	30	32	20	30	40	0.5	25	32	38	20	30	40	4	0.5	1.5
32	34	36	20	30	40	0.5	28	36	42	20	30	40	4	0.5	1.5
34	36	38	20	30	40	0.5	30	38	44	20	30	40	4	0.5	2
36	38	40	20	30	40	0.8	32	40	46	20	30	40	4	0.8	2
39	41	45	30	40	50	0.8	35	45	50	30	40	50	5	0.8	2
42	45	48	30	40	50	0.8	38	48	54	30	40	50	5	0.8	2
44	48	50	30	40	60	0.8	40	50	58	30	40	60	5	0.8	2
46	50	52	30	40	60	0.8	42	52	60	30	40	60	5	0.8	2
50	53	55	30	40	60	0.8	45	55	63	30	40	60	5	0.8	2
53	56	58	40	50	60	0.8	48	58	66	40	50	60	5	0.8	2
55	58	60	40	50	60	0.8	50	60	68	40	50	60	5	0.8	2
60	63	65	40	50	70	0.8	55	65	73	40	50	70	5	0.8	2
65	70	75	40	60	80	0.8	60	75	83	40	60	80	7.5	0.8	2
70	75	80	50	60	80	1	65	80	88	50	60	80	7.5	1	2
75	80	86	50	70	90	1	70	85	95	50	70	90	7.5	1	2
80	85	90	50	70	90	1	75	90	100	50	70	90	7.5	1	3
85	90	95	60	80	100	1	80	95	106	60	80	100	7.5	1	3

d_1	d_2		d_3	b_1	軸承座孔	軸配合 ψd
E6*)	≦120	s6	d11	h 13	H7	e7/g7
	＞120	r6				

依據壓入配合，一般情形公差範圍使用H，公差等級約為IT8，間隙位置於軸上。

11

11-8.4 滑動軸承軸襯－碳精製 CNS 9351 B2710

M 型　　　　N 型

標稱方法：
CNS 9351・型式・D×l

單位：

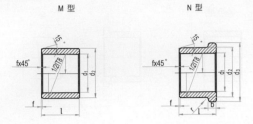

d_1	3	4	6	8	10	12	14	16	18	20	22	25	28	32	36	40	45	56	63	70
d_2	9	10	12	14	16	18	20	22	24	26	28	32	36	40	45	50	55	68	78	85
d_3	12	13	16	18	20	22	25	28	30	32	34	38	42	46	52	58	63	76	86	95
b	2	2	3	3	3	4	4	5	5	5	5	6	6	6	6	6	7	7	7	8
f	0.2	0.2	0.2	0.3	0.3	0.3	0.3	0.4	0.4	0.4	0.4	0.6	0.6	0.6	0.6	0.6	0.8	0.8	0.8	1
r	0.2	0.2	0.2	0.3	0.3	0.3	0.3	0.4	0.4	0.4	0.4	0.6	0.6	0.6	0.6	0.6	0.8	0.8	0.8	1
l	碳精製M型軸承之重量，kg/1,000件（材料密度1.7kg/dm3）（N型較表列數字增加）																			
3	0.288																			
4	0.384	0.447	0.577																	
6		0.672	0.865	1.05	1.23															
8				1.41		2.12														
10					2.03		2.72	3.04												
12						2.88			4.03	4.42	4.8		8.2							
14							3.8					7.45		10.7						
16								4.86		5.89	6.4		10.9		15.5	19.2				
18									6.05					13.8			24			
20										7.36		10.6								
22											8.81		15		21.4					
25												13.3		19.2		30	33.3	49.8	70.6	
28													19.1		27.2					87
32														24.6		38.4				
36															35		48	71.6		
40																48			113	124
45																	60	89.5		

拖架滑動軸承 CNS 9063 B2678

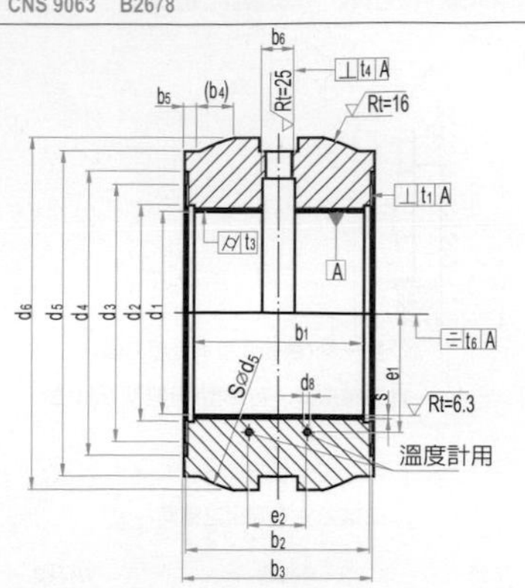

軸承座由製造者選用。
軸承襯在組合狀態中，
必須確保不能轉動。

稱方法：
S 9063 · 標稱尺度

單位：mm

尺度	幾何公差					
	t_1	t_2*)	t_3	t_4	t_5*)	T_6
7	0.015	0.1	0.02	0.2	0.2	0.4
9	0.015	0.1	0.02	0.2	0.2	0.4
1	0.015	0.1	0.02	0.2	0.25	0.4
4	0.015	0.1	0.02	0.2	0.25	0.5
8	0.015	0.15	0.02	0.2	0.3	0.5

d_1 h7	d_2	d_3	d_4	d_5 h6	d_6	d_7	d_8	b_1	b_2 h9	b_3	b_4	b_5	b_6	e_1	e_2	s	重量 kg/件
60	64	80	95	125	105	119	11	53	60	70	10	5	17	50	40	1.5	3.85
70	74	90	95	125	105	119	11	53	60	70	10	5	17	50		1.5	3.3
80	86	100	120	160	135	154	11	60	80	90	15	7.5	17	60	40	2	8.25
90	96	110	120	160	135	154	11	60	80	90	15	7.5		60		2	7.4
100	108	125	150	200	170	194	11	80	100	110	20	10	22	70	45	2.5	16.5
110	118	140	150	200	170	194	11	80	100	110	20	10		70		2.5	10.4
125	135	160	190	250	220	245	11	105	125	135	25	15	22	85	45	2.5	31.5
140	150	180	190	250	220	245	11	105	125	135	25	15		85		2.5	28.8
160	172	200	245	315	270	307	11	135	160	170	30	20	28	110	55	2.5	64.2
180	192	225	245	315	270	307	11	135	160	170	30	20		110		2.5	57.5

與軸承理論中心之差異，在徑向為 t2，在軸向為 t5。

11-8.6 止推滑動軸承－止推軸承環之組合尺度 CNS9067 B2682

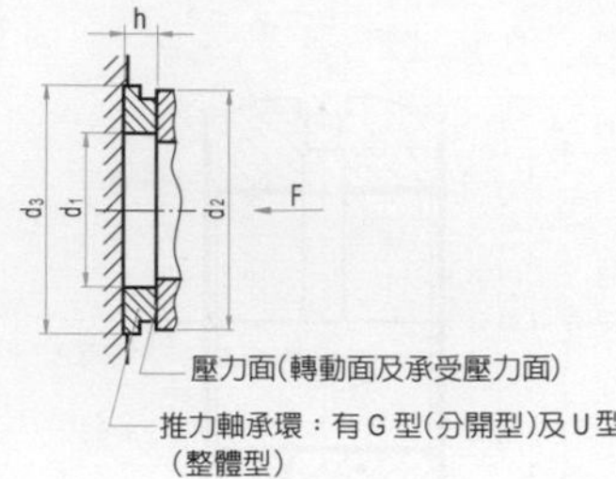

由推力 F方向視之轉向

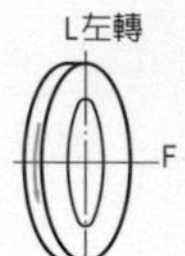

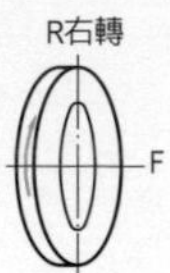

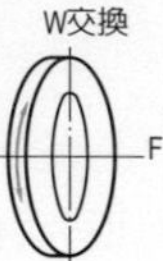

標稱方法：CNS 9067．型式．d_1

D_1	D_2	d_3 f8	h h9	壓力面 ·10^2 mm^2	D_1	D_2	d_3 f8	h h9	壓力 · 1 mr
31.5	40	50	3.8	4.77	56	71	85	6.8	14.9
	50	60	7.4	17.21		90	106	13.6	38.
	63	75	11.2	23.37		112	125	19.9	73.
35.5	45	56	4.3	6.00	63	80	95	7.7	19.
	56	71	8.2	14.72		100	118	14.8	47.
	71	85	12.6	20.63		125	140	22	91.
40	50	60	4.5	7.06	71	90	106	8.6	24.
	63	75	9.2	18.60		112	125	16.4	58.
	80	95	14.2	37.68		140	160	24.5	114.
45	56	71	5	8.72	80	100	118	9	28.
	71	85	10.4	23.67		125	140	18	72.
	90	106	16	47.69		160	180	28.4	150.
50	63	75	5.9	11.53	90	112	125	9.9	34.
	80	95	12	30.61		140	60	20	90.
	100	118	17.8	58.87		180	200	32	190

連座滑動軸承 CNS 8210 B2640

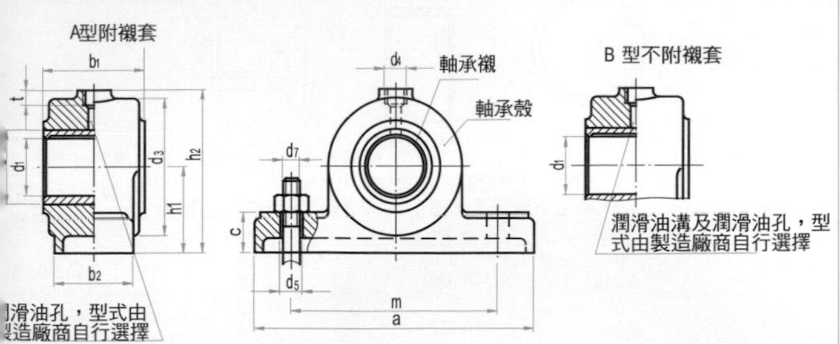

稱方法：CNS 8210・型式・d_1

單位：mm

d_1 10 式 B	a	b_1	b_2	c	d_2 D7	d_3 最大	d_4	d_6[1]	d_7	h_1 +0.2	h_2 最大	m[2]	t
20	110	50	35	18	—	45	R1/4	12	10	30	56	75	10
25	140	60	40	25	—	60		15	12	40	75	100	
30													
35	160	60	45	25	35	80		15	12	50	95	120	
40					40								
45	190	70	50	30	45	90		19	16	60	110	140	
50					50								
55	220	80	55	35	55	100		24	20	70	125	160	
60					60								
(65)	240	90	60	35	65	120		24	20	80	145	180	
70					70								
(75)	270	100	70	45	75	140		28	24	90	165	210	
80					80								
90	300	100	80	45	85	160		28	24	100	185	240	
					90								

殼材料：鑄鐵，其他材料由買賣雙方協定。

11-8.8 滑動軸承用捲製軸承襯 CNS 8213 B2643

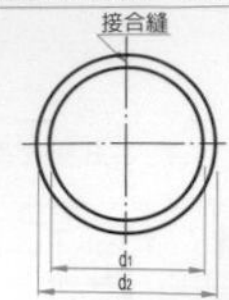

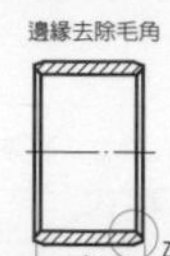

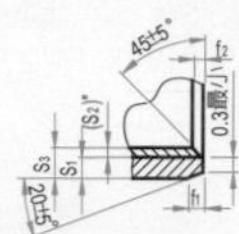

由多層材料製造之軸承襯

壁厚s 及s 之公差 標稱方法：CNS 8213 · 總壁厚 · d_1 單位：

標稱尺度	總壁厚 s_3 公差*			多層材料捲成軸襯之鋼層厚度
	軸承孔不留加工裕度		軸承孔留有加工裕度	
	系列A	系列B	系列C	
0.75	0 -0.015	0 -0.020	+0.25 +0.15	0.53±0.08
1	0 -0.015	0 -0.020	+0.25 +0.15	0.68±0.13
1.5	0 -0.015	+0.005 -0.025	+0.25 +0.15	1.1±0.15
2	0 -0.015	+0.005 -0.030	+0.25 +0.15	1.55±0.2
2.5	0 - 0.020	+0.005 -0.040	+0.30 +0.15	2.05±0.2

*軸承襯材料不能在軸承孔內作切削加工者，依系列B之尺寸供應。

註:由於製造方法，軸承襯外緣可能有輕微稀疏之凹陷，壁厚測量時須避開該點，應在「接合點」測

外徑 d_2 之公差 單位：

D	超過	—	10	18	30	40	50	80
	至	10	18	30	40	50	80	105
公差、軸承襯材料	鋼 鋼/軸承合金	+0.055 +0.025	+0.065 +0.030	+0.075 +0.035	+0.085 +0.045	+0.085 +0.045	+0.100 +0.055	+0.1 +0.0
	鋼/合成材料	+0.055 +0.025	+0.065 +0.030	+0.075 +0.035	+0.085 +0.045	+0.120 +0.070	+0.150 +0.100	+0.2 +0.1
	鋼合金	+0.075 +0.045	+0.080 +0.050	+0.095 +0.055	+0.110 +0.065	+0.110 +0.065	+0.125 +0.075	+0.1 +0.0

壓製捲製軸承襯之軸承轂孔公差範圍以H7為準。
由於精度之要求，亦可選用H8或H6者。
由於熱膨脹或軸承轂剛性等原因，得要求使用其他公差區域。
軸徑依需要之運轉配合決定。

軸承襯表面粗糙度Rz

在下列表面上	依壁厚、公差系列		
	A	B	C
軸 承 孔 d_1	6.3	10	6.
軸 承 外 徑 d_2	10	10	1(
其 他 表 面	100	100	10

由於製造方法，致使 d_1 及 d_2 表面上有稀疏之凹線，得予允許。

標稱尺度及 $b_1 f_1$ 及 f_2 之公差 單位：mm

d_1(2)	4.5	6	8	10	12	13	14	15	16	18	20	22	24	25
d_2	6	8	10	12	14	15	16	17	18	20	23	25	27	28
f_1	去毛角			0.7±0.3									1.2±0.4	
f_3(3)														
S_3	0.75	1	1	1	1	1	1	1	1	1	1.5	1.5	1.5	1.5
b ±0.25	4	6	8	10	10	10	15	15	15	15	15	15	15	15
	6	10	10	12	15	15	20	20	20	20	20	20	20	30
			12	15	20	20	25	25	25	25	25	25	25	
											30	30		

d_1(2)	30	32	35	38	40	45	50	55	60	65	70	75	80	85	90	95
d_2	34	36	39	42	44	50	55	60	65	70	75	80	85	90	95	100
f_1	1.2±0.4												1.8±0.8			
f_2(3)	0.4±0.3												0.6±0.4			
S_3	2	2	2	2	2	2.5	2	2.5	2.5	2.5	2.5	2.5	2.5	2.5	2.5	2.5
b ±0.25	20	20	20	20	20	20	25	30	30	30	30	40	40	40	40	60
	30	30	30	30	30	30	40	40	40	50	50	60	60	60	60	100
	40	40	40	40	40	40	50	60	50	70	70	80	80	80	100	
					50	50	60		70				100	100		

含油軸承

油軸承的軸承特性值

油軸承之負荷能量 PV 值與一般滑動軸承相同，P 為面壓(kg/cm^2)，V 為圓週速度，其一般潤滑條件值如下：

軸承特性值 含油軸承		容許面壓力 (kg/cm^2)	容許周邊速度 (m/min)	容許 PV 值 (kg/cm^2．m/min)	軸承容許溫度 (˚C)
木質含油軸承		10~15	200	600	60
塑膠系	酚醛樹脂含油軸承	100	300	1000	100
	聚縮醛樹脂含油軸承	200	600	2000	80
金屬系	成長鑄鐵含油軸承	150	500	2500	300
	燒結合金含油軸承	50	900	1000	100
	鑄造銅合金含油軸承	100	1000	2000	200

油軸承之公差

油軸承之公差及餘隙隨材質不同而異，通常木質系含油軸承公差在 9~10 級時，餘隙為軸徑之 0.5%，系含油軸承或塑膠軸承公差在 7~8 級時，餘隙為軸徑之 0.4%，金屬系含油軸承公差在 6~7 級時，為軸徑之 0.1~0.2%。其中塑膠系含油軸承或塑膠軸承崁入軸承箱時，需考慮緊度，熱膨脹及吸濕，等形成之變形，宜取較大之餘隙。

11-10 含油軸承元件

11-10.1 滑動軸承軸襯—燒結材料製 CNS 9348 B2707

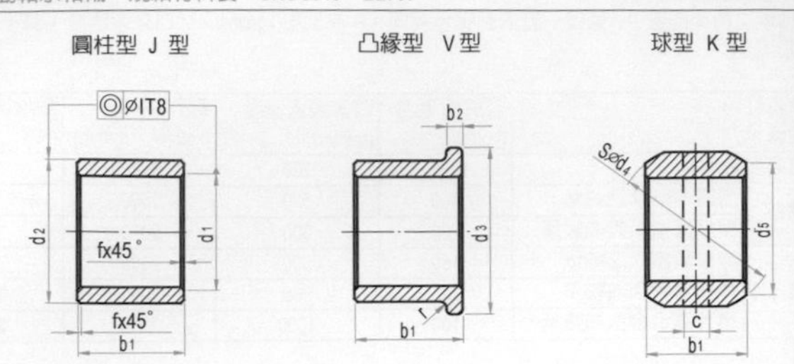

J型							單位：mm		V型								單位：
d_1	d_2系列		B_1				f最大系列		d_1	d_2	d_3	b_1				b_2	F 最大
	A	b					a	B									
1	3		1	2			0.2		1	3	5	2				1	0.2
1.5	4		1	2			0.3		1.5	4	6	2				1	0.3
2	5		2	3			0.3		2	5	8	3				1.5	0.3
2.5	6		2	3			0.3		2.5	6	9	3				1.5	0.3
3	6	5	3	4			0.3	0.2	3	6	9	4				1.5	0.3
4	8	7	3	4	6		0.3	0.3	4	8	12	3	4	6		2	0.3
5	9	8	4	5	8		0.3	0.3	5	9	13	4	5	8		2	0.3
6	10	9	4	6	10		0.3	0.3	6	10	14	4	6	10		2	0.3
7	11	10	5	8	10		0.3	0.3	7	11	15	5	8	10		2	0.3
8	12	11	6	8	12		0.3	0.3	8	12	16	6	8	12		2	0.3
9	14	12	6	10	14		0.4	0.3	9	14	19	6	10	14		2.5	0.4
10	16	14	8	10	16		0.4	0.3	10	16	22	8	10	16		3	0.4
12	18	16	8	12	20		0.4	0.3	12	18	24	8	12	20		3	0.4
14	20	18	10	14	20		0.4	0.3	14	20	26	10	14	20		3	0.4
15	21	19	10	15	25		0.4	0.3	15	21	27	10	15	25		3	0.4
16	22	20	12	16	25		0.4	0.3	16	22	28	12	16	25		3	0.4
18	24	22	12	18	30		0.4	0.3	18	24	30	12	18	25		3	0.4
20	26	25	15	20	25	30	0.4	0.4	20	26	32	15	20	25	30	3	0.4

K型				單位：mm	
D_1	d_4	b_1	b_5	c 最大	f 最大
1	3	2	2.2	0.7	0.2
1.5	4.5	3	3.3	1	0.3
2	5	3	4	1.2	0.3
2.5	6	4	4.5	1.5	0.3
3	8	6	5.3	2	0.3
4	10	8	6	3	0.3
5	12	9	7.9	3.5	0.3
6	14	10	9.8	4	0.3
7	16	11	11.6	4	0.3
8	16	11	11.6	4	0.3
9	18	12	13.4	4.5	0.4
10	22	14	13.4	4.5	0.4
12	22	15	16.1	4.5	0.4
14	24	17	16.9	6	0.4
15	27	20	18.1	6	0.4
16	28	20	19.6	6	0.4
18	30	20	22.4	7	0.4
20	36	25	25.9	8	0.4

公差範圍		
D_1	J及V型	G7
	K型	H6(
d_2		r6
d_3		js1
D_4		h1
b_1, b_2		hs1
軸承座孔	J及V型	H7
	K型	H1

(*) 如壓入心桿之公差範圍為m5以內
則壓入後之孔公差為H7。壓入心桿
有讓隙，使完全壓於軸襯全端面上
間隙存於軸上。

(**) 因無壓入效應，公差範圍保持
。此間隙存於軸上。

標稱方法：
CNS 9348．型．d_1 x b

2 滑動軸承軸襯—熱硬性樹脂製 CNS 9352 B2711

P 型

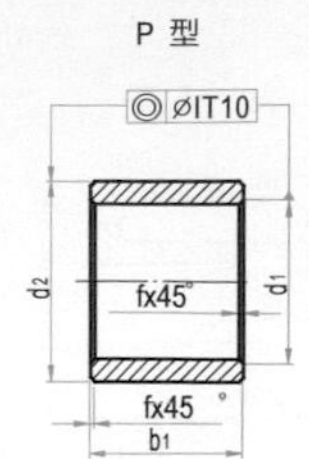

R 型

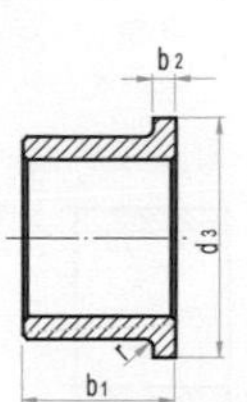

單位：mm

D2	D3 d13		b1 js13		b2	f 最大	r 最大	d1	d2	d3 d13			B1 js13	B2	f 最大	r 最大
6	9	3	4	—	1.5	0.2	0.2	30	38	44	20	30	40	4	0.5	0.5
8	12	4	6	—	2	0.2	0.2	32	40	46	20	30	40	4	0.8	0.8
9	13	4	6	—	2	0.2	0.2	33	42	48	20	30	40	5	0.8	0.8
10	14	6	10	—	2	0.3	0.3	35	45	50	30	40	50	5	0.8	0.8
12	16	6	10	—	2	0.3	0.3	36	46	52	30	40	50	5	0.8	0.8
16	20	6	10	—	3	0.3	0.3	38	48	54	30	40	50	5	0.8	0.8
18	22	10	15	20	3	0.5	0.5	40	50	58	30	40	60	5	0.8	0.8
20	25	10	15	20	3	0.5	0.5	42	52	60	30	40	60	5	0.8	0.8
21	27	10	15	20	3	0.5	0.5	45	55	63	30	40	60	5	0.8	0.8
22	28	12	15	20	3	0.5	0.5	48	58	66	40	50	60	5	0.8	0.8
24	30	12	20	30	3	0.5	0.5	50	60	68	40	50	60	5	0.8	0.8
26	32	15	20	30	3	0.5	0.5	55	65	73	40	50	70	5	0.8	0.8
28	34	15	20	30	3	0.5	0.5	60	75	83	40	60	80	7.5	0.8	0.8
30	36	15	20	30	3	0.5	0.5	65	80	88	50	60	80	7.5	1	1
32	38	20	30	40	4	0.5	0.5	70	85	95	50	70	90	7.5	1	1
34	40	20	30	40	4	0.5	0.5	75	90	700	50	70	90	7.5	1	1
36	42	20	30	40	4	0.5	0.5	80	95	105	60	80	100	7.5	1	1

公差

單位：mm

超過	—	6	10	14	18	24	30	40	50	65
至	6	10	14	18	24	30	40	50	65	80
公差	+0.09 +0.07	+0.13 +0.1	+0.17 +0.14	+0.22 +0.18	+0.27 +0.22	+0.34 +0.28	+0.42 +0.35	+0.5 +0.42	+0.6 +0.51	+0.73 +0.63
超過	—	10	16	20	24	30	38	50	60	80
至	10	16	20	24	30	38	50	60	80	95
公差	+0.06 +0.03	+0.08 +0.05	+0.11 +0.07	+0.14 +0.09	+0.17 +0.11	+0.21 +0.14	+0.26 +0.18	+0.31 +0.22	+0.37 +0.27	+0.45 +0.34

11-10.3 滑動軸承軸襯—熱塑性樹脂 CNS9354 B2712

S 型

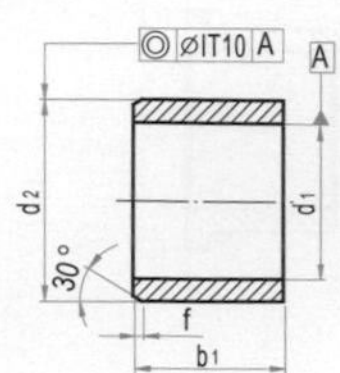

T 型

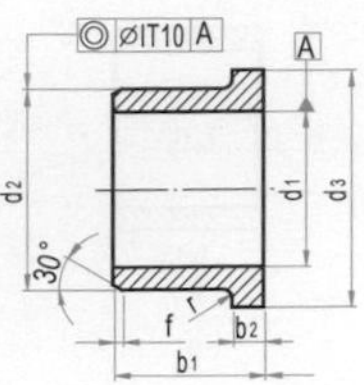

標稱方法：CNS 9354・型式・6 12

單位：[illegible]

d_1 標稱尺度	d_2 尺度	d_2 用於下列公差組之公差 A	d_2 用於下列公差組之公差 B	d_3 d13	b_1 h13			b_2 h13	f max.	[illegible]
6	12	+0.21 +0.07	zb11	14	6	10		3	0.5	0
8	14			18	6	10		3	0.5	0
10	16	+0.27 +0.09		20	6	10		3	0.5	0
12	18			22	10	15	20	3	0.8	0
14	20			25	10	15	20	3	0.8	0
15	21	+0.33 +0.11		27	10	15	20	3	0.8	0
16	22			28	12	15	20	3	0.8	0
18	24			30	12	20	30	3	0.8	0
20	26	+0.45 +0.15		32	15	20	30	3	0.8	0
22	28			34	15	20	30	3	0.8	0
25	32			38	20	30	40	4	0.8	0
28	36	+0.60 +0.20		42	20	30	40	4	0.8	0
30	38			44	20	30	40	4	0.8	0
32	40			46	20	30	40	4	1.2	0
35	45	+0.69 +0.23		50	30	40	50	5	1.2	0
38	48			54	30	40	50	5	1.2	0
40	50			58	30	40	60	5	1.2	0
42	52	+0.90 +0.30		60	30	40	60	5	1.2	0
45	55			63	30	40	60	5	1.2	0
48	58			66	40	50	60	5	1.2	0
50	60			68	40	50	60	5	1.2	0
55	65			73	40	50	70	5	1.2	0
60	75	依協議		83	40	60	80	7.5	1.2	0
65	80			88	50	60	80	7.5	1.5	
70	85			95	50	70	90	7.5	1.5	
75	90			100	50	70	90	7.5	1.5	
80	95			105	60	80	100	7.5	1.5	

11 鏈輪傳動

.1 鏈輪傳動之速比

傳動鏈輪轉速為 V_A，V_B，齒數為 N_A，N_B，節圓直徑為 D_A，D_B，則

$$= \frac{DA}{DB} = \frac{NA}{NB} = \varepsilon$$

傳動注意事項：

條環繞小鏈輪接觸角度，至少應達 120°。

短中心距離為兩個鏈輪不相接觸即可，通常使用之中心距離約為鏈條節距之 30～50 倍，呈脈動負荷時，則以 20 倍以下為宜。

條傳動之位置以兩軸連心線接近水平較為理想，若接近垂直時，則應加設惰輪或拉緊輪。

條之傳動能力，不與列數成比例，通常約需扣減列數之百分之十五(列數 × 85%)。

鏈輪傳動工作係數表

之種類	原動機 / 工作機械	電動機或渦輪機	內燃機：附流體機構	內燃機：不附流體機構
滑傳動	負載變動小之皮帶輸送機，鏈條輸送機，離心泵，離心鼓風機，一般纖維機械，無負載變動之一般機械。	1.0	1.0	1.2
衝擊之	離心壓縮機，船舶用推進機，稍有負載變動之輸送機，自動爐，乾燥機，粉碎機，一般工具機，壓縮機，一般土木工程機械，一般造紙機械。	1.3	1.2	1.4
大衝擊動	衝床，壓碎機，土木礦山機械，振動機械，石油鑽井機，橡膠混合機，輥子通道，承受逆轉或衝擊負載之一般機械。	1.5	1.4	1.7

多列係數表

滾子鏈條列數	多列係數
2列	1.7
3列	2.5
4列	3.3
5列	3.9
6列	4.6

滾子鏈條之速度	加油方法	潤滑油
150m/min以下	定時加油	內燃機用潤滑油2種
400m/min以下	滴下加油（每分20滴以上）或盛油盤加油	內燃機用潤滑油3種
逾400m/min	盛油盤加油或油泵強制給油	內燃機用潤滑油3種

顧及滾子鏈輪轉動之圓滑及鏈條與鏈輪之磨損，應避免使用齒數未滿17之鏈輪。

齒數17之適當最高轉數：

子鏈條標稱號碼	40	50	60	80	100	120	140	160	200
適當最高轉數r/m	2600	1900	1450	950	670	500	400	330	240

11-11.2 動力用滾子鏈條 CNS 2222 B 2114

各部位名稱

滾子鏈環　銷鏈環

銷鏈環板　滾子　銷　滾子鏈環板　襯套

鏈環名稱	略圖	部位編號	部位名稱
銷鏈環 (Pin link)		1 2	銷 銷鏈還板
滾子鏈環 (Roller link)		3 4 5	滾子環鏈 襯套 滾子
連接鏈環 (Connecting link)		2 6 7 8	銷鏈還板 連接銷 連接鏈環 開口銷
偏位鏈環 (Offset link)		4 5 8 9 10	襯套 滾子 開口銷 偏置銷 偏位鏈環

11-11.3 鏈條長度計算

L 表示鏈條全長之鏈環數，N 表大鏈輪齒數，C 表軸距/節距，則鏈條長度可以下式求出。

$$L=\frac{N+N'}{2}+2C+\frac{\left(\frac{N-N'}{6.28}\right)^2}{C}$$

計算所得鏈環數，逾小數點時，應進位成整數，進位後如遇奇數則再進位成偶數鏈環為

条尺度：

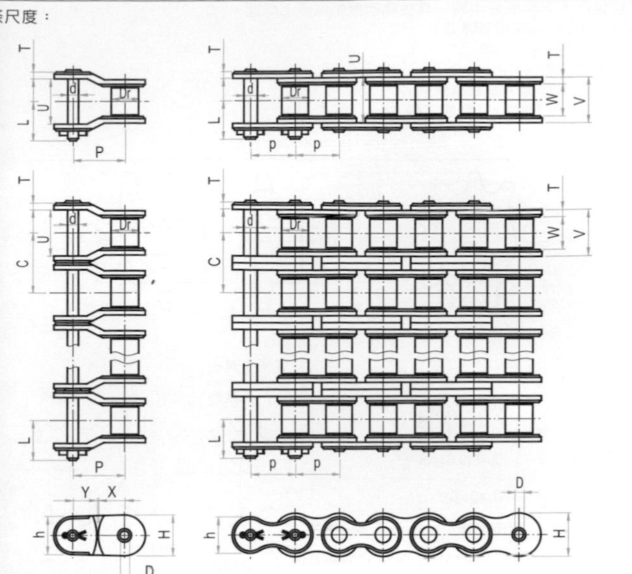

標碼	節距（P）		滾子外徑 Dr (最大)	滾子鏈環內寬度 W(最小)	滾子鏈環外寬度V (最大)	銷直徑 d	銷長之L部位之尺度 (最大)	鏈環厚度 T	銷鏈環板寬度 h (最大)	滾子鏈環板寬度H (最大)	參考	
	(mm)	(in) (參考用)									鏈輪之橫節距 C	最小斷裂負荷 (kg)
	6.35	1/4	3.30	3.1	4.8	2.31	4.8	0.75	5.2	6.0	6.4	360
	9.525	3/8	5.08	4.68	7.46	3.59	8.6	1.25	7.8	9.0	10.1	800
	12.70	1/2	7.94	7.9	11.2	3.96	10.0	1.5	10.4	12.0	14.4	1420
	15.88	5/8	10.16	9.5	13.9	5.08	12.2	2.0	13.0	15.0	18.1	2210
	19.05	3/4	11.91	12.7	17.8	5.95	14.7	2.4	15.6	18.1	22.8	3200
	25.40	1	15.88	15.8	22.6	7.94	19.7	3.2	20.8	24.1	29.3	5650
0	31.75	$1^{1}/4$	19.05	19.0	27.5	9.53	23.1	4.0	26.0	30.1	35.8	8850
0	38.10	$1^{1}/2$	22.23	25.4	35.5	11.11	29.0	4.8	31.2	36.2	45.4	12800
0	44.45	$1^{3}/4$	25.40	25.4	37.2	12.70	31.8	5.6	36.4	42.2	48.9	17400
0	50.80	2	28.58	31.7	45.2	14.29	36.9	6.4	41.6	48.2	58.5	22700
0	63.50	$2^{1}/2$	39.69	38.1	54.9	19.84	48.0	8.0	52.0	60.3	71.6	35400

11-11.4 滾子鏈輪

滾子鏈輪在下列情況使用時，其齒端部應施以硬化處理。
齒數在 24 以下，高速運轉者。
速比 4：1 以上者。
低速而大負荷者。
使用環境條件惡劣，會磨損輪齒者。
鏈輪制齒有：S 型齒，U 型齒二種。

滾子鏈用鏈輪之各部尺度

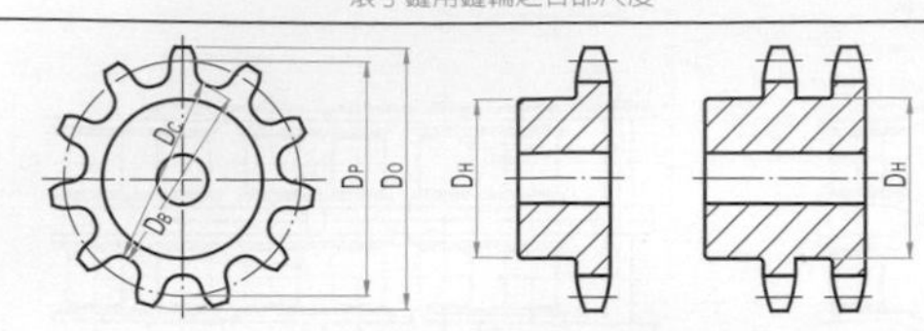

齒根距離 (Dc) 量測法

項目	計算式
節圓直徑D_P	$D_P=\dfrac{P}{\sin\dfrac{180°}{N}}$
外直徑D_O	$D_O=P(0.6+\cot\dfrac{180°}{N})$
齒根圓直徑D_B	$D_B=D_P-D_r$
齒跟距離D_C	$D_C=D_B$ （偶數齒） $D_C=D_P\cos\dfrac{90°}{N}-D_r$ （奇數齒） $=p\cdot\dfrac{1}{2\sin\dfrac{180°}{2N}}-D_r$
最大輪轂直徑及最大槽直徑D_H	$DH=p(\cot\dfrac{180°}{N}-1)-0.76$
P = 節距　D r = 滾子外徑　N = 齒數	
註：$\dfrac{1}{2\sin\dfrac{180°}{2N}}$ =齒跟距離係數	

(1) 直接量測法

偶數齒　　奇數齒

Dc　　Dc

(2) 夾銷量測法 (Over pin)

偶數齒　　奇數齒

夾銷量測法　d　　d　夾銷量測

Dc = 夾銷尺寸 － 2 d
但是 d < Ds (通常 d 略等於 D

輪轂形式 (常用代表型式)

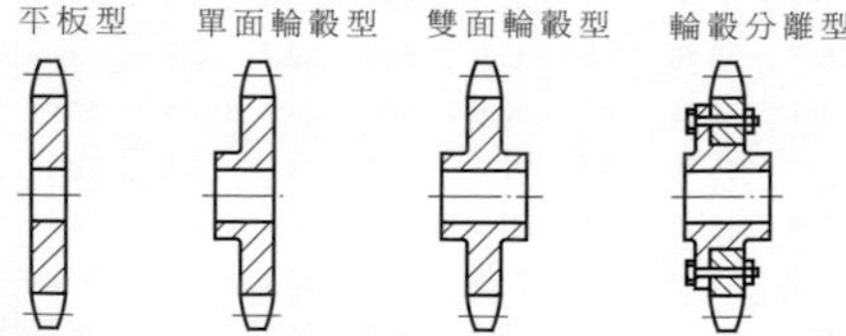

.5 滾子鏈用鏈輪齒形

子鏈用鏈輪齒形

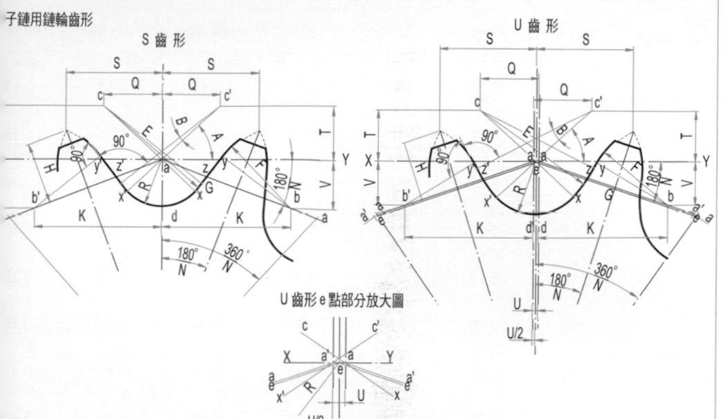

算公式

計算式
$D_s = 2R = 1.005D_r + 0.076$
$u = 0.07(p - D_r) + 0.051$ ，S齒形， $u = 0$
$R = \frac{D_s}{2} = 0.5025D_r + 0.038$
$A = 35^\circ + \frac{60^\circ}{N}$
$B = 18^\circ - \frac{56^\circ}{N}$
$ac = 0.8D_r$
$Q = 0.8D_r\cos(35^\circ + \frac{60^\circ}{N})$
$T = 0.8D_r\sin(35^\circ + \frac{60^\circ}{N})$
$E = cy = 1.3025D_r + 0.038$
$\overline{xy} = (2.605D_r + 0.076)\sin(9^\circ - \frac{28^\circ}{N})$

項目	計算式
y^z	$y^z = D_r[1.4\sin(17^\circ - \frac{64^\circ}{N}) - 0.8\sin(18^\circ - \frac{56^\circ}{N})]$
G	$G = ab = 1.4D_r$　點b在線XY上自a點與線XY成 $\frac{180^\circ}{N}$ 角度之線上。
K	$K = 1.4D_r\cos\frac{180^\circ}{N}$
V	$V = 1.4D_r\sin\frac{180^\circ}{N}$
F	$F = D_r[0.8\cos(18^\circ - \frac{56^\circ}{N}) + 1.4\cos(17^\circ - \frac{64^\circ}{N}) - 1.3025] - 0.038$
H	$H = \sqrt{F^2 - (1.4D_r - \frac{P_t}{2} + \frac{u}{2}\cos\frac{180^\circ}{N})} + \frac{u}{2}\sin\frac{180^\circ}{N}$ S齒形 u=0
S	$S = \frac{P_t}{2}\cos\frac{180^\circ}{N} + H\sin\frac{180^\circ}{N}$

冠尖銳時之外徑 $= P_t\cot\frac{180^\circ}{N} + 2H$

大壓力角 $xab = 35^\circ - \frac{120^\circ}{N}$

小壓力角 $xab - B = 17^\circ - \frac{64^\circ}{N}$

均壓力角 $26^\circ - \frac{92^\circ}{N}$

及u之尺寸公差 $^{+(0.003D_r + 0.127)}_{0}$

N＝齒數

D_s＝齒根部圓弧直徑= 2R

D_r＝滾子外徑

D_p＝節圓直徑

P＝鏈節距

P_t＝齒形節距 { S齒形之a-a ; U齒形之e-e }

$P_t = P(1 + \frac{D_s - D_r}{D_p})$

鏈輪齒根圓直徑須取負側單向公差

11-11.6 齒根圓直徑或齒根距離(Dc)之尺度公差

單位

齒數 鏈條編號	16~24	25~35	36~48	49~63	64~80	81~99	100~1
25	0 -0.10	0 -0.10	0 -0.12	0 -0.12	0 -0.12	0 -0.12	0 -0.15
35	0 -0.12	0 -0.12	0 -0.12	0 -0.15	0 -0.15	0 -0.15	0 -0.15
40	0 -0.12	0 -0.15	0 -0.15	0 -0.15	0 -0.20	0 -0.20	0 -0.20
50	0 -0.12	0 -0.15	0 -0.15	0 -0.20	0 -0.20	0 -0.20	0 -0.25
60	0 -0.15	0 -0.15	0 -0.20	0 -0.20	0 -0.25	0 -0.25	0 -0.25
80	0 -0.20	0 -0.20	0 -0.25	0 -0.25	0 -0.30	0 -0.30	0 -0.35
100	0 -0.20	0 -0.25	0 -0.25	0 -0.30	0 -0.35	0 -0.35	0 -0.40
120	0 -0.25	0 -0.25	0 -0.30	0 -0.35	0 -0.40	0 -0.40	0 -0.45
140	0 -0.25	0 -0.30	0 -0.35	0 -0.40	0 -0.45	0 -0.50	0 -0.50
160	0 -0.30	0 -0.35	0 -0.40	0 -0.45	0 -0.50	0 0.55	0 -0.60
200	0 -0.35	0 -0.40	0 -0.45	0 -0.50	0 -0.60	0 -0.65	0 -0.70

11-11.7 滾子鏈輪齒頂圓(外圓)直徑

單位

鏈條號碼 齒數	25	35	40	50	60	80	100	120	140	160	20
16	36	54	71	89	107	143	179	214	250	286	3
17	38	57	76	94	113	151	189	227	264	302	3
18	40	60	80	100	119	159	199	239	279	319	3
19	42	63	84	105	126	167	209	251	293	335	4
20	44	66	88	110	132	176	220	263	307	351	4
21	46	69	92	115	138	184	230	276	322	368	4
22	48	72	96	120	144	192	240	288	336	384	4
24	52	78	104	130	156	208	260	312	364	416	5
26	56	84	112	140	168	224	281	337	393	449	5
30	64	96	128	161	193	257	321	385	450	514	6
32	68	102	137	171	205	273	341	410	478	546	6
35	74	112	149	186	223	297	372	448	521	595	7
40	84	127	169	211	253	338	422	507	591	676	8
45	95	142	189	237	284	378	473	568	662	757	9
48	101	151	201	252	302	403	503	604	705	806	1
54	113	169	226	282	338	451	564	677	790	903	1
60	125	187	250	312	375	500	625	750	875	1000	1
70	145	218	290	363	436	581	726	871	1016	1162	1
75	155	233	311	388	466	621	777	932	1087	1243	1
80	165	248	331	414	496	662	827	993	1158	1323	1
90	186	278	371	464	557	743	928	1114	1300	1485	1
96	198	297	396	494	593	791	989	1187	1384	1582	1
114	234	351	468	585	703	937	1171	1405	1639	1873	

1.8 滾子鏈輪節圓直徑常數

單位：mm

齒數	節圓直徑常數	齒數	節圓直徑常數	齒數	節圓直徑常數	齒數	節圓直徑常數
16	5.1258	44	14.0175	72	22.9256	100	31.8362
17	5.4422	45	14.3356	73	23.2438	101	32.1545
18	5.7588	46	14.6536	74	23.5620	102	32.4727
19	6.0755	47	14.9717	75	23.8802	103	32.7910
20	6.3925	48	15.2898	76	24.1984	104	33.1093
21	6.7095	49	15.6079	77	24.5167	105	33.4275
22	7.0267	50	15.9260	78	24.8349	106	33.7458
23	7.3439	51	16.2441	79	25.1531	107	34.0641
24	7.6613	52	16.5622	80	25.4713	108	34.3823
25	7.9787	53	16.8803	81	25.7896	109	34.7006
26	8.2962	54	17.1984	82	26.1078	110	35.0188
27	8.6138	55	17.5166	83	26.4261	111	35.3371
28	8.9314	56	17.8347	84	26.7443	112	35.6554
29	9.2491	57	18.1529	85	27.0625	113	35.9737
30	9.5668	58	18.4710	86	27.3807	114	36.2919
31	9.8845	59	18.7892	87	27.6990	115	36.6102
32	10.2023	60	19.1073	88	28.0172	116	36.9285
33	10.5201	61	19.4255	89	28.3355	117	37.2467
34	10.8380	62	19.7437	90	28.6537	118	37.5650
35	11.1558	63	20.0618	91	28.9720	119	37.8833
36	11.4737	64	20.3800	92	29.2902	120	38.2016
37	11.7916	65	20.6982	93	29.6085		
38	12.1096	66	21.0164	94	29.9267		
39	12.4275	67	21.3346	95	30.2449		
40	12.7455	68	21.6528	96	30.5632		
41	13.0635	69	21.9710	97	30.8815		
42	13.3815	70	22.2892	98	31.1997		
43	13.6995	71	22.6074	99	31.5180		

欲求齒數之節圓直徑常數乘以配用鏈條之節距，即得該齒數鏈輪之節圓直徑。
如：鏈條節距P為12.7，則20齒之配合鏈輪節圓直徑
Dp＝12.7x6.3925=81.18mm

11

11-11.9 滾子鏈輪之橫齒形狀及尺度

單位

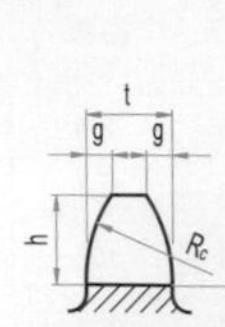

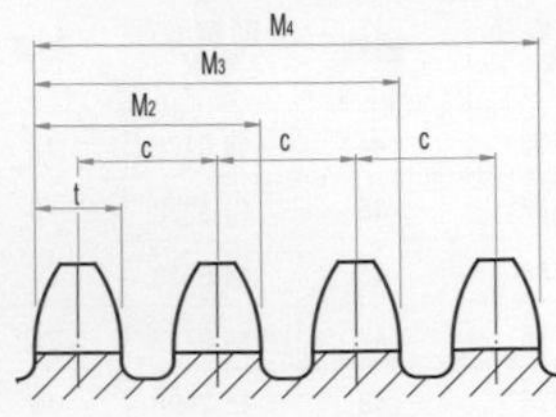

單位：

共通尺度					齒寬 t（最大）			橫節
鏈條編號	外角寬 g(約)	外角深度 h(約)	外圓角半徑* Rc(最小)	內圓角** rf(最大)	單列	2,3列	4列以上	c
25	0.8	3.2	6.8	0.3	2.8	2.7	2.4	6.4
35	1.2	4.8	10.1	0.4	4.3	4.1	3.8	10.
40	1.6	6.4	13.5	0.5	7.2	7.0	6.5	14.
50	2.0	7.9	16.9	0.6	8.7	8.4	7.9	18.
60	2.4	9.5	20.3	0.8	11.7	11.3	10.6	22.
80	3.2	12.7	27.0	1.0	14.6	14.1	13.3	29.
100	4.0	15.9	33.8	1.3	17.6	17.0	16.1	35.
120	4.8	19.0	40.5	1.5	23.5	22.7	21.5	45.
140	5.6	22.2	47.3	1.8	23.5	22.7	21.5	48.
160	6.4	25.4	54.0	2.0	29.4	28.4	27.0	58.
200	7.9	31.8	67.5	2.5	35.3	34.1	32.5	71.

全齒寬M2,M3,M4,.........., Mn =c (n-1) +t ,n：列數

* Rc一般使用表上之最小值，使用值以上做為無限大數

** rf（最大）轂直徑或溝部直徑之最大值

滾子鏈輪齒寬尺度t, M2， M3， M4 ,........., Mn之公差 單位：

鏈條號碼	25	35	40	50	60	80	100	120	140	160	2
尺度公差	0 -0.20	0 -0.20	0 -0.25	0 -0.25	0 -0.30	0 -0.30	0 -0.35	0 -0.40	0 -0.40	0 -0.45	-0

11.10 滾子鏈輪之最大輪轂直徑及最大軸直徑

單位：mm

條編 節距	25 6.35		35 9.525		40 12.70		50 15.875		60 19.05		80 25.40	
齒數	最大轂徑	最大軸徑	最大轂徑	最大軸徑	最大轂徑	最大軸徑	最大轂徑	最大軸徑	最大轂徑	最大軸徑	最大轂徑	最大軸徑
1	15	5.6	22	11	30	18	37	22	45	27	60	38
2	17	7.2	25	13	34	20	43	26	51	31	69	45
3	19	8.8	28	15	38	22	48	30	57	36	77	51
4	21	10	31	17	42	26	53	33	64	41	85	57
5	23	12	35	20	46	28	58	37	70	46	93	61
6	25	13	38	21	50	31	63	41	76	51	102	68
7	27	14	41	24	54	34	68	45	82	53	110	74
8	29	16	44	26	59	37	73	49	88	59	118	80
9	31	16	47	29	63	41	79	51	94	62	126	84
0	33	17	50	30	67	44	84	55	100	66	134	90
1	35	19	53	33	71	47	89	59	107	72	142	95
2	37	21	56	35	75	50	94	62	113	77	150	101
3	39	22	59	37	79	51	99	65	119	80	159	109
4	41	24	62	40	83	54	104	70	125	83	167	113
5	43	25	65	42	87	57	109	73	131	88	175	120

條編 節距	106 31.75		120 38.10		140 44.45		160 50.80		200 63.5	
齒數	最大轂徑	最大軸徑	最大轂徑	最大軸徑	最大轂徑	最大軸徑	最大轂徑	最大軸徑	最大轂徑	最大軸徑
11	76	50	91	60	106	71	121	80	152	103
12	86	57	103	69	121	80	138	93	173	118
13	96	64	116	79	135	91	155	105	193	132
14	107	72	128	85	150	101	171	117	214	148
15	117	80	140	95	164	111	187	129	235	163
16	127	85	153	104	178	122	204	141	255	179
17	137	93	165	112	193	132	220	152	275	193
18	148	100	177	121	207	144	237	165	296	208
19	158	108	189	129	221	153	253	177	316	224
20	168	114	202	140	235	163	269	188	337	238
21	178	122	214	148	250	175	285	200	357	254
22	188	128	226	157	264	185	302	212	377	266
23	199	137	238	165	278	196	318	224	398	278
24	209	144	251	176	292	205	334	235	418	294
25	219	152	263	184	307	217	351	249	438	310

子鏈輪之材料，小型鏈輪通常用機械構造用鋼製作，大型者則用鑄鐵或鑄鋼製作。
常用 S35C 或 S40C 材料製作，再將齒端作高周波硬化處理。
輪傳動組合表示法：
條用細鏈線表示，鏈輪只需畫出軸孔、節圓直徑及齒頂圓。

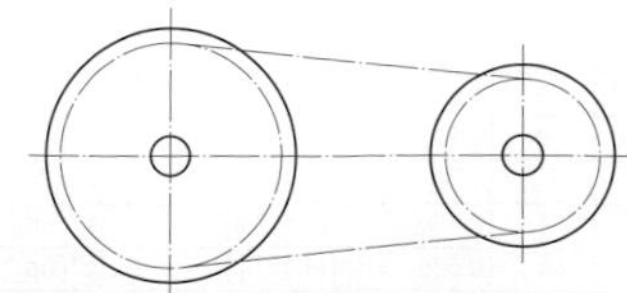

11-12 齒 輪

11-12.1 公制齒輪齒制

標準 14.5°漸開線齒制：齒廓線為漸開線，在節點上之壓力角為 14°28'40"。

標準 20°漸開線齒制：齒廓線各部分之比例與 14.5°齒制相同，而其在節點之壓力角改用 20°，使之干涉減少，對於 14 齒以下之齒輪，無須修改即可使用，並因其壓力角之增大，齒根強度亦增大。

20°漸開線短齒制：齒輪之輪齒齒冠高度縮短，並省略間隙，可使干涉部分消除，形成較短之彎力矩臂而更形增加輪齒之強度，材料切削量少，產生干涉之最小齒數少等優點。

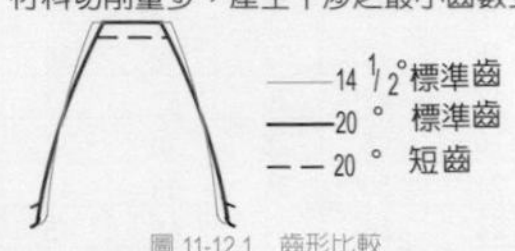

圖 11-12.1 齒形比較

名 稱	符 號	標準齒廓公制(mm)	標準齒廓公制(mm)	短齒公制(mm)
壓力角	α	14.5°	20°	20°
齒冠	a	M	m	0.8m
齒根	e	1.157m	1.157m	m
間隙	c	0.157m	0.157m	0.2m
工作深	h	2.157m	2.157m	1.8m
齒厚	t	1.5708m	1.5708m	1.5708m
齒間	T	1.5708m	1.5708m	1.5708m
齒隙	S	0	0	0

註：表中之 m 為齒輪模數。

公制齒輪輪齒之大小，以模數(m)表示。齒輪之節圓直徑為 dmm，齒數為 N，則其模數為

$$m=\frac{d}{N}=\frac{P_t}{\pi}$$

模數以 mm 為單位，常用標準值如下表所示，其齒廓大小與模數值大小成正比。

系列 1	系列 2	系列 3	系列 1	系列 2	系列 3
1					3.75
1.25			4		
1.5				4.5	
	1.75		5		
2				5.5	
	2.25		6		
2.5					6.5
	2.75			7	
3			8		
		3.25		9	
	3.5		10		
備註：系列 1 優先使用，必要時得依系列 2、系列 3 之順序選用。					

11-12.2 英制齒輪齒制

英制齒輪齒制，目前有英、美及加拿大等大英協約國採用，其標準齒制有 14.5°，20°短齒及 15 齒等四種。

英制漸開線齒廓各尺度比例				
名 稱	符號	鑄齒 p 制	標準齒 p 制(英制)	短齒 M 制(公制)
壓力角	α	15°	14.5°	20°
齒 冠	a	0.3p	(1/p)"	0.8(1/p)"
齒 根	e	0.4p	(1.157/p)"	(1/p)"
間 隙	c	0.1p	(0.157/p)"	0.2(1/p)"
齒 高		0.7p	(2.157/p)"	1.8(1/p)"
齒 厚	t	0.48p	(1.157/p)"	1.157(1/p)"
齒 間	T	0.52p	(1.157/p)"	1.157(1/p)"

英制齒輪輪齒之大小以徑節(p)表示(有時也採用吋模數(m"))，設齒輪之節圓直徑為 d 吋，齒數為 N，徑節為：

節：$P=\frac{N}{d''}=\frac{1}{m''}$

模數：$m''=\frac{Pt''}{\pi}=\frac{d''}{N}$

吋模數 m"與公制模數 m，節圓直徑 dmm，d"之關係為：

$'=\frac{d''}{\pi}=\frac{m}{25.4}$

$=\frac{25.4mm}{m}$, $m=\frac{25.4mm}{P}$, $mP=25.4mm$

徑節 p 為節圓直徑每英吋所涵蓋之齒數，其數值越小，則齒廓越大。

m，p_t，p 等之換算表

模數	周節(mm) p_t	法線周節(mm) (α=20°)	徑節 p	周節(in) p_t	吋模數 m"
1	3.1416	2.9521	25.40000	0.1236847	0.0393701
1.0583	3.3249	3.1243	24	0.1308996	0.0416667
1.1546	3.6271	3.4084	22	0.1427996	0.0454545
1.25	3.9270	3.6902	20.32000	0.1546059	0.0492126
1.2700	3.9898	3.7492	20	0.1570796	0.0500000
1.4111	4.4331	4.1658	18	0.1745329	0.0555556
1.5	4.7124	4.4282	16.93333	0.1855271	0.0590551
1.5875	4.9873	4.6865	16	0.1963495	0.0625000
1.75	5.4978	4.9908	14.51429	0.2164483	0.0688976
1.8143	5.6997	5.3560	14	0.2243394	0.0714086
2	6.2832	5.9043	12.70000	0.2473695	0.0787401
2.1167	6.6497	6.2487	2	0.2617993	0.0833333
2.25	7.0686	6.6423	11-28889	0.2782906	0.0885827
2.5	7.8540	7.3803	10.16000	0.3092118	0.0984252
2.5400	7.9796	7.4984	10	0.3141593	0.100000
2.75	8.6394	8.1183	9.23636	0.3401330	0.108268
2.8222	8.8663	8.3316	9	0.3490658	0.111111
3	9.4248	8.8564	8.46667	0.3710542	0.118110
3.1750	9.9746	9.3730	8	0.3926990	0.125000
3.25	10.2102	9.5944	7.81538	0.4019754	0.127953
3.5	10.9956	10.3325	7.25714	0.4328966	0.137795
3.6286	11-3995	10.7120	7	0.4487989	0.142857
3.75	11-7810	11.0705	6.77333	0.4638178	0.147638
4	12.5664	11-8085	6.35000	0.4947390	0.157480
4.2333	13.2994	12.4974	6	0.5235987	0.166667
4.5	14.1372	13.2846	5.64444	0.5565813	0.177165
5	15.7080	14.7607	5.08000	0.6184237	0.196850
5.0800	15.9593	14.9968	5	0.6283185	0.200000
5.5	17.2788	16.2367	4.61818	0.6802661	0.216535
5.6444	17.7325	16.6631	4.5	0.6981317	0.222222
6	18.8496	17.7128	4.23333	0.7421085	0.236220
6.3500	19.9491	18.7460	4	0.7853981	0.250000
7	21.9912	20.6649	3.62857	0.8657932	0.275590
7.2571	22.7990	21.4240	3.5	0.8975979	0.285714
8	25.1327	23.6171	3.17500	0.9894780	0.314961
8.4667	26.5988	24.9947	3	1.0471975	0.333333
9	28.2743	26.5692	2.82222	1.1131627	0.354331
9.2364	29.0169	27.2668	2.75	1.1423973	0.363636
10	31.4159	29.5213	2.54	1.2368475	0.393701

常用齒輪基本尺度				單位：mm
模數系列 m	周節 p_t	總齒深 h	齒冠 h_k	齒根 h_c
1.25	3.927	2.708	1.25	1.458
1.5	4.712	3.250	1.5	1.750
1.75	5.498	3.792	1.75	2.042
2	6.283	4.333	2	2.333
2.25	7.069	4.875	2.25	2.625
2.5	7.854	5.417	2.5	2.917
2.75	8.639	5.958	2.75	3.208
3	9.452	6.500	3	3.500
3.25	10.210	7.041	3.25	3.791
3.5	10.996	7.583	3.5	4.083
3.75	11.781	8.125	3.75	4.375
4	12.566	8.666	4	4.666
4.5	14.137	9.750	4.5	5.250
5	15.708	10.833	5	5.833
6	18.850	13.000	6	7.000
7	21.991	15.166	7	8.166
8	25.132	17.333	8	9.333
9	28.274	19.490	9	10.499
10	31.416	21.666	10	11.666

12.3 正齒輪之計算

正齒輪（Spur gear）之計算

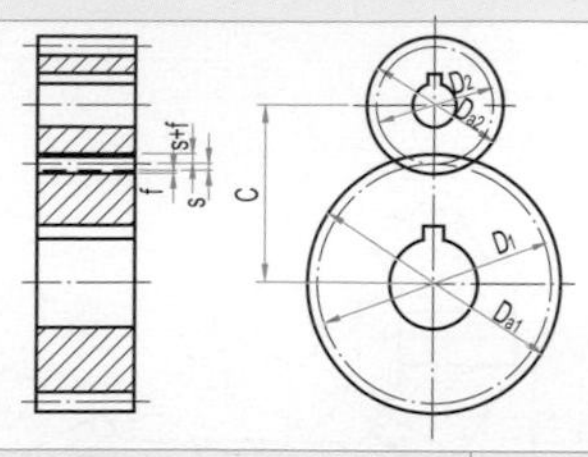

名稱	符號	英制(吋)	公制(mm)
徑節	P	$P=\frac{\pi}{P_c}=\frac{N}{D_p}=\frac{N+2}{D_a}$	
模數	m		$m=\frac{P_c}{\pi}=\frac{D_p}{N}=\frac{D_a}{N+2}$
周節	P_c	$P_c=\frac{\pi}{P}=\frac{\pi D_p}{N}$	$P_c=\pi m=\frac{\pi D_p}{N}$
節圓直徑	D_p	$D_p=\frac{N}{P}=\frac{ND_p}{\pi}$	$D_p=mN=\frac{\pi P_c}{N}$
外徑	D_a	$D_a=\frac{N+2}{P}=\frac{(N+2)P_c}{2\pi}=D_p+2a$	$D_a=(N+2)m=D_p+2a$
中心距離	C	$C=\frac{N_1+N_2}{2P}=\frac{(N_1+N_2)P_c}{2\pi}$	$C=\frac{(N_1+N_2)m}{2}$
齒冠	S	$a=\frac{1}{P}=\frac{P_c}{\pi}$	$a=m=\frac{P_c}{\pi}$
齒根	S+f	$b=\frac{1.157}{P}$	$b=1.157\,m$
齒隙	f	$c=\frac{0.157}{P}=\frac{P_c}{20}$	$c=0.157\,m$
總齒深	2S+f	$h_t=a+b=\frac{2.157}{P}=\frac{P_c}{20}$	$h_t=a+b=2.157\,m$
齒厚	t	$T=\frac{1.5708}{P}=\frac{P_c}{2}$	$T=1.5708\,m=\frac{P_c}{2}$
齒數	N	$N=PD_p=\frac{\pi D_p}{P_c}$	$N=\frac{D_p}{m}=\frac{D_a}{m}-2$

：各記號右下角之小文字，1及2各表示大齒輪、小齒輪之區別，例如N_1表示大齒輪之齒，N_2則表示小齒輪之齒數。

11-12.4 斜齒輪之計算

斜齒輪(Bevel gear)之計算

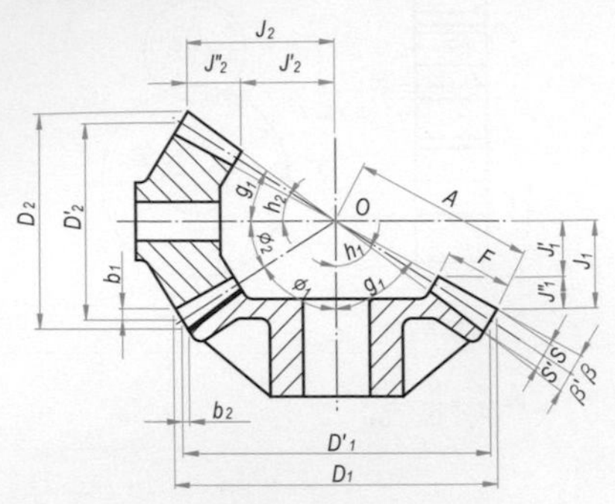

各部名稱	記號	計算公式
外圓錐距離	A	$A=\sqrt{\left(\frac{N_1 m}{2}\right)^2+\left(\frac{N_2 m}{2}\right)^2}=\frac{Nm}{2\sin\phi}$
模數	m	$m=\frac{D_1'}{N_1}=\frac{D_2'}{N_2}$
齒數	N	$N_1=\frac{D_1'}{m}$ $N_2=\frac{D_2'}{m}$
齒冠	S	$S=A\tan\beta$
齒根	S'	$S'=A\tan\beta'$
節圓直徑	D'	$D_1'=mN_1$ $D_2'=mN_2$
外徑	D	$D_1=D_1'+2a_1$ $D_2=D_2'+2a_2$
節圓錐角	ϕ	$\tan\phi_1=\frac{N_1}{N_2}$ $\tan\phi_2=\frac{N_2}{N_1}$
齒冠角	β	$\tan\beta=\frac{S}{A}$
齒根角	β'	$\tan\beta'=\frac{S'}{A}$
齒頂圓錐角	g	$g=\phi+\beta$
齒底圓錐角	h	$h=\phi-\beta'$
直徑增加量	2a	$2a=2S\cos\phi$
自大端齒頂至節圓平面之距離	b	$b=S\sin\phi$
外圓錐距離	J	$J=\frac{D\cot g}{2}$
內圓錐距離	J'	$J'=J\frac{A-F}{A}$
面高	J"	$J''=J-J'$
齒面寬	F	$F\leqq 7.5m$

註：各記號右下角之小文字，1及2各表示大齒輪、小齒輪之區別，例如N_1表示大齒輪之齒數，N_2則表示小齒輪之齒數。

12.5 螺旋齒輪及螺輪之計算

螺旋齒輪(Helical gear)及螺輪(Screw gear)之計算

人字齒輪

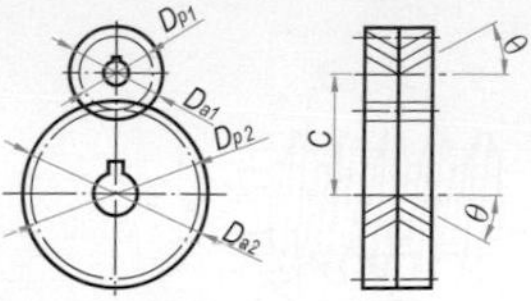

螺旋齒輪

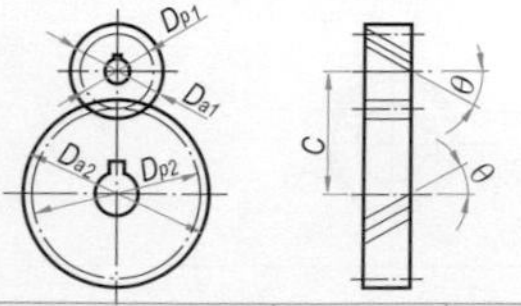

螺輪

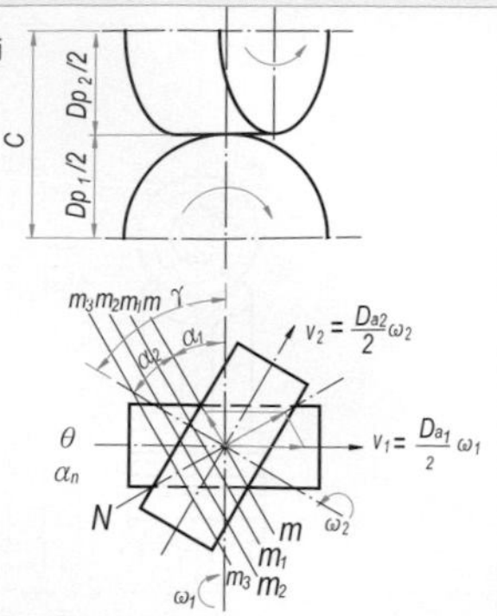

各部名稱	記號	計算公式
橫向模數	m	$m = \frac{D_p}{N} = \frac{P_c}{\pi} = \frac{m_n}{\cos\theta}$
法面模數	m_n	$m_n = m\cos\theta = \frac{P_{cn}}{\pi}$
橫向周節	P_c	$P_c = \pi m = \frac{\pi D_p}{N} = \frac{P_{cn}}{\cos\theta}$
法面周節	P_{cn}	$P_{cn} = P_c\cos\theta - \pi m_n$
齒數	N	$N = \frac{D_p}{m} = \frac{\pi D_p}{PC} = \frac{D_p\cos\theta}{m_n}$
法面虛齒數	N_n	$N_n = \frac{N}{\cos\theta}$
齒冠	a	$a = 0.3183P_c$ (單.雙數) $0.2865P_c$(三.四紋)
齒根	b	$b = 0.3683P_c$ (單.雙數) $0.3365P_c$(三.四紋)
節圓上齒厚	T	$T = \frac{P_c}{2} = 1.5708m = \frac{T_n}{\cos\theta}$
法面齒厚	T_n	$T_n = \frac{P_{cn}}{2} = 1.5708m_n = T\cos\theta$
節圓直徑	D_p	$D_p = Nm = \frac{NP_c}{\pi} = \frac{Nm_n}{\cos\theta}$
虛節圓直徑	D_{pn}	$D_{pn} = \frac{D_p}{\cos^2\theta} = \frac{Nm_n}{\cos^3\theta}$
外徑	D_a	$D_a = D_p + 2a$
齒全高	h_t	$h_t = a + b$
中心距離	C	$C = (N_1+N_2)\frac{m_n}{2\cos\theta}$
節圓上齒之導程	L	$L = \frac{\pi D_p}{\mathrm{taN}\theta} = \frac{\pi Nm_n}{\sin\theta}$
螺輪軸間角	γ	$\gamma = \theta_1 + \theta_2$
螺旋角	θ	$\tan\theta = \frac{\pi D_p}{L}$
橫向壓力角	α	$\tan\alpha = \frac{\tan\alpha_n}{\cos\theta}$
法面壓力角	α_n	$\tan\alpha_n = \mathrm{Tan}\,\alpha\cos\theta$

11-12.6 蝸輪之計算

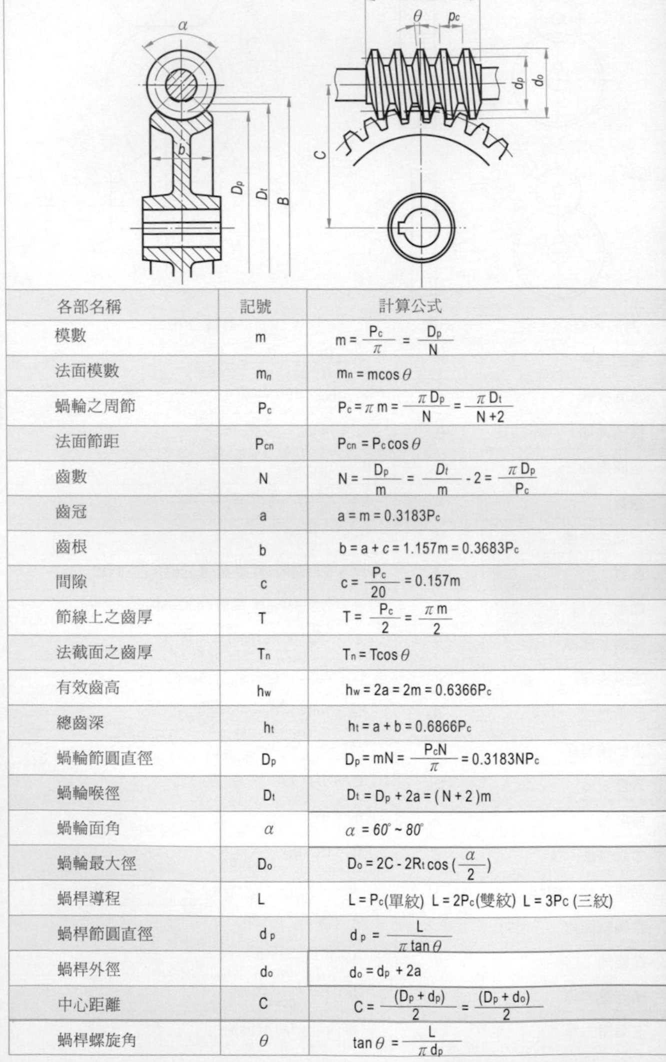

各部名稱	記號	計算公式
模數	m	$m = \frac{P_c}{\pi} = \frac{D_p}{N}$
法面模數	m_n	$m_n = m\cos\theta$
蝸輪之周節	P_c	$P_c = \pi m = \frac{\pi D_p}{N} = \frac{\pi D_t}{N+2}$
法面節距	P_{cn}	$P_{cn} = P_c\cos\theta$
齒數	N	$N = \frac{D_p}{m} = \frac{D_t}{m} - 2 = \frac{\pi D_p}{P_c}$
齒冠	a	$a = m = 0.3183P_c$
齒根	b	$b = a + c = 1.157m = 0.3683P_c$
間隙	c	$c = \frac{P_c}{20} = 0.157m$
節線上之齒厚	T	$T = \frac{P_c}{2} = \frac{\pi m}{2}$
法截面之齒厚	T_n	$T_n = T\cos\theta$
有效齒高	h_w	$h_w = 2a = 2m = 0.6366P_c$
總齒深	h_t	$h_t = a + b = 0.6866P_c$
蝸輪節圓直徑	D_p	$D_p = mN = \frac{P_c N}{\pi} = 0.3183NP_c$
蝸輪喉徑	D_t	$D_t = D_p + 2a = (N+2)m$
蝸輪面角	α	$\alpha = 60^\circ \sim 80^\circ$
蝸輪最大徑	D_o	$D_o = 2C - 2R_t\cos(\frac{\alpha}{2})$
蝸桿導程	L	$L = P_c$(單紋) $L = 2P_c$(雙紋) $L = 3P_c$ (三紋)
蝸桿節圓直徑	d_p	$d_p = \frac{L}{\pi\tan\theta}$
蝸桿外徑	d_o	$d_o = d_p + 2a$
中心距離	C	$C = \frac{(D_p + d_p)}{2} = \frac{(D_p + d_o)}{2}$
蝸桿螺旋角	θ	$\tan\theta = \frac{L}{\pi d_p}$

2.7 齒輪之等級及其用途

齒輪之等級及其用途									
使用齒輪 ＼ 等級	0級	1級	2級	3級	4級	5級	6級	7級	8級
檢定用標準齒輪									
儀器用齒輪									
高速減速機用齒輪									
增速機用齒輪									
飛機用齒輪									
攝影機用齒輪									
印刷機械用齒輪									
鐵路車輛用齒輪									
工具機用齒輪									
照相機用齒輪									
汽車用齒輪									
齒輪泵用齒輪									
變速機用齒輪									
輥軋機用齒輪									
通用減速機用齒輪									
捲揚機用齒輪									
起重機用齒輪									
造紙機械用齒輪									
磨粉機械用齒輪									
農業機械用齒輪									
纖維機械用齒輪									
轉動及旋轉用大型齒輪									
mm Walse(輥軋機上)用齒									
動用齒輪									
接齒輪（除大型者）									
型內接齒輪									

表示齒輪精度誤差之名詞	
名詞	名詞之意義
獨齒距誤差	鄰接之齒在節圓上實際齒距與真確齒距之差，稱為單獨齒距誤差。
接齒距誤差	在節圓上相鄰之兩齒距之差稱為鄰接齒距誤差。
積齒距誤差	在節圓上取任意齒之實際齒距和其真確值間之差，稱為累積齒距誤差。
面周節誤差	法面周節之實際尺度與理論值間之差稱為法面周節誤差。
廓誤差	實際齒廓與以通過節圓交點之真實漸開線為基準，在橫向量測時齒廓檢查範圍內之正(+)側誤差及負(-)側誤差和稱為齒廓誤差。在此稱為齒廓誤差者僅僅限橫向齒廓。
面偏轉	珠或銷等接觸件如接觸於齒間兩側齒廓面之節圓附近時，其半徑方向位置之最大差稱為齒面偏轉。
程誤差	在節圓柱上應相對於必要檢查範圍內齒廓面寬之實際導程曲線與理論上導程曲線間之差，稱為導程誤差。以節圓周上之尺度表示之。
廓檢查範圍	原則上指與相配齒輪所嚙合之齒廓曲線範圍。但該範圍不包括齒廓之修正範圍。

11-12.8 圓柱齒輪之公差

圓柱齒輪之公差(正齒輪及螺旋齒輪)													
		模數4以上6以下 μ						模數6以上10以下 μ					
等級	齒輪節圓直徑	單獨齒距公差	鄰接齒距公差	累積齒距公差	法面周節公差	齒廓公差	齒面之偏轉	單獨齒距公差	鄰接齒距公差	累積齒距公差	法面周節公差	齒廓公差	齒之轉
0級	逾 25至 50以 下	5	5	19	6	6	13	6	6	22	7	8	1
	逾 50至 100以 下	5	5	20	6	6	14	6	6	24	8	8	1
	逾100至200以下	6	6	22	7	6	15	7	7	26	8	8	1
	逾200至400以下	6	7	25	7	6	18	7	8	29	9	8	2
	逾400至800以下	7	8	29	8	6	20	8	9	32	10	8	2
1級	逾 25至 50以 下	7	7	26	8	8	19	8	8	31	10	11	2
	逾 50至 100以 下	7	8	28	9	8	20	9	9	34	11	11	2
	逾100至200以下	8	8	32	9	8	22	9	10	37	12	11	2
	逾200至400以下	9	9	35	10	8	25	10	11	40	13	11	2
	逾400至800以下	10	11	40	12	8	29	11	13	45	14	11	3
2級	逾 25至 50以 下	9	10	37	12	11	26	11	12	44	15	15	3
	逾 50至 100以 下	10	11	40	12	11	28	12	13	48	15	15	3
	逾100至200以下	11	13	45	13	11	32	13	15	52	17	15	3
	逾200至400以下	13	14	50	15	11	35	14	16	58	18	15	4
	逾400至800以下	14	16	57	17	11	40	16	18	64	20	15	4
3級	逾 25至 50以 下	13	15	52	16	16	37	16	18	63	20	22	4
	逾 50至 100以 下	14	16	57	17	16	40	17	19	67	22	22	4
	逾100至200以下	16	18	63	19	16	45	18	21	73	23	22	5
	逾200至400以下	18	20	71	21	16	50	20	24	81	25	22	5
	逾400至800以下	20	24	80	23	16	57	23	27	91	27	22	6

11-12.9 圓柱齒輪之標準齒隙

等級	模數	圓柱齒輪之標準齒隙(正齒輪及螺旋齒輪) μ				
		逾25至50以下	逾50至100以下	逾100至200以下	逾200至400以下	逾400至800以
0級	4	60～150	70～170	80～200	90～230	110～280
	5	70～160	70～190	90～210	100～250	120～290
	6	70～180	80～200	90～230	110～260	120～310
	7	80～200	90～220	100～240	110～280	130～320
	8	90～210	90～240	110～260	120～300	140～340
	10		110～270	120～300	130～330	150～370
	12		120～300	130～330	140～360	160～410
	14		130～330	140～360	160～390	180～440
1級	4	60(70)～170	70(90)～190	80(100)～220	90(120)～260	110(140)～31
	5	70(80)～180	70(90)～210	90(110)～240	100(120)～280	120(150)～33
	6	70(90)～210	80(100)～230	90(120)～260	110(130)～300	120(150)～35
	7	80(100)～220	90(110)～250	100(120)～280	110(140)～320	130(160)～36
	8	90(110)～240	90(120)～260	110(130)～290	120(150)～330	140(170)～38
	10		110(130)～300	120(150)～330	130(160)～370	150(190)～42
	12		120(150)～340	130(160)～370	140(180)～410	160(200)～45
	14		130(170)～370	140(180)～400	160(200)～440	180(220)～49
2級	4	60(70)～190	70(90)～210	80(100)～250	90(120)～290	110(140)～35
	5	70(80)～210	70(90)～240	90(110)～270	100(120)～310	120(150)～37
	6	70(90)～230	80(100)～260	90(120)～270	110(130)～330	120(150)～39
	7	80(100)～250	90(110)～280	100(120)～310	110(140)～350	130(160)～41
	8	90(110)～270	90(120)～300	110(130)～340	120(150)～380	140(170)～43
	10		110(130)～340	120(150)～370	130(160)～420	150(190)～47
	12		120(150)～380	130(160)～440	140(180)～460	160(200)～50
	14		130(170)～420	140(180)～450	160(200)～500	180(220)～55
3級	6	70～260	80～290	90～330	110～380	120～440
	7	80～280	90～310	100～350	110～400	130～460
	8	90～300	90～330	110～370	120～420	140～480
	10		110～380	120～420	130～470	150～530
	12		120～430	130～470	140～520	160～580
	14		130～470	140～510	160～560	180～620
	16			160～560	170～600	190～670
	18			170～600	180～650	200～710

2.10 圓柱齒輪胚料公差

圓柱齒輪胚料外周之公差 μ							
	齒輪外徑						
等級	逾25至50以下	逾50至100以下	逾100至200以下	逾200至400以下	逾400至800以下	逾800至1600以下	逾1600至3200以下
0級	5	5	6	6	7	9	10
1級	6	7	8	9	10	12	14
2級	9	10	11	13	15	17	20
3級	13	14	16	18	20	24	28
4級	18	20	22	25	29	34	40
5級	26	28	31	36	41	47	56
6級	36	40	45	51	58	60	80
7級	73	80	90	100	115	135	160
8級	145	160	180	200	230	270	320

圓柱齒輪胚料側面偏轉公差 μ						
		齒輪節圓直徑				
等級	齒面寬	逾25至50以下	逾50至100以下	逾100至200以下	逾200至400以下	逾400至800以下
0級	逾 25至 50以下	4	6	9	16	30
	逾50至100以下	3	5	7	12	22
	逾100至200以下	3	4	5	8	15
1級	逾 25至 50以下	5	8	13	23	43
	逾50至100以下	5	7	10	17	31
	逾100至200以下	4	5	7	12	21
2級	逾 25至 50以下	8	11	18	32	60
	逾50至100以下	7	9	14	24	44
	逾100至200以下	6	7	10	17	29
3級	逾 25至 50以下	11	16	26	46	86
	逾50至100以下	10	13	20	34	62
	逾100至200以下	8	10	15	24	41

圓柱齒輪導程公差(正齒輪及螺旋齒輪) μ							
	齒面寬						
等級	逾6至12以下	逾12至25以下	逾25至50以下	逾50至100以下	逾100至200以下	逾200至400以下	逾400至800以下
0級	7	7	9	11	15	24	42
1級	8	8	10	12	17	27	47
2級	9	9	11	14	19	31	53
3級	11	12	14	17	24	38	67
4級	14	15	17	21	30	48	83
5級	17	19	22	27	39	61	105
6級	22	23	27	34	48	77	135
7級	27	29	34	43	60	96	165
8級	34	37	43	54	76	120	210

11-12.11 圓柱齒輪間中心距離公差

圓柱齒輪間中心距離公差(正齒輪及螺旋齒輪) μ								
		中心距離 mm						
		逾25至50 以下	逾50至100 以下	逾100至200 以下	逾200至400 以下	逾400至800 以下	逾800至1600 以下	逾1600至3 以下
0級	---	+15 0	+19 0	+25 0	+32 0	+43 0	+58 0	+82 0
1級	A	+15 0	+19 0	+25 0	+32 0	+43 0	+58 0	+82 0
	B	+24 0	+31 0	+40 0	+52 0	+69 0	+93 0	+130 0
2級	A	+24 0	+31 0	+40 0	+52 0	+69 0	+93 0	+130 0
	B	+38 0	+48 0	+62 0	+81 0	+105 0	+145 0	+200 0
3級	A	+24 0	+31 0	+40 0	+52 0	+69 0	+93 0	+130 0
	B	+38 0	+48 0	+62 0	+81 0	+105 0	+145 0	+200 0
4級	A	+24 0	+31 0	+40 0	+52 0	+69 0	+93 0	+130 0
	B	+38 0	+48 0	+62 0	+81 0	+105 0	+145 0	+200 0
5級	A	+38 0	+31 0	+40 0	+52 0	+69 0	+93 0	+130 0
	B	+60 0	+77 0	+99 0	+130 0	+170 0	+230 0	+330 0
6級	A	+38 0	+31 0	+40 0	+52 0	+69 0	+93 0	+130 0
	B	+60 0	+77 0	+99 0	+130 0	+170 0	+230 0	+330 0
7級	A	+60 0	+77 0	+99 0	+130 0	+170 0	+230 0	+330 0
	B	+97 0	+125 0	+160 0	+210 0	+270 0	+370 0	+520 0
8級	A	+97 0	+125 0	+160 0	+210 0	+270 0	+370 0	+520 0
	B	+240 0	+310 0	+400 0	+520 0	+690 0	+930 0	+1310 0

註：由於工作條件，在AB中任選其中一種。

根據加工法可達到之精度等級									
加工法及熱處理 \ 等級	0級	1級	2級	3級	4級	5級	6級	7級	8級
齒廓面研磨									
切齒機切削，未經淬火									
切齒機切削淬火研磨									
切齒機切削淬火狀態									
銑床及其它工具機切削									
鑄造狀態									

級	齒輪之節圓直徑	模數4以上6以下				模數6以上10以下			
		單獨齒距公差	鄰接齒距公差	累積齒距公差	齒廓面之偏轉	單獨齒距公差	鄰接齒距公差	累積齒距公差	齒廓面之偏轉
	逾25至50以下	5	7	21	14	6	8	24	14
級	逾50至100以下	6	7	22	20	6	8	25	20
	逾100至200以下	6	8	24	28	7	9	27	28
	逾200至400以下	7	9	26	40	7	9	29	40
	逾400至800以下	7	9	29	56	8	10	32	56
	逾25至50以下	9	12	36	21	10	13	41	21
	逾50至100以下	10	12	38	30	11	14	43	30
級	逾100至200以下	10	13	41	43	11	15	46	43
	逾200至400以下	11	14	45	60	12	16	49	60
	逾400至800以下	12	16	49	86	13	17	54	86
	逾25至50以下	16	21	64	31	18	23	71	31
	逾50至100以下	17	22	67	45	19	24	75	45
級	逾100至200以下	18	23	72	63	20	26	79	63
	逾200至400以下	19	25	77	89	21	27	84	89
	逾400至800以下	21	27	84	125	23	30	91	125
	逾25至50以下	28	37	115	48	31	41	125	48
	逾50至100以下	30	39	120	67	33	42	130	67
級	逾100至200以下	31	41	125	95	34	45	140	95
	逾200至400以下	34	44	135	135	37	48	145	135
	逾400至800以下	36	47	145	190	39	51	155	190
	逾25至50以下	50	65	200	71	54	71	220	71
	逾50至100以下	52	67	210	100	56	73	230	100
級	逾100至200以下	54	71	220	145	59	77	240	145
	逾200至400以下	58	75	230	200	62	81	250	200
	逾400至800以下	62	81	250	290	67	87	270	290

斜齒輪之齒隙推薦值

徑節	相當模數	齒隙		徑節	相當模數	齒隙	
		in	換算mm			in	換算mm
0~1.25	25.4~10.3	0.020~0.030	0.508~0.762	2.50~3.00	10.15~8.47	0.010~0.013	0.254~0.330
25~1.50	20.3~16.93	0.018~0.026	0.457~0.660	3.00~3.50	8.47~7.26	0.008~0.011	0.203~0.280
50~1.75	16.93~14.52	0.016~0.022	0.406~0.559	3.50~4.00	7.26~6.35	0.007~0.009	0.178~0.229
75~2.00	14.52~12.70	0.014~0.018	0.356~0.457	4.00~5.00	6.35~5.08	0.006~0.008	0.152~0.203
0~2.50	12.70~10.15	0.012~0.016	0.305~0.406	5.00~6.00	5.08~4.23	0.005~0.007	0.127~0.178

11-12.12 蝸輪之公差

蝸輪之公差																			
等級	周節距離 in(mm)	偏心 (指示器讀數之最小差)						鄰接齒距公差 (鄰接單獨齒距誤差之差)						累積齒距公差 (包括偏心之影響)					
		節圓直徑 in(mm)																	
		3 ()	6 ()	12 ()	25 ()	50 ()	100 ()	3 ()	6 ()	12 ()	25 ()	50 ()	100 ()	3 ()	6 ()	12 ()	25 ()	50 ()	100 ()
1級 (輕負荷)	4( )				230	230	250				150	180	200						
	2( )			150	200	200	230			90	100	125	150						
	1( )		150	150	200	200	230		75	90	90	100	125						
	1/2( )	125	150	150	200	200		65	65	75	75	90							
2級 (傳動)	2( )			65	75	90	100			38	50	65	75						
	1( )		50	65	75	90	100		25	38	38	38	50						
	1/2( )	50	50	65	75	90		25	25	25	30	38							
	1/4( )	50	50	65	75			25	23	25	25								
3級 (精密)	2( )			65	75	90	100			38	50	65	75			50	70		
	1( )		50	65	75	90	100		25	38	38	38	50		38	38	38	90	140
	1/2( )	50	50	65	75	90		25	25	25	30	38		38	38	38	38	75	110
	1/4( )	50	50	65	75			23	23	25	25			38	38	38	38		

註：蝸輪齒數如以蝸桿紋數可整除，則鄰接齒距誤差可增50%

蝸桿嚙合之齒隙推薦值		
等級	最大齒隙 μ	最小齒隙 μ
1級(輕負荷)	0.028D'+0.028p+90	0.0168D'+0.018p+25
2級(傳動)	0.020D'+0.020p+65	0.012D'+0.014p+25
3級(精密)	0.014D'+0.014p+50	0.011D'+0.010p+25

註：D'為蝸輪之節圓直徑(in)
　　為蝸桿之軸向齒鋸或蝸輪之周節(in)

等級之說明

1級：手動之調整裝置用或動力驅動之超大形低速、低負荷者，就一般而言不須研磨。

2級：傳動用通常密閉於齒輪箱內，蝸桿經淬火並研磨者。

3級：要求高精度之角度傳達用者。

11-12.13 齒輪檢驗要求

齒輪藉其互相嚙合作用在兩軸間傳遞動力，為達成其功能，齒輪之精度須相對於旋轉軸線滿足徑向(齒高)、軸向(齒交線)及圓周(齒厚、節距)等三方向之要求，而且三方向之精度互相關連具有三次元特性。

11-12.14 齒輪檢測項目

1.偏心度或同心度　2.直角度　3.平行度
4.平坦度、尤其是對於蝸線斜齒輪等。　5.偏轉，包括軸向、徑向。　6.齒廓
7.壓力角　8.齒厚　9.跨銷距
10.各項角度　11.表面粗糙度　12.各項大小尺度
13.嚙合接觸面，即齒廓面　14.噪音　15.導程誤差
16.硬度　17.滲碳厚(深)度　18.金相組織

2.15 齒輪用材料

料種類	說明	材料符號	抗壓強度 (kg/mm²)	備註
口鑄鐵件	適用於輕負荷，衝擊少之低速齒輪與大型齒輪，切齒前需熱處理。	FC15 FC20 FC25 FC30 FC35	15以上 20以上 25以上 30以上 35以上	鑄造後熱處理 (鑄件主要壁厚15至30者)
銅鑄件	適用於輕負荷，不燒焦及耐蝕性者，使用於馬達小齒輪、蝸輪等。	Bc3	25以上	Sn9-11%
青銅鑄件	常用於蝸桿等。	PBC	20以上 30以上	
狀石墨鐵鑄件	強度，耐磨耗性極強之鑄鐵，但肥粒鐵以外者，衝擊值低。	FCD50 FCD70	50以上 70以上	
械構造用鋼	淬火，回火後切齒加工。S45C適用於高週波或火焰淬火。較小齒輪切齒後淬火，以提高硬度。	S30C S35C S45C	55以上 58以上 70以上 (淬火回火後之值)	完全淬火用
鎳鉻鋼	有淬火，回火後使用或滲碳淬火使用者，為強韌之材料。	SNC2 SNC3 SNC21 SNC22	85以上 95以上 80以上 100以上 (淬火回火後之值)	>完全淬火用 >表面滲碳用
鉻錳鋼	完全淬火用者通常是油淬火後回火，或正常化後火焰淬火，表面滲碳淬火用S15NiCrMo2，S17NiCrMo為強力齒輪用者，乃為高級材料。	SNCM2 SNCM5 SNCM7 SNCM8 SNCM9	85以上 110以上 100以上 100以上 105以上 (淬火回火後之值)	完全淬火用
		SNCM21 SNCM22 SNCM23 SNCM25 SNCM26	85以上 90以上 100以上 110以上 120以上 (淬火回火後之值)	表面滲碳
鉻鋼	滲碳表面淬火。	SCr22	85以上 (淬火回火)	表面滲碳用
鉬鋼	S40CrMo是油淬火後回火或正常化後火焰淬火，此外，S35CrMo(SCM3)亦適用於齒輪用。	SCM4 SCM21 SCM22 SCM23	100以上 85以上 95以上 100以上 (淬火回火後之值)	>完全淬火用 >表面滲碳用
鋼鍛件	常用之齒輪材料，SF60等淬火性甚佳，成概略形狀後使用，淬火回火後使用可不經處理。	SF45 SF50 SF55 Sf60	45～55 50～60 55～65 60～70	
鋼鑄鋼件		SCMn2 SCMn5	65以上 75以上	鑄造後熱處理
鋼鑄鋼件		SCMnCr2 SCMnCr3 SCMnCr4	65以上 70以上 75以上	鑄造後熱處理
鋼鑄鋼件			75以上	鑄造後熱處理
鋼鑄件	碳鋼可廉價製成大型齒輪，切齒前需熱處理。	SC42 SC46 Sc49	42以上 46以上 49以上	鑄造後熱處理

11-12.16 蝸桿材料表

蝸桿之公差 μ																
等級	軸向齒距 in(mm)	偏心公差(指示器讀數之最小差)				單獨齒距公差(限適用於複紋蝸桿)				輪廓公差(指示器讀數之最小差)			導程公差 (每導程)		(蝸桿作長	
		節圓直徑in(mm)								導程角(度)						
		11/2 ()	3 ()	6 ()	12 ()	11/2 ()	3 ()	6 ()	12 ()	0~15	15~30	30~45	0~15	15~30	0~15	15~30
1級 (輕負荷)	4()				200				125	75	100	110	110	100	200	250
	2()			125	150			90	100	35	38	43	65	90	90	100
	1()		100	125	150		90	90	100	28	33	38	38	55	70	80
	1/2()	75	100	125	150	65	90	90	100	25	30	35	38	50	65	70
2級 (傳動)	2()			75	75			50	65	25	30	35	43	43	58	65
	1()		58	58	75		45	50	65	20	25	30	23	23	48	53
	1/2()	45	58	58	75	30	45	50	65	18	23	28	23	23	43	48
	1/4()	45	58			30	38			18	20	23	20	20	38	43
3級 (精密)	2()			38				38		20	25	30	38	38	45	50
	1()		30	30			30	30		15	20	25	18	18	35	40
	1/2()	20	30	30		25	30	30		13	18	23	18	18	30	35
	1/4 ()	20	30			25	30			13	15	18	15	15	25	30

蝸桿材料	最小抗拉強度Kg/mm² 1 1/8" (d:a)之圓鋼條經熱處理者	表面之最小硬度 洛氏(Rockwell)硬度	表面之最小硬度 蕭氏(Shore)硬度	Bs符號
(a) 表面硬化鋼				
低碳表面硬化鋼	64(核心強度)	C57	75	2 S14 5005/
3 %鎳表面硬化鋼	89(核心強度)	C57	75	3 S15 5005/
5 %鎳表面硬化鋼	139(核心強度)	C57	75	S83 5005/1
3 1/2%鎳鉻表面硬化鋼	139(核心強度)	C57	75	----
高鎳鉻表面硬化鋼	169(核心強度)	C57	75	S82
(b) 正常鋼或熱處理鋼				
		洛氏硬度	勃氏硬度	
0.4 %碳鋼(正常化)	69(核心強度)	C5	146	2 S6 5005/
0.55%碳鋼(正常化)	89(核心強度)	C14	197	S70
蝸輪材料				
蝸輪之材料	最小勃氏硬度 1000 kg╳10mm	最小抗張力 Kg/mm²	最小伸長率%	BS符
磷青銅(砂模鑄造)	69	24	3	421/19
磷青銅(冷硬鑄造)	82	30	2	421/19
磷青銅(離心鑄造)	90	34	3	421/19
鑄 鐵	*160	24	--	321/1928
*3000kgX10mm				

17 齒廓線畫法

齒輪之齒廓線係由漸開線或擺線演生而得。其中漸開線齒廓線之畫法，說明如下：

畫漸開線齒廓線

艮據齒輪條件算出齒頂圓、齒根圓及節圓直徑，分別繪製。

定垂直中心線與節圓之交點為節點，並以節點為基準沿基準節圓定周節、齒厚與齒間之位置。

過節點畫壓力線，如圖示與垂直中心線成 75.5°之斜線(如為 20°壓力角則畫 70°之斜線)，並作一圓與壓力線相切，為基圓。

由基圓作漸開線經節點到齒頂圓。

由基圓漸開線起點作徑向線與齒底圓相交。

畫出齒底圓上之內圓角曲線，完成齒廓線。

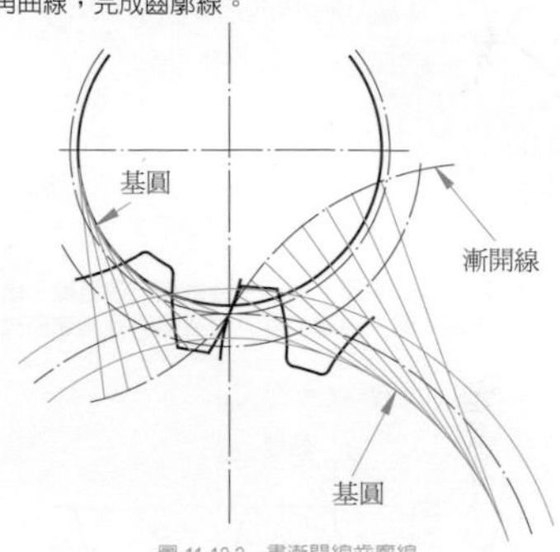

圖 11-12.2 畫漸開線齒廓線

畫擺線齒廓線

艮據齒輪條件計算齒頂圓、齒根圓與節圓直徑，並分別繪製。

定垂直中心線與節圓之交點為節點，並自節點沿節圓定齒厚、齒間位置。

取節圓直徑之 1/3～1/2 為擺線滾圓。

以節圓為導圓，自節點作外擺線至齒頂圓，同時亦自節點作內擺線至齒底圓。

畫出齒底圓上之內圓角，完成擺線齒廓線。

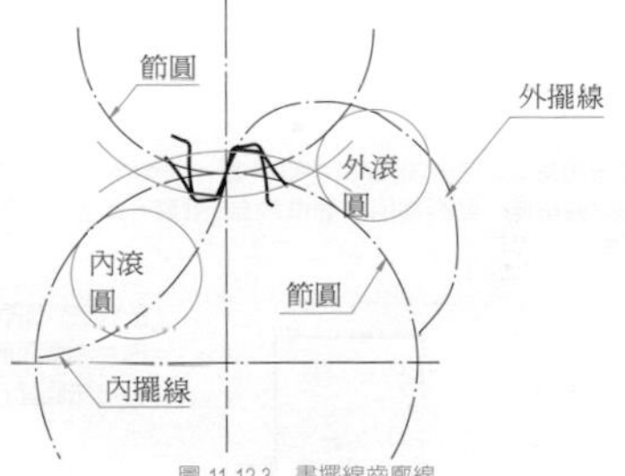

圖 11-12.3 畫擺線齒廓線

齒廓線近似畫法

前述齒廓線畫法十分繁雜，通常繪製齒輪時不必描繪其形狀，僅於必須繪製放大詳圖或為鑄造齒需先製作木模用時方才使用，因而可採用近似畫法，其繪製步驟同漸開線畫法，其中漸開線齒廓節圓直徑的 1/8 為半徑，以基圓為圓心畫弧過節點即可。

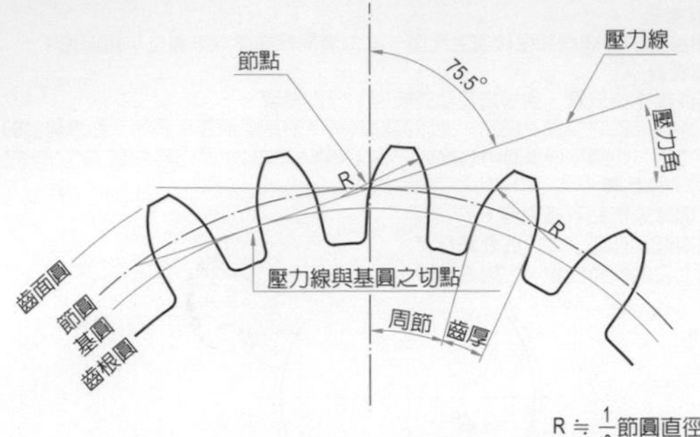

圖 11-12.4 漸開線齒廓近似畫法

四、齒條之齒廓線

齒條為節圓直徑無限大之齒輪，其齒頂圓、節圓、齒底圓均為直線，繪圖時依齒冠高、齒根出齒頂線、節線與齒底線，沿節線定周節、齒厚位置，直接過齒厚兩端節線畫壓力角，與齒頂線底線相交。

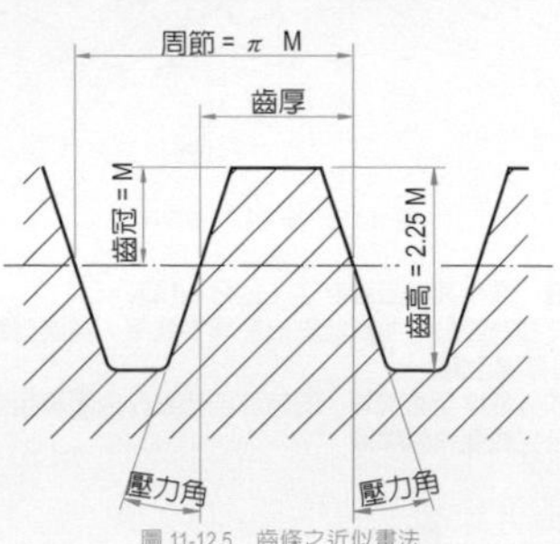

圖 11-12.5 齒條之近似畫法

五、螺旋齒輪之齒廓線

螺旋齒輪之齒廓線需自齒輪之法面方向畫其正垂視圖。繪製時，齒冠高與齒根高不變，但其應用法面周節 Pn，齒頂圓與齒根圓、節圓需用法面模數 Mn 計算。其法面漸開線齒廓線之畫法及近法，與前述齒廓線畫法相同。

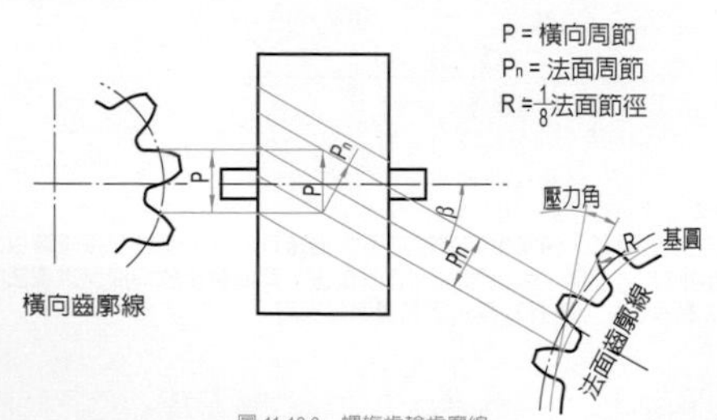

圖 11-12.6 螺旋齒輪齒廓線

斜(傘)齒輪之齒廓線

斜齒輪齒廓線由背圓錐面畫出，畫法同前。

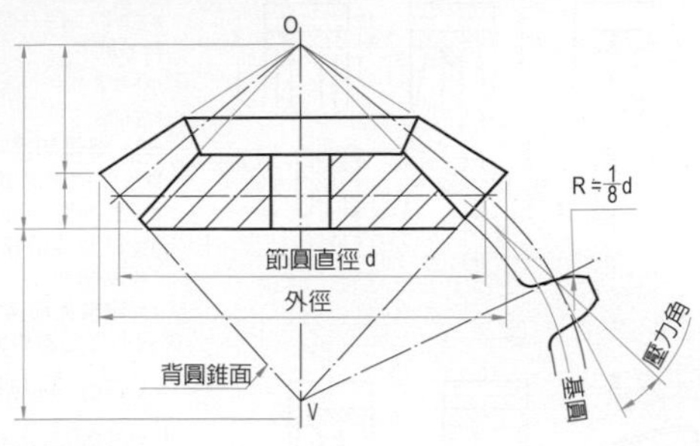

圖 11-12.7 斜齒輪齒廓線近似畫法

齒輪端面去角

齒輪兩端面輪齒部分如有去角時，應詳細繪製去角形狀詳圖及尺度標註。

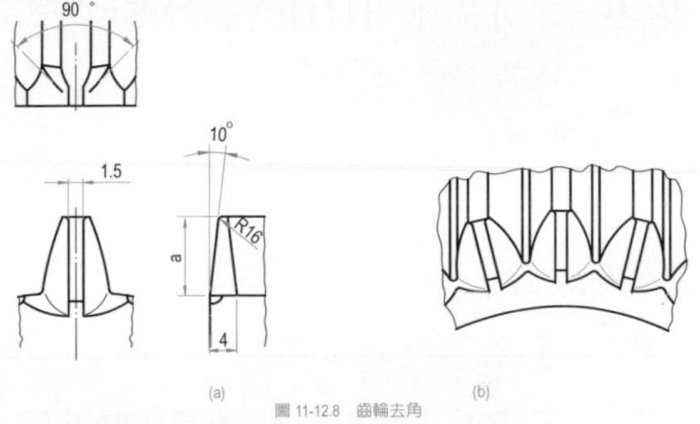

圖 11-12.8 齒輪去角

齒輪輪緣、轂、輻之繪製

齒輪輪齒以外之各部分，如輪緣、輪轂、輪輻、鍵槽等均需依照正投影繪製法詳細繪製其形狀，照一般尺度、精度標註法註明形狀尺度、位置尺度、表面符號、公差配合等。大型齒輪常用之緣、、輪輻之形狀及尺度，如下表：

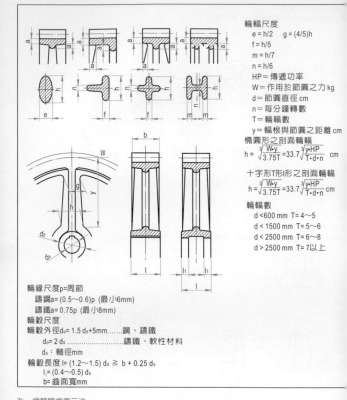

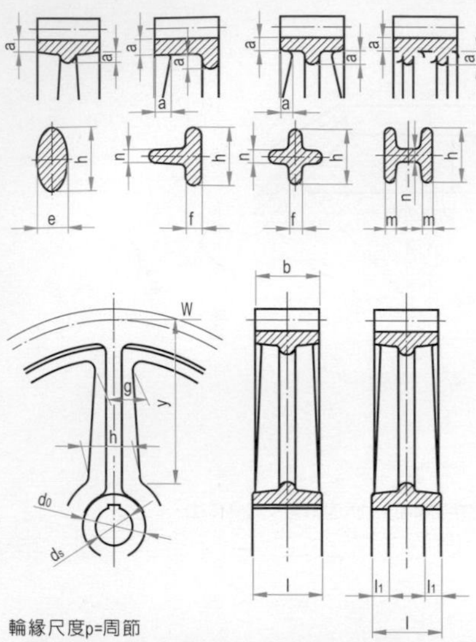

輪輻尺度

$e = h/2 \quad g = (4/5)h$

$f = h/5$

$m = h/7$

$n = h/6$

HP＝傳遞功率

W＝作用於節圓之力 kg

d＝節圓直徑 cm

n＝每分鐘轉數

T＝輪輻數

y＝輻根與節圓之距離 cm

橢圓形之剖面輪輻

$$h = \sqrt[3]{\frac{W \cdot y}{3.75T}} = 33.7\sqrt[3]{\frac{y \cdot HP}{T \cdot d \cdot n}} \text{ cm}$$

十字形T形I形之剖面輪輻

$$h = \sqrt[3]{\frac{W \cdot y}{3.75T}} = 33.7\sqrt[3]{\frac{y \cdot HP}{T \cdot d \cdot n}} \text{ cm}$$

輪輻數

$d < 600$ mm $T = 4 \sim 5$

$d < 1500$ mm $T = 5 \sim 6$

$d < 2500$ mm $T = 6 \sim 8$

$d > 2500$ mm $T = 7$以上

輪緣尺度p=周節

鑄鋼$a = (0.5 \sim 0.6)p$ (最小6mm)

鑄鐵$a = 0.75p$ (最小8mm)

輪轂尺度

輪轂外徑$d_o = 1.5\ d_s + 5$mm.......鋼、鑄鐵

$d_o = 2\ d_s$..........................鑄鐵、軟性材料

d_s：軸徑mm

輪轂長度$l = (1.2 \sim 1.5)\ d_s \geqq b + 0.25\ d_s$

$l_1 = (0.4 \sim 0.5)\ d_s$

b= 齒面寬mm

九、齒輪輪齒表示法

正齒輪表示法：正齒輪之輪齒部分，在側視圖中用粗實線畫齒頂圓，用細鏈線畫節圓，不畫圓。其前視圖與側視圖相同，如為剖視圖則需用粗實線加畫齒底圓，且不論其齒數為單數或雙數其中心軸線兩側之畫法完全對稱，齒輪之輪齒部分尺度標註皆用表格列出。表格中有◎記號項目值，由設計者提供，製圖者製圖時，如無數值可免填寫。

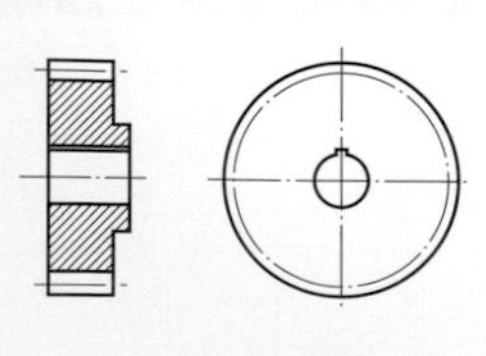

圖11-12.9 正齒輪習用表示法

齒數	
模數	
壓力角	
齒制	(CNS184)
◎移位係數	
◎跨齒數	
◎齒跨距	
◎量銷直徑	
◎夾銷距	
節圓直徑	
嚙合齒輪件號	
嚙合齒輪齒數	
中心距離	

扇形齒輪表示法

扇形齒輪表示法及齒廓尺度標註方式與正齒輪相同。

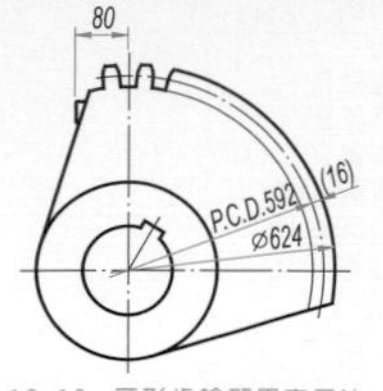

齒數	10
模數	16
壓力角	20°
齒制	(標準)
◎移位係數	592
節圓直徑	34.513
嚙合齒輪件號	
嚙合齒輪齒數	
中心距離	

圖11-12.10 扇形齒輪習用表示法

、螺旋齒輪表示法

螺旋齒輪表示法與正齒輪完全相同，但須於前視圖加畫三條平行細斜線，以表明齒之旋向，齒廓之尺度標註，與正齒輪相同。

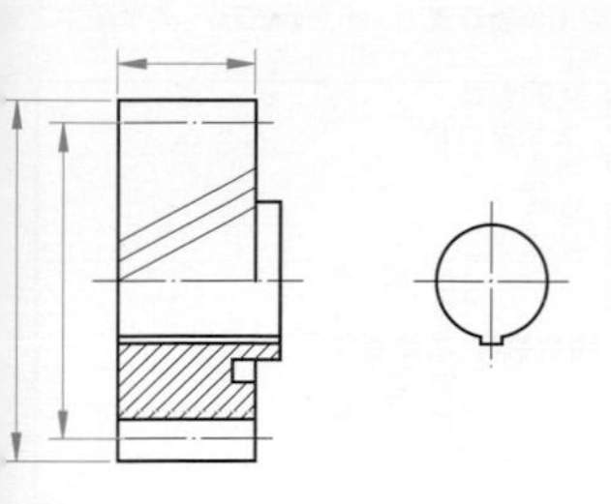

齒數	
法面模數	
法面壓力角	
齒制	
◎移位係數	
◎跨齒數	
◎齒跨距	
◎量珠(銷)直徑	
◎夾珠(銷)距	
節圓直徑	
旋向	
◎螺旋角	
◎弦齒厚	
◎弦齒冠	
嚙合齒輪件號	
嚙合齒輪齒數	
中心距離	

圖11-12.11 螺旋齒輪習用表示法

、齒條習用表示法

齒條之切齒部分僅畫齒頂線與節線，不必畫齒底線。但應畫出第一齒間，第二齒間與最末一齒之，以便標註尺度。齒廓之尺度應列表填寫，規定與正齒輪相同。

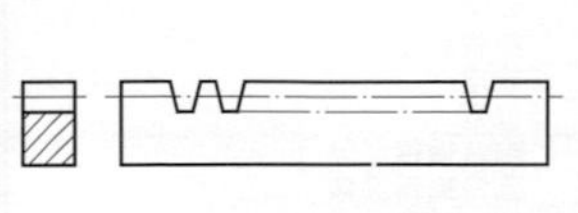

齒數	10
模數	16
壓力角	20°
齒制	(標準)
◎移位係數	
周節	50.266
齒高	34.513
嚙合齒條件號	
嚙合齒條齒數	

圖11-12.12 齒條習用表示法

、斜齒輪

斜齒輪之輪齒部分，在側視圖只畫大端之齒頂圓與節圓，小端各圓全部省略不畫。其前視圖、剖及半視圖之畫法，以及齒廓部分尺度標註法，則與正齒輪表示法之規定相同。

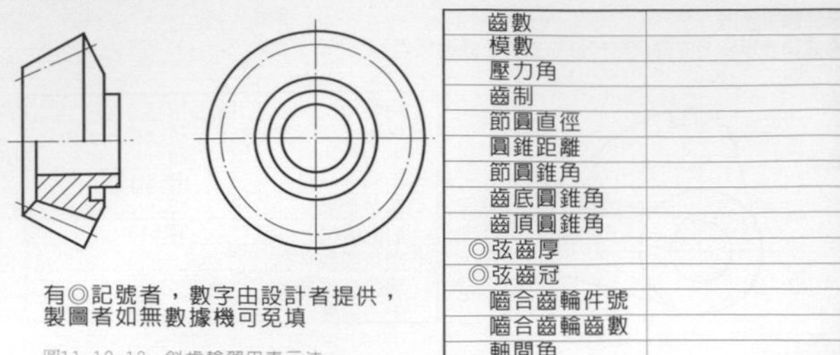

齒數	
模數	
壓力角	
齒制	
節圓直徑	
圓錐距離	
節圓錐角	
齒底圓錐角	
齒頂圓錐角	
◎弦齒厚	
◎弦齒冠	
嚙合齒輪件號	
嚙合齒輪齒數	
軸間角	

有◎記號者，數字由設計者提供，製圖者如無數據機可免填

圖11-12.13 斜齒輪習用表示法

十四、蝸桿與蝸輪

蝸輪之輪齒部分，在側視圖中畫最大之齒頂圓與最小之節圓，其他省略，在剖視圖、前視圖視圖之畫法與正齒輪之規定相同。

蝸桿之前視圖畫法與螺紋表示法相類似，其節線用細鏈線畫出，不畫齒底線，端視圖中之畫正齒輪相同。

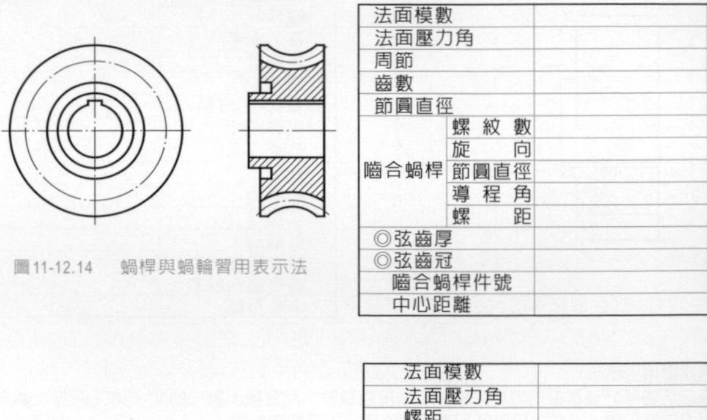

法面模數		
法面壓力角		
周節		
齒數		
節圓直徑		
嚙合蝸桿	螺紋數	
	旋向	
	節圓直徑	
	導程角	
	螺距	
◎弦齒厚		
◎弦齒冠		
嚙合蝸桿件號		
中心距離		

圖 11-12.14 蝸桿與蝸輪習用表示法

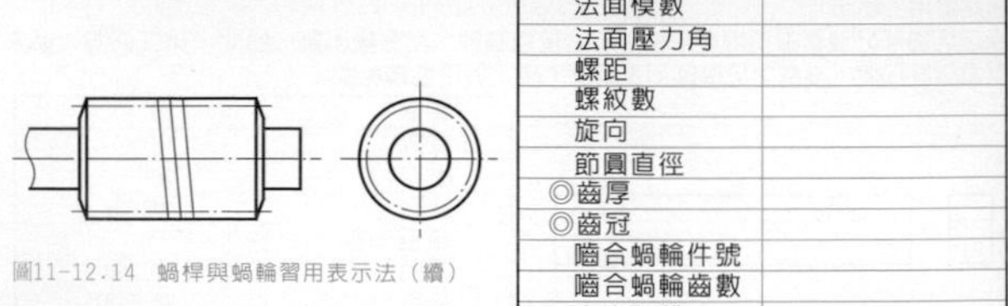

法面模數	
法面壓力角	
螺距	
螺紋數	
旋向	
節圓直徑	
◎齒厚	
◎齒冠	
嚙合蝸輪件號	
嚙合蝸輪齒數	
中心距離	

圖11-12.14 蝸桿與蝸輪習用表示法（續）

十五、齒之方向

螺旋齒輪、人字齒輪與蝸線齒輪等，需表明齒輪之旋向。在與齒輪軸線平行之視圖中，應依向用三條細實線由中心線起畫表示。

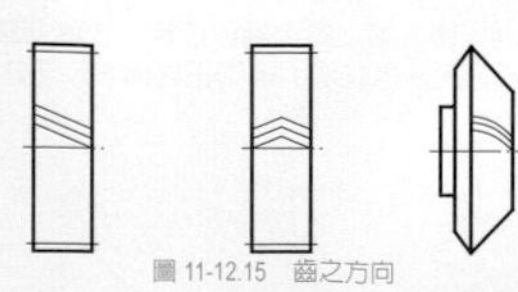

圖 11-12.15 齒之方向

、齒輪組合

在嚙合之齒輪組合圖中，齒輪之習用表示法，仍然依照前述之原則畫出。在輪齒互相嚙合之部位，向剖視圖外，不認為某一輪齒為他一輪齒所遮蔽。換言之，即兩齒輪之齒頂圓或齒頂線均仍使用線畫出。

而兩相嚙合齒輪之軸向剖視圖中，則需假設某一齒輪之輪齒為他一齒輪之輪齒所遮蔽，故需有一之齒頂線用虛線畫出。

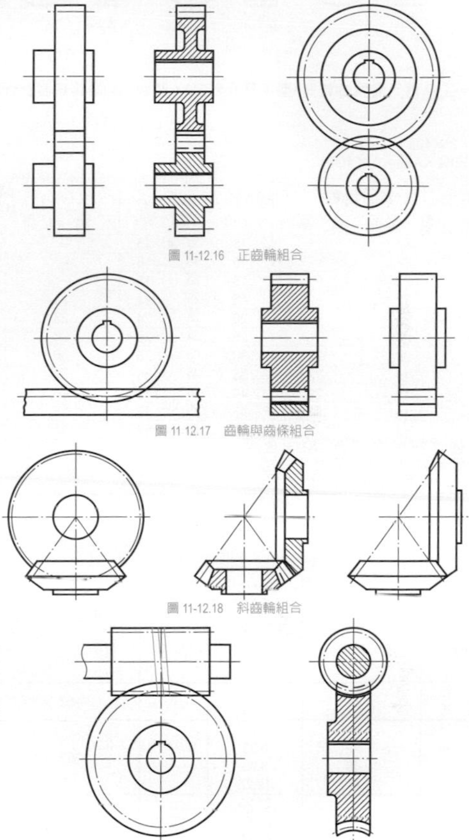

圖 11-12.16 正齒輪組合

圖 11-12.17 齒輪與齒條組合

圖 11-12.18 斜齒輪組合

圖 11-12.19 蝸桿與蝸輪組合

軸線平行之斜齒輪組合之視圖或剖視圖中，表示兩個節圓錐之節線需延長至兩軸線之交點處。

11-12.18 工具機用變換齒輪 CNS 185 B

單位：

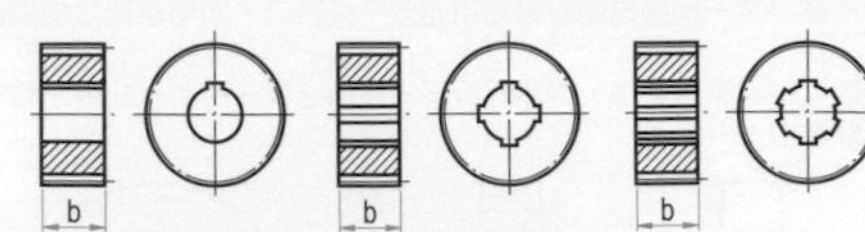

A型　　B型　　C型

標稱方法：若一工具機用變換齒輪為A型，其模數為2，齒數為40齒輪精度為8級者。

則標稱為：

CNS 185．A型．2 ×408，或者
工具機用變換齒輪．A型．2 ×408。

模數	最少齒數		b	d1	d2	d3 H7	
	第一系列	第二系列	n10	H6	H7	第一系列	第二系
1	23	--	15	15 ◢	13	--	--
1.25	22	--	15	18	16	--	--
1.5	22	--	18	20	18	--	--
(1.75)	22	--	18	25	21	21	--
2	21	--	20	28	24	23	--
2.5	21	--	25	34 ◢	28	28	--
3	20	22	30	40	36	36	42
(3.5)	19	22	35	45	36	38	52
4	19	22	40	50	46	46	58
(4.5)	19	--	45	55	46	46	--
5	18	--	50	60	52	52	--

註：具◢符號之尺度並不與CNS一致。
材料由製造者選擇，或買賣雙方協議。
括弧內之尺度儘量避免使用。

11-13 皮帶傳動

傳動軸之直徑：CNS27 B2001

傳動軸直徑應取標準直徑。

直徑 mm	每一公尺長之理論重量 (比重＝7.85)公斤	抵抗係數 Cm³	製造公差＝h9 (μ=0.001mm)	
			上偏差	下偏差
25	3.85	1.53	0	-52
30	5.55	2.65		
35	7.55	4.21	0	-62
40	9.86	6.28		
45	12.48	8.95		
50	15.41	12.27		
60	22.20	21.20	0	-74
70	30.21	33.67		
80	39.46	50.27		

表示數字係指軸與軸承或與皮帶輪等配合部份之直徑。直徑自 25 至 110 公釐之軸，全軸直徑應相

軸備料長度：

直徑 25，30，35 公釐之軸料長 4 公尺；直徑 40，45 公釐之軸料長 5 公尺；

直徑 50 至 100 公釐之軸料長 6 公尺。

傳動軸之轉數：CNS 28　B 2002

有負荷傳動，每分鐘轉數為：

25	45	80	140	250	450	800	1400
28	50	90	160	280	500	900	1600
31.5	56	100	180	315	560	1000	1800
35.5	63	112	200	355	630	1120	
40	71	125	224	400	710	1250	

轉數為標準數 R 20 級組。

.1 平面皮帶之種類

皮帶最常用者為橡膠帶、其他有皮革帶、纖維帶、鋼帶等。

帶接合法

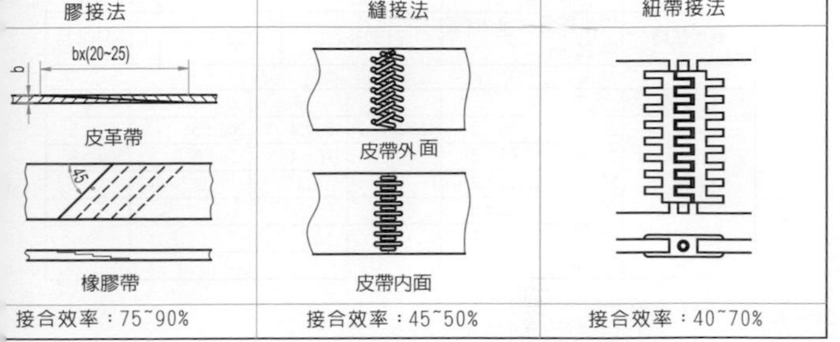

膠接法	縫接法	紐帶接法
bx(20~25) b 皮革帶 45° 橡膠帶	皮帶外面 皮帶內面	
接合效率：75~90%	接合效率：45~50%	接合效率：40~70%

帶接頭 CNS 1362 B 2113

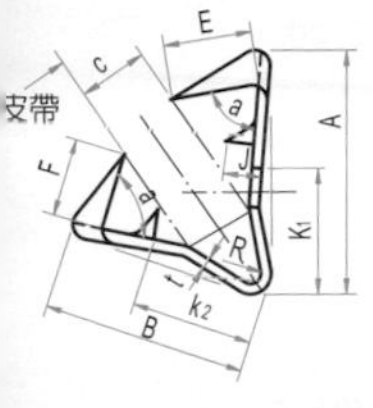

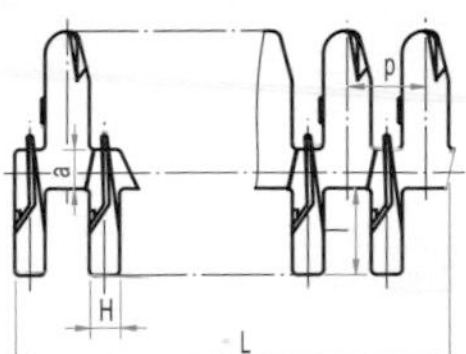

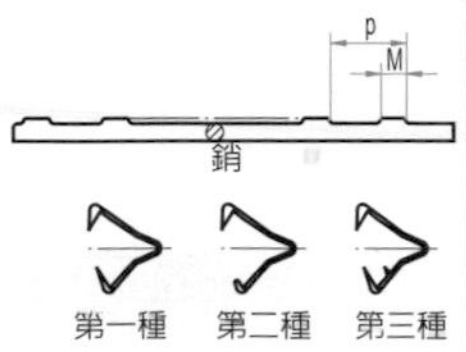

稱方法：CNS 1362 標稱號碼

單位：mm

稱碼	t	間距(P)	節數(n)	長度 L	A	B	C(最小值)	K_1	K_2	α(度)	銷之尺度 P	銷之尺度 M	銷之尺度 SWG No.(參考值)	皮帶厚度(參考值)
	0.9	5.65	34	192	15.5	13	4			75	5.65	2	15	3至4以下
	1.0	8	36	288	19.5	17	5	13	9	75	8	2.5	14	4至5以下
	1.2	8	36	288	22	19	6	15	10	75	8	2.5	13	5至6以下
	1.5	9.6	30	288	32	26	8	22	15	75	9.6	3.5	12	6至8以下
	1.9	12	24	288	36	29	10	23	17	75	12	4.5	10	8至10以下
	2.1	16	18	288	44	38	12	27	21	75	16	5	6	10至12以下
	2.4	16	18	288	48	40	13	32	25	75	16	6	6	10至13以下
	3.2	20.6	14	288	62	51	18	43	32	75	20.6	7.5	4	13至18以下

11-13.2 平面皮帶 CNS 747 K 4004

平面皮帶之標稱以 CNS 總號及種類，寬度及布層數組合標稱之。
若一皮帶為第 2 種，4 層 100mm 寬者，標稱為：
CNS 747 ·第二種，100×4

檢驗項目 \ 種類		第 1 種	第 2 種	第 3 種
抗拉試驗	抗拉強度，k gf {N}(相對於布層一層，寬 10 mm)。	55 { 539 }以上	50 { 490 }以上	45 { 441}以上
	伸長率，%	20 以下	20 以下	20 以下
剝離試驗	剝離載重，k gf {N}(寬度 25 mm)	7 { 69 }以上	6 { 59 }以上	6 { 59 }以上

布層數	3	4	5	6	7	8
寬度 (mm)	25±2	50±3	125±4	150±4	200±5	250±5
	30±2	63±3		175±4	250±5	300±5
	38±3	75±3				
	50±3	90±3				
	63±3	100±4				
	75±3					

11-13.3 皮帶長度，中心距離

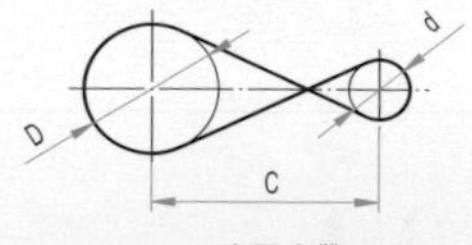

交叉皮帶

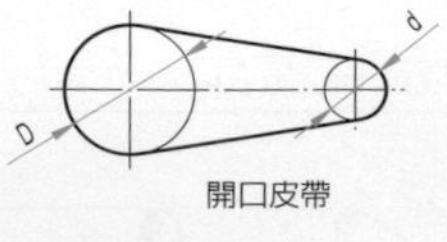

開口皮帶

$$L = \frac{D+d}{2}\pi + 2C + \frac{(D \pm d)^2}{4C}$$

$$C = \frac{2L - \pi(D+d) + \sqrt{[2L - \pi(D+d)^2 - 8(D \pm d)^2}}{8}$$

L＝皮帶長度(內側) cm
C＝中心距離 cm
D＝大皮帶輪直徑 cm
d＝小皮帶輪直徑 cm
(－)符號者為開口皮帶裝置
(＋)符號者為交叉皮帶裝置

皮帶輪輪緣之離心力

皮帶輪表面速度 m/sec	10	20	30	40	50	60
離心力 kg/cm²	7.34	29.4	66	117	183	265

3.4 平皮帶輪

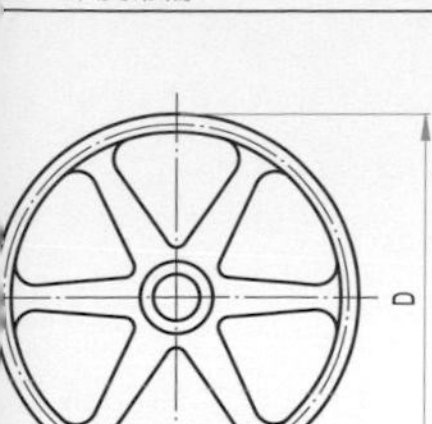

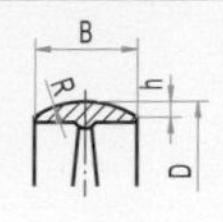

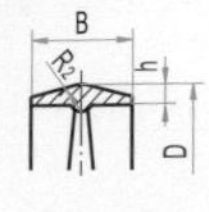

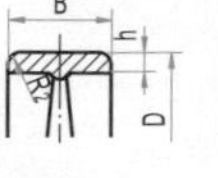

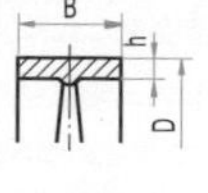

單位：mm

徑D	製造公差
50	±1
56	
63	
71	±2
80	
90	
100	
112	
125	
140	
160	
180	
200	
224	±3
250	
280	
315	
355	
400	
450	
500	
560	±5
630	
710	
800	
900	
1000	
1120	±7
1250	
1400	
1600	
1800	
2000	

輪寬B	製造公差	凸背高度h	帶寬b
40	-2	1	30
50			40
60			50
70			60
85			70
100	-4		85
120		1.5	100
140			120
170	-6	2	140
200			170
230			200
260	-8	2.5	230
300			260
350		3	300
400	-10	3.5	350
450		4	400
500			450
600			550

1.傳動皮帶輪直徑，全部採用 R20級組等比標準數。
2.輪臂數目，得自由擇定。

標稱方法：
CNS 29・直徑・輪寬

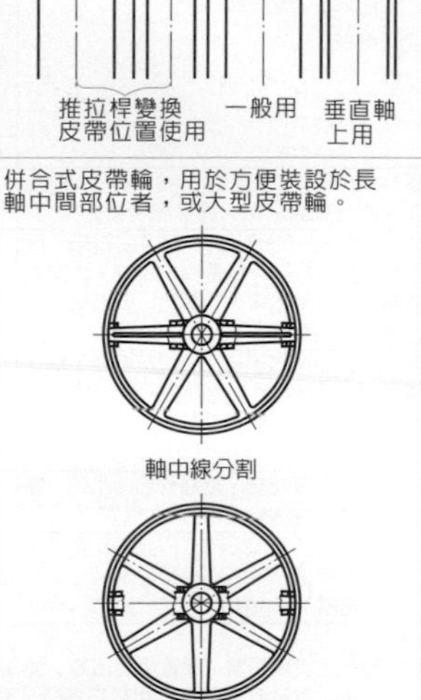

平皮帶輪之其他形式
輪緣柱面之型態
B
推拉桿變換皮帶位置使用
一般用
垂直軸上用
併合式皮帶輪，用於方便裝設於長軸中間部位者，或大型皮帶輪。
軸中線分割
鎖合螺栓截面積：
(0.28~0.3)× 輪緣或輪轂截面積。
皮帶輪材料：
鑄鐵、鑄鋼、鋁合金、鋅合金、樹脂類、纖維類

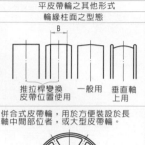

11-14 三角(V 型)皮帶

11-14.1 三角皮帶之長度計算

皮帶長度 $L=\frac{D+d}{2}\pi+2C+\frac{(D-d)^2}{4C}$

皮帶輪中心距 $C=\frac{2L-\pi(D+d)+\sqrt{[2L-\pi(D+d)]^2-8(D-d)^2}}{8}$

L＝皮帶之節圓長度 mm

C＝中心距離 mm

D＝大皮帶輪直徑(節圓)mm

d＝小皮帶輪直徑(節圓)mm

11-14.2 三角皮帶傳動設計馬力

Pd=Pr×Ko

Pd=設計馬力(PS)

Pr=傳動馬力[原動機之額定馬力或從動機之實際負載馬力(PS)]

Ko＝過量負載係數(根據原動機及負載之特性)

過量負載係數(使用機械舉例，舉例以外之機械，可為參考)

使用機械	原動機					
	最大發出功率在定額之300%以下者			最大發出功率超過定額之 30 者		
	交流電動機(標準同步) 直流電動機(分卷) 雙汽缸以上之原動機			特殊電動機(高扭矩) 直流電動機(串聯) 單缸原動機，使用總軸或離合之操作		
	I	II	III	I	II	III
攪拌機(流體)，鼓風機(10PS 以下)，離心泵，離心式壓縮機，輕負載用輸送機。	1.0	1.1	1.2	1.1	1.2	1.3
帶式輸送機(砂、五穀)，粉末配料機，鼓風機(10PS 以上)，發電機，總軸，大型洗衣機，車床，衝床，沖壓機，剪斷機，印刷機械，旋轉泵，旋轉篩。	1.1	1.2	1.3	1.2	1.3	1.4
箕斗升運器，激磁機，往復壓縮機，輸送機(斗式，螺旋式)，鎚碎機，造紙機，攪拌機，活塞泵，魯式鼓風機，磨機，木工機械，纖維機械。	1.2	1.3	1.4	1.4	1.5	1.6
軋碎機，球磨粉機，棍磨粉機，吊車，橡膠加工機(輥軋機，膠布機，擠製機)	1.3	1.4	1.5	1.5	1.6	1.8

註：1.斷續工作(每日 3～5 小時或季節性工作)
2.正常工作(每日 8～10 小時)
3.連續工作(每日 16～24 小時)

備考：

1.開動停止次數頻繁，保養檢查困難，塵埃多引起磨耗現象，工作環境溫度高，油類、水等液體容附著者，以及上述各條件相互交錯時，應加 0.2 於表數值。

2.使用惰輪時，再加下列指定數值：

a. 在三角皮帶之鬆邊，於三角皮帶之內側使用惰輪時....................0

b. 在三角皮帶之鬆邊，於三角皮帶之外側使用惰輪時....................0.1

c. 在三角皮帶之緊邊，於三角皮帶之內側使用惰輪時....................0.1

d. 在三角皮帶之緊邊，於三角皮帶之外側使用惰輪時....................0 .2

a

原動

b

原動

c

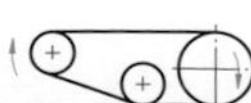

原動

d

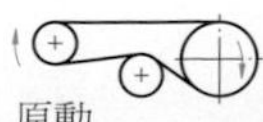

原動

.3 軸間距離

$$\frac{B+\sqrt{B^2-2(De-de)^2}}{4}$$

軸間距離(mm)　De＝大三角皮帶輪之標稱外徑(mm)
小三角皮帶輪之標稱外徑(mm)　B＝L－1.57(De+de)
三角皮帶輪長度(mm)

.4 三角皮帶檢驗

檢驗項目 \ 種類		M 型	A 型	B 型	C 型	D 型	E 型
抗拉試驗	抗拉強度 N	1000 以上	1800 以上	3000 以上	5000 以上	9800 以上	4800 以上
	伸長率%	15 以下	15 以下	15 以下	15 以下	15 以下	15 以下
折曲試驗	折曲後抗拉強度 N	800 以上	1400 以上	2400 以上	4000 以上	7900 以上	11800 以上

.5 三角皮帶輪

三角皮帶輪槽尺度（單位： mm)

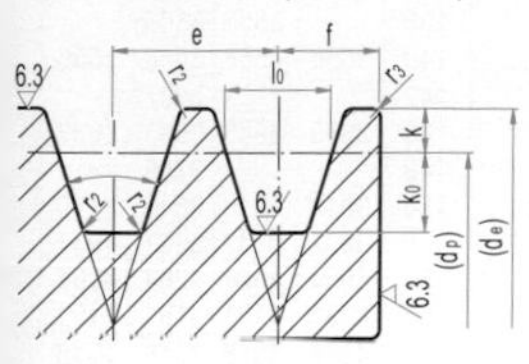

槽尺度公差

三角皮帶之型式	α 公差(°)	K公差	E公差	F公差
M	±0.5	+0.2 0	--	+2 -1
A			±0.4	
B				
C		+0.3 0	±0.5	
D		+0.4 0		+3 -1
E		+0.5 0		+4 -1

註：k之公差以外徑de為標準，表示槽寬lo之dp位置公差。

式	標稱直徑	α°	Lo	k	ko	e	f	R_1	R_2	R_3	(參考) 皮帶厚度b	(參考) 常用最小外徑
	50以上 71以下 逾71 90以下 逾90者	34 36 38	8.0	2.7	6.3	---	9.5	0.2～0.5	0.5～1.0	1～2	5.5	
	71以上 100以下 逾100 125以下 逾125者	34 36 38	9.2	4.5	8.0	15.0	10.0	0.2～0.5	0.5～1.0	1～2	9	60
	125以上160以下 逾160 200以下 逾200者	34 36 38	12.5	5.5	9.5	19.0	12.5	0.2～0.5	0.5～1.0	1～2	11	120
	200以上250以下 逾250 315以下 逾315者	34 36 38	16.9	7.0	12.0	25.5	17.0	0.2～0.5	1.0～1.6	2～3	14	180
	355以上450以下 逾450	34 36 38	24.6	9.5	15.5	37.0	24.0	0.2～0.5	1.6～2.0	3～4	19	300
	500以上630以下 逾630	34 36 38	28.7	12.7	19.3	44.5	29.0	0.2～0.5	1.6～2.0	4～5	25.5	500

三角皮帶之剖面

三角皮帶之周長

形	a	b	q
M	10.0	5.5	40°
A	12.5	9.0	40°
B	16.5	11.0	40°
C	22.0	14.0	40°
D	31.5	19.0	40°
E	38.0	25.5	40°

標稱號碼	M型	A型	B型	C型	標稱號碼	A型	B型	C型	D型
(吋)	外周長	有效周長(mm)			(吋)	有效周長(mm)			
20	508	508			58		1473	1473	1473
21	533	533			59		1499	1499	
22	559	559			60	1524	1524	1524	
23	584	584			61	1549	1549		
24	610	610			62	1575	1575	1575	
25	635	635	635		63	1600	1600		
26	660	660	660		64	1626	1626		
27	686	686	686		65	1651	1651	1651	
28	711	711	711		66	1676	1676		
29	737	737	737		67	1702	1702		
30	762	762	762		68	1727	1727	1727	
31	787	787	787		69	1753	1753		
32	813	813	813		70	1778	1778	1778	
33	838	838	838		71	1803	1803		
34	864	864	864		72	1829	1829	1829	
35	889	889	889		73	1854	1854		
36	914	914	914		74	1880	1880		
37	940	940	940		75	1905	1905	1905	
38	965	965	965		76	1930	1930		
39	991	991	991		77	1956	1956		
40	1016	1016	1016		78	1981	1981	1981	
41	1041	1041	1041		79	2007	2007		
42	1067	1067	1067		80	2032	2032	2032	
43	1092	1092	1092		81	2057	2057		
44	1118	1118	1118		82	2083	2083	2083	
45	1143	1143	1143	1143	83	2108	2108		
46	1168	1168	1168		84	2134	2134		
47	1194	1194	1194		85	2159	2159	2159	
48	1219	1219	1219	1219	86	2184	2184		
49	1245	1245	1245		87	2210	2210		
50	1270	1270	1270	1270	88	2235	2235	2235	
51		1295	1295		89	2261	2261		
52		1321	1321	1321	90	2286	2286	2286	
53		1346	1346		91	2311	2311		
54		1372	1372	1372	92	2337	2337	2337	
55		1397	1397	1397	93	2362	2362		
56		1422	1422		94	2388	2388		
57		1448	1448		95	2413	2413	2413	

標稱號碼	A型	B型	C型	D型	E
(吋)	有效周長(mm)				
96	2438	2438			
97	2464	2464			
98	2489	2489	2489		
99	2515	2515			
100	2540	2540	2540	2540	
102	2591	2591	2591		
105	2667	2667	2667	2667	
108	2743	2743	2743		
110	2794	2794	2794	2794	
112	2845	2845	2845		
115	2921	2921	2921	2921	
118	2997	2997	2997		
120	3048	3048	3048	3048	
122	3099	3099	3099		
125	3175	3175	3175	3175	
128	3251	3251	3251		
130	3302	3302	3302	3302	
132		3353	3353		
135	3429	3429	3429	3429	
138		3505	3505		
140	3556	3556	3556	3556	
142			3607		
145	3683	3683	3683	3683	
148			3759		
150	3810	3810	3810	3810	
155	3937	3937	3937	3937	
160	4064	4064	4064	4064	
165	4191	4191	4191	4191	
170	4318	4318	4318	4318	
175		4445	4445	4445	
180	4572	4572	4572	4572	4
185		4699	4699	4699	
190		4826	4826	4826	
195		4953	4953		
200		5080	5080	5080	
205			5207		
210		5334	5334	5334	5
215			5461		
220			5588	5588	
225			5715		
230			5842	5842	
240			6096	6096	6
250			6350	6350	
260			6604	6604	
270			6858	6858	6
280				7112	
300				7620	7
310				7874	
330				8382	8
360				9144	9
390					9
420					10
計 M	A	B	C	D	
31	102	105	64	32	
總計343					

周長.....公差　標稱號碼.....公差

20～23 ....±16 24～29 ....±18 30～35 ....±20 36～47 ....±22 48～73 ....±24 74～94 ....
95～108 .....±28 110～118 ....±30 120～125 ....±32 128～138 ....±34 140～148 ....±36 150～155 ....
155～165 ...±40 170～195 ...±45 200～230 ....±50 240～260 ....±55 270～280 ....±60 300～330 ....
360～420 ...±80

三角皮帶輪外徑公差		三角皮帶輪外周及輪緣側面偏轉公差		
標稱直徑	外徑de公差	標稱直徑	外周之偏轉公差	輪緣側面偏轉公差
75以上118以下	±0.6	75以上118以下	0.3	0.3
25以上300以下	±0.8	125以上300以下	0.4	0.4
15以上630以下	±1.2	315以上630以下	0.6	0.6
10以上900以下	±1.6	710以上900以下	0.8	0.8

選用三角皮帶輪型式之一般基準

輸出馬力HP	圓周速度 m/sec		
	10以下	10～17	17以上
2以下	A	A	A
2～5	B	B	A或B
5～10	B或C	B	B
10～25	C	B或C	B或C
25～50	C或D	C	C
50～100	D	C或D	C或D
100～150	E	D	D
150以上	E	E	E

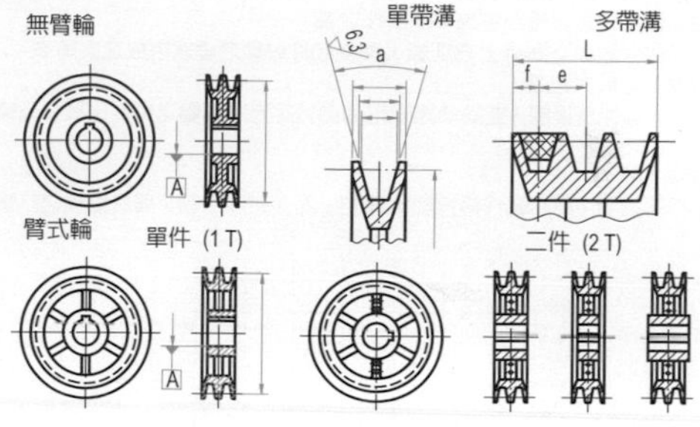

5 凸輪傳動

凸輪傳動機構包括以板凸輪、圓柱凸輪等之驅動件及具刃形端、平面端及滾子端從動件兩部分。型式及其與從動件之關係如圖 11-15.1 所示。

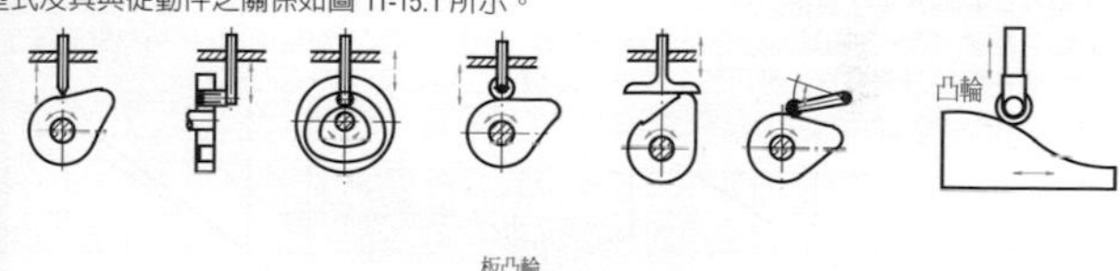

板凸輪

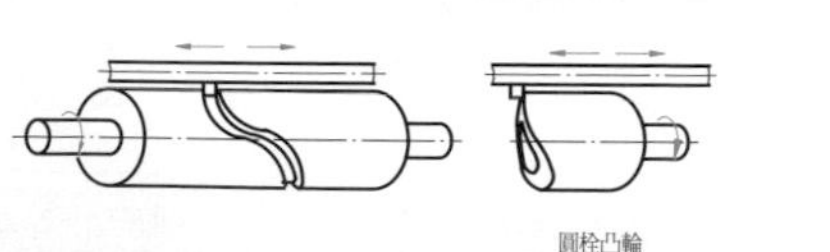

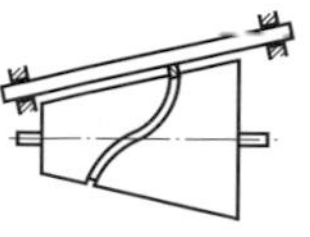

圓栓凸輪

圖 11-15.1 板凸輪與圓柱凸輪

11-15.1 凸輪機構各部分名稱

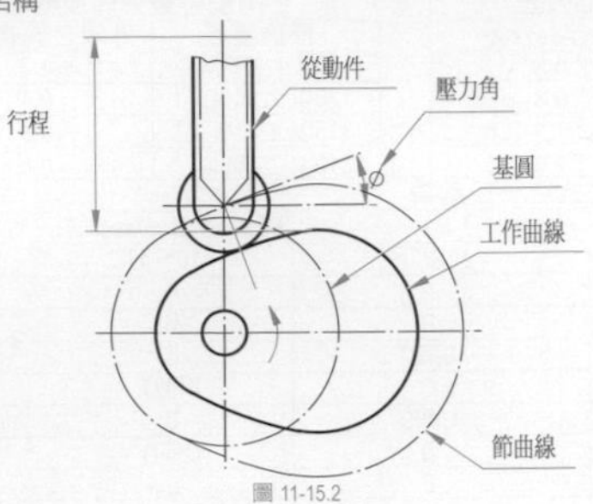

圖 11-15.2

1.節曲線：凸輪與從動件接觸時，使從動件產生運動之曲線。

2.工作曲線：凸輪與滾子或平面從動件接觸時，從動件產生運動之曲線。

3.基圓：以凸輪軸心至節曲線之最短距離為半徑所作之圓。

4.壓力角：節曲線與從動件軸線交點 O 上之切線，與從動件軸線之垂線所成之夾角 Ø。

5.行程：從動件往復運動之最大距離。

6.從動件：與凸輪工作曲線保持接觸，並隨曲線變化而做特定方向運動之機件，其與凸輪之接觸端子、刃形或平面。

11-15.2 從動件之運動方式

1.靜止：從動件之位移等於零，即凸輪作等速旋轉運動，而從動件不動，與其接觸之凸輪工作曲線弧曲線。

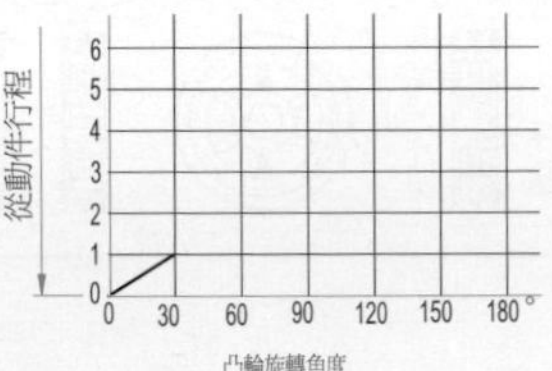

圖 11-15.3 從動件靜止

2.等速度運動：從動件作等速上升或等速下降運動，即凸輪等速旋轉運動時，從動件每單位時間之變化都相等。在其行程之上下兩端點，瞬間加速度為無限大，運轉時易生震動。但可賦予一定速進給，常用為自動車床等工具機之高精度刀具進給機構凸輪之作業(進刀)曲線。在實際應用中，輕上下端點之震動，通常於直線兩端修正為圓弧曲線，減小加速度以為緩衝者，另稱為變形等速運通常用為較低速度的升降曲線，應用於工具機進給機構凸輪之無作業(退刀)曲線。

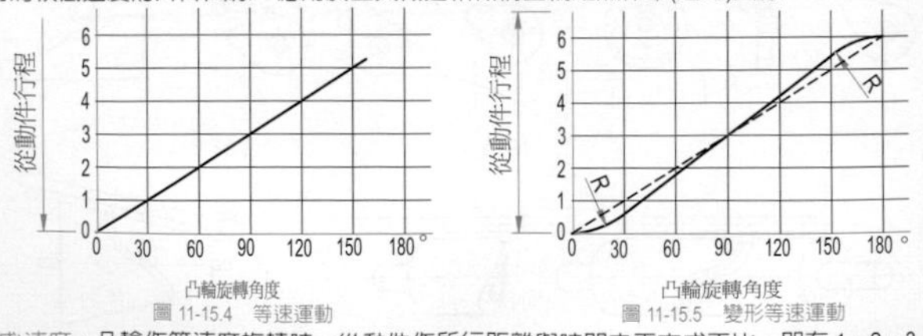

圖 11-15.4 等速運動　　圖 11-15.5 變形等速運動

3.等加(減)速度：凸輪作等速度旋轉時，從動件作所行距離與時間之平方成正比，即在 1，2，3，4 間內之所行距離之比為 1，4，9，16 單位，故凸輪旋轉各單位角度位移，從動件位移之增量成 1 5，7....之比，而減量則為...... ，7，5，3，1 之比。即從動件在最低位置依等加速度上升至行程半，再以等減速度繼續上升至最高速度為零。反轉作等加速度下降至行程中點，變為等減速度降至最低點，速度也是零。故可避免從動件在上下兩端時因加速度太大而來之震動。在從動件行

占之處，位移、速度及加速度為曲線之連續，衝擊與震動情形較小，且磨耗狀態圓滑，應用於高速凸輪之升降曲線。

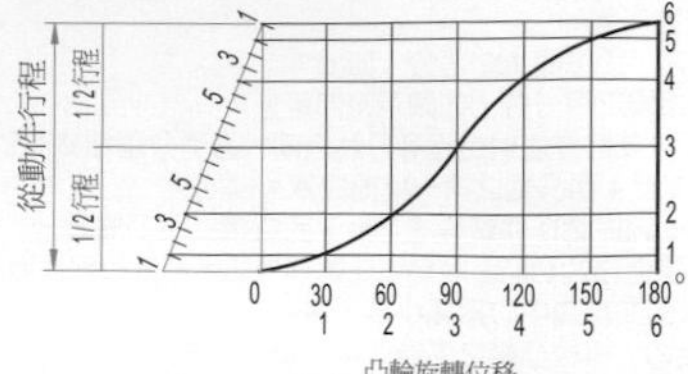

圖 11-15.6 等加等減速運動

簡諧運動：凸輪作等速度旋轉運動時，從動件與單位時間之位移隨其速度與加速度而變，其曲線近似擺線，通常可由等速圓週運動之質點，投影至直徑上之投影點位置而求出。其特性為從動件形成在兩端點時，速度為零，加速度最大，可避免震動。在從動件中點處，從動件之運行最圓滑，且加速度適當，最適合高速凸輪及自動機械用凸輪之無作業曲線。凸輪衝擊與震動現象較小，磨耗狀態圓滑。

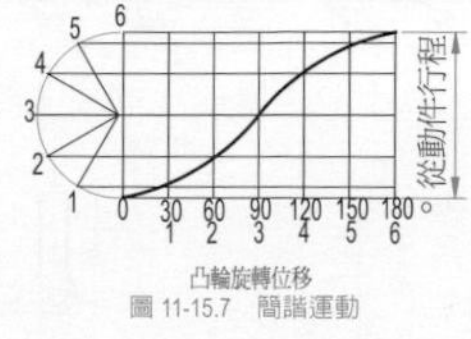

圖 11-15.7 簡諧運動

15.3 凸輪機構位移線圖

凸輪從動件之運行方式雖有四種，但實際應用中，從動件之運行通常由兩種以上之運行方式組成期性的循環運作。

例如：一凸輪由 0°開始等速運轉，從動件以簡諧運動上升 180°時為最高點，然後陡降至行程中點，以等速度運動下降至 360°時為最低點。全部行程之位移如圖 11-15.8 所示。

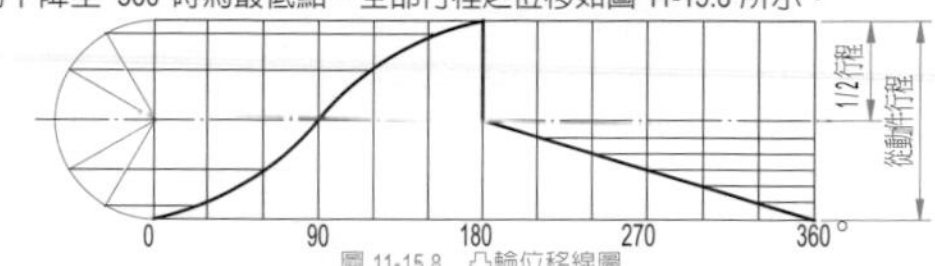

圖 11-15.8 凸輪位移線圖

在同一機器上用二個或二個以上之凸輪，而其作用又彼此相關時，則可將各凸輪組之位移線圖繪一個圖中，以研究各凸輪之"時態"及"相對運動"，稱為定時位移線圖。

時位移線圖中各曲線可以重疊畫出，但通常分開畫出。

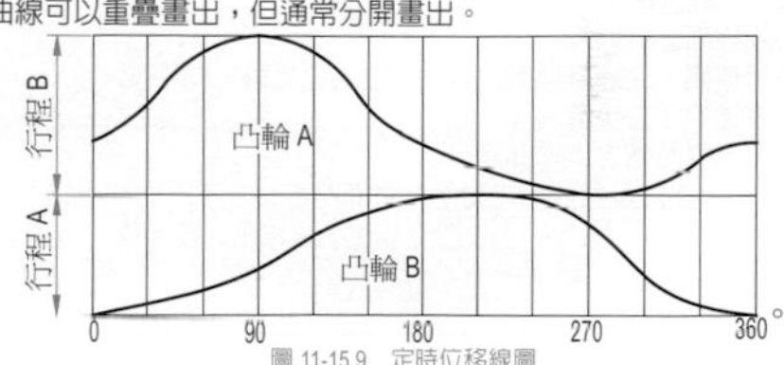

圖 11-15.9 定時位移線圖

15.4 凸輪繪製

繪製凸輪工作圖時，必須依照正投影法繪製投影視圖，並詳細標註其尺度、精度以及物理性範圍。製凸輪工作曲線須先瞭解欲繪製之凸輪種類、從動件形式、基圓大小、凸輪旋轉方向及從動件運行式、方向及其與凸輪軸之相對位置等。

子從動件板凸輪工作曲線畫法：

設一板凸輪之基圓直徑為 60mm，從動件之中心軸線垂直通過凸輪中心，在第一個 120°內，從動件等速度運動上升 30mm，在第二個 120°內，等速度運動下降 30mm，在第三個 120°內，則靜止不動，該凸輪係反時針方向旋轉，滾子直徑 12mm。如圖 11-15.10 所示。

1.畫凸輪位移線圖，圖(a)。

2.設 I 為凸輪中心，B 點與凸輪中心 I 相距 36mm(基圓半徑與滾子半徑和)為滾子從動件中心行程之低位置，A 點為最高位置，圖(b)。

3.畫基圓 oab，並三等分之，即每隔 120°等分，圖(c)。

4.將圓心角 ola 與行程做相同之等分數，如圖示為四等分。

5.畫凸輪各等分點連心線，並延長使與行程等分點之同心圓弧分別相交得點 1′、2′、3′及 4′。並以滑曲線連接點 1′、2′、3′及 4′得凸輪之第一段節曲線，圖(d)。

6.在第二個 120°圓心角 alb 內從動作件做等速下降，完成第二段節曲線。

7.在最後 120°內，從動件靜止，故以 lb 或 lo 為半徑畫圓弧即得第三段節曲線，完成全部節曲線如圖(

8.以滾子半徑為半徑及以節曲線為中心畫諸小圓，圖(e)。

9.畫圓滑曲線與諸小圓相切，得板凸輪之工作曲線，圖(e)及圖(f)。

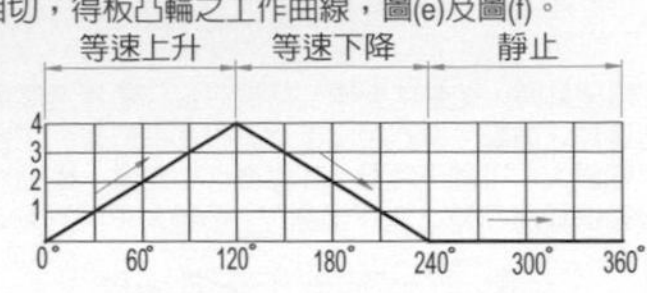

(a)

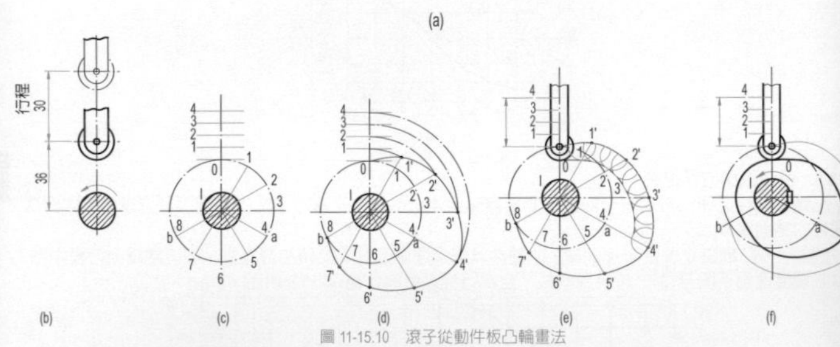

(b) (c) (d) (e) (f)

圖 11-15.10 滾子從動件板凸輪畫法

11-15.5 圓柱凸輪工作曲線畫法

圓柱凸輪可在不止一轉之時間內傳達運動，在從動件回到開始點以前，凸輪可能旋轉一週以上圓柱凸輪之節曲線若展開，則與凸輪線圖相同。

一圓柱凸輪之直徑為 55mm，長 55mm，從動件之運動方向自下向上，行程長 30mm。

在 180°內從動件以等加速度上升 30mm，於次 120°內，則以等加速度下降 30mm，最後 60°內從動靜止不動。若該凸輪依反時針方向旋轉，錐形滾子之大徑 12mm，高 7mm，錐度 1/5，凸輪溝槽寬 10m深 7mm，錐度 1/5，則該凸輪之畫法如圖 11-15.11 所示，如下：

1.畫凸輪位移線圖，即圓柱面之展開圖。

2.在展開圖上畫凸輪位移線圖，注意展開圖之畫法與凸輪之旋轉方向相反。

3.以節曲線為中心畫代表諸滾子之小圓。

4.畫圓滑曲線切諸小圓，完成凸輪之工作曲線。

5.凸輪之前視圖，由仰(或俯)視圖及展開圖之對應投影而得。

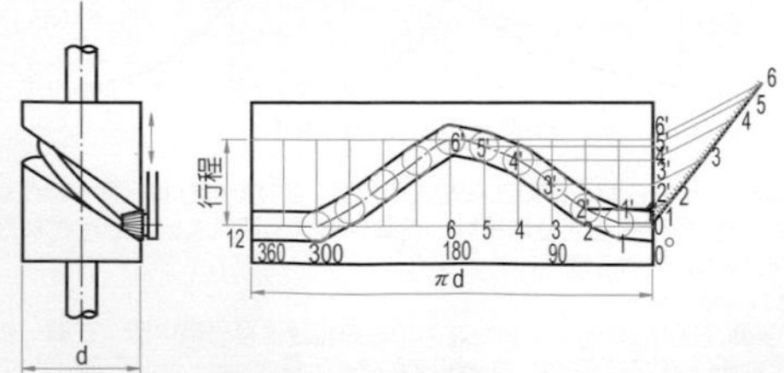

圖 11-15.11 圓柱凸輪畫法

15.6 刃形端從動件板形凸輪工作曲線畫法

設一刃形端從動件板形凸輪基圓直徑 50mm，從動件由 0°~120°以簡諧運動上升 30mm，120°~240°靜不動，240°~360°等加速度下降至原位，凸輪以反時針方向旋轉，其繪製方法如圖 11-15.12 所示，如下：
繪製凸輪位移線圖，如圖(a)。
定 I 點為凸輪旋轉軸心，B 點為刃形端從動件最低點與 I 相距 25mm，A 點為從動件刃形端最高點與 B 點相距 30mm，圖(b)。
畫基圓 B，並自 B 點順時針方向每 20°作徑向線。
從動件行程 BA 為直徑，畫半圓將圓弧做 6 等分，令等分點投影至直徑得點 1，2，3，4，5，A，以 I 為圓心，分別畫圓弧與凸輪徑向線相交得點 1'、2'、3'、...............。
用曲線板連接 B，1'，2'，................各點成圓滑曲線即為從動件以簡諧運動上升之凸輪工作曲線。
由點 6'至點 a 作圓弧，為從動件靜止之凸輪工作曲線。
將圓心角 BIa 作 6 等分並將徑向線 Ia 之基圓 B 至 a 線段區分為 1，3，5，5，3，1 比例，得點 a，b，c，，e，f，....... 分別作圓弧與徑向線相交得點 b'，c'，d'，.........等，用曲線板將點 a，b'，c'，............... 連接成圓滑曲線，即為從動件作等加減速度之凸輪工作曲線。刃形端從動件之凸輪工作曲線即其理論曲線。

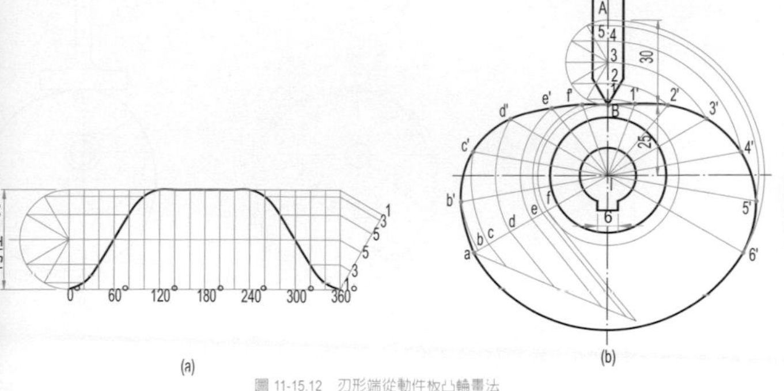

圖 11-15.12 刃形端從動件板凸輪畫法

15.7 平面從動件板之凸輪工作曲線畫法

設一平面從動件板凸輪之基圓直徑 70mm，從動件中心通過凸輪旋轉中心，在 0°~150°內從動件以等減速度上升 30mm，150°~300°間以等加減速度下降至原點，300°~360°從動件靜止不動，凸輪依反時針方旋轉。其繪製方法如圖 11-15.13 所示。
凸輪位移線圖，如圖(a)所示。
定 I 為凸輪中心，IO＝35mm 為半徑畫基圓，並將基圓 0°~300°並將基圓區分為 12 等分，畫徑向線如圖)、圖(c)所示。
基圓點 O 沿徑向線取 30mm 得點 6'為從動件行程，將線段 O6' 依等加減速度分段成 1，3，5，5，3，1 之比例，得點 1'，2'，3'，............，如圖(c)所示。
由點 1'，2'，3'，............... 11'，12'，過各點作徑向線之垂線，相互交叉構成許多三角形，圖(d)之陰影部分。
由徑向線點 12 至點 O 畫圓弧連接，並與徑向線連接得點 b，再作徑向線垂線與點 O，12 之垂線相交得陰影線三角形。
依序求出各三角形底邊中點 o，m，h，p，q，r.......，用曲線板將各中點連接成圓滑曲線，即為凸輪之工作曲線，圖(d)、(e)。

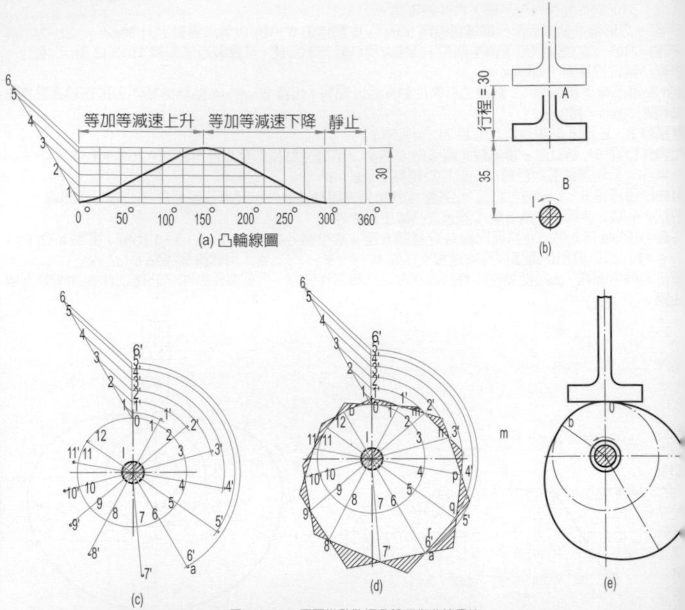

圖 11-15.13 平面從動件板凸輪工作曲線畫法

11-15.8 偏置滾子從動件板凸輪工作曲線畫法

設一偏置滾子從動件板凸輪之基圓直徑 70mm，滾子從動件軸線偏離板凸輪軸中心右方 20mm，其上下運動，在 0°~180°內變形等速運動上升 35mm，然後突降 35mm，在 180°~360°內靜止，滾子直15mm，凸輪反時針方向旋轉。如圖 11-15.14 所示。

1.繪製凸輪位移線圖(a)。

2.定 I 點為凸輪中心，自 I 點偏右 20mm 畫垂直線，以 I 為圓心取 42.5(基圓半徑與滾子半徑和)畫圓與子軸線相交為從動件最低位置 B 點，及最高位置 A 點相距 35mm，圖(b)。

3.以 I 為中心點畫一半徑 20mm 圓與從動件相切於 b 點，沿圓周上 b 點起 180°區分為 6 等分，得各點 1，2，3，………，a 同時將從動件行程 B 至 A 亦分為與位移線圖行程相同之區分點 b，1，2，3，……圖(c)。

4.以 I 為圓心，過點 B，1，2，………，A 畫圓弧分別與點 b，1'，2'，………… ，a 之切線相交得點 1'，2'，……… 6'，各點連接成圓滑曲線，再自點 6' 作垂線向上取 35mm，定點 7'，為下降之最低點，過點 7'畫圓至點 B，為靜止節曲線，圖(d)。

5.沿節圓曲線各點為中心，畫直徑 15mm 滾子圓，並於滾子圓內側相切連接成凸輪之工作曲線，圖(c

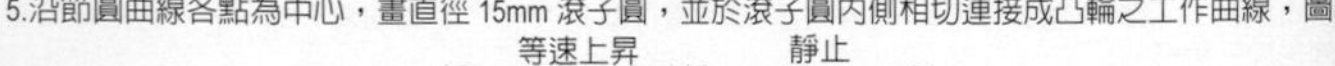

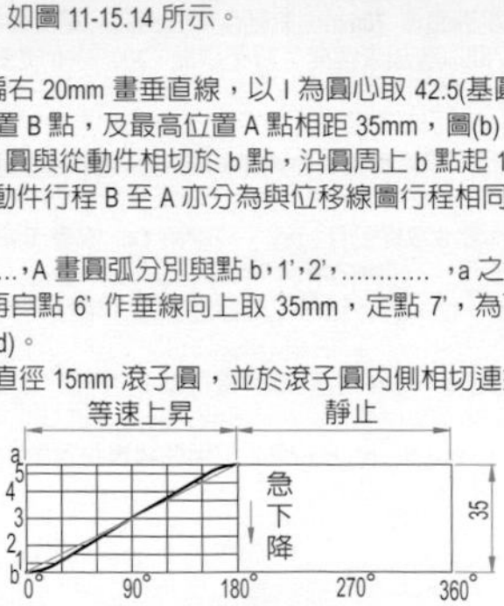

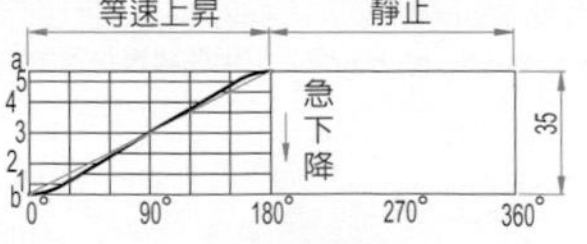

(a) 凸輪線圖

圖 11-15.14 偏置滾子從動件板凸輪工作曲線畫法

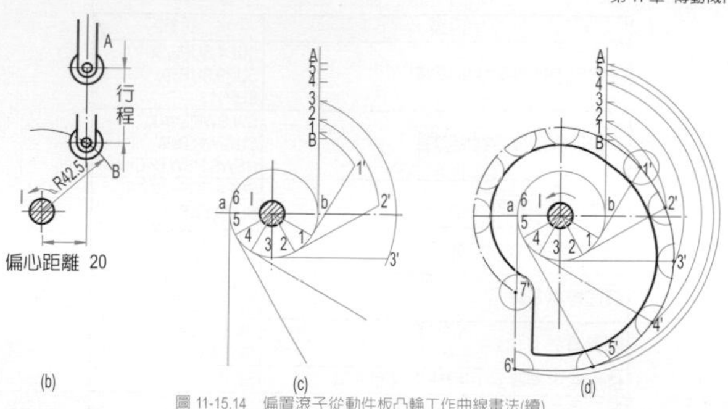

圖 11-15.14 偏置滾子從動件板凸輪工作曲線畫法(續)

15.9 凸輪與從動件之材料選擇

面壓：凸輪製作材料之選定，應考量凸輪面壓、運轉時之溫度上升、滑動摩擦之磨損及高速驅動之噪音等。對於從動件尚須考量彎曲強度。

動件接觸端與凸輪周面承受高壓力負荷時，易於引起疲勞破壞。

昇升：凸輪與從動件運轉傳送功率超過負荷時，導致摩擦生熱，於凸輪面及滾子內、外面均有燒毀之可能。

磨損：凸輪周面因滑動摩擦所產生之磨損，須先檢討凸輪與從動件之滑動率。

如：使用刃端從動件者，凸輪面之磨損全面均勻分佈，通常採用鑄鐵製作，因其加工容易，製作費低廉，例如自動車床或各式單能機使用之凸輪機構，(依加工機件尺度、形狀之變動需經常更換凸輪)為常用。其從動件刃端則應使用可淬火硬化之鋼料，其設計應使其容易更換。

用滾子從動件者，滾子本身繞滾子軸旋轉，外周與凸輪面作滾動接觸，對凸輪之磨損較少，但滾子滾子軸間會有不均勻之磨損，因此滾子與滾子軸採用可淬火硬化之鋼料較佳，凸輪面亦因滑動率不均，其接觸面以滲碳硬化為宜。

噪音：凸輪傳動機構，高速運轉產生震動，如有共振現象將使噪音加劇，使用材料應選用固有震動頻率及對數減衰率較低者。

常鋼料之彈性係數與對覆變負荷之耐疲勞性均較鑄鐵為大。但鑄鐵之耐振動力極大(隨石墨之含量之大成正比)，因此，強度要求不大之凸輪材料，使用鑄鐵為佳，其他如電木、尼龍等合成樹脂材料，固有振動頻率為鋼料之二分之一至三分之一左右，均為優良之凸輪材料。

材料之對數衰減率：通常對數衰減率愈大之材料，產生之噪音量愈低。例如銅之對數衰減率為鋼之五倍，尼龍則為鋼之六十倍，均為製作凸輪之好材料。

16 彈 簧

6.1 彈簧材料的選擇

用彈簧材料及依彈簧用途區分之使用材料如表 11-16.1 所示。

表 11-16.1 常用彈簧材料

種類	材料符號
彈簧鋼鋼材	SUP
硬鋼線	SW
琴鋼線	SWP
彈簧用碳鋼油回火線	SWO
閥彈簧用碳鋼用回火線	SWO-V
閥彈簧用 Cr-V 鋼油回火線	SWOCV-V
閥彈簧用矽鉻鋼油回火線	SWOSC-V
不銹鋼線	SUS-W
黃銅線	BsW
白銅線	NSWS
磷青銅線	PBW
鈹銅線	BeCuW

用途	材料
一般用加熱成型螺旋彈簧	SUP4,SUP6,SUP7, SUP9,SUP10, SUP11
一般用常溫成型螺旋彈簧	SW,SWP,SWO, SUS-WH,BsW , NSWS,PBW,BeCuW
車輛用懸架彈簧	SUP4,SUP6,SUP7, SUP9,SUP11
鍋爐用彈簧,安全閥彈簧	SWP,SWO,SUP4, SUP6,SUP7
調速機用彈簧	SWP,SWO,SUP4, SUP6,SUP7
閥彈簧	SWPV,SWO-V, SWOCV-V,SWOSC-V
標度盤用彈簧,照相機機光開關彈簧	SWP
座墊用彈簧	SW
導電用用彈簧	BsW,NSWS,PBW, BeCuW
非磁性彈簧	SUS-WH,BsW,NSWS, PBW,BeCuW
耐熱用彈簧	SUS-WH
耐蝕用彈簧	SUS-WH,BsW,NSWS, PBW,BeCuW

11-16.2 彈簧形狀上之限制

設計圓柱壓縮螺旋彈簧時，以彈簧指數 4~10，長度比 0.8~4，螺角 10° 以下為佳。彈簧指數太小使彈簧因簧圈內應力過度集中，易致疲勞破壞；太大則使簧圈直徑變大而降低彈簧精度。長寬比太大在彈簧承受負荷時易挫曲，太小則減少有效圈數降低彈簧精度，且負荷偏心易增大。螺旋角太大，應對撓度及應力之計算值加以修正。

11-16.3 彈簧之製造與公差

決定螺旋彈簧製造方法時，應考慮在符合使用目的之範圍內，選用最具經濟價值者，其注意事為：

1.選定特定值：確定的彈簧型狀，如嚴格規定彈簧的各項特定值，對使用及製造雙方均屬不利。則應彈簧所佔空間、裝配或使用條件中規範必須的項目，對於其他項目或公差則依照需求表示近似值可。嚴格規定數值未必能獲得高品質的彈簧。

2.材料：線材直徑 8~13mm 之彈簧，可採用常溫或加熱成型法，依彈簧使用目的或製造的設備而定於使用材料及適用公差不同，使用製造者之間應事先協調。又材料應採用標準材料，非標準材料不獲得，且其價格亦高。

3.圈數及旋向：圈數應指定總圈數及座圈數。除非必要，旋向可任意定之。不指定時，通常採用右旋

4.彈簧特性：彈簧特性就近(a)指定高度之負荷，(b)指定負荷之高度，(c)彈簧常數中指定一或二種。通指定(a)或(a)與(c)。

5.直角度及端面整修：嚴格規定直角度，則經推拔(taper)加工後的座圈端面，必須再加以研磨或修正增加工作手續。而特殊的端面修整須用手工，頗為不利。壓縮螺旋彈簧之製造公差，如表 11-16.2 11-16.3 所示。

表 11-16.2 常溫成形螺旋彈簧的標準公差

自由高(長)度	規定彈簧特性為近似數值 未規定彈簧特性時		
	D/d	公差	備註
	3 以上 8 以下 8 以上	自由高度的±2.5%(最小±0.7mm)。 自由高度±6.5%(最小±1.0mm)。	左欄的數值可用於壓縮彈簧，對拉伸彈簧，下段數值應該減半。
簧圈直徑	D/d	公差	
	3 以上 8 以下 8 以上	簧圈平均徑的±1.5%(最小±0.2mm)。 彈簧平均徑的±2%(最小±0.3mm)。	
總圈數	規定彈簧特性為近似值。 為規定彈簧特性時，壓縮彈簧：±1/4 圈，拉伸彈簧：±1/2 圈。		
直角度	3° 以下，必要時可規定至 1° 。		
螺距之差距	壓縮至總撓曲度之 80%時，除兩端部外簧圈應不接著。		
規定高度下的荷重	有效圈數	公差(%)	
		A	B
	3 以下 3 至 10 10 以上	買賣雙方協議 ±10 ±8	買賣雙方協議 ±5 ±4
彈簧常數	有效圈數	公差(%)	
		A	B
	3 以下 3 至 10 10 以上	買賣雙方協議 ±10 ±8	買賣雙方協議 ±6 ±5

表 11-16.3 加熱成形螺旋彈簧的標準公差

自由高(長)度	規定彈簧特性為近似數值。 未規定彈簧特性時±2%(最小±2mm) 。	
簧圈直徑	自由高度	公差
	250 以下 250 至 500 以下 500 以上	線圈平均徑的＋1.5%(最小＋0.2mm)。 線圈平均徑的±2%(最小±0.3mm)。 買賣雙方協議。
總圈數	規定彈簧特性為近似數值。 未規定彈簧特性時，壓縮彈簧：±1/4 圈，拉伸彈簧：±1/2 圈。	
直角度	3° 以上，必要時可規定至 1° 。	
螺距之差異	壓縮至總撓度的 80%時，除兩端部外簧圈應不接著。	
規定負荷下之高(長)度	±(1.5mm+在規定負荷下所要求撓曲度的 3%)。	
規定高(長)度下之負荷	±(1.5mm 在規定負荷下所要求撓曲度的 3%)*彈簧定數(kg)。 或±{(1.5mm/至指定高度時之設計撓曲度)+0.03}*100(%)。	
彈簧常數	±10%，必要可規定至±5%。	

6.4 螺旋彈簧的畫法

螺旋彈簧之簧圈應繪成螺旋線，由於螺旋線繪製費時，通常為節省繪製時間，習慣上用傾斜直線
弋，並僅繪兩端各二至三個簧圈，中段用細鍊線連接之如圖 11-16.1 所示，圖中 d 為彈簧線徑，D 為
圈平均直徑，L 為自由長(高)度，P 為簧圈節距(導程)。

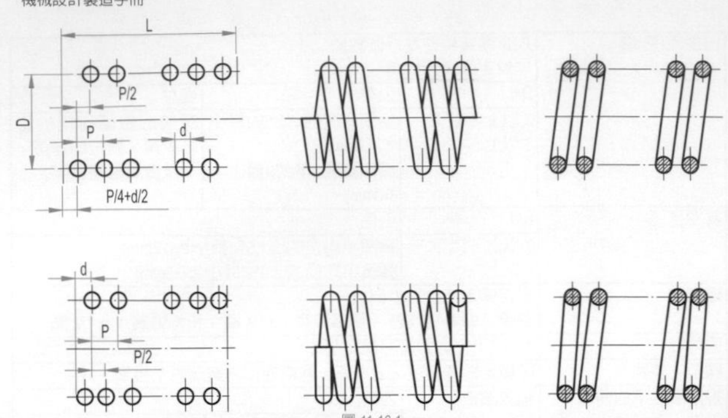

圖 11-16.1

1.彈簧製圖之尺度標註，皆用補充表列出各項數字，如圖 11-16.2、11-16.3 所示。表格中有＊記號項目數值由設計者提供，製圖者如無可用數字則免填。

線徑		
簧圈	平均直徑	
	外徑	
	內徑	
總圈數		
座圈數		
旋向		
自由長度		
兩端形狀		
*安裝負載		
*安裝長度		
*最大負載		
*最大負載長度		

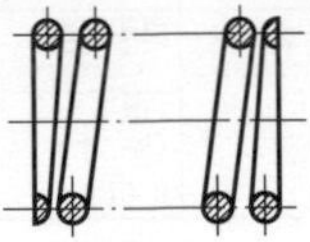

圖 11-16.2

線徑		
簧圈	平均直徑	
	外徑	
總圈數		
旋向		
自由長度		
*初張力		
*最大使用長度		
*最大使用長度張力		
*試驗負載		
*試驗負載長度		

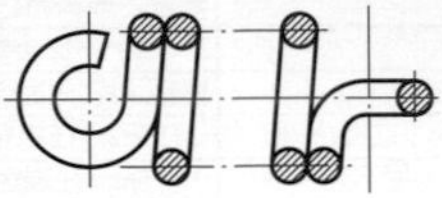

圖 11-16.3

未規定之部分，依一般尺度標註法，標註其形狀位置尺度，或用註解之方式說明之。

2.螺旋彈簧端部畫法

壓縮螺旋彈簧之端部如有特別加工，例如有延伸或磨平等之詳細圖示註解如圖 11-16.4 所示。

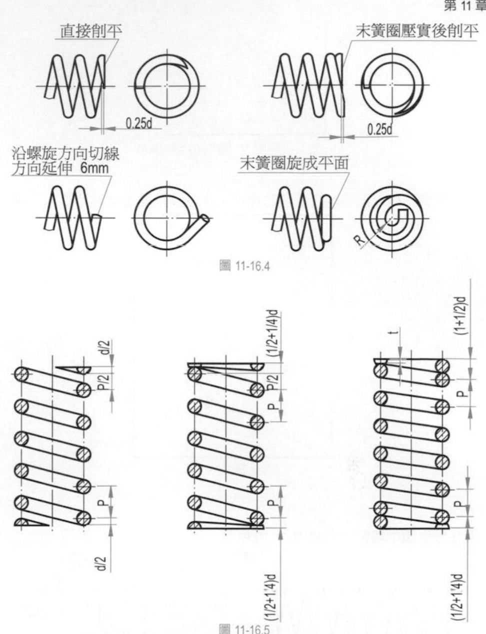

圖 11-16.4

圖 11-16.5

拉伸螺旋彈簧之端部通常直接用彈簧線彎曲製成鉤部，圖中應對鉤部之形狀及詳細尺度標註，並註兩端鉤內線尺度，如圖 11-16.6 所示。有金屬配件時應加畫配件詳圖。扭轉螺旋彈簧之端部亦同，如圖 11-16.7 所示。

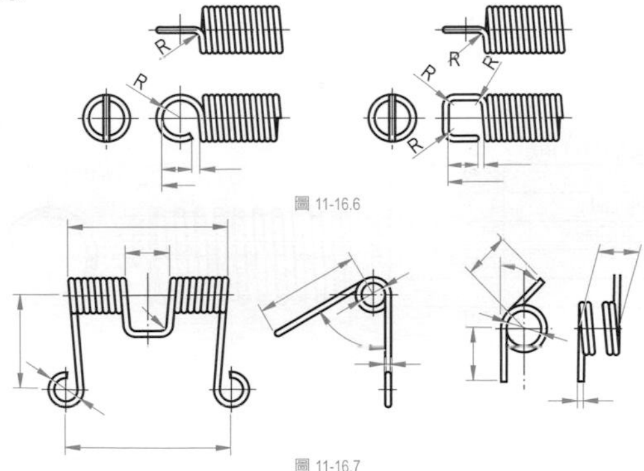

圖 11-16.6

圖 11-16.7

簧特性圖

彈簧特性圖係指彈簧承受之負荷與其變形位移之關係位置之線圖，凡線形彈簧之負荷與位移皆成定之比例，其特性圖為直線，如圖 11-16.8 所示。

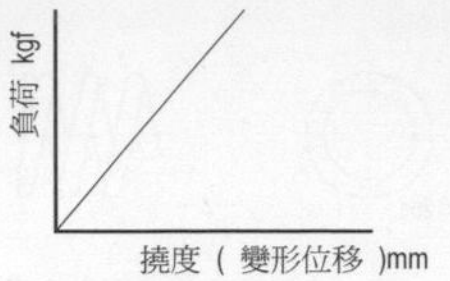

圖 11-16.8

圓錐壓縮螺旋彈簧承受負荷時，在一定之特性為線形，超過該負荷後呈非線形。如圖 11-16.9 所示。

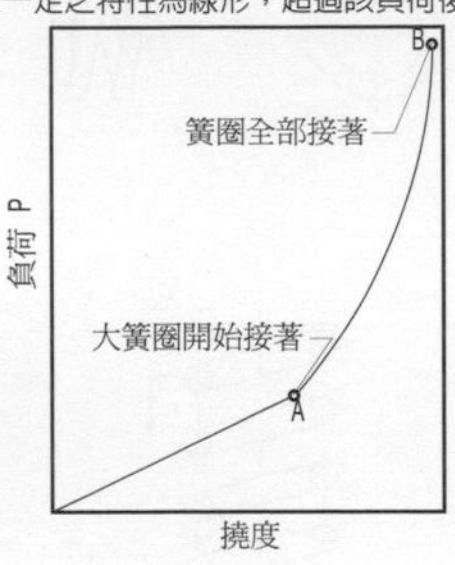

圖 11-16.9

彈簧特性圖可直接在投影圖中繪製。如圖 11-16.10 所示。

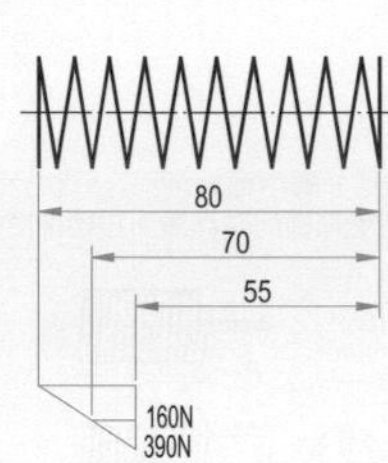

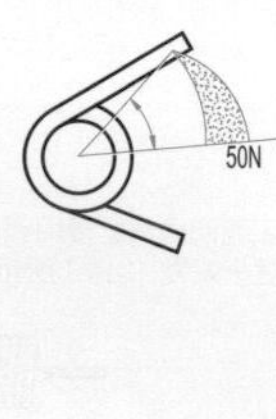

圖 11-16.10

彈簧工作圖如圖 11-16.11 所示。

材料		PBW
材料之直徑(mm)		4
簧圈平均直徑(mm)		26
簧圈內徑		22±0.4
有效圈數		9.5
總圈數		11-15
簧圈旋向		右
自由高度(mm)		80
安裝時	負荷(kgf)	153N±10%
	高度(mm)	70
最大負荷	負荷(kgf)	382N
	高度(mm)	55
彈簧常數(kgf/mm)		1.56
表面處理	成形之表加工	
	防鏽處理	表面鍍鎳

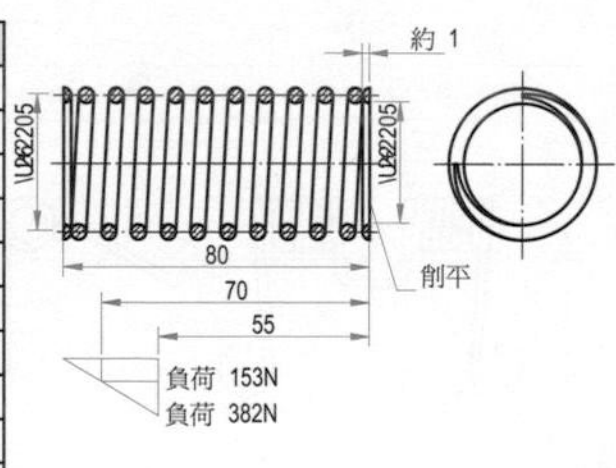

圖 11-16.11 螺旋壓縮彈簧工作圖

6.5 彈簧表示法

S 規定之彈簧表示法有一般表示法與簡易表示法兩種，各種彈簧之表示法如表 11-16.4 所示。

表 11-16.4 常用彈簧習用表示法

名稱	一般表示法	簡易表示法
柱形壓縮簧	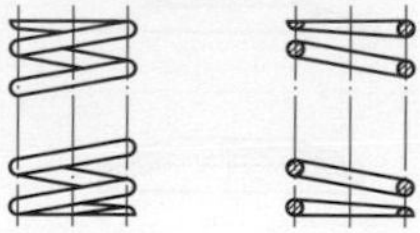	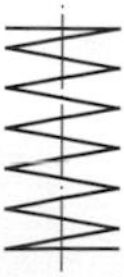
	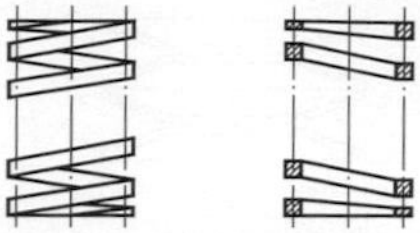	
錐形壓縮簧	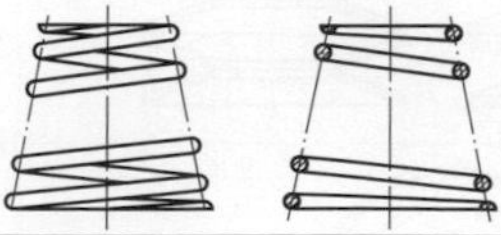	
形彈簧 形彈簧)	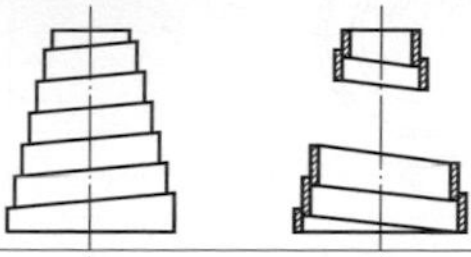	
主形彈簧	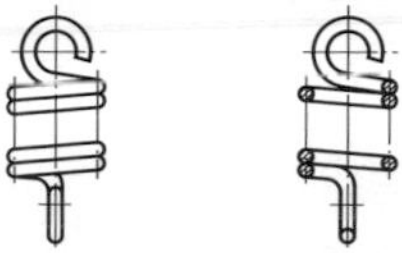	
主形扭轉簧	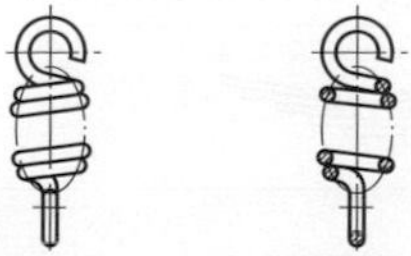	
彡拉伸彈	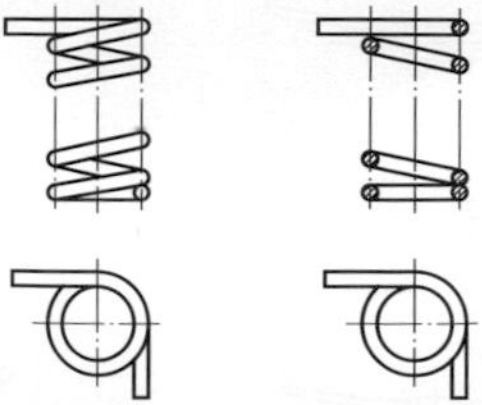	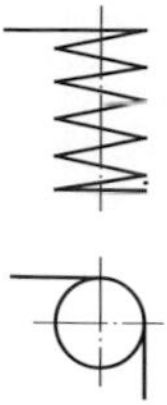

表 11-16.4 常用彈簧習用表示法(續)

名稱	一般表示法	簡易表示法
皿形彈簧		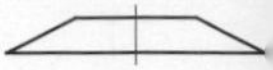
疊片組合皿簧柱		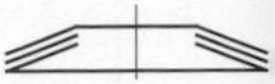
對向組合皿簧柱	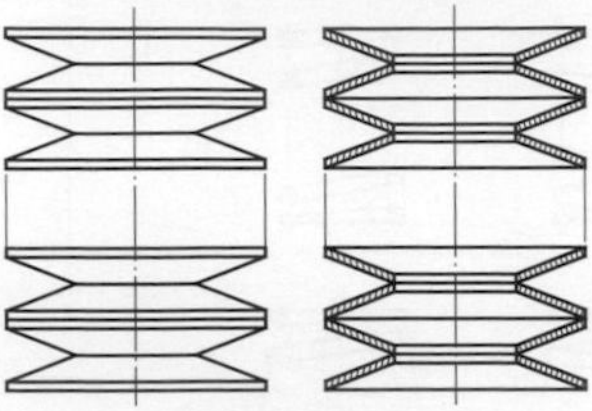	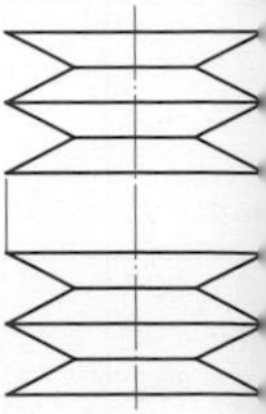
蝸旋彈簧		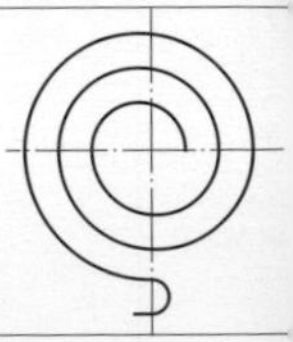
		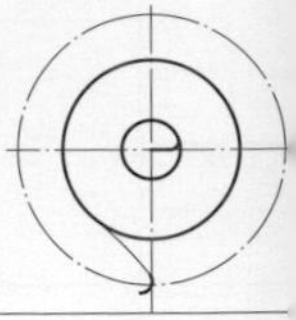
板片(疊板)彈簧		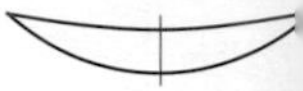
環首疊板彈簧	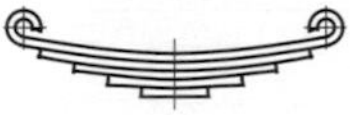	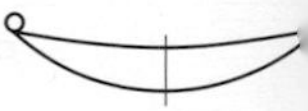
環箍疊板彈簧		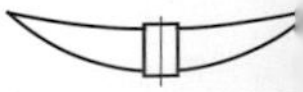
環首附環箍疊板彈簧	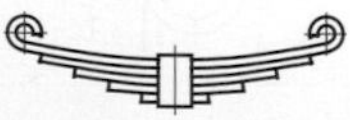	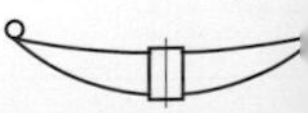

6.6 標準彈簧

表 11-16.5 壓縮螺旋彈簧 CNS 2593. CNS 7594

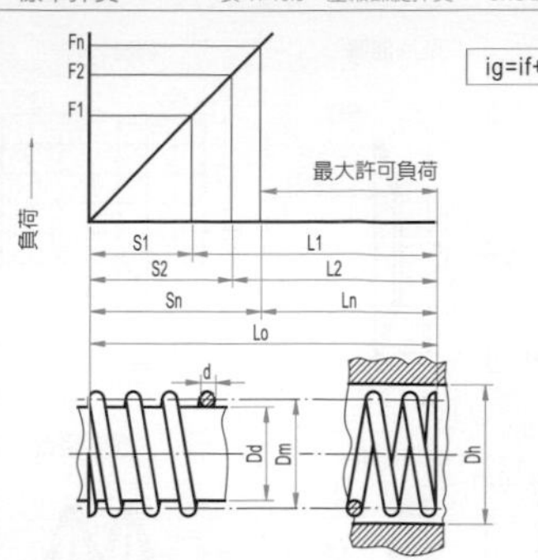

D：線徑
D_m：簧圈平均直徑
D_d：簧圈內徑
D_h：簧圈外徑
L_0：自由高度
L_1、L_2：負荷高度(負荷為F_1、F_2時)
L_n：檢驗彈簧最小許可高度
F_1、F_2：彈簧高度為L_1、L_2時之負荷
F_n：彈簧高度為L_n時之最大許可負荷
s_1、s_2：彈簧高度為L_1、L_2時之許可變位
s_n：彈簧高度為L_n時之最大許可變位
i_f：總圈數
i_g：有效圈數
R：彈簧常數 N/mm

標稱方法：
若彈簧線徑d=2mm D_m=20mm L_0=94mm
標稱為：CNS 7594-2x30x94

	D	D_d	D_h	F_n	I_f=3.5			I_f=5.5			I_f=8.5			I_f=12.5		
		Max	min	In N	L_0	s_n	R	L_0	s_n	R	L_0	s_n	R	L_0	s_n	R
.2	2.5	2.0	3.1	1.00	5.4	3.8	0.26	8.2	6.0	0.17	12.4	9.3	0.11	17.9	13.7	0.07
	2	1.5	2.6	1.24	4	2.4	0.51	5.9	3.8	0.33	8.7	5.9	0.21	12.6	8.6	0.15
	1.6	1.1	2.1	1.50	3	1.5	1.0	4.4	2.4	0.65	6.4	3.6	0.42	9.2	5.4	0.28
.5	6.3	5.3	7.5	6.6	13.5	9.2	0.73	20	14.0	0.46	30	21.3	0.30	44.0	31.8	0.21
	4	3.1	5.0	9.3	7.0	3.3	2.84	10	4.9	1.81	15.0	7.9	1.17	21.5	11.7	0.79
	2.5	1.7	3.4	10.4	4.4	0.9	11.6	6.1	1.4	7.43	8.7	2.2	4.80	12.0	3.0	3.27
	12.5	10.8	14.4	22	24.0	14.6	1.49	36.5	23.1	0.95	55.5	36.1	0.61	80.5	53.1	0.41
	8	6.5	9.6	33.2	13.0	5.7	5.68	19.0	8.9	3.61	28.5	14.2	2.33	40.5	20.6	1.59
	5	3.6	6.5	43.8	8.5	1.9	23.2	12.0	3.0	14.8	17.0	4.4	9.57	24.0	6.6	6.51
.6	20	17.5	22.6	84.9	18.0	35.6	2.38	73.5	55.9	1.52	110	84.5	0.99	165	129	0.67
	12.5	10.3	14.7	135	24.0	14.0	9.76	36.0	21.9	6.23	53.5	33.4	4.0	78.0	50.0	2.73
	8	5.9	10.1	212	14.5	5.5	37.3	21.5	8.9	23.7	31.5	13.6	15.4	45.0	20.2	10.4
	25	22.0	28.0	128	58.0	43.0	2.98	88.5	67.1	1.90	135	104	1.23	195	151	0.83
	16	13.4	18.6	198	30.0	17.5	11.4	45.0	27.3	7.24	68.0	42.5	4.69	98	62.1	3.19
	10	7.5	12.5	318	18.0	6.8	46.6	26.5	10.9	29.7	38.5	16.5	19.2	55	24.4	13.0
.5	32	28.3	36.0	182	71.5	52.2	3.48	110	82.1	2.22	170	129	1.43	245	187	0.97
	25	21.6	28.4	233	49.0	32.2	7.29	74.5	50.5	4.64	115	80.2	3.0	165	116	2.04
	20	16.8	23.2	292	36.0	20.5	14.2	54.0	32.1	9.05	81.5	50.0	5.86	120	75.7	3.98
	16	12.9	19.1	365	27.5	12.9	27.8	41.0	20.5	17.7	61.0	31.7	11.5	88.0	46.9	7.78
.2	40	35.6	44.6	288	82.0	60.8	4.76	125	95.3	3.03	190	148	1.96	275	216	1.33
	32	27.6	36.5	361	58.5	38.7	9.3	88.5	61.1	5.92	135	96.2	3.82	190	136	2.61
	25	21.1	28.9	461	42.5	23.4	19.4	63.5	37.2	12.4	94.5	57.4	8.0	135	83.4	5.45
	20	16.1	23.9	577	33.5	15.0	38.2	49.5	23.6	24.2	74.0	36.9	15.7	105	53.4	10.7
	50	44.0	56.0	427	99.0	71.6	5.95	150	111	3.79	230	175	2.45	335	257	1.65
	40	34.8	45.2	533	71.0	45.8	11.7	105	69.9	7.41	160	110	4.79	235	165	3.26
	32	27.0	37.0	666	53.5	29.5	22.8	79.5	46.2	14.4	120	72.8	9.35	170	104	6.36
	25	20.3	29.7	852	41.0	18.1	47.7	60.5	28.3	30.3	89.5	43.5	19.6	130	56.5	13.3
	63	56.0	70.0	623	120	87.7	7.27	180	135	4.63	275	210	2.9	395	304	2.03
	50	43.0	57.0	785	85.0	64.1	14.5	130	86.8	9.25	195	133	5.98	280	194	4.07
	40	34.0	46.0	981	64.0	34.4	28.4	95.5	54.5	18.1	140	81.6	11.7	205	124	7.95
	32	26.0	38.0	1226	51.0	22.3	55.4	75.0	34.8	35.3	110	52.5	22.9	160	79.5	15.5
.3	80	71.0	89.0	932	145	103	8.96	220	160	5.70	335	250	3.69	490	370	2.51
	63	55.0	71.5	1177	105	65.0	18.3	155	99.0	11.7	235	155	7.55	340	227	5.13
	50	42.0	58.0	1481	80.0	42.0	36.7	115	62.0	23.3	175	100	15.1	250	145	10.3
	40	32.6	47.5	1854	60.0	24.0	71.7	90.0	39.7	45.6	135	63.2	29.5	195	95.0	20.1
	100	89.0	111	1413	170	118	11.9	260	187	7.58	390	286	4.9	570	423	3.34
	80	69.0	91.0	1766	125	76.0	23.2	180	111	14.8	285	186	9.58	410	271	6.51
	63	53.0	73.0	2237	95.0	48.0	47.7	140	74.0	30.3	205	112	19.6	300	169	13.3
	50	40.5	60.0	2825	75.0	30.0	95.4	110	46.8	60.8	160	70.0	39.2	230	103	26.7

表 11-16.6 皿形彈簧 CNS7593

D_e：外徑
D_i：內徑
t：單片厚度
t'：多片疊組厚度
h_o：單片彈簧之自由高度
l_o：皿簧片之自由高度
s：皿簧無摩擦時之壓縮距離。最大（$s=0.75h_o$）
s_s：單片彈簧之壓縮距離
F：單片彈簧之負荷
F_s：皿簧組合負荷
L：皿簧之自由高度
n：疊片組合之單片皿簧數
i：對向組合皿簧柱之單片皿簧數或複式組合皿簧柱中所含有之疊片組合數
標稱方法：若為A系列皿簧，De=16mm，t=0.9mm
標稱為：CNS 7853-A16

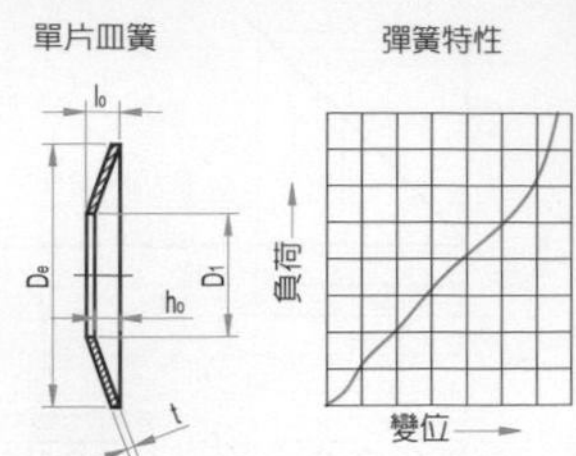

疊片組合

$F_s=n \cdot F$
$S_s=s$
$L_o=l_o+(n-1) \cdot t$

對向組合

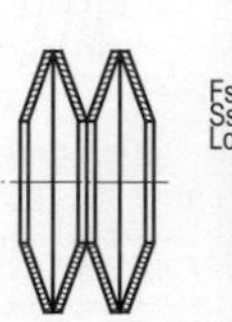

Fs=
Ss=
Lo=

群	De h12	Di H12	系列A：硬級 De/t=18；ho/t=0.4					系列B：中級 De/t=28；ho/t=0.75					系列C：軟級 De/t=40 ；ho/t=1.3				
			T	t'	Lo	F in KN2)	S3)	t	t'	Lo	F in KN2)	s3)	T	T'	Lo	F in KN2)	S
1	8	4.2	0.4		0.6	0.21	0.15	0.3		0.55	0.12	0.19	0.2		0.45	0.04	0.1
	10	5.2	0.5		0.75	0.33	0.19	0.4		0.7	0.21	0.23	0.25		0.55	0.06	0.2
	14	7.2	0.8		1.1	0.81	0.23	0.5		0.9	0.28	0.30	0.35		0.8	0.12	0.3
	16	8.2	0.9		1.25	1.00	0.26	0.6		1.05	0.41	0.34	0.4		0.9	0.16	0.3
	20	10.2	1.1		1.55	1.53	0.34	0.8		1.35	0.75	0.41	0.5		1.15	0.25	0.4
	25	12.2						0.9		1.6	0.87	0.53	0.7		1.6	0.60	0.6
	28	14.2						1.0		1.8	1.11	0.60	0.8		1.8	0.80	0.7
	40	20.4											1		2.3	1.02	0.9
2	25	12.2	1.5		2.05	2.91	0.41										
	28	14.2	1.5		2.15	2.85	0.49										
	40	20.4	2.2		3.15	6.54	0.68	1.5		2.6	2.62	0.86					
	45	22.4	3		4.1	7.72	0.75	1.7		3.0	3.66	0.98	1.25		2.85	1.89	1.2
	50	25.4	3		4.3	12.0	0.83	2		3.4	4.76	1.05	1.25		2.85	1.55	1.2
	56	28.5	3.5		4.9	11.4	0.98	2		3.6	4.44	1.20	1.5		3.45	2.62	1.4
	63	31	4		5.6	15.0	1.05	2.5		4.2	7.18	1.31	1.8		4.15	4.24	1.7
	71	36	5		6.7	20.5	1.20	2.5		4.5	6.73	1.50	2		4.6	5.14	1.9
	80	41	5		7	33.7	1.28	3		5.3	10.5	1.73	2.25		5.2	6.61	2.2
	90	46			8.2	31.4	1.50	3.5		6	14.2	1.88	2.5		5.7	7.68	2.4
	100	51	6		8.5	48.0	1.65	3.5		6.3	13.1	2.10	2.7		6.2	8.61	2.6
	125	64	6					5		8.5	30.0	2.63	3.5		8	15.4	3.3
	140	72						5		9	27.9	3.00	3.8		8.7	17.2	3.6
	160	82						6		10.5	41.1	3.38	4.3		9.9	21.8	4.2
	180	92						6		11.1	37.5	3.83	4.8		11	26.4	4.6
	200	102											2.5		12.5	36.1	5.2
3	125	64		7.5	10.6	85.9	1.95										
	140	72	8	7.5	11.2	85.3	2.40										
	160	82	8	9.4	13.5	139	2.63										
	180	92	10	9.4	14	125	3.00										
	200	102	10	11.25	16.2	183	3.15	8	7.5	13.6	76.4	4.20					
	225	112	12	11.25	17	171	3.75	8	7.5	14.5	70.8	4.88	6.5	6.2	13.6	44.6	5.3
	250	127	12	13.1	19.6	249	4.20	10	9.4	17	119	5.25	7	6.7	14.8	50.5	5.8

1) 群 1：t <1.25mm；群 2：t = 1.25至6mm；群 3：t > 6 至 14mm

17 鉚 釘

種型金屬或板金結構工程上，以鉚釘作為永久性接合之鉚釘製圖。

採用正投影畫法少量鉚釘，如圖 11-17.1、圖 11-17.2、圖 11-17.3、圖 11-17.4 及圖 11-17.5 所示。

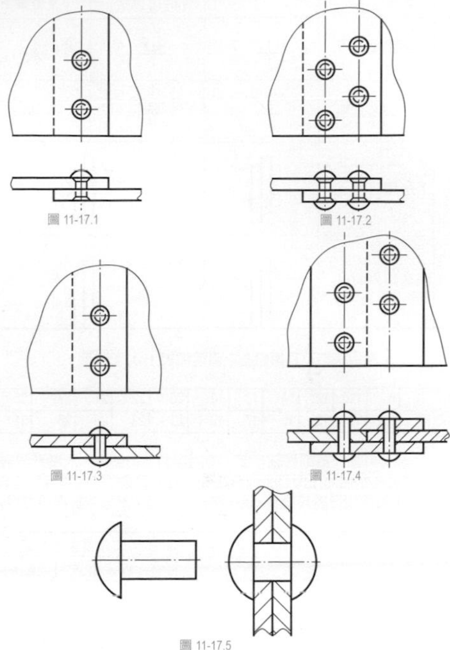

圖 11-17.1

圖 11-17.2

圖 11-17.3

圖 11-17.4

圖 11-17.5

)鉚釘孔：鉚釘孔有錐坑孔及直孔兩種，如圖 11-17.6 所示，普通所指鉚釘孔直徑，係指直孔之直徑。

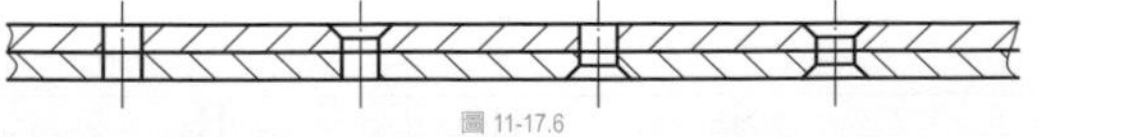

圖 11-17.6

)鉚釘孔符號：分為工廠鑽鉚釘孔與現場鑽鉚釘孔兩類(圖 11-17.7)。

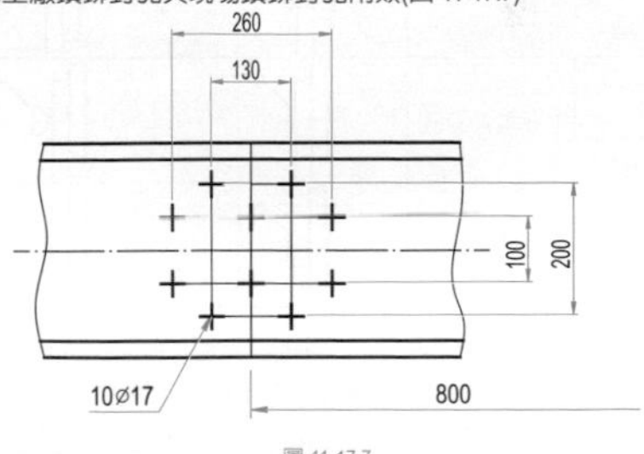

圖 11-17.7

表 11-17.1

		直孔	單邊錐坑孔		兩邊錐坑孔
			近邊錐坑	遠邊錐坑	
視圖平面垂直於孔軸線	工廠鑽鉚釘孔				
	現在鑽鉚釘孔				
視圖平面平行於孔軸線	工廠鑽鉚釘孔				
	現在鑽鉚釘孔				

(3)常用鉚釘孔之直徑：常用鉚釘及其鉚釘孔之直徑如表 11-17.1 所示。

表 11-17.2

鉚釘直徑	8	110	12	14	16	18	20	22	24	27	30	33	36
鉚釘孔直徑	8.4	11	13	15	17	19	21	23	25	28	31	34	37

(4)鉚釘孔直徑及鉚釘孔位置尺度的標註方法：使用鉚釘孔符號時，尺度界限與鉚釘孔符號間應隙(圖 11-17.7)，鉚釘孔直徑寫在鉚釘孔個數之後，並用指線標註在垂直於孔軸之視圖內。

3.鉚釘符號：分為工廠鉚接與現在鉚接兩類，現在鉚接又分為工廠鑽鉚釘與現場鑽鉚釘孔兩類(表 11-

表 11-17.3

			直孔	單邊錐坑孔		兩邊錐坑
				近邊錐坑	遠邊錐坑	
視圖平面垂直於孔軸線	工場鉚接					
	現場鉚接	工廠鑽鉚釘孔				
		現場鑽鉚釘孔				
視圖平面垂直於孔軸線	工場鉚接					
	現場鉚接	工廠鑽鉚釘孔				
		現場鑽鉚釘孔				

4.鉚釘規定及鉚釘位置尺度的標註方法：使用鉚釘符號時，尺度界線與鉚釘符號間應留空隙(圖 11-17鉚釘規格寫在鉚釘個數之後，並用指線標註在垂直於鉚釘軸之視圖內。

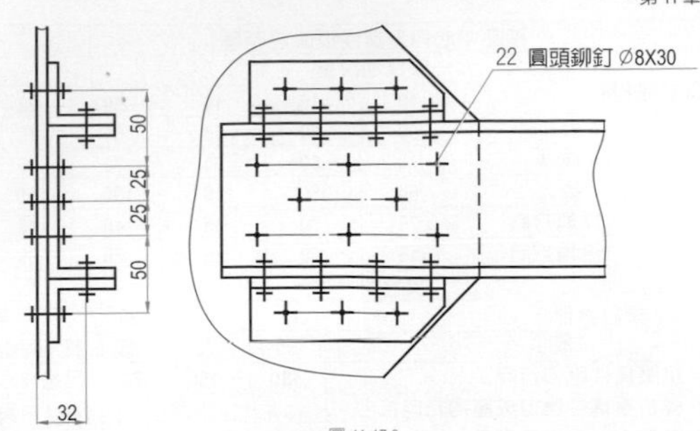

圖 11-17.8

釘孔符號及鉚釘符號之畫法

鉚釘孔符號及鉚釘符號之大小：設 d 代表鉚釘直徑，其大小可不按此比例繪製。符號上各部分之大小如圖 11-17.9 所示。

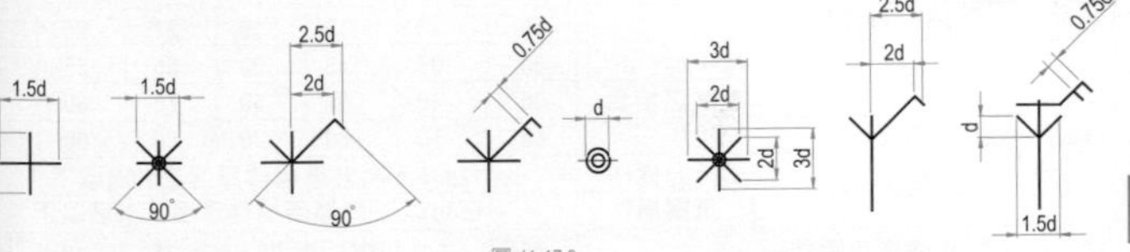

圖 11-17.9

鉚釘孔符號及鉚釘符號之線條粗細：以粗實線繪製。

插結構注意事項：如表 11-17.4 所示。

表 11-17.4 鉚插結構

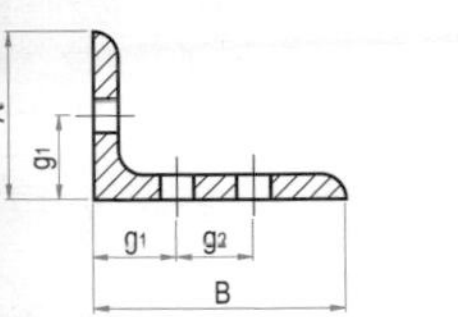

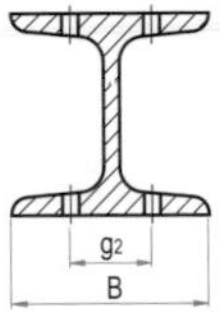

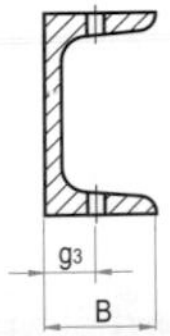

或B	g_1	g_2	最大鉚釘直徑	B	g_2	最大鉚釘直徑	B	g_3	最大鉚釘直徑
5	15		6	*75	38	13	40	24	10
0	17		8	*100	52	16	*50	30	16
5	20		8	125	64	19	65	35	19
0	22		10	150	80	22	70	40	19
5	25		13	175	94	25	75	40	22
0	30		16	190	100	25	80	45	22
)	35		16				90	50	25
5	35		19				100	55	25
)	45		19						
5	40		22						
	45		22						
	50		25						
0	55		25						
25	50	35	25						
30	50	40	25						
50	55	55	25	有*記號欄之g及最大鉚釘直徑各欄所列之數值，限用於強度上無障礙時。(鋼構造計算規定)					
75	60	70	25						
90	60	90	25						

鉚孔中心與型鋼或板端之距離

一般標準尺度

鉚釘直徑d		10	13	16	19	22	25
鉚距	最小	30	40	55	65	75	85
	標準	40	50	60	70	80	90
	最大	60	80	110	130	150	17
自中心至邊緣距離	負角方向	25	30	35	40	45	5
	直角方向	15	20	25	30	35	4

橋樑用尺度

鉚釘直徑d			19	22	25	備考
鉚距 p	最小		65	75	85	特例則3d
	最大	抗壓構件應力方向	130	150	170	但是12t以下
		與抗壓構件應力成直角方向拉力購件應力方向及直角方向				24t以下為300以下
自中心剪斷，自動切斷邊緣之距離			32	37	42	最大8t以下為150
自中心至輥軋，加工邊緣之距離			28	32	37	

建築物用尺度

鉚釘直徑d			10	13	16	19	22	25	2
鉚距	最小	樑，柱	30	35	45	50	55	65	7
		節點之接合	30	40	50	60	70	80	9
	標準		40	50	60	70	80	90	1
	最大	抗力構件	12d以下為最薄構件厚度之30倍以下						
		抗壓構件	在8d'以下為最薄構件厚度之15倍以下						
自中心至輥軋邊緣之距離e_2			15	20	25	30	35	40	4
自中心至剪斷邊緣之距離e_1			25	30	35	40	45	50	6

交錯鉚接鉚釘規距與最小

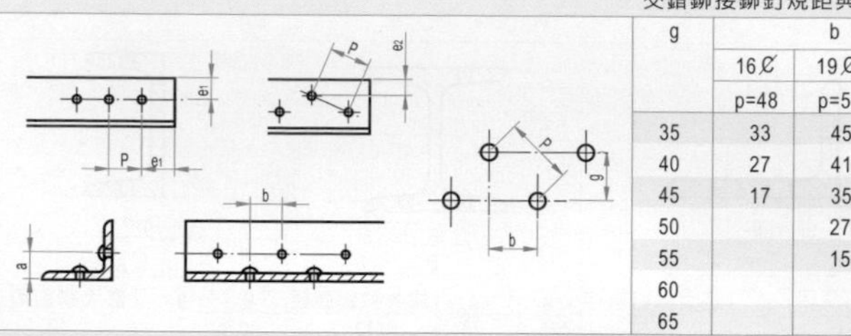

g	b 16Ø p=48	b 19Ø p=57	b 22 p=
35	33	45	5
40	27	41	5
45	17	35	4
50		27	4
55		15	3
60			2
65			1

型鋼加錯鉚接之鉚釘配置

a	b 16Ø	b 19Ø	b 22Ø	a	b 16Ø	b 19Ø	b 22Ø	a	b 16Ø	b 19Ø	b 2
21	25	30	36	28	17	24	31	35		12	2
22	25	30	35	29	16	23	30	36		9	2
23	24	29	35	30	14	22	29	37			1
24	23	28	34	31	11	20	28	38			1
25	22	27	33	32	8	19	26	39			1
26	20	26	32	33		17	25	40			1
27	19	25	32	34		15	24	41			6

表 11-17.5 冷作鉚釘

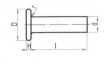

標稱直徑			d	D	H	r (最大)	(參考) 孔徑 d_1	長度 l
1欄	2欄	3欄						
2			2	4	0.7	0.1	2.1	2~14
		2.3	2.3	4.6	0.8	0.12	2.4	2.5~16
2.5			2.5	5.0	0.9	0.13	2.7	3~18
		2.6	2.6	5.2	0.9	0.13	2.8	3~18
3	3.5		3	6	1	0.15	3.2	3~20
4			3.5	7	1.1	0.18	3.7	4~22
	4.5		4	8	1.3	0. 2	4.2	4~24
			4.5	9	1.5	0.23	4.7	5~26
5			5	10	1.6	0.25	5.3	5~30
6			6	12	2	0.3	6.3	6~36

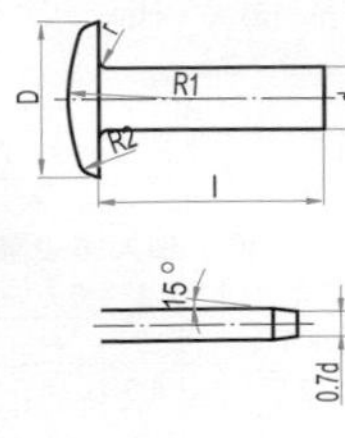

標準直徑			d	D	H	R (最大)	R_1 約	R_2 約	(參考) 孔徑 d_1	長度 1
1欄	2欄	3欄								
3			3	6		1.7	0.15	10.5	1.53.2	3~20
	3.5		3.5	7	1.9	0.18	12.3	1.8	3.7	4~22
4			4	8	2.2	0.2	14	2	4.2	4~24
5			5	9.5	2.8	0.25	17.5	2.7	5.3	5~30
6			6	10.8	3.3	0.3	21	3.2	6.3	6~36

注：1.以 1 欄為優先，按照需要可選 2 欄，3 欄。
2.對標稱直徑 6mm 以上之鉚釘，承訂貨主之指定可施以如右圖所示之端部。

.1 空心鉚釘

B	C	E	G	M	L
0.2	2	0.3	1	1.3	2-2,5-3-3,5-4-5-6 10-12 20
0.25	2.5	0.35	1.2	1.6	—
0.3	3.2	0.4	1.5	2.2	—
0.3	4	0.4	1.7	2.7	3-3,5-4-5 10-12 30
0.3	4.5	0.5	2	3.2	3-3,5-4-5 10-12 30-32-35-38-40
0.3	5	0.5	2.3	3.7	3.5-4-5 10-12 30-32-38-40-45-50
0.4	6.5	0.6	2.2	4.3	4-5 10-12 30-32-38-40-45-50
0.4	8	0.8	2.5	5.3	5 10-12 30-332-38 40 45-50
0.5	9.5	1	3	6.4	6-7 10-12 30-32-38-40-45-50
0.5	12.5	1.2	3.5	8.4	8-10-12 30-32-38-40-45-50

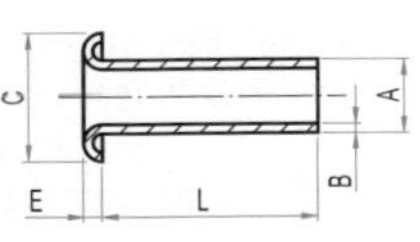

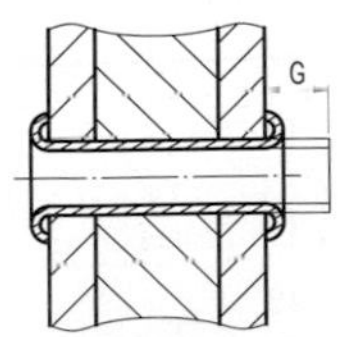

11-17.2 冷作鉚釘

表 11-17.6 冷作鉚釘

拉(鉚)釘											
d		D		h		d		D		h	
2.4		4.7		0.8		3.2		6		0.9	
l_1	l_2	e_1		e_2		l_1	l_2	e_1		e_2	
		最小	最大	最小	最大			最小	最大	最小	最大
3.5	—	0.65	0.8	—	—	4.5	6	0.76	1.6	0.65	1.5
5	—		2.5		—	6	7.5		3		3
7.5	—		4.5		—	8	9		5		5
9	—		6.5		—	11.5	12		8		8
—	—		—		—	13.5	—		9.5		—
—	—		—		—	18.5	—		11		—
—	—		—		—	20.5	—		17		—
承受重力最大：410N											
鉚釘孔徑：2.5											
d		D		h		d		D		h	
4		7.9		1.3		4.8		9.5		1.5	
l_1	l_2	e_1		e_2		l_1	l_2	e_1		e_2	
		最小	最大	最小	最大			最小	最大	最小	最大
7	8	1	3	0.7	3	7.5	8.5	1.6	3	0.8	3
8.5	9.5		5		5	9	10		5		5
10.5	12.5		6.5		8	11	11.5		6.5		6.5
12	—		8		—	12.5	13		8		8
14	—		9.5		—	14.5	14.5		9.5		9.5
15.5	—		11		—	16.5	19		11		12.5
—	—		—		—	19	21.5		13.5		16

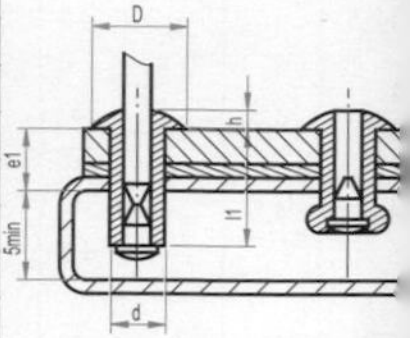

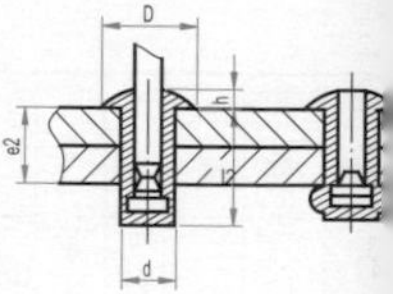

表 11-17.6 冷作鉚釘(續)

承受重力最大：1360N				承受重力最大：2060N		
鉚釘孔徑：4.1				鉚釘孔徑：4.9		
敲入(橫)鉚釘						
d	3	4	5	d	4	5
1				1		—
6	3-4	—	—	12	9-10	8.5-9.5
7	4-5	4-5	—	13	—	9.5-10.5
8	5-6	5-6	4.5-5.5	14	—	10.5-11.5
9	—	6-7	5.5-6.5	15	—	11.5-12.5
10	—	7-8	6.5-7.5	16	—	12.5-13.5
11	—	8-9	7.5-8.5	—	—	—

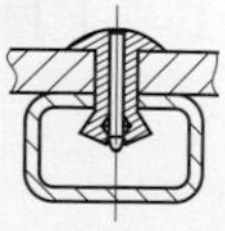

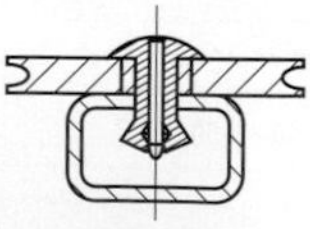

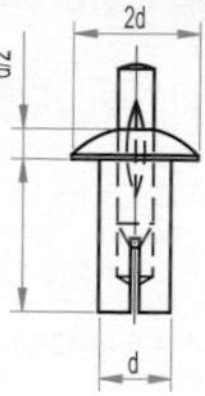

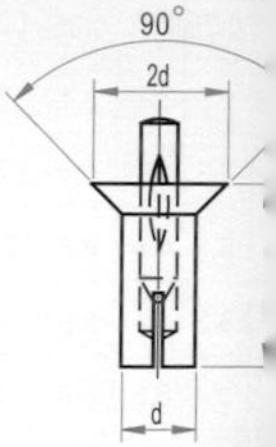

3 半空心鉚釘

表 11-17.7 半空心鉚釘

稱 徑	d	D	H	A	B	r (最大)	長度1 之範圍
.2	1.2	2.2	0.3	0.8	1.1	0.06	2~10
.6	1.6	3	0.4	1.1	1.4	0.08	2.5~14
2	2	3.7	0.6	1.3	1.8	0.1	3~14
.5	2.5	4.6	0.9	1.7	2.3	0.2	3~20
3	3	5.4	1.1	2.1	2.7	0.2	3.5~22
4	4	7.2	1.4	2.8	3.6	0.3	4.5~28
5	5	9	1.8	3.5	4.5	0.3	6~36
6	6	10.5	2.1	4.2	5.4	0.4	8~42
8	8	13.5	2.3	5.6	7.2	0.4	10~56

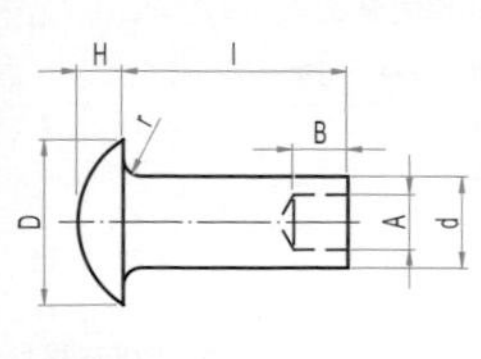

稱 徑	d	D	H	A	B	r (最大)	長度1 之範圍
.2	1.2	2.7	0.5	0.8	1.1	0.06	2~10
.6	1.6	3.6	0.7	1.1	1.4	0.08	2.5~14
2	2	4.5	1	1.3	1.8	0.1	3~14
.5	2.5	5.6	1.3	1.7	2.3	0.2	3~20
3	3	6.6	1.4	2.1	2.7	0.3	3.5~22
4	4	8.8	1.8	2.8	3.6	0.3	4.5~28
5	5	11	2.4	3.5	4.5	0.4	6~36
6	6	13	2.8	4.2	5.4	0.5	8~42
8	8	17	3.8	5.6	7.2	0.6	10~56

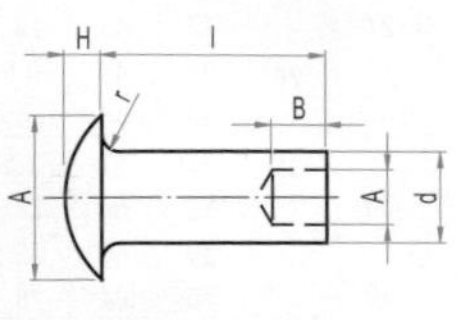

稱 徑	d	D	H	A	B	r (最大)	長度1 之範圍
.2	1.2	2.2	0.3	0.8	1.1	0.06	2~10
.6	1.6	3	0.4	1.1	1.4	0.08	2.5~14
2	2	3.7	0.6	1.3	1.8	0.1	3~14
.5	2.5	4.6	0.9	1.7	2.3	0.2	3~20
3	3	5.4	1.1	2.1	2.7	0.2	3.5~22
4	4	7.2	1.4	2.8	3.6	0.3	4.5~28
5	5	9	1.8	3.5	4.5	0.3	6~36
6	6	10.5	2.1	4.2	5.4	0.4	8~42
8	8	13.5	2.8	5.6	7.2	0.4	10~56

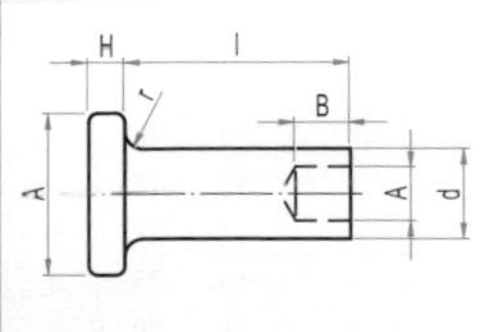

稱 徑	d	D	H	A	B	r (最大)
2	2	4	1	1.3	1.8	4~14
2.5	2.5	5	1.3	1.7	2.3	5~20
3	3	6	1.5	2.1	2.7	6~22
4	4	8	2	2.8	3.6	8~28
5	5	10	2.5	3.5	4.5	10~36
6	6	12	3	4.2	5.4	12~42
8	8	16	4	5.6	7.2	16~56

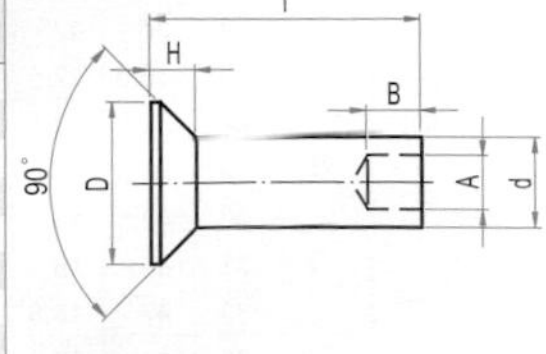

11

11-17.4 熱作鉚釘

表 11-17.8 熱作鉚釘

標稱直徑			d	D	H	r (最大)	(參考) 孔徑 d	長度 l
1欄	2欄	3欄						
10			10	16	7	0.5	11	10~50
12			12	19	8	0.6	13	12~60
		13	13	21	9	0.65	14	14~65
	14		14	22	10	0.7	15	16~70
16			16	26	11	0.8	17	18~80
	18		18	29	12.5	0.9	19.5	20~90
		19	19	30	13.5	0.95	20.5	22~100
20			20	32	14	1.0	21.5	24~110
	22		22	35	15.5	1.1	23.5	28~140
24			24	38	17	1.2	25.5	32~130
		25	25	40	17.5	1.25	26.5	36~130
	27		27	43	19	1.35	28.5	38~140
		28	28	45	19.5	1.4	29.5	38~140
30			30	48	21	1.5	32	40~150
		32	32	51	22.5	1.6	34	45~160
	33		33	54	23	1.65	35	45~160
36			36	58	25	1.8	38	50~180
	40		40	64	28	2.0	42	60~190

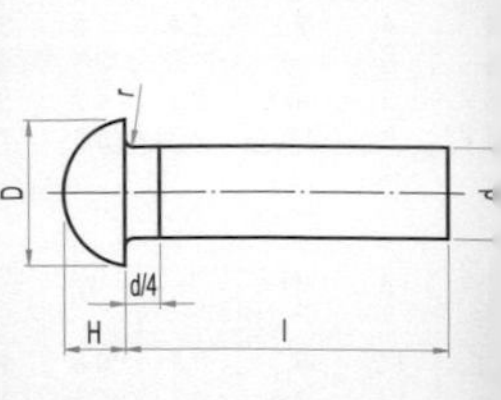

標稱直徑			d	D	H	θ (約)	(參考) 孔徑 d	長度 l
1欄	2欄	3欄						
10			10	16	4	75°	11	14~50
12			12	19	5	75°	13	16~60
		13	13	21	5	75°	14	18~65
	14		14	22	6	75°	15	20~70
16			16	25	8	60°	17	22~80
	18		18	29	9	60°	19.5	24~90
		19	19	30	9.5	60°	20.6	26~100
20			20	32	10	60°	21.5	28~110
	22		22	35	11	60°	23.5	30~120
24			24	38	12	60°	25.5	32~125
		25	25	39.5	12.5	60°	26.5	34~130
	27		27	39.5	13.5	45°	28.5	36~135
		28	28	39.5	14	45°	29.5	38~140
30			30	42.5	15	45°	32	40~150
		32	32	45	16	45°	34	42~160
	33		33	47	16.5	45°	35	44~170
36			36	51	18	45°	38	48~180
	40		40	57	20	45°	42	55~190

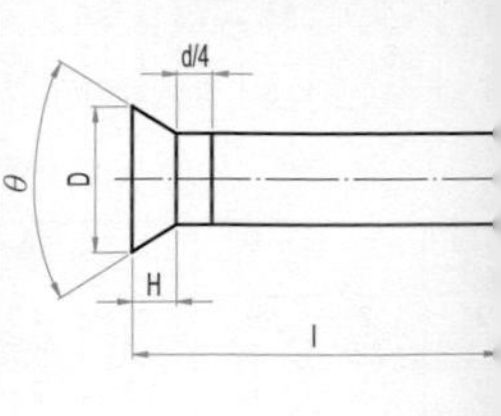

表 11-17.9 熱作鉚釘

稱直徑		d	D	D_1	H	r (最大)	(參考) 孔徑d_1	長度 l
2 欄	3 欄							
		10	16	10	7	0.5	11	10~50
		12	19	12	8	0.6	13	12~60
	13	13	21	13	9	0.65	14	14~65
14		14	22	14	10	0.7	15	16~70
		16	26	16	11	0.8	17	18~80
18		18	29	18	12.5	0.9	19.5	20~90
	19	19	30	19	13.5	0.95	20.5	22~100
		20	32	20	14	1.0	21.5	24~110
22		22	35	22	15.5	1.1	23.5	28~120
		24	38	24	17	1.2	25.5	32~130
	25	25	40	25	17.5	1.25	26.5	36~130
27		27	43	27	19	1.35	28.5	38~140
	28	28	45	28	19.5	1.4	29.5	38~140
		30	48	30	21	1.5	32	40~150
	32	32	51	32	22.5	1.6	34	45~160
33		33	54	33	23	1.65	35	45~160
		36	58	36	25	1.8	38	50~180
40		40	64	40	28	2.0	42	60~190

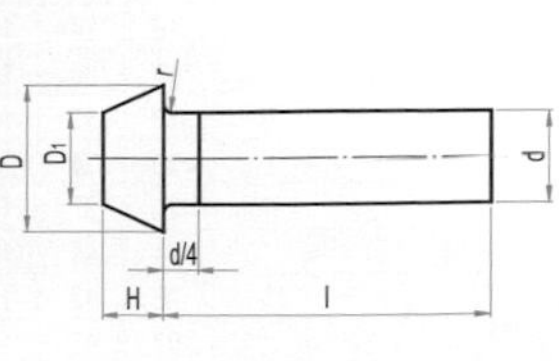

標稱直徑			d	D	H	θ (約)	(參考) 孔徑 d_1	長度 l
	2欄	3欄						
			10	16	4	75°	11	14~50
			12	19	5	75°	13	16~60
		13	13	21	5	75°	14	18~65
	14		14	22	6	75°	15	20~70
			16	25	8	60°	17	22~80
	18		18	29	9	60°	19.5	24~90
		19	19	30	9.5	60°	20.6	26~100
			20	32	10	60°	21.5	28~110
	22		22	35	11	60°	23.5	30~120
			24	38	12	60°	25.5	32~125
		25	25	39.5	12.5	60°	6.5	34~130
	27		27	39.5	13.5	45°	28.5	36~135
		28	28	39.5	14	45°	29.5	38~140
			30	42.5	15	45°	32	40~150
		32	32	45	16	45°	34	42~160
	33		33	47	16.5	45°	35	44~170
			36	51	18	45°	38	48~180
	40		40	57	20	45°	42	55~190

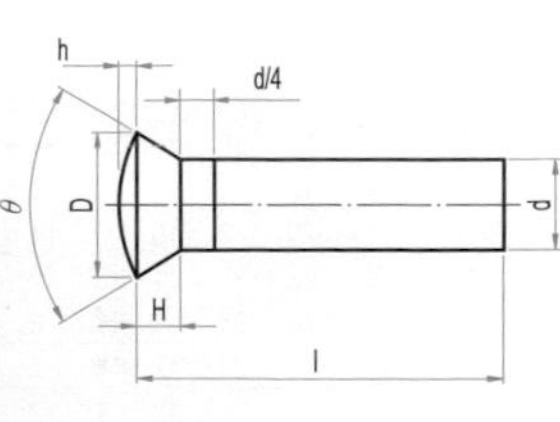

表 11-17.10 熱作鉚釘

標稱直徑			d	D	H	r (最大)	(參考)孔徑d	長度 l
1欄	2欄	3欄						
10			10	17	7	1.0	10.8	10~50
12			12	20	8	1.0	12.8	12~60
		13	13	22	9	1.5	13.8	14~65
	14		14	24	10	1.5	14.8	16~70
16			16	27	11	1.5	16.8	18~80
	18		18	30	12.5	2	19	20~90
		19	19	32	13.5	2	20	22~100
20			20	34	14	2	21.2	24~110
	22		22	37	15.5	2	23.2	28~120
24			24	41	17	2.5	25.2	32~130
		25	25	42	17.5	2.5	26.2	36~130
	27		27	46	19	2.5	28.2	38~140
		28	28	48	19.5	3	29.2	38~140
30			30	51	21	3	31.6	40~150
		32	32	54	22.5	3	33.6	45~160
	33		33	56	23	3.5	34.6	45~160
36			36	61	25	3.5	37.6	50~180
	40		40	68	28	4	41.6	60~190
	44		44	75	31	4.5	45.6	70~200

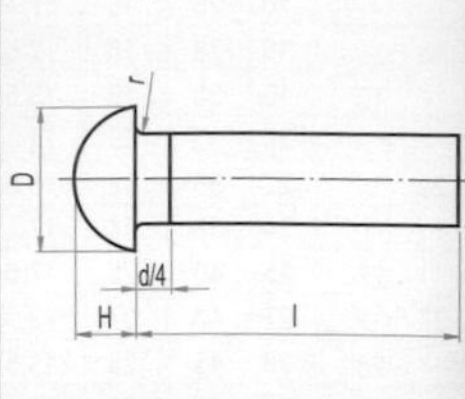

標稱直徑			d	D	H	h	t (約)	θ (約)	(參考)孔徑d	長度 l
1欄	2欄	3欄								
10			10	15.5	3.5	1.5	0	75°	10.8	10~50
	12		12	18	5	2	0	75°	12.8	13~60
		13	13	21	5	2	0	75°	13.8	14~65
	14		14	22	6	2	0	75°	14.8	16~70
16			16	25	8	2.5	1.5	60°	16.8	18~80
	18		18	29	9	2.5	1.5	60°	19.2	20~90
		19	19	30	9.5	3	1.5	60°	20.2	22~100
20			20	32	10	3	1.5	60°	21.2	24~110
	22		22	35	11	3.5	2	60°	23.2	28~120
24			24	38	12	3.5	2	60°	25.2	32~130
		25	25	39.5	12.5	4	2	60°	26.2	36~130
	27		27	39.5	13.5	4	2	45°	28.2	38~140
		28	28	39.5	14	4	2	45°	29.2	38~140
30			30	42.5	15	4.5	2	45°	32.6	40~150
		32	32	45	16	5	2	45°	33.6	45~160
	33		33	47	16.5	5	2	45°	34.6	45~160
36			36	51	18	5.5	2	45°	37.6	50~180
	40		40	57	20	6	2	45°	41.6	62~190
	44		44	62	22	7	2	45°	45.6	70~200

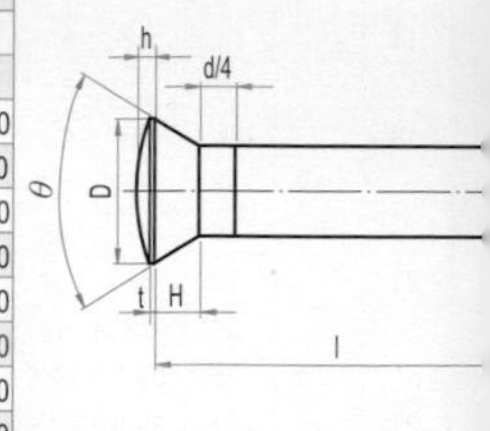

表 11-17.10 熱作鉚釘(續)

標稱直徑			d	H	D	h	θ (約)	(參考) 孔徑d	長度 l
欄	2 欄	3 欄							
			10	16	5.5	1.5	56°	11	12~50
			12	19	6.5	2	56°	13	14~56
		13	13	21	7.5	2	56°	14	16~65
	14		14	22	8	2	56°	15	18~72
			16	25.5	9	2	56°	17	20~80
	18		18	29	10.5	2	48°	19.5	22~90
		19	19	29.5	12	3	48°	20.5	24~100
			20	32	13	3	48°	21.5	26~110
	22		22	35	15	3	48°	23.5	30~120
			24	38	17	3	40°	25.5	34~125
		25	25	38	18	3	40°	26.5	36~130
	27		27	43	20	3	40°	28.5	38~140
		28	28	43	21	3	40°	29.5	38~140
			30	45	22.5	3	36°	32	40~150
		32	32	47.5	27	3	36°	34	45~160
	33		33	50	26	3	36°	35	48~170
			36	64	28	3	36°	38	50~180
	40		40	61	32	3	36°	42	60~190

度l之基本尺寸

，12，14，16，18，20，22，24，26，28，30，32，34，36，
，40，42，45，48，50，52，55，58，60，62，65，68，70，
，75，80，85，90，95，100，105，110，115，120，125，
，135，140，145，150，155，160，165，170，175，180，
，190，195，200。

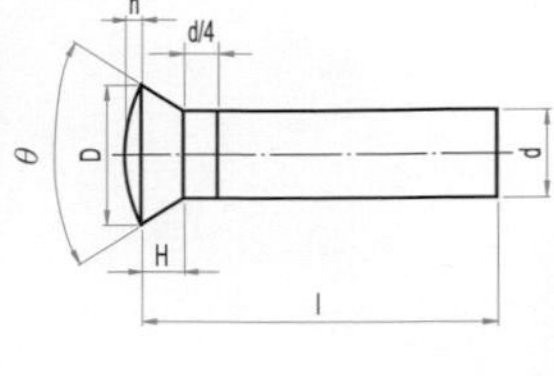

11

第 12 章 防漏元件

12

1 油 封

油封係由金屬環、橡膠及彈簧等組成用以防止潤滑油之漏出或壓力之侵入，其形狀如圖 12-1.1 所種類與構造如表 12-1.1 所示。其外徑 D 與寬度 B 與軸箱孔配合，內徑 d 及封唇與轉動軸配合。

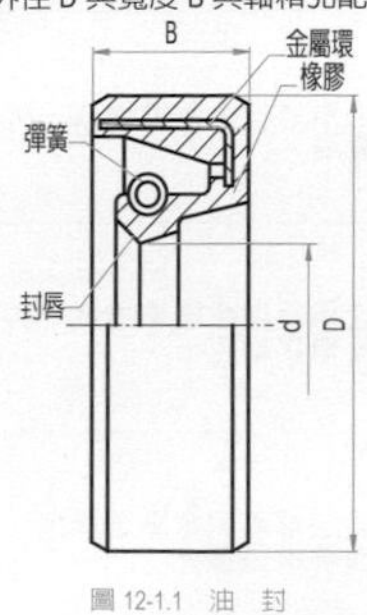

圖 12-1.1 油 封

表 12-1.1 油封之種類與型式

種類	記號	備考	參考截面圖例	表示符
帶彈簧外周為橡膠。	S	以附彈簧之單唇與金屬環構成，外周表面為橡膠所包覆。		
帶彈簧外周為金屬。	SM	以附彈簧之單唇與金屬環構成，外周表面為金屬環。		
帶彈簧之組成。	SA	以附彈簧之單唇與金屬環構成，外周表面為金屬環之組成。		
未帶彈簧外周為橡膠。	G	以未附彈簧之單唇與金屬環構成，外周表面為橡膠所包覆。		
未帶彈簧外周為金屬。	GM	以未附彈簧之單唇與金屬環構成，外周表面為金屬環。		
未帶彈簧之組成。	GA	以未附彈簧之單唇與金屬環構成，外周表面為金屬環之組成。		
帶彈簧外周為橡膠，另附防塵封圈。	D	以附彈簧之單唇與金屬環及未附彈簧之防塵封圈構成，外周表面為橡膠所包覆。		
帶彈簧外周為金屬，另附防塵封圈。	DM	以附彈簧之單唇與金屬環及未附彈簧之防塵封圈構成，外周表面為金屬環。		
帶彈簧之組成，附防塵封圈。	DA	以附彈簧之單唇與金屬環及未附彈簧之防塵封圈構成，外周表面為金屬環之組成。		
帶彈簧、外周為金屬雙唇		以附彈簧之雙唇與金屬環構成，外周表面為金屬。	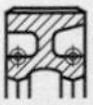	

註：所列參考截面圖例，僅表示各種類之一例而已。

表 12-1.1 油封之種類與型式(續)

油封工作條件

油封種類	記號	機械之構造	密封對象物	潤滑劑之溫度	壓力	大氣側之塵埃、砂土	外殼材料		備考
							鐵系	輕合金	
彈簧而周橡膠	S	軸轉動	(1)潤滑油(滑脂)	與橡膠材料之關係	0.1 kg / cm² 以下	裝配位置幾可阻擋	可使用		汎用
彈簧而周金屬	SM						可	不可	汎用
彈簧之成	SA				無		可	不可	
彈簧而周橡膠防塵封圈	D				0.1 kg / cm² 以下	裝配位置幾無阻擋	可使用		汎用
彈簧而周金屬防塵封圈	DM						可	不可	汎用
彈簧之成另附塵封圈	DA				無		可	不可	
帶彈簧外周橡膠	G		滑脂	與橡膠材料之關係	無	裝配位置幾可阻擋	可使用		汎用
帶彈簧外周金屬	GM						可	不可	汎用
帶彈簧組成	GA						可	不可	
備考		外殼迴轉時或往復運動時，應在當事者間，作事前之協議	潤滑油或滑脂以外，則應在當事者間作事前之協議	有壓力者應在當事者間作事前之協議		依塵埃、砂土之程度，應在當事者間作事前協議 組成(2)之使用實例	儘量在當事者間應做事前之協議		

註：(1) 帶彈簧者雖可使用於滑脂，但是滑脂供給不充分時，不防卸下彈簧。
(2) 組成者指兩件油封組合使用。

表 12-1.1　油封之種類與型式(續)

彈簧，金屬環材料，密封對象物間之關係

密封對象物		金屬環	彈簧			
		(冷軋鋼板及鋼帶)	(冷軋不鏽鋼鋼板)	(硬鋼線)(琴鋼線)	(不鏽鋼鋼線)	(磷青銅板及)
潤滑油		○	○			
滑脂		○	○			
特殊例	水	外周橡膠油封	○	×	○	○
	水蒸汽	×	○	×	○	○
	酸	外周橡膠油封	○	×	○	×
	鹹	×	○	×	○	×

備考　○……可使用　×……不可使用　……通常不使用於潤滑油、滑脂。

油封之尺寸容許差

外周橡膠 (S,D,G)　外徑之公差

外徑D	公差
30以下	+0.30 +0.10
逾30　120以下	+0.35 +0.10

外周金屬(SM,DM,GM,SA,DA,GA) 之外徑之容許差

外徑D	公差
30以下	+0.09 +0.04
逾30　50以下	+0.1 +0.05
逾50　80以下	+0.14 +0.06
逾80　120以下	+0.17 +0.08

寬度之容許差

外徑D	公差
6以下	±0.2
逾6　10以下	±0.3
逾10　14以下	±0.4
逾14　18以下	±0.5
逾18　25以下	±0.6

相配孔尺寸公差及緊度

外周橡膠之場合

油封外徑 Dmm	油封外徑公差μ	對H8之緊度 μ 最小	最大
30以下	+300 +100	67	300
逾30　120以下	+350 +100	46	350
逾120　180以下	+400 +150	87	400

孔內徑以H_8為原則。
DIN所規定之油封，對於H_8之緊度考慮裝配上之困難而作稍許寬鬆。

外周金屬之場合

油封外徑 Dmm	油封外徑公差μ	對H8之緊度 μ 最小	最大
30以下	+90 +40	7	90
逾30　50以下	+110 +50	11	110
逾50　80以下	+140 +60	14	140
逾80　120以下	+170 +80	26	170

DIN規格外周為橡膠者

油封外徑 Dmm	油封外徑公差 μ	對H8之緊度 μ 最小	最大
50以下	+300 +150	112	300
逾50　80以下	+350 +200	154	350
逾80　120以下	+350 +200	143	350

DIN規格外周為金屬者

油封外徑 Dmm	油封外徑公差 μ	對H8之緊度μ 最小	最大
50以下	+200 +100	61	200
逾50　80以下	+230 +130	84	230
逾80　120以下	+250 +150	96	250

插入油封之去角尺度

15~30°　6.3　d2　d1　帶外圓角　a　6.3　6.3　B

去角	α =15°～30° ι =0.1B～0.15B
內圓角	γ ≧0.5mm

d_1	d_2(最大)	d_1	d_2(最大)	d_1	d_2(最大)	d_1	d_2(最大)	d_1	d_2(最大)
7	5.7	15	13.4	28	25.3	48	44.5	75	70
8	6.6	16	14	30	27.3	50	46.4	80	75
9	7.5	17	14.9	32	29.2	55	51.3		
10	8.4	18	15.8	35	32	56	52.3		
11	9.3	20	17.7	38	34.9	60	56.1		
12	10.2	22	19.6	40	36.8	63	59.1		
13	11.2	24	21.5	42	38.7	65	61		
14	12.1	25	22.5	45	41.6	70	65.8		

表 12-1.1 油封之種類與型式(續)

封之唇材料及對密封對象之適應性

SM,SA,D,DM,DA 及潤滑油

密封對象物之種類		唇之材料 A	唇之材料 B	唇之材料 C
適用之工作溫度		-25~+100°C	-25~+120°C	-15~+150°C
機油	SAE 30	優	優	優
	SAE 10 W			
輪油	正齒輪用	良	良	優
	戟齒輪用			
輪機油 2 號		優	優	優
機器油 2 號				
子油	1 號	良	良	可
	2 號			
扭矩變速器油		優	優	優
油系壓油	1 號	優	優	優
	2 號			
切削油		可	可	不可
燃性壓油	磷酸酯系	不可	不可	不可
	油水乳化系	優	優	優
	水二元醇系			不可
樹脂潤滑低黏度		良	良	良

G,GM,GA 及滑脂

密封對象物之種類	唇之材料 A	唇之材料 B	唇之材料 C
可適用之工作溫度	-25~+100°C	-25~+120°C	-15~+150°C
鈣基滑脂(Ca)	良	良	良
鋰基滑脂(Li)	優	優	優
鈉基滑脂(Na)	優	優	優
鋁基滑脂(Al)	優	優	優

備考：優…適合於使用，良…尚可使用
不可…不可使用，可…應儘量避免使用

油封之容許周速範圍

S,SM,SA,D,DM,DA

油封之種類	容許速度 m/s	容許轉速 rpm
S,SM,SA	10～15	5000 以下
D,DM,DA	10～15	5000 以下

G，GM，GA

油封之種類	容許速度 m/s	容許轉速 rpm
G,GM,GA	5～10	4000 以下

膠材料之物理性質

試驗項目		A(與腈 Nitrile 橡膠相當)	B(與腈 Nitrile 橡膠相當)	C(與丙烯/Acryl 橡膠相當)
氣加老化試驗	試驗溫度及時間	100°C 70 小時	120°C 70 小時	150°C 70 小時
	硬度之變化 Hs 最大	+15	+10	+10
	抗拉強度之變化率(%)最大	-20	-20	-40
	伸長之變化率(%)最大	-50	-40	-50
縮水雙形試驗	試驗溫度及時間	100°C 70 小時	120°C 70 小時	150°C 70 小時
	壓水留變形率(%)最大	50	70	70
耐油試驗	試驗溫度及時間	100°C 70 小時	120°C 70 小時	150°C 70 小時
	硬度之變化 Hs	-5 ～ +10	-5 ～ +5	-5 ～ +10
	抗拉強度之變化率(%)最大	-20	-20	-30
	伸長之變化率(%)最大	-40	-30	-40
	體積變化率(%)	-10 ～ +5	-5 ～ +5	-5 ～ +5

12

		試驗溫度及時間	100˚C 70 小時	120˚C 70 小時	150˚C 70 小時
		硬度之變化 Hs (JIS A)	-5 ～ 0	-15 ～ 0	-20 ～ 0
		抗拉強度之變化率(%)最大	-35	-30	-40
		伸長之變化率(%)最大	-35	-40	-40
		體積變化率(%)	0 ～ +25	0 ～ +25	0 ～ +45
耐水試驗			在-13˚C之溫度下，試驗片全部為破壞	在-13˚C之溫度下，試驗片全部為破壞	在-1˚C之溫度下，試驗片全為破壞

表 12-1.2 油封裝配部分之設計

軸之設計，應依下列指示事項，以維持密封機能。

(1)軸材料：機切構造用碳鋼或低合金鋼，應選用適合於油封之材料。鑄件因表面易針孔，在使用上加考慮。

(2)軸之硬度：軸之表面應具 HC30～40 之硬度。

(3)軸表面之狀態：油封之唇部所接觸之軸表面，不可有斑痕或經過機械加工所產生之刀痕。通常以無心磨床予以加工為宜。

(4)軸表面粗糙度：中心線平均粗糙度 Ra，應具 0.2a～0.6a，最大粗糙度 Rmax 則應具 2.4S(但是高速時為 0.8～1.5S，中低速時為 1.5S～3S)

(5)直徑之配合公差為 h8。

(6)軸之偏轉：針盤量歸(Dial gage)讀數最大值與最小值之間所表示之差，應在 0.25mm 以下。尤其在運轉速度之下，偏轉不可有顯著之變化。

(7)軸之位置(對軸箱孔中心所產生之軸中心滑移量)應在 0.1mm 以軸之偏轉與位置之滑移量均大時，應儘量設法使其變 小。

(8)軸之軸向動態：原則上不予理會。

(9)軸端去角：應嚴守 d_2(最大)及角度 15°～30°之規定。

(10)軸表面：應阻止土砂等之異物之侵入於油封之滑動部分。

軸箱孔之設計，應依下列指示事項以維持密封機能。

(1)軸箱之鋼性：裝配油封時不可有變形現象，機械起動後亦不可產生振動，而需具有充分之鋼性。

(2)軸箱孔之形狀：軸箱孔形狀舉例如下。

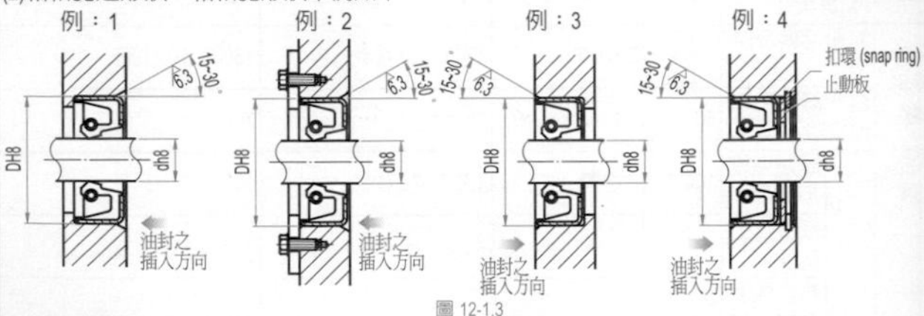

圖 12-1.3

(3)軸箱材料：為鋼或鑄鐵時，可使用外周橡膠或外周金屬之任何一種。如軸箱材料為輕合金，其熱膨脹係數大時，隨溫度之高低，配合狀態時產生變化，應使用外周橡膠之油封以應變。

(4)軸箱孔配合公差為 H8。

(5)軸箱孔去角：之 α，l，γ 尺寸應依規定。

(6)軸箱孔配合面之表面為予選擇車床加工之狀態。

(7)軸箱孔配合面之粗糙度：中心線平均粗糙度 Ra，應具 0.4a～2.5a，最大粗糙度 Rmax10S 以下為宜。

(8)軸箱孔之真圓度：以機械加工之程度為準。

(9)軸箱孔之深度：如表所示，應具油封寬度以上。

(10)箱內之壓力：以大氣壓為原則。但是在 0.1 kg / cm^2 以內則可使用本節所規定之油封。

軸箱孔之深度

油封之寬度 B	軸箱孔之深度
6 以下	B+0.2
逾 6　10 以下	B+0.3
逾 10　14 以下	B+0.4
逾 14　18 以下	B+0.5
逾 18　25 以下	B+0.6

表 12-1.3　標準油封　CNS9341

S　SM　SA　D　DM　DA

S，SM，SA，D，DM，DA 形之尺寸　標稱方法：CNS　型式×內徑

標稱內徑 d	外徑 D	寬度 B
7	18	7
	20	
8	18	7
	22	
9	20	7
	22	
10	20	7
	25	
11	22	7
	25	
12	22	7
	25	
14	25	7
	28	
15	25	7
	30	
16	28	7
	30	
17	30	8
	32	
18	30	8
	35	
20	32	8
	35	
22	35	8
	38	
24	38	8
	40	

標稱內徑 d	外徑 D	寬度 B
25	38	8
	40	
28	40	8
	45	
30	42	8
	45	
32	52	11
35	55	11
38	58	11
40	62	11
42	65	12
45	68	12
48	70	12
50	72	12
55	78	12
56	78	12
60	82	12
63	85	12
65	90	13
70	95	13
〔71〕	〔95〕	〔13〕
75	100	13
80	105	13
85	110	13

備註：SA 及 DA 其標稱內徑在 160 以下時，不用為宜。

表 12-1.3 標準油封(續)

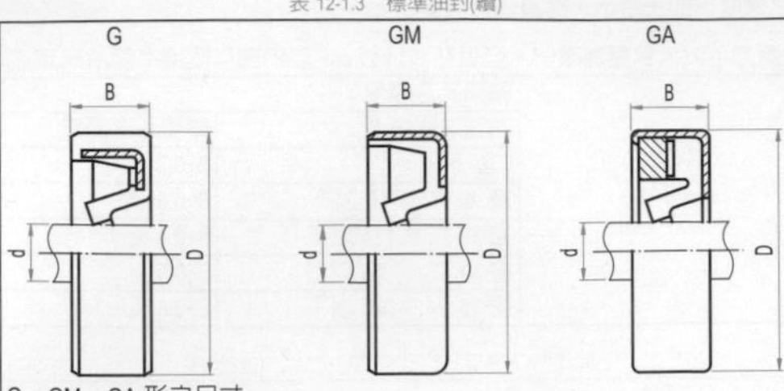

G，GM，GA 形之尺寸

標稱方法：CNS 型式×內徑

標稱內徑 d	外徑 D	寬度 B	標稱內徑 d	外徑 D	寬度 B
7	18	4	32	45	5
	20	7		52	11
8	18	4	35	48	5
	22	7		55	11
9	20	4	38	50	5
	22	7		58	11
10	20	4	40	52	5
	25	7		62	11
11	22	4	42	55	6
	25	7		65	12
12	22	4	45	60	6
	25	7		68	12
14	25	4	48	62	6
	28	7		70	12
15	25	4	50	65	6
	30	7		72	12
16	28	4	55	70	6
	30	7		78	12
17	30	5	56	70	6
	32	8		78	12
18	30	5	60	75	6
	35	8		82	12
20	32	5	63	75	6
	35	8		85	12
22	35	5	65	80	6
	38	8		90	13
24	38	5	70	85	6
	40	8		95	13
25	38	5	71	85	6
	40	8		95	13
28	40	5	75	90	6
	45	8		100	13
30	42	5	80	95	6
	45	8		105	13

備考：GA 應儘量避免使用。

2-2 氈圈密封

氈圈密封係於軸承座(箱)外側設密封溝 1~3 條，裝合時於密封溝置入氈圈，與軸接觸，如圖及表所。其結構簡單，但不適於高速、高溫使用，裝合前氈圈應浸於高濃度礦油中，使用速度約 3.5~4.5m/s 場合。

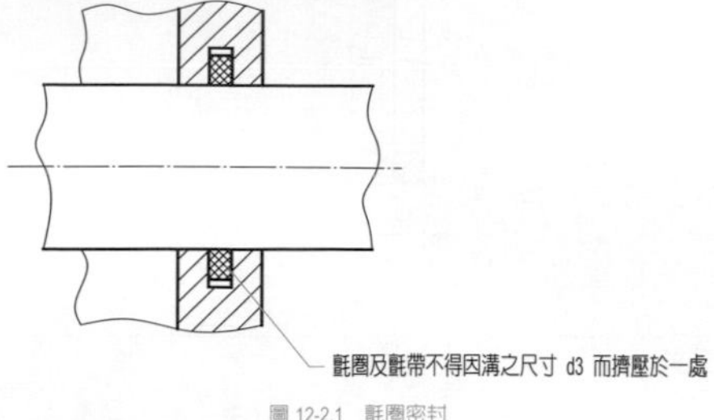

圖 12-2.1 氈圈密封

表 12-2.1 氈圈密封

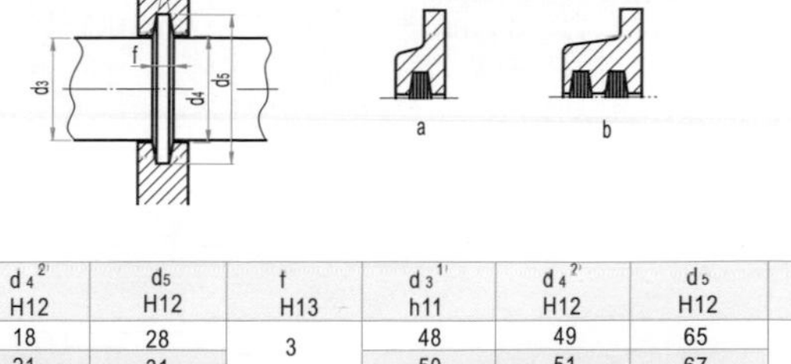

d_3 [1] h11	d_4 [2] H12	d_5 H12	f H13	d_3 [1] h11	d_4 [2] H12	d_5 H12	f H13
17	18	28	3	48	49	65	5
20	21	31		50	51	67	
25	26	38	4	52	53	69	
26	27	39		55	56	72	
28	29	41		58	59	75	
30	31	43		60	61.5	77	
32	33	45		65	66.5	82	
35	36	48		70	71.5	89	6
36	37	49		72	73.5	91	
38	39	51		75	76.5	94	
40	41	53		78	79.5	97	
42	43	55		80	81.5	99	
45	46	58		82	83.5	101	
				85	86.5	104	

：1.軸之公差等位不得超出h11，毛氈之滑動接觸面，須經細研磨，如需更高之品質要求時，則拋光之
2.用於球面軸承時，孔d_4須選擇較大者，溝之其他尺度不變。

表 12-2.1　氈圈密封(續)

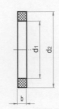

d_1	公差	B	公差	d_2	公差	用於軸徑 d_3	d_1	公差	B	公差	d_2	公差	用於軸徑 d_3
17	±0.4	4	±0.4	27	±0.5	17	48	±0.5			64		48
20				30		20	50				66		50
25				37		25	52		6.5	±0.4	68	±0.6	52
26	±0.4			38		26	55				71		55
28				40	±0.5	28	58	±0.6			74		58
30				42		30	60				76		60
32				44		32	65				81		65
35				47		35	70				88		70
36		5	±0.4	48		36	72				90		72
38	±0.5			50		38	75	±0.6	7.5	±0.5	93	±0.7	75
40				52		40	78				96		78
42				54	±0.6	42	80				98		80
45				57		45	82	±0.7			100		82
							85				103		85

材料：白色去脂羊毛氈。

12-3　皮封圈

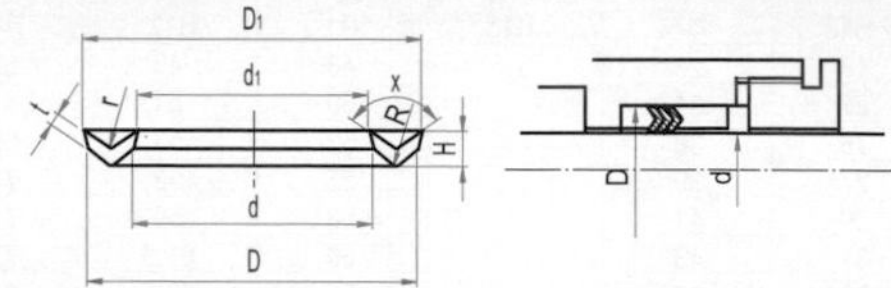

標稱尺度			D−d	D1	d1	H	t	R	r	θ°
d	D	D及d之間隔								
8～34	24～50	每隔 2	16	D±1	d±1	5.5±0.5	2±0.2	3	1	90±
35～50	55～70	每隔 5	20	D±2	d±2	7.1±0.5	2.5±0.2	3.5	1	90±
55～105	80～130	每隔 5	25	D±2	d±2	8.8±0.5	3±0.2	4	1	90±
110～220	140～250	每隔 10	30	D±3	d±3	10.6±0.5	3.5±0.2	4.5	1	90±

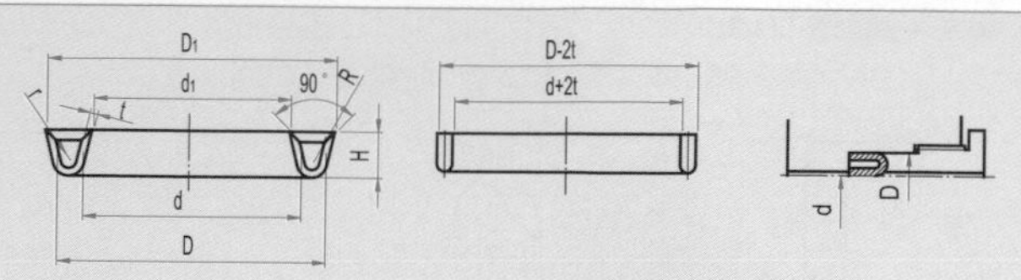

標稱尺度			D－d	D1	d1	H	t	R	r	H'	r'
d	D	D及d之間隔									
~34	24~50	每隔 2	16	D+(+2 ~－0)	D+(+0 ~－2)	10±0.5	2±0.2	4	2	11±0.3	2
5~55	55~75	每隔 5	20	D+(+4 ~－0)	D+(+0 ~－2)	13±0.5	2.5±0.2	5	2.5	14±0.4	2.5
~105	80~130	每隔 5	25	D+(+4 ~－0)	D+(+0 ~－2)	17±1	3±0.2	6.25	3.25	18±0.4	3.25
)~220	140~250	每隔 10	30	D+(+5 ~－0)	D+(+0 ~－1)	20±1	3.5±0.3	7.5	4	22±0.5	4

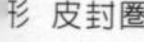
彡 皮封圈

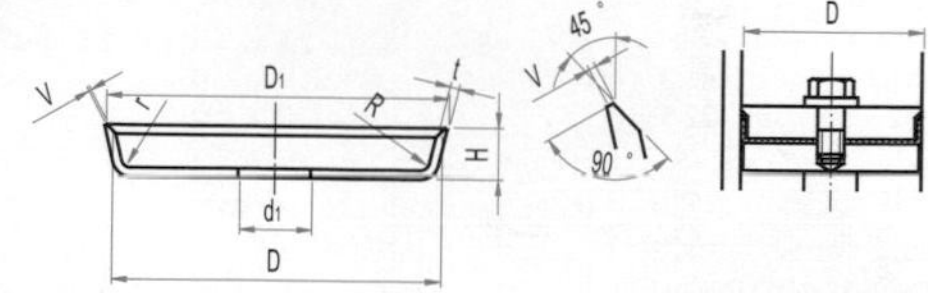

標 稱 尺 度		D1	H	t	R	r	V
D	D之間隔						
0~22	每隔 2	D+(+2~－0)	8 ±0.5	1.5 ±0.2	2.5	1	0.5
24~50	每隔 2	D+(+2~－0)	10 ±0.5	2 ±0.2	3	1	0.5
55~75	每隔 5	D+(+4~－0)	13 ±0.5	2.5 ±0.2	4.5	2	1.0
0~130	每隔 5	D+(+4~－0)	17 ±1	3 ±0.2	5	2	1.0

皮封圈

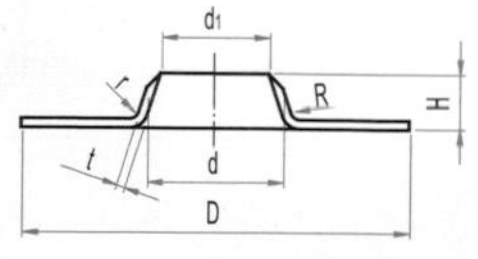

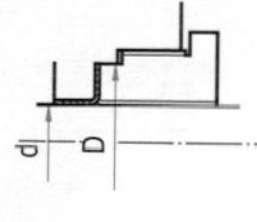

標準尺度		D	D－d	D1	d1	H	t	R	r
D	D之間隔								
~22	每隔2	38~52	30	D ±0.5	d+(+2~－0)	8 ±0.5	1.5 ±0.2	2.5	1
~50	每隔2	64~90	40	D ±1	d+(+2~－0)	10 ±0.5	2 ±0.2	3	1
~75	每隔5	105~125	50	D ±1	d+(+4~－0)	13 ±0.5	2.5 ±0.2	4.5	2
~100	每隔5	140~160	60	D ±1	d+(+4~－0)	17 ±1	3 ±0.2	5	2

12

12-4 橡皮 V 形封圈 (1/2)

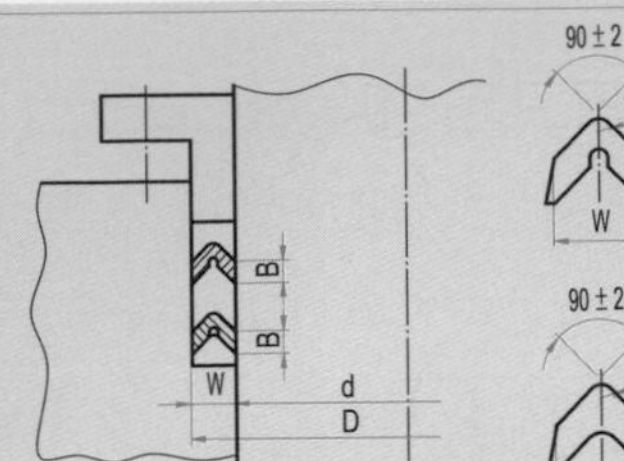

種類	記號	備考
橡皮V形封圈	H	材料為橡皮
夾布橡皮V形封圈	F	材料為橡皮及布

註：此種V形封圈為使用石油系作動油脂一般油壓機械用封圈。

標稱號碼 H F	標稱尺度 內徑 d	標稱尺度 外徑 D	寬W	高度B 橡皮V形封圈	高度B 夾布橡皮V形封圈	R(最小)
6.3	6.3	16.3	5	2.5	2.5	0.5
7.1	7.1	17.1				
8	8	18				
9	9	19				
10	10	20				
11.2	11.2	21.2				
12.5	12.5	22.5				
14	14	24				
16	16	26				
15	15	28	6.5	3	3	0.75
18	18	31				
18.5	18.5	31.5				
20	20	33				
22.4	22.4	35.4				
25	25	38				
27	27	40				
28	28	41				
31.5	31.5	44.5				
32	32	45				
34	34	50	8	3.5	3.5	1
35.5	35.5	51.5				
40	40	56				
45	45	61				
47	47	63				
50	50	66				
53	53	69				
55	55	71				
56	56	72				
60	60	76				
63	63	79				
64	64	80				
67	67	87	10	4	4	2
70	70	90				
71	71	91				
75	75	95				
80	80	100				
85	85	105				
90	90	110				
92	92	112				
95	95	115				
100	100	120				

橡皮 V 形封圈(2/2)

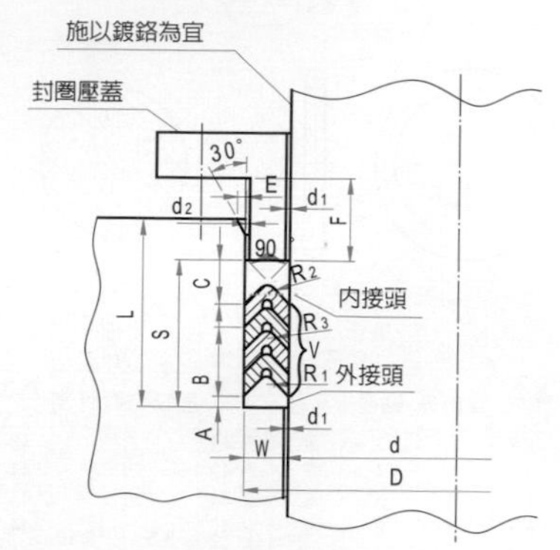

稱號碼之劃分	W	R 最小	R_1 最小	R_2 最大	A	B 橡皮V形封圈	B 夾布橡皮V形封圈	C	L(1)	F(1)	E(1)	δ_1(1) 最大	δ_2(1) 最大
3～H16 3～F16	5	0.5	0.5	0.5	3			5	S(2) +5	10	0.3	0.12	0.06
5～H35 5～F32	6.5	0.75	0.75	0.75	3			6.5	S(2) +6	12	0.4	0.14	0.07
4～H64 4～F64	8	1	1	1	3			8	S(2) +8	16	0.5	0.16	0.08
7～H120 7～F120	10	2	2	2	3			10	S(2) +10	20	0.6	0.18	0.09

：(1)填函蓋之主要尺寸L，F，E，δ_1，δ_2僅表示其一例而已。
(2)S為表示於下表之V形封圈組合裝配高度。

考：內隆接頭之內徑及外徑與配合軸及配合孔之間隙，依V形封圈材料及接頭材料而不同。

形封圈組合裝配高度(S) JISB 2403 － 1977

稱號碼之劃分	W	3個V形封圈 橡皮V形封圈	3個V形封圈 夾布橡皮V形封圈	4個V形封圈 橡皮V形封圈	4個V形封圈 夾布橡皮V形封圈	5個V形封圈 橡皮V形封圈	5個V形封圈 夾布橡皮V形封圈
3～H16 3～F16	5	15.5 ±0.7		18 ±0.8		20.5 ±0.8	
5～H35 5～F32	6.5	18.5 ±0.7		21.5 ±0.8		24.5 ±0.8	
4～H64 4～F64	8	21.5 ±0.7		25 ±0.8		28.5 ±0.8	
～H120 ～F120	10	25 ±0.7		29 ±0.8		33 ±0.8	

考：1.S之標準尺度為 S=A+C+nB n為每填函蓋之V形封圈數目。
2.S之公差，依各自之 ⊕ 側及 － 側，可求於如下所示之近似式。
為B之 ⊕ 或 － 之公差，A及C之公差認為與B之公差相同。

12-5 O 形環

表 12-5.1 O 形環(1/2)

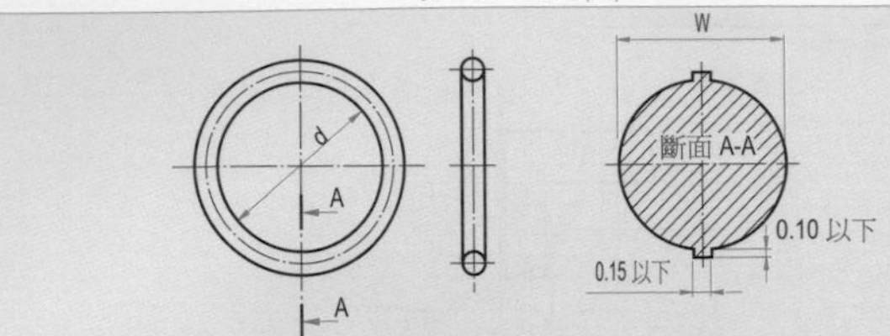

標稱號碼	粗細 W 基本尺寸	粗細 W 容許差	內徑 d 基本尺寸	內徑 d 容許差	槽部尺寸（參考）軸徑	槽部尺寸（參考）孔徑	標稱號碼	粗細 W 基本尺寸	粗細 W 容許差	內徑 d 基本尺寸	內徑 d 容許差	槽部尺寸（參考）軸徑	槽部尺寸（參考）孔徑
P 3			2.8		3	6	P 41			40.7		41	47
P 4			3.8		4	7	P 42			41.7		42	48
P 5			4.8		5	8	P 44			43.7		44	50
P 6	1.9		5.8		6	9	P 45	3.5	±0.10	44.7		45	51
P 7			6.8		7	10	P 46			45.7		46	52
P 8			7.8		8	11	P 48			47.7		48	54
P 9			8.8		9	12	P 49			48.7		49	55
P 10			9.8		10	13	P 50			49.7		50	56
P 10 A			9.8	±0.12	10	14	P 48 A			47.6		48	58
P 11		±0.07	10.8		11	15	P 50 A			49.6		50	60
P 11.2			11.0		11.2	15.2	P 52			51.6	±0.25	52	62
P 12			11.8		12	16	P 53			52.6		53	63
P 12.5			12.3		12.5	16.5	P 55			54.6		55	65
P 14	2.4		13.8		14	18	P 56			55.6		56	66
P 15			14.8		15	19	P 58			57.6		58	68
P 16			15.8		16	20	P 60			59.6		60	70
P 18			17.8		18	22	P 62			61.6		62	72
P 20			19.8		20	24	P 63			62.6		63	73
P 21			20.8		21	25	P 65			64.6		65	75
P 22			21.8		22	26	P 67			66.6		67	77
P 22 A			21		22	28	P 70	5.7	±0.15	69.6		70	80
P 22.4			22		22.4	28.4	P 71			70.6		71	81
P 24			23		24	30	P 75			74.6		75	85
P 25			24		25	31	P 80			79.6		80	90
P 25.5			25		25.5	31	P 85			84.6		85	95
P 26			25		26	32	P 90			89.6		90	100
P 28			27		28	34	P 95			94.6		95	105
P 29			28		29	35	P 100			99.6	±0.4	100	110
P 29.5			29	±0.15	29	35.5	P 102			101.6		102	112
P 30	3.5	±0.10	29		30	36	P 105			104.6		105	115
P 31			30		31	37	P 110			109.6		110	120
P 31.5			31		31.5	37.5	P 112			111.6		112	122
P 32			31		32	38	P 115			114.6		115	125
P 34			33		34	40	P 120			119.6		120	130
P 35			34		35	41	P 125			124.6		125	135
P 35.5			35		35.5	41.5							
P 36			35		36	42							
P 38			37		38	44							
P 39			38		39	45							
P 40			39		40	46							

表 12-5.2 O 形環(2/2)

固定用O形環						
標稱號碼	粗細 W		內徑 d		槽部尺寸 (參考)	
	基本尺寸	容許差	基本尺寸	容許差	軸徑	孔徑
G 25	3.1	±0.10	24.4	±0.15	25	30
G 30			29.4		30	35
G 35			34.4		35	40
G 40			39.4		40	45
G 45			44.4	±0.25	45	50
G 50			49.4		50	55
G 55			54.4		55	60
G 60			59.4		60	65
G 65			64.4		65	70
G 70			69.4		70	75
G 75			74.4	±0.4	75	80
G 80			79.4		80	85
G 85			84.4		85	90
G 90			89.4		90	95
G 95			94.4		95	100
G 100			99.4		100	105
G 105			104.4		105	110
G 110			109.4		110	115
G 115			144.4		115	120
G 120			119.4		120	125
G 125			124.4		125	130

真空凸緣用O形環				
稱號碼	粗細 W		內徑 d	
	基本尺寸	容許差	基本尺寸	容許差
15	4	±0.10	14.5	±0.15
24			23.5	
34			33.5	
30			39.5	
55			54.5	±0.25
70			69.0	
85			81.0	±0.40
100			99.0	
120			119.0	
150			148.5	±0.6

O形環之種類			
	種類	記號	備考
材料別	1種A	1 A	耐礦物油用其彈簧硬度為H s70
	1種B	1 B	耐礦物油用其彈簧硬度為H s70
	2種	2	耐汽油用
	3種	3	耐動植物油用
	4種C	4 C	耐熱用
	4種D	4 D	耐熱用
用途別	運動用環	P	
	固定用墊片	G	
	真空凸緣用	V	

製品之物理性質				
種類		抗拉強度 kg/cm² (最小)	伸長率 % (最小)	拉應力 kg/cm² (最小) 100%伸長時
1種A		80	200	28
1種B		120	80	–
2種		80	160	28
3種		80	120	28
4種C		35	50	–
4種D		80	160	20

材料之物理性質				
種類	彈簧硬度 Hs	抗拉強度 kg/cm² (最小)	伸長率% (最小)	拉應力 kg/cm² (最小) 100%伸長時
1種A	70 ±5	100	250	28
1種B	90 ±5	150	100	–
2種	70 ±5	100	200	28
3種	70 ±5	100	150	28
4種C	70 ±5	35	60	–
4種D	70 ±5	100	200	20

材料為合成橡膠，天然橡膠或合成樹脂。

12

12-6 O 形環裝配槽

表 12-6.1　O 形環裝配槽(1/4)

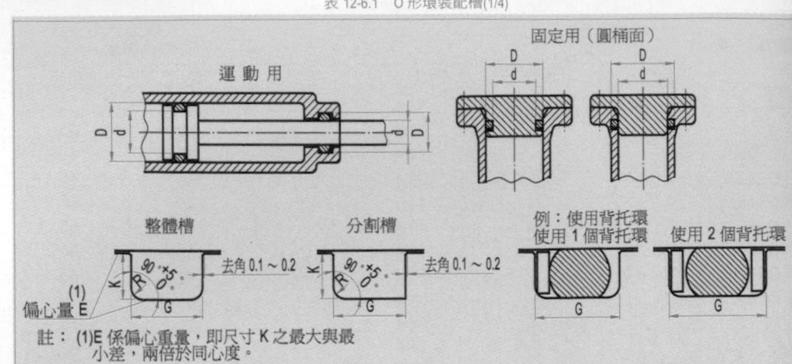

註：(1)E 係偏心重量，即尺寸 K 之最大與最小差，兩倍於同心度。

O形環之標稱號碼	槽部之尺寸 d		槽部之尺寸 D		槽部之尺寸 G	槽部之尺寸 R (最大)	槽部之尺寸 E (最大)	參考 背托環之厚度	參考 O 型環之粗細	參考 壓擠(率)m (%)
G25	25	0 -0.10	30	+0.10 0	背托環 (Back-up ring) 無 4.1 $^{+0.25}_{0}$ 使用1個 5.6 $^{+0.25}_{0}$ 使用2個 7.3 $^{+0.25}_{0}$	0.7	0.08	四氟化乙烯 (Tetrafluoroethylene) 螺旋(*Spiral*) 0.7±0.05 斜切(*Bias cut*) 1.25±0.1 無端(*Endless*) 1.25±0.1 皮 無端(*Endless*) 1.5±0.3	3.1 ±0.10	最大 0.7mm (21.85%) 最小 0.4mm (13.3%)
G30	30		35							
G35	35		40							
G40	40		45							
G45	45		50							
G50	50		55							
G55	55		60							
G60	60		65							
G65	65		70							
G70	70		75							
G75	75		80							
G80	80		85							
G85	85		90							
G90	90		95							
G95	95		100							
G100	100		105							
G105	105		110							
G110	110		115							
G115	115		120							
G120	120		125							
G125	125		130							
G130	130		135							
G135	135		140							
G140	140		145							
G145	145		150							

表 12-6.2 O 形環裝配槽(2/4)

系列 O 形環用

形之稱碼	槽部之尺寸							參考		
	d		D		G	R (最大)	E (最大)	背托環之厚度	O 型環之粗細	壓擠(率) mm(%)
	3	0 -0.05	6	+0.05 0	背托環 (Back-up ring) 無 +0.25 2.5 0 使用 1 個 +0.25 3.9 0 使用 2 個 +0.25 5.4 0	0.4	0.05	四氟化乙烯 (Tetrafluoroethylene) 螺旋(Spiral) 0.7±0.05 斜切(Bias cut) 1.25±0.1 無端(Endless) 1.25±0.1 皮 無端(Endless) 1.5±0.3	1.9 ±0.12	最大 0.47mm (23.8%) 最小 0.28mm (15.3%)
	4		7							
	5		8							
	6		9							
	7		10							
	8		11							
	9		12							
)	10		13							
A	10	0 -0.06	14	+0.06 0	背托環 (Back-up ring) 無 +0.25 3.2 0 使用 1 個 +0.25 4.4 0 使用 2 個 +0.25 6.0 0	0.4	0.05	四氟化乙烯 (Tetrafluoroethylene) 螺旋(Spiral) 0.7±0.05 斜切(Bias cut) 1.25±0.1 無端(Endless) 1.25±0.1 皮 無端(Endless) 1.5±0.3	2.4 ±0.07	最大 0.47mm (19%) 最小 0.27mm (11.6%)
	11		15							
.2	11.2		15.2							
	12		16							
-5	12-5		16.5							
	14		18							
	15		19							
	16		20							
	18		22							
	20		24							
	21		25							
	22		26							
A	22	0 -0.08	28	+0.08 0	背托環 (Back-up ring) 無 +0.25 4.7 0 使用 1 個 +0.25 6.0 0 使用 2 個 +0.25 7.8 0	0.7	0.08	四氟化乙烯 (Tetrafluoroethylene) 螺旋(Spiral) 0.7±0.05 斜切(Bias cut) 1.25±0.1 無端(Endless) 1.25±0.1 皮 無端(Endless) 1.5±0.3	2.5 ±0.10	最大 0.60mm (16.7%) 最小 0.32mm (9.4%)
.4	22.4		28.4							
	24		30							
	25		31							
.5	25.5		31.5							
	26		32							
	28		34							
	29		35							
.5	29.5		35.5							
	30		36							
	31		37							
.5	31.5		37.5							
	32		38							

12

表 12-6.3 O 形環裝配槽(3/4)

O形環之標稱號碼	槽部之尺寸							參考		
	d		D		G	R(最大)	E(最大)	背托環之厚度	O型環之粗細	壓擠(率) mm(%
P34	34		40	+0.08 0	背托環 (Back-up ring) 無 4.7 +0.25 0 使用 1 個 6.0 +0.25 0 使用 2 個 7.8 +0.25 0	0.7	0.08	四氟化乙烯 (Tetrafluoroethylene) 螺旋(Spiral) 0.7±0.05 斜切(Bias cut) 1.25±0.1 無端(Endless) 1.25±0.1 皮 無端 (Endless) 1.5±0.3	2.5 ±0.10	最大 0.60m (16.7% 最小 0.32m (9.4%)
P35	35		41							
P35.5	35.5		41.5							
P36	36		42							
P38	38		44							
P39	39		45							
P40	40		46							
P41	41		47							
P42	42		48							
P44	44		50							
P45	45		51							
P46	46		52							
P48	48		54							
P49	49		55							
P50	50		56							
P48A	48	0 -0.10	58	+0.10 0	背托環 (Back-up ring) 無 7.5 +0.25 0 使用 1 個 9.0 +0.25 0 使用 2 個 11.5 +0.25 0	0.8	0.10	四氟化乙烯 (Tetrafluoroethylene) 螺旋(Spiral) 0.9±0.06 斜切(Bias cut) 1.9±0.13 無端(Endless) 1.9±0.13 皮 無端 (Endless) 2.5±0.3	5.7 ±0.15	最大 0.85m (14.5% 最小 0.45m (8.1%)
P50A	50		60							
P52	52		62							
P53	53		63							
P55	55		65							
P56	56		66							
P58	58		68							
P60	60		70							
P62	62		72							
P63	63		73							
P65	65		75							
P67	67		77							
P70	70		80							
P71	71		81							
P75	75		85							
P80	80	0 -0.10	90	+0.05 0	背托環 (Back-upring) 無 7.5 +0.25 0 使用 1 個 9.0 +0.25 0 使用 2 個 11.5 +0.25 0	0.8	0.10	四氟化乙烯 (Tetrafluoroethylene) 螺旋(Spiral) 0.9±0.06 斜切(Bias cut) 1.9±0.13 無端(Endless) 1.9±0.13 皮 無端(Endless) 2.5±0.3	5.7 ±0.15	最大 0.85m (14.5% 最小 0.45m (8.1%)
P85	85		95							
P90	90		100							
P95	95		105							
P100	100		110							
P102	102		112							
P105	105		115							
P110	110		120							
P112	112		122							
P115	115		125							
P120	120		130							
P125	125		135							

表 12-6.4 O 形環裝配槽(4/4)

定用(平面)槽部之形狀尺度 JIS B 2406-1977

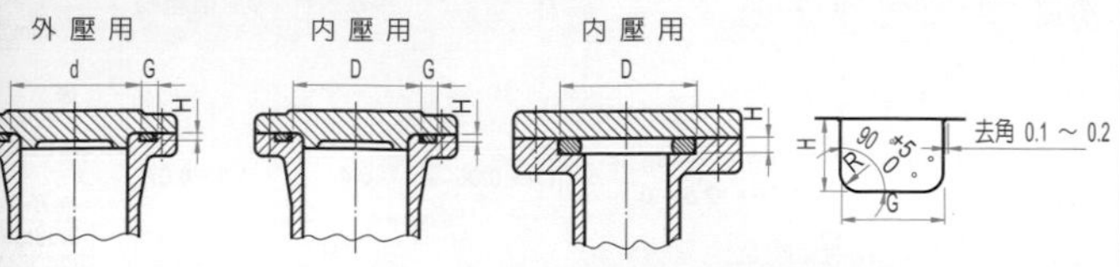

:固定用(平面)O 形環之裝配，如承受內壓，則應設計O形環外周緊貼於槽部之外壁，如承受外壓則應設計O 形環內周緊貼於槽部之內壁。

系列 O 形環用

O形環之標稱號碼	槽部之尺度					參考	
	d(外壓用)	D(內壓用)	G	H	R (最大)	O形環粗細	壓擠(率) mm(%)
G25	25	30	4.1 +0.25 0	2.4±0.05	0.7	3.1 ±0.10	最大 0.85mm (26.6%) 最小 0.55mm (18.3%)
G30	30	35					
G35	35	40					
G40	40	45					
G45	45	50					
G50	50	55					
G55	55	60					
G60	60	65					
G65	65	70					
G70	70	75					
G75	75	80					
G80	80	85					
G85	85	90					
G90	90	95					
G95	95	100					
G100	100	105					
G105	105	110					
G110	110	115					
G115	115	120					
G120	120	125					

P 系列 O 形環用

O形環之標稱號碼	槽部之尺度					參考	
	d(外壓用)	D(內壓用)	G	H	R(最大)	O形環粗細	壓擠(率) mm(%)
P3	3	6	2.5 +0.25 0	1.4±0.05	0.4	1.9±0.07	最大 0.62mm (31.5%) 最小 0.38mm (20.8%)
P4	4	7					
P5	5	8					
P6	6	9					
P7	7	10					
P8	8	12					
P9	9	12					
P10	10	13					
P10A	10	14	3.2 +0.25 0	1.8±0.05	0.4	2.4±0.07	最大 0.72mm (29.2%) 最小 0.48mm (21.5%)
P11	11	15					
P11.2	11.2	15.2					
P12	12	16					
P12.5	12.5	16.5					
P14	14	18					
P15	15	19					
P16	16	20					
P18	18	22					
P20	20	24					
P21	21	25					
P22	22	26					
P22A	22	28	4.7 +0.25 0	2.7±0.05	0.7	3.5±0.10	最大 0.95mm (26.4%) 最小 0.65mm (19.1%)
P22.4	22.4	28.4					
P24	24	30					
P25	25	31					
P25.5	25.5	31.5					
P26	26	32					
P28	28	34					
P29	29	35					
P29.5	29.5	35.5					
P30	30	36					
P31	31	37					
P31.5	31.5	37.5					
P32	32	38					
P34	34	40					
P35	35	41					
P35.5	35.5	41.5					
P36	36	42					
P38	38	44					
P39	39	45					
P40	40	46					
P41	41	47					
P42	42	48					
P44	44	50					
P45	45	51					
P46	46	52					
P48	48	54					
P49	49	55					
P50	50	56					

第 13 章 液氣壓符號

13

1 基本符號

符號包括各種形狀及線修，以表示其種類。以便添加其他記號，表示其真正意義。

表 13-1

名稱	符號	用途或說明
線		流路
虛線	E L L>10E	流路
虛線	L L>5E	流路
實線	D D>5E	機械傳動件(軸、桿、活塞桿)
鏈線		數件組成一個單元之圍繞線(視需要使用)
、半圓		
圓		能量轉換單元(泵、壓縮機、馬達等)。
圓		計測儀器。
圓		止回閥、旋轉連接器等。
圓		機械接頭、滾子等。
圓		半旋轉作動器。
方形、長方形		控制閥(止回閥除外)。
形		調節器(過濾器、分離器、潤滑器、熱交換器)。
項符號		
	d d=5E	流路連接
		彈簧
		影響
		黏度影響
		不受黏度影響

13

13-2 功能符號

功能符號包括各種形狀及線條，以表示其種類。以便添加其他記號，表示其真正意義。

表 13-2

名稱	符號	用途或說明
三角形		流路方向與流體種類。
黑三角形	▼	油路。
白三角形	▽	氣路或排至大氣。
箭頭		指示：
		方向 旋轉方向 流路與流經閥之方向
		用於之調整用時，箭頭尾端有無尾線並無差異。
	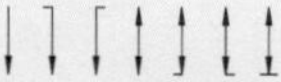	垂直於箭頭尖端之橫線通常表，當前頭移動時，內部之流路時維持與該外部流路連通。
斜向箭頭		表示可調整或可連續變化。

13-3 能量轉換

表 13-3

名稱	符號	用途或說明
液壓泵與壓縮機		將機械能轉變為液壓能或氣壓能
固定排量液壓泵		
單向流動		
雙向流動		
可變排量液壓泵		
單向流動		
雙向流動		
固定排量壓縮機(恆為單向流動)		
馬達		將液壓能或氣壓能轉為旋轉機能。
固定排量液壓馬達		
單向流動		
雙向流動		

名稱	符號	用途或說明
變排量液壓馬		
向流動		
向流動		
定排量液壓馬		
向流動	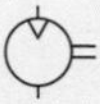	
向流動	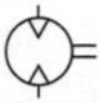	
變排量液壓馬		
向流動		
向流動		
動馬達		
壓		
壓	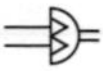	
／馬達]單位		有雙重功能之單位，可作為泵或旋轉馬達。
定排量[泵／達]		
反向流動	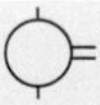	依流動方向可作為泵或馬達
向流動	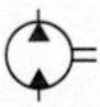	不改變流動方向而作為泵或馬達。
向流動	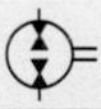	任一方向流動皆可作為泵或馬達。
變排量[泵／達]		
反向流動		
向流動		
向流動		

名稱	符號		用途或說明
變速驅動單元			扭矩變速器，泵與馬達為可變量者，遙控驅動。
缸			將液壓能或氣壓能轉變為直線動能。
單動缸	詳細符號	簡略符號	缸中流體壓力僅作用於同一方(前進行程)。
未示推回力量	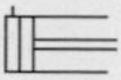	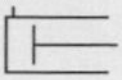	當推回方法未明示時之一般符號。
以彈簧推回	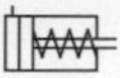	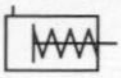	
雙動缸			缸中流體壓力交換作用於雙方(前進與後退行程)。
單活塞桿	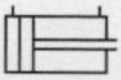	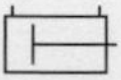	
雙活塞桿	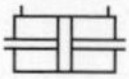	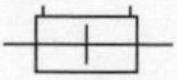	
差動缸	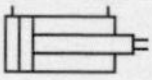		其動作依活塞兩側之有效面積差異而定。
附有緩衝裝置之缸			
單固定緩衝	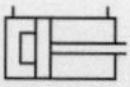		附單向作用固定緩衝之缸。
雙固定緩衝	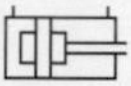		附裝雙向作用固定緩衝之缸。
單可調緩衝	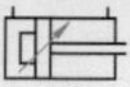		
雙可調緩衝	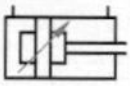		
套筒伸縮缸			
單動	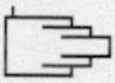		流體壓力僅作用於同一方向(前行程)。
雙動	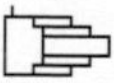		流體壓力交換作用於同雙方向進行程)。
壓力交換器			增高壓力之件。
	詳細符號	簡略符號	
同種流體型	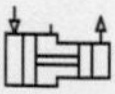	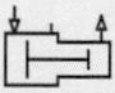	例：將左方氣壓轉變為右方較之氣壓。
異種流體型	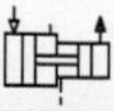	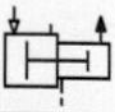	例：將左方氣壓轉變為右方較之液壓。
氣-液引動器	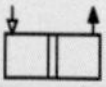		將氣壓轉變為大略相等之液壓反之亦同。

4 控制閥

表 13-4

名稱	符號	用途或說明
之表示方法		由一個或多個正方形與箭頭所組成。 迴路圖中液壓與氣壓元件原則上皆以未產生作用之狀態表示之。
		一個正方形表示控制流量或壓力之單元，在其兩端之間可有無限多之位置以改變其一個或多個出入口之間的流動狀況，以適應迴路在操作狀況下所需之壓力與(或)流量。
		二個或多個正方形，表示許多特定位置之方向控制閥，管路連結處通常表示未產生作用之狀況設想該正方形被他正方形取代時，管路即與其相關之出入口連結，此時即產生作用。
	3	閥重複時之簡略符號，圖中之數目表示重複之閥數。
向控制閥		表示一條或多條流路(以多個正方形表示)之間的開放(完全開放或不完全開放)或關閉狀態之件。
內流路		正方形內附有線條等。
路流通		
口關閉		
路流通		
路流通與單關閉		
路流通並且連		
路以旁路流通另雙口關閉		
節流之方向控閥		表示特定迴路狀態之單元，各以一個正方形表示之。
		雙位置方向控制閥之基本符號。
		三位置方向控制閥之基本符號。
		在二個不同位置之間有一個過渡但重要之狀況時，可於兩端採用虛線構成正方形。
號： 號中之第一數字表示出口之數目(嚮口除外)，而二個數字表特定位置之目。		表示有二個不同位置與一個過渡狀況之方向控制閥的基本符號。

方向控制閥2/2：		雙口與兩個不同位置之方向控閥。
人力操作控制	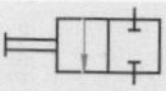	
以壓力操作控制但以彈簧推回(例：空氣卸載閥)。	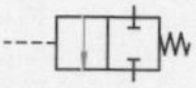	
方向控制閥3/2：		三口與兩個不同位置之方向控閥。
雙向皆以壓力控制		
以電磁控制，但以彈簧推回	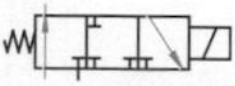	表示中間過渡狀況。
方向控制閥4/2：	詳細符號：	四口與兩個不同位置之方向控閥。
以嚮導閥之壓力雙向控制(含電磁與推回彈簧)	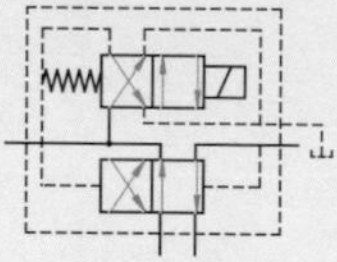	

方向控制閥5/2以壓力雙向控制		五口與兩個不同位置之方向控閥。
節流方向控制		本元件含兩個極端位置以及利用改變節流程度所產生之連續變換狀況。 所有符號皆在正方形上畫平行線
	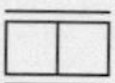	表示極端位置。
	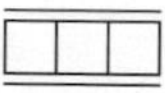	表示極端位置與中央(中立)位置
雙口(含一節流孔口)	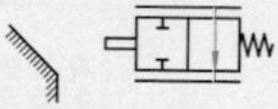	例：推回彈簧操作之探描閥柱塞
三口(含二節流孔口)		例：以塞力與推回彈簧控制之方向控制閥。
四口(含四節流孔口)	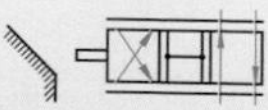	例：推口彈簧操作之探描閥柱塞

名稱	符號	用途或說明
液壓伺服閥 氣壓伺服閥		接受電比量信號而輸出類似之比量流體壓力之件。
級	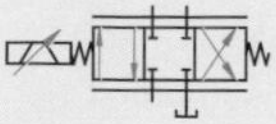	直接操作。
級利用機械 饋	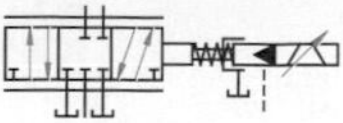	間接嚮導操作。
及利用液壓 貴	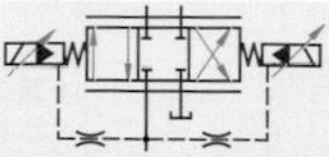	間接嚮導操作。
回閥、梭動 、速排閥		僅允許單向流動之閥。
回閥		
由		當入口壓力高於出口壓力時即開閥。
簧加載		當入口壓力高於出口壓力與彈簧壓力之合力時即開閥。
導控制		可利用嚮導壓力：
		以防止閥之關閉。
	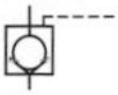	以防止閥之開放。
限制者		允許單向自由流動但反向受限流動之元件。
動閥		當入口壓力較高時，可自動連接至出口，而另一入口則關閉。
排閥	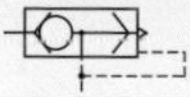	當入口卸載時，出口可自由排出。
力控制閥		可控制壓力之元件，以一個正方形與箭頭表示(尾線亦可置於箭頭端)。
力控制閥		一般符號。
固經常關閉 節流孔口	 或 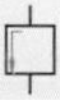	
固經常開放 節流孔口	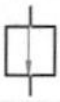 或 	
固經常關閉 節流孔口		
壓閥(安全閥)	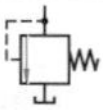 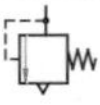	利用入口壓力抵擋外力(譬如彈簧)可打開出口使流體流至容器或大氣以控制入口壓力。
嚮導遙控	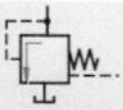 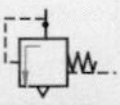	入口壓力可加入控制或依經設定之嚮導壓力控制。

13

比例釋壓閥	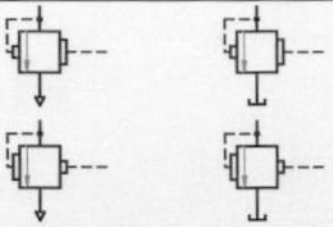	入口壓力可利用嚮導力之比例加以控制。
次序閥	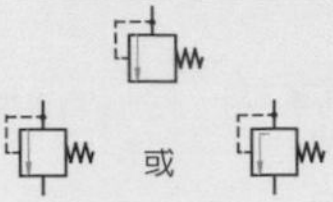 或	當入口壓力超過彈簧之外力時閥即開放使流體流至出口，以生次序作用。
調壓閥或減壓閥		當變化不定之入口壓力大於出所需之壓力時，可維持出口壓大致相等。
無釋壓口 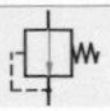		
無釋壓口可遙控	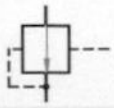	出口壓力由控制壓力決定。
有釋壓口 		
有釋壓口可離控	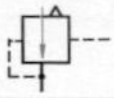	出口壓力由控制壓力決定。
差動調壓閥	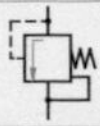	可依入口壓力，定量降低出口力。
比例調壓閥	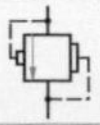	可依入口壓力，照一定比例降出口壓力。
流量控制閥		控制流量大小之元件。
節流閥		簡略符號(未表示其控制方法或閥之狀況)。
人力控制	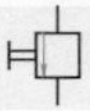	詳細符號(表示其控制方法或閥之狀況)。
機械控制但以彈簧推回 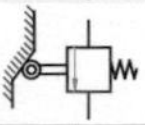		
流量控制閥	詳細符號 簡略符號	入口壓力即使有所改變亦不影流量。
出口流量固定者	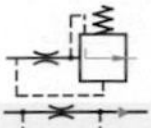	
出口流量固定且附釋壓口通至容器		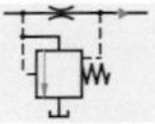 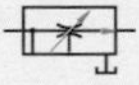 所餘流量可釋放。
出口流量可變者	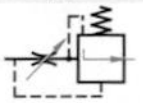	
出口流量可變且附釋壓口通至容器		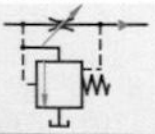 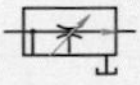 所餘流量可釋出。
分流閥		即使壓力有所改變亦可將流量為大致成定比之兩股流量。
閉止閥		簡略符號。

能量之傳遞與調節

表 13-5

名稱	符號	用途或說明
能量來源		
力來源	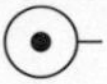	一般符號。
壓來源	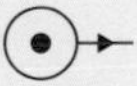	能量種類必須明示之符號。
壓來源	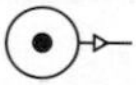	
動機	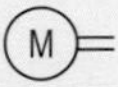 M	
機	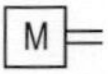 M	內燃機及其他熱機。
路與連結		
路		
用線回線與供		
導控制線		
洩或分供線		
撓管		可撓軟管，通常連結於動件。
線		
線接點		
線交叉		非連結。
氣		
口		
連結之平口		
收接口		
量取用		在裝置上或管線上供取用能量或測量之處。
端堵塞		
取用線		
速接頭		
連結但無機械開啓之止回閥	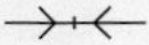	
結但有機械性啓之止回閥。	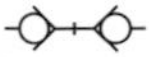	
連結且尾端開		
連結且附有自止回閥		

旋轉接頭		管線接頭但使用中可作角度旋
單路		
三路		
消音器	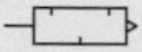	
容器		
開放於大氣之容器	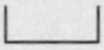	
管端高於液面者	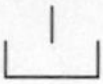	
管端低於液面者	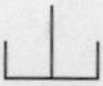	
下方有供給線者	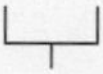	
壓力容器	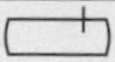	
蓄壓器		流體壓力利用彈簧重塊或壓縮體(空氣、氮氣等)予以儲存。
過濾器、排水器潤滑器與其他雜項元件		
過濾器		
排水器		
人力控制	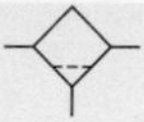	
自動排水		
過濾器附排水器		
人力控制	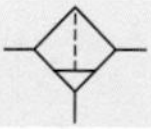	
自動排水	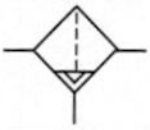	
空氣乾燥器	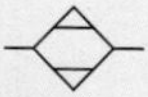	使空氣乾燥之件(譬如以化學方法)。
潤滑器	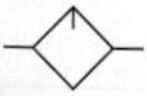	將少量油加入通過件之空氣以滑該接受空氣之機件。

節單元		由過濾器、調壓閥、壓大計與潤滑器組成。
	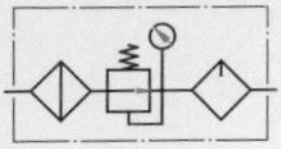	詳細符號。
		簡略符號。
交換器		將循環流體加熱或冷卻之件。
度控制器		將流體溫度維持於二個預定值之間。前頭表示可加熱亦可散熱。
卻器		菱形內之箭頭表示散熱。
		未指定冷卻劑之流路。
	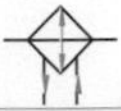	指示冷卻劑之流路。
熱器		菱形內之箭頭表示加熱。

6 控制機構

表 13-6

名稱	符號	用途或說明
械配件		
轉軸		箭頭表示旋轉。
向	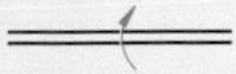	
向		
位件		維持一個固定位置之裝置。
件		"*" 符號表示解扣之方法，用代號註明於方塊內。
止件		防止停止於中間位置之機構。
節		
式		
滑行桿者	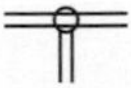	
固定支點者	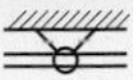	
制方法		控制方法之表示符號與所控制之元件符號畫在一起，若元件有數個正方形，其控制動作僅對其最近之正方形有所作用。

13

名稱	符號	用途或說明
人力控制		一般符號(未示控制型式)。
按鈕式		
槓桿式		
踏板式		
機械控制		
直推式		
彈簧式		
滾子式		
單向操作滾子式	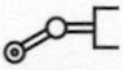	
電控制 電磁式		
單繞組		
雙繞組		
可變控制雙繞組		可雙向漸變控制。
電動機式	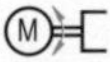 M	
加壓或釋壓控制 直接作用控制		
加壓式		
釋壓式	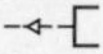	
不等面積式	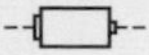	符號中較大之矩形表示較大之制面積。
間接嚮導控制		嚮導方向控制閥之一般符號。
加壓式	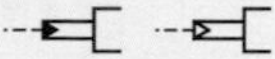	
釋壓式	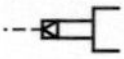	
內部流路控制		控制流路位於元件之內。
方向控制閥之組合控制		
電磁與嚮導順次式		利用電磁操縱嚮導方向閥。
電磁或嚮導選擇式		兩種方法皆可單獨控制。
機械回饋	(1) 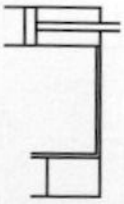 (2)	控制機件之動件與受控制機件動件的機械結合。 (1)受控制機件。 (2)控制機件。

7 輔助設備

表 13.7

名稱	符號	用途或說明
量儀器		
力測定器		
力計		
度測定器		
度計		
量測定器		
量計		
積流量計		
他儀器		
力開關	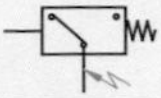	

8 單元組元範例

表 13.8

名　　稱	符　　號	用　途　或　說　明
驅動組合		
	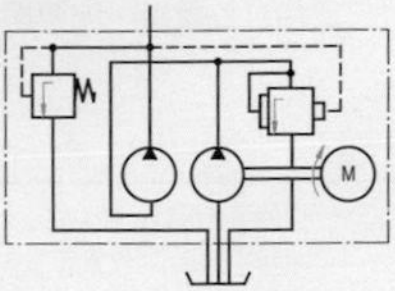	二級泵以電動機驅動，其第二級裝一釋壓閥，而以另一比例釋壓閥維持其第一級之壓力為第二級之某一比率(譬如一半)。
	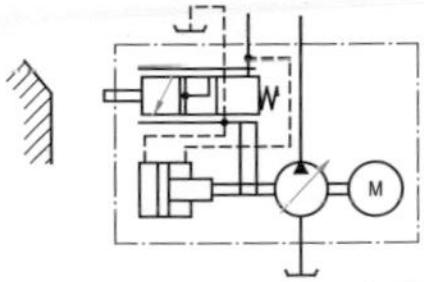	可變排量泵以電動機驅動，而控制功能則利用包含差動缸與探描閥之伺服馬達，閥中附有雙節流孔口與機械回饋。
	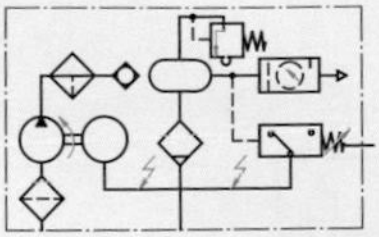	單級空氣壓縮機械以電動機驅動，該電動機可隨容器壓力之降低或升高而自動通電或斷電。
	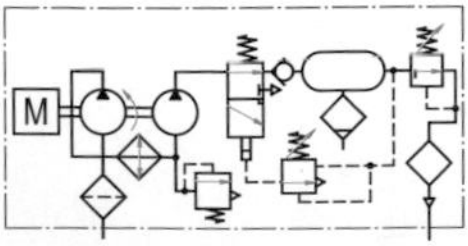	三級空氣壓縮機以內燃機驅動，該內燃機可隨容器壓力之大小操縱3/2方向控制閥而作空轉或負載運轉。

驅動組合	
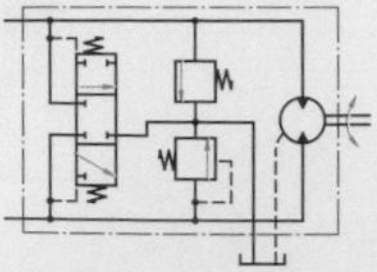	利用釋壓閥與方向控制閥可驅動液壓馬達使其作任一方向旋轉。
控制與調節組合	
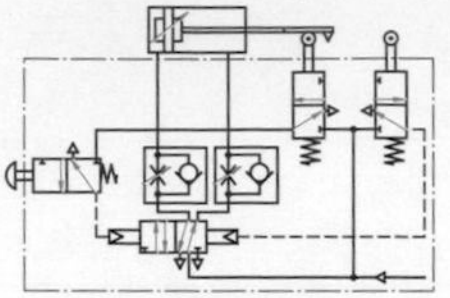	本控制單元可使缸中之活塞自動復移動。
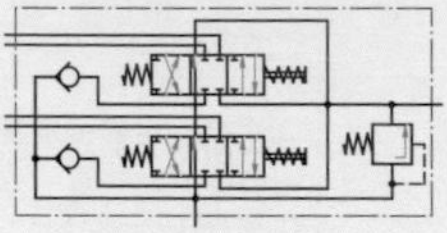	本組採用兩個6/3方向控制閥該二閥連結各自分離之止回閥與一共之釋壓閥，當該二方向控制閥皆於中立位置時，流體即回流至容

13-9 全套裝置範例

表 13.9

範 例
裝置
靠模控制 1. 刀具 2. 模板 3. 機架 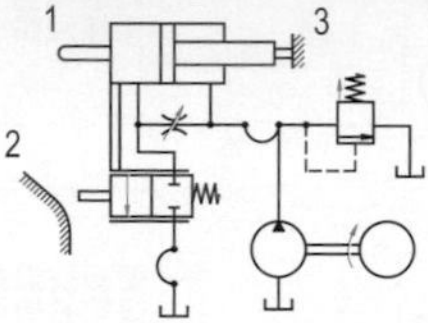
離合作用操作控制 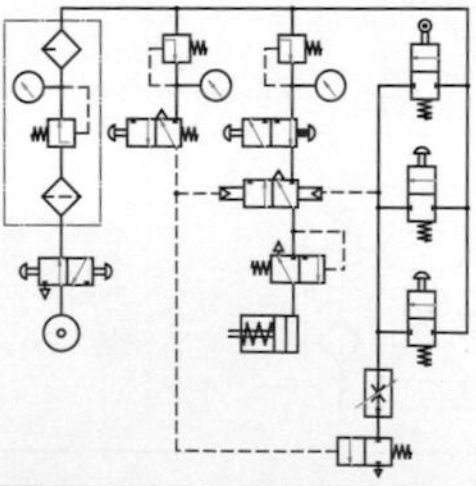

控驅動

逆驅動

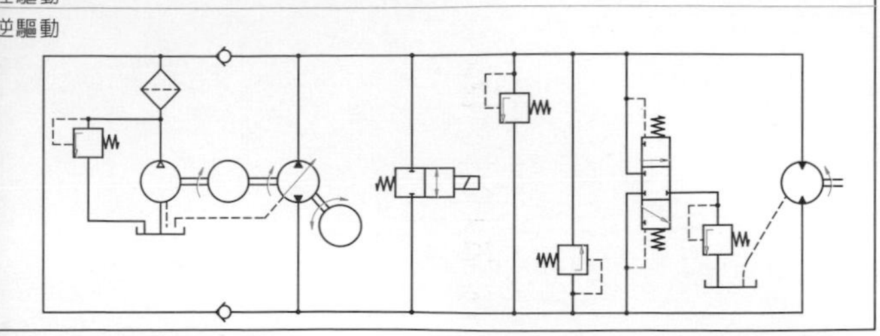

10 液氣壓符號畫法之建議

下圖所示，圖中每一小方格之尺度為□2。

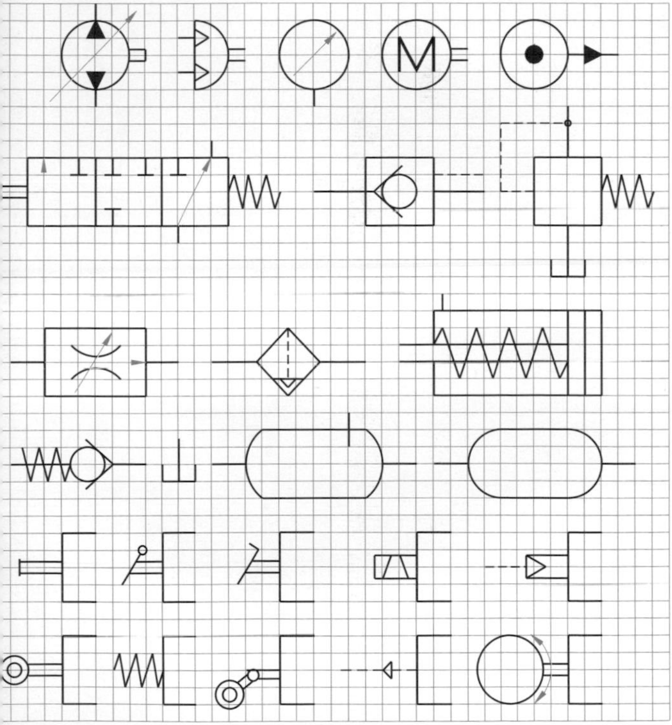

第 14 章 銲接符號

14

1 銲接方法

.1 氣體銲接

氣體銲接為使用燃氣火焰熔解金屬而使其接合成一體之程序，通常利用乙炔氣或氫氣，在噴火嘴
合空氣或氧氣共同燃燒，產生高熱而融化金屬。

氧乙炔氣體銲接方法為最常用之程序，大都在最少設備下用手操作，填充材料以線或條之形式(銲
條)與接合金屬共同加熱，除低碳鋼與中碳鋼外，大部分金屬進行銲接時，均需藉助於銲接劑以防止
過氧化。

.2 電弧銲接

電弧銲接為使用電弧產生高熱熔解金屬使其接合成一體之程序，當正負電極接觸後再分離並保持
定距離時，即產生電弧光伴生高熱熔解金屬，填充材料通常由被覆銲接劑之消耗性電極(銲接條)提
常用於一般構造用鋼、低碳鋼、中碳鋼、不銹鋼、銅、鋁以及部分鎳合金等金屬之接合。

.3 電阻銲接

電阻銲接為使用電阻產生高熱熔解金屬而使其接合成一體之程序，當正負電極接通後，電流流經
接合部位時，產生電阻而伴生高熱熔解金屬，並施加適當壓力令金屬接合。不用填充材料或銲接
通常用於薄板材料搭疊之接合，利用兩電極夾壓欲銲接之板材後接通電流，於電極夾壓處熔解接
其接合處之大小與形狀約略等同於電極。電阻熔接使用固定大小之電極時，一次只能銲接一個點，
此，一般稱電阻熔接為點銲接。如將夾壓電極改為滾輪式，則可進行連電阻熔接，稱為縫銲接。再
將薄板材料之一，預先壓出數個直徑約 5mm 之凸點，置於電極間夾壓，則於凸點處形成電阻銲接，
為浮凸銲接。

2 銲接型式

金屬熔解接合部分稱為銲接接頭，其連續走向則稱為銲接道。銲接型式依熔接接頭之原材安置情
與熔接道截面情況而分類。

.1 銲接道型式

通常為提高銲接效率，將銲接接頭加工成各種不同之截面形狀稱為起槽，依起槽或銲接道截面形狀
不同，區分為填角、方形起槽、單斜起槽、V 形起槽、J 形起槽、U 形起槽、塞槽與塞孔等銲接道型
如圖 14-2.1。

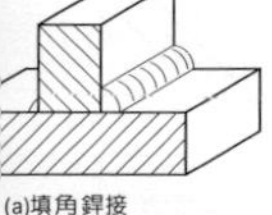
(a)填角銲接

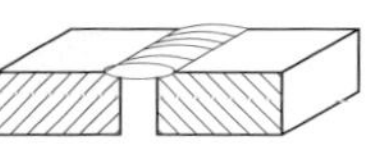
(b)方形起槽銲接

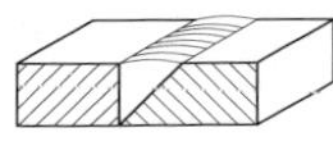
(c)單斜起槽銲接

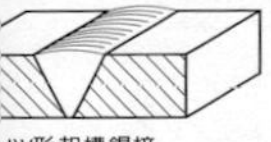
d)V形起槽銲接

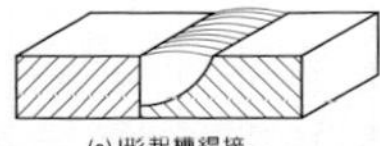
(e)J形起槽銲接

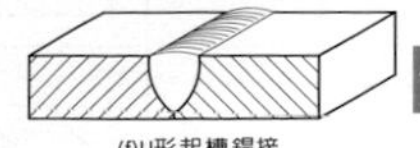
(f)U形起槽銲接

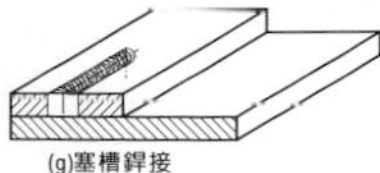
(g)塞槽銲接

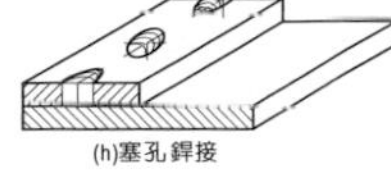
(h)塞孔銲接

圖 14-2.1 銲接道型式

.2 銲接接頭

銲接接頭依原材安置位置之不同，分為對接接頭、隅角接頭、搭接接頭、凸緣接頭與 T 形接頭五種，
圖 14-2.2。

14

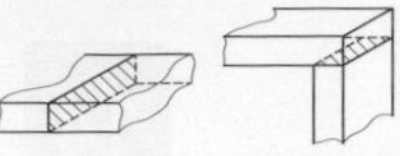
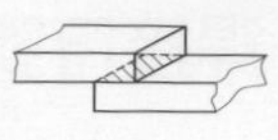
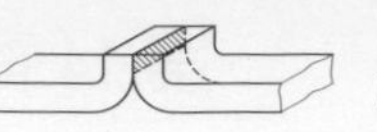
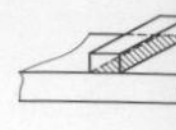

(a)對接接頭 (b)隅角接頭 (c)搭接接頭 (d)凸緣接頭 (e)T形接頭

圖 14-2.2 銲接接頭之型式

前述五種銲接接頭，各自配合銲接道型式可施行之銲接型式如下:

1.對接接頭:可作方形起槽、單斜起槽、V 形起槽、J 形起槽、U 形起槽等銲接型式。

2.隅角接頭:可作填角、方形起槽、單斜起槽、V 形起槽、J 形起槽、U 形起槽等銲接型式。

3.搭接接頭:可作填角、方形起槽、單斜起槽、J 形起槽、塞槽、塞孔與點(浮凸、縫)銲接等銲接型式

4.凸緣接頭:可作填角、方形起槽、單斜起槽、V 形起槽、J 形起槽、U 形起槽、塞槽、塞孔與點(浮凸、縫)熔接等銲接型式。

5.T 形接頭:可作填角、單斜起槽、J 形起槽等銲接型式。

14-3 銲道與銲接主要符號

銲道的種類很多，各種不同的銲道在圖上各用一個符號表示，這就是銲接的主要符號也可稱之謂銲符號。各種銲道符號還可隨需要複合使用，如圖14-3.1所示。

編號	名 稱	示 意 圖	符 號	編號	名 稱	示 意 圖	符 號
1	凸緣銲接	凸緣熔成平面狀		9	背面銲接	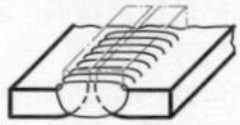	
2	I形槽銲接			10	填角銲接	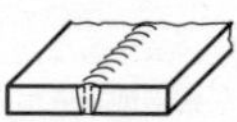	
3	V形槽銲接						
4	單斜形槽銲接			11	塞孔或塞槽銲接		
5	Y形槽銲接			12	點 銲 或 浮凸銲		
6	斜Y形槽銲接						
7	U形槽銲接			13	電阻銲 或 縫 銲		
8	J形槽銲接						

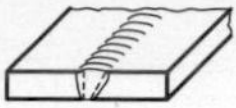

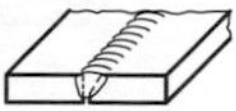

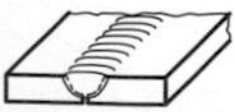

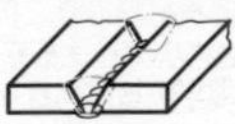

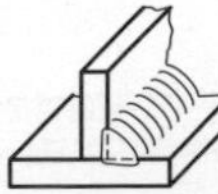

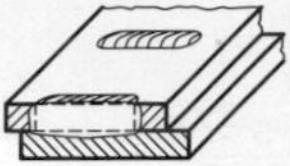

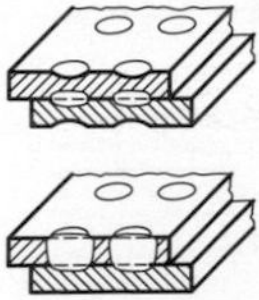

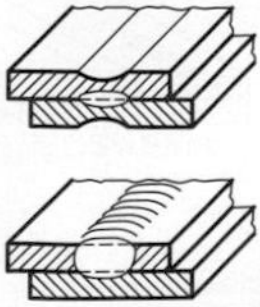

圖 14-3.1 銲接主要符號

編號	名稱	示意圖	符號	編號	名稱	示意圖	符號
14	平底V形槽銲接			18	端緣銲接	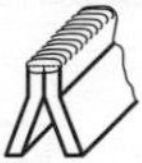	
15	平底單斜形槽銲接			19	表面銲接	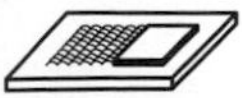	
16	V形喇叭銲接			20	植釘	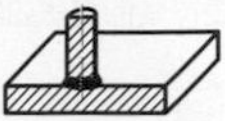	
17	單斜形喇叭銲接	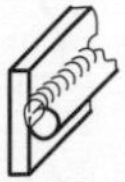		21	砧接	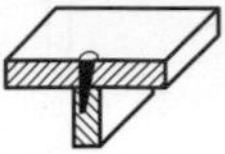	

圖 14-3.1 銲接主要符號(續)

開槽銲接是將銲接件在銲接前於銲縫處先行加工做成某種形狀之溝槽，以便銲接時銲料可以深入銲接件，這樣的銲接稱為開槽銲接。由於溝槽形狀的不同，開槽銲接分成I 形、V 形、單斜形、Y 形、斜Y 形、U 形、J 形、平底V 形、平底單斜形等九種銲接。

雖然I形槽銲接在銲接前不需切槽，但銲接時兩銲接件間常留有間隙，視為溝槽，故也列入開槽銲接的範圍。所謂根部間隙，簡稱根隙，是指銲接前兩銲接件在溝槽底的根部所留的間隙。開槽深度簡稱槽深，是指銲接件表面至溝槽底之垂直高度。開槽角度簡稱槽角，是指溝槽口傾斜張開之角度，如圖14-3.2所示。

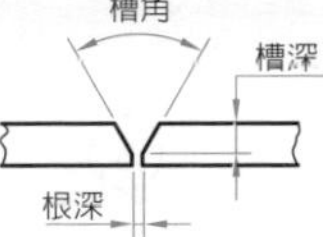

圖 14-3.2 根隙、槽深和槽角

填角銲接是適用於兩銲接件作成T 形接頭、角隅接頭或搭接接頭時，即在銲縫處填成斷面呈直角三角形的銲道，則三角形兩直角邊之長度稱為填角銲接之腳長，兩腳長一般都相等，也可視需要而有不相等者，如圖14-3.3所示。

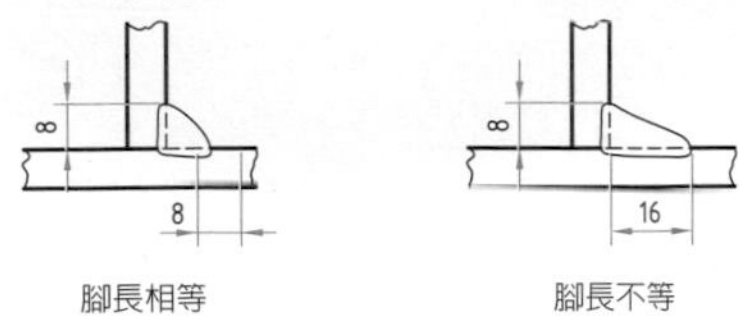

圖 14-3.3 填角銲接之腳長

塞孔或塞槽銲接是在兩銲接件之一上先做圓孔或長條孔，銲接時將未做孔的銲接件置於下方，通過孔填入銲料進行銲接。孔呈圓形者稱為塞孔銲接，孔呈長條形者稱為塞槽銲接。孔的軸向有做形者，也有做成錐形者，如圖14-3.4所示。

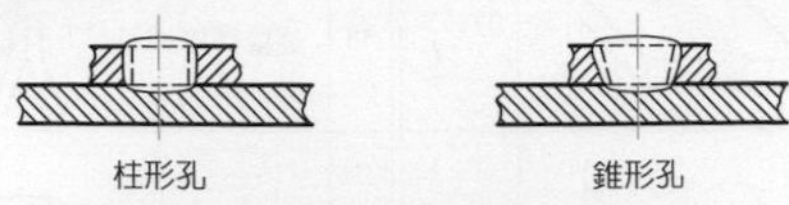

圖 14-3.4 塞孔或塞槽銲接

銲接主要符號的畫法如圖14-3.5所示，其中H等於標註尺度數字字高，線條的粗細與尺度之數字同。

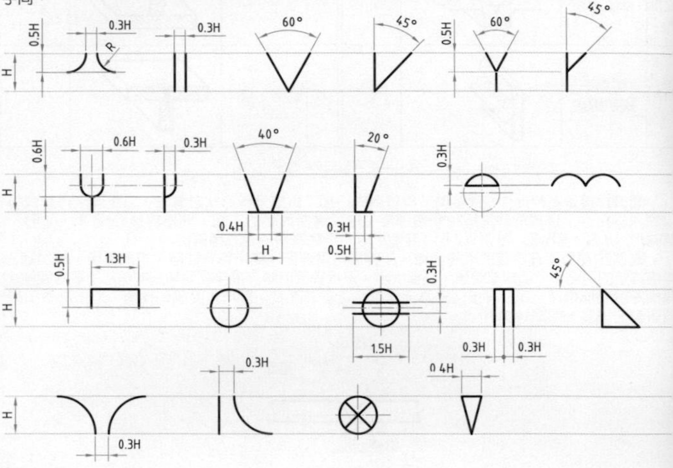

圖 14-3.5 銲接主要符號畫法

-4 銲接輔助符號

銲接輔助符號是用以輔助銲接主要符號，以表達銲接時對銲道的要求，例如銲道表面的形狀，要現場銲接、全周銲接等，如圖14-4.1所示，所以銲接輔助符號必須與主要符號配合使用，不得單使用，其畫法如圖14-4.2所示，其中H等於標註尺度數字字高，線條的粗細與數字相同。

名稱		符號
銲道之表面形狀	平面	
	凸面	
	凹面	
	去銲趾	
滲透銲道根部		
交錯斷續銲接		Z

名稱		符號
現場及全周銲接	全周銲接	
	現場銲接	
	現場全周銲接	
使用背托條	永久者	M
	可去除者	MR
間隔材		
塞材		

圖 14-4.1 銲接輔助符號

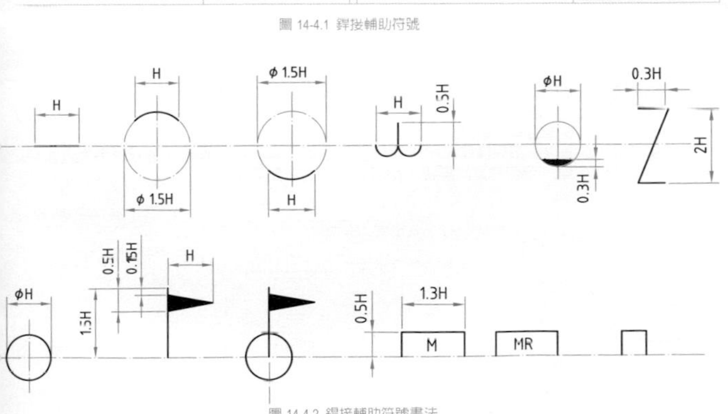

圖 14-4.2 銲接輔助符號畫法

14

14-5 銲接符號及其標註方法

銲接符號是由標示線、主要符號、輔助符號、數字或字母、註解或特殊說明等項組合而成，但在銲接圖中標註時可視實際情況將不需要項目予以省略。

標示線的畫法有A、B 兩種不同的系統。A 系統的標示線包括基線、副基線、引線、尾叉四部分，B 系統的標示線則包括基線、引線、尾叉三部分，如圖14-5.1所示。除副基線外，都用細實線畫出。基線為一橫線，永呈水平，不可傾斜。副基線以虛線畫出，與基線平行且等長，在基線的上方或下方，二者間隔1.5mm。引線與基線約成60°或120°角，可接於基線的右端或左端，不得與副基線相連接，末端帶一箭頭，箭頭之大小與標註尺度者相同，標註時箭頭止於銲縫。

圖 14-5.1 標示線

當二銲接件中只有一件必需開槽時，例如斜Y 形槽、單斜形槽、J形槽等銲接，引線須要轉折使箭頭指向開槽的銲接件，如圖14-5.2所示，尾叉是呈90°開叉，對稱於基線，接在基線的另一端供註解或特殊說明時用，如無註解或特殊說明時，則尾叉予以省略。沒有必要時副基線也可省略。

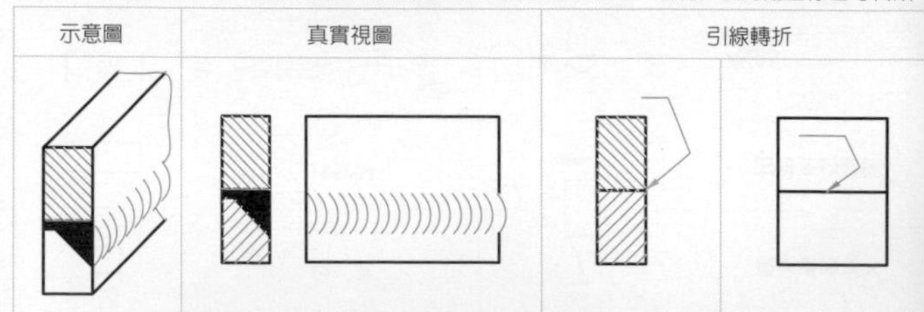

圖 14-5.2 引線的轉折

A、B 兩種不同的系統在同一圖中不得混用，採用何種系統，在標題欄中應加註明。

如有二處以上的銲道，實施相同的銲接時，二條以上的引線可共用一基線，如圖14-5.3所示，但所有引線必須由基線的同一端引出。

如需表出一銲道之一系列操作順序，可用多重基線，第一順位操作之基線應最接近引線之箭頭，例如圖14-5.4中第一順位為背向銲接，第二順位為U形槽銲接。

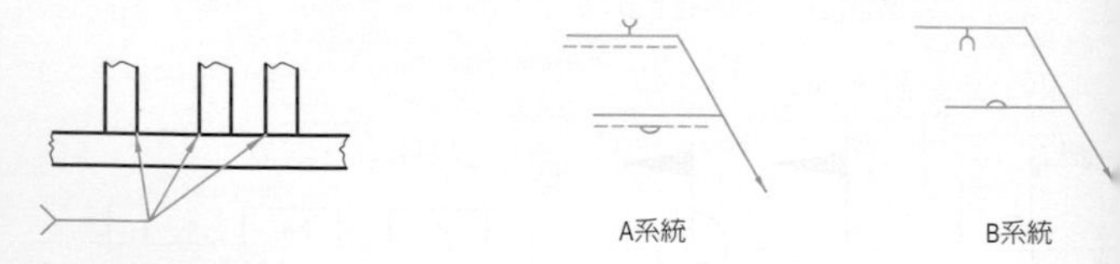

圖 14-5.3 共用基線

圖 14-5.4 多重基線

當銲道在箭頭邊時，A 系統銲接主要符號標註在基線中段的上方或下方，副基線不得省略。B 系銲接主要符號標註在基線中段的下方。若銲道在箭頭對邊時，A 系統銲接主要符號標註在副基線中的上方或下方。B 系統銲接主要符號標註在基線中段的上方。若銲道在箭頭邊與箭頭對邊二邊相同，則上下二方都要標註，如圖14-5.5所示。

銲接位置	示意圖	真實視圖	A系統 主要符號標註	B系統 主要符號標註
箭頭邊	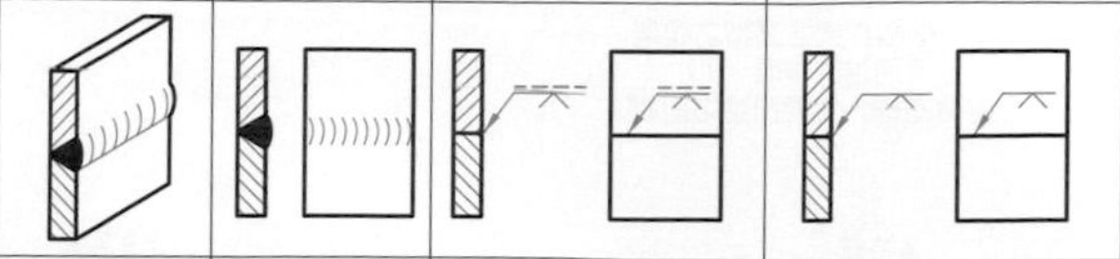			
箭頭對邊	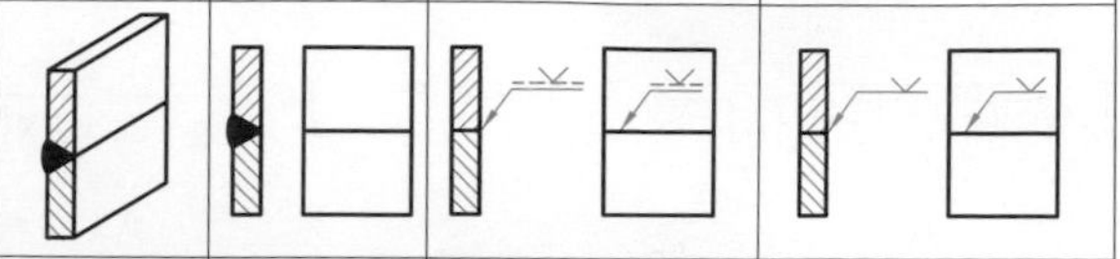			
兩邊	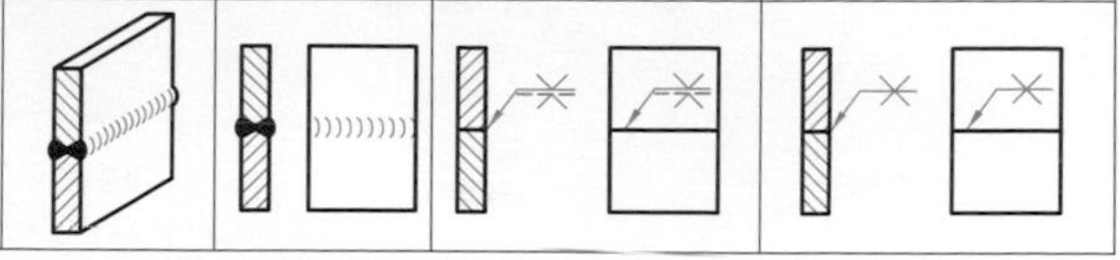			

圖 14-5.5 主要符號的標註位置

所謂銲道在箭頭邊時，是指銲接時應在引線箭頭所指的這一邊施工；所謂銲道在箭頭對邊時，指銲接時應在引線箭頭所指的另一邊施工。注意圖14-5.6 中的A、1A、2A 是表示箭頭邊，B、1B、2B 次表示前述的箭頭對邊。

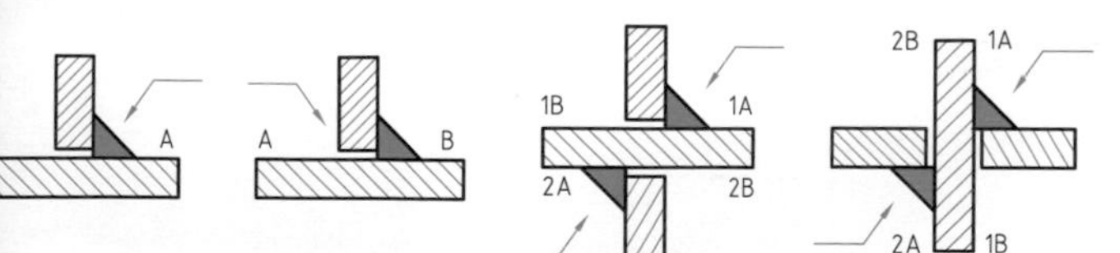

圖 14-5.6 箭頭邊與箭頭對邊

一般銲道各部位的尺度和註解是標註在主要符號的上下左右，其應有的標註位置和標註方法如圖14-5.7 所示。如有特殊情形，則需畫出銲道某部位的詳細視圖，並將銲道的尺度和註解標註在該視圖中。

s ：銲道滲透深度或強度
A ：槽角
－：表面形狀
n ：斷續銲接之斷續數目
l ：銲接長度
e ：斷續銲接各間斷之距離
T ：特別說明事項
虛線方框：主要符號之位置

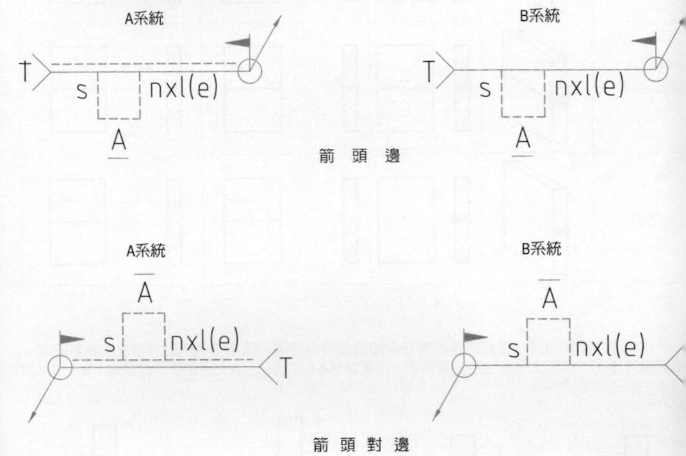

圖 14-5.7 銲道的尺度及註解標註

銲道滲透深度是指銲料由槽面深入銲接件之厚度，並不包含凸出銲接件表面之部分如圖14-5.8所示。

說 明	示 意 圖	銲道滲透深度尺度
V形槽銲接	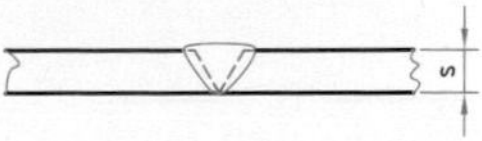 s	V
I形槽銲接	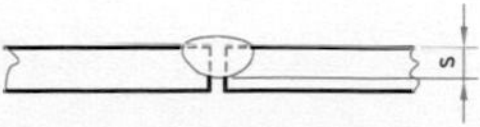 s	s‖
Y形槽銲接	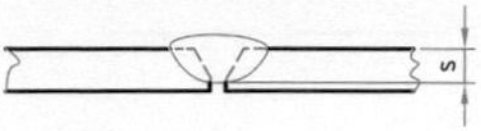 s	sY
V形喇叭銲接	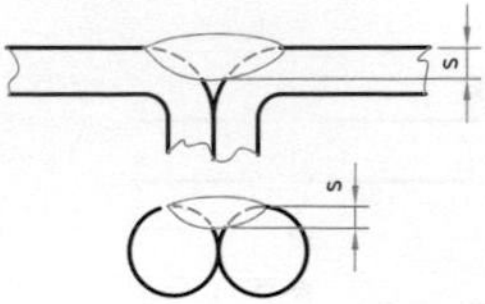 s s	 s)(
單斜形喇叭銲接	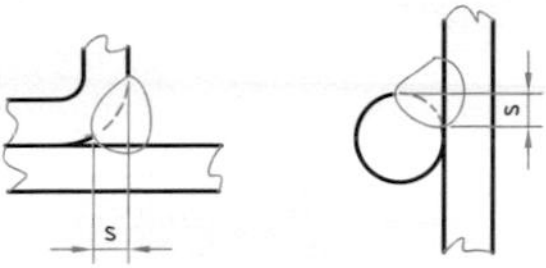 s s	 s|(
端緣銲接	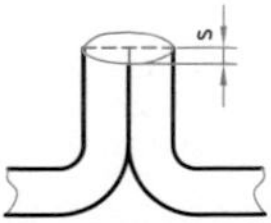 s	s∏

圖 14-5.8 銲道滲透深度的標註

開槽銲接的根部間隙即根隙的尺度b標註在主要符號間，如圖14-5.9所示。

說　明	示　意　圖	根隙尺度
V形槽銲接	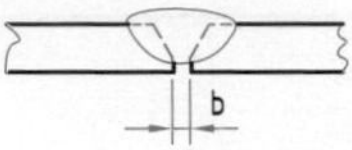 b	b
I形槽銲接	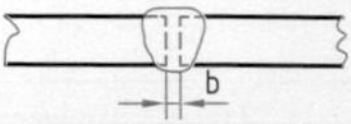 b	b
雙單斜形槽銲接	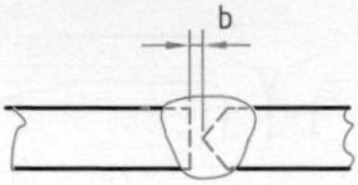 b	 b

圖 14-5.9 根隙尺度的標註

填角銲接之標稱喉深、實際喉深與有效喉深，如圖14-5.10 所示。

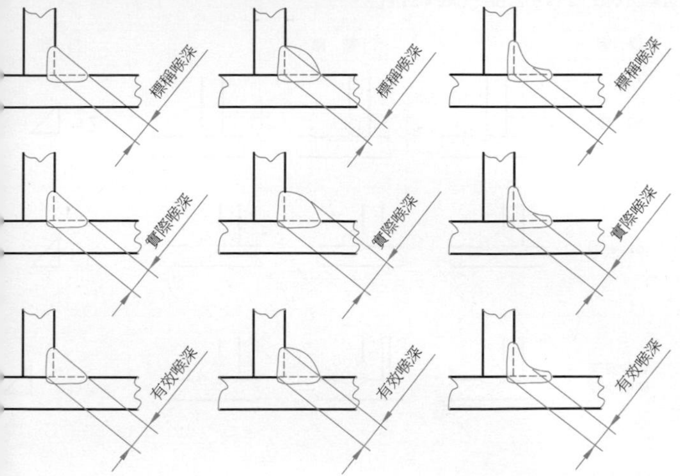

圖 14-5.10 填角銲接之標稱喉深、實際喉深與有效喉深

標註填角銲接之銲道尺度，可就腳長z或標稱喉深a擇一標註，或有效喉深s與標稱喉深a並列標註且需以代號z、a、s分別註明，如圖14-5.11所示。

說　明	示　意　圖	符　號
腳　長	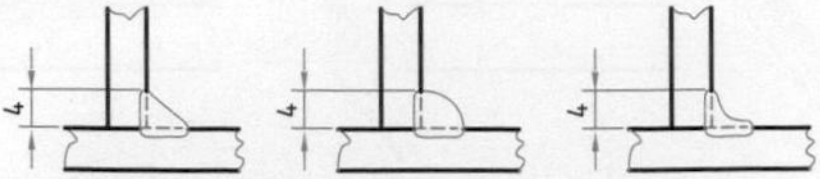 4　4　4	z4 ◺
標稱喉深	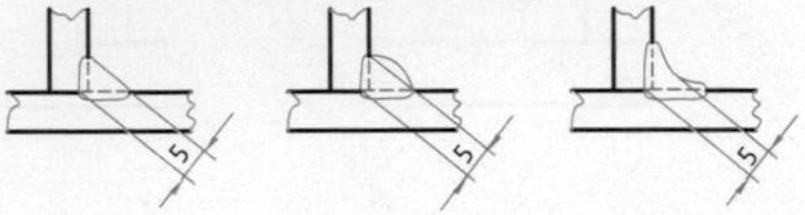 5　5　5	a5 ◺
有效喉深 標稱喉深	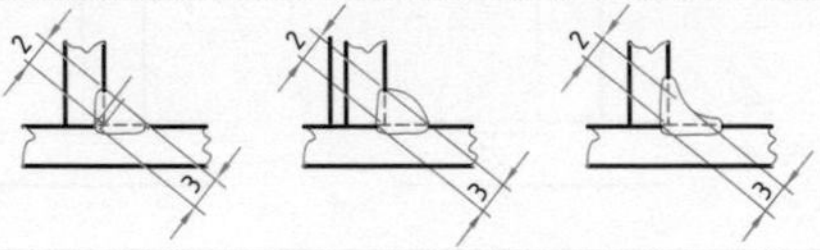 2　2　2 3　3　3	s3a2 ◺

圖14-5.11　填角銲接的尺度標註

銲道凸出、凹入、實際喉深等尺度，則以等號之方式標註在尾叉中，如圖14-5.12所示。

說 明	示 意 圖	符 號
凸 出	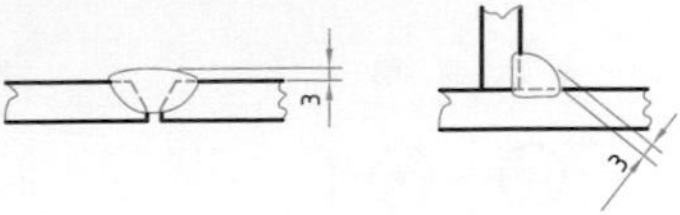 3　3	凸 出 =3
凹 入	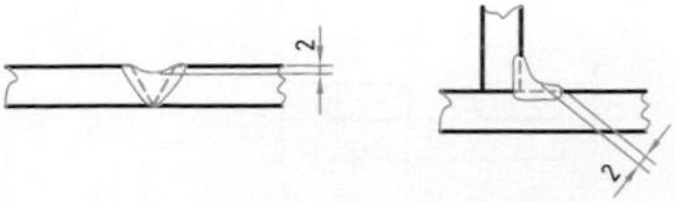 2　2	凹 入 =2
實際喉深	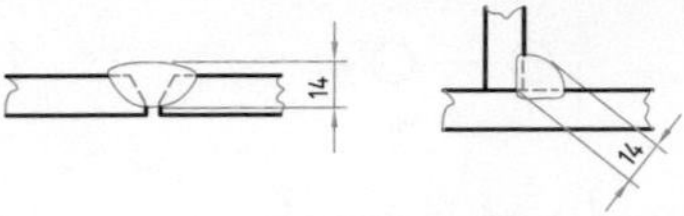 14　14	實際喉深 =14

圖 14-5.12 銲道滲透深度的標註

銲道的長度等於銲接件的全長時，銲接長度省略不標註。斷續銲接之每段長度l、段數n、斷之距離(e)，標註之方式如圖14-5.13所示。

說 明	示 意 圖	符 號
I形槽斷續銲接	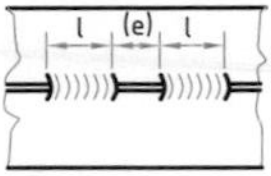 l (e) l	s II nxl (e)
交錯填角斷續銲接	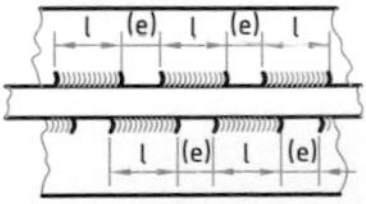 l (e) l (e) l l (e) l (e)	a nxl (e) a nxl (e) z nxl (e) z nxl (e)
並列填角斷續銲接	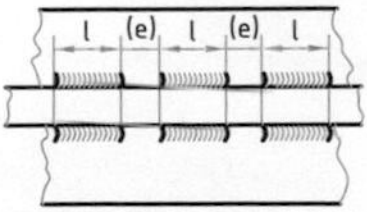 l (e) l (e) l	a nxl (e) z nxl (e)

圖 14-5.13 斷續銲接之尺度

塞孔銲接必須表示其孔徑及孔中心之間隔尺度。塞槽銲接則必須表示槽之寬度、長度及間隔尺度。若塞孔或塞槽銲接的孔或槽呈錐形，則所指之孔徑或槽寬係孔底尺度。點銲或植釘應表示各點或釘之直徑及點或釘中心之間隔尺度，而縫銲即為長條形之點銲，故應表示其寬度、長度及間隔尺度，如圖14-5.14所示。

說　明	示 意 圖	符　號
塞孔銲接	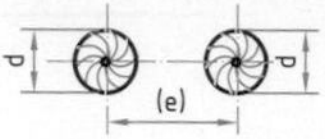 d　(e)　d	d ⊓ n(e)
塞槽銲接	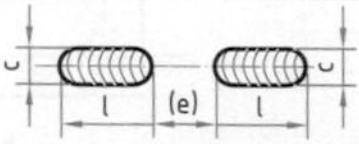 c　l　(e)　l　c	c ⊓ nxl (e)
點　銲	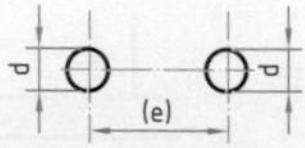 d　(e)　d	d ○n(e)
縫　銲	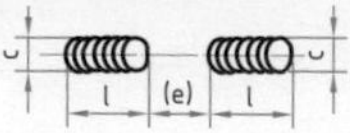 c　l　(e)　l　c	c ⦵ nxl (e)
植　釘	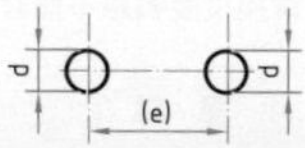 d　(e)　d	d ⊗n(e)

圖14-5.14　塞孔、塞槽、點銲、縫銲、植釘等銲接之尺度

4-6 銲接符號標註範例

表 14-6.1 範例1

範例	詳細視圖	銲接符號標註		說明
		A系統	B系統	
1		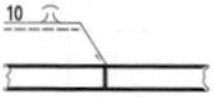		凸緣銲接(箭頭邊) 滲透深度10mm 表面形狀為凸面
2	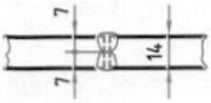	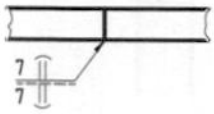	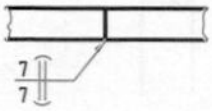	I形槽銲接(兩邊) 板厚14mm 兩邊之滲透深度各為7mm 兩邊表面形狀均為凸面
3	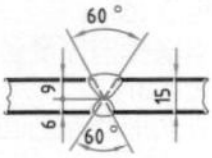	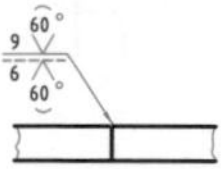	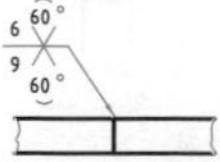	V形槽銲接(兩邊) 箭頭邊滲透深度9mm 箭頭對邊滲透深度6mm 兩邊槽角均為60° 兩邊表面形狀均為凸面
4	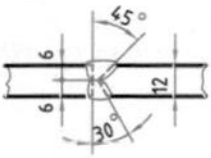	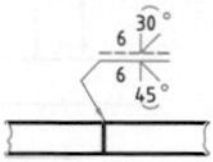	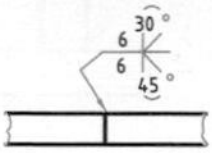	單斜形槽銲接(兩邊) 板厚12mm 兩邊滲透深度各為6mm 箭頭邊槽角45° 箭頭對邊槽角30° 兩邊表面形狀均為凸面
5	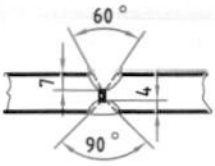	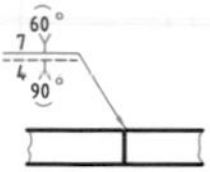	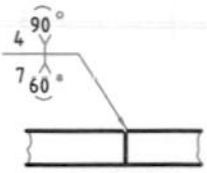	Y形槽銲接(兩邊) 箭頭邊滲透深度7mm 槽角60° 箭頭對邊滲透深度4mm 槽角90° 兩邊表面形狀均為凸面
6	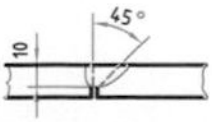	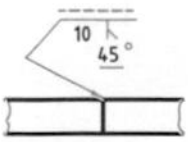	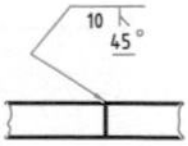	斜Y形槽銲接(箭頭邊) 滲透深度10mm 槽角45° 表面形狀為平面
7	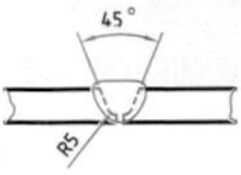	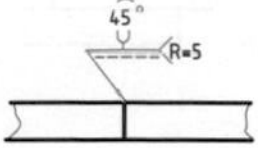	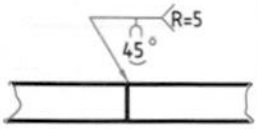	U形槽銲接(箭頭邊) 滲透深度等於板厚 槽角45° 槽底圓弧半徑5mm 表面形狀為凸面

表 14-6.2 範例2

範例	詳細視圖	銲接符號標註		說　明
		A系統	B系統	
8	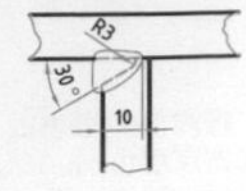	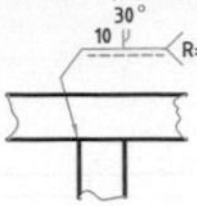	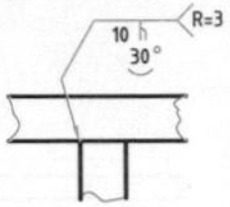	J形槽銲接(箭頭邊) 滲透深度10mm 槽角30 槽底圓弧半徑3mm 表面形狀為凸面
9	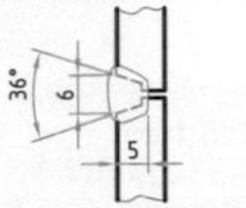	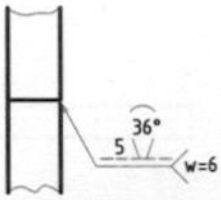	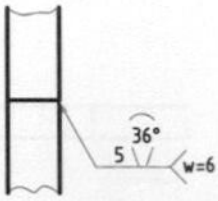	平底V形槽銲接(箭頭對邊 滲透深度5mm 槽口寬度6mm 槽角36 表面形狀為凸面
10	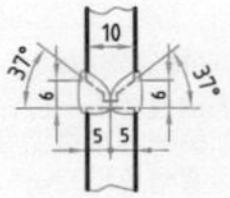	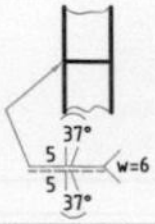	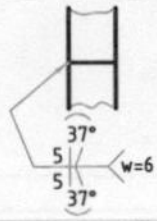	平底單斜形槽銲接(兩邊 板厚10mm 兩邊銲道深度各為5mm 槽角37 表面形狀為凸面
11	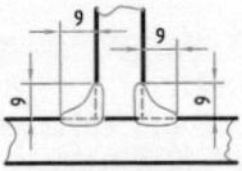	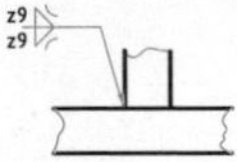		填角銲接(兩邊) 腳長9mm 表面形狀為凹面
12	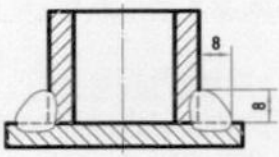	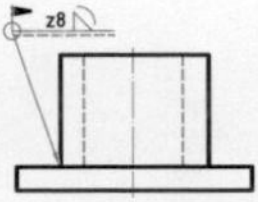	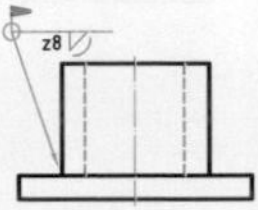	現場全周連續填角銲接 腳長8mm 表面形狀為凸面
13	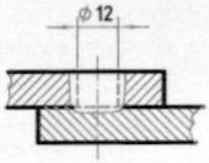	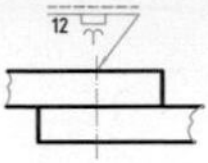	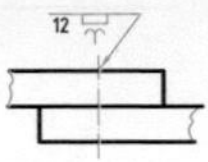	塞孔銲接(箭頭邊) 孔徑12mm 表面去銲趾
14	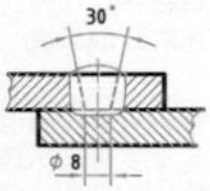	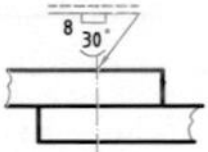	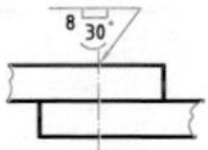	塞孔銲接(箭頭邊) 錐形孔 孔徑8mm 表面形狀為凸面

表 14-6.3 範例3

範例	詳細視圖	銲接符號標註		說 明
		A系統	B系統	
15	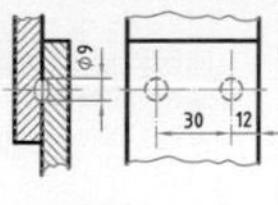 ϕ9 30 12	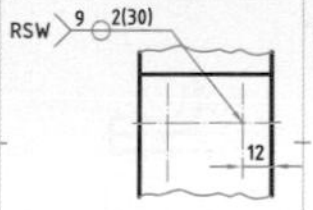 RSW 9 2(30) 12	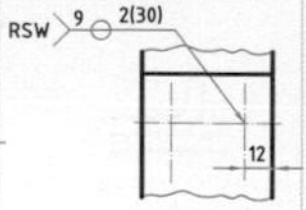 RSW 9 2(30) 12	點銲(夾在兩邊中間) 點直徑9mm 點數二個 點與點間隔30mm 銲接方法為電阻點銲
16	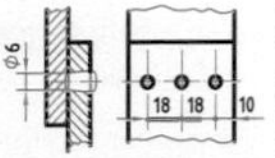 ϕ6 18 18 10	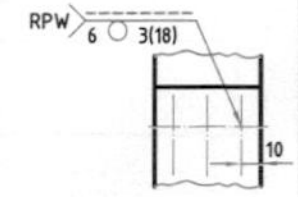 RPW 6 3(18) 10	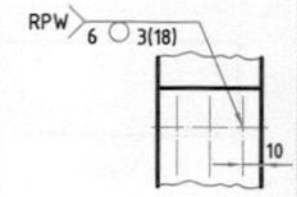 RPW 6 3(18) 10	浮凸銲接(箭頭邊) 點直徑6mm 點數三個 點與點間隔18mm 銲接方法為電阻浮凸銲
17	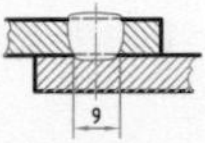 9	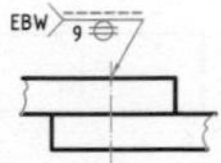 EBW 9	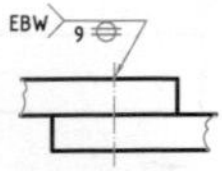 EBW 9	縫銲(箭頭邊) 縫寬9mm 銲道長度為銲接件之全長 銲接方法為電子束銲接
18	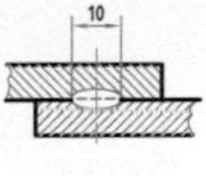 10	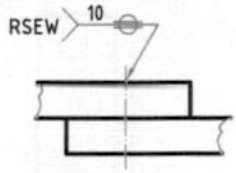 RSEW 10	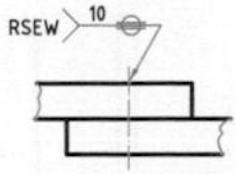 RSEW 10	縫銲(夾在兩邊中間) 縫寬10mm 銲道長度為銲接件之全長 銲接方法為電阻縫銲
19	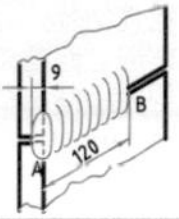 9 B A 120	 9 120 A-B	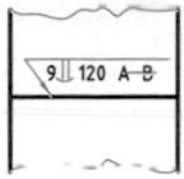 9 120 A-B	I形槽銲接(箭頭邊) 滲透深度9mm 銲道長度120mm 自A點至B點 表面形狀為凸面
20	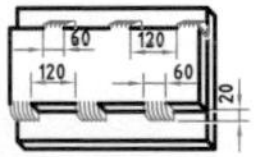 60 120 120 60 20	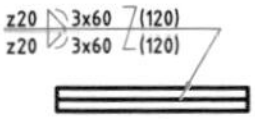 z20 3x60 (120) z20 3x60 (120)	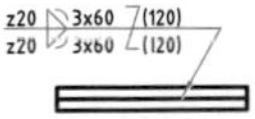 z20 3x60 (120) z20 3x60 (120)	填角銲接(兩邊交叉) 腳長20mm，段數三個 每段長度60mm 間隔之距離120mm 表面形狀為凸面
21	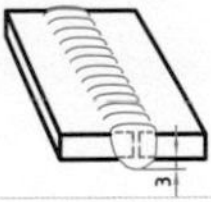 3	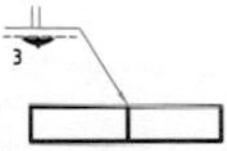 3	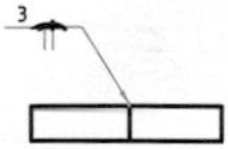 3	I形槽銲接(箭頭邊) 全滲透之根部凸出量 為3mm 表面形狀為凸面

表 14-6.4 範例4

範例	詳細視圖	銲接符號標註		說　明
		A系統	B系統	
22	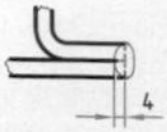 4	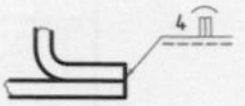 4	 4	端緣銲接(箭頭邊) 滲透深度4mm 表面形狀為凸面
23	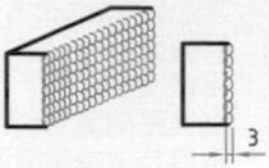 3	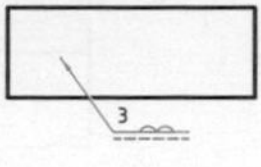 3	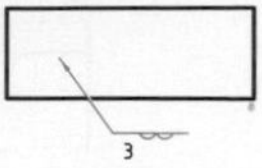 3	表面銲接(箭頭邊) 凸出3mm
24	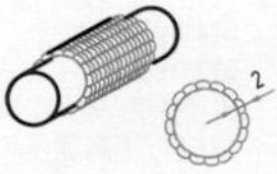 2	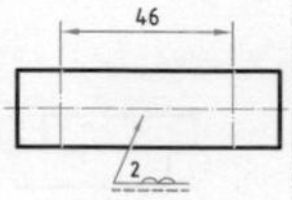 46 2	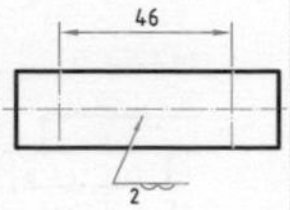 46 2	表面銲接(箭頭邊) 凸出2mm
25	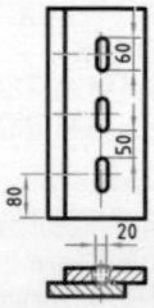 60 50 80 20	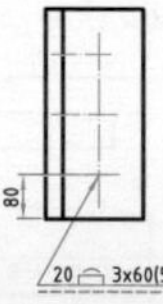 80 20 3x60(50)	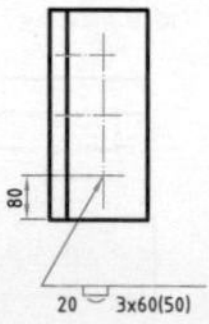 80 20 3x60(50)	塞槽銲接(箭頭邊) 槽寬20mm 槽數三個 槽長60mm 間隔之距離50mm 表面形狀為凸面
26	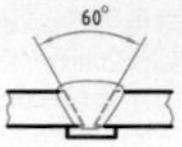 60°	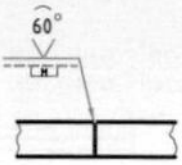 60°	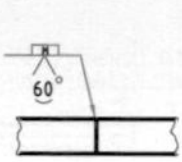 60°	V形槽銲接(箭頭邊) 槽角60° 表面形狀爲凸面 背面使用永久背托條

表 14-6.5 範例5

範例	詳細視圖	銲接符號標註		說　明
		A系統	B系統	
27	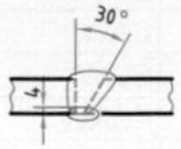 30° 4	 4 30	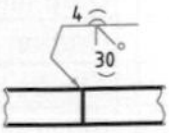 4 30	單斜形槽銲接(箭頭邊) 滲透深度等於板厚 槽角30° 背面銲接(箭頭對邊) 滲透深度4mm 兩邊之表面形狀均為凸面
28	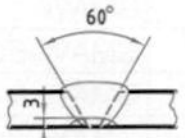 60° 3	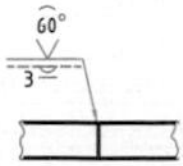 60° 3	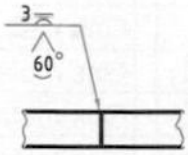 3 60°	V形槽銲接(箭頭邊) 滲透深度等於板厚 槽角60°，表面形狀為凸面 背面銲接(箭頭對邊) 滲透深度 表面形狀為平面
29	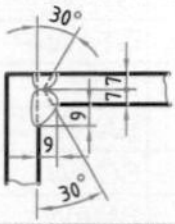 30° 7 7 9 9 30°	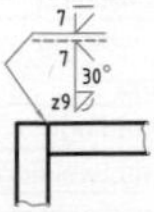 7 7 30° z9	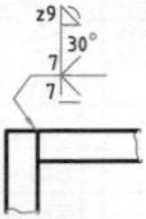 z9 30° 7 7	單斜形槽銲接(兩邊) 滲透深度等於板厚之半 槽角30°，表面形狀為平面 填角銲接(箭頭對邊) 腳長9mm，表面形狀為凸面
30	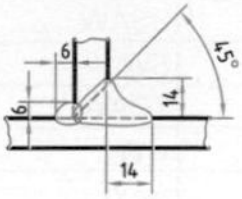 6 45° 6 14 14	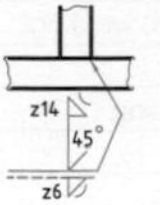 z14 45° z6	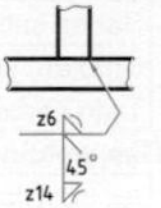 z6 45° z14	單斜形槽銲接及填角銲接(箭頭邊) 滲透深度等於板厚 槽角45°，腳長14mm 表面形狀為凹面 填角銲接(箭頭對邊) 腳長6mm，表面形狀為凸面
31	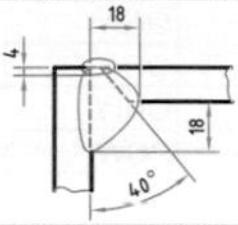 18 4 18 40°	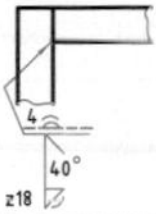 4 40° z18	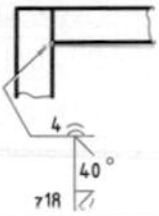 4 40° z18	單斜形槽銲接及填角銲接(箭頭邊) 滲透深度等於板厚 槽角40°，腳長18mm 背面銲接(箭頭對邊) 滲透深度4mm 兩邊之表面形狀均為凸面
32	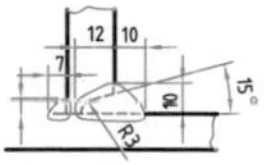 12 10 7 15° 10 R3	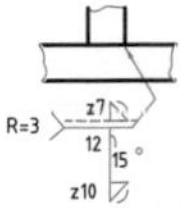 R=3 z7 12 15° z10	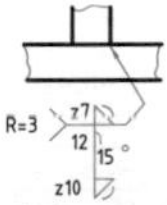 R=3 z7 12 15° z10	J形槽銲接及填角銲接(箭頭邊) 滲透深度12mm，槽角15° 槽底圓弧半徑3mm 腳長10mm 填角銲接(箭頭對邊)，腳長7mm 兩邊之表面形狀均為凸面

鋅接方法代號（代碼）對照表

銲接方法	英文名稱	代號	ISO 代
電弧銲	**Arc welding**	**AW**	1
原子氫弧銲	Atomic hydrogen welding	AHW	149
裸金屬電弧銲	Bare metal arc welding	BMAW	
碳極電弧銲	Carbon arc welding	CAW	181
電熱電氣電弧銲	Electro gas arc welding	EGW	
包藥銲線電弧銲	Flux cored arc welding	FCAW	136
包藥銲線電弧銲(充氣電弧)	Flux cored arc welding-electrogas	FCAW-EG	113
氣體遮護碳極電弧銲	Gas carbon arc welding	GCAW	
氣體遮護金屬電弧銲	Gas metal arc welding	GMAW	13
氣體遮護金屬電弧銲(充氣電弧)	Gas metal arc welding-electrogas	GMAW-EG	
氣體遮護金屬電弧銲(脈動電弧)	Gas metal arc welding-pulsed arc	GMAW-P	
氣體遮護金屬電弧銲(短路移行)	Gas metal arc welding-short circuiting arc	GMAW-S	
惰氣遮護鎢極電弧銲	Gas tungsten arc welding	GTAW	141
惰氣遮護鎢極電弧銲(脈動電弧)	Gas tungsten arc welding-pulsed arc	GTAW-P	
電漿電弧銲	Plasma arc welding	PAW	15
潛弧銲	Submerged arc welding	SAW	12
遮護碳極電弧銲	Shielded carbon arc welding	SCAW	
遮護金屬電弧銲	Shielded metal arc welding	SMAW	111
多極潛弧銲	Series submerged arc welding	SSAW	
螺樁電弧銲	Stud arc welding	SW	781
雙碳極電弧銲	Twin carbon arc welding	TCAW	
氣銲	**Gas welding**	**GW**	3
空氣乙炔氣銲	Air acetylene welding	AAW	321
氧乙炔氣銲	Oxyacetylene welding	OAW	311
氣燃料氣銲	Oxyfuel gas welding	OFW	31
氫氧氣銲	Oxyhydrogen welding	OHW	313
壓力氣銲	Pressure gas welding	PGW	47
電阻銲	**Resistance welding**	**RW**	2
閃光銲	Flash welding	FW	24
高週波電阻銲	High frequency resistance welding	HFRW	291
撞擊銲	Percussion welding	PEW	77
浮凸銲	Projection welding	RPW	23
電阻縫銲	Resistance seam welding	RSEW	22
電阻點銲	Resistance spot welding	RSW	21
端壓銲	Upset welding	UW	
固態銲	**Solid state welding**	**SSW**	
冷銲	Cold welding	CW	48
擴散銲	Diffusion welding	DFW	45
爆炸銲	Explosion welding	EXW	441
鍛銲	Forge welding	FOW	43
摩擦銲	Friction welding	FRW	42
熱壓銲	Hot pressure welding	HPW	4
滾軋銲	Roll welding	ROW	
超音波銲	Ultrasonic welding	USW	41
其他銲接法			
電子束銲	Electron beam welding	EBW	76
電熱熔渣銲	Electroslag welding	ESW	72
熔燒銲	Flow welding	FLOW	
感應銲	Induction welding	IW	74
雷射銲	Laser beam welding	LBW	751
高熱銲	Thermit welding	TW	71

第 15 章 鋼架結構圖與鉚接符號 15

1 型鋼之尺度表示法

代表型鋼之符號及其尺度表示法如表 15-1.1 所示。

表 15-1.1

名稱	簡圖	符號	尺度表示法
角鋼		L	L $A\times B\times t_1\times t_2-\ell$
I形鋼		I	I $A\times B\times t_1\times t_2-\ell$
槽鋼		[	[$A\times B\times t_1\times t_2-\ell$
T形鋼		T	T $A\times B\times t_1\times t_2-\ell$
Z形鋼		⅂	⅂ $A\times B\times t_1\times t_2-\ell$
勾鋼		L	L $A\times B\times t_1\times t_2-\ell$
鐵軌鋼		I	I $A\times B\times t_1\times t_2-\ell$
球邊鋼		ǀ	ǀ $A\times t_1-\ell$
圓鋼		ϕ	ϕ $d-\ell$
圓管			ϕ $d\times t-\ell$

表 15-1.1 (續)

名稱	簡圖	符號	尺度表示法
方鋼	b, ℓ	□	□b×t-ℓ
方管	b, t, ℓ		□b-ℓ
扁鋼	b, h, ℓ	▭	▭b×h-ℓ
長方管	t, b, h, ℓ		▭b×h×t-ℓ
六角鋼	s, ℓ	⬡	⬡ s-ℓ
六角管	t, s, ℓ		⬡ s×t-ℓ
三角鋼	b, ℓ	△	△ b-t
半圓鋼	h, b, ℓ	⌓	⌓ b×h-ℓ
鋼板	A, t, B	PL	PL t×A×B
墊片	A, t, B	F	F t×A×B

備考：當 t_1=t_2 時，t_2 省略之。

15-2 結構表示法

鋼架結構可有兩種畫法：

(1)一般表示法：依照 CNS 3「工程製圖(一般準則)」之投影方法繪製。

(2)簡易法：如圖 15-2.1 所示，用粗實線表示每一構件，各接頭及需要顯示其詳細情形之處，應另附部詳圖表示之。

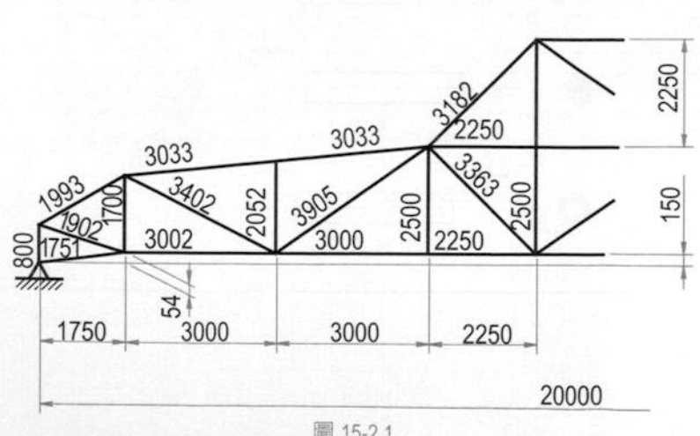

圖 15-2.1

1.鉚釘接合之表示法：結構圖中，鉚釘等都用符號表示，該等符號依 CNS 3-5「工程製圖(鉚接符號)」之規定，如 15-7 節說明。

螺栓螺帽接合之表示法：結構圖中，螺栓螺帽等也都用符號表示如圖 15-2.2 所示，該等符號與鉚釘者大致相同，但可由其標稱符號區別之，例如螺栓為 M12×50。常用螺栓孔直徑，可由螺栓之標稱直徑(d)算出。當螺栓之標稱直徑在 M16 以下時，螺栓孔直徑約為(d+1)mm；超過 M16 時，螺栓孔直徑約為(d+1.5)mm。

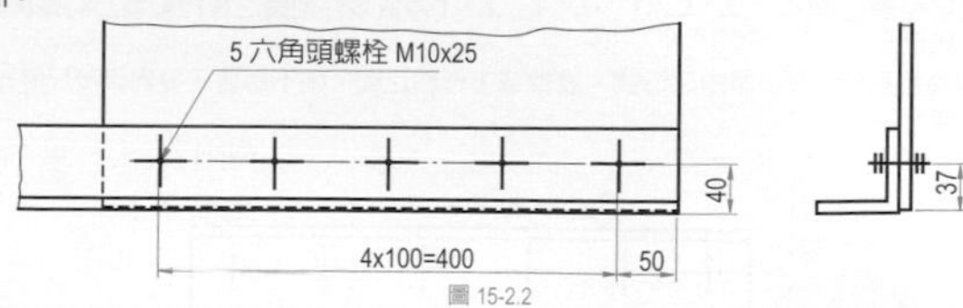

圖 15-2.2

為表明何端為螺帽，則在螺帽端用雙線如表 15-2.1 所示。

表 15-2.1

			指定螺帽位置
視圖平面平行於孔軸線	工廠栓接		
	現場栓接	工廠鑽螺栓孔	
		現場鑽螺栓孔	

接接合之表示法：結構圖中之熔接符號依 CNS 3-6[工程製圖(熔接符號)]之規定。

3 構件之剖面

結構圖中，構件之剖面如太薄時，依 CNS 3[工程製圖(一般準則)]規定，予以塗黑，相鄰兩件之間留空白如圖 15-3.1。

圖 15-3.1

4 墊 片

墊片用符號 "F" 表示之，寫在墊片尺度之前，如表 15-1.1 中所示。在視圖或剖視圖中，墊片用平行線表示之如圖 15-4.1、圖 15-4.2 所示，對於大件之墊片，其中間部分之平行斜線可以省略，但畫出之斜線須整齊。

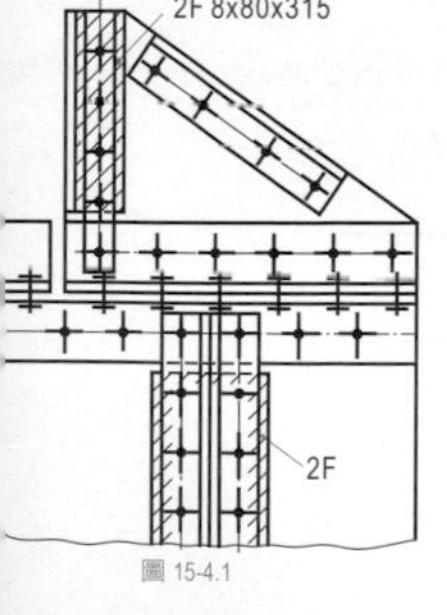

圖 15-4.1

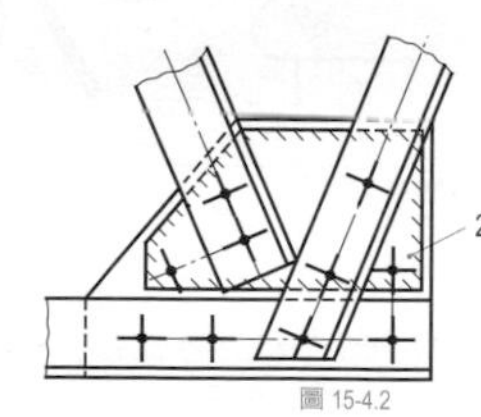

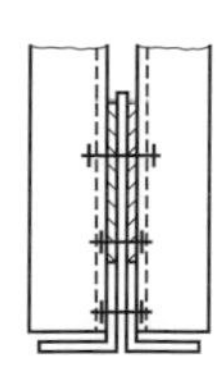

圖 15-4.2

15

15-5 尺度標註

本標準所未列舉之尺度標註法，悉依 CNS 3-1[工程製圖(尺度標註)]之規定。

第 2 節所規定之型鋼符號(L、I、[、T、⅂、L、I、I)可依該件型鋼之實際配置方向書寫之如圖 15-5.1、15-5.2 所示。

如尺度數值可直接註寫於圖內之符號、邊線或工作點之間，則不必畫尺度界線及尺度線如圖 15-5.2、15-5.3 所示。

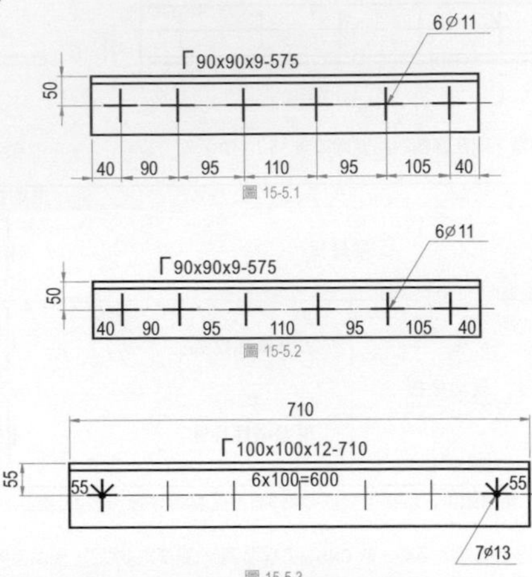

圖 15-5.1

圖 15-5.2

圖 15-5.3

全部型鋼軸線須交會於一點，該點相當於相其理論結點(工作點)。

鑽孔中心線原則上與型鋼之軸線相符合。

角牽板之尺度須以工作點為基準標註之如圖 15-5.4。

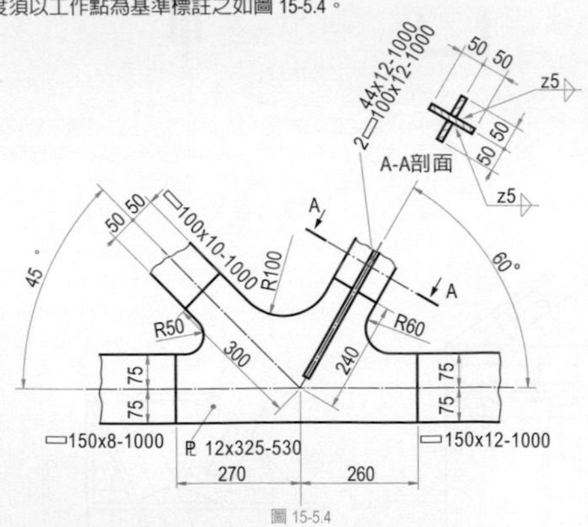

圖 15-5.4

如構件呈弧形時，其弧長尺度之標註，應加註其半徑如圖 15-5.5、15-5.6。

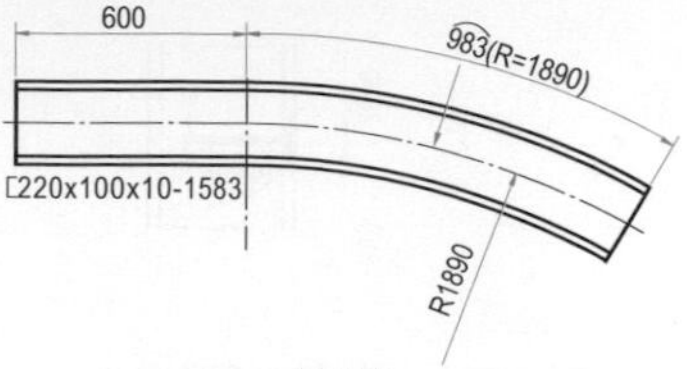

圖 15-5.5

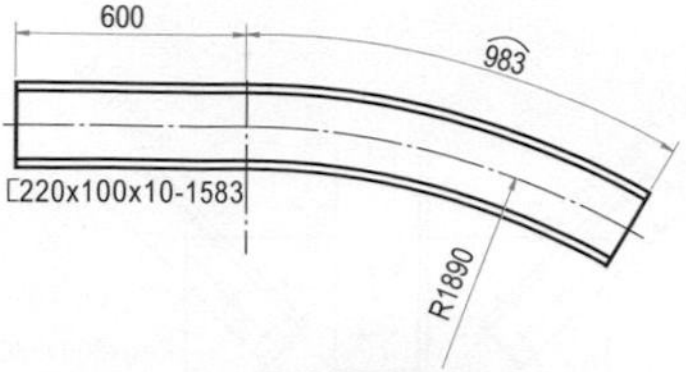

圖 15-5.6

彎曲構件上成排孔中心弧線距離之尺度標註法可簡化如圖 15-5.7。

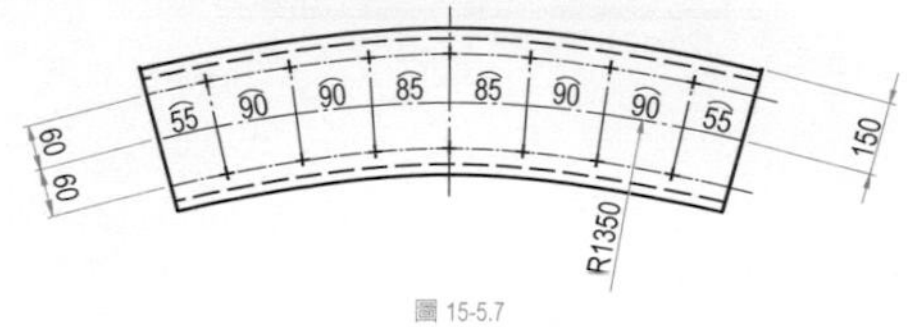

圖 15-5.7

結構件之符號及標稱尺度，可寫在構件之上、下或側面附近如圖 15-5.8 所示，各構件之符號依第 2
規定。

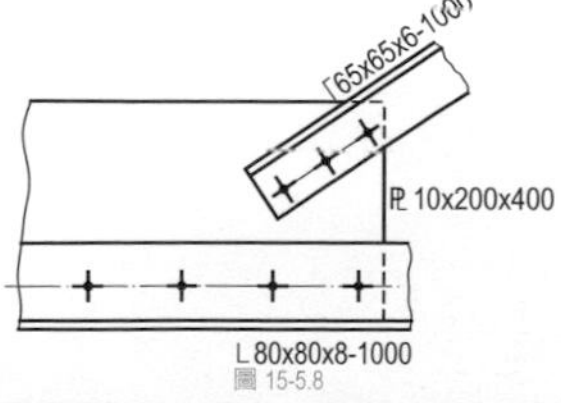

圖 15-5.8

多層鋼架之高度，標示各層之累積高度，排成一線如圖 15-5.9(a)時，可用圖 15-5.9(b)代替之。其局
圖，如圖 15-5.10。

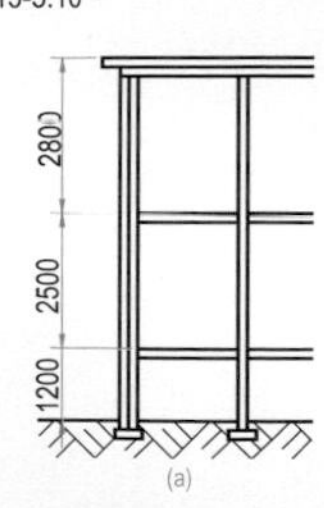

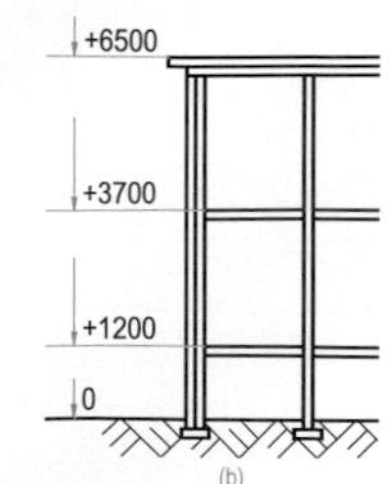

圖 15-5.9

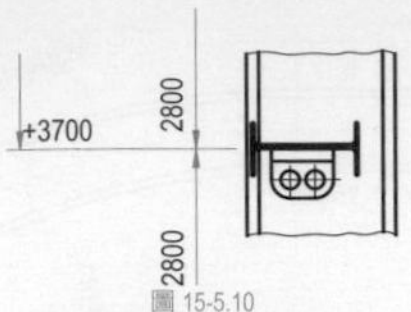

圖 15-5.10

15-6 構件件號

構件件號之編列依順時針方向妥為安排，並以較大字體寫於符號及尺度之後如圖 15-6.1。

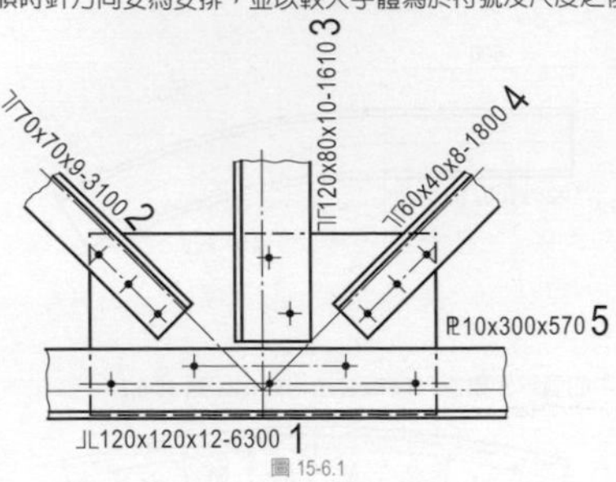

圖 15-6.1

第 16 章 管路符號

16

-1 管之種類

管之強度等級、尺度、重量均已標準化，可互換使用。常用管之種類

鋼管(steel pipe)。

鑄鐵管(cast-iron pipe)。

非鐵金屬管(non-ferrous metal pipe and tubing)

塑膠管(plastic pipe)。

1.1 鋼 管

鋼管包含碳鋼管、合金鋼管與特殊鋼管等，通常未特別註明者係指碳鋼管。標準鋼管依厚度不同
為 l0 級、20 級、30 級……160 級，其中 10 級管之管壁最薄，順序遞增至 160 級之管壁最厚，標準鋼
之尺度規範如表 16-1 所示，常用者為 40 級管(標準管)、80 級管(特強管)與 120 級管(加倍特強管)。

凡標稱相同之鋼管，外徑尺度均相同，內徑則隨管壁厚度(或級別)之不同而異，其目的在於避免管
件內徑尺度之變更。

管之標稱 300mm 以下者，該標稱代表該管之內徑尺度，意指其外徑較大於該標稱尺度，但亦非表
該標稱即為其內徑大小。

管之標稱大於 300mm 者，該標稱代表該管之外徑尺度，而實際外徑亦稍大於該尺度。

標準管之長度分有 6 公尺與 12 公尺兩種。

鋼管依製作方法不同分為(有)接縫鋼管與無縫鋼管兩類。

接縫鋼管用鋼板捲成圓筒狀，對頭熔接或電阻熔接後磨平外表熔接道而成，管內面仍然留有熔接
之痕跡。

無縫鋼管係由鋼錠擠製或抽製而成，管內面光滑無熔接道痕跡。

.2 鑄鐵管

鑄鐵管通常用離心鑄造法鑄造，供應尺度自直徑 750mm 以上，標準長度有 1500mm 與 3000mm 兩種。
鐵管因材質關係，不宜使用於高壓力管路，常用於自來水供應用管路或下水道系統。

表 16-1.1 標準鋼管之尺度

標稱管徑		外徑	標稱級別																			
			Sch 10		Sch 20		Sch 30		Sch 40		Sch 60		Sch 80		Sch 100		Sch 120		Sch 140		Sch 160	
A	B		厚度	重量	厚度	重量	厚度	重量	厚度	重量	厚度	重量	厚度	重量	厚度	重量	厚度	重量	厚度	重量	厚度	重量
(mm)	(in)	mm	mm	kg/m	mm	kg/m	mm	kg/m	mm	kg/m	mm	kg/m	mm	kg/m	mm	kg/m	mm	kg/m	mm	kg/m	mm	kg/m
6	1/8	10.5	1.2	0.275	1.5	0.333			1.7	0.369	2.2	0.450	2.4	0.479								
8	1/4	13.8	1.65	0.494	2.0	0.582			2.2	0.629	2.4	0.675	3.0	0.799								
10	3/8	17.3	1.65	0.637	2.0	0.755			2.3	0.851	2.8	1.000	3.2	1.11								
15	1/2	21.7	2.1	1.02	2.5	1.18			2.8	1.31	3.2	1.46	3.7	1.64							4.7	1.97
20	3/4	27.2	2.1	1.30	2.5	1.52			2.9	1.74	3.4	2.00	3.9	2.24							5.5	2.94
25	1	34.0	2.8	2.15	3.0	2.29			3.4	2.57	3.9	2.89	4.5	3.27							6.4	4.36
32	1 1/4	42.7	2.8	2.76	3.0	2.94			3.6	3.47	4.5	4.24	4.9	4.57							6.4	5.73
40	1 1/2	48.6	2.8	3.16	3.0	3.37			3.7	4.10	4.5	4.89	5.1	5.47							7.1	7.27
50	2	60.5	2.8	3.98	3.2	4.52			3.9	5.44	4.9	6.72	5.5	7.46							8.7	11.1
65	2 1/2	76.3	3.0	5.42	4.5	7.97			5.2	9.12	6.0	10.4	7.0	12.0							9.5	15.6
80	3	89.1	3.0	6.37	4.5	9.39			5.5	11.3	6.6	13.4	7.6	15.3							11.1	21.4
90	3 1/2	101.6	3.0	7.29	4.5	10.8			5.7	13.5	7.0	16.3	8.1	18.7							12.7	27.8
100	4	114.3	3.0	8.23	4.9	13.2			6.0	16.0	7.1	18.8	8.6	22.4			11.1	28.2			13.5	33.6
125	5	139.8	3.4	11.4	5.1	16.9			6.6	21.7	8.1	26.3	9.5	30.5			12.7	39.8			15.9	48.6
150	6	165.2	3.4	13.6	5.5	21.7			7.1	27.7	9.3	35.8	11.0	41.8			14.3	53.2			18.2	66.0
200	8	216.3	4.0	20.9	6.4	33.1	7.0	36.1	8.2	42.1	10.3	52.3	12.7	63.8	15.1	74.4	18.2	88.9	20.6	99.4	23.0	110
250	10	267.4	4.0	26.0	6.4	41.2	1.8	49.9	9.3	59.2	12.7	79.8	15.1	93.9	18.2	112	21.4	130	25.4	152	28.6	168
300	12	318.5	4.5	34.8	6.4	49.3	8.4	64.2	10.3	78.3	14.3	107	17.4	129	21.4	157	25.4	184	28.6	204	33.3	234
350	14	355.6	6.4	55.1	7.9	67.7	9.5	81.1	11.1	94.3	15.1	127	19.0	158	23.8	195	27.8	225	31.8	254	35.7	282
400	16	406.4	6.4	63.1	7.9	77.6	9.5	93.0	12.7	123	16.7	160	21.4	203	26.2	246	30.9	286	36.5	333	40.5	365
450	18	457.2	6.4	71.1	7.9	87.5	11.1	122	14.3	156	19.0	205	23.8	354	29.4	310	34.9	363	39.7	409	45.2	419
500	20	508.0	6.4	79.2	9.5	117	12.7	155	15.1	184	20.6	248	26.2	311	32.5	381	38.1	441	44.4	508	50.0	565

註：1.鋼管之標稱須依標稱管徑及標稱厚度稱之，標稱管徑(A)或(B)係依使用之不同而分別加於數字之後。

2.表內重量之數值以鋼料 1 cm^3 之重量為 7.85 g，並依下列公式計算，且依 CNS 2925 標準取 3 位有效數字。

$W=0.02466\,t\,(D-t)$ W：鋼管重量 t：鋼管厚度 D：鋼管外徑

3.如特別要求上表以外之尺度時，得買賣雙方協議之。

1.3 非鐵金屬管

銅與銅合金管(copper、brass、bronze pipe and tubing)：銅、黃銅與青銅常用以製作高抗腐蝕性之管或配件。通常用於建築物基礎混凝土內，為水或瓦斯之輸送管路。標準管之長度為 300mm。

鋁與鋁合金管(aluminium and aluminium alloy tube)：鋁與鋁合金管常用為航空機械之輸送或控制管路，特亦可取代銅管製作各種蛇行盤管。

鉛與鉛合金管(lead and lead alloy tube)：鉛與鉛合金管或鉛襯管，常用為化學工業中之管路設備。

薄管(tube)為較小直徑且管壁較薄之無縫管，常用管徑在 50mm 以下，標準長度有 3600mm、6000mm 18000mm 等。以非鐵金屬製作者，可輕易彎曲置，常用於須承受振動之部位、出入口不對準或需運之部位，在輸送機、車輛、柴油機、液壓機等設備中輸送蒸氣、瓦斯或燃油、潤滑油等。或用為冷或熱交換器中之蛇形盤管。

1.4 塑膠管

塑膠管為非金屬管，其中以聚氯乙烯(PVC)管之使用最廣，其耐燃性、無磁性、不導電、無臭無味、腐蝕、對某些化學物具有極高之抵抗力、質輕、對流體之阻力低、不受氣候影響、易彎曲及可用溶接何等優點。其缺點則為，材料強度較小僅宜用於低溫低押之處所，需用較多之支架，帳縮率約為之五倍等。改進之方法為鋼管內襯塑膠管使用。

其他非金屬管尚有石綿管、混凝土管等，各具特性，使用於特定領域。

2 管之接合

管路系統係由許多管與管配件件(直管、彎管、閥、監測儀表……等等)組合連接而成，其相互間之合方式有螺紋接合、熔接接合、凸緣接合、插承接合與套接接合等五種。

2.1 螺紋接合

螺紋接合法通常在直管件兩端製成外管螺紋，管配件兩端製成內管螺紋，如圖 16-2.1 所示。利用內螺紋配合而接合。

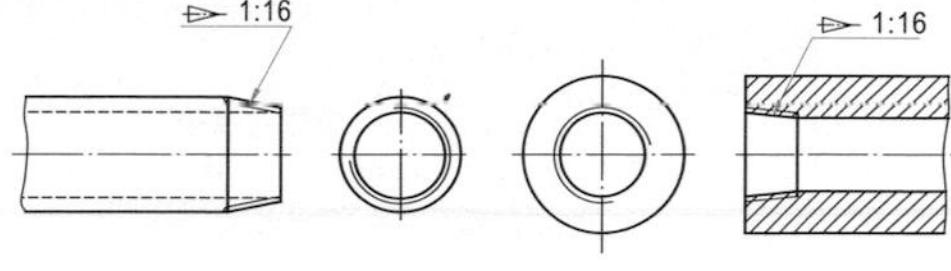

圖 16-2.1 管螺紋接合

管螺紋(pipe thread)除連結接合作用外，尚須具備防漏功能，迄今仍然採用韋氏螺紋輪廓之螺距較細，其中又分為氣密管螺紋與非氣密管螺紋兩種，如圖 16-2.2 所示。

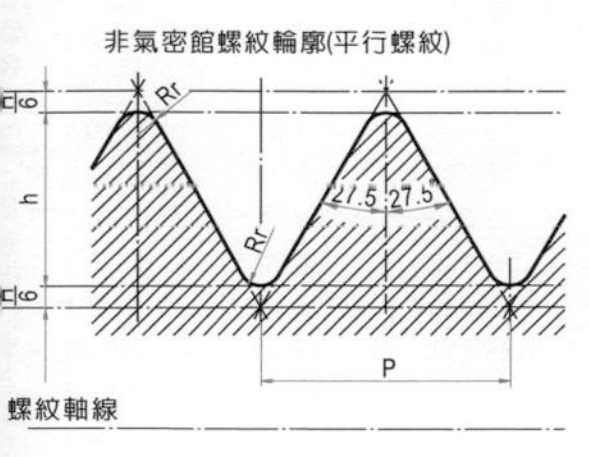

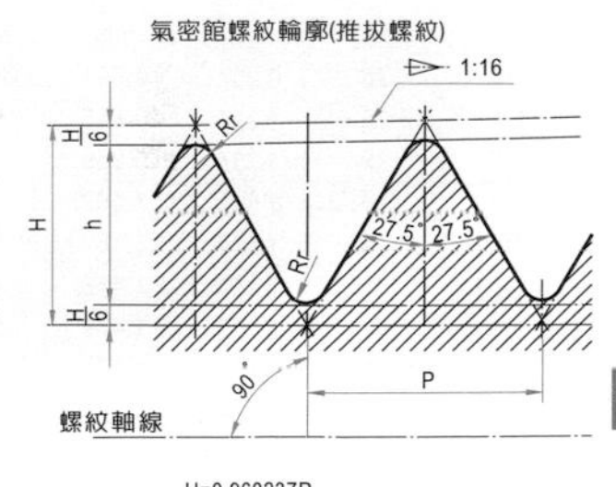

16

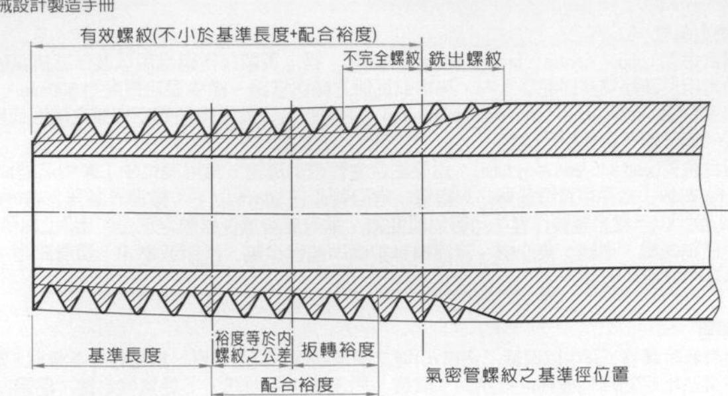

圖 16-2.2　管螺紋之螺紋輪廓

1. 氣密管螺紋：氣密管螺紋為錐度「1:16」之推拔螺紋，其螺紋輪廓與基本尺度等，如圖 16-2.2 及表 16-2

表 16-2.1　氣密管螺紋

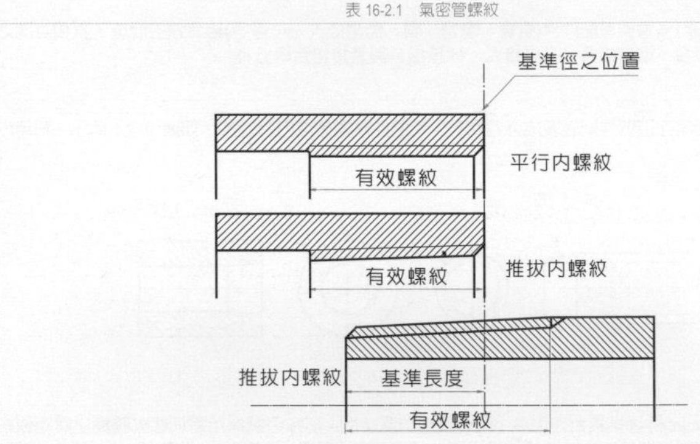

標稱管徑 (吋)	每吋 牙數	螺距 mm	深度 mm	基準徑位置			有效螺紋長度
				大徑mm	有效徑mm	小徑mm	基準mm
1/8	28	0.907	0.581	9.72	9.147	8.56	6.5
1/4	19	1.337	0.856	13.15	12.301	11.44	9.7
3/8	19	1.337	0.856	16.66	15.806	14.95	10.1
1/2	14	1.814	1.162	20.95	19.793	18.63	13.2
3/4	14	1.814	1.162	26.44	25.279	24.11	14.5
1	11	2.309	1.479	33.25	31.770	30.29	16.8
1 1/4	11	2.309	1.479	41.91	40.431	38.95	19.1
1 1/2	11	2.309	1.479	47.80	46.324	44.48	19.1
2	11	2.309	1.479	59.61	58.135	56.65	23.4
2 1/2	11	2.309	1.479	75.18	73.705	72.22	26.7
3	11	2.309	1.479	87.88	86.405	84.92	29.8
3 1/2	11	2.309	1.479	100.33	98.851	97.37	31.4
4	11	2.309	1.479	113.03	111.551	110.07	35.8
5	11	2.309	1.479	138.43	136.951	135.47	40.1
6	11	2.309	1.479	163.83	162.351	160.87	40.1

非氣密管螺紋：非氣密管螺紋為平行螺紋，其螺紋輪廓與基本尺度等，如圖 16-2.2 及表 16-2.2。

表 16-2.2 非氣密管螺紋

標稱管徑(吋)	每吋牙數	精準徑mm 大徑	精準徑mm 小徑	標稱管徑(吋)	每吋牙數	精準徑mm 大徑	精準徑mm 小徑	標稱管徑(吋)	每吋牙數	精準徑mm 大徑	精準徑mm 小徑
1/8	28	9.72	8.56	1 1/8	11	37.89	34.93	3	11	87.88	84.92
1/4	19	13.15	11.44	1 1/4	11	41.91	38.95	3 1/2	11	100.33	97.37
3/8	19	16.66	14.95	1 1/2	11	47.80	44.84	4	11	113.03	110.07
1/2	14	20.95	18.63	1 3/4	11	53.74	50.87	4 1/2	11	125.73	122.77
5/8	14	22.91	20.58	2	11	59.61	56.65	5	11	138.43	135.47
3/4	14	26.44	24.11	2 1/4	11	65.71	62.75	5 1/2	11	151.13	148.17
7/8	14	30.20	27.87	2 1/2	11	75.18	72.22	6	11	163.83	160.87
1	11	33.25	30.29	2 3/4		81.53	78.56				

.2 凸緣接合

凸緣接合法係在管或管配件之兩端製成凸緣，接合時將凸緣對合並用螺栓鎖合，如圖 16-2.3 所示。端凸緣可用鍛造或鑄造成一體，亦可用螺紋鎖接或熔接而成一體。凸緣接合極為強固，可承受高壓並可在需要時拆卸分離。

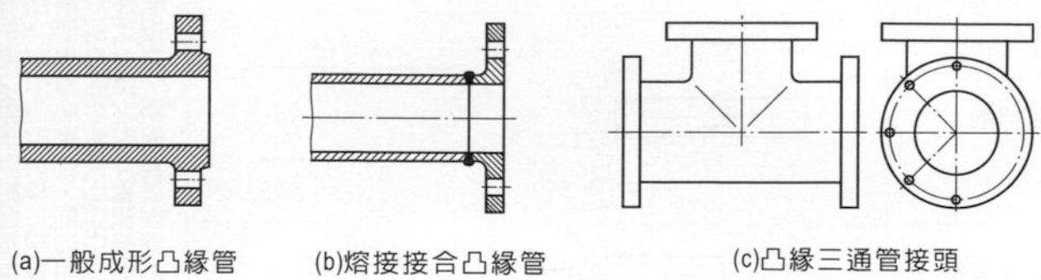

圖 16-2.3 凸緣接合

.3 熔接接合

熔接接合係沿管端接合面做全周熔接之接合，如圖 16-2.4 所示。接合規範及表示法依本書第十四章頭熔接及填角熔接之規定。

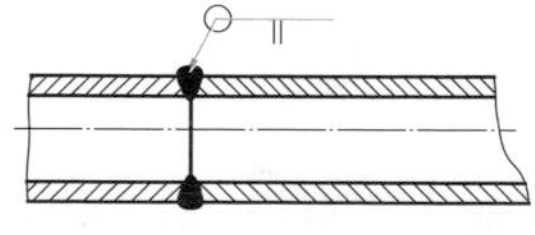

圖 16-2.4 熔接接合

.4 插承接合

插承接合係將管之一端製成較大口徑之承口，接合時將另管之一端插入承口，然後用鉛液或專用封環填充插承口之間隙，使接合管件固定並密封者，如圖 16-2.5。

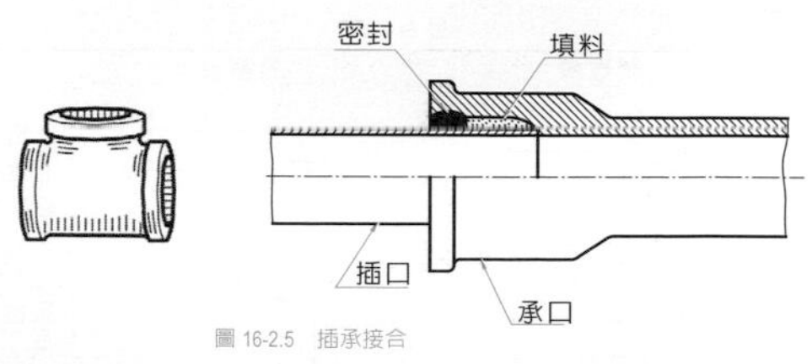

圖 16-2.5 插承接合

16-2.5 套接接合

套接接合係將螺紋套接頭，分別置於薄管或較小管件之管端，將管端塞入套接頭後，令管端擴或壓縮亦或用軟焊固接，然後鎖合套街頭而接合，如圖 16-2.6。

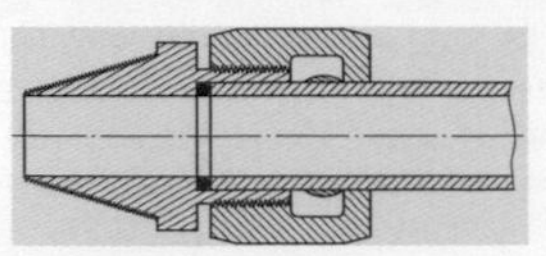

圖 16-2.6 套接接合

16-3 一般概念

1.管路之表示方法

表 16-3.1

名稱	雙線圖	單線圖	說明
管路			雙線圖中，管及配件依實際形狀按比例依CNS 3之線條規定繪製。單線圖中之管路之中心位置，配以粗實線畫於管件按比例以符號畫出，其粗細與數字同，但與管路中心線重合處仍以粗實線畫出。在單線圖中，350mm以上之管及配件應畫成雙線。折斷處須依標稱尺度之比例以細實線畫成S形。其他均比照管配件之表示法繪製。
管路折斷			
管路端視圖			
管路斷面			
管路流向			

2.管接合之表示方法

表 16-3.2

名稱	雙線圖	單線圖	說明
螺紋接合			接合處以垂直管之實線表示，其粗細與數字同。
熔接接合			接合處以小黑點示。

凸緣接合	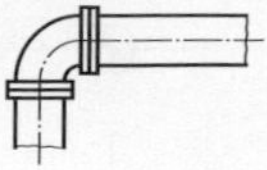	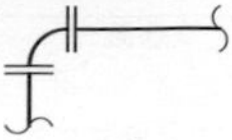	單線圖中兩凸緣間約留1mm間隙。
		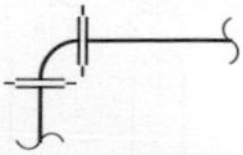	墊片可以中線短劃表示。
插承接合	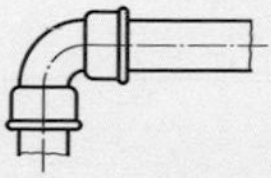	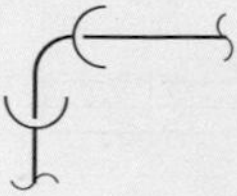	承口按比例畫成半圓與插口間約留2mm間隙。

管插入熔接之表示法

表 16-3.3

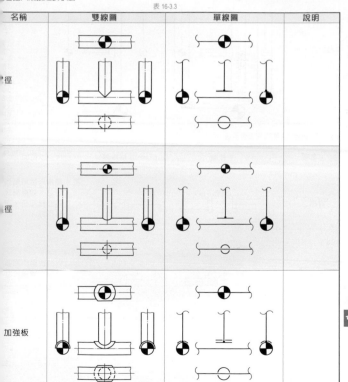

名稱	雙線圖	單線圖	說明
徑	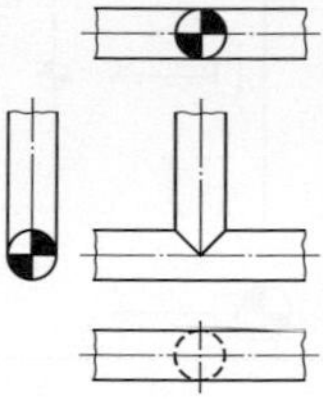	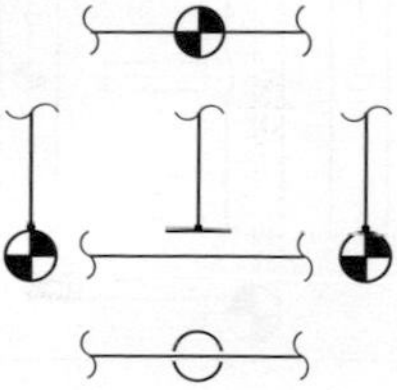	
徑	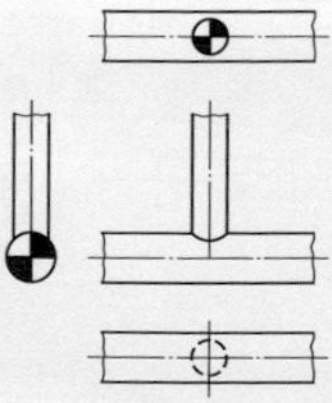	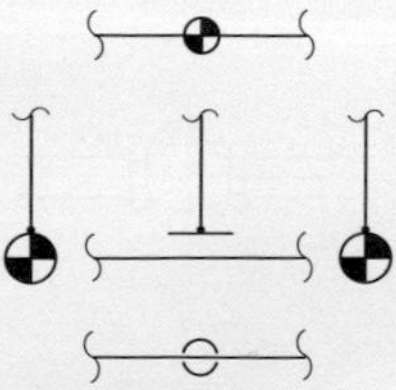	
加強板	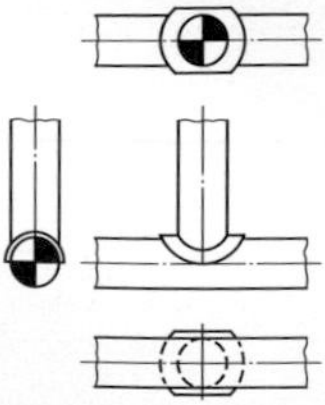	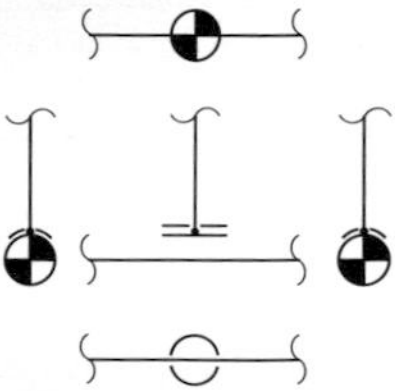	

表 16-3.3 (續)

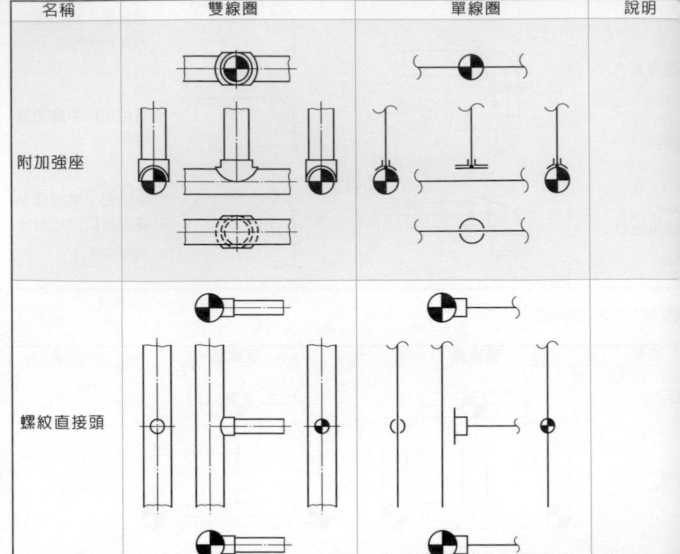

名稱	雙線圈	單線圈	說明
附加強座			
螺紋直接頭			

4.管路及管配件之標稱尺度表示法

表 16-3.4

名稱	雙線圖	單線圖	說明
管路		38	標稱尺度用箭頭明之。如標稱尺顯然已知時，可略不註。
管配件		38x19	異徑接頭依大端小端之標稱尺度註之。

其他

表 16-3.5

名稱	雙線圖	單線圖	說明
隱藏管路	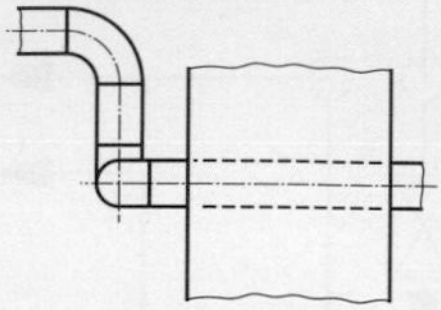	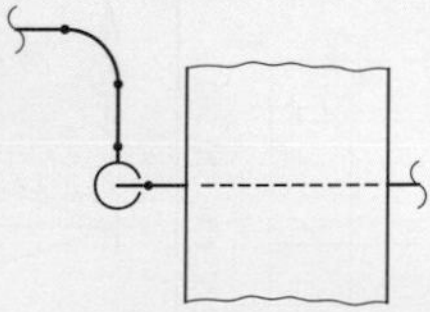	
地面線	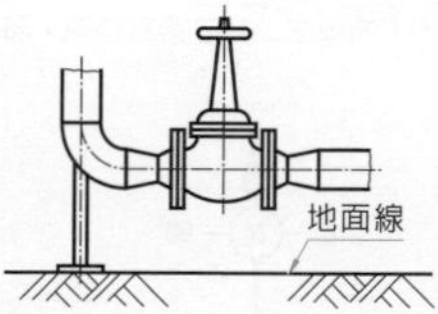 地面線	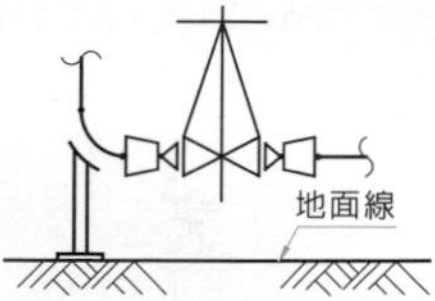 地面線	以粗實線繪製地面線，地面線以下之部分則以成45°之三條等距細實線繪製。
隔熱層	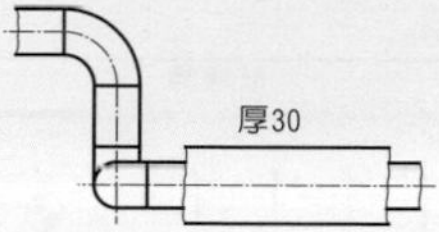 厚30	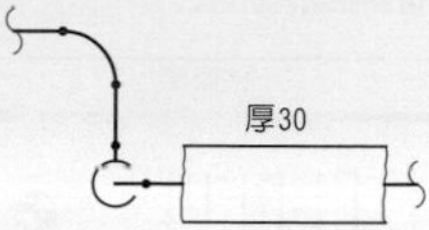 厚30	
熱追蹤	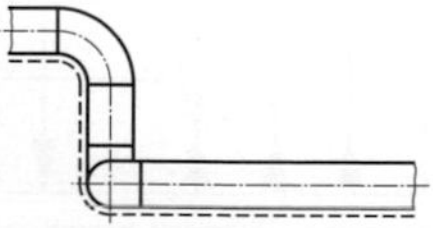	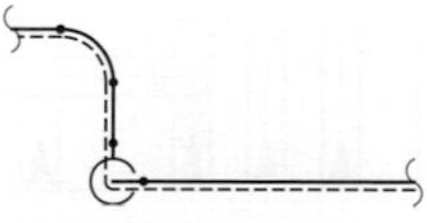	
熱追蹤隔熱層	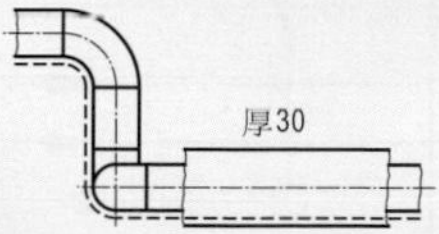 厚30	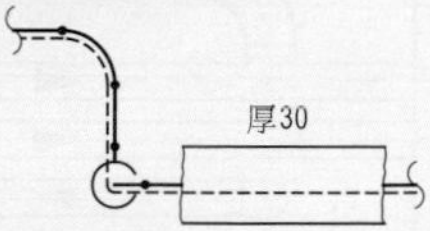 厚30	

6.區域界線表示方法：範圍較廣大之管路工程上，每一張管路圖僅表示其中之一小部份，然後分別予以接成整廠之管路圖，該項界線稱為區域界線，以最粗之鏈線表示之，其中並須以指北標表示指北向四個區域界線之方向及位置如圖 16-3.1。

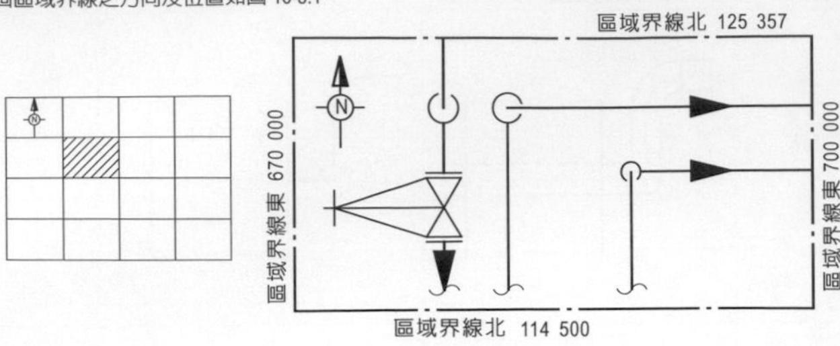

圖 16-3.1

7.指北標表示法：管路之東西南北方向，必須在圖之右上方或左上方之適當位置，加畫一個指北標，

例如圖 16-3.2。

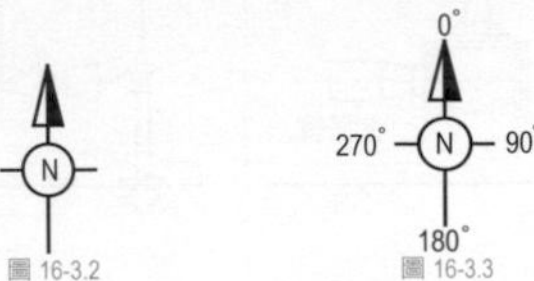

圖 16-3.2 圖 16-3.3

8.方位表示法：管路或其附屬設備之固定方向，可用角度方位表示，以正北向為 0°，依順時針之方向標註在指北標之周圍如圖 16-3.3。

9.管路之上下或前後關係之表示方法。

表 16-3.6

名稱	雙線圖	單線圖	說明
不折斷			
折斷			

).管路之平面圖及立面圖：管路圖之自上方俯視投影者，稱為平面圖，自前面或側面投影之視圖則稱為立面圖，平面圖上須加畫指北標如圖 16-3.4。

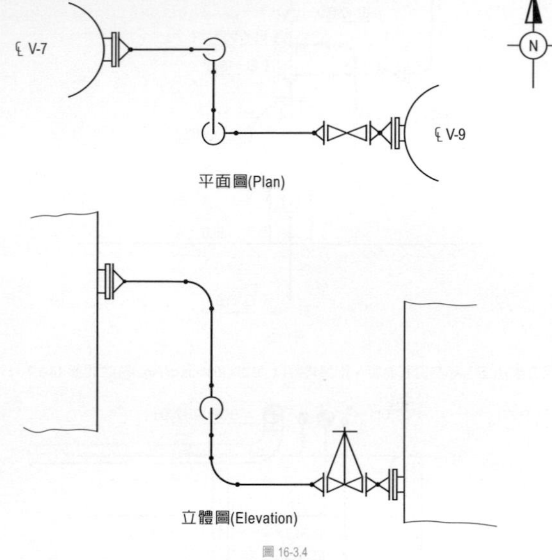

圖 16-3.4

.管路剖視圖表示法：管路之剖視圖，應轉成直立位置如圖 16-3.5 所示，此種習用畫法毋須依照 CNS 3-1 之規定。

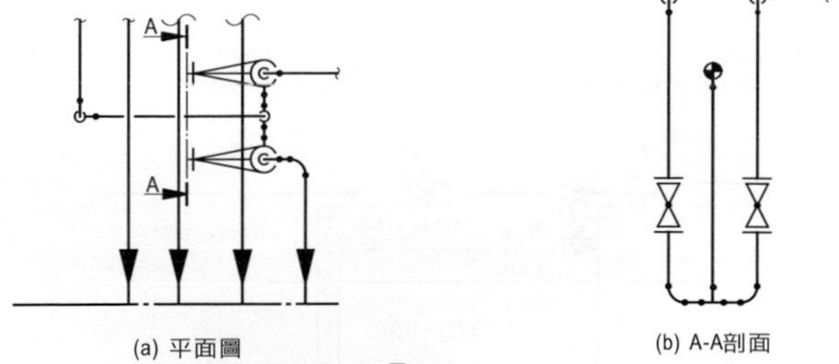

圖 16-3.5

.管路圖之高度尺寸表示法:管路圖之高度尺寸，以最後完工之地面高度定為 0，以地面高度為基準，地面以上高度為正，地面以下深度為負。

各高度尺寸前，須冠以 "EL" (Elevation)符號及正負號。

(1)中心高度標示法：如為中心線高度時，則應在 "EL" 前再冠以 "℄"(Center Line)符號如圖 16-3.6。

16

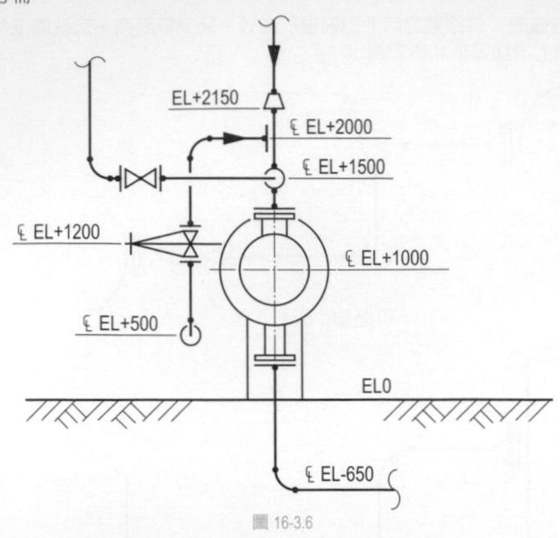

圖 16-3.6

(2)管底高度尺寸表示法：如為管底高度，則應再冠以 "BOP" (Bottom of Pipe)符號如圖 16-3.7。

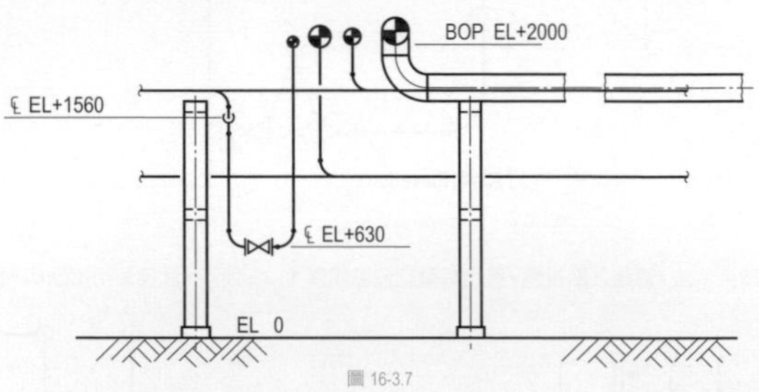

圖 16-3.7

(3)鋼架頂面高度尺寸表示法：如為鋼架頂面之高度尺寸，則應再冠以 "TOS" (Top of Steel)符號如圖 16-3.8

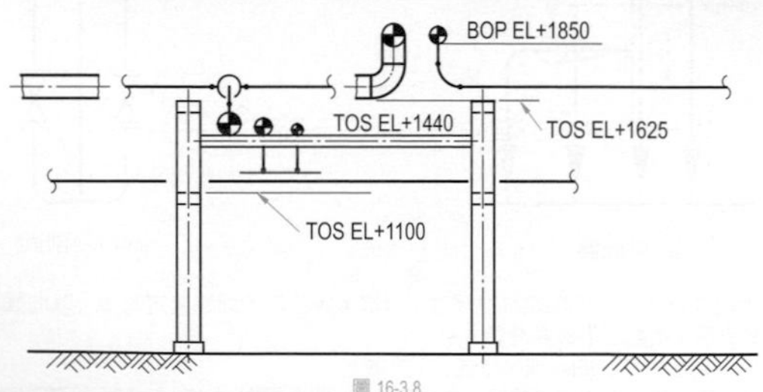

圖 16-3.8

13.控制站之簡易表示法：在平面圖中，控制站通常僅以一個圓表示之，圓內加註該控制閥之代號及編號，但仍須加畫局部立面圖，以表示其詳細構造如圖 16-3.9。

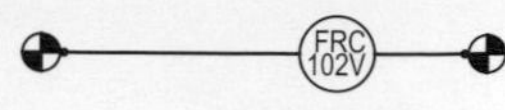

(a) 平面圖簡易表示法

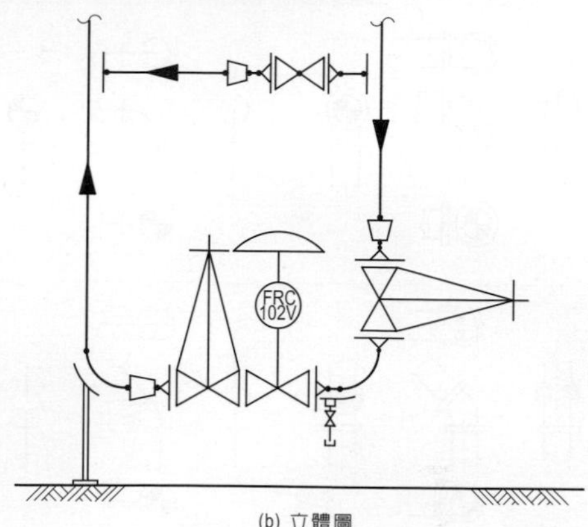

(b) 立體圖

圖 16-3.9

16-4 管配件表示法

1.螺紋管配件

表 16-4.1

名稱	雙線圖	單線圖	說明
90° 肘管接頭	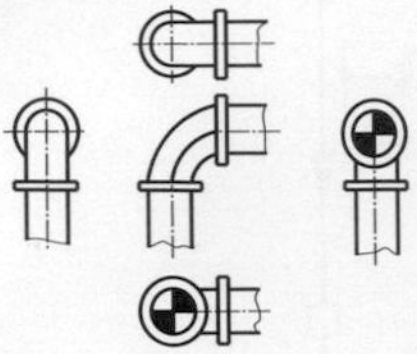	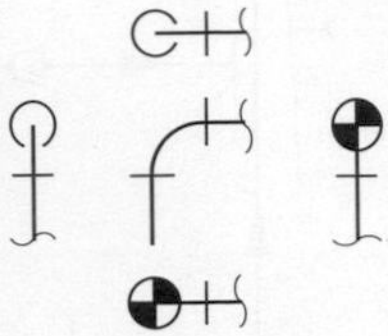	缺口約留1mm間隙
45° 肘管接頭	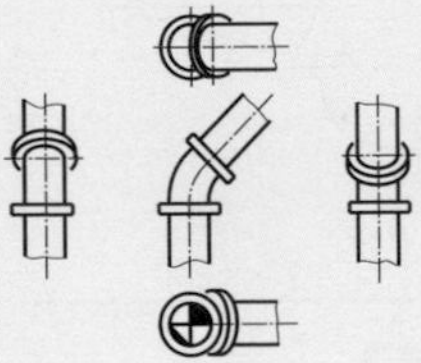	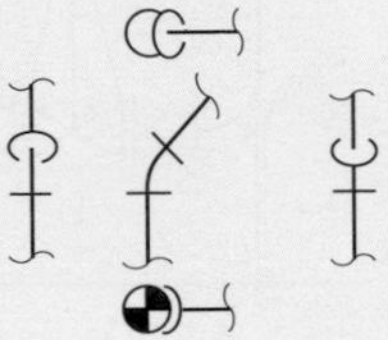	
90° 異徑肘管接頭	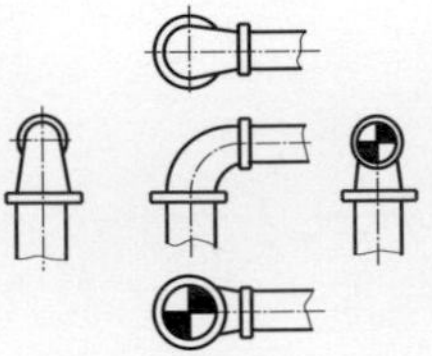	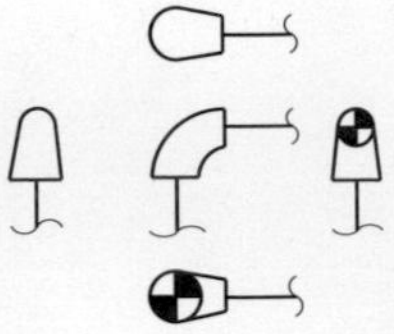	
三通接頭	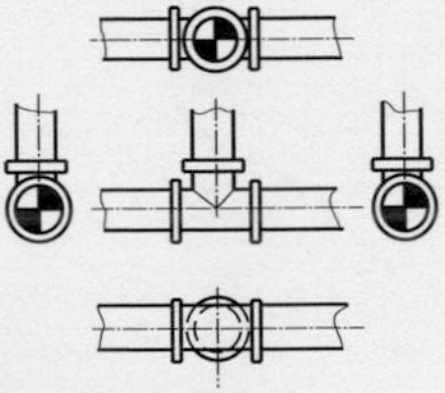	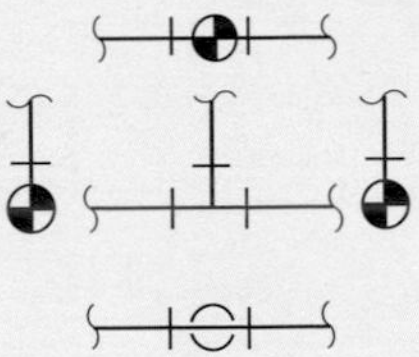	
異徑三通接頭	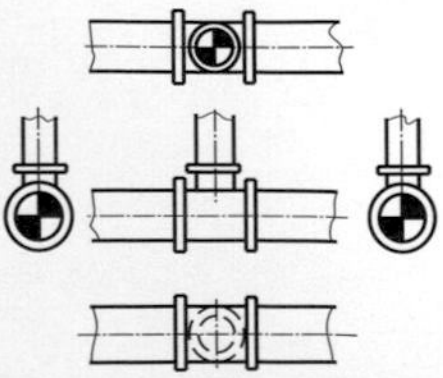	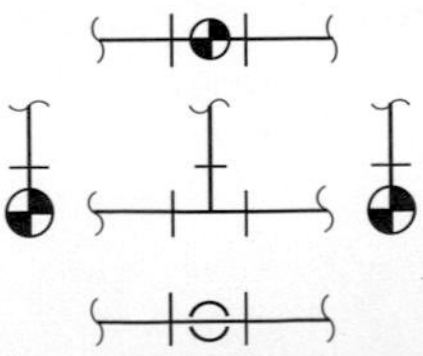	

名稱	雙線圖	單線圖	說明
45° 斜三通接頭	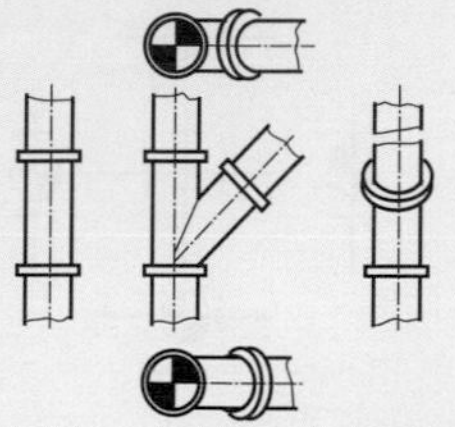	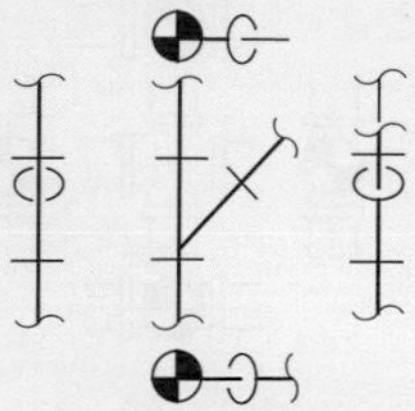	
同心異徑管接頭	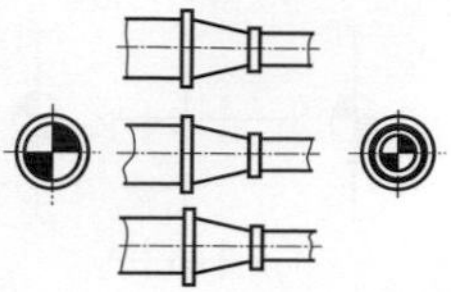	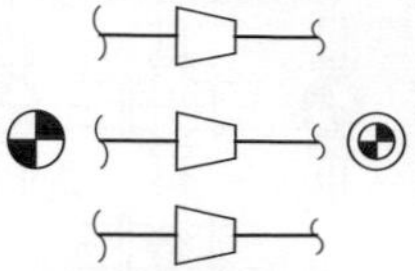	
偏心平底異徑管接頭	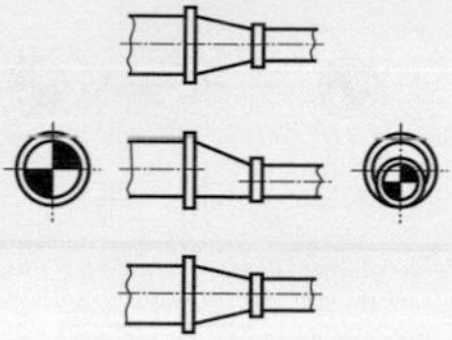	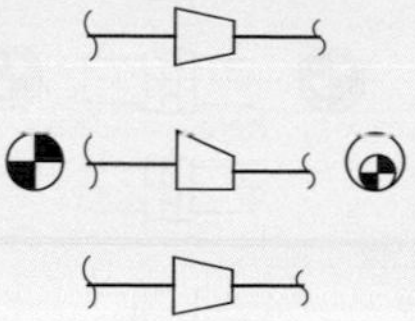	
同心異徑短管	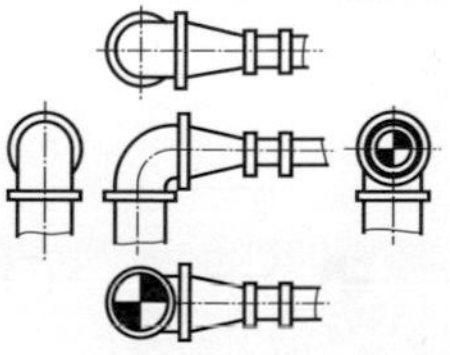	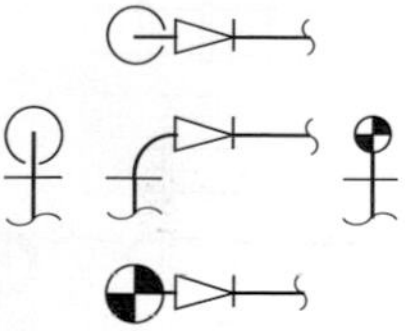	
偏心平底異徑短管	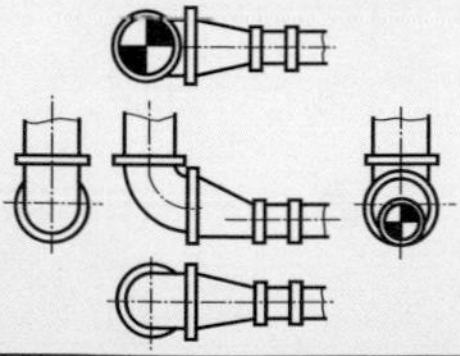	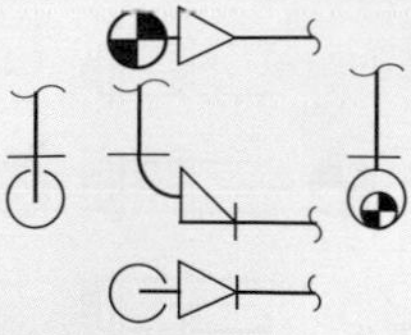	

名稱	雙線圖	單線圖	說明
十字接頭	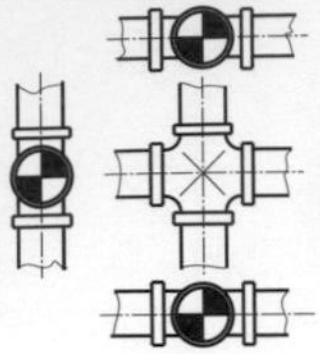	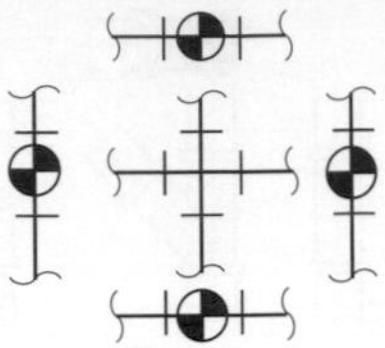	
異徑十字接頭	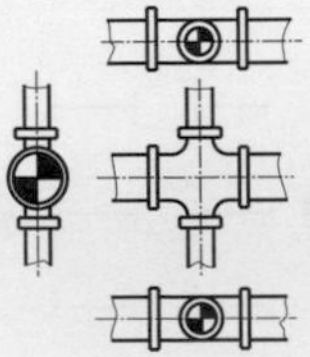	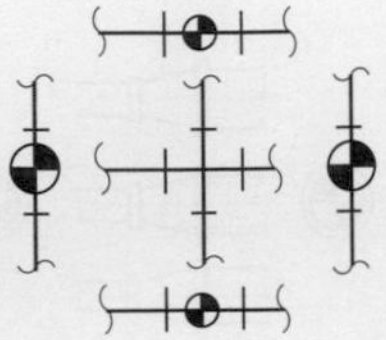	
活管套節	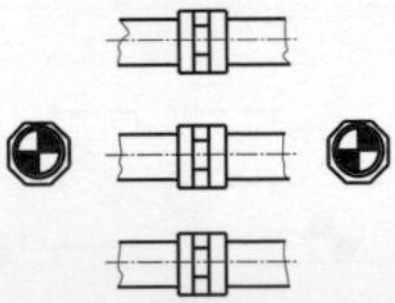	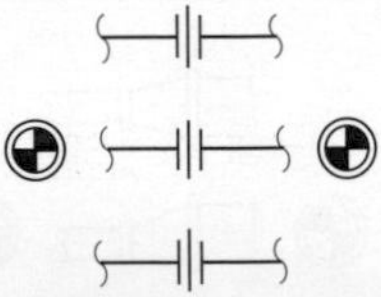	
直管接頭	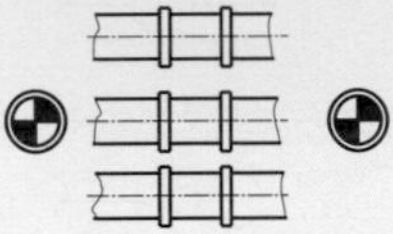	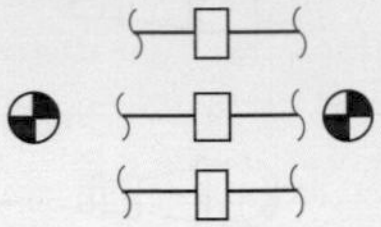	
管帽	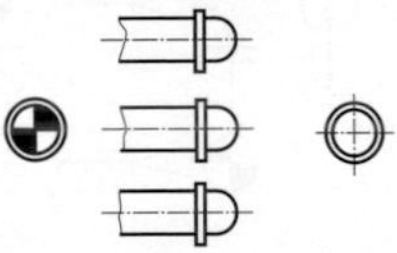	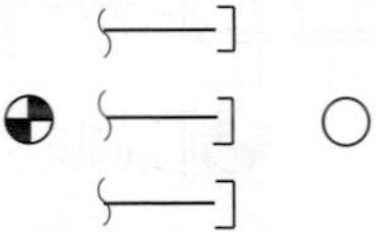	
管塞	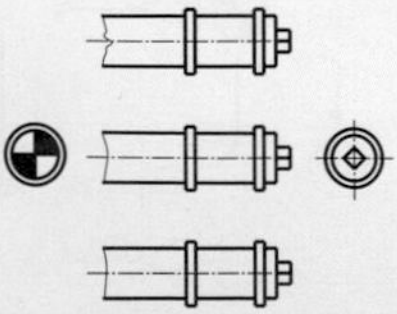	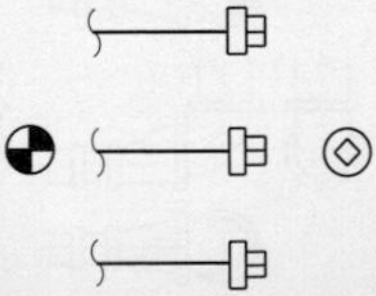	

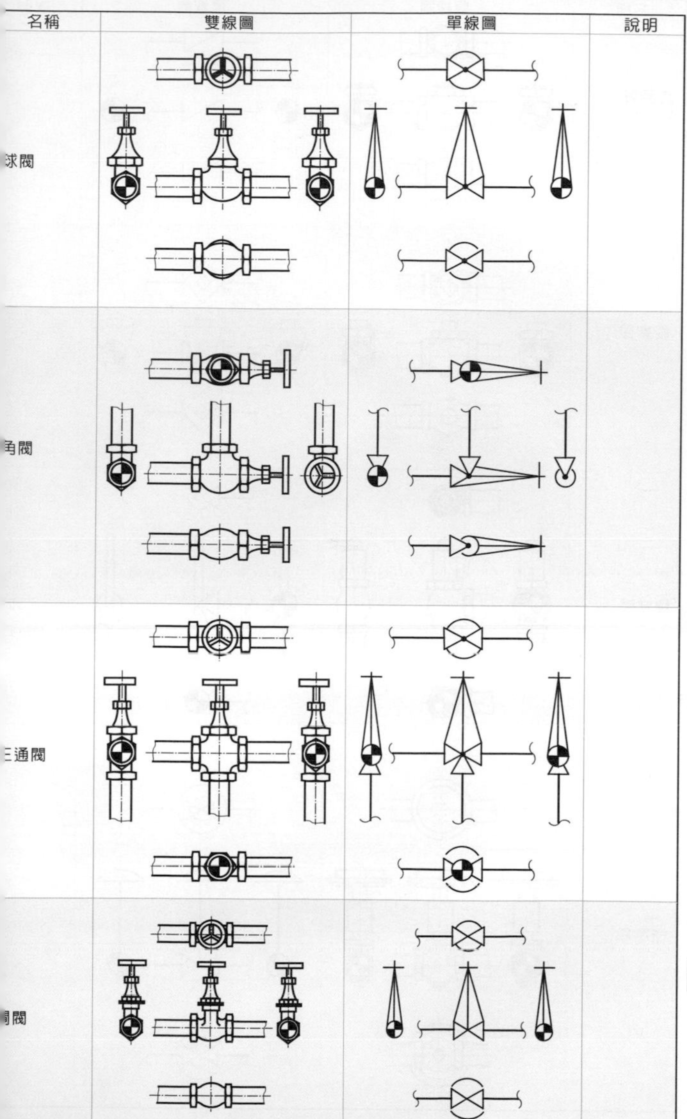
名稱
雙線圖
單線圖
說明

名稱	雙線圖	單線圖	說明
止回閥	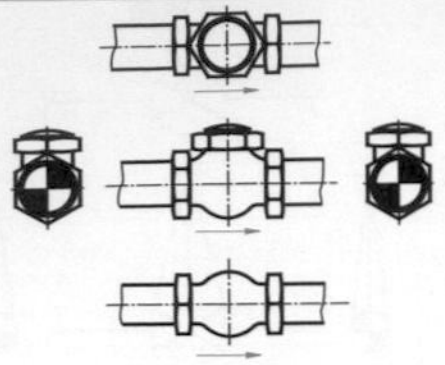	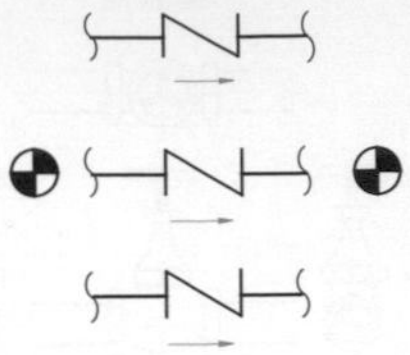	
旋塞閥	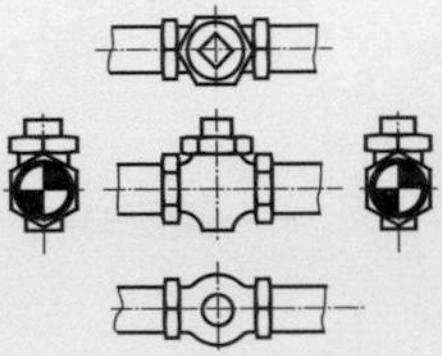	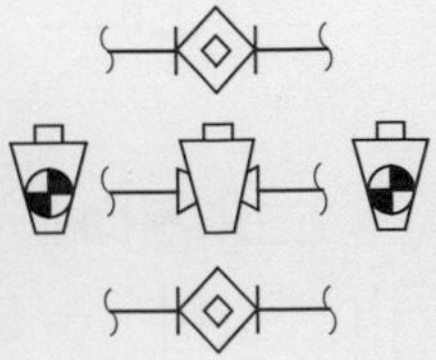	
釋壓閥	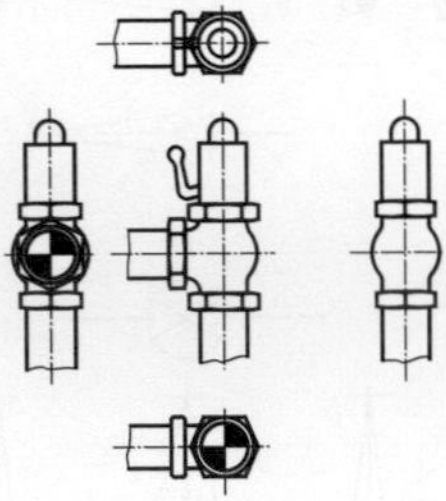	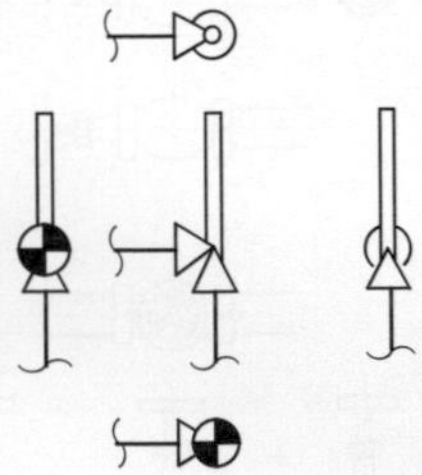	
控制閥	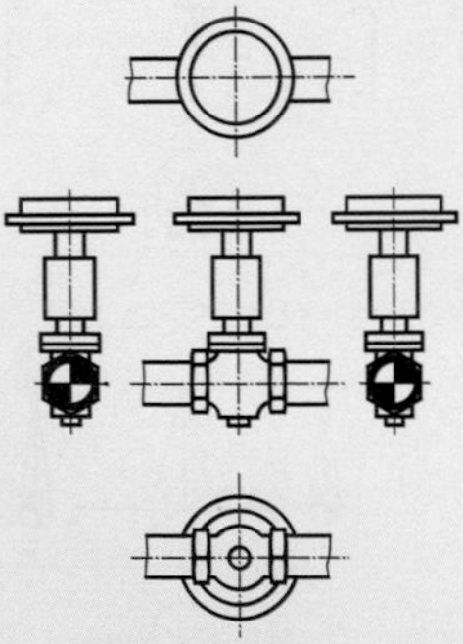	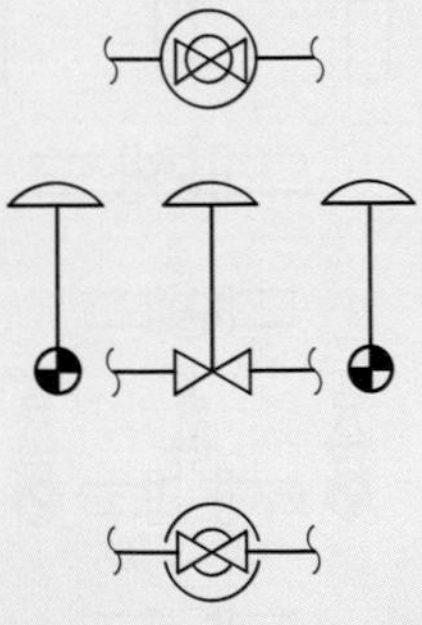	

熔接管配件

表 16-4.2

名稱	雙線圖	單線圖	說明
90° 肘管接頭	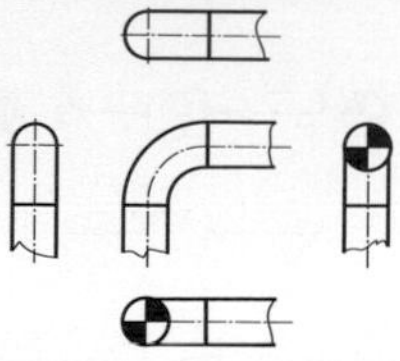	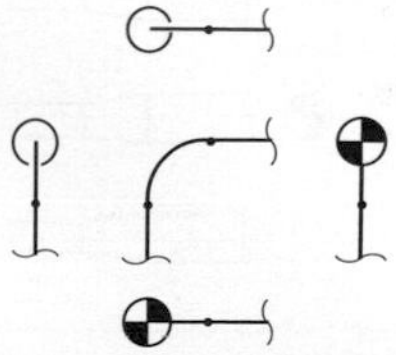	
45° 肘管接頭	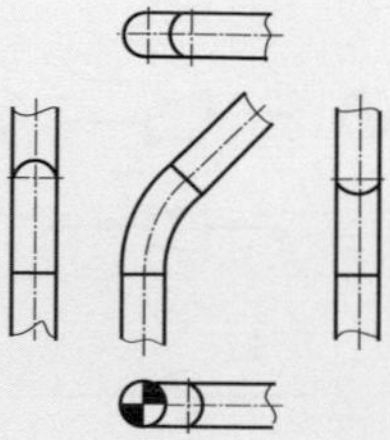	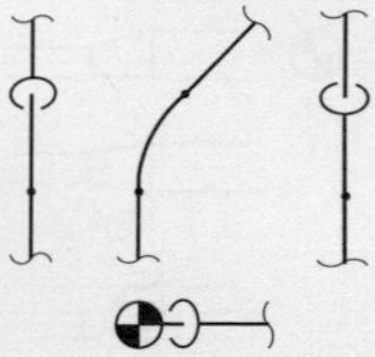	
90° 異徑肘管接頭	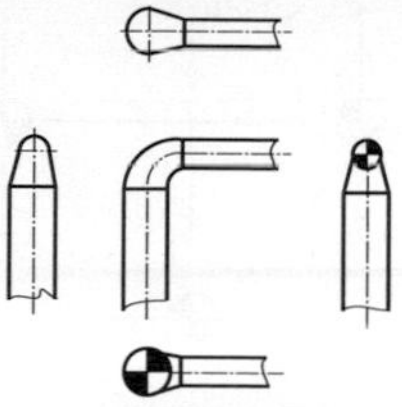	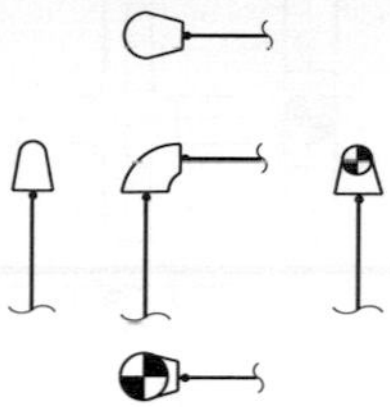	
三通接頭	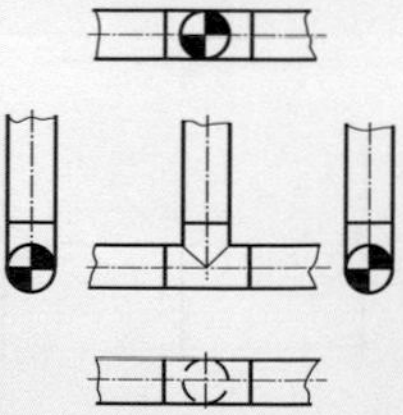	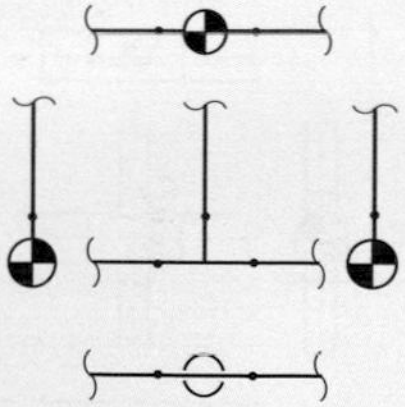	
異徑三通接頭	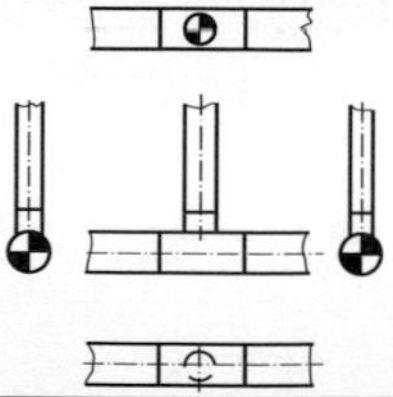	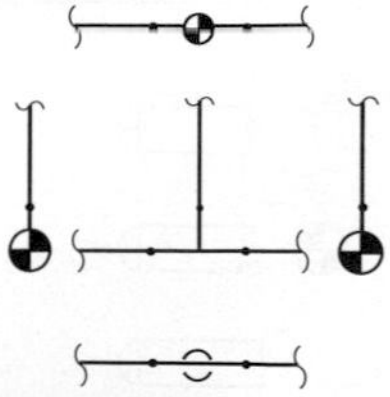	

名稱	雙線圖	單線圖	說明
同心異徑管接頭	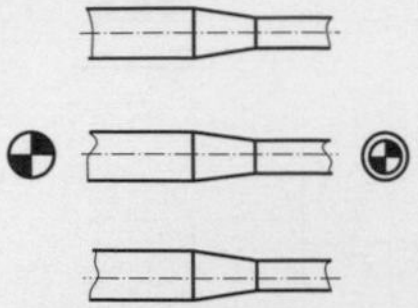	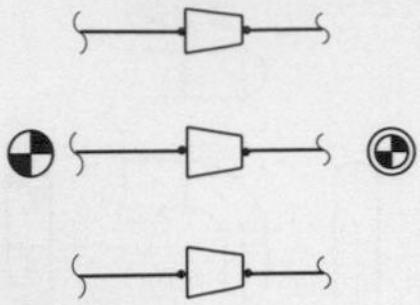	
偏心平底異徑管接頭	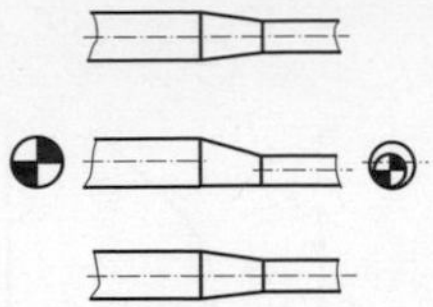	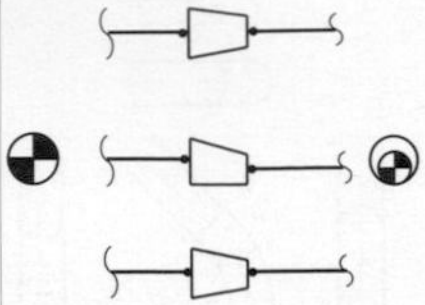	
十字接頭		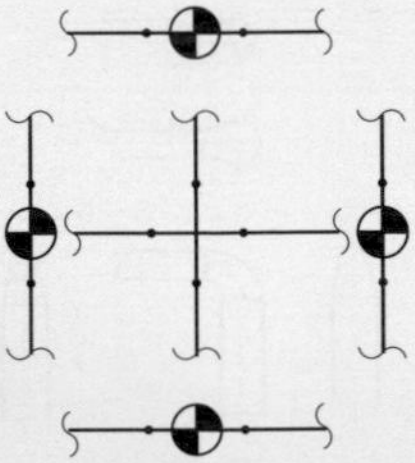	
異徑十字接頭	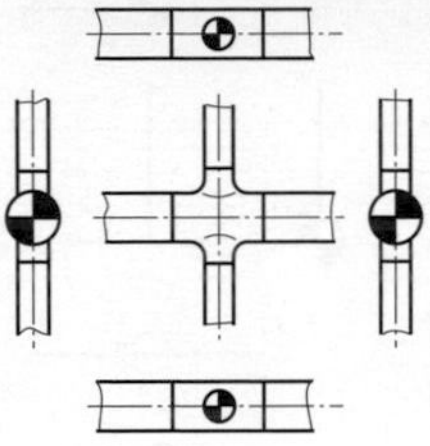	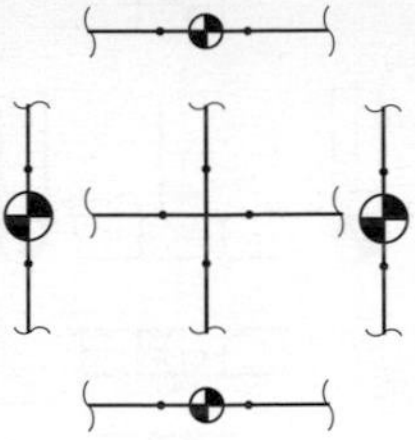	
管帽	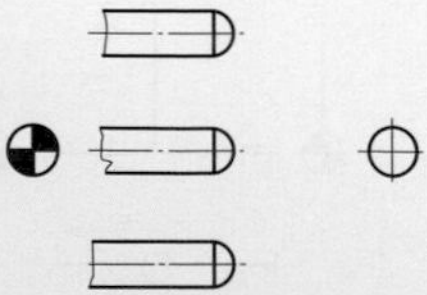	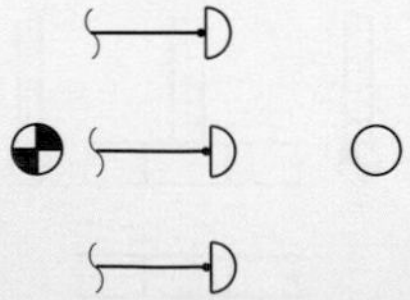	

凸緣管配件

表 16-4.3

名稱	雙線圖	單線圖	說明
凸緣	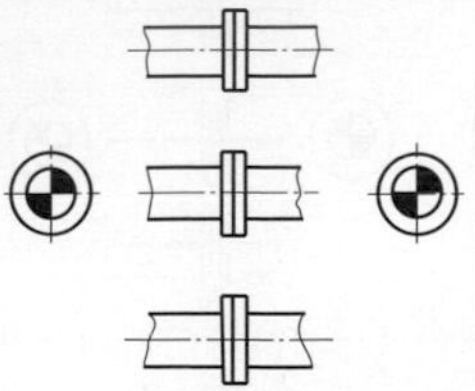	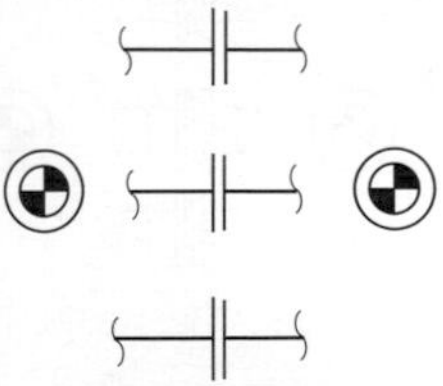	管螺紋凸緣
滑入熔接凸緣	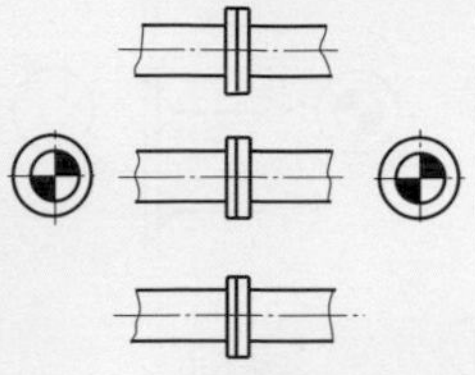	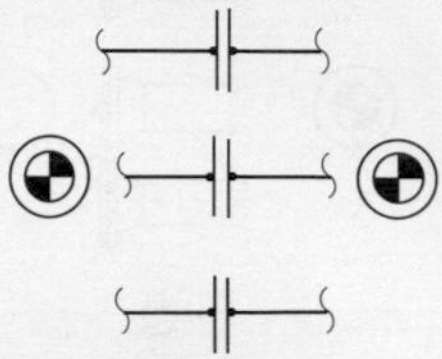	
異徑滑入熔接凸緣	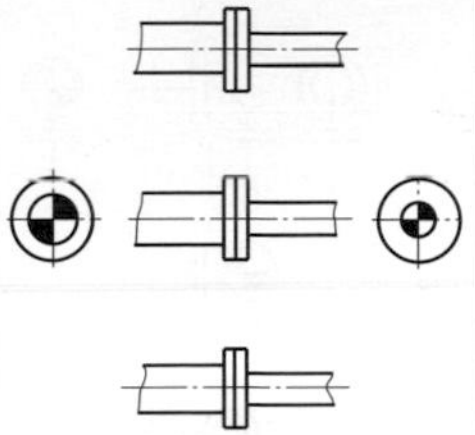	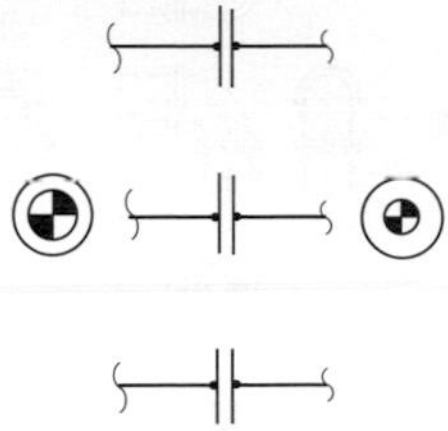	
熔接頸凸緣	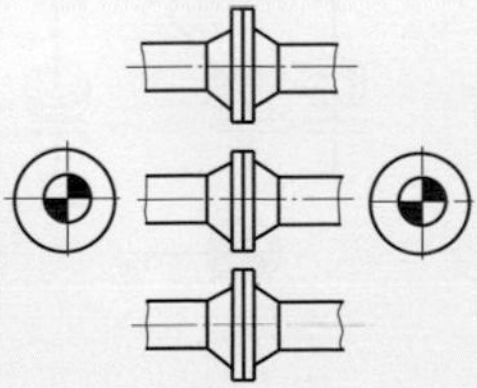	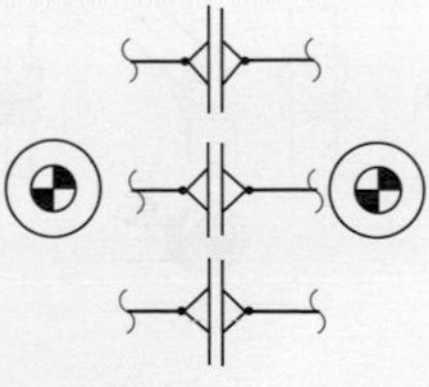	單線圖中，頸部畫成90°
異徑熔接頸凸緣	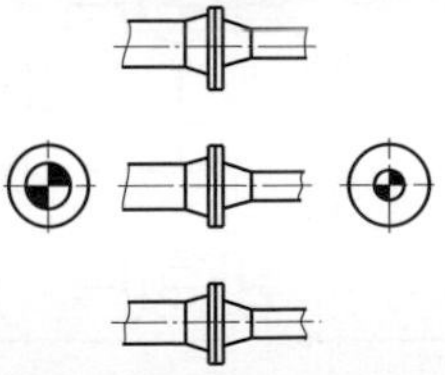	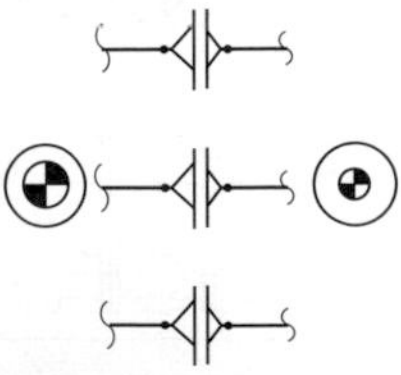	單線圖中，頸部畫成90°

名稱	雙線圖	單線圖	說明
搭接凸緣	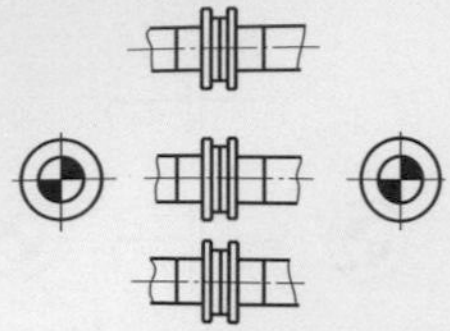	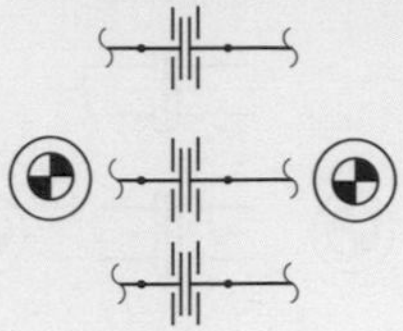	
盲凸緣	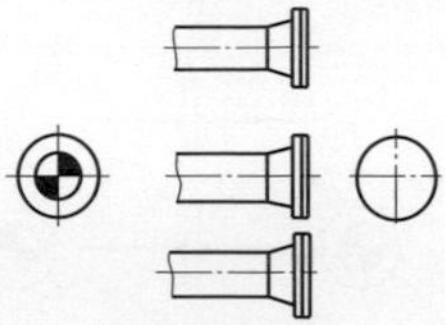	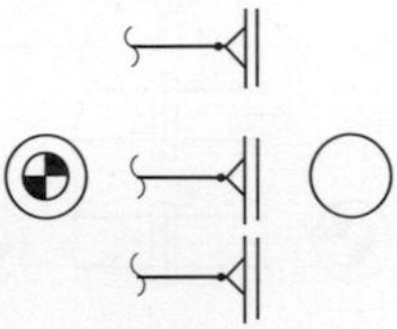	
90° 肘管接頭	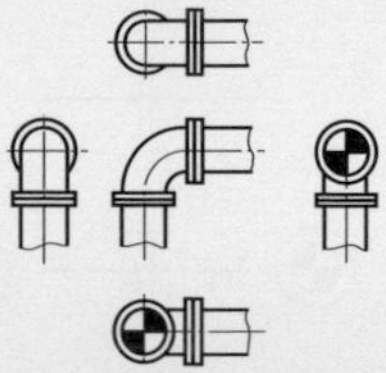	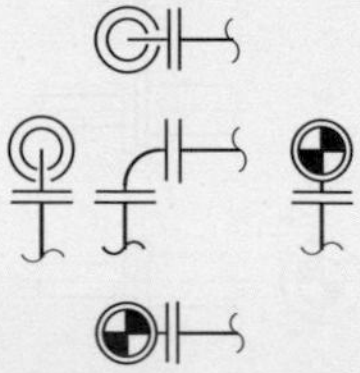	
45° 肘管接頭	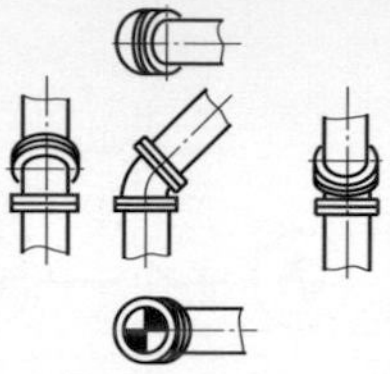	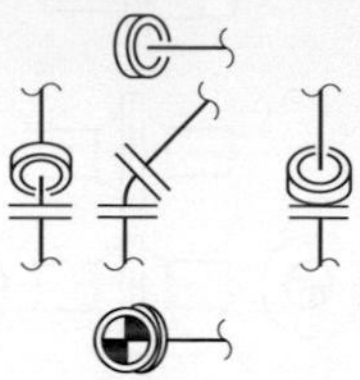	
三通接頭	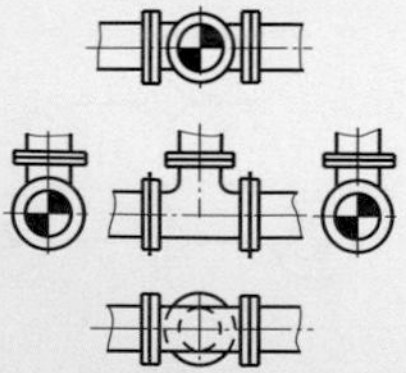	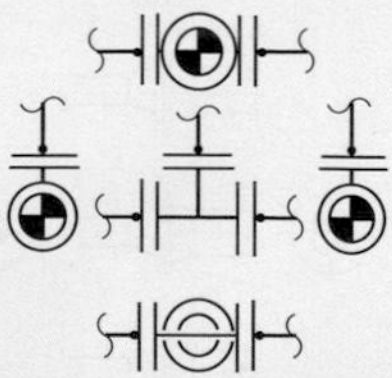	

名稱	雙線圖	單線圖	說明
異徑三通接頭	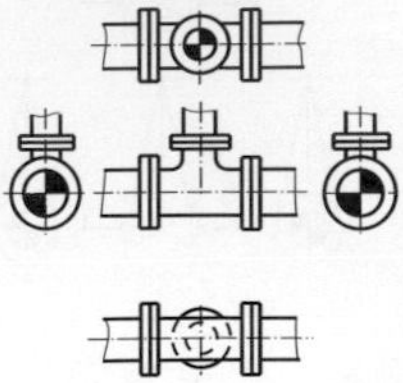	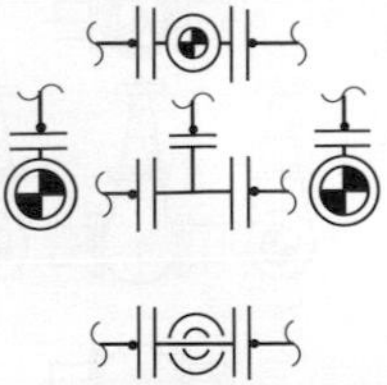	
十字接頭	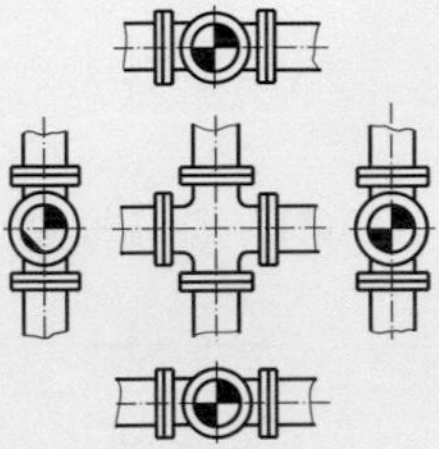	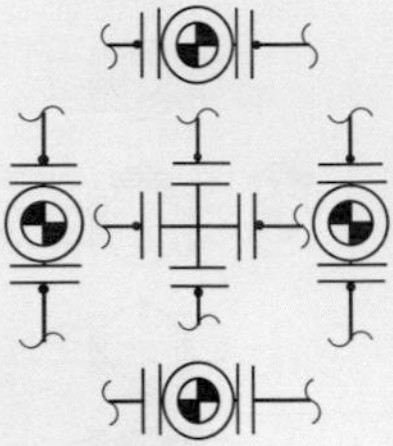	
球閥	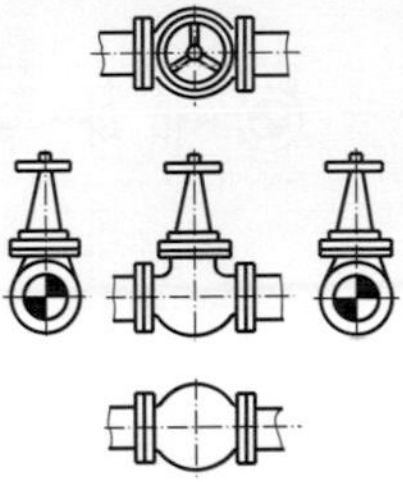	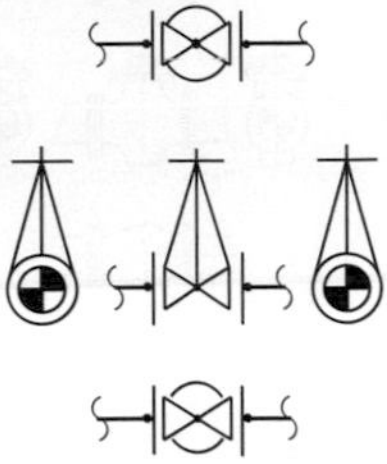	
角閥	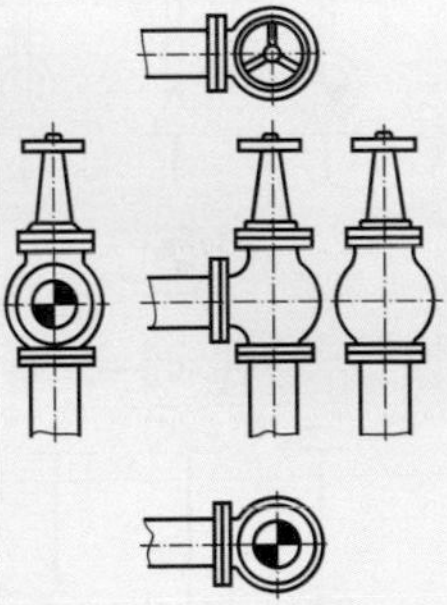	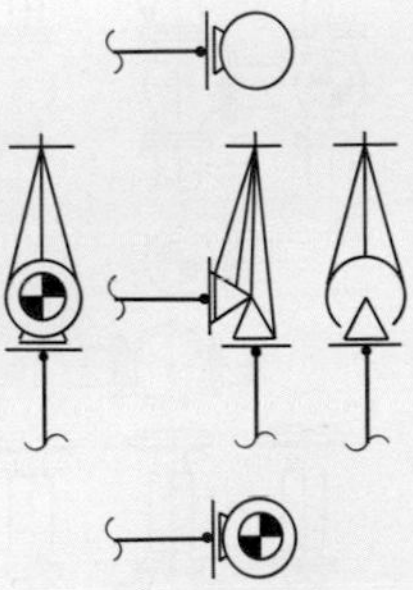	

名稱	雙線圖	單線圖	說明
閘閥	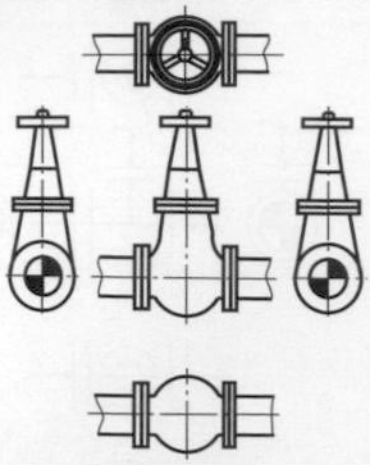	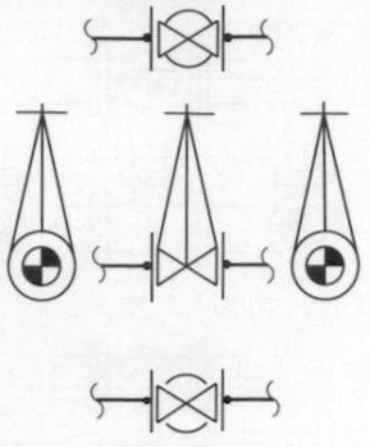	
止回閥	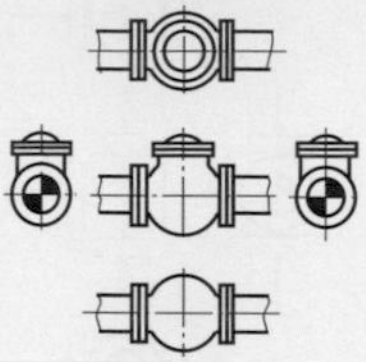	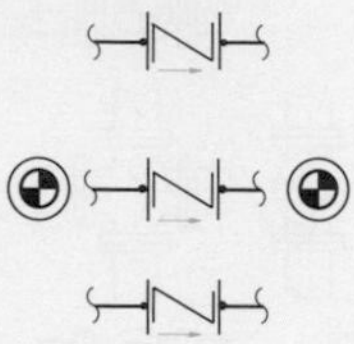	
旋塞閥	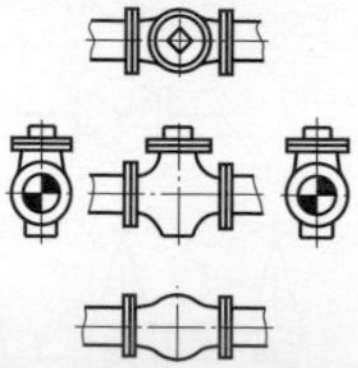	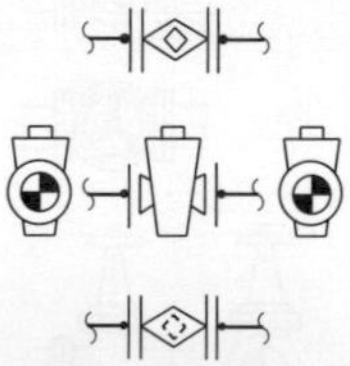	
釋壓閥	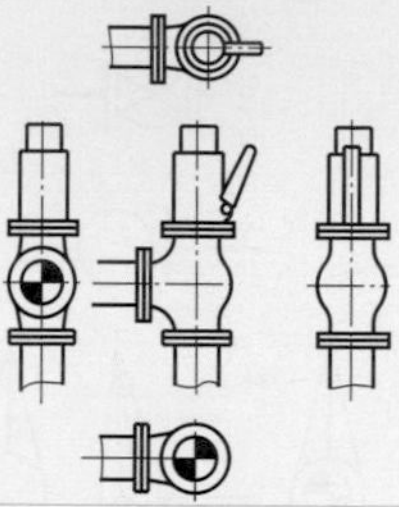	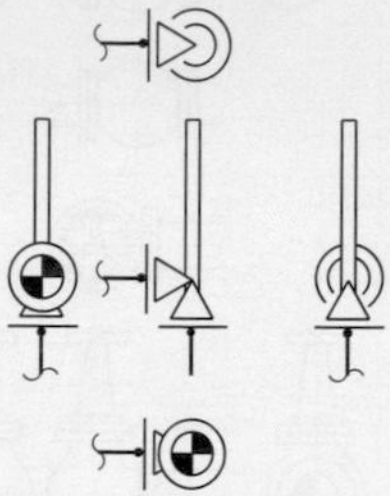	
控制閥	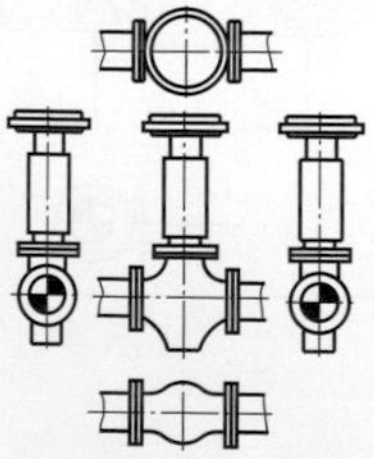	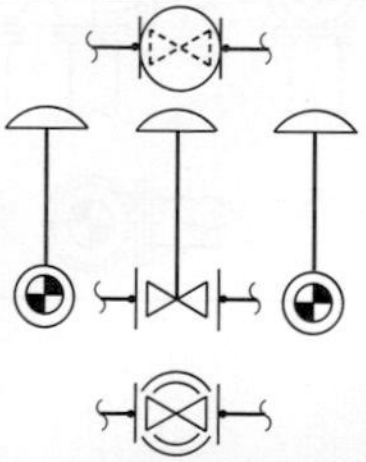	

承管配件

表 16-4.4

名稱	雙線圖	單線圖	說明
° 雙承口肘接頭	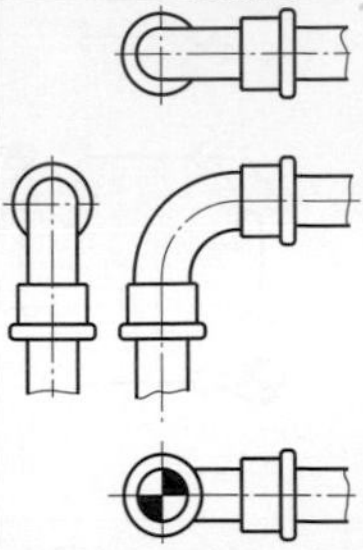	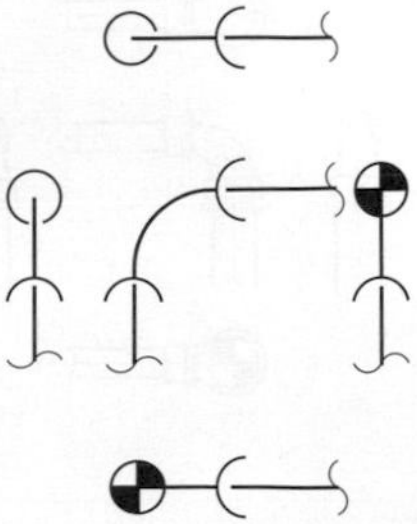	
)° 插承口肘接頭	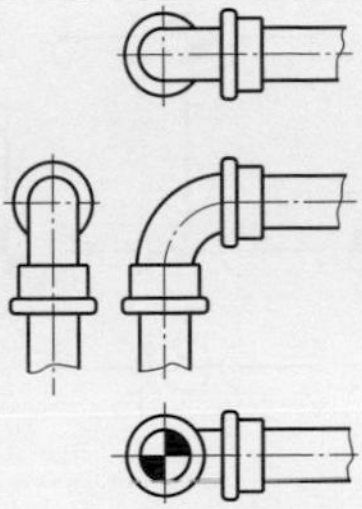	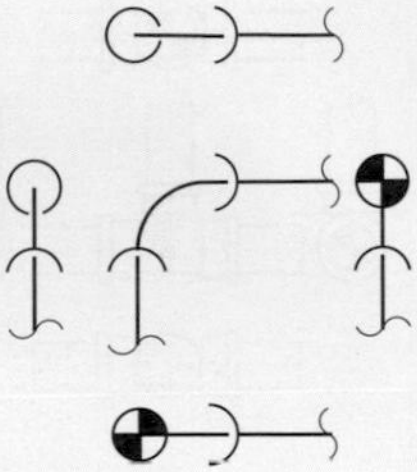	
° 雙承口肘接頭	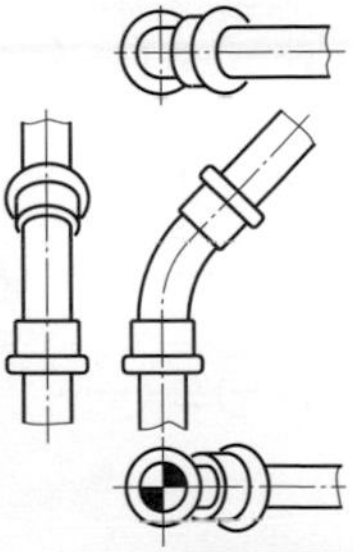	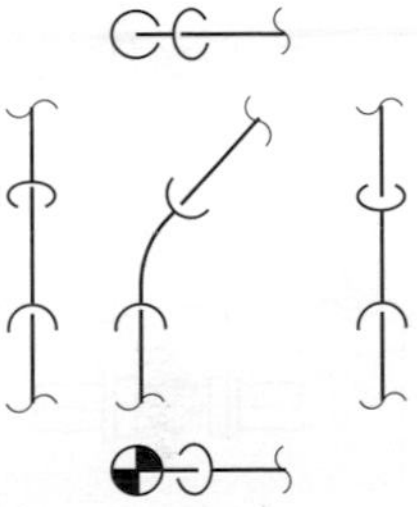	
)° 異徑雙承肘管接頭	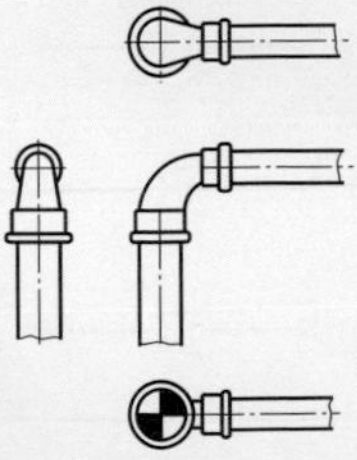	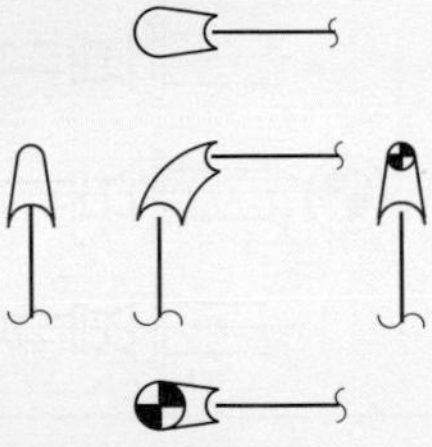	

名稱	雙線圖	單線圖	說明
90° 異徑插承口肘管接頭	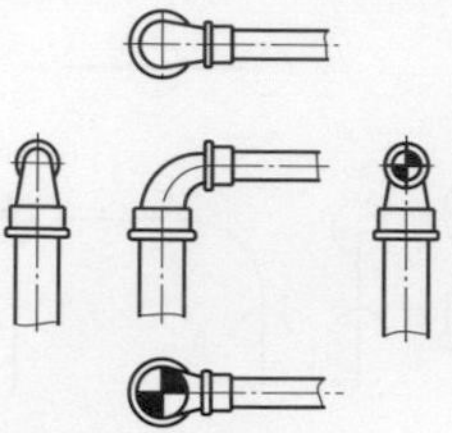	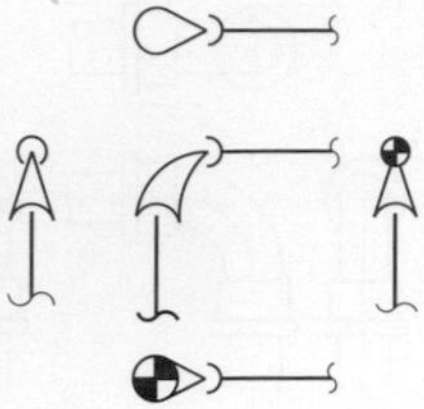	
三承口三接頭	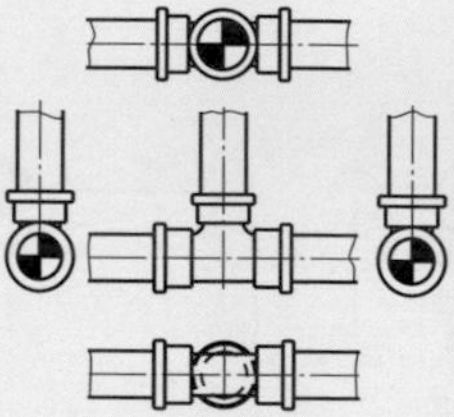	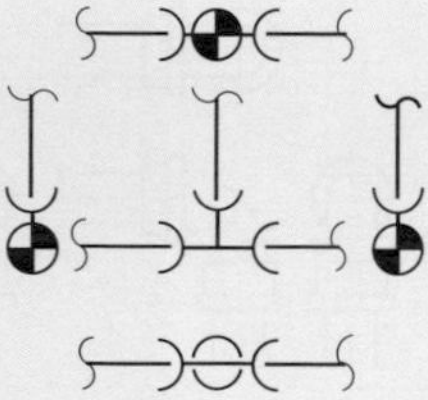	
三承口異徑三通接頭	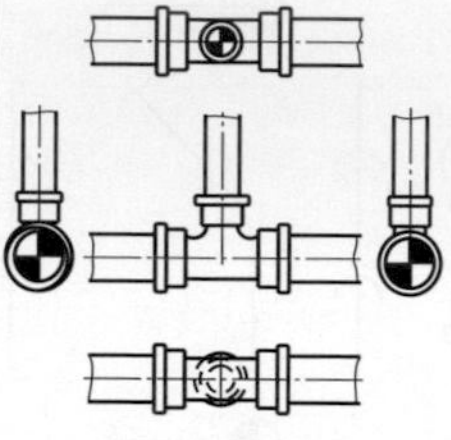	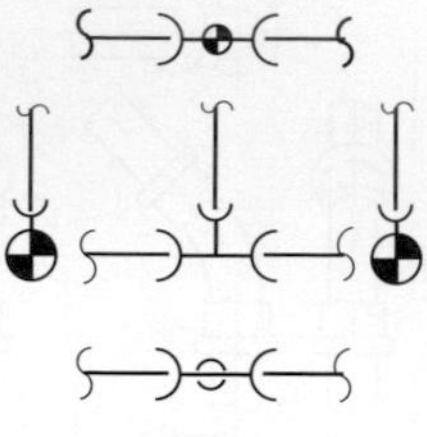	
雙承口異徑接頭	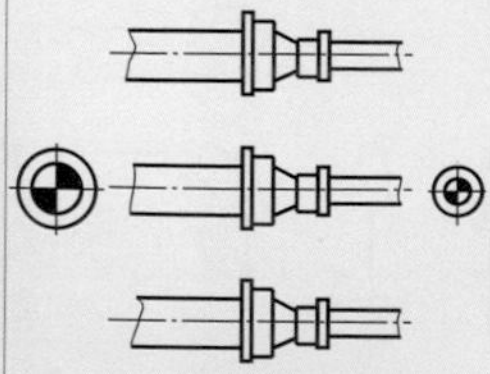	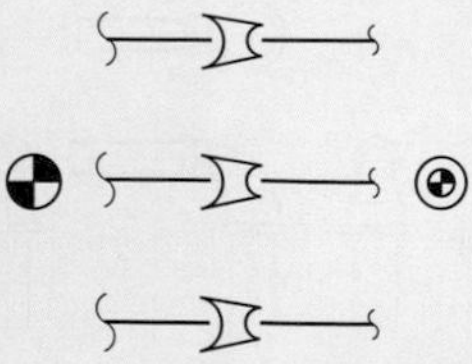	

名稱	雙線圖	單線圖	說明
承口十字 頭	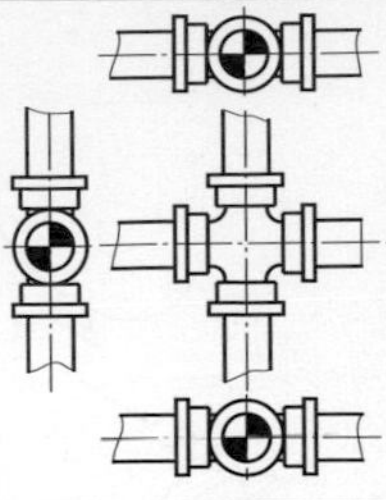	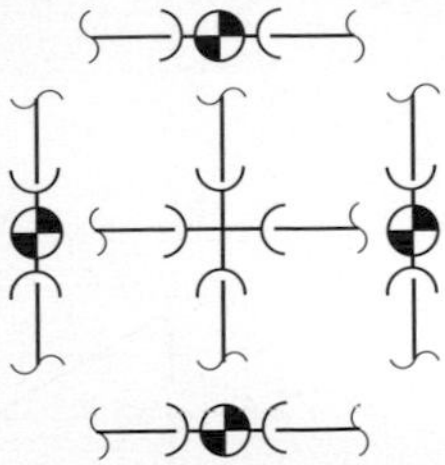	
承口異徑 字接頭	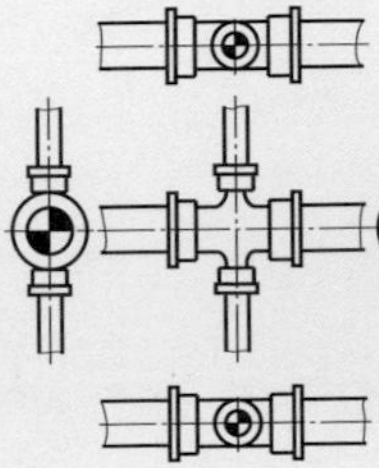	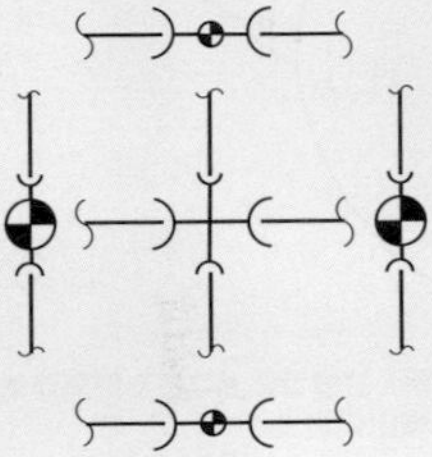	

-5 立體管路圖

立體管路圖之六個指向：立體管路圖採用等角畫法之六個指向，但其比例可自由選定之。

六個指向分別表示東、西、南、北及上下，圖中只須標明指北向，以確定其餘之指向，指北向之選用如圖 16-5.1(a)或(b)所示。

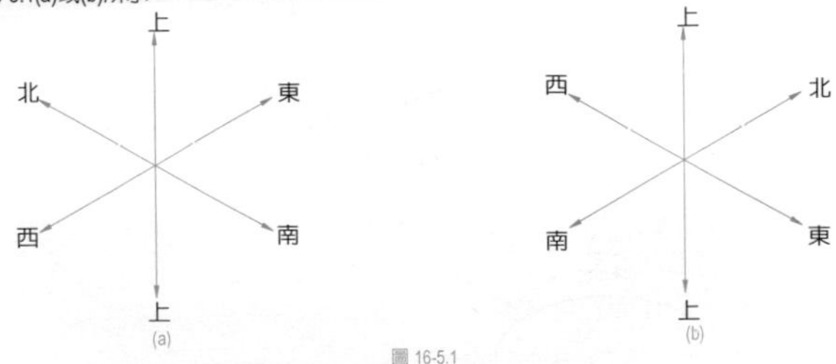

圖 16-5.1

指北標：管路立體圖上需以大箭頭及指北向之代號 "N" 字明顯標示其所選擇之指北向，於圖之右上角或左上角處如圖 16-5.2。

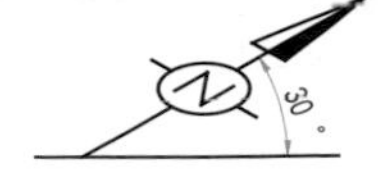

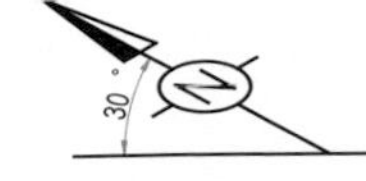

圖 16-5.2

3.立體管路線條之粗細：立體管路圖為一種單線圖，其線條之粗細及方向可參照平面之單線管圖畫出圖 16-5.3。

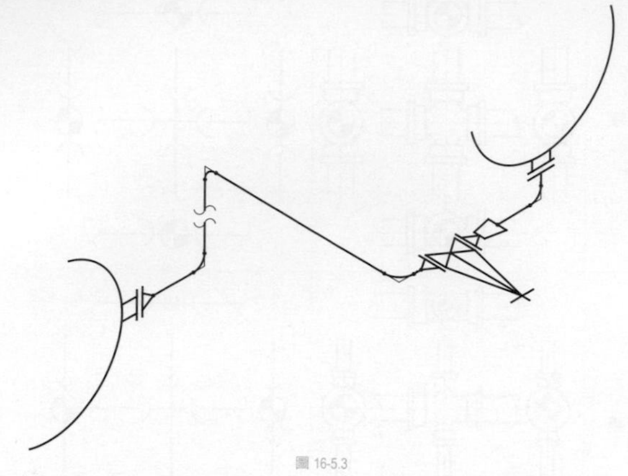

圖 16-5.3

4.立體管圖之比例：立體管路圖之長及間隔距離等之尺寸應不定比例，以實際尺度標註之，但配件之小須加以區別畫出如圖 16-5.4。

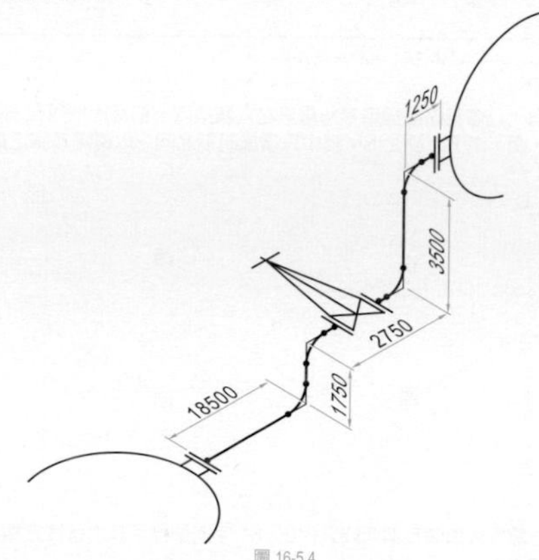

圖 16-5.4

5.立體管路圖之尺度表示法：可參照單線平面管路圖之尺度表示法，標註管路中心線至中心線或管路心線至配件中心線或端面之尺度如圖 16-5.5。

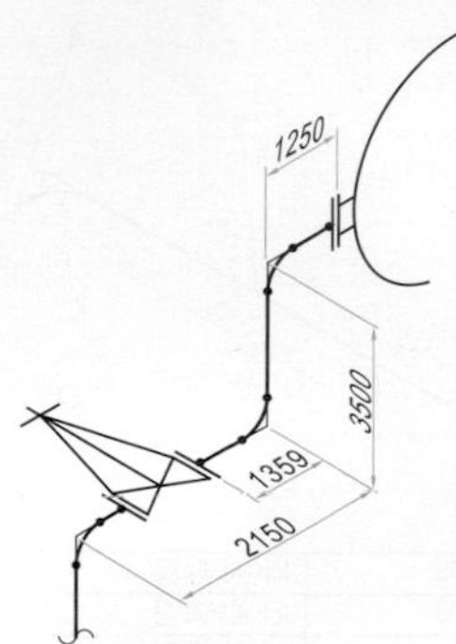

圖 16-5.5

體管路圖之高度尺寸表示法：立體管路圖中之高度尺寸，可依照 16-1.12 平面管路圖之高度尺寸表
法如圖 16-5.6。

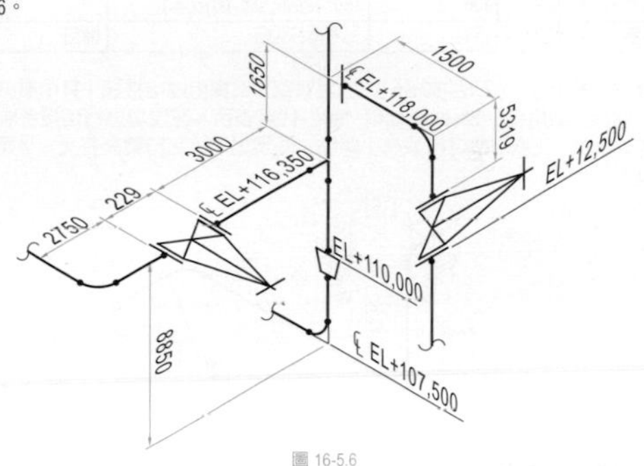

圖 16-5.6

下或前後關係之表示法：上下或前後關係之表示法，可依照平面管路圖中之表示法處理之如圖
-5.7。

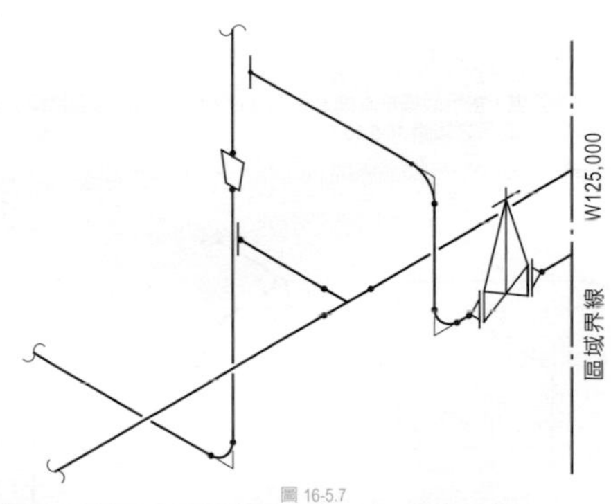

圖 16-5.7

件件號之標示法：每一種管件均須標示件號，並在零件表中註明其數量、管徑、名稱及規格等項目
圖 16-5.8。

16

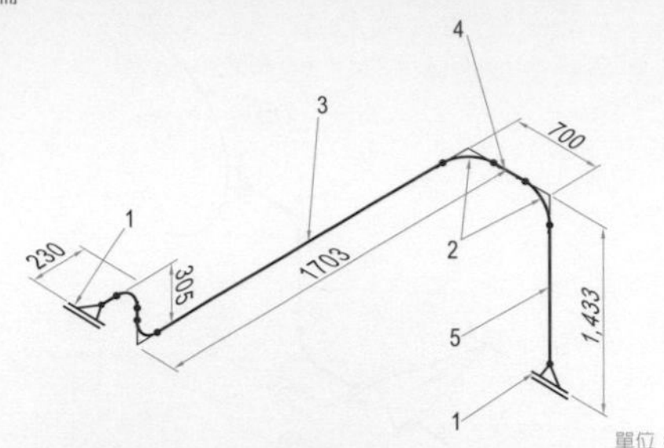

單位：mm

5	1	100	Sch.40 鋼管	
4	1	100	Sch.40 鋼管	
3	1	100	Sch.40 鋼管	
2	4	100	3000*熔接肘管接頭	
1	2	100	150*突面凸緣(熔接頸)	
件數	數量	管徑	名稱及規格	備註

圖 16-5.8

9.現場熔接及工廠熔接表示法：大口徑(50mm 以上)之管路，都採用熔接接頭，其中部份接頭在配管工內施行熔接者，稱為工廠熔接，(Shop Weld)以 "SW" 代號表示。在現場施行熔接者稱為現場熔接(F Weld)以 "FW" 代號表示，工廠熔接之符號為小黑點，而現場熔接之符號為打叉，必要時亦可編號並成方框如圖 16-5.9。

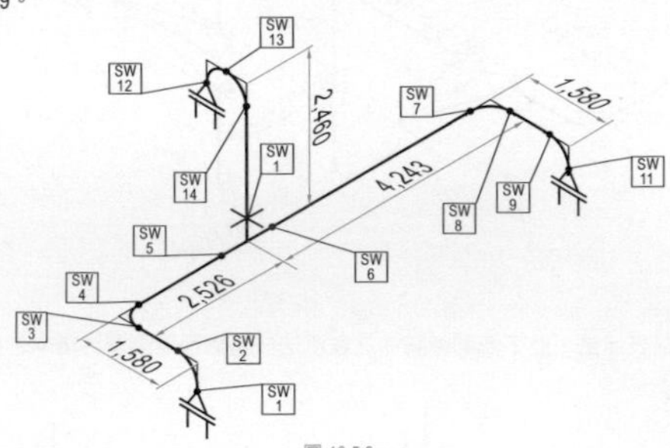

圖 16-5.9

10.含 45° 彎頭之六方體管路圖：水平面或垂直面上，含 45° 彎頭之六方體管路圖，須加畫細實線立體，並加註 45°H 或 45°V 以表示之如圖 16-5.10。

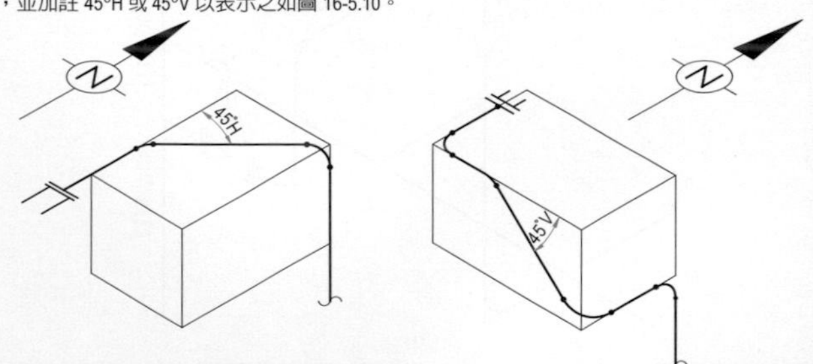

圖 16-5.10

空間偏置之立體管路圖：空間偏置之立體管路圖中，應加畫細實線之六方體以表示其偏置角度與距離，並分別標註偏置管路與水平及垂直面之傾斜角度如圖 16-5.11。

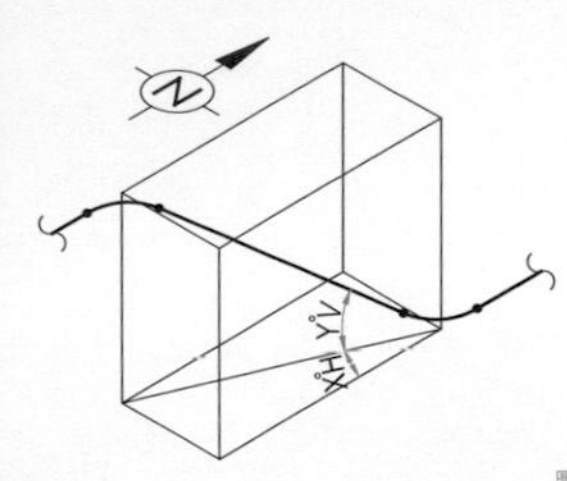

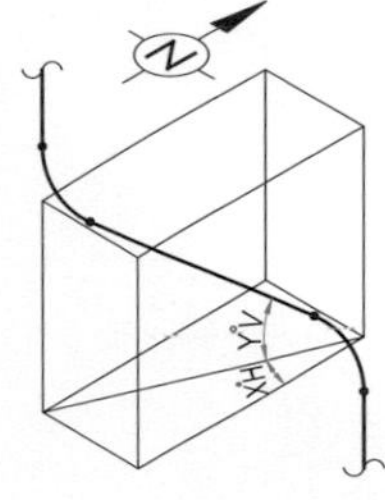

圖 16-5.11

16-6 常用管路名詞代號

表 16-6.1

管路名詞	代號	管路名詞	代號
盲凸緣(Blind Flange)	BF	工廠熔接(Shop Weld)	SW
管底(Bottom of Pipe)	BOP	標準(Standard)	STD
鏈條操作(Chain Operated)	Ch Op	鋼(Steel)	STL
清除口(Clean Out)	CO	蒸汽(Steam)	STM
同心(Concentric)	CONC	套入熔接(Socket Weld)	SOW
定管接頭(Coupling)	COLG	異徑短管(Swage Nipple)	SWG
排洩池(Drain Funnel)	DF	溫度(Temperature)	TEMP
偏心(Eccentric)	ECC	混凝土頂面(Top of Concret)	TOC
高度(Elevation)	EL	鋼架頂面(Top of Steel)	TOS
平面(Flat Faced)	FF	管頂(Top of Pipe)	TOP
凸緣(Flange)	FLG	典型(typical)	TYP
平底(Flat on Bottom)	FOB	垂直(Vertical)	VERT
平底現場熔接(Field Weld)	FW	熔接頸(Weld Neck)	WN
隔熱(Insulated)	INS	重量(Weight)	WT
長半徑(Long Radius)	LR	特強(extra Heavy)	XH
異徑管接頭(Reducer)	RED	加倍特強(Double Extra Heavy)	XXH
凸面(Raised Face)	RF	圖(Drawing)	DWG
環式接合(Ring Type Joint)	RTJ	插承口(Bell and Spigot)	B&S
級別(Schedule)	SCH	鍍鋅(Galvanized)	CALV
螺紋(Screwed)	SCRD	斜方熔接(Miter Weld)	MW
無縫(Seamless)	SMLS	常關 (Normally Closed)	NC
滑入(Slip On)	SO	常開(Normally Open)	NO
短半徑(Short Radius)	SR		

第 17 章 電機電子符號

17

17-1 基本電路元件符號

表 17-1.1

名稱	符號	說明[1]
電阻器		1.參考圖 60° h/2 h/2 2h 45°
可變電阻器	(a) (b)	
固定抽頭電阻器		2.鋸齒形以三個為限，可變電阻以45 斜箭頭表示。
感應器	(a) (b) (c) (d) (e)	(a) h/2　øh 三個半圓 (b) 3h/4　øh (c)控制用電磁線圈○內必須註明文字或代號。 ø2h (d)含鐵心 h/4 (e)含粉末鐵心
可變感應器	(a) (b)	2h　45° 2h　45°

表 17-1.1 (續)

名稱	符號	說明[1]
固定抽頭感應器	(a)  (b) 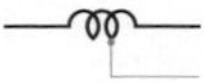	
電容器	(a)  (b) 	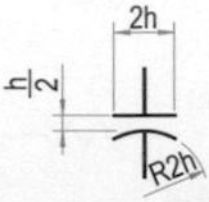 2h h/2 R2h 弧形電極表低電位。 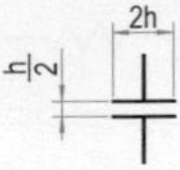 2h h/2
可變電容器	(a)  (b) 	 2h 45°
電解電容器	 +	(+)表示極性。
貫穿電容器		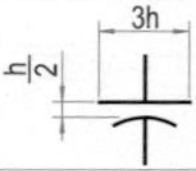 3h h/2
阻抗器		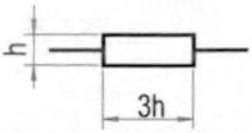 h 3h
可變阻抗器	(a) 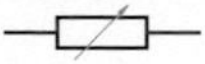 (b) 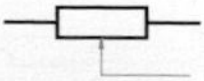	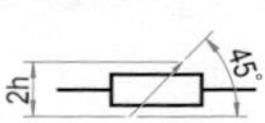 2h 45°
固定抽頭阻抗器	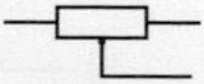	

註(1)：表中說明欄內h約如字高，粗細與數字相同。

17-2 電 源

表 17-2.1

名稱	符號	說明
電池及直流電源	(a) 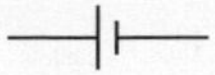 (b) 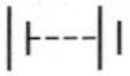	(a) 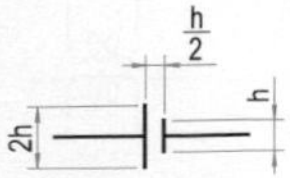 h/2, h, 2h 長線為陽極 短線為陰極 (b)為電池組 例： 
整流器(二極體)	(a)  (b) 	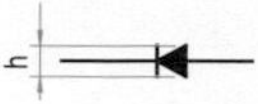 h 正三角形箭頭方向為直流輸出方向。
交流電源		可加文字表示相數及頻率。 例：3ø，60Hz 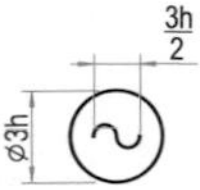 3h/2 ø3h
發電機	  G G	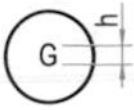 交流 G h 直流 4h G 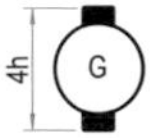
電動機	  M M	交流 直流
變壓器		
完整圖	(a) 	(a) h/2 øh h/2 3ø 符號旁必須另加文字表示種類。 例: 1ø ：單相 3ø ：三相 PT: 比壓器 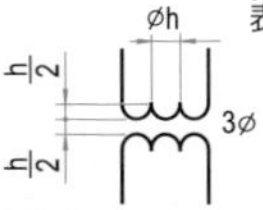

名稱	符號	說明[1]
	(b) 	(b) 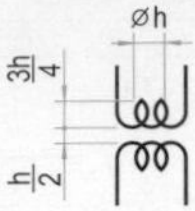 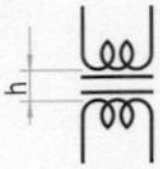 øh $\frac{3h}{4}$ $\frac{h}{2}$ h 註：如需表示鐵心時。 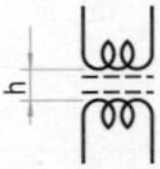 h 註：如需表示含粉末鐵心時。
	(c) 	(c) 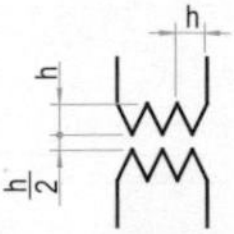 h h $\frac{h}{2}$
單線圖	(a)	(a) h h h 3ø
	(b)	(b) $3\frac{3}{4}h$ ø2h

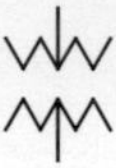

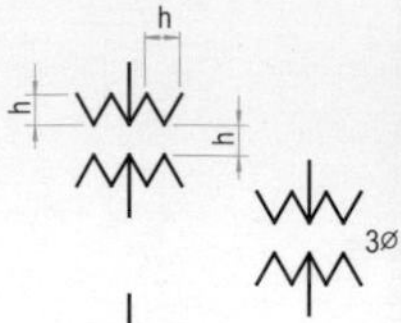

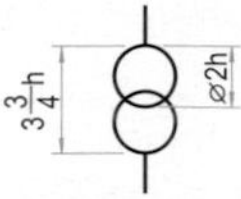

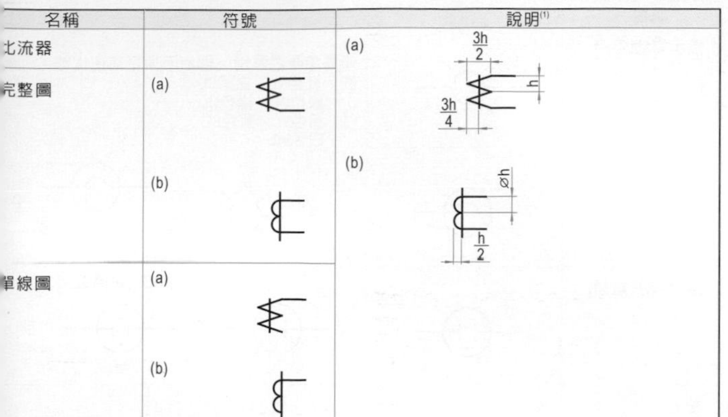

名稱	符號	說明[1]
比流器		(a) 3h/2, h, 3h/4
完整圖	(a) (b)	(b) ⌀h, h/2
單線圖	(a) (b)	

17-3 儀器符號

表 17-3.1

名稱	符號	說明[1]
指示儀器(通用)	○	1.○內加註文字代號，表示種類。 例：(A) 電流計 (h, ⌀3h)　(V) 電壓計 (W) 瓦特計　(WH) 瓦時計 2.如需區別交流或直流，則另加符號。 例：(A) 直流電流計 (A∼) 交流電流計

17-4 保護裝置

表 17-4.1

名稱	符號	說明[1]
熔線(保險絲)	(a) (b)	(a) 3h, h, h/2 封閉型 (b) 2h, h, h/3 開放型

名稱	符號	說明[1]
指示燈(通用)		如需加顏色區別，則依下列之文字代號。 例：紅色RL　透明CL 綠色GL　橘色OL 黃色YL　藍色BL 白色WL 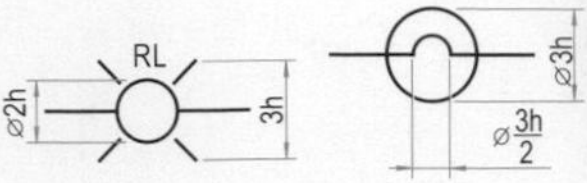
有絲燈	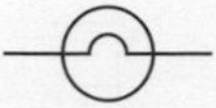	RL　⌀2h　3h　⌀3h　$\varnothing\frac{3h}{2}$
指示燈(充氣燈)		符號旁可加NE代表霓虹燈。 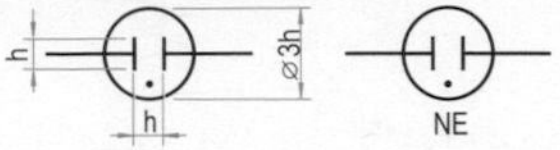 h　⌀3h　h　NE
接地	(a) (b)	 60°　h　系統接地 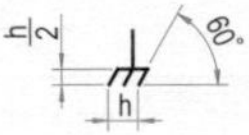 $\frac{h}{2}$　60°　h　設備接地
避雷器		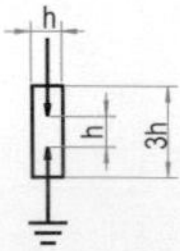 h　h　3h
電鈴		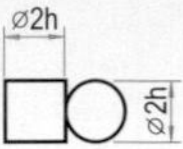 ⌀2h　⌀2h
蜂鳴器		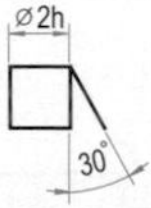 ⌀2h　30°
開關(通用)	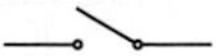	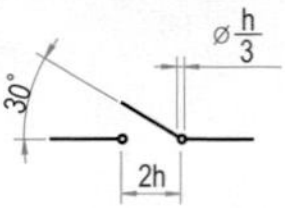 $\varnothing\frac{h}{3}$　30°　2h
轉換開關		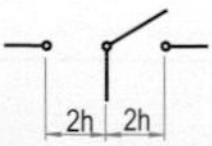 2h　2h

名稱	符號	說明[(1)]
斷路器		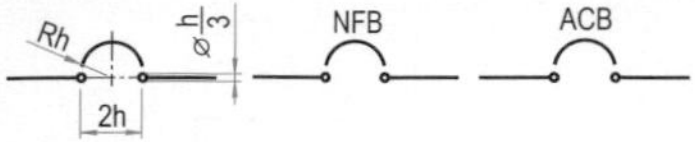 Rh　$\phi\frac{h}{3}$　2h　NFB　ACB
天線		 2h
超載電流元件		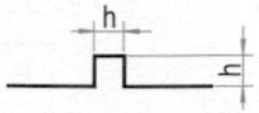 h　h
電驛線圈	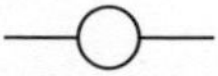 	(a) 可加文字說明，例如：  ϕ2h　CR (b)　60°　h 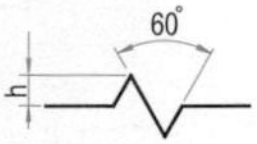

17-5 接 點

表 17-5.1

名稱	符號	說明[(1)]
a 接點 (make接點) (NO.接點)	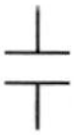 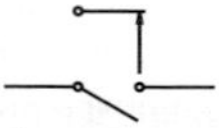	自動接點，可加文字說明種類及動作條件。 例：PS：壓力動作 FS：液壓動作 TMS：溫升動作 TD：延時動作 無文字說明者，為電磁線圈動作。 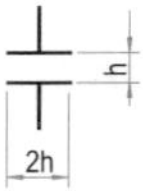 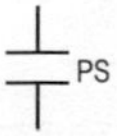　h　2h PS 例：PS：壓力過載動作，但須手操作復位。 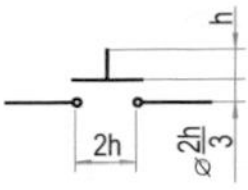 h　2h　$\phi\frac{2h}{3}$
按鈕開關a接點		手動作，鬆開後自動復位。

名稱	符號	說明[1]
b 接點 (break 接點) (N C 接點)	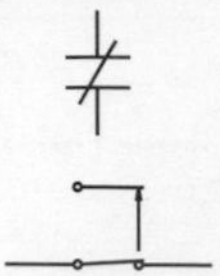	自動接點可加文字說明種類及動作條件。 例：OL：過負載動作，但須手操作復位。  2h 60° OL
按鈕開關b接點		手動作，鬆開後自動復位。
c 接點 (transfer 接點)	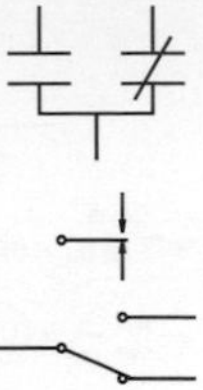	自動接點 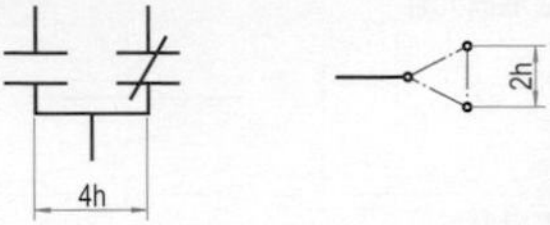 4h 2h
按鈕開關c接點		手動作，鬆開後自動復位。 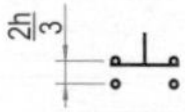 $\frac{2h}{3}$
腳踏開關a接點		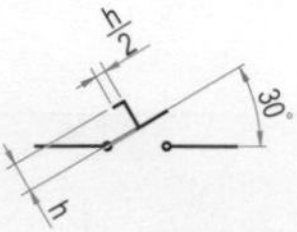 $\frac{h}{2}$ 30° h
腳踏開關b接點	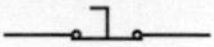	
極限開關 (limit switch) a 接點	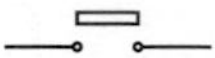	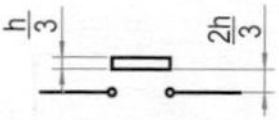 $\frac{h}{3}$ $\frac{2h}{3}$ 極限開關係由機械觸動控制之接點。 "a" 接點觸動後，電路接通。 "b" 接點觸動後，電路切斷。
b 接點	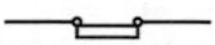	
轉換開關多路接點		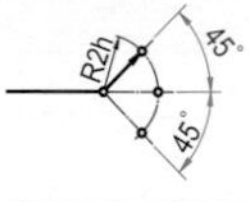 R2h 45° 45°

名稱	符號	說明[1]
電磁開關接點 a 接點		
b 接點		

7-6 室內配線

表 17-6.1

名稱	符號	說明[1]
燈		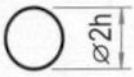 ø2h
白熾燈		
出口燈		
非常燈		
壁燈		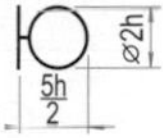 ø2h $\frac{5h}{2}$
日光燈		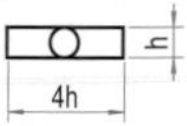 h 4h
接線匣	J	
開關與插座		
單極開關	S	
雙極開關	S_2	
三路開關	S_3	
四路開關	S_4	
單插座		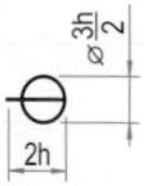 ø$\frac{3h}{2}$ 2h

名稱	符號	說明[1]
單插座及開關	S	
接地單插座	G	
雙插座		 h/2
雙插座及開關	S	
接地雙插座	G	
三插座		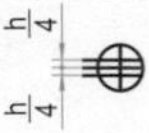 $\frac{h}{4}$ $\frac{h}{4}$
電灶插座	R	
屋外插座	 WP	
單地板插座		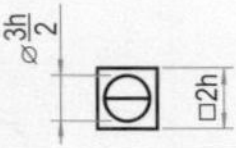 $\varnothing\frac{3h}{2}$ □2h
接地單地板插座	G	
雙地板插座		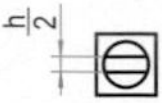 $\frac{h}{2}$
電路		
電路不相接	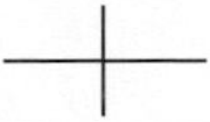	
電路相接		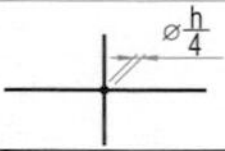 $\varnothing\frac{h}{4}$

名稱	符號	說明[1]
分路		
二條導線	2	60° h/2 h
三條導線	3	h/2 h/2

7-7 半導體元件

表 17-7.1

名稱	符號	說明[1][2][3]
二極體		h
整流二極體或信號二極體 (SIGNAL DIODE)	(a) (b)	
發光二極體(LED)		3h/4 45° ∅3h
稽納二極體 (ZENER DIODE)		2h h/3
交流二極體 (DIAC)		交流二極體亦稱觸發二極體(TRIGGER DIODE) 3h/2
雙向崩潰二極體		
背向二極體		h

名稱	符號	說明[1]
閘流體 (THYRISTOR)		30°
矽控整流器 (SCR)		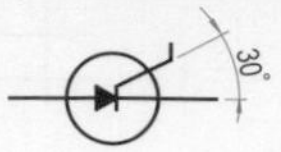
交流閘流體 (TRIAC)		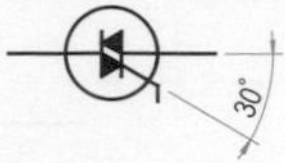 30°
閘極截止閘流體 (GTO)		
電晶體 (TRANSISTOR)		h　60°　h/2　2h
PNP型		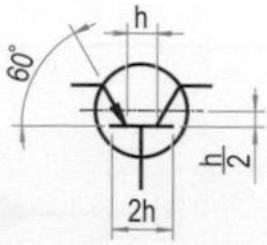
NPN型		
太陽電池		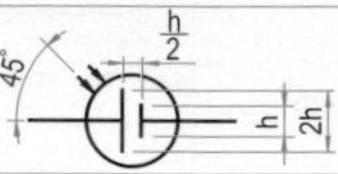 h/2　45°　h　2h
開關閘流三極體		h/2　h/3
PNPN 型		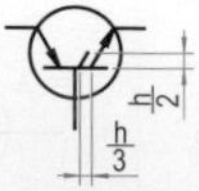
NPNP 型		
場效電晶體 (FET)		各極名稱如下圖所示。閘極　源極　汲極　2h　h  
N 通道		
P 通道		
光電耦合器		

註(2)：在無混淆情況下，可省略。
註(3)：正三角形可以不必塗黑。

7-8 數位元件符號

表 17-8.1

名稱	符號	說明[1]
及閘(通用) (AND)	(a)  & (b)	1. 及閘功能：所有輸入信號為“1”時，輸出才為“1”。 例: 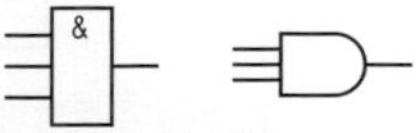 & 2. 輸入端在符號的左側，輸出端在符號的右側。 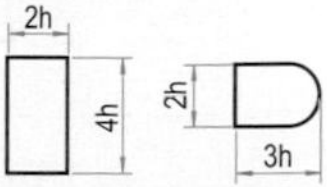 2h 4h 2h 3h
或閘(通用) (OR)	(a)  ≧1 (b) 	1. 及閘功能：輸入信號中只要含一個“1”，則輸出即為“1”。 例: 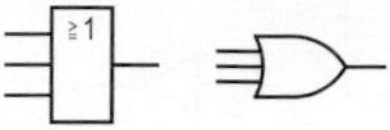 ≧1 2. 輸入端在符號的左側，輸出端在符號的右側。 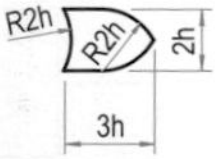 R2h R2h 2h 3h
反法 (Nagation)		反法功能：此符號加在數位元件符號的輸入或輸出信號端，以示“1”與“0”之間的反相。 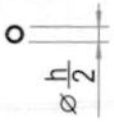 $\phi\frac{h}{2}$
反及閘(通用) (NAND)	(a)  & (b) 	 反及閘功能：即「及閘」的反法。 例： (a) 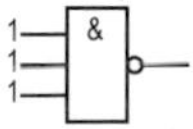 1 1 1 & (b) 1 1 1 功能：三個輸入皆為“1”時，則輸出為“1”的反相“0”。

名稱	符號	說明[1]
反或閘(通用) (NOR)	(a) 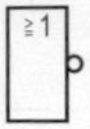 (b) 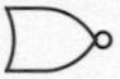	反或閘功能，即「或閘」的反法。 功能：只要輸入中至少有一個“1”，則輸出為“1”的反相“0”。 例： (a) 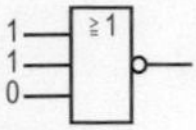 ≧1 1 1 0 (b) 1 1 0 
反相器 (Inverter)	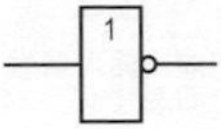 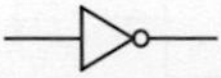 1	反相器功能：輸出為輸入信號的反向。 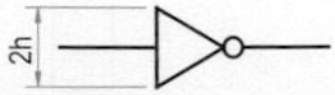 2h
放大器 (Amplifier)	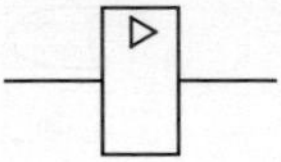 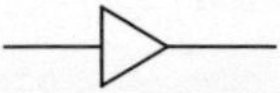	放大器功能：輸入為“1”，則輸出也為“1”，但輸出之物理量比輸入為大。
延遲元件(通用) (Delay element)	(a)  (b) 	(b)兩垂直線段，表示輸入端。 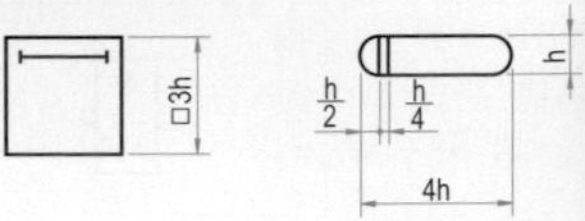 □3h $\frac{h}{2}$ $\frac{h}{4}$ h 4h
正反器 (記憶元件) (Flip-Flop)	 FF	

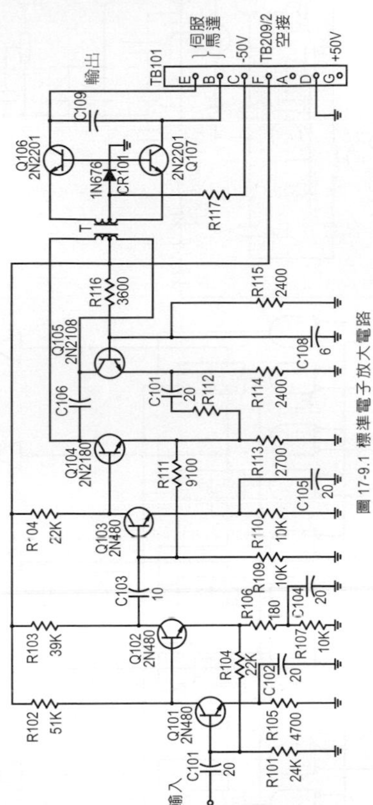

圖 17-9.1 標準電子放大電路

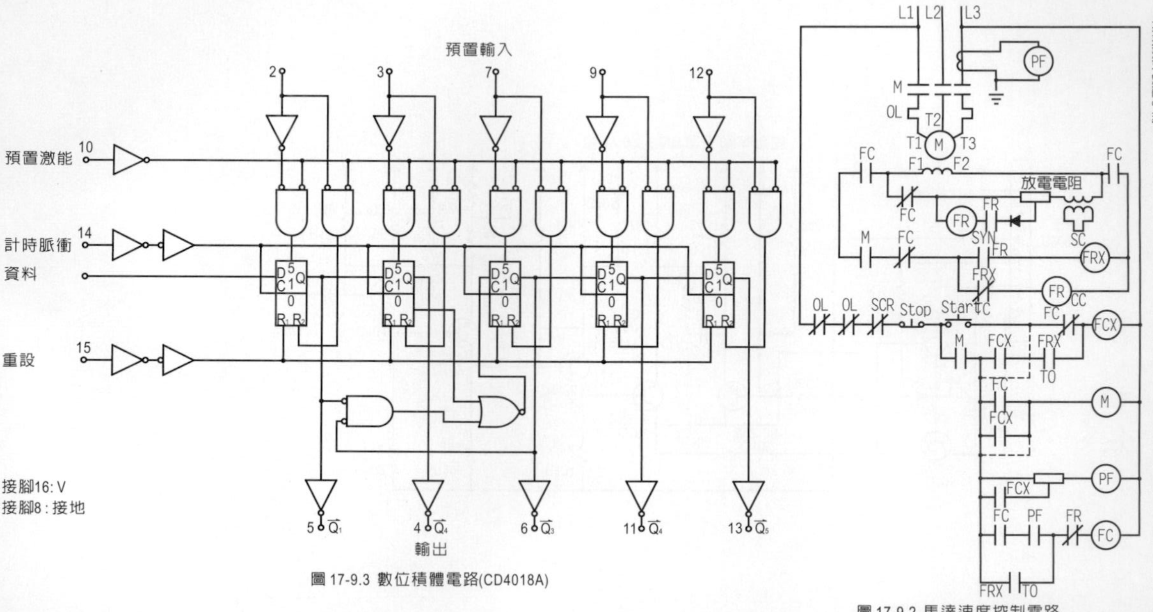

圖 17-9.2 馬達速度控制電路

圖 17-9.3 數位積體電路(CD4018A)

第 18 章 工作圖

18

工作圖可依內容分為：(1)組合圖、(2)部分組合圖、(3)零件圖、(4)加工程序圖等。

18-1 組合圖

組合圖顧名思義為描述已組合成的機械或機構之圖面，可明白的表示各零件間之相關位置，並顯示組合後之全長尺度及兩心間或零件間之距離，於視圖中零件之細節與虛線部份，皆可省略；僅須將每一零件編號，並將其號碼寫於視圖外，用引線及小黑點標示其位置，如圖 18-1.1。

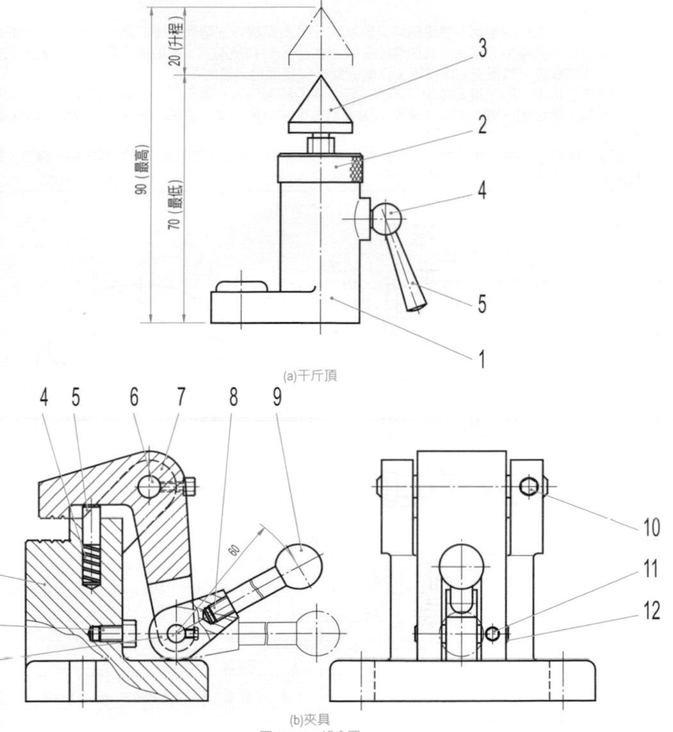

(b)夾具

圖 18-1.1 組合圖

18-2 部分組合圖

凡複雜機械之裝配，欲以一組合圖表示其全部零件之關係，勢必引起混淆情形。此時可將機械分成若干部分，每一部分畫一組合圖，因其非為全部零件之組合圖，故稱為部分組合圖。如圖 18-2.1。

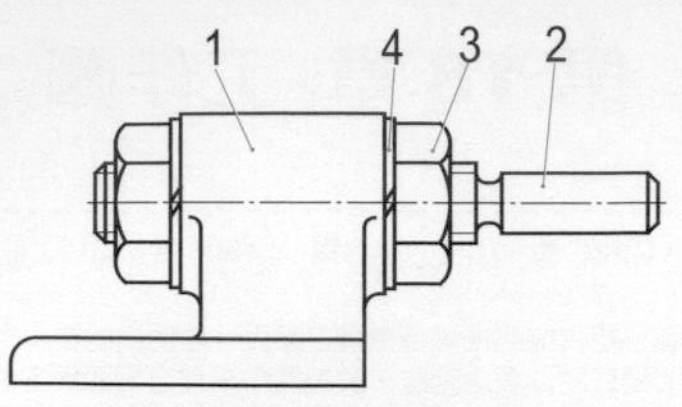

圖 18-2.1　部分組合圖

18-3 零件圖

零件圖為一單件之圖面，係將機件之形狀、尺度及結構作完整而正確的描述。成功的詳圖須能下列事項簡單而直接指示工人：每機件的形狀、大小、材料及加工；需要的工場製作；應遵守的準限度；所需件數等。其描述力求精確，務使依圖樣製造而得滿意的產品。

在機械工作中，則不論零件如何細小，零件圖的繪製均以一個零件一張單紙顯示為佳。若採單制，則所有工場合用一圖；若採複圖制，則須為每工場繪製一圖。故每一零件可有模型、鑄件及機等圖樣。

螺栓、螺釘、螺帽、鍵、銷、軸承等標準零件，均不必繪製其零件圖，僅將其名稱、編號、規格件數及材料等列入組合圖之零件表內即可。如圖 18-3.1。

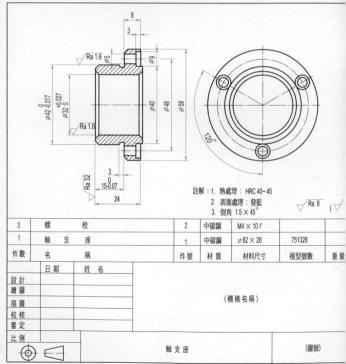

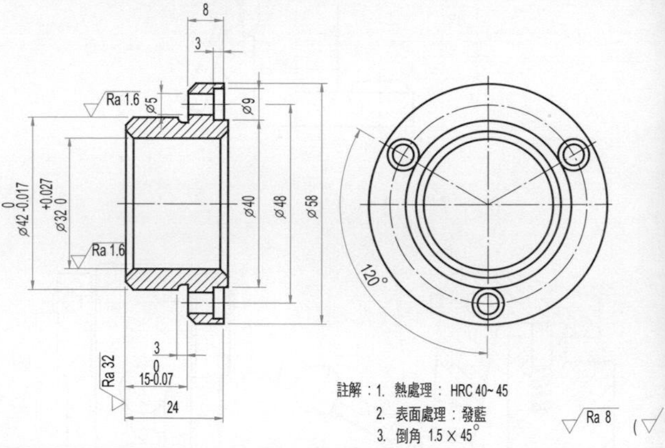

註解：1. 熱處理：HRC 40~45
2. 表面處理：發藍
3. 倒角 1.5 × 45°

Ra 8

3	螺　栓	2	中碳鋼	M4 × 10ℓ		
1	軸　支　座	1	中碳鋼	⌀62 × 28	751328	
件數	名　稱	件號	材 質	材料尺寸	模型號數	重量

	日期	姓名	
設計			(機構名稱)
繪圖			
描圖			
校核			
審定			
比例			
		軸支座	(圖號)

圖 18-3.1　零件圖

8-4 加工程序圖

是表示加工過程中之狀態，或表示製造工程之系統圖，如圖 18-4.1 為階級螺桿之加工程序圖。

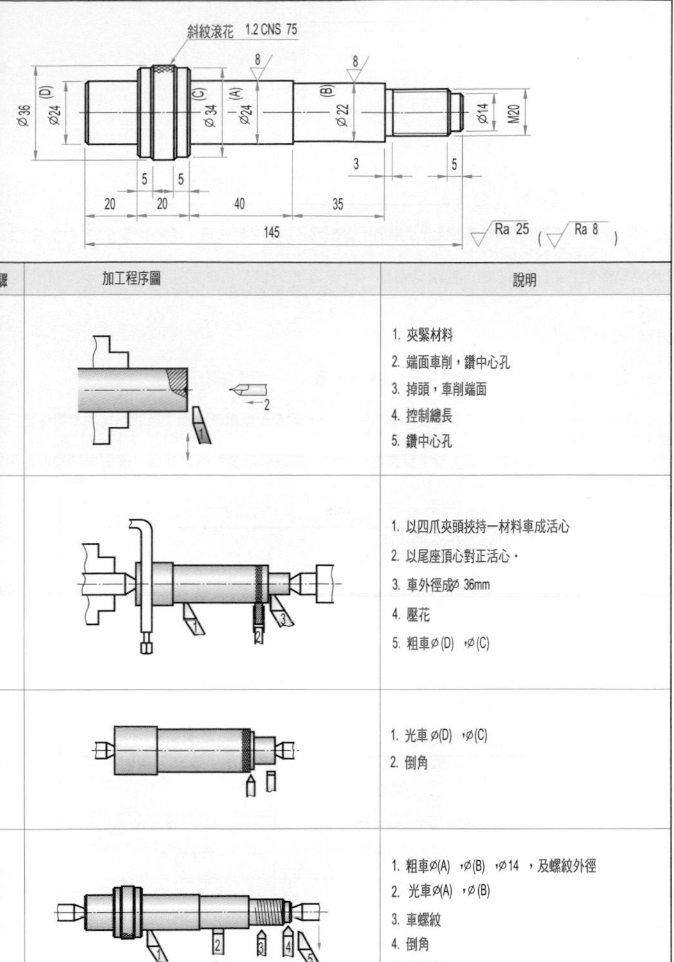

步驟	加工程序圖	說明
1		1. 夾緊材料 2. 端面車削，鑽中心孔 3. 掉頭，車削端面 4. 控制總長 5. 鑽中心孔
2		1. 以四爪夾頭挾持一材料車成活心 2. 以尾座頂心對正活心· 3. 車外徑成ø 36mm 4. 壓花 5. 粗車ø (D) ，ø (C)
3		1. 光車 ø(D) ，ø(C) 2. 倒角
4		1. 粗車ø(A) ，ø(B) ，ø14 ，及螺紋外徑 2. 光車ø(A) ，ø (B) 3. 車螺紋 4. 倒角 5. 修毛邊

圖 18-4.1 加工程序圖

一幅完整的工作圖除含有視圖表現、尺度標註及註解外，尚須包括標題欄、零件表、更改欄及一般公差欄的內容填寫。

18-5 標題欄

標題欄係以記載工作圖上有關之事項，常置於圖紙之右下角，如圖 18-5.1 所示，標題欄大小視需而定。

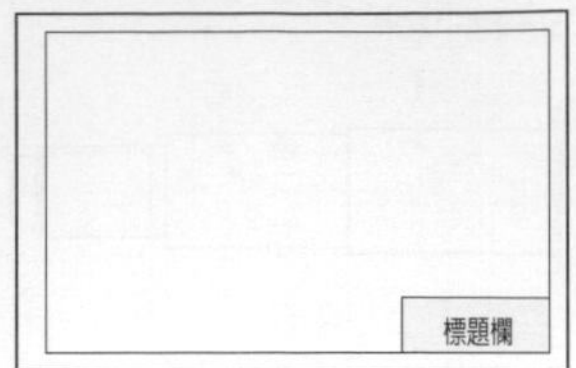

圖 18-5.1 標題欄的位置

工作圖標題之內容視製圖機構之情況及需要不盡相同，以下列舉格式，僅供參考。

1.公司、工廠或學校名稱。
2.機構名稱。
3.圖名。
4.圖號。
5.投影法。
6.比例。
7.設計員、繪圖員、描圖員、校對員及審定者的姓名，每一記錄均附日期。
8.若為特殊機器，應加註購買者姓名。

以上各項之排列舉例如圖 18-5.2 所示。圖 18-5.3 為一般學校或機械製圖工技能檢定用含零件表之標題欄，供學習者參考。

目前一般工廠為節省繪圖時間，並求整齊劃一起見，標題欄都事先作好圖塊，需要填註的地方再行入即可。

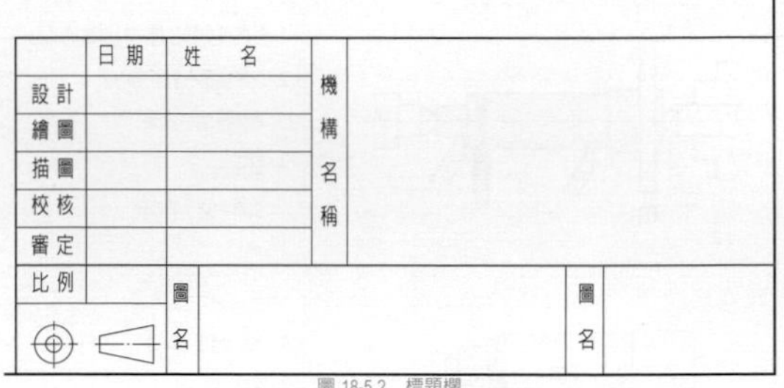

圖 18-5.2 標題欄

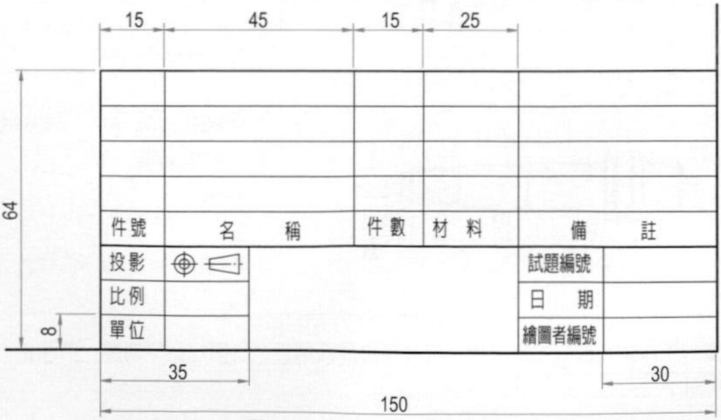

15 45 15 25

件號	名 稱	件數	材 料	備 註	
投影				試題編號	
比例				日 期	
單位				繪圖者編號	

64 8 35 30 150

圖 18-5.3 含零件表之標題欄

18-6 零件表

零件表乃將各項資料以表格說明，可安置於組合圖或零件圖上，零件表須列出全套機械中所有零之件號、名稱、數量、材料等，最後加留備註欄。一般零件依其重要性排列，較大者在前，標準零在後，每格間隔以 8～10mm 較佳，如圖 18-6.1 所示。填寫時由下而上順序編號。

<table>
<tr><td></td><td></td><td>7</td><td></td><td></td><td></td><td></td></tr>
<tr><td></td><td></td><td>6</td><td></td><td></td><td></td><td></td></tr>
<tr><td></td><td></td><td>5</td><td></td><td></td><td></td><td></td></tr>
<tr><td></td><td></td><td>4</td><td></td><td></td><td></td><td></td></tr>
<tr><td></td><td></td><td>3</td><td></td><td></td><td></td><td></td></tr>
<tr><td></td><td></td><td>2</td><td></td><td></td><td></td><td></td></tr>
<tr><td></td><td></td><td>1</td><td></td><td></td><td></td><td></td></tr>
<tr><td>件數</td><td>名　稱</td><td>件號</td><td>標準件號</td><td>材料尺寸</td><td>模型號數</td><td>重量</td></tr>
</table>

<table>
<tr><td></td><td>日期</td><td>姓名</td><td colspan="2" rowspan="6">(機構名稱)</td></tr>
<tr><td>設計</td><td></td><td></td></tr>
<tr><td>繪圖</td><td></td><td></td></tr>
<tr><td>描圖</td><td></td><td></td></tr>
<tr><td>核定</td><td></td><td></td></tr>
<tr><td>審定</td><td></td><td></td></tr>
<tr><td>比例</td><td colspan="2" rowspan="2">(圖名)</td><td rowspan="2">(圖號)</td></tr>
<tr><td></td></tr>
</table>

圖 18-6.1　含零件表之標題欄

用於大量生產時，常將各零件之資料填寫於單頁之零件表上，其格式及內容如圖 18-6.2 所示。填寫由上而下順序編號。

<table>
<tr><td colspan="4">型　式</td><td colspan="6" rowspan="2">(圖名)</td><td colspan="3" rowspan="2">(圖號)</td></tr>
<tr><td></td><td></td><td></td><td></td></tr>
<tr><td colspan="4">件　數</td><td colspan="6">名　稱</td><td>件號</td><td>圖號</td><td>標準尺度</td></tr>
</table>

<table>
<tr><td colspan="4">件　數</td><td>名　稱</td><td>件號</td><td>圖號</td><td>標準尺度</td><td>材料尺度</td><td>模型號數</td><td>重量</td></tr>
<tr><td></td><td></td><td></td><td></td><td></td><td>1</td><td></td><td></td><td></td><td></td><td></td></tr>
<tr><td></td><td></td><td></td><td></td><td></td><td>2</td><td></td><td></td><td></td><td></td><td></td></tr>
<tr><td></td><td></td><td></td><td></td><td></td><td>3</td><td></td><td></td><td></td><td></td><td></td></tr>
<tr><td></td><td></td><td></td><td></td><td></td><td>4</td><td></td><td></td><td></td><td></td><td></td></tr>
<tr><td></td><td></td><td></td><td></td><td></td><td>5</td><td></td><td></td><td></td><td></td><td></td></tr>
<tr><td></td><td></td><td></td><td></td><td></td><td>6</td><td></td><td></td><td></td><td></td><td></td></tr>
<tr><td></td><td></td><td></td><td></td><td></td><td>7</td><td></td><td></td><td></td><td></td><td></td></tr>
<tr><td></td><td></td><td></td><td></td><td></td><td>8</td><td></td><td></td><td></td><td></td><td></td></tr>
<tr><td></td><td></td><td></td><td></td><td></td><td>9</td><td></td><td></td><td></td><td></td><td></td></tr>
<tr><td></td><td></td><td></td><td></td><td></td><td>10</td><td></td><td></td><td></td><td></td><td></td></tr>
<tr><td></td><td></td><td></td><td></td><td></td><td></td><td></td><td></td><td></td><td></td><td></td></tr>
<tr><td></td><td></td><td></td><td></td><td></td><td></td><td></td><td></td><td></td><td></td><td></td></tr>
<tr><td></td><td></td><td></td><td></td><td></td><td></td><td></td><td></td><td></td><td></td><td></td></tr>
<tr><td></td><td></td><td></td><td></td><td></td><td></td><td></td><td></td><td></td><td></td><td></td></tr>
<tr><td></td><td></td><td></td><td></td><td></td><td></td><td></td><td></td><td></td><td></td><td></td></tr>
<tr><td></td><td></td><td></td><td></td><td></td><td></td><td></td><td></td><td></td><td></td><td></td></tr>
<tr><td></td><td></td><td></td><td></td><td></td><td></td><td></td><td></td><td></td><td></td><td></td></tr>
<tr><td colspan="11">(更改)</td></tr>
</table>

<table>
<tr><td></td><td>日期</td><td>姓名</td><td rowspan="6">(機構名稱)</td></tr>
<tr><td>設計</td><td></td><td></td></tr>
<tr><td>繪圖</td><td></td><td></td></tr>
<tr><td>描圖</td><td></td><td></td></tr>
<tr><td>核定</td><td></td><td></td></tr>
<tr><td>審定</td><td></td><td></td></tr>
</table>

圖 18-6.2　單頁寫之零件表(含標題欄)

18-7 更改欄

已發出之圖需更改時，應在圖上列表記載，以便日後查考，更改欄之形式舉例如圖 18-7.1。

△3			
△2			
△1			
記 號	更 改 項 目	姓 名	日 期

圖 18-7.1 更改欄

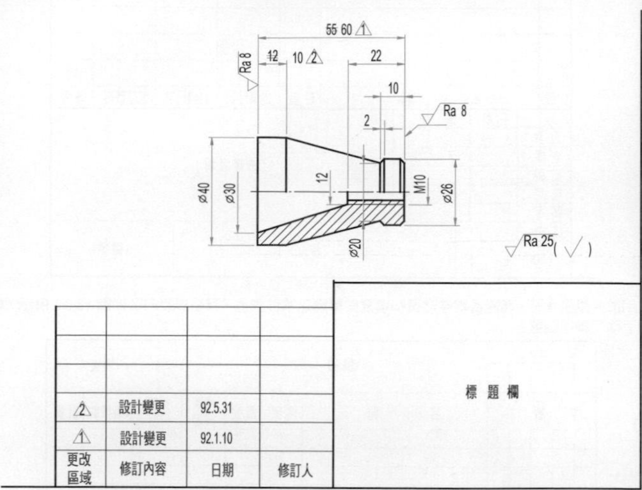

圖 18-7.2 更改欄使用範例

18-8 一般公差

一般公差大都註記在標題欄或是圖面左下角，使用方法如圖 18-8.1。

一般公差 (mm)			
3~6	±0.1	120~315	±0.8
6~30	±0.2	315~1000	±0.5
30~80	±0.3	1000~2000	±1.2
80~120	±0.4	2000~3150	±2.0

標 題 欄

圖 18-8.1 一般公差

18-9 範例

一、快速虎鉗

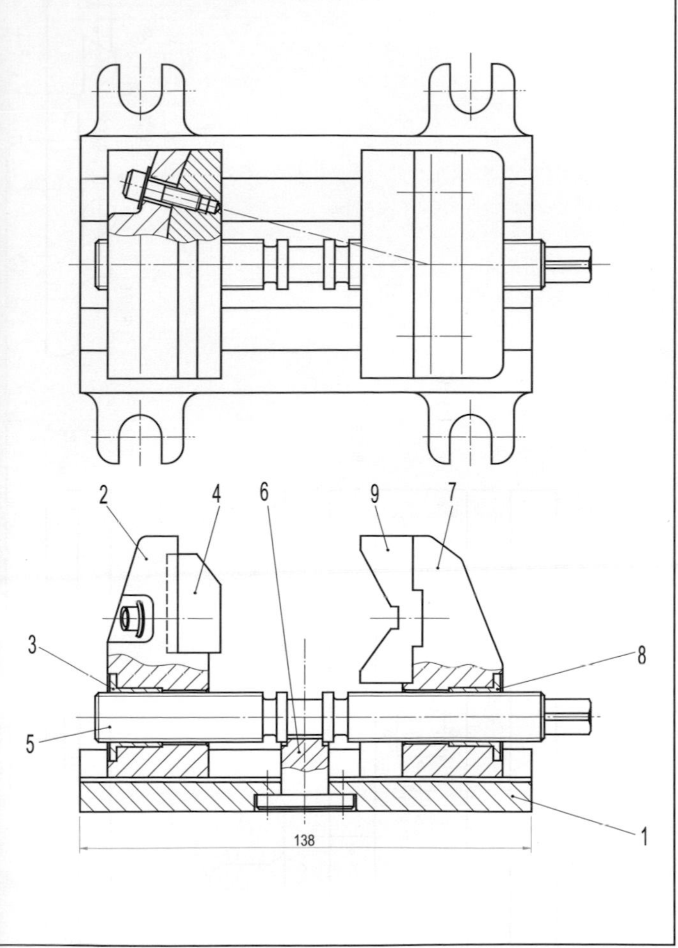

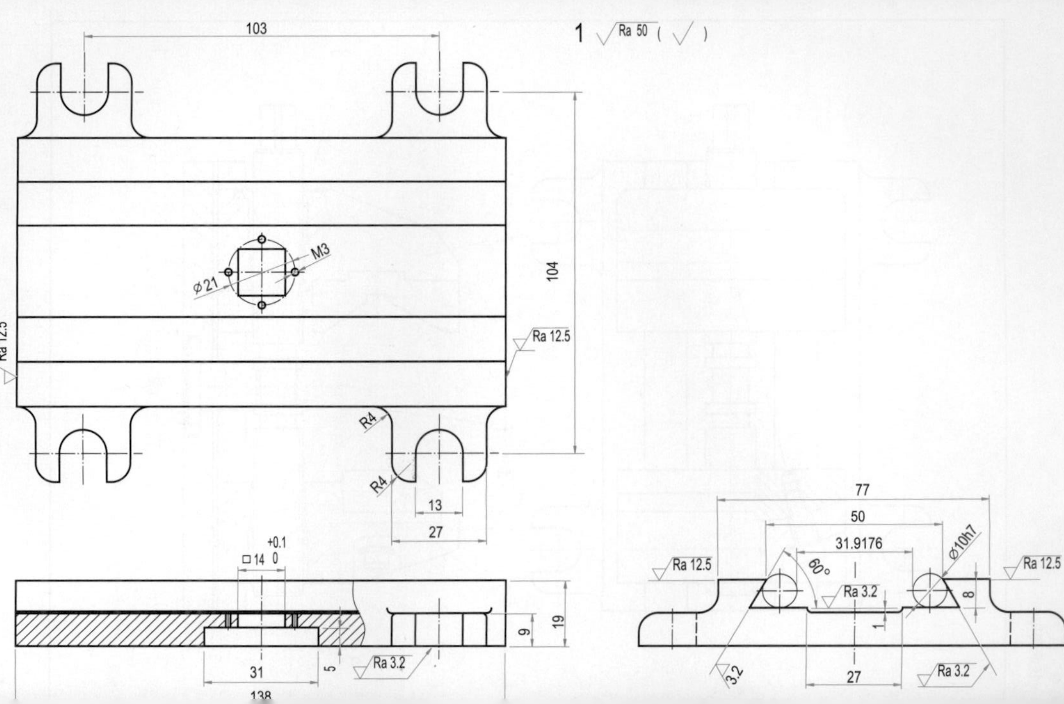
1 Ra 50 ( )
103
104
Ra 12.5
Ra 12.5
M3
φ21
R4
R4
13
27
+0.1
□14 0
9
19
5
31
138
Ra 3.2
77
50
31.9176
60°
Ø10h7
8
1
Ra 12.5
Ra 12.5
Ra 3.2
3.2
27
Ra 3.2

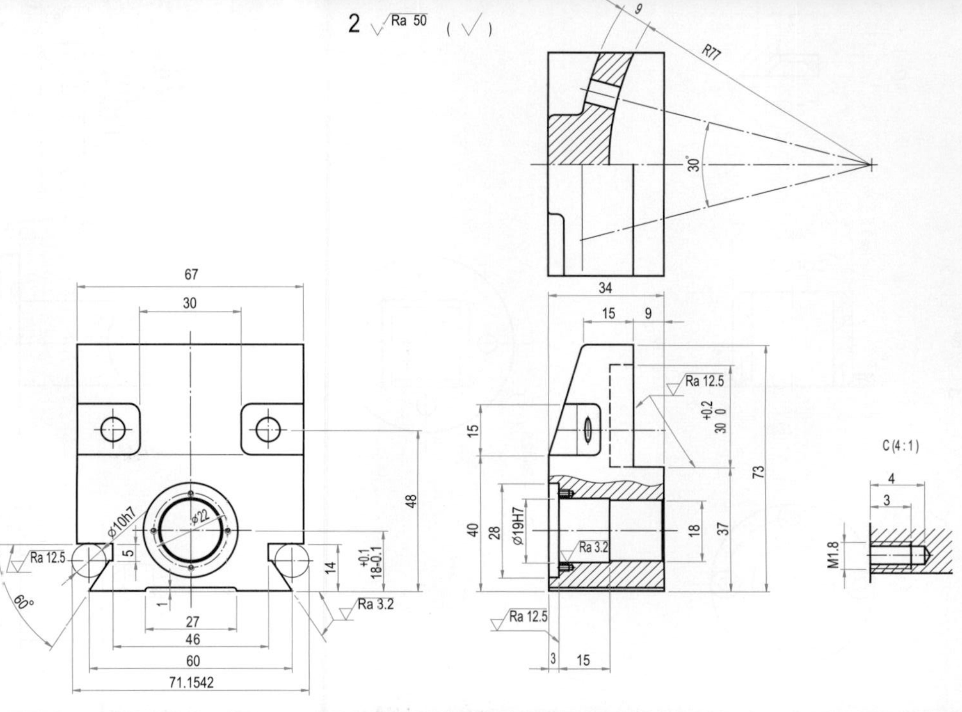
2 Ra 50 ( )
9
R77
30°
67
30
48
ϕ10h7
ϕ22
5
Ra 12.5
60°
14
18+0.1 -0.1
Ra 3.2
1
27
46
60
71.1542
34
15
9
Ra 12.5
30 +0.2 0
73
15
40
28
Ø19H7
Ra 3.2
18
37
Ra 12.5
3
15
C(4:1)
4
3
M1.8

3 √Ra 12.5 (√)

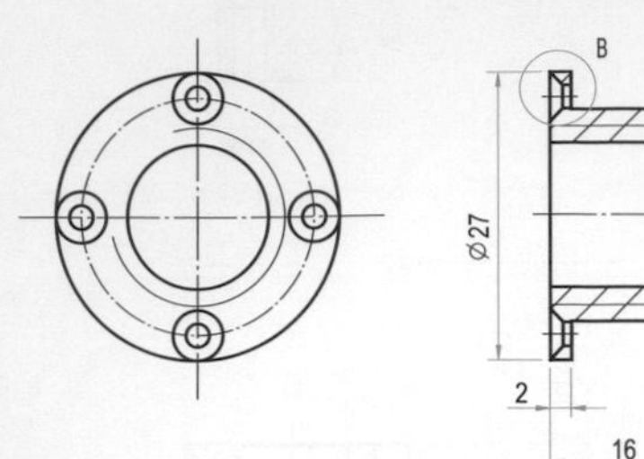
B
Ra 3.2
Ø27
L-Tr16X2
Ø19g6
2
16

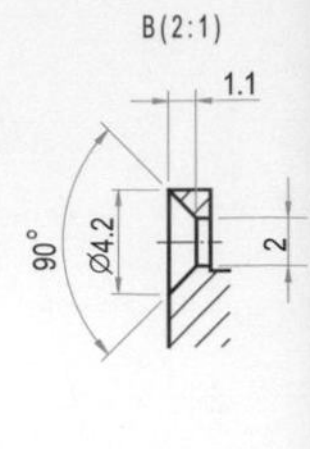
B(2:1)
1.1
90°
Ø4.2
2

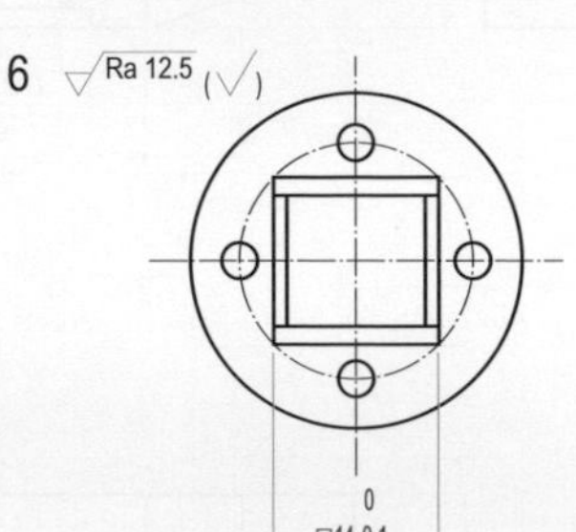
6 √Ra 12.5 (√)
0
□14-0.1

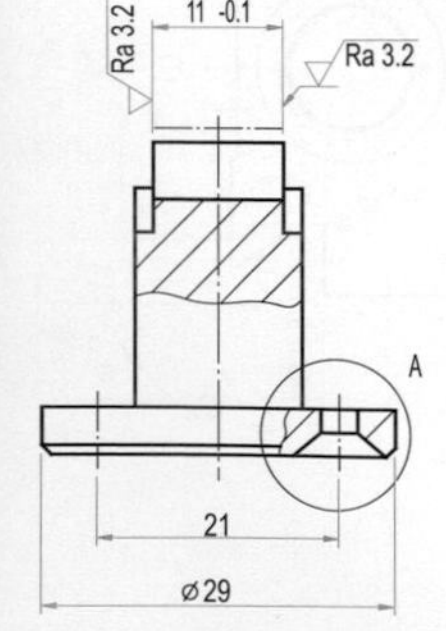
Ra 3.2
0
11 -0.1
Ra 3.2
A
21
ø29

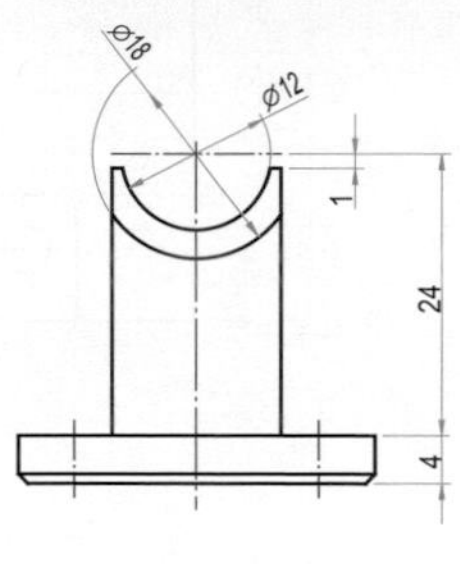
Ø18
Ø12
1
24
4

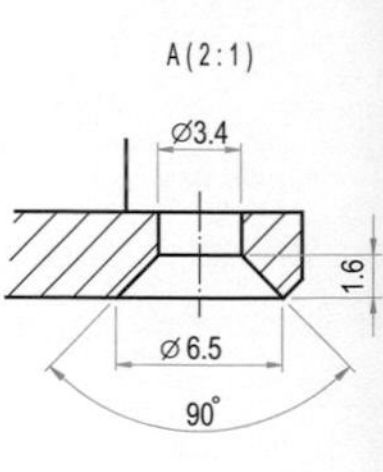
A(2:1)
Ø3.4
1.6
Ø6.5
90°

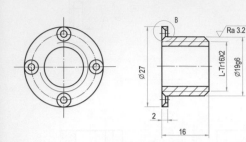

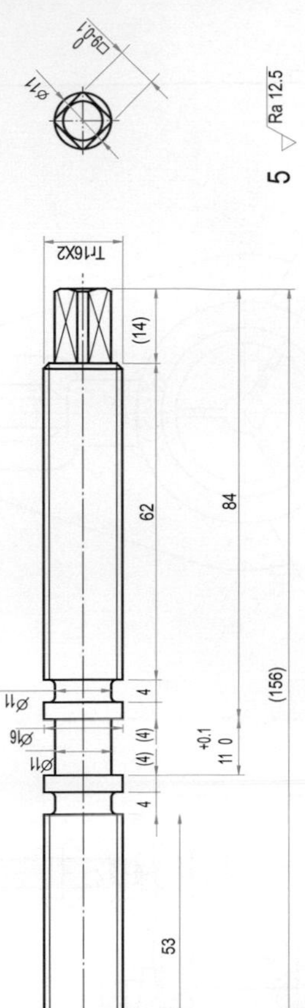
□9-0.1
⌀11
5 Ra 12.5
Tr16X2
(14)
62
84
(156)
4
⌀11
⌀16
(4) (4)
⌀11
11 +0.1 0
4
53
L-Tr16X2

二、套筒夾具

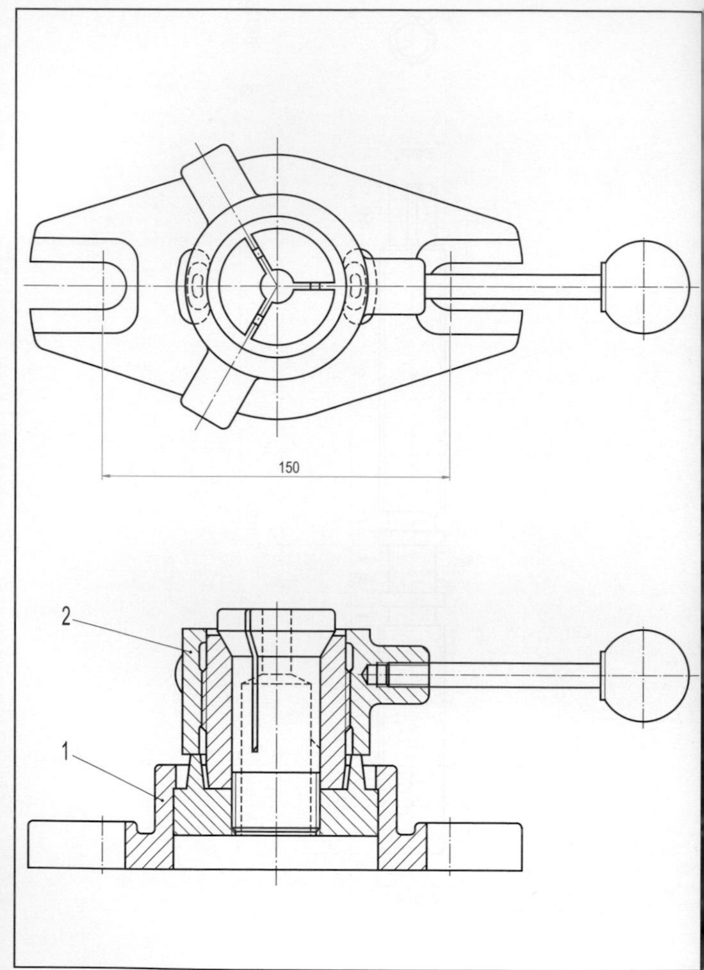

1 √Ra 100 (√)

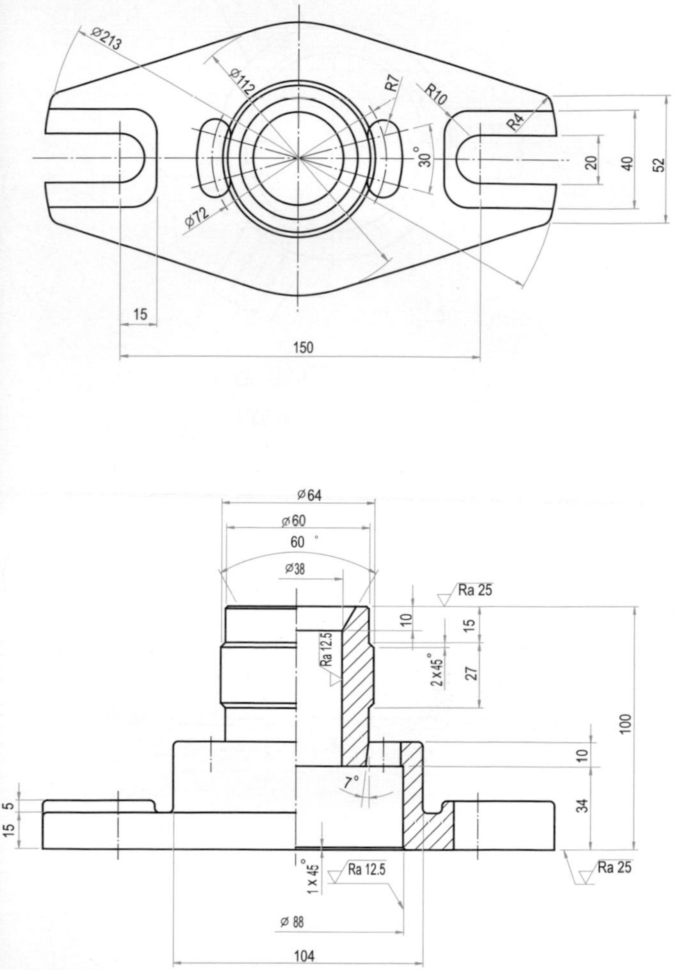

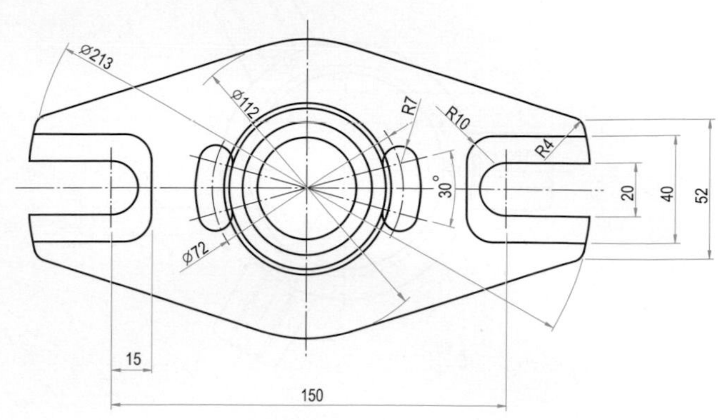

Ø64
Ø60
60°
Ø38
Ra 25
10
15
Ra 12.5
2x45°
27
100
10
7°
34
5
15
1 X 45°
Ra 12.5
Ra 25
Ø 88
104

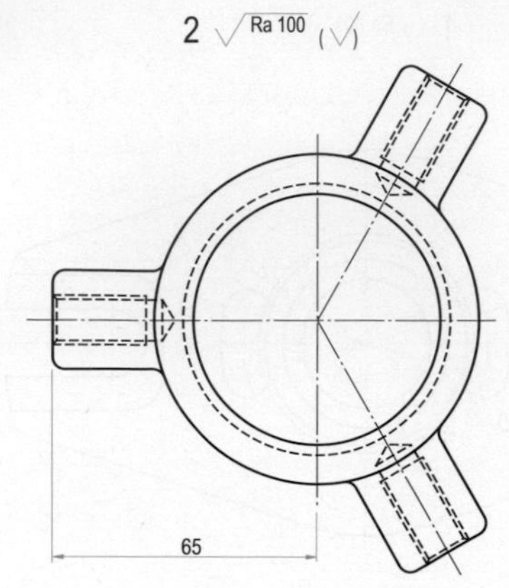
2 √Ra 100 (√)
65

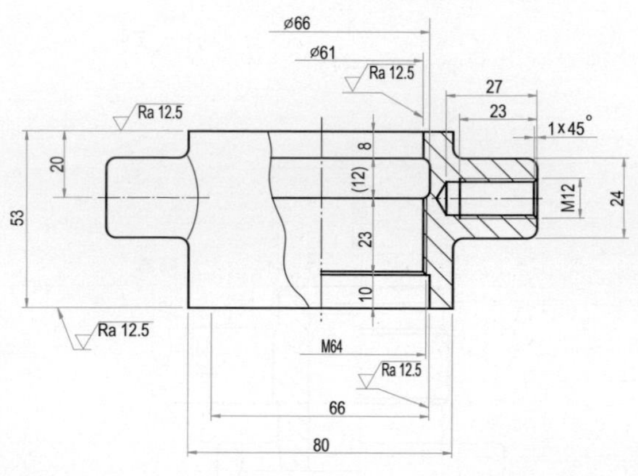
ø66
ø61
Ra 12.5
27
23
1×45°
Ra 12.5
20
53
8
(12)
23
10
M12
24
Ra 12.5
M64
Ra 12.5
66
80

第 19 章 數值控制工具機之準備機能(G 機能)及輔助機能(M 機能)之符號

19

Coding of Preparatory Functions G and Miscellaneous Functions M for Numerical Control of Machines CNS B1237

19-1 適用範圍

本標準適用於數值控制工具機，所用之準備機能及輔助機能之符號。

19-2 一般事項

(1)準備機與輔助機能之符號，各以「G」及「M」連接 1 個 2 位數之符號組成之。
(2)已指定機能之符號除另特別規定外，不得使用於其他機能。
(3)「今後不指定」之符號，在本標準將來亦不指定其機能，但本符號可用於本標準指定以外之機能，如使用符號機能必須註明於程式格式之範例。
(4)「未指定」之符號將來修正本標準時，可指定其機能。本符號可用於本標準指定以外之機能。如使用符號機能，必須註明於程式格式之範例。

19-3 準備機能之符號

(1)符號及機能：準備機能之符號及其機能如下

符號	機能	本行內所出現英文字母表示各指令所屬之族而在同族新指令未出現前,原指令一直保持有效	只有指令之段內有效
G00	定位	a	
G01	直線插值(切削)	a	
G02	順時針方向圓弧插值(切削)	a	
G03	反時針方向圓弧插值(切削)	a	
G04	停留		○
G05	未指定		
G06	拋物線插值(切削)	a	
G07	未指定		
G08	加速		○
G09	減速		○
G10~G16	未指定		
G17	XY 面之選擇	c	
G18	ZX 面之選擇	c	
G19	YZ 面之選擇	c	
G20~G24	未指定		
G25~G29	今後不指定		
G30~G32	未指定		
G33	定導程之螺紋切削	a	
G34	漸增導程之螺紋切削	a	
G35	漸減導程之螺紋切削	a	
G36~G39	今後不指定		
G40	刀具徑補償及刀具位置偏位②之消除	d	
G41	刀具徑補償一左	d	

(續前表)符號	機能	本行內所出現英文字母表示各指令所屬之族而在同族新指令未出現前，原指令一直保持有效	只有指令之段內有效
G42	刀具徑補償一右	d	
G43	刀具位置偏位①(1)	n	
G44	刀具位置偏位(1) ①之消除	n	
G45	刀具位置偏位②+/+(1)	d	
G46	刀具位置偏位②+/—(1)	d	
G47	刀具位置偏位②—/—(1)	d	
G48	刀具位置偏位②—/+(1)	d	
G49	刀具位置偏位②0/+(1)	d	
G50	刀具位置偏位②0/—(1)	d	
G51	刀具位置偏位②+/0(1)	d	
G52	刀具位置偏位②—/0(1)	d	
G53	直線移位之消除(1)	f	
G54	X 軸之直線移位(1)	f	
G55	Y 軸之直線移位(1)	f	
G56	Z 軸之直線移位(1)	f	
G57	XY 面之直線移位(1)	f	
G58	XZ 面之直線移位(1)	f	
G59	YZ 面之直線移位(1)	f	
G60	正確定位 1 (精密) (1)	h	
G61	正確定位 2 (普通) (1)	h	
G62	快速定位 (粗) (1)	h	
G63~G79	未指定		
符號	機能	本行內所出現英文字母表示各指令所屬之族而在同族新指令未出現前，原指令一直保持有效	只有指令之段內有效
G80	固定循環之消除	e	
G81~G89	固定循環	e e	
G90	絕對值尺寸	j	
G91	增量值尺寸	j	
G92	座標系設定	j	
G93	時間倒數進給率	k	
G94	進給率	k	
G95	進給量	k	
G96	定切削速度	i	
G97	定切削速度之消除	i	
G98	未指定		
G99	未指定		

註：(1)控制裝置未具此機能時，為「未指定」，可用於本表以外之機能。此種情況必須註明於程式格式範例。

2)機能之意義：各符號機能之意義如下

符號	機能	機能之意義
G00	定位	快速移至指令之位置，本符號將不接受原程式指令進給速度，但不會消除原進給速度，各軸之運動可無必要之相互關係。
G01	直線插值(切削)	平行於座標軸或其錐面之直線運動，指定一段程式資料，對移動之各軸，按移動之比例輸出其速度。
G02	順時針方向圓弧插值(切削)	一或二段程式資料，沿圓弧控制刀具移動之輪廓控制符號。
符號	機能	機能之意義
G03	反時針方向圓弧插值(切削)	「順時針方向圓弧插值(切削)」乃與刀具運動面成直角軸，向負方向觀察時，刀具沿圓弧順時針方向移動之輪廓控制方式。「反時針方向圓弧插值(切削)」則與上述相反方向移動之輪廓控制方式。 設刀具運動面為 XY 面，刀具軸為 Z，則順時針方向移轉，及反時針方向移轉如圖
G04	停留	指令一定時間，延遲其進入下一段程式之方式，但並非中間停止或停留。 例如：搪孔作業中，加工終點為進給停止，下一動作將刀具回位或主軸停止旋轉，此時進入進入此動作之時間拖延，只有主軸繼續旋轉，指令值之單位為秒，其他尚有主軸旋轉數。
G06	拋物線插值(切削)	一或二段程式資料，刀具沿拋物線輪廓移動之控制方式。
G08	加速	運動開始，自動且圓滑增加進給速度至程式指定速度。 例：用於避免工具機變速時之陡震。
G09	減速	接近指令點時，自動而圓滑之自程式指定速度減少進給速度。
G17~G19	面之選擇	兩軸同時動作之圓弧插值(切削)，或刀具徑補償面之選擇。
G33	定導程之螺紋切削	一定導程之螺紋切削。
G34	漸增導程之螺紋切削	均等增加導程之螺紋切削。
G35	漸減導程之螺紋切削	均等減少導程之螺紋切削。
G40	刀具徑補償及刀具位置偏移②之消除	段指令刀具徑補償(直徑或半徑)及刀具位置偏位②之取消指令，消除後刀具移動原來未補償時之路線。
G41	刀具徑補償一左	向刀具移動方向，刀具中心行走加工面左側之刀具補償。
G42	刀具徑補償-右	向刀具移動方向刀具中心行走加工面右側之刀具補償。
G43	刀具位置偏位①	主要用於刀具長度之補償，預先設定於控制裝置之指令值(正或負)加於有關段之座標值。 刀具比程式指定值長時，偏位量之設定值符號為+。 加工孔深比程式指定值要淺時，偏位量之設定值符號為+。
G44	刀具位置偏位(1) ①之消除	取消預先指令之刀具位置偏位①G43。
G45~G52	刀具位置偏位②+/+(1)	直線切削時，刀具徑補償為主，兩軸之刀具位置偏位指令預先設定於控制裝置之偏位量依本指令加或減於有關段之座標值偏位量為刀具半徑時各指令相關位置圖如下。

19

G54~59	直線移位	依預先指定移位量，移位之指令。
G60	正確定位(精密)	按精密或普通之位置公差內決定位置指令，如有必要「可選單方向」定位。
G61	正確定位(普通)	
G62	快速定位(粗)	為節省時間在較大公差內，以快速定位之指令。
G80	固定循環之消除	取消 G81~G89 機能之指令。
G81~G89	固定循環	搪孔、鑽孔、收絲等加工實行預先安排之一連串作業順序之指令。

各符號之內容如下表：

符號	行程	孔底		同程	例
		暫停	主軸		
G81	切削進給	—	—	快速進給	鑽孔
G82	切削進給	有	—	快速進給	鑽孔，光魚眼
G83	間斷進給	—	—	快速進給	鑽深孔，鑽孔
G84	主心軸正轉切削進給	—	反轉	切削進給	攻絲
G85	切削進給	—	—	切削進給	搪孔
G86	主心軸起動切削進給	—	停止	快速進給	搪孔
G87	主心軸起動切削進給	—	停止	手動	搪孔
G88	主心軸起動切削進給	有	停止	手動	搪孔
G89	切削進給	有	—	切削進給	搪孔
G90	絶對值尺寸	段內座標值，以絶對值尺寸指令。			
G91	增量值尺寸	段內座標值，以增量值尺寸指令。			
G92	座標系設定	以程式所製作之尺寸語言，修正或設定座標系之指令，本指令不起運轉作用。			
G93	時間倒數進給率	刀具進給速率被刀具移動距相除之比例表示。			
G94	進給率	進給率以每分鐘之公釐數作指令。			
G95	進給量	以主心軸每旋轉所進之公釐作指令。			
G96	定切削速度	連接主心軸機能(S 機能)字語之數字，以每分鐘之公尺數表示切削速度指令，主心軸轉速必能配合程式中之切削速度，而經常保持一定。			
G97	定切削速度之消除	取消 G96 之指令。			

19-4　輔助機能之符號

(1)符號及機能：輔助機能符號相對應之機能如下

符號	機能	機能開始		機能繼續	
		段中指令之動作並同時開始	段中指令之動作完畢後	消除或變更以前持續	指令段內有效
M00	程式停止		○		○
M01	選擇性停止		○		○
M02	程式終止		○		○
M03	主心軸順時針方向旋轉	○		○	
M04	主心軸反時針方向旋轉	○		○	
M05	主心軸停止		○	○	
M06	刀具交換	*	*		○
M07	冷卻劑 2	○		○	
M08	冷卻劑 1	○		○	
M09	冷卻劑停止		○	○	
M10	夾緊 1	*	*	○	
M11	放鬆 1	*	*	○	
M12	未指定				

M13	主心軸順時針方向旋轉及加冷卻劑	○		○	
M14	主心軸反時針方向旋轉及加冷卻劑	○		○	
M15	正方向運動	○			○
M16	負方向運動	○			○
M17	未指定				
M18	未指定				
M19	固定旋轉位置主心軸停止		○	○	
M20~M29	今後不指定				
M30	指令帶終止		○		○
M31	旁通聯鎖	*	*		○
M32~M35	未指定				
M36	進給範圍 1	○		○	
M37	進給範圍 2	○		○	
M38	主心軸轉速範圍 1	○		○	
M39	主心軸轉速範圍 2	○		○	
M40~M45	齒輪變換(2)	*	*	*	*
M48	不讀超越控制之消除		○	○	
M49	不讀超越控制	○		○	
M50	冷卻劑 3	○		○	
M51	冷卻劑 4	○		○	
M52~M54	未指定				
M55	刀具直線移位至位置 1	○		○	
M56	刀具直線移位至位置 2	○		○	
M57~M59	未指定				
M60	工件交換				
M61	工件直線移位至位置 1	○		○	
M62	工件直線移位至位置 2	○		○	
M63~M67	未指定				
M68	夾緊 2(2)	*	*	○	
M69	放鬆 2(2)	*	*	○	
M70	未指定				
M71	工件旋動移位至位置 1	○		○	
M72	工件旋動移位至位置 2	○		○	
M73~M77	未指定				
M78	夾緊 3(2)	*	*	○	
M79	放鬆 3(2)	*	*	○	
M80~M89	未指定				
M90~M99	今後不指定				

註：(2) 工具機未具此機時為「未指定」可使用於本表未列之機能，程式格式範例中必須註明。
*符號視工具機可用之任何項目，但必須註明於程式格式範例。

(2)機能之意義：各機能意義如下

符號	機能	說明
M00	程式停止	中斷程式運行之指令，段內指定動作完成後因本指令，主心軸及冷卻劑停止。
M01	選擇性停止	操作者預先將此機能開關按入定位，則產生程式停止之同樣效果，此種機能開關未按入時指令無效。
M02	程式終止	表示工件加工程式之終止，段中動作完成後主心軸及冷卻劑停止。用於控制裝置或工具機之重調(Reset)，用在指令帶可捲回至程式開始之文字。
M03	主心軸順時針方向旋轉	對工件，右螺紋方向進行之主心軸旋轉之指令。
M04	主心軸逆時針方向旋轉	自工件，右螺紋方向遠離之主心軸旋轉之指令。
M05	主心軸停止	停止主心軸之指令，有如剎車裝置之使用，冷卻劑同時停止。
M06	刀具交換	無論手動、自動實行更換刀具之指令，但不含選擇刀具，因本指令之冷卻劑及主心軸，可自動停止或不停止。
M07 M08 M50 M51	冷卻劑	冷卻劑開始之指令。 通常 1 為冷卻液，2 霧氣，3 及 4 不特別指定。
M09	冷卻劑停止	取消 M07，M08，M50 及 M51 之指令。
M10 M68 M78	夾緊	機械滑臺、工件、夾具之軸等，夾緊放鬆指令。夾緊放鬆之對象有二項以上時依 M10，M11，M68，M69，M78，M79 之順序使用。
M11 M69 M79	放鬆	
M15	正方向運動	快速進給或切削進給方向之選擇指令，具絕對值計量系統之旋轉工作臺亦可使用。
M16	負方向運動	
M19	固定旋轉位置主心軸停止	預先決定之角位置，停止主心軸之指令。
M30	指令帶終止	表示指令帶之終止指令，段中動作完成後主心軸及冷卻劑停止，用於控制裝置或機械之重調(Reset)，控制裝置之重置，可包含捲回指令帶至程式開始文字與第二次讀帶器之開始。
M31	旁通聯鎖	暫時旁通聯鎖之指令。
M36 M37	進給範圍	選擇進給量或進給速率範圍之指令。
M38 M39	主心軸轉速範圍	選擇主心軸轉速範圍之指令。
M49	不讀超越控制	忽視操作盤上預調之主心軸轉速或進給速率超越控制，而依原先程式製作之速率動作之指令，本指令取消 M48。
M55 M56	刀具之直線移位	刀具軸向預先指定位置，將刀具移位之指令。
M61 M62	工件之直線移位	預先指定位置，將工件移位之指令。
M71 M72	工件之旋動移位	預先指定角立置，將工件移位之指令。

19-5 程式錯誤及操作警示表(0T/0M)

1.程式錯誤，(P/S 故障)

數目	內容	註明
000	其中有參數須在電源關掉時，才被輸入。關掉電源。	
001	TH 故障(有不正確之文字組被輸入)。須更換正確的紙帶。	
002	TV 故障(在單節中是奇數的文字數目)，當 TV 對照有效時，這種故障才會產生。須換正確的紙帶。	
003	被輸入之資料超過最大容許值之範圍(要依照各項之最大程式容許值輸入)。	
004	在一個單節的開端，沒有一個位址而被輸入數目字或符號“一”時所產生的故障。	
005	位址不能跟隨專用資料，但是能跟隨其它位址或是程式終了碼。	
006	將“一”輸入錯了。(在一個位址之後被輸入“一”的符號，而它是不能使用的。或是兩個十進位點被輸入。)	
007	十進位點“.”輸入錯了。(在一個位址之後被輸入十進位點，而它是不能使用的。或是兩個十進位點被輸入。)	
008	在有意義的區域內輸入不用的文字。(A，B，C，E，L，U，V，W)	
010	輸入不使用的 G 碼指令。	
011	在切削速率中沒有進給速率。或是進給速率不適當。	
014	在可變導螺絲槓攻絲時，以地址 K 指令的螺絲增減值超過最大指令值，或發出了使導螺絲處於負值的指令。	僅用於 T
	無切削螺紋／同步進給特殊機能，而指令同步進給。	只用於 M 系列
015	指令軸數超過同時控制軸數。	僅用於 M
021	軸不包含在選擇面內(如使用 G17、G18、G19)被指令於循環插間中。	僅用於 M
023	在循環補間中指定使用半徑值。而於位址 R 被指令為負值。	僅用於 T
029	H 碼的補正值指定太大了。	僅用於 M
	T 碼的補正值。	僅用於 T
030	補正數目說明在 H 碼是刀長補正或切削補償太大了。	僅用於 M
	補正數目在 T 機構內說明補正太大了。	僅用於 T
031	使用 G10 設定補正量，這補正數跟隨於位址 P。它是額外或未被指定。	
032	使用 G10 設定補正量，這個補正數是過度的。	
033	交叉點的一點，不能用切削補正 C 來決定。	僅用於 M
	交叉點的一點，不能用刀尖半徑補正值來決定。	僅用於 T
034	開始工作或消除執行於 G02 或 G03 型式內的切削補正 C。	僅用於 M
	開始工作或消除執行於 G02 或 G03 型式內的刀尖半徑補正 C。	僅用於 T
035	使用 G39 指令消除切削補償 B 或在補正面盤以外的面盤上。	僅用於 M
	於刀尖半徑補正型式中，跳躍指令 G31 被執行。	僅用於 T
036	切削補正型式中，跳躍指令 G31 被執行。	僅用於 T
037	G40(補正消除)在面盤上或其它補正面盤內是切削補償 B 指令這個面盤的選擇是使 用 G17，G18 或 G19 交換切削補償 C 型式。	僅用於 M
038	過切削將產生於切削補償 C 內，因為這弧的起點或終點一致於弧的中心。	僅用於 M
	過切削將產生於刀尖半徑補正內，因為這弧的起點或終點一致於弧的中心。	僅用於 T
039	倒角或角被指定於開始工作，或消除，或開關於 G41 與 G42 之間內刀尖半徑補償。這個程式於倒角或角中可以成為過切削的產生。	僅用於 T
040	過切削將產生於刀尖半徑補正內的自動循環切削 G90 或 G94。	僅用於 T
041	在切削補正 C 時將產生過切削。	僅用於 M
	在刀尖半徑補正 C 時將產生過切削。	僅用於 T
042	在刀尖半徑補正時指令刀具位置補正。	僅用於 M
044	於自動循環型式中使用 G27 到 G29 之指令。	僅用於 M
046	第 2、3、4 參考點復歸的指令，而指令 P2、P3、P4 以外的指令。	
050	在一個車牙指令單節內，指示了倒角或角的指令。	僅用於 T
051	一個包含倒角指令單節後的單節，未使用 G01 的指令。	僅用於 T

19

052	一個直接移動或移動數量的單節內跟隨著不適當的倒角或角指令。	僅用於 T
053	倒角或邊角半徑指令上，在 I、K、P 之中指令了兩個以上。或在圖紙尺過直接輸入上，逗點(，)後面不是 C 或 R。	僅用於 T
054	一個倒角或角的單節說明中包含了斜度的指令。	僅用於 T
055	單節移動距離內，包含了倒角房角的說明，而其小於倒角數目或角。	僅用於 T
056	在角度指定程序塊(A)的下一個程序塊指令上，終點和角度的沒被指定。在倒角指令上，在軸(軸)上指令了 I(K)。	僅用於 T
057	在直接尺寸圖紙程序編製上，程序塊終點沒被正確計算。	僅用於 T
058	在直接尺寸圖紙程序編製沒找到程序塊終點。	僅用於 T
059	於外部的程式號碼尋找內，無法尋找到程式的選擇號碼。	
060	於順序號碼尋找內無法得到指令的順序號碼。	
061	位址 P 或 Q 是不能說明於 G70、G71、G72 或 G73 指令內。	僅用於 T
062	．於 G71 或 G72 的切削深度是零或負數值。	僅用於 T
	．於 G73 內反覆的出顯零或負數值。	
	．使用大於零的值表示於位址 U 或 W，然而於 G74 或 G75 內 Δi 或 Δk 是零。	
	．Δd 是用負數表示，但直接換於 G74 或 G75 內是被限定的。	
	．於 G74 或 G75 內的 Δi 或 Δk 使用負數值表示。	
	．零或負數值表示於車牙的高或 G76 第一次切的寬度。	
	．於 G76 切削內，最低寬度的表示比車牙的高度大。	
	．未用的刀尖角度表示於 G76 內。	
063	用位址 P 來表示順序號碼，於 G70、G71、G72 或 G73 的指令內是不能尋找的。	僅用於 T
065	．在 G71、G72 或 G73 指令內以位址 P 做為順序號碼，在這單節中 G00 或 G01 不能被指令。	僅用於 T
	．在 G71 或 G72 內以位址 P 做為順序號碼，在這單節內位址 Z(W)或 X(U)能被反覆性的命令。	
066	一個未使用 G 碼被指令於兩個單節之間，以 P 及 Q 指定於 G71、G72 或 G73 內。	僅用於 T
067	G70、G71、G72 或 G73 指令用位址 P 及 Q 表示於 MDI 模式內。	僅用於 T
069	G70、G71、G72 及 G73 終了，有一角的倒角，這最終移動指令，在這單節內以位址 P 及 Q 表示。	僅用於 T
070	記憶區不足。	
071	位址沒辦法尋找。或是這程式有特別的程式號碼，在程式號碼中無法尋找到。	
072	超過 63 或 125 個程式號碼的儲存。	
073	這個程式號碼指令早已使用過。	
074	程式號碼超過 1 到 9999。	
076	M98 指令或 G65 指令，在這單節內不能使用位址 P。	
077	副程式被呼叫 3 或 5 次。	
078	在一個單節內以位址 P 來表示程式號碼或順序號碼，在 M98、M99 或 G66 時無法得到。	
079	記憶程式內容與紙帶對照不相同時。	
080	以參數數表示的區域內。而確認位址到達信無法動作。(自動刀具補償機能)	僅用於 T
081	自動刀具補償不用 T 碼來表示。(自動刀具補償機能)	僅用於 T
082	在同一單節內 T 碼及自動刀具補償被表示。(自動刀具補償機能)	僅用於 T
083	在自動刀具補償內，一個無用的軸被指令或是這指令為增量值。(自動刀具補償機)	僅用於 T
085	使用 ASR 或讀打帶介面，輸入資料進入記憶體時，產生過速或成組，組織錯誤時，是輸入資料位元數或傳送速率設定正確。	
086	當使用讀打帶介面，輸入資料進入記憶體時，這讀帶準備信號(DR)被切斷。	
087	當使用讀打帶介面，輸入資料進入記憶體時，而讀端指令仍然表示著，於讀入 10 個字之後未中斷。	
090	參考點復歸不能正常執行，因為這個參考點復歸的起動點對參考點太近。或是速度太慢。	
092	指令軸以 G27(參考點復歸對照)無法做參考點復歸。	

094	程序再起動時不能指令 P 型。(中途停止程序後，進行了設定座標系的操作。)	僅用於 M
095	程序再起動時不能指令 P 型。(中途停止程序後，外部工件偏置量改變了。)	僅用於 M
096	程序再起動時不能指令 P 型。(中途停止程序後，工件偏置量改變了。)	僅用於 M
097	程序再起動時不能指令 P 型。(在接通電源後，緊急停止後或 P/S 94～97 復位後，一次也沒有進行自動運轉。)	僅用於 M
098	接通電源，緊急停止後，一次也沒有進行參考點復歸的狀態下，指令再起動程序，正在搜索中找到了 G28。	
099	程序再起動時搜索完畢後，以 MDI 進行了移動指令。	僅用於 M
100	設定資料 PWE 是設定 1，改為 0 同時重置這系統。	
111	變數插入計算結果，超出如下的範圍(－2 到 2～1)。	
112	分配以 0 被表示。(包含切線 90 度)	
113	指令客戶自設程式群不可使用的指令。	
114	一個未定義的 H 碼，指令於 G 的單節內。 ＜式＞以外的格式有誤。	客戶自設程式群 B
115	一個未定義的數值之變數號碼被指定。	
116	P 是被禁止指定做為變數的指令。 代入式的左邊代入禁止的變數。	客戶自設程式群 B
099	程序再起動時搜索完畢後，以 MDI 進行了移動指令。	僅用於 M

前頭的內容不適當，會產生以下的警示。高速循環加工用。

(1)被呼叫的加工循環號碼對應的前頭無法找到。

(2)循環連接情報超過容許範圍(0～999)。

(3)前頭中的資料數超過容許範圍(1～32767)。

(4)執行格式資料的儲存開始資料的變數號碼超過容許範圍(#20000～85535)。

(5)執行格式資料的儲存最後資料的變數號碼超過#85535。

(6)執行格式資料的儲存開始資料的變數號碼與前頭的變數號碼重疊。

數目	內容	註明
118	括弧的多重度超越上限(5 重)。	
119	SQRT 及 BCD 是反對使用負數。 SQRT 的自變數為負值。或 BCD 的自變數為負值，或 BIN 的自變數的各位數為 0～9 以外的值。	客戶自設程式群 B
122	於二次內指令叫變數模式。	僅用於 M
123	DNC 操作時，使用程式群控制指令。	
124	DO-END 非 1 對 1。	
125	於 G65 單節內，有表示不使用的位址。 ＜式＞的格式錯誤。	
126	DOn 中 1≦≦3 不成立。	客戶自設程式群 B
127	NC 指令和客戶自設程式群混在一起。	
128	分歧指令中分歧點的順序號碼非 0～9999。或無分歧點的順序號碼。	
129	＜自變數指定＞使用禁止的位址。	
130	在第 3 軸控制上，正在進行 Cf 控制時，指令了以 PMC 進行的軸控制，並與此相反地正在從 PMC 進行軸控制時，試進行 Cf 控制。	僅用於 M
131	外部警示訊息發生 5 個以上警示。	
132	無對應於外部警示訊息消除的警示號碼。	
133	外部警示訊息及外部操作者訊息的小區分資料錯誤。	
135	在一次也沒有進行主軸定向的情形下，試進行主軸分度。	僅用於 M
136	在與主軸分度的地址－C，H 同一的程序塊上進行了其它軸移動指令。	僅用於 M
137	在與有關主軸分度的 M 代碼同一程序塊上進行了其它軸移動指令。	僅用於 M
139	PMC 軸控制時指令中已選擇軸。	
141	刀具補正模式中指令 G51(放大指令)。	僅用於 M
142	放大倍率使用 1～999999 以外的值。	僅用於 M
143	放大後移動量、座標量、圓弧的半徑超過最大值。	僅用於 M
144	座標旋轉平面和圓弧或刀具徑補正 C 的平面不同。	僅用於 M

145	極座標插位開始或取消時條件不正確。 ・G40 以外的模式中，使用 G112/G113 指令。 ・平面選擇錯誤(參數設定錯誤)。	僅用於 T
146	極座標插位模式中，指令不能使用的 G 碼。	僅用於 T
148	自動轉肚調整的減速比及判定角度在可設定範圍外。	僅用於 M
150	刀具群號碼超過容許最大值。	僅用於 M
151	加工程式中指定的刀具群未設定。	僅用於 M
152	1 群內的刀具支數超過可登記的最大值。	僅用於 M
153	設定刀具群的程式中，該有 T 碼的單節未含 T 碼。	僅用於 M
154	無群指令而指令 H99 或 D99。	僅用於 M
155	加工程式中和 M06 同一單節的 T 碼，和使用中的群不對應。	僅用於 M
156	設定刀具群的程式先頭無 P、L 指令。	僅用於 M
157	想設定的刀具群數超過容許最大值。	僅用於 M
158	想設定的壽命最大值太大。	僅用於 M
159	執行設定用程式中電源關。	僅用於 M
160	在 HEAD1 和 HEAD2 使用不同的 M 碼當待命 M 碼。	只用於 OTT
165	想執行 HEAD 偶數的 0 號碼或 HEAD 奇數的 0 號碼程式。	只用於 OTT
175	圓筒插位開始或取消時條件不正確。 1.G107 及同時旋轉軸半徑無指令。 2.G107 及同時 2 軸指令。 3.刀尖半徑 R 指令中使用 G107。	僅用於 T
176	圓筒插位模式中指令不能使用的 G 碼。	僅用於 T
178	指令在 G41/G42 模式中。	
179	參數 597 設定控制軸數超過最大控制軸數。	
190	在周速一定控制時，指定錯誤軸(程式失誤)。	僅用於 M
197	COFF 信號 ON 時，程式指令 Cf 軸移動。	
200	剛性攻牙的值在範圍外或未指令。(程式失誤)	
201	剛性攻牙未指定 F。(程式失誤)	
202	剛性攻牙主軸的分配量太多。(程式失誤)	
203	剛性攻牙 M29 或 S 的指令位置不對。(程式失誤)	
204	剛性攻牙 M29 和 G84(G74)單節間，有軸移動指令。(程式失誤)	
205	剛性攻牙指令 M29，執行 G84(G74)時，剛性模式 DI 信號未 ON。(PMC 異常)	
210	排程操作中執行 M198、M099。 DNC 操作中執行 M198。	
211	高速跳越特殊機能用每轉指令時，使用 G31。	
212	含付加軸的平面指令直接尺寸輸入指令。	僅用於 M
	非在-平面上，執行不能使用的指令。	僅用於 T
213	同期控制軸標已被指令移動。	僅用於 T
214	同期控制軸中設定座標系或漂移型刀具補正被執行。	僅用於 T
217	在 G251 模式中再指令 G251。	僅用於 T
218	G251 單節中無指令 P 或 Q，及指令值超過範圍。	僅用於 T
219	G250、G251 不是使用在單獨單節內。	僅用於 T
220	同期操作中 NC 程式或 PMC 軸控制介面執行移動指令。	僅用於 T
221	多邊形加工同期操作及 Cs 軸控制或平衡切剖同時執行。	僅用於 T
222	後台編輯中輸出輸入同時執行操作。	

註：表中 T 為 0-TC、00-TC，M 為 0-MC、00-MC 的總稱。

2.故障均產生於絕對脈波檢出器(APC)：

數目	內容	註明
310	手動參考點復歸，要求於軸。	
311	軸 APC 訊號錯誤。	傳送資料失敗
312	軸 APC 過時間故障。	傳送資料失敗
313	軸 APC 組織錯誤。	傳送資料失敗

314	軸 APC 成對錯誤。	傳送資料失敗
315	軸 APC 脈波錯誤故障。	APC 故障
316	軸 AAPC 用電池電壓曾經降低到不能維持數據的水平。	APC 故障
317	軸 APC 用電池電壓正在處於需要更換電池電壓水平。	APC 故障
318	軸 APC 用電池電壓曾經(包括關閉電源時在内)降低到需要更換電池的電壓水平。	APC 故障
320	手動參考點復歸是要求軸(T)或軸(M)。	
321	軸 APC 訊號錯誤。(T)	傳送信號失敗
	軸 APC 訊號錯誤。(M)	
322	軸 APC 過時間的錯誤。(T)	傳送信號失敗
	軸 APC 過時間的錯誤。(M)	
323	軸 APC 組織的錯誤。(T)	傳送信號失敗
	軸 APC 組織的錯誤。(M)	
324	軸 APC 成對的錯誤。(T)	傳送信號失敗
	軸 APC 成對的錯誤。(M)	
325	軸 APC 脈波錯誤的故障。(T)	APC 故障
	Y 軸 APC 脈波錯誤的故障。(M)	
326	APC 用電池(組)的電壓曾有過低到不能保持資料的水準之事。於軸(M)或軸(T)。	APC 故障
327	APC 用電池(組)的電壓現在已到達必須更換電池(組)的電壓水準了。於軸(M)或軸(T)。	APC 故障
328	APC 用電池(組)的電壓過去(包含電源切開時)曾有過必須更換時。於軸(M)或軸(T)。	APC 故障
330	手動參考點復歸是要求於軸。(M)	
331	軸 APC 訊號的錯誤。(M)	傳送資料失敗
332	軸 APC 過時間的錯誤。(M)	傳送資料失敗
333	軸 APC 組織的錯誤。(M)	傳送資料失敗
334	軸 APC 成對的錯誤。(M)	傳送資料失敗
335	軸 APC 脈波錯誤的故障。(M)	APC 故障
336	APC 用電池(組)的電壓曾有過低到不能保持資料的水準之事。	
337	APC 用電池(組)的電壓現在已到達必須更換電池(組)的電壓水準了。	APC 故障
338	APC 用電池(組)的電壓水準(包含電源 OFF 時)曾有過必須更換時。	APC 故障
340	手動參考點復歸是要求於第 4 軸。(M)	
341	第四軸 APC 訊號的錯誤。(M)	傳送資料失敗
342	第四軸 APC 過時間的錯誤。(M)	傳送資料失敗
343	第四軸 APC 組織的錯誤。(M)	傳送資料失敗
344	第四軸 APC 成對的錯誤。(M)	傳送資料失敗
345	第四軸 APC 脈波錯誤的故障。(M)	APC 故障
346	第四軸 APC 用電池(組)的電壓曾有過低到不能保持資料的水準之事。只用於 M。	APC 故障
347	第四軸 APC 用電池(組)的電壓現在已到達必須更換電池(組)的電壓水準。只用於 M。	APC 故障
348	第四軸 APC 用電池(組)的電壓水準過去(包含電源切開時)曾有過必須更換時。只用於 M。	APC 故障
350	第 5 軸一定要手動原點復歸。(PMC 軸控制)	
351	第 5 軸	APC 傳送失敗
352	第 5 軸	APC 過時失敗
353	第 5 軸	APC 架構失敗
354	第 5 軸	APC 配對失敗
355	第 5 軸	APC 誤波警示
356	第五軸 APC 用電池(組)的電壓曾有過低到不能保持資料。	
357	第五軸 APC 用電池(組)的電壓現在已到達必須更換電池(組)的電壓水準。	
358	第五軸 APC 用電池(組)的電壓水準過去(包含電源 OFF 時)曾有過必須更換時。	
360	第 6 軸一定要手動原點復歸(PMC)軸控制)。	

19

361	第 6 軸	APC 傳送失敗
362	第 6 軸	APC 過時失敗
363	第 6 軸	APC 架構失敗
364	第 6 軸	APC 配對失敗
365	第 6 軸	APC 誤波警示
366	第六軸 APC 用電池(組)的電壓曾有過低到不能保持資料。	
367	第六軸 APC 用電池(組)的電壓現在已到達必須更換電池(組)的電壓水準。	
368	第六軸 APC 用電池(組)的電壓水準過去(包含電源 OFF 時)曾有過必須更換時。	
400	第 1 軸、第 2 軸過負載。	
401	第 1 軸、第 2 軸速度控制的 READY 信號(VRDY)關。	
402	第 3 軸、第 4 軸過負載。	
403	第 3 軸、第 4 軸速度控制的 READY 信號(VRDZ)關。	
404	位置控制準備完了信號(READY)切斷，當速度控制準備完了信號(VRDY)沒有切斷的時候，或是速度控制準備完了信號(VRDY)仍然接上。也就是，當電源供應按上時，準備完了信號(PRDY)未接上。	
405	一個位置控制系統錯誤，一個參考點復歸失敗期間使 CNC 或伺服系統內產生麻煩。須再從新操作手動參考點復歸一次。	
410	於移動期間於軸內，位置逸出量比設定值還大。	
411	於移動期間於軸內，位置逸出量比設定值還大。	
412	軸的漂移量是超過。(超過 500VELO)	
413	軸的錯誤記數容量超過±32767，或是 DA 變換器的速度指令值於－8192 到＋8191 的範圍外。	
414	軸數位伺服系統異常。詳細內容看 DGNOS 720 號。	數位伺服系
415	一個企圖於軸內，以每秒超越 511875 的檢出單位的速率指令。這個錯誤的由來，是 CMP 設定的失敗。	
416	軸的位置檢出系統脈波碼內有一個錯誤。(中斷故障)	
417	軸有以下諸條件之一，就造成此警示。 (a)參數 8120 的馬達形式，設定指定範圍外的值。 (b)參數 8122 的馬達旋轉方向，未設定正確值(111 或－111)。 (c)參數 8123 的馬達 1 轉的速度回饋脈波數，設定 0 以下的不正確資料。 (d)參數 8124 的馬達 1 轉的速度回饋脈波數，設定 0 以下的不正確資料。	數位伺服統警示。
420	於移動期間於軸內，位置逸出量比設定值還大。	僅用於 T
	於移動期間於軸內，位置逸出量比設定值還大。	僅用於 T
421	軸(M)或軸(T)，位置逸出量是大於設定值於移動期間。	
423	軸(M)或軸(T)位置逸出量超過±32767。或是 DA 變換器的速度指令值在－8192 到＋8191 的範圍外，這個錯誤的由來是可變設定的失敗。	
424	軸(M)或軸(T)的數位伺服系統的異常。詳細內容見 DGNOS 72 號。	數位伺服系統警示
425	一個企圖於軸(M)或軸(T)內，以每秒超越 511875 的檢出單位的速率指令，這個錯誤的由來，是 CMR 設定的失敗。	
426	軸脈波碼(M)或軸脈波碼(T)，位置檢出系統的錯誤。(中斷故障)	
427	軸(M)或軸(T)有以下諸條件之一，就造成此警示。 (a)參數 8220 的馬達形式，設定指定範圍外的值。 (b)參數 8222 的馬達旋轉方向，未設定正確值(111 或－111)。 (c)參數 8223 的馬達 1 轉的速度回饋脈波數，設定 0 以下的不正確資料。 (d)參數 8224 的馬達 1 轉的速度回饋脈波數，設定 0 以下的不正確資料。	數位伺服系統警示
430	於停止第三軸內，位置逸出量比設定值還大。	僅用於 T
	於停止於軸內，位置逸出量比設定值還大。	僅用於 M
431	位置逸出量大於設定值於移動期間或軸停止內。	僅用於 M
433	軸的位置逸出量超過±32767。或是 DA 變換器的速度指令值在－8192 到＋8191 的範圍外。 這個錯誤的由來是可變設定的失敗。	
435	一個企圖於軸內，以每秒超越 511875 的檢出單位的速率指令，這個錯誤的由來，	僅用於 M

	是 CMR 設定的失敗。	
436	軸脈波碼的位置檢出系統錯誤。(中斷故障)	僅用於 M
437	軸(M)或第 3 軸(T)有以下諸條件之一，就造成此警示。 (a)參數 8320 的馬達形式，設定指定範圍外的值。 (b)參數 8322 的馬達旋轉方向，未設定正確值(111 或－111)。 (c)參數 8323 的馬達 1 轉的速度回饋脈波數，設定 0 以下的不正確資料。 (d)參數 8324 的馬達 1 轉的速度回饋脈波數，設定 0 以下的不正確資料。	數位伺服系統警示。
440	於停止於第四軸內，位置逸出量比設定值還大。	僅用於 M
441	第四軸於停止或移動期間其位置逸出量大於其設定值。	僅用於 M
443	第四軸的位置逸出量超越±32767。或是 DA 變換器的速率指令值在－8192 到＋8191 的範圍外。	僅用於 M
434	軸(M)或第 3 軸(T)的數位伺服系統的異常。詳細內容見 DGNOS 722 號。	數位伺服系統警示
444	第 4 軸的數位伺服系統的異常。詳細內容見 DGNOS 723 號。	數位伺服系統警示
445	一個企圖於第四軸內，以每秒超過 511875 的檢出單位的速率指令。	僅用於 M
446	第四軸脈波碼的位置檢出系統錯誤。(中斷故障)	僅用於 M
447	第四軸有以下諸條件之一，就造成此警示。 (a)參數 8420 的馬達形式，設定指定範圍外的值。 (b)參數 8422 的馬達旋轉方向，未設定正確值(111 或－111)。 (c)參數 8423 的馬達 1 轉的速度回饋脈波數，設定 0 以下的不正確資料。 (d)參數 8424 的馬達 1 轉的速度回饋脈波數，設定 0 以下的不正確資料。	數位伺服系統警示
450	第 5 軸在停止時位置逸出量比設定值還大。	
451	第 5 軸在移動中，位置逸出量大於設定值。	
452	第 5 軸漂移量過大。(超過 500VELO)	
453	第 5 軸的誤差記錄內容超越±32767，DA 變換器的速度指令值在－8192～＋8191 的範圍外。	
454	第 5 軸的數位伺服系統的異常。詳細內容見 DGNOS NO.724。	
455	第 5 軸，指令速度超過 511875 檢出單位/sec 以上。此種警示發生在 CMR 設定失誤。	
456	第 5 軸脈波檢出器系統異常。(中斷故障)	
457	第 5 軸有以下諸條件之一，就產成此警示。 (a)參數 8520 的馬達形式，設定指定範圍外的值。 (b)參數 8522 的馬達旋轉方向，未設定正確值(111 或－111)。 (c)參數 8523 的馬達 1 轉的速度回饋脈波數，設定 0 以下的不正確資料。 (d)參數 8524 的馬達 1 轉的速度回饋脈波數，設定 0 以下的不正確資料。	
461	第 6 軸在移動中，位置逸出量大於設定值。	
462	第 6 軸漂移量過大。(超過 500VELO)	
463	第 6 軸的誤差記錄內容超越±32767，DA 變換器的速度指令值在－8192～＋8191 的範圍外。	
464	第 6 軸的數位伺服系統的異常。詳細內容見 DGNOS NO.725。	
465	第 6 軸的脈波檢出器系統異常。(中斷故障)	
467	第 6 軸有以下諸條件之一，就產成此警示。 (a)參數 8620 的馬達形式，設定指定範圍外的值。 (b)參數 8622 的馬達旋轉方向，未設定正確值(111 或－111)。 (c)參數 8623 的馬達 1 轉的速度回饋脈波數，設定 0 以下的不正確資料。 (d)參數 8624 的馬達 1 轉的速度回饋脈波數，設定 0 以下的不正確資料。	
490	伺服側過負載信號。	
491	伺服側的位置控制 READY 信號(VRDY)OFF。	
494	伺服側的位置控制 READY(PRDY)OFF 時，速度控制的 READY 信號(VRDY)沒有 OFF。 或電源供應時，READY 信號(PRDY)尚未 ON 時，速度控制的 READY 信號(VRDY)已經 ON。	
495	伺服側的位置控制異常。CNC 內部或伺服系統異常，無法正確的原點復歸。須	

	再重新手動原點復歸。(PMC 軸控制)	

數位伺服系統警示的 NO.4×4 的詳細內容，依 X 軸、Y(Z)軸、Z(C、PMC)軸、第 4(Y、PMC)軸的順序，顯示於診斷號碼 720、721、722、723、724、725。

GNOS NO.

721~723	OVL	LV	OVC	HCAL	DCAL	FBAL	OFAL
	7	6	5	4	3	2	1

FAL：發生溢量警示。
FBAL：發生斷線警示。
DCAL：發生回生放電電路顯示。
HVAL：發生過電壓警示。
HCAL：發生異常電流警示。
OVC：發生過電流警示。
LV：發生不足電壓警示。
OVL：發生過負載警示。
註：新設參數 NO.593～596 限界值須設定。

3.過行程故障：

數目	內容	註明
510	軸過行程，超過(＋)行程設定。	
511	軸過行程，超過(－)行程設定。	
512	軸過行程，超過(＋)第二行程設定。	
513	軸過行程，超過(－)第二行程設定。	
514	軸＋側的硬體 OT 超過。	僅用於 M
515	軸－側的硬體 OT 超過。	僅用於 M
520	軸(M)或軸(T)過行程，超過(＋)行程設定。	
521	軸(M)或軸(T)過行程，超過(－)行程設定。	
522	軸過行程，超過(＋)第二行程設定。	
523	軸過行程，超過(－)第二行程設定。	
524	軸＋側的硬體 OT 超過。	僅用於 M
525	軸－側的硬體 OT 超過。	僅用於 M
530	軸過行程，超過(＋)行程設定。	
531	軸過行程，超過(－)行程設定。	
532	軸＋側的第二行程限制超過。	
533	軸－側的第二行程限制超過。	
534	軸＋側的硬體 OT 超過。	僅於 M 用
535	軸－側的硬體 OT 超過。	僅用於 M
540	第四軸過行程，超過(＋)行程設定。	僅用於 M
541	第四軸過行程，超過(－)行程設定。	僅用於 M
560	第 5 軸＋側行程限制超過。	
561	第 5 軸－側行程限制超過。	
570	第 7 軸＋側行程限制超過。	
571	第 7 軸－側行程限制超過。	
580	第 8 軸＋側行程限制超過。	
581	第 8 軸－側行程限制超過。	
600	不正確指令干擾產生的。	
601	PMC RAM 成對錯誤產生的。	
602	PMC 系列傳送錯誤產生的。	
603	PMC 看門狗錯誤的產生。	
604	PMC ROM 成對錯誤產生的。	
605	超過 PMC 內所能儲存的階梯容量。	

4.過熱故障：

數目	內容	註明
700	主機板過熱。	

704	因檢測主軸變動而引起的主軸過熱。	
.系統故障：		
數目	內容	註明
910	RAM 成對錯誤。(低位組)。更換主機板。	
911	RAM 成對錯誤。(高位組)。更換主機板。	
912	數位伺服的共有 RAM 同位錯誤(Low)。	
913	數位伺服的共有 RAM 同位錯誤(High)。	
914	數位伺服的地區 RAM 同位錯誤。	
920	看門狗故障，更換主機板。	
930	CPC 錯誤，(不正常中斷)。更換主機板。	
940	有以下諸條件之一，就造成此警示。 (a)數位伺服系統的印刷電路板的不良。 (b)控制軸在 3 軸以上時，但卻無第 3 軸(第 3/4 軸)控制印刷電路板。 例：OM 的軸為第 3 軸。 (c)使手類比伺服用主印刷電路板。	
950	保險絲斷線警示。請更換＋24E、FX14 的保險絲。	
998	ROM 成對錯誤。	
.後台編輯警告(BP/S)		
註：後台編輯時的警告不顯示於通常的警告畫面，而顯示於後台編輯畫面的鍵輸入行，下次進行任何 MDI 鍵操作時，便可復位。		

附錄 A 中英名詞對照

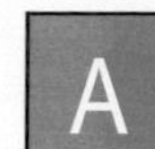

一劃

一般註解	general note
乙字鋼	Zee
乙炔熔接	acetylene welding

二劃

二面角	dihedral angle
人字齒輪	double-helical gear
刀痕方向	lay direction
刀痕方向符號	lay symbol
十字接頭	cross
十點平均粗糙度	ten point height of irregularities

三劃

三角形展開法	triangulation
上偏差	upper deviation
下偏差	lower deviation
大量生產	mass production
大楷字母	upper-case letter
小楷字母	lower-case letter
小數	decimal
小數位數	decimal places
小數點	decimal mark
小齒輪	pinion
小螺釘	machine screw
小螺帽	machine-screw nut
工字鋼	I beam
工作單	job sheet
工作程序圖	operation processes drawing
工作圖	working drawing
工作齒深	working depth of teeth
工作點	working point
工作邊	working edge
工模	jig
工具鋼	tool steel
工廠鉚接	shop rivet
干涉	interference
干涉配合	interference fit

四劃

不加工螺栓	unfaced bolt
不銹鋼	stainless steel
中心	center
中心孔	center hole
中心角	angle at the center
中心距離	center to center distance
中心線	center line
中心線平均粗糙度	arithmetical mean deviation
中國國家標準	Chinese National Standard
中斷視圖	interrupted view
中心鑽	center drill
內分厘卡	inside micrometer
內心	incenter
內切圓	inscribed circle
內卡	inside caliper
內外三通	street tee
內外肘接頭	street elbow
內接多邊形	inscribe polygon
內圓角	fillet
內齒輪	internal gear
內螺紋	internal thread
內擺線	hypocycloid
公切線	common tangent
公制	metric system
公制螺紋	metric thread
公垂線	common perpendicular
公差	tolerance
公差區域	tolerance zone
公差等級	tolerance grade
公稱尺度	nominal size
公釐	millimeter
牛頭刨床	shaper
六面體	hexahedron
切削角	cutting angle
切削裕度	machining allowance
切線	tangent line
切點	tangent point
孔	hole
孔位圓	bolt circle
尺度界線	extension line
尺度線	dimension line
尺度數字	dimension figure
方形符號	square symbol
方形螺帽	square nut
方鍵	square key
木螺釘	wood screw
止推軸承	thrust bearing
止回閥	check valve
毛胚面	unfinished metal surface
水平投影面	horizontal plane of projection
巴氏合金	Babbitt metal
巴斯鍵	Barth key

五劃

主要投影面	principal plane of projection
主要視圖	principal view
凸輪	cam
凸輪從動件	cam follower
凸緣接合	flanged joint
功能尺度	functional dimension
包線邊	wired edge
半光製螺栓	semifinish nut
半徑	radius
半視圖	half view

半圓 semicircle
半圓周 semi-circumference
半圓鍵 woodruff key
右螺紋 right-hand thread
左螺紋 left-hand thread
外分厘卡 outside micrometer
外心 circumcenter
外卡 outside caliper
外切多邊形 circumscribed polygon
外接圓 circumcircle
外圓角 round
外齒輪 external gear
外螺紋 external thread
外擺線 epicycloid
平行六面體 parallelepiped
平行四邊形 parallelogram
平行度 parallellism
平行面 parallel planes
平行線 parallel lines
平行線展開法 parallel line method
平墊圈 plain washer
平頭螺釘 flat-headed screw
平鍵 flat key
正多面體 regular polyhedron
正多邊形 regular polygon
正垂面 normal plane
正齒輪 spur gear
皿形彈簧 disc spring
四角柱 quadrangular prism
立面圖 elevation drawing
立體分解系統圖 exploded pictorial drawing
立體正投影 axonometric projection
立體圖 pictorial drawing
去角 chamfer
加工裕度 finish allowance

六劃

交線 intersecting line
交錯熔接道 staggered weld
交點 intersection
Common point
光胚面 unfinished flat surface
光製螺栓 finished bolt
合金 alloy
合格品 accepted product
全周熔接 weld all around
Peripheral welding
全視圖 full view
全齒深 full depth tooth
共軛徑 conjugate diameters
共線 common line
共點 common point
同心度 concentricity
同心異徑管接頭 concentric reducer
同心圓 concentric circles
同軸圓柱體 coaxial cylinders
回路 return circuit
耳 lug
地平面 ground plane
多面體 polyhedron
多邊形 polygon
字高 character height
安全閥 safety valve
收縮裕度 allowance for shrinkage
扣環 snap ring
有效圈數 number of active coil
有效喉深 effective throat
有頭螺釘 cap screw
有槽螺帽 slotted nut
自由長度 free length
自攻螺釘 self-tapping screw
自動對位滾珠軸承 self-aligning ball bearing
曲面輪廓度 profile of any surface
曲線輪廓度 profile of any line
曲率 curvature
肋 rib

七劃

位移線圖 displacement diagram
位置公差 position tolerance
作用線 line of action
坐標 coordinate
坐標軸 coordinate axis
形狀公差 form tolerance
扭轉彈簧 torsion spring
投射線 ray of projection
投影 projection
投影面 plane of projection
投影線 projection line
扳手 wrench
更改欄 change-reccord block
材料單 bill of material
肘接頭 elbow
角柱 prism
角錐 pyramid
角錐台 frustum of a pyramid
角牽板 gusset
角閥 angle valve
角鋼 angle
足尺 full size
夾具 fixture
防鬆螺帽 check nut
防鬆墊圈 lock washer
沃斯田鐵 austenite
車床 lathe
局部視圖 partial view

八劃

取樣長度 sampling length
周節 circular pitch
固定螺釘 setscrew
坡度 grade
弦 chord
弦長 chord length

弦線齒冠 chordal addendum
弦線齒厚 chordal tooth thickness
弧線齒厚 circular tooth thickness
弧長 arc length
拔模斜度 draft taper
拉伸彈簧 tension spring
板形凸輪 plate cam
板片彈簧 leaf spring
法面 normal plane
油杯 oil cup
油封 oil seal
盲凸緣 blind flange
直立角柱 right prism
直立角錐 right pyramid
直立圓柱 right circular cylinder
直立圓錐 right circular cone
直角坐標 rectangular coordinates
直紋面 ruled surface
直徑符號 diameter symbol
直管接頭 coupling
直螺紋 straight thread
直齒斜齒輪 straight bevel gear
空氣乙炔熔接 air acetylene welding
空氣壓縮機 air compressor
空氣濾清器 air cleaner filter
表面符號 surface texture symbol
表面硬化 case hardening
表面粗糙度 surface roughness
阿基米德蝸線 Archimedean spiral
附件 accessory
非功能尺度 non-functional dimension

九劃

冠狀齒輪 crown gear
指北標 north arrow
指示器 indicator
指線 loader
柱坑 counterbore
活鍵 feather key
活管套節 union
相切 tangency
美國國家標準協會 American National Standard Institute
美國標準螺紋 American National screw thread
背圓錐面 back cone
背熔接 back weld
韋氏螺紋 Whitworth thread
砂布 abrasive paper
砂紙 abrasive cloth
流程圖 flow chart
耐蝕 anti-corrosion

十劃

原圖 original drawing
射線展開法 radial line method
座圈 in-active coil
栓槽軸 spline shaft
根徑 root diameter
根隙 root gap
氣密直管螺紋 dryseal straight pipe thread
氣密斜管螺紋 dryseal taper pipe thread
氣體熔接 gas welding
氣缸 air cylinder
氣泵 air pump
氧乙炔熔接 Oxyacetylene welding
套筒扳手 box wrench
浮凸熔接 projection weld
真平度 flatness
真直度 straightness
真圓度 circularity
真實大小 true size
砲閂螺紋 breechblock thread
起槽件 grooved member
起槽熔接 groove weld
展開 development
配合 fit
針盤指示器 dial indicator
閃光熔接 flash weld
剖視圖 sectional view
馬力 horsepower
退火 annealing
徑節 diametral pitch

十一劃

偏差 deviation
偏轉度 runout
側接頭 lateral
淬火 quenching
動力彈簧 power spring
動線 generatrix
基本尺度 basic size
基孔制 basic hole system
基軸制 basic shaft system
基準尺度 basic dimension
基準面 datum surface
基準線 datum line
基準長度 standard sampling length
基圓 base circle
基礎偏差 basic deviation
連續尺度 continuous dimension
帶頭鍵 gib headed key
控制閥 control valve
斜角柱 oblique prism
斜角錐 oblique pyramid
斜度 slope
斜圓柱 oblique cylinder
斜圓錐 oblique cone
斜螺紋 taper thread
斜銷 taper pin
斜齒輪 bevel gear
梯形螺紋 trapezoidal thread
氫氧熔接 oxyhydrogen welding
現場全周熔接 field peripheral weld

現場熔接	field weld
現場鉚接	field rivet
球止回閥	ball check valve
移位齒輪	profile shifted gear
第一角法	first angle drawing
第三角法	third angle drawing
粗製螺栓	unfaced bolt
粗螺紋級	coarse-thread series
細螺紋級	fine-thread series
組合圖	assembly drawing
習用畫法	conventional practice
魚眼	spot face
排水管	drain
焊接	soldering
通用公差	general tolerance
國際公差	international tolerance
十二劃	
無聲鏈	silent chain
單向公差	unilateral tolerance
單紋螺紋	single-start screw thread
單曲面	single curved surface
單斜面	inclined surface
單斜形起槽熔接	bevel weld
單線管路圖	single line piping drawing
單筆字	single stroke letter
幾何公差	geometric tolerance
結件	fastener
戟齒輪	hypoid gear
插口接頭	nipple
插承接合	bell-and-spigot joint
最大實體狀況	maximum material condition
棒狀彈簧	bar spring
渦形彈簧	volute spring
游標卡尺	vernier caliper
短齒	stub tooth
等加速度	uniform acceleration
統一螺紋	uniform thread
虛擬視圖	false view
註解	note
象限	quadrant
超光面	super finishing surface
軸	shaft
軸承	bearing
軸間角	shaft angle
開口皮帶	open belt
開口銷	cotter pin
黑體字	boldface letter
十三劃	
傳動裝置	transimission device
傳動機構	transimission mechanism
圓周	circumference
圓周角	angle of circumference
圓弧	circle arc
圓柱	circular cylinder
圓柱形凸	cylindrical cam
圓柱度	cylindricity
圓柱齒輪	cylindrical gear
圓柱螺旋線	cylindrical helix
圓頭平鍵	Pratt-Whitney key
圓錐	circular cone
圓錐角	coning angle
圓錐螺旋線	conic helix
圓頂螺紋	knuckle thread
塊規	gage block
塞孔熔接	plug weld
塞槽熔接	slot weld
塞閥	plug valve
填角熔接	fillet weld
愛克姆螺紋	Acme screw thread
愛迪生螺紋	Edison screw thread
極限尺度	limit size
準線	directrix
跨銷距	over pin measurement
過(讓)切	undercut
過渡配合	transition fit
閘閥	gate valve
裕度	allowance
零件表	parts list
零件圖	detail drawing
零線	zero line
電池	battery
電阻熔接	resistance welding
電阻器	resistor
電弧熔接	arc welding
電容器	condensor
電晶體	transiistor
電路	electrical circut
電路圖	electrical diagram
電驛	relay
搪床	boring machine
腹板	web
鉚釘	rivet
十四劃	
圖框	border line
墊片	packing piece
墊圈	washer
實角	true angle
實形	true shape
實長	true length
實際尺度	actual size
實際偏差	actual deviation
實體線路圖	pictorial diagram
對口熔接	butt weld
對接	butt joint
對稱度	semmetry
對稱軸	axis of semmetry
截取值	meter cut-off value
滲碳	carburizing
漸開線	involute
滾子軸承	rollor bearing

滾子鏈	roller chain
滾(輥)花	knurl
滾珠軸承	ball bearing
滾針軸承	needle bearing
滾錐軸承	taper roller bearing
滾動軸承	rolling bearing
熔入深度	root penetration
熔接件	mother metal
熔接料	filler metal
熔接接合	welded joint
熔接符號	welding symbol
熔接道符號	weld symbol
熔接輔助符號	supplementary weld symbol
熔透熔接	melt through weld
管子銷	slotted tubular pin
管吊架	pipe hanger
管扣環	pipe fastening ring
管夾	pipe clamp
管接頭	pipe fitting
管帽	cap
管塞	plug
管路圖	piping drawing
管襯套	bushing
精度	accuracy precision
輔助投影面	auxiliary plane of projection
輔助視圖	auxiliary view
端視圖	end view
銑床	milling machine
十五劃	
彈簧	spring
彈簧銷	spring pin
模數	module
模鑄	die casting
槽鋼	channel
標準零件	standard parts
標稱尺度	nominal size
標題欄	title block
熟鐵	wrought iron
箭頭對邊	other side
箭頭邊	arrow side
節徑	pitch diameter
節圓	pitch circle
節圓柱	pitch cylinder
節距	pitch
節錐角	pitch cone angle
緣接	edge joint
蝶形螺帽	butterfly nut
蝶閥	butterfly valve
蝸桿	worm
蝸輪	worm wheel
蝸線斜齒輪	spiral bevel gear
複曲面	double curved surface
複紋螺紋	multiple start screw thread
複斜面	skew surface
複斜線	skew line
編定號碼	schedule number
輪輻	spoke
輪轂	hub
銷	pin
銷鍵	pin key
熱處理	heat treament
齒交線	tooth trace
齒底面	bottom land
齒冠	addendum
齒厚	tooth thickness
齒面	tooth face
齒根	dedendum
齒條	rack
齒頂面	top land
齒頂圓	addendum circle
齒頂圓錐面	face cone
齒底圓錐面	root cone
齒間寬	tooth space
齒腹	tooth flank
齒跨距	span measurement of tooth
齒廓	tooth profile
齒寬	face width
數值控制機器	numerical control machine
十六劃	
磨床	grinder
導程	lead
導程角	lead angle
機件	machine part
機械元件	machine element
橫坐標軸	axis of absclssa
燕尾榫	dovetail
燕尾槽	dovetail groove
選擇裝配	selective assembling
鋸齒形螺紋	buttress thread
錐	cone
錐台	frustum
錐坑	countersink
錐度	taper on diameter
錐度符號	taper symbol
錐面螺旋線	conic helix
餘隙	clearance
餘隙配合	clearance fit
十七劃	
壓力角	pressure angle
壓實長度	solid length
壓縮彈簧	compression spring
壓縮空氣	compressed air
壓縮氣體	compressed gas
環形彈簧	ring spring
環形齒輪	ring gear
環首螺釘	eye bolt
聯珠熔接	bead weld
縱坐標軸	axis of ordinate
縫	seam
縫熔接	seam weld

縮尺	reduced size
總齒深	whole depth of tooth
螺栓	bolt
螺孔	thread hole
螺峰	crest of thread
螺根	root of thread
螺紋大徑	crest diameter
螺紋小徑	root diameter
螺紋角	thread angle
螺紋深度	depth of thread
螺紋級別	thread series
螺紋配合等級	thread classes
螺紋伸出端	free end of the thread
螺紋節徑	effective diameter
螺旋角	helix angle
螺旋齒輪	helical gear
螺旋彈簧	helical spring
螺旋線	helix
螺距	pitch of thread
螺樁	stud
隱藏線	hidden line
鍵	key
鍵座	key seat
鍵槽	key way
鍛造	forging
點熔接	spot weld
十八劃	
擺動止回閥	swing check valve
擺線	cycloid
雙向公差	bilateral tolerance
雙線管路圖	double line piping drawing
藍圖	blueprint
轉正視圖	aligned view
離合器	clutch
十九劃	
邊視圖	edge view
邊緣接合	edge joint
鏈條	chain
鏈輪	chain wheel
鏈線	dot-and-dash line
二十劃	
釋壓閥	relief valve
二十二劃	
彎頭	bend
鑄鐵	cast iron
疊板彈簧	laminated spring
鑄造	casting
二十三劃	
變口體	transition piece
變壓器	transformer
二十七劃	
鑽床	drilling machine